Prüfung und Verarbeitung von Arzneidrogen

Von

Dr. Fritz Gstirner

Dozent für Angewandte Pharmazie
an der Universität Bonn

Erster Band

Chemische Prüfung

Mit 41 Abbildungen

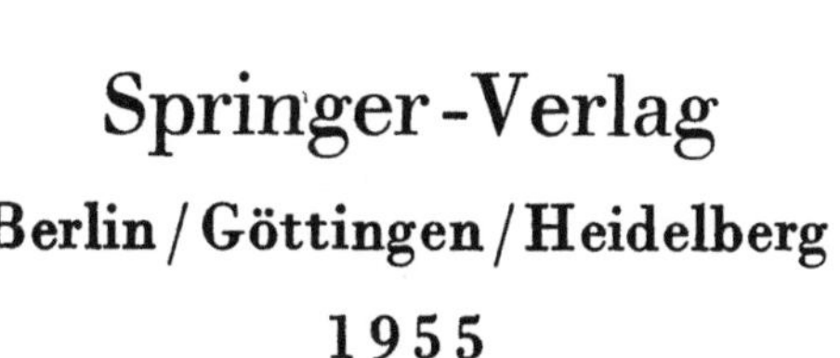

Springer-Verlag

Berlin / Göttingen / Heidelberg

1955

ISBN 978-3-642-49052-1   ISBN 978-3-642-92645-7 (eBook)
DOI 10.1007/978-3-642-92645-7

Vorwort.

Eine erfolgreiche Arzneipflanzentherapie kann nur unter der Voraussetzung durchgeführt werden, daß Drogen und Drogenzubereitungen einen Mindestgehalt und einen konstanten Gehalt an Wirkstoffen aufweisen. Auch der Gewinnung von reinen Wirkstoffen aus Arzneidrogen geht eine Prüfung der Droge auf den Wirkstoffgehalt voraus. Die Prüfung der Arzneidrogen durch Bestimmung des Wirkstoffgehaltes ist deshalb für die Therapie mit Arzneidrogen und deren Verarbeitung von grundsätzlicher Bedeutung. Seitdem Wirkstoffe in den Drogen erkannt wurden, war man bemüht, Methoden zu ihrer Bestimmung auszuarbeiten.

Die chemische Bestimmung der speziellen Wirkstoffe von Arzneidrogen hat in den letzten Jahren durch Einführung neuer Methoden eine weitgehende Förderung erfahren. Vor allem durch Ausarbeiten von colorimetrischen Verfahren ist es möglich geworden, die Genauigkeit und Spezifität der Bestimmung zu erhöhen, Mikromethoden zu entwickeln und Wirkstoffe zu erfassen, deren Bestimmung durch gravimetrische oder maßanalytische Methoden bisher nicht möglich gewesen ist. In Wirkstoffgemischen gelang es teilweise, den Hauptwirkstoff allein analytisch zu erfassen und somit die Spezifität der Bestimmung zu erhöhen. Diese Entwicklung, die auch die Einführung der Adsorptionsanalyse, optischer Methoden und der Papierchromatographie einschließt, ist noch in vollem Fluß und wird die Prüfung der Arzneidrogen durch chemische Bestimmung der Wirkstoffe auch weiterhin zu einem höheren Grad analytischer Genauigkeit führen.

Wenn auch die Wirkstoffe zahlreicher Arzneidrogen genau bekannt sind, so gibt es auch solche, die sich nicht als chemisch einheitliche und genau charakterisierte Stoffe fassen lassen, sondern nur als Wirkstoffgruppen und nur durch allgemeine Methoden bestimmt werden können. Dazu gehören ätherische Öle, Gerbstoffe, Schleimstoffe, Bitterstoffe, Saponine, für die zur Zeit nur allgemeine Bestimmungsmethoden vorliegen. Ebenso gehören zu allgemeinen Prüfungen von Drogen die Bestimmung des Mineralstoffgehaltes, der Feuchtigkeit und der Quellfähigkeit. Diese allgemeinen Methoden sind in einem besonderen Kapitel zusammengefaßt. Schließlich wurden zu den Drogen auch die ätherischen Öle als vorwiegend Destillationsprodukte aus Arzneidrogen gerechnet, so daß auch die Prüfung der isolierten ätherischen Öle aufgenommen wurde.

Bei einigen Drogen wurde von dem rein chemischen Charakter der Prüfungsmethoden abgewichen, indem leicht ausführbare biologische Methoden mit kleinen Tieren aufgenommen wurden, z. B. bei Rhizoma Filicis, Flores Koso, Kamala und Semen Sabadillae. Auch für Bitterstoffe, Gerbstoffe und Saponine werden physiologische bzw. biologische Wertbestimmungsmethoden angegeben, und Schleimstoffdrogen werden nach der Viscosität des Schleimes beurteilt.

Das Buch wendet sich an den Praktiker in Laboratorien und Betrieben, in denen Arzneidrogen geprüft und verarbeitet werden. Es gibt eine zusammenfassende Darstellung der chemischen Methoden zur Bestimmung der Wirkstoffe von Arzneidrogen, wie sie in den letzten etwa 20 Jahren in der Literatur erschienen sind, und enthält somit ausschließlich Methoden. In einigen Fällen wurden auch qualitative Reaktionen auf Wirkstoffe in den Drogen aufgenommen. Die im Deutschen Arzneibuch 6 und im Ergänzungsbuch 6 enthaltenen Verfahren werden als bekannt vorausgesetzt und nicht angeführt.

Es wäre zu weitläufig und unübersichtlich, alle vorgeschlagenen Methoden anzuführen. Deshalb wurden nur bewährte Verfahren und neue Vorschläge aufgenommen, so daß es sich vielfach nur um eine Auswahl von Methoden handelt, deren Brauchbarkeit sich teils noch erweisen muß. Trotzdem finden sich bei einzelnen Drogen eine größere Anzahl von Methoden, die aber nicht eine bloße Anhäufung darstellen, sondern den verschiedenen Bedürfnissen der Praxis Rechnung tragen sollen, in der an die Genauigkeit verschiedene Ansprüche gestellt werden und die apparativen Voraussetzungen für die Ausführungen von Bestimmungen sehr unterschiedlich sind. Andererseits zeigen die manchmal zahlreichen Wirkstoffbestimmungsmethoden bei einer Droge, daß die Ansichten über die Brauchbarkeit der Methoden geteilt sind. Für diese Fälle kann die Zusammenstellung solcher Methoden Anregung und Unterlagen auch für wissenschaftliche Untersuchungen zur Prüfung bisheriger und Ausarbeitung neuer Methoden geben.

Bei der Darstellung wurde in der Weise vorgegangen, daß nach den allgemeinen Methoden die Drogen in alphabetischer Reihe folgen. Dabei werden auch ältere Methoden beschrieben, die vielfach in der Genauigkeit an neuere Methoden nicht heranreichen, aber für praktische Zwecke genügen und mit einfachen Mitteln ausgeführt werden können. Es handelt sich dabei meist um gravimetrische und maßanalytische Verfahren. Zur Ausführung colorimetrischer Bestimmungen sind Colorimeter bzw. Photometer erforderlich, die zwar in verschiedenen Modellen und Preislagen im Handel sind, aber immer eine größere Anschaffung bilden und die Aufstellung einer Eichkurve mit einer Standardsubstanz erfordern. Solche Verfahren eignen sich vor allem für Reihenuntersuchungen, während für eine Einzelbestimmung zur Kontrolle die einfachen gravimetrischen und maßanalytischen Methoden oft geeigneter erscheinen.

Theoretische Kenntnisse analytischer Art, der allgemeinen Drogenpraxis werden vorausgesetzt. Auch auf eine nähere Charakteristik der Arzneidrogen, deren Wirkstoffe und Konstitutionsformeln, die in Lehr- und Handbüchern der Pharmazeutischen Chemie und der Pharmakognosie enthalten sind, wurde verzichtet, und nur diejenigen Eigenschaften und Formeln werden angeführt, die für die Bestimmung der Wirkstoffe von Interesse sind.

Königswinter a. Rh., im Juni 1954.

F. Gstirner.

Inhaltsverzeichnis.

Allgemeine Methoden.

Spezielle Verfahren.

Seite

Allgemeine Methoden.

Bestimmung des ätherischen Öles.

Zur Bestimmung des ätherischen Öles in Drogen wurden zahlreiche Apparate konstruiert, die allein schon die Schwierigkeit einer solchen Bestimmung erkennen lassen. Diese liegt teilweise darin, daß es sich bei den ätherischen Ölen nicht um einen streng definierten Körper handelt, sondern um ein Gemisch mehrerer Stoffe, die alle durch eine mehr oder weniger starke Flüchtigkeit ausgezeichnet sind und mit Wasserdampf destilliert werden können. Auf dieser Flüchtigkeit mit Wasserdampf beruhen auch die meisten Bestimmungsmethoden, indem das destillierte Öl entweder gewogen oder volumetrisch gemessen wird. Nur in einem Fall wird es indirekt maßanalytisch bestimmt. Die Ergebnisse der Bestimmung sind außer von der Apparatur und dem Verfahren auch von dem Zerkleinerungsgrad der Droge, von der Einwaage und vom Ölgehalt der Droge abhängig, je nachdem, ob ölreiche oder ölarme Drogen vorliegen.

L. KOFLER und F. KRAEMER[1] und O. MORITZ[2] weisen auf den Einfluß des Zerkleinerungsgrades hin. KOFLER und KRAEMER haben bei Drogen aus der Familie der Labiaten und Kompositen, bei denen das ätherische Öl fast ausschließlich in Drüsenhaaren aufgespeichert ist, in unzerkleinerter Form höhere Werte erhalten, als wenn sie die gleichen Drogen in zerkleinerter Form zur Bestimmung verwendeten. Sie erklären dies damit, daß das beim Zerkleinern aus den Drüsenhaaren austretende ätherische Öl vom Pulver aufgesaugt und bei der Destillation zurückgehalten wird. Im Gegensatz hierzu haben sie bei Drogen, deren Ölbehälter im Inneren der Pflanze gelagert sind, höhere Werte erhalten, wenn die Drogen zerkleinert waren.

R. WASICKY, F. GRAF und ST. BAYER[3] erwähnen, daß bei Drogen, deren Ölbehälter durch derbwandige, verkorkte Zellen oder durch ein Perikarp mit starker Epidermis geschützt sind (z. B. Sternanis) eine möglichst weitgehende Zerkleinerung erfolgen soll. Sie führen folgendes Beispiel von Sternanis an (Tab. 1):

Tabelle 1.

Zerkleinerungsgrad	Destillation	Ölausbeute in % (ccm auf Gramme)
grob zerstoßen	1 Stunde	4,76
grob gepulvert	1 Stunde	7,78
sehr fein gepulvert	½ Stunde	11,40

[1] Arch. Pharmaz. Ber. dtsch. pharmaz. Ges. **269**, 416 (1931).
[2] Arch. Pharmaz. Ber. dtsch. pharmaz. Ges. **276**, 368 (1938).
[3] Scientia pharmac. **6**, 101 (1935).

Auch sind die Ölausbeuten von der Art der Destillation abhängig. Wird die Droge mit Wasserdampf destilliert, so können bei feinen Pulvern die Teilchen zusammenbacken, und es werden sich Straßen für die durchstreichenden Wasserdämpfe bilden. Die Öldestillation kann dadurch stark behindert werden. Wird das feine Pulver mit Wasser destilliert, so wird durch die ständige Bewegung des siedenden Wassers eine Behinderung der Öldestillation nicht eintreten können.

Nach H. Kaiser und W. Lang[1] wirkt sich dagegen der Zerkleinerungsgrad kaum auf die Ölausbeute, sondern nur auf die Destillationsdauer aus. Dies gilt auch für Drogen, deren Ölbehälter im inneren Gewebe liegen. Trotzdem wird bei diesen Drogen eine Zerkleinerung empfehlenswert sein, um die Destillationszeit zu verkürzen.

Trotz größter Vorsichtsmaßnahmen treten bei allen Apparaten mehr oder weniger große Verluste an ätherischem Öl auf. Solche unvermeidliche Verlustquellen sind Verharzung der Öle im Verlauf der Destillation, die Löslichkeit der Öle in Wasser und die hohe Flüchtigkeit der Öle. Besonders in offenen Apparaten oder bei Bestimmungen, die mit Hilfe von Xylol ausgeführt werden, können solche Flüchtigkeitsverluste beträchtlich sein. Man kann bei den bisherigen Apparaten und Bestimmungsmethoden deshalb nicht von absoluten Werten sprechen, sondern nur von relativen Werten, die mit einer jeweiligen Bestimmungsmethode oder einer jeweiligen Apparatur erhalten werden. Die Methoden zur Bestimmung ätherischer Öle sind demnach nur Konventionsmethoden und können nur als solche gewertet werden. Es ist deshalb nötig, jeweils die Methode anzugeben, nach der die Werte einer Bestimmung erhalten wurden.

Trotzdem bemühte man sich, die Apparate und Methoden immer weiter zu verbessern, um die Genauigkeit der Bestimmung zu erhöhen. Solche Verbesserungen führten zwangsläufig zu komplizierten Apparaten mit erhöhter Zerbrechlichkeit, die auch nicht allerorts zugänglich sind. Es sollen deshalb auch einfachere Apparate und Methoden besprochen werden, die ebenfalls reproduzierbare Werte liefern und als Konventionsmethode in der Praxis gute Dienste leisten können. Jedes der neu vorgeschlagenen Verfahren bietet gewisse Vorteile, die den jeweiligen Umständen entsprechend zur Anwendung gelangen und eventuell mit anderen Methoden und Apparaten kombiniert werden können.

Gravimetrische Methoden.

Als bekanntes Beispiel für eine gravimetrische Methode sei auf das Verfahren des Deutschen Arzneibuches 6 hingewiesen:

Nach dem DAB 6 werden 10 g Droge der Wasserdampfdestillation unterworfen, das Öl durch Aussalzen und Ausschütteln mit Pentan vom Wasser abgeschieden und nach dem Abdestillieren des Pentans gewogen.

Diesem Verfahren wurden verschiedene Nachteile vorgeworfen, z. B. daß die Droge nicht genügend erschöpft würde, das ätherische Öl würde

---

[1] Dtsch. Apotheker-Ztg. **91**, 163 (1951).

nicht quantitativ aus der wäßrigen Lösung mit Pentan extrahiert, das Abdestillieren des Pentans wäre mit Verlusten an ätherischem Öl verbunden, auch könnten Tropfen der wäßrigen Kochsalzlösung, die in das Abdampfkölbchen gelangen, Überwerte veranlassen und schließlich wäre das Verfahren langwierig und kostspielig.

Das Mitwiegen von Kochsalzkristallen kann nach H. KAISER und K. EGGENSPERGER[1] auf folgende Art vermieden werden:

Von der möglichst wasserfreien Pentanlösung wird das Pentan abdestilliert. Beim Auftreten eines Wassertropfens wird dieser rasch verdunstet sein und das Kochsalz fest an der Glaswand haften. Nach vorschriftsmäßigem Trocknen im Exsiccator wird das Öl + Kochsalz gewogen. Nach der Wägung wird mittels Pentan das Öl wieder herausgelöst (gut nachspülen), wobei das Kochsalz unverändert zurückbleibt. Dann wird das Kölbchen wie zuvor erneut getrocknet und gewogen. Nach dem Abziehen des letzten Gewichtes vom ersten (Öl und Kochsalz) bleibt als Differenz der Ölgehalt.

Bei leicht flüchtigen Ölen schlägt H. TH. MIJNHARDT[2] vor, den Kolben mit dem ätherischen Öl nicht in den Exsiccator zu stellen, sondern 12 Stunden mit einem Stopfen zu verschließen, in dem ein oben verschlossenes, unten mit seitlicher Öffnung versehenes Reagenzglas (80,14 mm) steckt, das 1 g Calciumoxyd enthält.

Nach W. J. STRAZEWICZ[3] kann die ätherische Ölbestimmung durch Destillation nicht den wahren Gehalt an ätherischem Öl angeben, sondern die Werte können nur als Ausbeuten angesehen werden, da die Destillation der ätherischen Öle durch Wasserdampf weder die Quantität noch die Qualität derselben angeben kann, die ihrem tatsächlichen Verbrauch in den Drogen selbst entsprechen würde und verschiedene ätherische Öle während der Wasserdampfdestillation nicht nur unterschiedliche Verluste zeigen, sondern ein und dasselbe ätherische Öl sogar größere Verluste aufweist, je nach der Menge, die zur Destillation verwendet wurde.

Um den wahren Ölgehalt zu bestimmen hat STRAZEWICZ erfahrungsgemäß festgestellt, daß das Differenzverhältnis zweier verschiedener Mengen reinen ätherischen Öles zur Destillation genommen (a und a_1), zur Differenz der Menge des aus der Destillation erhaltenen Öles (b und b_1) einen konstanten Wert (K) besitzt, woraus sich der wahre Ölgehalt berechnen läßt. STRAZEWICZ hat diese Berechnung auf das Verfahren des DAB 6 angewendet. Wurden z. B. nach der DAB 6-Methode in Folia Menthae piperitae 0,866% ätherisches Öl gefunden, so beträgt nach Umrechnung der wahre Gehalt 1,175%.

O. MORITZ[4] erwähnt zu diesem Verfahren, daß die Annahme von STRAZEWICZ nur dann richtig wäre, wenn das in der Droge vor Beginn der Destillation enthaltene Öl qualitativ dem aus der Droge durch Destillation zu gewinnende Öl gleichzusetzen wäre. Es müßte demnach noch der Beweis erbracht werden, daß die erneute Destillation eines soeben erhaltenen ätherischen Öles kein wesentlich anderer Vorgang ist, als die Destillation des Öles der Droge bei Gegenwart der übrigen Drogenbestandteile.

---

[1] Pharmaz. Ztg. **1928**, 1036. — [2] Pharmac. Weekbl. **1936**, 791.
[3] Pharmaz. Zentralhalle Deutschland **1936**, 81, 97.
[4] Arch. Pharmaz. Ber. dtsch. pharmaz. Ges. **276**, 368 (1938).

Volumetrische Methoden.

Die Methode des DAB 6 wurde aus den vorstehenden Gründen verschiedentlich abgeändert oder auch gänzlich abgelehnt, andere Methoden wurden ausgearbeitet und vorgeschlagen. Um den Verdunstungsfehler, der durch das Abdestillieren des Pentans und beim Wiegen des Öles entsteht, zu vermeiden, wurden Verfahren entwickelt, bei denen das abgeschiedene Öl in einem graduierten Meßzylinder volumetrisch gemessen wird. Eine Voraussetzung dieses Verfahrens ist klare Trennung von Öl und Wasser ohne Emulsionsbildung, deren Einhaltung oft mit Schwierigkeiten verbunden ist.

a) Ein solches Verfahren war von O. DAFERT[1] entwickelt worden. DAFERT destilliert das ätherische Öl direkt in ein graduiertes Zentrifugenröhrchen (Butyrometer), so daß nach dem Zentrifugieren das Volumen des ätherischen Öles abgelesen werden kann. Ein Nachteil dieser einfachen Arbeitsweise bestand bisher darin, daß sich nur spezifisch leichtere Öle als Wasser bestimmen ließen. Nach einem Vorschlag von R. FISCHER[2] kann aber das spezifische Gewicht durch Zusatz von Kochsalz derart erhöht werden, womit gleichzeitig eine geringere Löslichkeit des ätherischen Öles im Destillat verbunden ist, daß eine Bestimmung auch spezifisch schwererer Öle als Wasser ermöglicht wird. Die Bestimmung nach DAFERT in Verbindung mit der Verbesserung von R. FISCHER wird in folgender Weise ausgeführt:

Je nach dem Ölgehalt bringt man 5 bis 50 g der zerkleinerten Droge und eine entsprechende Menge Wasser in einen Erlenmeyerkolben, läßt unter öfterem Umschütteln eine gewisse Zeit stehen und verbindet dann den Kolben mit dem Destillationsrohr. Das Erhitzen hat möglichst rasch und gleichmäßig zu erfolgen. Als Auffanggefäß für das Destillat dient ein graduiertes Zentrifugierröhrchen von ca. 30 ccm Inhalt, das ähnlich wie ein Butyrometer konstruiert ist und zu $\frac{1}{3}$ mit gesättigter Kochsalzlösung gefüllt ist. Die Capillare des Zentrifugierröhrchens ist oben durch einen Tropfen Wasser geschlossen. Sobald sich der erweiterte Teil des Röhrchens gefüllt hat, verschließt man ihn mit einem Gummistopfen und entfernt den anderen. Der Stopfen wird nun so weit in das Röhrchen eingedreht, daß das Öl in der Capillare steht, worauf man 10 Minuten lang zentrifugiert und dann abliest. Jeder Teilstrich soll höchstens 0,005 ccm entsprechen. Es sind stets so lange Röhrchen zu füllen, als Öl wahrzunehmen ist, wozu meistens 3 Röhrchen genügen.

Handelt es sich um besonders schwere Öle, so beschickt man das Röhrchen vor der Destillation mit soviel festem Kochsalz, daß am Ende der Destillation eine etwa 30%ige Kochsalzlösung resultiert. Die Dichte beträgt etwa 1,17. Die Öffnung der Capillare verschließt man aber mit einem Tropfen gesättigter Kochsalzlösung und nicht mit Wasser, da sonst die Kochsalzkristalle den Wassertropfen aufsaugen würden. Nach Auffangung des Destillats und Verschluß des Röhrchens wird durch vorsichtiges Schütteln das Kochsalz vollends in Lösung gebracht. Da während der Auflösung desselben die in den Kristallen eingeschlossene Luft frei wird und geringe Schaumbildung verursacht, empfiehlt es sich, erst nach vollkommener Lösung die Flüssigkeitssäule mit Hilfe des Gummistöpsels in die Capillare zu treiben.

b) Ähnlich ist das Verfahren von J. STAMM[3], nach dem das Öl in ein mit Tetrachlorkohlenstoff beschicktes graduiertes Zentrifugenröhrchen

---

[1] Z. f. d. landw. Versuchsw. i. Deutschösterreich **1923**, 105.
[2] Apotheker-Ztg. **1929**, 435.
[3] Festschrift für TSCHIRCH, Leipzig 1926, S. 283. SCHIMMEL, B. **1927**, 163.

destilliert und nach dem Zentrifugieren aus der Volumzunahme des Tetrachlorkohlenstoffes die ätherische Ölmenge abgelesen wird. Auf diese Weise können spezifisch leichte und schwere ätherische Öle ohne Unterschied bestimmt werden.

Die Apparatur besteht aus einem 750 ccm fassenden Stehkolben, dem ein Kugelaufsatz aufgesetzt ist. Das Aufsatzrohr ist mit einem aufrecht montierten Kühler verbunden, dessen Kühlrohr sich im unteren Teile verjüngt und in die Vorlage, das Oleometer, hineinragt. Dabei darf die Oberfläche des Destillats, auf der sich das Öl meist befindet, nicht von dem Kühlrohr berührt werden. Das Oleometer besteht aus einem oberen 20 ccm fassenden Teil, der zur Aufnahme des Destillates dient, und einem kleineren, unteren kugeligen Teil, der vor dem Versuch bis zu einer bestimmten Marke mit Tetrachlorkohlenstoff gefüllt wird. Diese beiden Teile verbindet eine in Hundertstelkubikzentimeter eingestellte Pipette.

Zur Ausführung der Bestimmung wird die Droge (5 bis 20, selten 50 g) in den zuvor mit Schwefelsäure gereinigten und ausgespülten Kolben geschüttet, mit 250 ccm destilliertem Wasser übergossen und eine halbe Stunde bei Zimmertemperatur unter öfterem Schütteln stehengelassen. Hierauf beginnt man mit der Destillation und reguliert sie in der Weise, daß 20 ccm Destillat in 2,5 bis 3 Minuten übergehen. Sobald das Oleometer mit dem Destillat gefüllt ist, ersetzt man die Vorlage, ohne die Destillation zu unterbrechen, durch ein zweites ebensoviel Tetrachlorkohlenstoff enthaltendes Oleometer und tauscht die Vorlage, wenn nötig, noch ein drittes Mal aus. Die die Destillate enthaltenden Oleometer werden hierauf unter besonderen Vorsichtsmaßnahmen geschüttelt und zentrifugiert, worauf nach Eintritt konstanter Temperatur von 15° C die Volumzunahme des Tetrachlorkohlenstoffes abgelesen und der Gewichtsprozentgehalt der Droge unter Berücksichtigung der Dichte des betreffenden Öles ermittelt werden kann. Meist befindet sich die Hauptmenge des ätherischen Öles im ersten und nur ein geringer Teil im zweiten Oleometer. Das dritte ist dann immer ölfrei. Zu beachten ist, daß infolge der Löslichkeit des Tetrachlorkohlenstoffs in Wasser (0,08 : 100) und der nicht ganz vollständigen Abscheidung der Mikrotröpfchen beim Zentrifugieren stets ein Verlust von einem Teilstrich entsteht (0,01 ccm). Dieser Verlust muß bei allen Bestimmungen dem Endresultate als Korrektur hinzugezählt werden.

Um den wahren Gehalt an ätherischem Öl zu ermitteln, stellt STAMM[1] fest, wieviel ätherisches Öl unter gleichen Bedingungen mit Wasser destilliert werden muß, damit man die gleiche Ausbeute wie bei der Destillation aus den entsprechenden Drogen erhält. Befriedigende Ergebnisse wurden erhalten bei Anis, Rosmarin, Thymian, Pfefferminze und Kümmel.

c) Die Methode von DAFERT wurde von R. WASICKY und Mitarbeitern[2] weiter entwickelt und eine Apparatur konstruiert, in der die Droge nicht mit Wasser destilliert wird, sondern nur mit Wasserdämpfen in Berührung kommt. Durch diese Dampfdestillation gegenüber der Wasserdestillation wird Schäumen, Überhitzen und Ansetzen der Droge vermieden, die Destillation soll beschleunigt und die Droge besser erschöpft werden. Nach Untersuchungen von O. MORITZ[3] treffen die letzten zwei erwähnten Vorteile nicht in dem erwarteten Maße zu. Die Unterschiede in den Ausbeuten und im zeitlichen Verlauf beider Destillationsarten sind unerheblich, wie aus dem Kurvenbild Abb. 1 hervorgeht (Ausnahmen eventuell Fl. Chamomillae u. a.). Erst wenn der Destillationskolben bei der Dampfdestillation tief in ein Ölbad von 150° eintaucht und dadurch

---

[1] Pharmacia [Tallinn] **1926**, Nr. 5; C. C. **1927**, II, 1519.
[2] Pharmaz. Presse **1933**, Wiss.-prakt. H. 5.
[3] Apotheker-Ztg. **55**, 516 (1940).

mit überhitztem Dampf destilliert wird, ergeben sich erhebliche Unterschiede zugunsten der Dampfdestillation (Abb. 2).

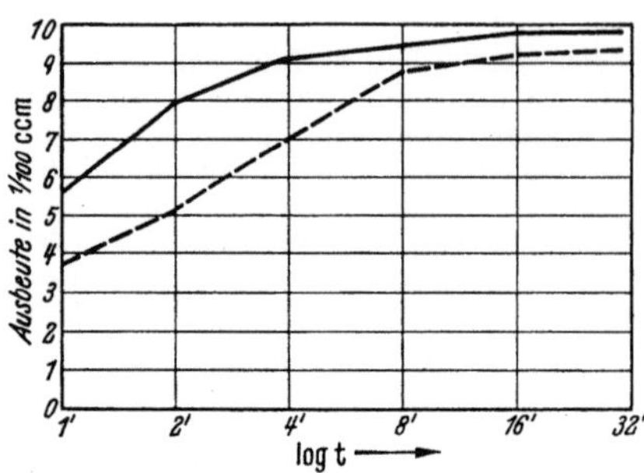

Abb. 1. Zeitlicher Verlauf der Ölabscheidung bei Wasserdestillation und Wasserdampfdestillation. Wasserdestillation: gestrichelte Kurve. Einwaage: 5 g Fol. Menthae pip. Dampfentwicklung: 0,6 g je Minute.

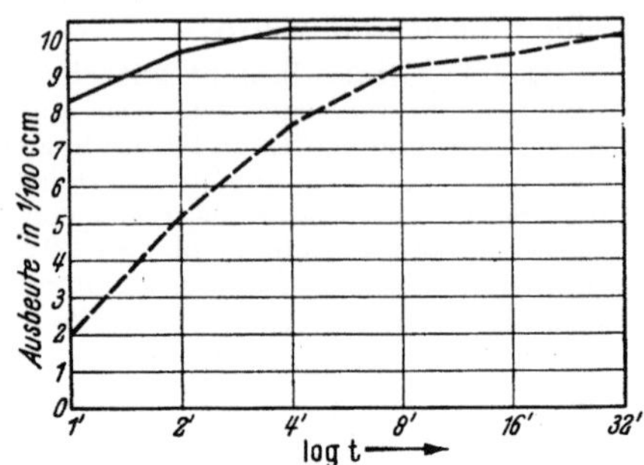

Abb. 2. Siehe Abb. 1. Kolben jedoch tief eingetaucht. Dampfentwicklung: 0,8 g je Minute.

d) Ähnlich ist das Verfahren von L. KOFLER und G. HERRENSCHWAND[1], das die Vorteile der DAFERTschen Methode mit denen des Tailameter-Verfahrens vereinigt und für eine Ölbestimmung ungefähr eine Stunde erfordert. Auch bei diesem Verfahren wird die Dampfdestillation in Anwendung gebracht, bei der der Wasserdampf die trockene Droge durchströmt ohne sie zu benetzen. Voraussetzung dieses Verfahrens ist, daß zur Erschöpfung der Drogenmenge nicht mehr als 60 ccm Destillat erforderlich sind. Diese Bedingung trifft z. B. bei 10 g Mentha und je 5 g Salbei, Fenchel und Kümmel zu.

Apparate mit Rücklaufdestillation.

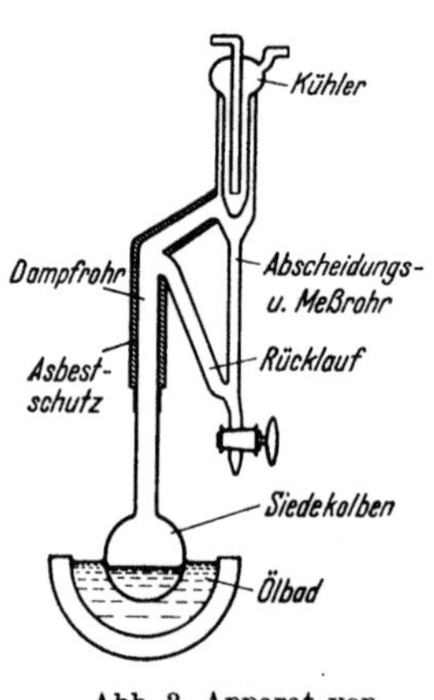

Abb. 3. Apparat von CLEVENGER.

a) Einen grundsätzlich neuen Apparat zur ätherischen Ölbestimmung brachte CLEVENGER[2], der auf dem Prinzip der Rücklaufdestillation beruht, d. h. das Wasserdampfdestillat wird in den Destillationskolben zurückgeleitet, so daß mit derselben Wassermenge beliebig lang destilliert werden kann (Abb. 3). Das ätherische Öl wird in einem graduierten Meßröhrchen aufgefangen und das Volumen gemessen. Zur Destillation verwendet man 5 g Droge und 40 ccm Wasser, wodurch die Menge aromatischen Wassers, d. h., mit ätherischem Öl gesättigten Wassers, das Ölverluste nach sich zieht, bedeutend herabgesetzt wird. Die Erhitzung des Destillationskolbens (Wasserdestillation) wird indirekt durch ein Paraffinbad vorgenommen. Diese Apparatur

---

[1] Arch. Pharmaz. Ber. dtsch. pharmaz. Ges. **1935**, 388.
[2] J. Amer. pharmac. Assoc. **17**, 345 (1928).

wurde von H. K. BAUER und Mitarbeitern[1] und H. IHBE[2] als sehr vorteilhaft befunden.

b) Scheinbar unabhängig davon wurde dasselbe Prinzip der Umlaufdestillation auch von A. KUHN[3] zur ätherischen Ölbestimmung herangezogen. KUHN benützte ursprünglich einen von der Fa. Geyer, Berlin, für die Wasserbestimmung konstruierten Apparat, der dann von UNGER[4] zur ätherischen Ölbestimmung entsprechend geändert wurde (Abb. 4). Die Arbeitsweise dieses Apparates ist folgende:

10 g Droge werden in dem Rundkolben mit 200 bis 300 ccm Wasser angesetzt und erhitzt. Der aufsteigende Wasserdampf nimmt das ätherische Öl, das in der Droge enthalten ist, mit und wird im Rückflußkühler kondensiert. Das Kondensat, ein Gemisch von Wasser und Öl, tropft in das graduierte Meßrohr. Bei Beginn der Destillation hat der CZYKO-Hahn am unteren Ende des Meßrohres die Stellung I. Das Kondensat sammelt sich in der Höhe des Überlaufes und das Öl setzt sich als deutlich sichtbare Schicht über dem Wasser ab. Nach Beendigung der Destillation wird der Hahn in Stellung II gebracht und zwar vorsichtig und langsam. In dem seitlichen mit Ringmarke versehenen Rohr ist inzwischen 30 bis 40° heiße Kochsalzlösung eingebracht worden. Die bei Stellung II langsam in das Meßrohr eintretende Kochsalzlösung erhöht das spezifische Gewicht des Wassers, wodurch auch kleinste Ölteilchen an die Oberfläche getrieben werden, wo sie sich mit der bereits vorhandenen Ölschicht vereinigen. Man läßt nunmehr langsam weitere Kochsalzlösung zufließen, so daß sich das Flüssigkeitsniveau allmählich so weit hebt, daß die Ölschicht völlig in der engen Capillare, die in $^1/_{100}$ ccm eingeteilt ist, des Meßrohres verschwindet. Ist alles Öl in der Capillare, so wird der Hahn in Stellung III gebracht und an dem engen Meßrohr die Menge abgelesen.

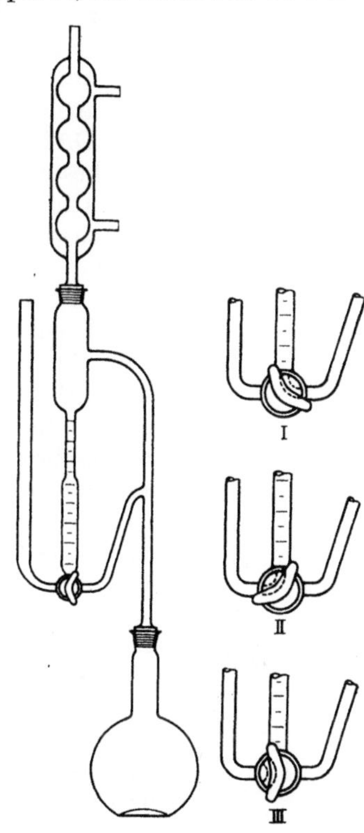

Abb. 4. Apparat von UNGER.

Bei Ölen, die schwerer als Wasser sind (Zimtöl, Nelkenöl) ging KUHN in der Weise vor, daß er in das Auffangsrohr vor Beginn der Destillation 1 ccm Xylol einfüllte, das auf der Wassersäule schwimmt und das übergehende Öl abfängt. Eine Kontrollbestimmung, die so ausgeführt wurde, daß 1 ccm Xylol $^3/_4$ Stunde destilliert wurde, ergab einen Verlust von 0,03 ccm. Der Verlust ist dadurch zu erklären, daß sich das gesamte, im System enthaltene Wasser mit Xylol sättigt. Bestimmt man auf diese Weise ätherische Öle, die schwerer als Wasser sind, so hat man von jeder Bestimmung 0,97 ccm vom abgelesenen Volumen abzuziehen. Bei Zimtöl ist immer noch eine Differenz von fast 10% vorhanden, so daß hier die Methode nicht verwendet werden sollte.

---

[1] Pharmaz. Zentralhalle Deutschland **1935**, 501.
[2] Die dtsch. Heilpflanze **1937**, 3. u. 4.
[3] Pharmaz. Ztg. **1934**, 99. — [4] Pharmaz. Ztg. **1936**, 1400.

Dieses Verfahren, nach dem meist höhere Werte als nach der DAB 6 Methode erhalten werden, reicht nach H. WILL[1] und auch nach Ph. HORKHEIMER[2] in der Genauigkeit nicht an die Methode des DAB 6 heran. Trotzdem ist sie wegen ihrer schnellen Ausführbarkeit in der Praxis in vielen Fällen recht brauchbar, wenn man sich z. B. über den Ölgehalt mehrerer Drogenmuster schnell unterrichten will.

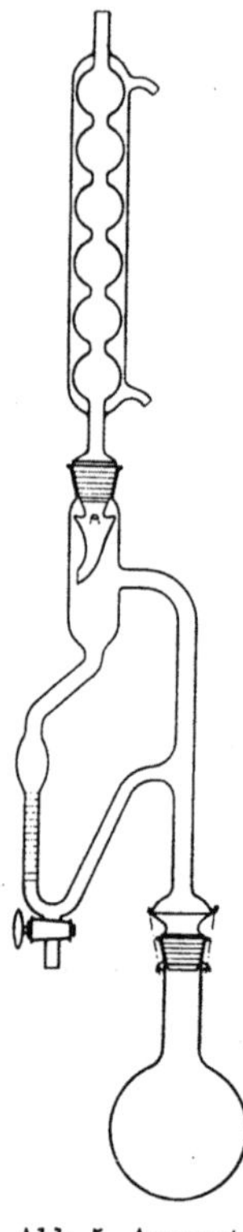

Abb. 5. Apparat von WASICKY.

Tritt keine klare Schichtentrennung ein und ist die Volumablesung erschwert, so kann das Öl aus dem Meßrohr mit mehr oder weniger wäßriger Lösung entfernt und anschließend mit Pentan ausgeschüttelt und nach dem DAB 6 gewogen werden. Zu diesem Zweck eignen sich besonders Apparate, die am unteren Ende des Meßrohres mit einem Hahn versehen sind, durch den das Öl einfach abgelassen werden kann. Das Meßrohr muß mit Pentan gut nachgespült werden.

c) R. WASICKY, F. GRAF und ST. BAYER[3] änderten den Apparat von KUHN-GEYER in der Weise, daß das abtropfende Kondensat aus dem Kühler nicht direkt in das kalibrierte Meßrohr tropft, da die auffallenden Tropfen den im Meßrohr abgeschiedenen Ölfaden in kleinste Öltröpfchen zerreißen, wodurch Ölverluste eintreten können und das Ablesen des Ölvolumens sehr erschwert wird (Abb. 5). Der Überlauf ist so hoch angebracht, daß das ätherische Öl sich in dem erweiterten Teil oberhalb der Meßröhre ansammelt. Dadurch werden Störungen infolge Capillarwirkung vermieden. Nach Beendigung der Destillation wird durch Öffnen des Hahnes das Öl in das Meßrohr abgelassen. Die Autoren destillieren auch mit gesättigter Natriumchloridlösung an Stelle von Wasser, wodurch die Löslichkeit des ätherischen Öles im Wasser herabgesetzt, der Siedepunkt um 8,8° erhöht und damit die Destillation beschleunigt wird. Bei Flores Caryophylli wurden z. B. mit Wasser nach ½ Stunde 15,3%, mit Kochsalzlösung 17,5% ätherisches Öl, nach 1 Stunde mit Wasser 17,0%, mit Kochsalzlösung 18,0% erhalten.

Bei Ölen, die schwerer als Wasser sind, fügen die Autoren 0,2 ccm Pinen (154 bis 156°) zu der Droge im Destillationskolben und destillieren dies mit dem Öl mit. Dieses löst sich in dem Pinen und sammelt sich dann oberhalb des Wassers im Meßrohr an. Dabei ist ein Pinenverlust durch Wasserlöslichkeit von 0,03 ccm zu berücksichtigen. Die Volumcontraction durch das gelöste Öl ist unbedeutend. Das Pinen kann auch direkt in die mit Wasser gefüllte Meßröhre pipettiert werden. Der Zusatz von Pinen empfiehlt sich auch bei Ölen, deren spezifisches Gewicht nahe bei 1 liegt, z. B. bei Fenchelöl, oder bei Ölen, die leicht am Glas kleben wie Oleum Chamomillae.

---

[1] Dtsch. Apotheker-Ztg. **1934**, Nr. 92.
[2] Pharmaz. Ztg. **1935**, 148. — [3] Scientia pharmac. **6**, 101 (1935).

Die Autoren schlagen vor, das Ergebnis solcher volumetrischer Bestimmungen in ccm pro g Droge auszudrücken, um eine Umrechnung auf Gew.-% durch Multiplikation mit dem spez. Gewicht der Öle zu vermeiden. Schließlich machen die Autoren darauf aufmerksam, daß am unteren Ende des Kühlrohres kleinste Öltröpfchen an der Glaswand auf- und abwandern und kreisen, ohne von den Wassertropfen mitgenommen zu werden, auch wenn die Destillationsdauer über mehrere Stunden ausgedehnt wird. Durch Abdrehen der Flamme für einige Minuten und dann fortgesetzte Destillation durch 10 Minuten gelingt es, den allergrößten Teil zum Abfließen ins Meßrohr zu bringen. Die zurückbleibenden Ölspuren sind praktisch vollständig bedeutungslos und machen keine Korrektur erforderlich.

Die beiden Apparate von CLEVENGER und KUHN bzw. UNGER wurden von O. MORITZ[1] geprüft, mit dem Ergebnis, daß der Apparat von CLEVENGER mit seinen kleineren Ausmaßen und entsprechend kleineren Flüssigkeitsmengen und dem Flächenkühler gegenüber dem Kugelkühler von UNGER vorzuziehen wäre. Als Nachteil beider Apparate erwähnt MORITZ, daß im Modellversuch mit Cymol und Xylol die vorgelegten Mengen nicht restlos wiedergefunden würden und Verluste bis zu 10% eintreten könnten. Als Ursache dafür führt Moritz das Haftenbleiben des ätherischen Öles an den Wänden der Apparatur an, die nicht mit Wasserdampf durchspült werden kann und die Löslichkeit des Öles im Destillationswasser. Diese Fehler können vermieden werden, wenn man die Apparatur mit dem zu untersuchenden Öl sättigt, indem man eine erste Destillation mit einer geringen Menge Füllung ausführt, die Ausbeute nicht entfernt, neu füllt und nunmehr die zusätzliche Ausbeute bestimmt. Erwähnt sei, daß nach K. H. BAUER[2] stark schäumende Drogen wie Fol. Melissae und Herba Chenopodii im Apparat nach CLEVENGER nicht destilliert werden können.

d) Das zweifellos vorteilhafte Rücklaufprinzip wurde nun mit den Vorzügen der Dampfdestillation, des absteigenden Kühlers und der einfachen volumetrischen Ablesung des Ölgehaltes in einem neuen Apparat von O. MORITZ vereinigt.

Der Apparat[3] (Abb. 6) besteht aus dem Siedekolben S, der mit etwa 40 bis 50 ccm Wasser gefüllt wird. Auf ihn wird mittels eines Korkstopfens oder Glasschliffes ein Abscheidungs- und

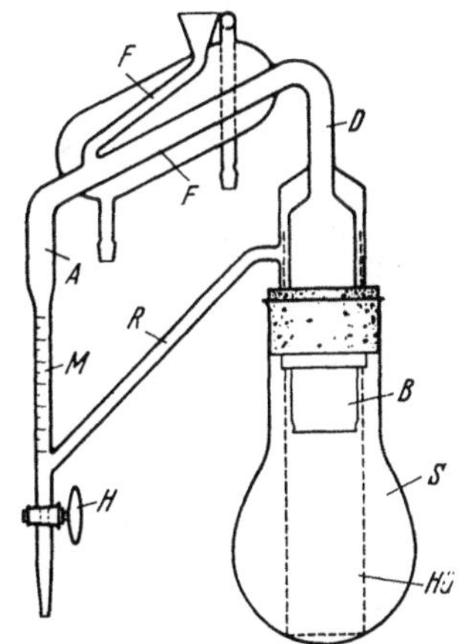

Abb. 6. Apparat von O. MORITZ.

Meßapparat aufgesetzt, der zugleich den Behälter B für den Rohstoff trägt. An diesen schließt sich ein Dampfrohr D an, dessen schräg nach unten weisender Teil einen angeblasenen Kühler F trägt und an das Abscheidungsrohr A angeblasen

---

[1] Arch. Pharmaz. Ber. dtsch. pharmaz. Ges. **1938**, 368; Dtsch. Apotheker-Ztg. **1940**, 507.

[2] Pharmaz. Zentralhalle Deutschland **1935**, 501.

[3] Hersteller: Glasbläser Arnold Eydam, Kiel, Karlstraße.

ist. Vom absteigenden Teil des Dampfrohres zweigt das Entlüftungsrohr f innerhalb des Kühlermantels ab. Der untere Zweig des Abscheidungsrohres geht über in das Meßrohr M, im allgemeinen eine $^1/_{100}$ ccm geteilte Bürette, von der der Rücklauf R sich oberhalb des Hahnes H abzweigt.

Der Arbeitsgang sei an zwei Beispielen beschrieben:

1. 1,5 g unzerkleinerte Droge oder grob zerschnittene Fol. Menthae pip. (alle Blatt-, Kraut- und Blütendrogen, welche im wesentlichen ätherisches Öl in Oberflächendrüsen enthalten, gelangen unzerkleinert oder mehr oder weniger grob zerschnitten in den Apparat) werden in ein in den Rohstoffbehälter passendes Säckchen aus Verbandsgaze gefüllt. Abscheidungs-, Meß- und Rücklaufrohr werden mit Wasser gefüllt. Das Wasser im Kolben wurde vorher zum Sieden gebracht (der Kolbenhals und der aufsteigende Teil des Dampfrohrs werden zweckmäßig mit Asbest umwickelt). Die Kühlung wird angestellt und nunmehr die Apparatur auf den Kolben gesetzt. Die Destillation wird so geleitet, daß die der Mündung des Dampfrohres gegenüberliegende Seite des Abscheidungsrohres keineswegs über Handwärme kommt. Nach 10 Minuten ist die Hauptmenge des Öles übergegangen, nach 25 Minuten wird die Gasflamme verkleinert, der Kühler F abgestellt und vorsichtig 5 Minuten weiter destilliert. Die Gasflamme wird entfernt, der Apparat vom Kolben getrennt und in einem gesonderten Stativ angeklammert, während ein neu beschickter Apparat auf den Kolben gelangen kann. Nach etwa 10 Minuten kann abgelesen werden, nachdem das Öl sehr langsam ins Meßrohr gezogen wurde. Es ist zweckmäßig, das Öl schon gleich nach Abschluß der Destillation an die konische Stelle des Abscheidungsrohres zu ziehen.

2. 2 g Fructus Foeniculi werden in einem Mörser, in dem unmittelbar vorher bereits 1 g Fructus Foeniculi zerrieben wurde, mit gekörntem Bimsstein zum Schutz vor freier Verdunstung und 1 g Calciumcarbonat zur Verhinderung der lästigen Zerteilung des abgeschiedenen Öltropfens zerrieben. Vorher wurde schon eine Lage guter Watte von etwa 5 × 10 cm vorbereitet. Auch doppelt oder dreifach gelegte Mullbinde entsprechender Größe ist möglich. Ferner bewährten sich Beutel aus losem Baumwollgewebe von 12 cm Umfang und 20 cm Länge. Das Pulver wird gleichmäßig im ganzen Beutel verteilt und dieser der Länge nach aufgerollt und in den Rohstoffbehälter eingeführt. Es ist Bedacht darauf zu nehmen, daß jede dieser Packungen den Behälter gut ausfüllt, ohne ihn jedoch fest zu verstopfen.

Das Auffangen von ätherischen Ölen mit einem spezifischen Gewicht von etwa 1 mit Xylol geschieht auf folgende Weise: Man pipettiert durch den Trichter des Entlüftungsrohres etwa 0,1 ccm Xylol, spült mit einigen Tropfen Wasser sorgfältig nach, zieht das Xylol in das Meßrohr, bestimmt seine Menge, treibt es mit Wasser wieder hoch, setzt jetzt erst die Bestimmung in Gang und zieht das bestimmte Volumen Xylol vom Endablesungswert ab.

Emulsionsbildung im Meßrohr wird vermieden durch peinliche Sauberkeit des Apparates (Reinigung mit Chromschwefelsäure, nach jeder Destillation Spülen mit Alkohol und Wasser) und ruhiges Destillieren oder durch Zerstören der Emulsion durch Zugeben einiger Tropfen gesättigter Calciumchloridlösung durch das Entlüftungsrohr während der letzten Zeit der Destillation, wenn das Kühlwasser bereits abgestellt ist.

e) Unabhängig von MORITZ wurde von K. KOCH[1] ein ähnlicher Apparat[2] (Abb. 7) konstruiert, der sich wesentlich durch die Lagerung der Droge und den senkrechten Kühler unterscheidet:

Während MORITZ die Droge in Watte einrollt oder in Säckchen bringt, wird die Droge in dem Apparat von KOCH einfach in eine Metallkapsel M eingefüllt, darüber wird ein ringförmiges Drahtnetz R gelegt und die Kapsel mit einem Metalldeckel D verschlossen. Dann werden die beiden Teile des Metallaufsatzes zusammengeschraubt und der Aufsatz auf den Kolben K gesetzt. Nunmehr wird das Abscheidungs- und Meßrohr durch 2 Gummischläuche mit Kolben und Metallaufsatz verbunden. Schließlich wird oben auf das Abscheidungsrohr ein Rückfluß-

---

[1] Dtsch. Apotheker-Ztg. **1939**, 310.

[2] Hersteller: Fa. Wagner & Munz, München, Karlstraße 43.

kühler gesetzt, dessen Innenrohr jedoch nicht zu Kugeln ausgeblasen ist. In den Kolben wird vor dem Zusammensetzen der Apparatur ein Siedesteinchen gebracht. Schließlich läßt man mittels einer Pipette 25 ccm Wasser oben durch den Kühler einfließen, so daß sich Abfluß- und Meßrohr gleich mit Wasser füllen.

Der Kolben wird jetzt auf dem Drahtnetz erhitzt, der sich entwickelnde Dampf, der bekanntlich auch Wassertröpfchen mitreißt, kondensiert sich zunächst außen am Rohstoffbehälter und wärmt auf diese Weise die Droge von außen vor, dann tritt er von oben in den Rohstoffbehälter ein, wo er wegen des bis auf den Boden reichenden Dampfrohres zunächst mit der Droge selbst nicht in Berührung kommt, sondern nur die Droge von innen vorwärmt. Das Wasser, das sich hierbei in sehr geringer Menge kondensiert, tropft auf den Boden des Rohstoffbehälters, kommt also mit der Droge selbst nicht in Berührung. Erst wenn die Droge völlig vorgewärmt ist, kann der Dampf darin eindringen, so daß ein Feuchtwerden der Droge im Rahmen des Möglichen weitgehend unterbunden wird. Nach 25 Minuten Destillation wird die Kühlung abgestellt und zugleich wird mit einer Schlauchklemme die Verbindung zwischen Ablaufrohr und Kolben verschlossen. Dadurch werden zunächst im Kühler noch haften gebliebene Öltröpfchen heruntergespült, zugleich steigt im Abscheidungsrohr die Ölschicht höher, so daß sie nachher beim Eintreten in das Meßrohr durch Öffnen des Hahnes H die heruntersinkende Ölschicht Öltröpfchen mitnimmt, die sich möglicherweise im oberen Teil des Abscheidungsrohres noch festgesetzt haben.

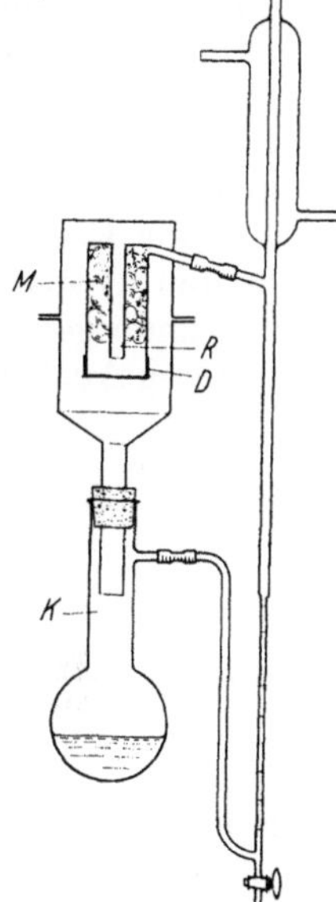

Abb. 7. Apparat von Koch.

Bei einem Vergleich dieses Apparates mit dem von Unger erhielt Koch mit seinem Apparat meistens höhere Ausbeuten bei bedeutend kürzerer Destillationszeit, wie aus Tab. 2 hervorgeht.

Tabelle 2.

Droge	Gerät Koch Destillationsdauer ¹/₂ Std. 25 ccm Wasser		Gerät Unger Destillationsdauer 2 Std. 300 ccm Wasser	
	Einwaage g	Vol.-% Öl	Einwaage g	Vol.-% Öl
Fol. Salviae conc. . . .	10,0	2,0	10,0	1,5
,, ,, ,, . . .	10,0	2,0	10,0	1,7
Herb. Thymi conc. . .	10,0	1,5	10,0	1,2
,, ,, ,, . .	10,0	1,5	10,0	1,3
Folia Menthae	10,0	1,2	10,0	0,7
,, ,, ...	10,0	1,2	10,0	1,1
Fruct. Foeniculi pulv.	5,0	3,6	10,0	3,7
,, ,, ,,	5,0	3,6	10,0	3,5
Fruct. Carvi pulv. . . .	5,0	1,9	10,0	1,9
,, ,, ,, . . .	5,0	1,9	10,0	1,9
Flor. Lavandulae tot.	5,0	1 4	10 0	1 2

Auch im Vergleich zu den Ausbeuten des Apparates nach Moritz erhielt Koch mit seinem Apparat teilweise höhere Werte (Tab. 3). Koch führt diese höheren Ausbeuten auf verschiedene Ursachen zurück. Zum Beispiel darauf, daß die Droge in seinem Apparat weitgehend vorgewärmt und weniger feucht würde und die Dampfdurchströmung der Droge in der Wattepackung nach MORITZ ungünstig wäre, da der Dampfstrom durch die weniger Widerstand entgegensetzende Watteschicht von der Droge abgelenkt würde. MORITZ[1] unterzog hierauf die von KOCH angeführten Gründe einer systematischen Prüfung mit dem Ergebnis, daß Packungsart der Droge, Dampftrockenheit, Rohstofftrockenheit, Dampfmenge und Wassermenge im Siedegefäß auf die Ausbeuten an ätherischem Öl ohne Einfluß sind, wenn die Ausmaße eines für etwa 5 g Droge gebauten Apparates und eine Destillationszeit von etwa 30 Minuten zugrunde gelegt werden. Demnach kann noch keine Erklärung für die höheren Ausbeuten der KOCHschen Apparatur gegeben werden.

Tabelle 3.

Droge	Apparat MORITZ			Apparat KOCH		
	Einwaage g	Wasser-menge ccm	Vol.-% Öl	Einwaage g	Wasser-menge ccm	Vol.-% Öl
Fol. Salviae conc ...	5	50	1,5	5	25	1,8
Flor. Lavandulae tot.	5	50	1,2	10	25	1,2
Herba Thymi conc...	5	50	1,2	5	25	1,2
Fruct. Carvi pulv....	5	50	1,4	5	25	1,6
,, ,, ,, ...	5	50	1,4	5	25	1,7
,, ,, ,, ...	5	50	1,2	5	25	1,7
Fruct. Anisi pulv....	5	50	0,8	5	25	1,6
Fol. Menth. I conc...	5	50	0,5	10	25	1,0
,, ,, I ,, ..	5	50	0,7	10	25	
Fol. Menth. II conc. .	5	50	1,0		25	1,2

f) Um die Messung des abgeschiedenen ätherischen Ölvolumens genauer zu gestalten und spezifisch leichte und schwere Öle unter den gleichen Bedingungen destillieren zu können, hat H. PANZER[2] den Apparat mit Rücklaufprinzip weiter entwickelt. PANZER setzt dem Destillationswasser, das die Droge enthält, Monobrombenzol zu, das infolge seines hohen spez. Gewichtes und der Löslichkeit für ätherische Öle, aber Unlöslichkeit für Wasser, sich zusammen mit dem ätherischen Öl in einer Abscheidungsvorrichtung von dem Destillationswasser trennt und eine genaue Ablesung des Volumens gestattet, während das Destillationswasser in den Kolben zurückfließt.

Als Destilliergefäß dient ein 1 Liter-Rundkolben, welcher mit einem gut schließenden Kork über das Dampfrohr mit dem Apparat verbunden wird. Die Abtropf- und Auffangvorrichtung[3] (Abb. 8) besteht aus einem konisch ausgezogenen Glaszylinder *a*, welcher an den Kühler *k* direkt angeschmolzen ist. Das Kühlrohr ist glatt und mit möglichst kleiner Oberfläche gehalten. Die Länge des Kühlmantels beträgt 25 cm. Das herausragende Kühlrohrende ist so verblasen, daß das Kondensat mitten in einen das freie Ende des Kühlrohrs umgebenden Zylinder *b* abtropft. Der Zylinder ist zwecks Dampfdurchtritts gelocht. Seitlich an dem konischen Zylinder befindet sich das Rohr *r* für den Dampfzutritt und den Kondensrücklauf.

---

[1] Dtsch. Apotheker-Ztg. **1940** 507, 516.
[2] Dtsch. Apotheker-Ztg. **54**, 1000 (1939).
[3] Hersteller: Fa. H. Fahrenholz, Jena, Rinne 5.

An der Spitze des Conus ist die Meßeinrichtung angeschmolzen. Sie besteht aus einem in $^1/_{100}$ ccm geteilten Rohr von etwa 1 ccm Inhalt. Oben geht das Rohr in eine Kugel über, die 2 ccm Volumen hat. Am unteren Ende schließt sich ein Sammelgefäß für Quecksilber an, an dem sich die beiden Hähne *H 1* und *H 2* befinden.

In dem Rundkolben werden Wasser, Brombenzol und Droge zum Sieden erhitzt. Das Dampfgemisch von Öl, Brombenzol und Wasser steigt in dem Dampfrohr in die Abtropf- und Auffangvorrichtung und tritt in den Kühler ein. Nach der Verdichtung tropft das Kondensat aus dem Kühlrohr auf das bis zur Marke *h* stehende Quecksilber. Brombenzol, Öl und Wasser scheiden sich, das Brombenzol-Ölgemisch befindet sich jetzt direkt über dem Queck- silber, während das Wasser die Auffang- vorrichtung füllt und durch das Dampf- rohr in den Kühler zurückläuft. Kurz bevor der Rücklauf eintritt, verschließt das Wasser das untere Ende des Zylinders *b*. Jetzt sammelt sich das weiter abtrop- fende Öl-Brombenzol-Gemisch in dem Zylinder und wird durch jeden einfallen- den Tropfen zu dem über *h* bereits ste‧ henden Öl-Brombenzol geschlagen. Nach Beendigung der Destillation wird durch Öffnen des Hahnes *H 1* das Quecksilber ganz langsam in das Gefäß *g* abgelassen. Das nachfolgende Öl-Brombenzol-Ge- misch füllt zunächst die Kugel, dann einen Teil des Meßrohres. Wenn der obere Meniscus des Brombenzols die Nullmarke erreicht hat, wird der Hahn *H 1* ge- schlossen und man liest am Meßrohr das Volumen des Brombenzols ab.

Arbeitsvorschrift. Vor der ersten Be- stimmung muß die Apparatur geeicht werden. Nachdem der Apparat mit Chrom- schwefelsäure gereinigt und gut getrock- net ist, gießt man durch den Füllstut- zen *v* Quecksilber ein, bis das Vorrats- gefäß *g* etwa $^3/_4$ damit gefüllt ist. Mit Hilfe eines kleinen Handgebläses, wel- ches man an *v* anschließt, drückt man das Quecksilber bis zur Höhe *h* durch das Meßrohr in die Auffangvorrichtung und schließt den sauber gefetteten Hahn *H 1*. Der Rundkolben wird mit 250 ccm

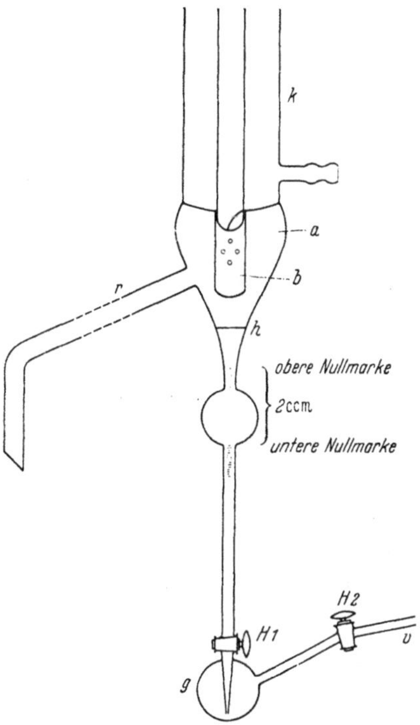

Abb. 8. Abtropf- und Auffangvorrichtung des Apparates von PANZER.

Wasser und 2 ccm frisch destilliertem Brombenzol beschickt. Man heizt bei einer mittleren Bunsenflamme langsam auf Siedetemperatur. Sobald das Kon- densat aus dem Kühler abzutropfen beginnt, gibt man zwei- bis dreimal aus einer Spritzflasche ganz kleine Mengen Wasser durch den Kühler. Dies wieder- holt man im Laufe der einstündigen Destillationsdauer etwa drei- bis viermal. Sobald die Hauptmenge des Brombenzols übergegangen ist, was .nach ungefähr 2 bis 3 Minuten vom Destillationsbeginn an gerechnet der Fall ist, senkt man den Quecksilberspiegel um etwa 1 cm. Nach einer Stunde vom Siedebeginn an gerechnet wird die Heizung abgestellt, der Kühler nochmals mit Wasser ausgespült und nun ganz langsam und vorsichtig das Quecksilber durch Öffnen des Hahnes *H 1* ab- gelassen. Wenn die Brombenzol-Wasser-Trennschicht den capillaren Teil des Meß- rohres erreicht hat, schließt man den *H 1* und wartet, bis Temperaturkonstanz eingetreten ist. Bei richtig geleiteter Destillation ist dies praktisch nach 10 Minuten der Fall. Dann läßt man so viel Quecksilber ausfließen, bis der untere Meniscus des Quecksilbers genau die untere Nullmarke des Meßrohres erreicht hat. Nun liest man oberhalb der Kugel an der Gradierung den Stand der Brombenzol-Wasser- Trennschicht ab. Das ist die Marke, auf die diese Schicht bei jeder Bestimmung einzustellen ist. Sie berücksichtigt die Wasserlöslichkeit des Brombenzols und den möglicherweise auftretenden Fehler bei der Herstellung der Meßeinrichtung.

Nachdem die Nullmarke in einem einmaligen Versuch für die betreffende Apparatur festgelegt ist, ist der Apparat für die Ölbestimmung bereit. Die Arbeitsweise bleibt genau die gleiche, es wird nur in den Siedekolben neben Wasser und Brombenzol die Droge mit eingewogen, und zwar in folgender Reihenfolge: 10 g Droge, Brombenzol, Wasser. Die dann am Meßrohr von der unteren Nullmarke abwärts abgelesenen Kubikzentimeter ergeben den volumetrischen Ölgehalt der eingewogenen Drogenmenge.

Mit dieser Apparatur hat PANZER im Vergleich zu den Apparaten von UNGER und MORITZ teilweise erheblich höhere Werte erhalten, wie sich aus Tab. 4 ergibt. Auch dieses Verfahren wurde hierauf von MORITZ[1]

Tabelle 4.

Droge	Apparat UNGER Vol.-%	Apparat MORITZ Vol.-%	Apparat PANZER Vol.-%
Fruct. Juniperi	1,3	1,0	1,5
Fol. Menthae pip.	1,2	1,2	1,6
Flor. Lavandulae	1,7	1,8	2,0
Rad. Valerianae	0,0	0,4	0,5
Cort. Cinnamomi	1,7	1,2	2,2
Fruct. Carvi tot.	3,0	0,4	3,0
Herba Thymi	2,1	1,8	2,4
Flor. Caryophylli conc.	16,0	11,0	15,5
Fruct. Foeniculi tot. ..	3,2	0,8	3,2
Fruct. Anisi tot.	1,4	0,8	1,6

einer Prüfung unterzogen, der im Gegensatz zu PANZER mit seinem Apparat sogar höhere Ausbeuten erzielen konnte als mit der Apparatur von PANZER. MORITZ führt die Ergebnisse von PANZER auf eine ungenaue Meßtechnik zurück, worüber die Ansichten der beiden Autoren geteilt sind.

K. H. BAUER und L. R. POHLOUDEK[2] sehen in der Methode von PANZER als Vorteil die Möglichkeit, den Zusatz einer flüchtigen Substanz (Brombenzol) zur Lösung des übergetriebenen ätherischen Öles in der Meßröhre weiter verfolgen zu können, weil die Korrektur, die die Lösung der flüchtigen Substanz, wie Pinen, Xylol u. a. im Destillationswasser ausgleichen soll, Schwankungen unterworfen ist und bei geringen Ölmengen deshalb größere Fehler sich einstellen können.

Die Autoren, die allerdings nicht mit der Original-Apparatur von PANZER arbeiteten, machen darauf aufmerksam, daß das Brombenzol langsam überdestillieren soll, um alles abdestillierte ätherische Öl zu lösen. Erhitzt man zu rasch, dann kann alles Brombenzol vor dem ätherischen Öl überdestilliert sein und der später übergehende Anteil des letzteren bleibt oben an der Wassersäule und fließt im Kreislauf immer wieder in den Destillationskolben zurück. Bei vorsichtigem Erhitzen und langsamen Destillieren läßt sich dies aber ohne Schwierigkeit vermeiden.

Ein Teil der bisher besprochenen Apparate wurde von K. H. BAUER und L. R. POHLOUDEK[2] an einer größeren Anzahl von Drogen mit stark

---

[1] Dtsch. Apotheker-Ztg. **1941**, 379, 525. — [2] Pharmaz. Ind. **9**, 181 (1942).

wechselndem Ölgehalt einer vergleichenden Untersuchung unterzogen, bei der einige Apparate auch kleine Änderungen erfuhren. Verglichen wurden die Apparate des DAB 6, von CLEVENGER, UNGER, WASICKY, MORITZ und KISS. Bei dem CLEVENGER-Apparat wurde aus einem 150 ccm-Kolben mit 50 ccm Wasser destilliert. Neben der Original-UNGER-Apparatur, hier als UNGER-Apparat I bezeichnet, benützten die Autoren einen UNGER-Apparat II, bei dem der 1 Liter-Destillationskolben durch einen 150 ccm-Kolben, der Kugelkühler durch einen Pilzkühler ersetzt wurde und die Destillation von 50 ccm Wasser aus einem Paraffinbad erfolgte. In gleicher Weise hatten sie auch den Apparat von WASICKY geändert, indem sie bei dem Apparat-WASICKY II auch einen 150 ccm-Kolben, 50 ccm Wasser zur Destillation benützten und in einem Paraffinbad bei 130 bis 150° erhitzten. Grundsätzlich unterscheidet sich Apparat und Verfahren von KISS, bei dem das ätherische Öl durch Adsorption an Kohle bestimmt wird (s. S. 28).

Die Einwaage war bei den Bestimmungen nach dem DAB 6, mit den Apparaten von CLEVENGER, UNGER in beiden Ausführungen und WASICKY in beiden Ausführungen zum Teil 5, zum Teil 10 g, nach MORITZ in allen Fällen 5 g und nach KISS 1 g. Die Destillationsdauer betrug eine Stunde, nur mit dem Apparat von MORITZ 30 Minuten. Das Öl-volumen wurde nach 15 Minuten langem Stehen bei Zimmertemperatur abgelesen.

Die Autoren fanden bei den einzelnen Apparaten keine großen Streuungen, so daß man innerhalb der verschiedenen Methoden an-nähernd gleichmäßige Werte erhält. Die übrigen Ergebnisse sind in Abb. 9 graphisch dargestellt. Daraus ergibt sich, daß die nach den Methoden des DAB 6, nach CLEVENGER, UNGER II, MORITZ und WASICKY II gefundenen Werte in den meisten Fällen keine großen Abweichungen gegeneinander zeigen. Dagegen sind größere Unterschiede zwischen diesen und den Methoden nach UNGER I und WASICKY I festgestellt worden, also bei den beiden Apparaten, bei denen aus großen Destillationskolben destilliert wurde. Es wurden mit dem Apparat WASICKY I stets die niedrigsten Werte erhalten, auch bei dem Apparat UNGER I wurden in den meisten Fällen auffallend niedere Werte gefunden. Die Methode von KISS gab teils sehr niedere, teils die höchsten Werte. Es ist aber zu berücksichtigen, daß bei dieser Methode nicht die mit Wasserdampf flüchtigen, sondern die bei 110° flüchtigen Drogeninhalts-stoffe bestimmt werden.

Weiterhin geht aus den Untersuchungen hervor, daß die Unterschiede zwischen den gefundenen Werten bei einigen Drogen sehr gering, bei anderen Drogen beträchtlich höher sind. Es hat den Anschein, daß für die eine Drogenart die eine, für eine andere dagegen die andere Methode geeigneter erscheint. Dies ist auch verständlich, wenn man bedenkt, daß das ätherische Öl kein eindeutiger chemischer Körper ist, sondern ein Gemisch von verschiedenen Verbindungen darstellt, die chemisch und physikalisch sich zum Teil sehr weitgehend unterscheiden. Infolgedessen ist das eine ätherische Öl von dem anderen dadurch verschieden, daß es sich im Wasser eventuell mehr löst, eine andere Grenzflächen-

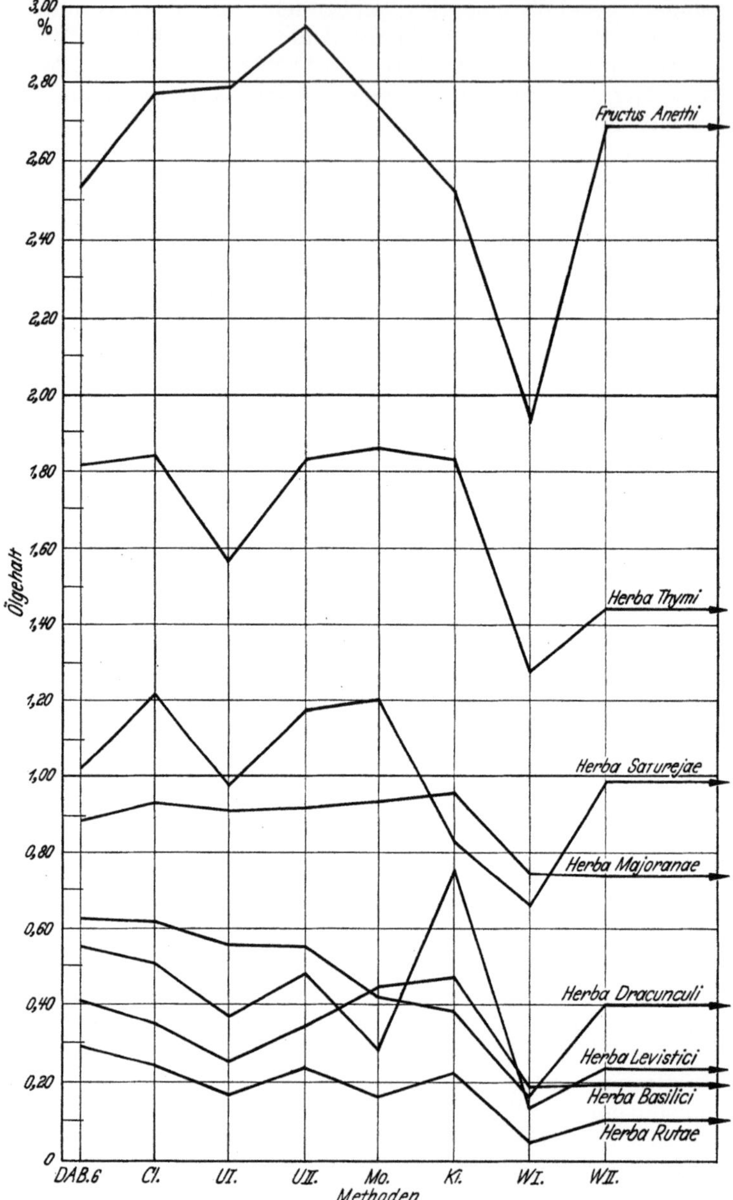

Abb. 9. Ätherischer Ölgehalt verschiedener Drogen mit verschiedenen Apparaten bestimmt.

spannung und Viscosität besitzt und deshalb sich vom Destillationswasser schlechter trennt. Solche Unterschiede können auch bei gleichen
ätherischen Ölen vorkommen und bedingt sein durch die Art der Trocknung, das Alter der Droge u. a.

BAUER und POHLOUDEK[1] haben schließlich auch vergleichende Untersuchungen mit verschiedenen Drogen-Einwaagen bei einigen Apparaten vorgenommen und zwar mit den Apparaten des DAB 6, von CLEVENGER, UNGER II und MORITZ. Die Destillationsdauer betrug bei CLEVENGER und UNGER 1 Stunde, bei MORITZ 30 Minuten und bei dem DAB 6, um die vorgeschriebene Menge von 200 ccm Destillat zu erhalten, 70 bis 90 Minuten. Die Unterschiede der erhaltenen Werte bei gleicher

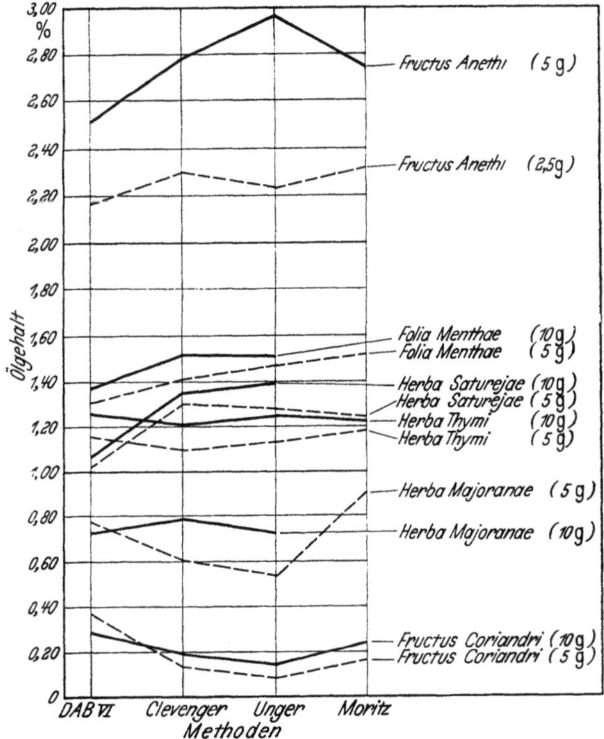

Abb. 10. Ätherischer Ölgehalt verschiedener Drogen, bestimmt mit verschiedenen Apparaten und Einwaagen.

Apparatur und Pflanzenart, jedoch verschiedener Einwaage, sind bei einigen Drogen gering, bei anderen aber beträchtlich hoch.

Die einzelnen Ergebnisse sind in Abb. 10 graphisch zusammengefaßt. Mit zwei Ausnahmen, bei Fructus Coriandri und Herba Majoranae unter Verwendung der Methode des DAB 6, wurden stets bei der größeren Einwaage höhere Werte für das ätherische Öl erhalten. Bei den Apparaten nach CLEVENGER und UNGER sind die größten Unterschiede bei denjenigen Drogen gefunden worden, die einen geringen oder einen besonders hohen Gehalt an ätherischem Öl besitzen, also bei Fructus Coriandri und Herba Majoranae mit niederem und Fructus Anethi mit

---

[1] Pharmaz. Zentralhalle Deutschland **84**, 221 (1943).

hohem Gehalt. Bei den Drogen mit einem Gehalt zwischen 1,0 und 1,31%
liegen sie mit einer Ausnahme (Fol. Thymi nach CLEVENGER) unter 10%.
In fast allen Fällen ist der Unterschied bei der Methode des DAB 6 im
Gegensatz zu den anderen Methoden am geringsten. Daß bei den volumetrischen Methoden die Unterschiede bei den Drogen mit niederem
Gehalt besonders groß sind, kann seinen Grund darin haben, daß bei der
geringen Ölmenge, die zum Teil noch geschätzt werden muß, sich die
Ablesefehler besonders auswirken. Aber dem-
gegenüber stehen die großen Differenzen bei
Fructus Anethi, so daß auch die Art der
Droge und wohl auch die Art des ätherischen
Öles mitbestimmend sind. Daraus ergibt
sich, daß bei der Bestimmung der ätherischen Öle in Drogen neben der Apparatur,
dem Verfahren auch die Einwaage der untersuchten Drogen angegeben werden soll.

g) Das Prinzip des absteigenden Kühlers
wurde schon von COCKING und MIDDLETON[1]
mit dem Rücklaufprinzip der Apparate von
CLEVENGER bzw. von KUHN-GEYER vereinigt, wodurch Ölverluste vermieden werden können (Abb. 11). Von einem Öl-Wasser-
dampfgemisch wird sich in einem Kühler
zuerst der höher siedende Wasseranteil kon-
densieren, der Wasser-Öldampf dagegen
später. In einem Rückflußkühler wird deshalb die Kondensation des Wasser-Öldamp-
fes weiter oben und dann sofort eine Trennung der beiden Phasen erfolgen. Dabei
können sich Tröpfchen des ätherischen Öles
im Kühler festsetzen, die nicht mehr abfließen. Beim Durchblasen des Kühlers mit
Wasserdampf besteht die Gefahr, daß das
Öl aus dem Kühler herausgetrieben wird

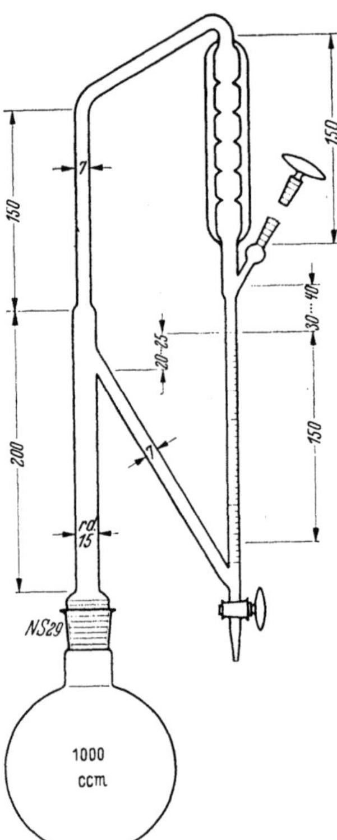

Abb. 11. CLEVENGER-Apparatur in
der Modifikation von COCKING und
MIDDLETON nach Ph. Brit. 1948.

und der Bestimmung gänzlich verlorengeht.
Diese Verlustquelle, die sich bei geringen
Drogenmengen oder geringem Ölgehalt stark
auf das Ergebnis auswirkt, wird durch einen absteigenden Kühler, wie ihn
COCKING und MIDDLETON und auch MORITZ verwenden, vermieden, da
der Kühler stets von Wasserdampf und Kondensat durchspült wird.

Der Apparat von COCKING und MIDDLETON, der von der Ph. Britanica 1948 übernommen worden ist, wurde von K. J. SCHMERSAHL[2] an
einer großen Anzahl von Drogen geprüft und als sehr geeignet befunden.
Ist das ätherische Öl schwerer als Wasser, so wird es in 1 ccm Xylol
aufgefangen und das Volumen kann dann ohne Schwierigkeit abgelesen
werden. Die Verwendung von Xylol oder einem ähnlichen Lösungsmittel

[1] Quart. J. Pharmac. Pharmacol. 5, 521 (1932); 8, 435 (1935).
[2] Süddtsch. Apotheker-Ztg. 90, 746 (1950).

wurde allerdings von CLEVENGER als Fehlerquelle abgelehnt, da durch Verflüchtigung der Lösungsmittel Fehler auftreten können, und hat für spezifisch schwerere Öle als Wasser einen besonderen Destillationsaufsatz verwendet. Von vielen Autoren wird aber mit Xylol gearbeitet, da auch die Bildung von Emulsionen und ein ungenaues Ablesen des Volumens des ätherischen Öles verhindert wird. W. DECKENBROCK[1] verhindert die Emulsionsbildung auf folgende Weise:

Während der letzten Zeit der Destillation, wenn das Kühlwasser bereits abgestellt ist, läßt man langsam durch das Entlüftungsrohr einige Tropfen gesättigte Calciumchloridlösung einfließen. Im übrigen achte man in diesen Fällen auf besondere Sauberkeit des Apparates (mehrstündiges Füllen mit Chromschwefelsäure oder Nitriersäure), ruhige Destillation und eventuell höhere Temperatur im Abscheidungsraum.

SCHMERSAHL gibt für einige Drogen Hinweise über Zerkleinerungsgrad, Einwaage, Wassermenge und Destillationsart, die in Tab. 5 zusammengestellt sind.

Tabelle 5.

Droge	Zerkleinerungsgrad	Einwaage g	Wasser ccm	Methode	Ungefähre Destillationszeit St.
Cort. Cinnamomi .	pulv. gross.	20	300	II	5
Flor. Caryophylli .	grob zerstoßen	5	300	II	5
Flor. Chamomillae	ganz	25—50	700	I	6
Fol. Menthae pip.	ganz	25	450	I	2
Fol. Salviae	ganz	20	450	I	2
Fruct. Anisi	ganz	20	300	II	4
Fruct. Carvi	ganz	20	300	I	4
Fruct. Foeniculi ..	ganz	20	300	II	4
Fruct. Juniperi ..	grob zerstoßen	25	300	I	3
Rhiz. Calami	pulv. gross.	20	450	I	5
Rhiz. Galangae ..	conc.	25	300	I	3
Rhiz. Zedoariae ..	conc.	25	300	II	3
Rhiz. Zingiberis ..	conc.	20	300	I	3

Methode II arbeitet mit Xylol.

Um die Temperatur des Wasserdampfes zu erhöhen, wird als Destillationsflüssigkeit, z. B. von der Ph. Britanica 1948, ein Gemisch von Glycerin und Wasser vorgeschrieben. SCHMERSAHL erwähnt dazu, daß der Dampf dann beträchtliche Glycerinmengen enthält und eventuell unkontrollierbare Einflüsse auf die ätherischen Öle ausüben kann. Deshalb ist eine Kochsalzlösung dem Glycerin vorzuziehen. Auch das Verhindern des Schäumens mit Paraffin lehnt SCHMERSAHL ab, da auch dieses mit Wasserdampf flüchtig ist. Die Erhitzung könne auf dem Asbestnetz vorsichtig vorgenommen werden, so daß die Verwendung eines Ölbades nicht unbedingt erforderlich wäre. Die Reinigung des Apparates nimmt SCHMERSAHL auf folgende Weise vor:

In den meisten Fällen genügte einmaliges kurzes Durchdestillieren der Apparatur, ohne den Kühler anzuschließen, mit etwa 10 ccm Ammoniakflüssigkeit auf

---

[1] Dtsch. Apotheker-Ztg. **92** 60 (1952).

100 bis 150 ccm Wasser und anschließende Spülung mit Wasserdampf. Nach fünf-
bis zehnmaliger Benutzung reinigt man mit Kaliumpermanganatlauge.

Zur Umrechnung der Volumenwerte auf Gew.-% gibt SCHMERSAHL folgende spez. Gewichte an (Tab. 6):

Tabelle 6.

Droge	Spez. Gewicht des äther. Öles	DAB 6 Mindest-forderung in Gew.-%	Entspricht Vol.-% (Durchschnitt)
Cort. Cinnamomi	1,018—1,035	1,0	0,97
Flor. Caryophylli ...	1,039—1,065	16,0	15,2
Flor. Chamomillae...	0,912—0,955	0,4	0,43
Flor. Lavandulae....	0,877—0,890	—	—
Fol. Menthae pip. ...	0,895—0,915	0,7	0,77
Fol. Salviae	0,909—0,924	1,5	1,64
Fruct. Anisi	0,979—0,989	1,5	1,52
Fruct. Cardamomi...	0,923—0,941	—	—
Fruct. Carvi	0,903—0,915	4,0	4,40
Fruct. Foeniculi.....	0,960—0,970	4,5	4,67
Fruct. Juniperi	0,856—0,876	1,0	1,15
Herba Thymi.......	0,895—0,947	—	—
Lign. Sassafras	1,064—1,047	—	—
Peric. Aurantii......	0,847—0,852*	—	—
Peric. Citri	0,852—0,856*	—	—
Rad. Angelicae	0,848—0,913	—	—
Rad. Levistici	1,000—1,050	—	—
Rad. Valerianae.....	0,955—0,999	—	—
Rhiz. Calami	0,954—0,965	2,5	2,63
Rhiz. Galangae	0,915—0,924	0,5	0,54
Rhiz. Zedoariae	0,982—1,010	0,8	0,80
Rhiz. Zingiberis	0,877—0,886	1,5	0,70

h) Die Apparatur von MORITZ mit Rücklaufprinzip und absteigendem Kühler wurde von H. KAISER und W. LANG[1] weiter entwickelt (Abb. 12). Um das Mitreißen von Öl im Auffanggefäß zu vermeiden, wird ein besonders weitlumiger Abscheidungsraum konstruiert, in dem sich das Öl auf dem Wasser ansammeln kann. Erst nach Beendigung der Destillation wird das Öl durch Ablassen der wäßrigen Phase zum Ablesen des Ergebnisses in den graduierten englumigen Teil gebracht. Dieses macht eine zusätzliche Einrichtung notwendig, denn es ist zur Kontrolle der Erschöpfung der vorgelegten Droge erforderlich, daß durch Fortführen der Destillation geprüft wird, ob sich das abgeschiedene Ölvolumen nicht noch vergrößert. Das Öl muß daher wieder in den Abscheidungsraum zurückgebracht werden können. Zu diesem Zweck wurde eine zweite communizierende Glasröhre angebracht, mit deren Hilfe es möglich ist, das abgelassene aromatische Wasser wieder dem System zuzuführen und somit das Öl wieder hochzutreiben. Der nötige Druckausgleich geschieht durch Anbringen eines Entlüftungsrohres im Kühler, in welchem die entweichenden Dämpfe kondensiert und wieder dem System zugeführt werden.

---

* Ätherisches Öl der frischen Schale.
[1] Dtsch. Apotheker-Ztg. **91**, 163 (1951).

Ferner wurde ein gleichmäßig starkes weitlumiges Dampfleitungsrohr bis in den Kühler hinein angebracht, das somit dem Dampf kein Hindernis bietet und zugleich die Kühlfläche vergrößert. Damit wird eine größere Wartungsfreiheit erreicht. Ferner wurde der Schliff nach unten verlängert, um ein Zwischenstück zur reinen Dampfdestillation zwischenschalten zu können.

Dieses Zwischenstück ist so konstruiert, daß der Wasserdampf die Droge durchstreichen kann, während das zurückfließende Destillat durch einen kleinen Trichter und das Rücklaufrohr wieder in den Dampferzeuger gelangt. Die Droge wird ohne starkes Eindrücken derselben in den erweiterten Mittelteil, der während der Destillation zur Wärmeisolation mit einer Lage Zellstoff umwickelt wird, gebracht. Der untere durchlöcherte Teil des Zwischenstückes wird vor dem Einfüllen der Droge mit Glasperlen beschickt, die ein Verstopfen der Dampfzuführungslöcher verhindern und eine Verteilung des Dampfes bewirken sollen.

Mit dieser verbesserten Apparatur lassen sich, wie schon MORITZ für seine Apparatur dargelegt hat, selbst geringste Mengen von ätherischem Öl mit genügender Genauigkeit und ausgezeichneter Reproduzierbarkeit bestimmen. Die Bestimmung wird in folgender Weise ausgeführt:

I. Methode zur Bestimmung von Ölen, die leichter als Wasser und von dünnflüssiger Konsistenz sind:

Die Droge in der Form, in der sie vorliegt, oder nach der betreffenden in Tab. 7

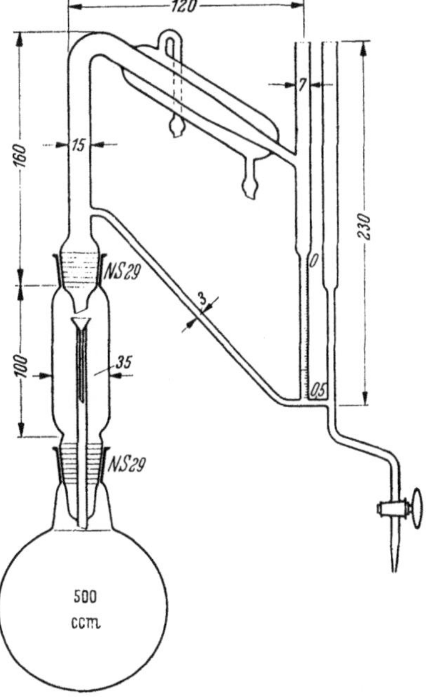

Abb. 12. Abgeänderte NEO-CLEVENGER-Apparatur von MORITZ nach KAISER-LANG.

angegebenen Zerkleinerungsform wird zusammen mit Wasser (in der Tabelle als Destillationsart „W" bezeichnet, 100 ccm als Norm) und einigen Tonscherben in den Destillationskolben gebracht und der Kolben mit dem Aufsatz verbunden. Bei reiner Dampfdestillation, in der Tabelle als Destillationsart „D" bezeichnet, wird die Droge in das Zwischenstück gebracht und der kleine Trichter eingesetzt. Der Kolben wird dann nur mit dem als Triebmittel dienenden Wasser beschickt. Danach wird der Aufsatz aufgesetzt und so weit mit Wasser gefüllt, bis dasselbe in den Destillationskolben zurückzufließen beginnt. Nach dem Einstellen der Kühlung wird der Destillationskolben, am besten durch ein Ölbad, so erhitzt, daß das sich im Kühler kondensierende Destillat denselben kalt verläßt. Gelegentlich ist der Destillationskolben umzuschütteln, um die an der Kolbenwand hängenden Drogenteile herunterzuspülen. Nach der in der Tabelle angegebenen Destillationszeit ist die Kühlung vorübergehend abzustellen, um das im Kühler festsitzende ätherische Öl in den Abscheidungsraum zu treiben. Danach wird bei wieder eingestellter Kühlung so lange weiterdestilliert, bis das während des Abstellens derselben heiß gewordene Destillat wieder eine Temperatur von 20° angenommen hat. Nach dem Entfernen der Heizung und mindestens 5 Minuten langem Warten wird das ätherische Öl durch tropfenweises Ablassen der wäßrigen Phase an dem unten angebrachten Glashahn langsam in den graduierten Meßteil gebracht und sein Volumen bestimmt. Durch Zugabe des abgelassenen aromatischen Wassers in die communicierende Röhre wird dann das Öl wieder in den Abscheidungsraum getrieben und die Destillation so lange fortgesetzt, bis keine Vermehrung des Ölvolumens mehr festzustellen ist.

II. Methode zur Bestimmung von ätherischen Ölen, die schwerer als Wasser bzw. hoch viscos sind:

Diese zweite Methode schließt sich eng an die vorgenannte an. Der Unterschied zwischen beiden besteht nur darin, daß nach der Füllung des Aufsatzes mit Wasser in den Abscheidungsraum desselben vorsichtig genau 0,1 ccm Xylol gebracht wird. Diese Xylolzugabe erfolgt mittels einer Pipette, deren Spitze bis nahe an den Flüssigkeitsspiegel gebracht wird. Das genaue Volumen dieses Xylols wird dann durch vorsichtiges Ablassen des Wassers am Ablaßhahn vor der Destillation festgestellt. Danach wird das Xylol wieder in den Abscheidungsraum zurückgetrieben und durch die Zunahme des ursprünglichen Xylolvolumens das Volumen des ätherischen Öles nach der Destillation bestimmt.

Die bei Beginn der Destillation häufig zu beobachtende Emulsionsbildung und damit verbundene Trübung und unvollständige Trennung der Öl- bzw. Wasserphase verliert sich fast immer im Verlauf der Destillation. Lediglich bei Flores Caryophylli muß das Erhitzen sehr langsam erfolgen, um die Emulsionsbildung zu unterdrücken. Auf jeden Fall ist die Destillation so lange fortzusetzen, bis eine vollständige Trennung der Schichten stattgefunden hat.

Tabelle 7.

Droge	Zerkleinerungsgrad	Art der Destillation	Methode	Einwaage g	Destillationszeit St.	Sollgehalt %
Fol. Menthae pip.	tot.	W	I	10,0	½	1,0
Fruct. Anisi	tot.	W	I	10,0	6—8	2,5
Fruct. Foeniculi ..	tot.	W	I od. II	10,0	6—8	1,5
Fol. Melissae	tot.	D	II	10,0	½	0,05
Fruct. Carvi	tot.	W	I	10,0	5	3,5
Fol. Salviae	tot.	W	I	10,0	½	1,5
Flor. Caryophylli .	pulv.	W	II langsam erhitzen	2,0	4—6	15,0
Flor. Chamomillae	tot.	W/D	II	10,0	1	0,4
Rad. Valerianae ..	conc.	D	II	20,0	1	0,3
Fruct. Cardamomi	tot.	W	I	5,0	4—6	4,0
Pericarp. Aurantii	minut. conc.	W	I	10,0	3	1,5
Cort. Cinnamomi .	pulv.	W/D	I	10,0	2—3	1,0
Fruct. Juniperi ..	conc.	W	I	10,0	6—8	1,0
Rhiz. Zingiberis ..	pulv.	W/D	I	10,0	2—3	1,0
Rhiz. Zedoariae ..	conc.	W	I	10,0	2—3	1,0
Rhiz. Galangae ..	conc.	W/D	I	10,0	2—3	0,5
Rhiz. Calami	conc.	D	II	10,0	2—3	2,5
Rad. Pimpinellae .	conc.	D	I	20,0	4—6	0,3
Rad. Levistici ...	conc.	D	I	20,0	4—6	0,6
Rad. Angelicae ..	conc.	D	I	20,0	4—6	0,8

i) M. SCHIRM[1] macht auf eine Fehlerquelle bei den Apparaten mit kontinuierlicher Destillation (CLEVENGER, MORITZ) aufmerksam, die darin besteht, daß der wasserlösliche Anteil der ätherischen Öle im Destillat nicht festgehalten wird und der Bestimmung verlorengeht. Ein Aus-

---

[1] Dtsch. Apotheker-Ztg. **93**, 273 (1953).

salzen dieses Anteiles aus dem gebildeten „aromatischen Wasser" wie bei dem DAB 6-Verfahren ist nicht möglich. Bei Kamillenblüten z. B. erhielt er nach der gravimetrischen DAB 6-Methode etwa die doppelte Menge ätherisches Öl (0,3 bis 0,5%) als mit dem Apparat von MORITZ trotz dreistündiger Destillation. Die Größe dieses Fehlers wird sich nach dem Anteil wasserlöslicher Bestandteile in den ätherischen Ölen richten und entsprechend verschieden sein. Der Fehler verringert sich auch bei längerer Destillationsdauer, da der wasserlösliche Teil allmählich durch den abgeschiedenen wasserunlöslichen Teil abgefangen wird. Damit erklärt SCHIRM auch die längeren Destillationszeiten, die von KAISER und LANG gefordert werden. Dieser wasserlösliche Teil der ätherischen Öle läßt sich durch Sättigung des Destillationswassers mit Kochsalz und einem Zusatz von Xylol oder einer ähnlichen Flüssigkeit gewinnen, indem er aus dem Destillationswasser ausgesalzen und mit dem Xylol in der Vorlage abgefangen wird. SCHIRM gibt daraufhin folgende allgemeine Vorschrift für die Bestimmung ätherischer Öle mit einem Apparat mit kontinuierlicher Destillation an.

Die einer Ausbeute von etwa 0,2 ccm ätherischem Öl entsprechende, grob gepulverte Drogenmenge wird mit 50 bis 100 ccm übersättigter Kochsalzlösung übergossen und nach Zusatz einer genau gemessenen Menge Xylol (etwa 2 ccm) in einer Apparatur nach MORITZ-CLEVENGER zwei Stunden lang bei kräftiger Kühlung der Destillation unterworfen. Kurz vor Beendigung der Destillation wird das Kühlwasser abgestellt und solange weiter erhitzt, bis Dampf aus dem Kühlrohr auszutreten beginnt. Die in der Vorlage abgeschiedene Xylol-Ölschicht wird nach Abkühlung auf Zimmertemperatur sehr langsam in die Capillare abgelassen und vom abgelesenen Wert der Blindwert für Xylol (Durchführung desselben Versuchs zur Feststellung der Löslichkeit des Xylols im Destillat, jedoch ohne Droge) in Abzug gebracht. Ist das zurücklaufende wäßrige Kondensat getrübt, so wird eventuell unter erneutem Zusatz von Xylol so lange weiterdestilliert, bis die Trübung verschwunden ist.

k) E. PETERSEN[1] weist daraufhin, daß durch einfache Multiplikation des Volumens des ätherischen Öles mit der Dichte der Arzneibuchöle ungenaue Werte erhalten werden, da die wirklichen Dichten der frisch destillierten Öle sehr schwanken. PETERSEN hat daher eine neue sogenannte „Hageda"-Apparatur entwickelt, die es ermöglicht, eine gleichzeitige Dichtebestimmung des Öles in der Apparatur durchzuführen. Die Apparatur schließt sich äußerlich an die Anordnung von MORITZ an und hat in etwa die Dimensionen der Modifizierung nach KAISER-LANG übernommen. Apparatur und Verfahren sind dadurch noch komplizierter geworden. Da die Angabe des ätherischen Ölgehaltes bei den volumetrischen Methoden zweckmäßig in Kubikzentimeter erfolgt und die Differenzen zwischen Vol.-% und Gew.-% vielfach innerhalb der Fehlergrenze liegen, so ist dieses Verfahren nur Sonderfällen vorbehalten.

Zur Verringerung der Wasserlöslichkeit der ätherischen Öle schlägt PETERSEN vor, als Trägerflüssigkeit 20%ige Kochsalzlösung zu verwenden oder das Öl in Dekalin oder Tetralin aufzunehmen. Die günstigen Dampfdruckkonstanten von Dekalin und Tetralin gegenüber dem leicht flüchtigen Xylol sind aus Tab. 8 ersichtlich.

---

[1] Pharmaz. Ztg. **88**, 201, 224 (1952); **89**, 48 (1953).

Tabelle 8. *Konstanten von Xylol, Tetralin und Dekalin.*

	Dichte	Dampfdruck	Verdun-stungszeit	Siedepunkt	Mischbarkeit mit Wasser
Xylol.......	0,865	10 mm	13,5′	140°	—
Tetralin....	0,970	kl. als 0,01 mm	190′	203/270°	—
Dekalin....	0,883	kl. als 0,03 mm	94′	183/193°	—

1) E. STAHL[1] hat die Apparate von CLEVENGER, COCKING und MIDDLETON und von MORITZ an der Destillation des blauen ätherischen Öles aus der Schafgarbe untersucht, das ein Haftenbleiben des Öles besonders gut erkennen läßt, und kam zu dem Ergebnis, daß es — selbst durch Einbau noch feinerer Meßcapillaren — nicht möglich ist, auf volumetrischem Wege exakte Werte zu erhalten. Meist blieben die kleinen Tröpfchen an den Wandungen des Abscheidungsraumes hängen. Auch für wissenschaftliche Untersuchungen brauchbare Werte erhielt STAHL durch eine gravimetrische Bestimmung des Öles unter Beibehaltung des Rücklaufprinzipes und des absteigenden Kühlers, indem das ätherische Öl durch einen Dreiwegehahn in einer Lösung von Pentan wasserfrei der Apparatur entnommen und nach dem Verdunsten der geringen Pentanmenge gewogen wird. Damit sind auch kleinste Mengen von 0,5 bis 1,0 mg ätherischem Öl erfaßbar.

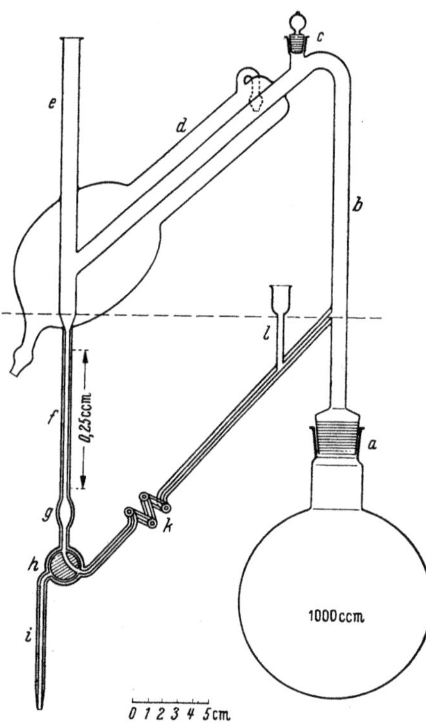

Abb. 13. „Karlsruher Apparatur" nach STAHL.

Beschreibung der Apparatur. Die Apparatur[2] (Abb. 13) besteht aus zwei durch Normalschliff (NS 29) verbundenen Hauptteilen: dem 1 Liter-Kurzhalskolben und dem Aufsatzgerät. Der Kolben dient zur Aufnahme der Droge und der erforderlichen Wassermenge. Der bei der Destillation sich entwickelnde Dampf strömt aus dem Kolben in das Steigrohr *b* und wird in dem stark geneigten Kühler *d* kondensiert. Hier scheiden sich die ätherischen Öltröpfchen ab und fließen mit dem Kondenswasser in das Druckausgleichrohr *e*. Das ätherische Öl löst sich in dem vorgelegten Pentan, das Wasser gelangt durch das Rücklaufrohr wieder zum Kolben zurück. Nach beendeter Destillation befinden sich oft noch Ölspuren im schrägen Kühlrohr *d*. Deshalb wurde vor dem Kühler ein Spülstutzen *c* angebracht, durch den mit wenig Pentan die Ölreste zur Hauptmenge gespült werden können. Der Kühlmantel ist so gebaut, daß er noch einen Teil des Druckausgleichrohres mit einschließt. Dadurch wird einmal die Kühlfläche vergrößert und zum anderen wird

---

[1] Pharmaz. Ind. **14**, 262 (1952). — [2] Hersteller: Fa. Erich Greiner, Mannheim.

das sehr leicht flüchtige, als Vorlage dienende Pentan mitgekühlt. An den entsprechend verjüngten Teil des Druckausgleichrohres schließt die „Meßcapillare" f an. Die oberen zwei Drittel dieser Capillare sind mit einer $^1/_{200}$-Teilung versehen und gestatten bei volumetrischer Bestimmung die Erfassung von Ölmengen im Bereich von 0,005 bis 0,25 ccm.

Bei der gravimetrischen Bestimmung ist es erforderlich, in der Capillare eine geschlossene Pentansäule zu erhalten. Dies wird durch eine olivenförmige Erweiterung g im unteren Teil der Capillare erreicht, in der sich Wassertropfen mit der Wassersäule vereinigen können. Unterhalb der Olive mündet das Capillarrohr in den Dreiwegehahn h. Mit ihm ist es möglich, die Pentansäule mit dem darin gelösten ätherischen Öl wasserfrei durch das Ablaßrohr i in ein Mikrokölbchen aufzufangen, ferner das Capillarsystem luftblasenfrei mit Wasser zu füllen und ein etwa erforderliches Heben und Senken der Pentansäule durchzuführen. Die Verbindung des Dreiwegehahns mit dem Steigrohr b wird durch ein zweimal spiralförmiges Capillarrohr k hergestellt, um Spannungen im Glas zu vermeiden. Im oberen Teil dieses ist ein Füllstutzen l eingeschmolzen, durch welchen das Capillarsystem vor jeder Destillation mit destilliertem Wasser gefüllt wird.

Will man die pro Zeiteinheit übergehende Dampfmenge messen, so ist dazu nur das Anbringen einer entsprechenden Graduierung des Druckausgleichrohres e zwischen Einmündung des schrägen Kühlrohrs und Übergang des Druckausgleichrohrs in der Meßcapillare erforderlich. Durch Drehen des Dreiwegehahns (während der Destillation) in Sperrstellung hebt sich die Wassersäule und die in einer Minute erfolgte Volumenzunahme kann abgelesen werden. STAHL bezeichnet diese Apparatur als „Karlsruher Apparatur".

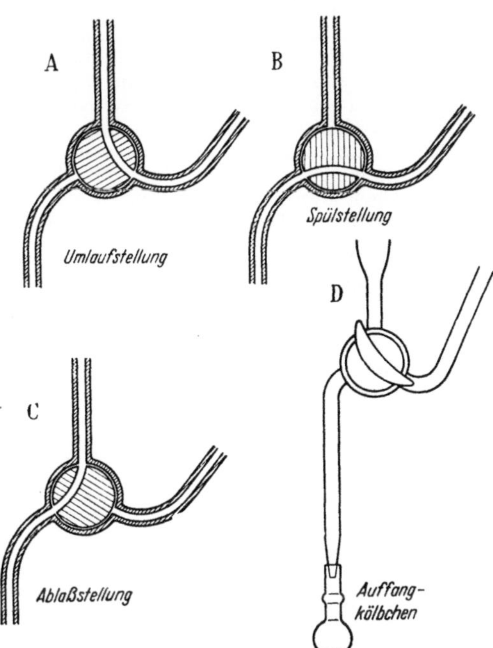

Abb. 14. Dreiwegehahn in den verschiedenen Stellungen.

Arbeitsvorschrift. Der Destillationskolben wird mit der Droge, z. B. 10 g Trockendroge von Schafgarbe oder 20 g Frischdroge, und 300 ccm Wasser gefüllt. Zum Füllen des Capillarsystems dreht man den Dreiwegehahn in „Spülstellung" (Abb. 14) und läßt durch den Einfüllstutzen l solange Wasser durchlaufen, bis dieser Teil der Apparatur luftblasenfrei mit Wasser gefüllt ist; ohne die Wasserzufuhr zu unterbrechen, dreht man dann den Hahn nach links in die Umlaufstellung (Abb. 14) und füllt so das Meßcapillarsystem und das Druckausgleichrohr bis zu dem sich von selbst einstellenden Normalniveau. Nun wird die Kühlung in Gang gesetzt und dann mit einer durch das Druckausgleichrohr e eingeführten Pipette 0,5 ccm Pentan vorgelegt. Hierauf wird mit einer Geschwindigkeit von etwa 2 ccm pro Minute destilliert.

Nach beendeter Destillation wird der Brenner entfernt und einige Minuten bis zum Erkalten des Spülstutzens gewartet. Ist ein Durchspülen des Kühlrohrs erforderlich, so kann dies nun mit wenig Pentan (0,1 bis 0,2 ccm) geschehen. Dann wird der Dreiwegehahn schnell im Uhrzeigersinn über Stellung B und danach vorsichtig in Ablaßstellung C gedreht, und zwar so weit, daß das Wasser langsam aus dem Ablaufrohr i tropft. Befindet sich die ganze Pentan-Ölmenge in der Olive, so wird durch eine geringe Drehung des Hahns nach links das Ablassen für kurze Zeit unterbrochen. Danach wird der Hahn wieder vorsichtig so nach rechts gedreht, daß das Pentan-Ölgemisch sich langsam weiter senkt. Man läßt solange weiter ab, bis die Pentanlösung die obere Hahnbohrung gerade erreicht hat, aber noch nicht eingetreten ist, und dreht in diesem Augenblick den Hahn nach links in Spülstellung B. Das noch in diesem System befindliche Wasser fließt ab; um letzte Wasserreste im Ablaßrohr zu entfernen, wird es durch den Einfüllstutzen l vorsichtig mit Aceton (das aber auf keinen Fall in das Steigrohr einfließen darf!) und anschließend mit Pentan gespült.

Jetzt kann die Pentan-Öl-Lösung durch Drehen des Hahns nach rechts (im Uhrzeigersinn!) in Stellung C in ein Meßkölbchen aufgefangen werden. In dieser Stellung wird nun durch das Druckausgleichrohr e noch etwas Pentan gegeben und damit noch die letzten Ölreste in das Auffangkölbchen gespült. Die insgesamt verwendete Pentanmenge (Vorlage, Spülung des Kühlrohrs und des Auslaufsystems – ausschließlich der Ablaßrohr-Spülmenge) soll höchstens 2 ccm betragen.

Zum Schluß wird das vorher genau gewogene Kölbchen zum Abdampfen des Pentans in ein vorher auf 45° erwärmtes Sandbad gestellt und dies mit dem Kölbchen in einen Vakuum-Exsiccator gebracht und auf 100 mm Hg evakuiert. Innerhalb weniger Minuten ist das Pentan aus dem Kölbchen entfernt. Das Vakuum wird vorsichtig aufgehoben und das Kölbchen mit dem darin befindlichen Öl gewogen.

Eine reine Dampfdestillation läßt sich in einfacher Weise nach STAHL[1] dadurch bewerkstelligen, daß man vor Beginn der Destillation den Kolben etwa zur Hälfte mit gereinigtem Perlkies (Glaskugeln sind ungeeignet), Körnung 3 bis 7 mm, füllt, dann das Wasser zugießt (Wasserspiegel einige Zentimeter unter der Kiesoberfläche „Siebboden") und zum Schluß die Droge gleichmäßig aufschüttet.

Prüfung von Apparaten zur Bestimmung ätherischer Öle.

Zur Prüfung von Apparaten zur Bestimmung ätherischer Öle können ätherische Öle vorgelegt und destilliert werden. Die Wasserlöslichkeit der ätherischen Öle und eventuelle Verharzung können hier zu Fehlern Anlaß geben. O. MORITZ[2] benützte deshalb Xylol oder Cymol. J. SCHMERSAHL[3] schlägt das blaue Azulen vor, das aus guten Kamillenblüten mit mindestens 0,4% ätherischem Öl destilliert wird. Das blaue Azulen läßt erkennen, an welchen Stellen des Apparates ätherisches Öl haften bleibt und der Bestimmung entzogen wird.

SCHMERSAHL hat mit diesem „Azulentest" mehrere Apparate geprüft. In den Apparaturen des DAB 6 mit Glasschliffen und von COCKING und MIDDLETON[4] mit senkrechtem absteigenden Kugelkühler konnte SCHMERSAHL keine Ölverluste beobachten. O. MORITZ[2] verwendet als durchlaufendes Kühlsystem einen schräg gestellten Liebigkühler, in dem SCHMERSAHL hinter der Dampfzone im oberen Teil des Kühlers eine Festsetzung von ätherischem Öl feststellte. Auch im oberen Teil des Rückflußkühlers des Apparates von UNGER[5] hat sich ätherisches Öl abgesetzt, das zu beträchtlichen Verlusten führt.

---

[1] Mikrochem. **40**, 367 (1953).
[2] Arch. Pharmaz. Ber. dtsch. pharmaz. Ges. **1938**, 368; Dtsch. Apotheker-Ztg. **1940**, 507. — [3] Arzneimittelforschung **1**, 327 (1951).
[4] Quart. J. Pharmac. Pharmacol. **5**, 521 (1932); **8**, 435 (1935).
[5] Pharm. Ztg. **1936**, 1400.

Maßanalytische Bestimmung ätherischer Öle.

Erwähnt sei hier nur das Verfahren von C. ZÄCH[1], der im Destillat das Öl mit Kaliumbichromat und Schwefelsäure oxydiert und das überschüssige Chromat jodometrisch zurücktitriert: 0,1 bis 5 g Droge werden mit Wasser in einer normierten Destillationsanlage destilliert. Nach Oxydation des Destillates mit 0,5 n-$K_2Cr_2O_7$-Lösung und konzentrierter Schwefelsäure wird der Überschuß an Maßlösung zurücktitriert. Der Gehalt an ätherischem Öl ergibt sich aus dem Wert eines Blindversuches und einem für jedes Öl in gleicher Weise zuvor bestimmten Faktor.

Diese Methode wurde von H. FLÜCK und R. HEGNAUER[2] derart modifiziert, daß die Oxydation in einem geschlossenen Gefäß unter Druck vorgenommen wird, wobei bei Übung und peinlich sauberem Arbeiten gleichmäßigere Resultate erhalten werden. H. FLÜCK und F. HOFFMANN[3] haben das Verfahren zu einer Mikromethode mit 0,05 bis 1 g Droge für physiologische Untersuchungen umgearbeitet.

Bestimmung ätherischer Öle durch Extraktion.

R. HOLDERMANN und H. PFÄFFLE[4] haben ein älteres Verfahren zur ätherischen Ölbestimmung, die Extraktion des Öles aus der Droge, wieder aufgegriffen. Bei diesem Verfahren sucht man eine bessere Erschöpfung der Droge zu erreichen und den Fehler, der durch die Lösung des Öles in Wasser entsteht, zu vermeiden. Als Extraktionsmittel dient Äther oder Pentan.

R. HOLDERMANN und H. PFÄFFLE benützen zur Extraktion der Droge den Apparat von HAANEN und BADUM (Fa. Schott, Jena). Der Apparat besteht aus einem 250 ccm-Weithals-Erlenmeyerkolben und einem verzinnten Kupferkühler, der mit zwei Haken versehen ist. An diese Haken wird ein Einhängetiegel befestigt, dessen Boden aus einer Filterplatte (G 3) besteht. In den Tiegel kommen 3 bis 5 g der zu untersuchenden Droge, nachdem die Filterplatte mit etwas Watte bedeckt worden ist. Die Droge wird wieder mit etwas Watte oder einer Filterplatte abgedeckt. In den Kolben werden 25 bis 30 ccm Extraktionsflüssigkeit (Äther oder Pentan) gegeben und 2 Stunden lang im Wasserbad unter Kühlung extrahiert. Hierbei lösen sich außer den ätherischen Ölen auch die anderen im Lösungsmittel löslichen und in der Droge vorhandenen Stoffe usw. und gelangen in den Kolben. Die Extraktlösung wird unter zweimaligem Nachspülen des Kolbens mit Lösungsmittel restlos in ein Weithalskölbchen von 50 ccm gebracht, das Lösungsmittel bis auf wenige ccm abdestilliert und seine letzten Reste werden durch Einblasen von Luft (mit Gummigebläse) oder besser noch im evakuierten Exsiccator entfernt. Da das ätherische Öl in anderen nicht flüchtigen Substanzen gelöst, bzw. fixiert ist, sind die Verluste beim Verdunsten des Lösungsmittels bei diesem Verfahren weit geringer als beim DAB 6-Verfahren. Das Kölbchen wird nun gewogen und in den auf 100° erwärmten Trockenschrank gebracht. Nach der vollkommenen Verflüchtigung des ätherischen Öls, d. h. wenn das Gewicht des Kölbchens nach zweimaligem Wiegen konstant bleibt, wird erneut gewogen. Die Differenz ergibt den Gehalt der Droge an ätherischem Öl.

Einige Öle, z. B. Zimtöl, sind jedoch bei 100° unvollständig flüchtig, weshalb durch die Differenzwägung zu tiefe Werte erhalten werden. In diesen Fällen hat sich das Einleiten von Wasserdampf als vorteilhaft erwiesen, da nach 2 Minuten bereits der Rückstand vollkommen geruchlos war. Etwa gebildetes Kondenswasser wird durch Trocknen des Kölbchens bei 80° entfernt.

HOLDERMANN erhielt mit dieser Methode meist höhere Werte als nach dem DAB 6-Verfahren und dem Apparat von UNGER.

[1] Mitt. Gebiete Lebensmittelunters. Hyg. **22**, 72 (1931) Bern.
[2] Festschrift PAUL CASPARIS S. 61, Zürich 1949.
[3] Scientia pharmac. **21**, 318 (1953). — [4] Dtsch. Apotheker-Ztg. **1942**, 142.

Bestimmung ätherischer Öle durch Adsorption.

Erhitzt man eine ätherisches Öl führende Droge bei 100°, so verliert sie ihren Wasser- und ätherischen Ölgehalt. Beide Inhaltsstoffe können durch zuvor bei 120° ausgetrocknete aktive Kohle in einer geeigneten Apparatur adsorbiert werden. Das adsorbierte Wasser gibt die Kohle bei einer Temperatur von 60° wieder ab, dagegen nicht das ätherische Öl. Die Gewichtszunahme entspricht demnach dem aus der Droge ausgetriebenen ätherischen Öl.

Auf diesem Prinzip hat M. Kiss[1] eine Methode zur Bestimmung ätherischer Öle ausgearbeitet, nach der aber nicht die mit Wasserdampf, sondern die bei 110° flüchtigen Bestandteile bestimmt werden. Dieses Verfahren, bei dem nach Angaben von Kiss selber starke Streuungen auftreten können, ist umständlich und zeitraubend und hat bisher keine weitere Bedeutung erlangt.

Bestimmung ätherischer Öle in alkoholhaltigen Flüssigkeiten.

Die Bestimmung ätherischer Öle in alkoholhaltigen Flüssigkeiten wird in der Weise ausgeführt, daß aus dem alkoholhaltigen Destillat das ätherische Öl ausgesalzen, mit Pentan ausgeschüttelt und nach dessen Verdunsten gewogen wird. H. Kaiser und W. Lang[2] geben dafür z. B. folgendes Verfahren an:

20 g der Zubereitung werden in einem 500 ccm-Kolben mit Wasser auf 100 ccm verdünnt und destilliert. 50 ccm Destillat werden in einem Scheidetrichter mit 100 ccm gesättigter Ammoniumsulfatlösung versetzt und dreimal mit je 20 ccm Pentan ausgeschüttelt. Die vereinigten Pentanausschüttelungen überführt man nach zwei- bis dreistündigem Stehen in ein tariertes Kölbchen, verdampft das Pentan vorsichtig und bringt den Rückstand zur Wägung. Zur Destillation verwendeten die Autoren eine Apparatur ähnlich der, die das DAB 6 für die Bestimmung von ätherischen Ölen vorschreibt.

Bestimmung der Bitterstoffe.

Bestimmung der Bittergrenze durch Geschmacksprüfung von R. Wasicky[3].

Ungefähr 0,01 g Brucin wird genau gewogen; im Wägeglas in wenig Alkohol gelöst, mit Trinkwasser verdünnt und quantitativ unter Nachspülen mit Trinkwasser in einen 1000 ccm fassenden Meßzylinder gebracht. Man verdünnt die Lösung mit Wasser, so daß eine Brucinlösung 1 : 50000 entsteht. 0,01 g Brucin würde in dieser Weise 500 ccm Lösung ergeben. In einem zweiten Meßzylinder von 1000 ccm Inhalt stellt man eine Brucinlösung 1 : 4000000 durch Eingießen von 12,5 ccm der konzentrierten Brucinlösung in etwa 500 ccm Trinkwasser und Ergänzen mit Wasser auf 1000 ccm her. Aus dieser Stammlösung erhält man die unmittelbar zur Geschmacksprüfung verwendeten Verdünnungen durch Zufügen von 5%, 10% Wasser und so weiter zur Stammlösung. Zu diesem Zwecke füllt man in vier Meßzylinder von 150 ccm Fassungsraum je 100 ccm der Stammlösung ein und setzt in den ersten Zylinder 5 ccm, in den zweiten 10 ccm, in den dritten 15 ccm und in den vierten 20 ccm Wasser zu, so daß nach Durchschütteln Brucinverdünnungen 1 : 4200000, 1 : 4400000, 1 : 4600000 und 1 : 4800000 erhalten werden. Nunmehr spült man den Mund mit Wasser aus, kostet 5 ccm der Brucinlösung

---

[1] Ber. ung. pharmaz. Ges. **17**, 305 (1941). Eine genaue Beschreibung der Methode ist in der Arbeit von K. H. Bauer und L. R. Pohloudek, Pharmaz. Ind. **9**, 181 (1942) angegeben.

[2] Österr. Apotheker-Ztg. **6**, 536 (1952); Ref. Pharmaz. Zentralhalle Deutschland **92**, 334 (1953).

[3] Pharmaz. Presse, Wiss. Prakt. Heft **1933**, Nr. 2; Ref. Pharmaz. Ztg. **1933**, 407.

1 : 4800000 derart, daß man die Lösung 1 Minute lang im Munde bewegt und alle
Teile des Mundes gleichmäßig mit der Flüssigkeit in Berührung kommen. Dann
spuckt man die Lösung aus und spült den Mund gründlich mit Wasser. Nach
10 Minuten wird die in der Konzentration folgende Lösung in der gleichen Weise
geprüft und so die Untersuchung der stärkeren Konzentrationen fortgesetzt, bis
eine Konzentration als zweifelhaft, die nächstfolgende als deutlich bitter empfunden
wird. Meist erfolgt dies bei den Konzentrationen 1 : 4200000 bis 1 : 4600000.
Gleichzeitig stellt man aus der zu untersuchenden Droge oder aus dem zu untersuchenden Extrakt-Präparat eine Stammlösung her. Aus dieser fertigt man in
gleicher Weise wie aus der Brucinlösung abgestufte Verdünnungen an und untersucht, von der größten Verdünnung ausgehend, welche Konzentration gerade noch
deutlich bitter empfunden wird. Die Verdünnungszahl der letzteren dividiert durch
jene der am stärksten verdünnten, gerade noch deutlich bitter empfundenen Brucinlösung ergibt, mit 100000 multipliziert, die Bitterzahl des geprüften Heilmittels
(Bitterzahl des Brucins willkürlich mit 100000 festgesetzt). Es wäre zum Beispiel
die Bestimmung der Bitterzahl von Radix Gentianae durchzuführen. Unter der
Annahme, daß die Brucinlösung bei einer Verdünnung 1 : 4200000, die Enzian-
droge bei der Prüfung in einer Verdünnung von 1 : 30000 noch bitter schmeckt,
würde die Bitterzahl von Radix Gentianae 30000 : 4200000 = 0,00714 × 100000 =
714 betragen. An Stelle der Bitterzahlen können auch einfach die Verdünnungen
angegeben werden, die unter der Voraussetzung der normalen Empfindlichkeit
deutlich bitter empfunden werden.

WASICKY kam z. B. zu folgenden Ergebnissen: Quassiinum purissi-
mum MERCK ist mit einem Bitterwert von 1:12000000 eine auf die
Geschmacksnerven spezifisch wirksame Bittersubstanz (Chininum
hydrochloricum schmeckt noch 1:150000 deutlich bitter). Zur Bereitung
der Stammlösung von *Lignum Quassiae* wurde die Droge im Verhältnis
1:1000 mit Leitungswasser eine Stunde lang gekocht und die Flüssigkeit
auf das ursprüngliche Volumen ergänzt. Lignum Quassiae des öster-
reichischen Handels, das aus dem rindenhaltigen Holz von Picrasma
excelsa besteht, schmeckt zumeist 1:40000 bis 1:50000 bitter, die
Rindenanteile um ungefähr ein Drittel bitterer wie das Holz. Der Bitterwert von Surinamholz ist ein erheblich höherer als von Jamaikaholz.
Lignum Quassiae ist gut haltbar.

Cortex Condurango wird fein gepulvert, mit Wasser im Verhältnis
1:100 eine Stunde lang gekocht und nach dem Abkühlen filtriert. Condurangin besitzt den niedrigen Bitterwert von 1:3000 und bedingt nur ein
halb bis ein viertel des Bitterwertes von Cortex Condurango, die zumeist
noch 1:150 bitter schmeckt. Die Darstellungsvorschrift des Extractum
Condurango fluidum ist unzweckmäßig, da nur ein kleiner Teil der
Bittersubstanzen in das Extrakt übergeht.

Stammlösung für Herba *Centaurii minoris* und *Folia Trifolii fibrini*:
Die Drogen werden im Verhältnis 1:100 mit kochendem Wasser übergossen und nach einer Stunde filtriert. Die Bitterwerte von Herba
Centaurii minoris bewegten sich in den untersuchten Proben zwischen
1:2000 bis 1:3500. Die Handelsware von Folia Trifolii fibrini zeigte
sehr große Differenzen der Bitterwerte, die bei den untersuchten Drogen
1:1500 bis 1:9000 betrugen.

Stammlösung für *Radix Gentianae*: Die gepulverte Droge wird im
Verhältnis 1:100 mit Wasser eine Stunde lang gekocht, die Flüssigkeit
auf das ursprüngliche Volumen mit Wasser ergänzt und filtriert. Die
Bitterwerte von Radix Gentianae des Handels umfassen den Bereich

von 1:10000 bis 1:80000, die meisten Drogen schmecken 1:20000 bis 1:25000 bitter, die Pulverdrogen im allgemeinen etwas bitterer. Gentiopikrin schmeckt weniger bitter als die unfermentierte Droge, kann demnach nicht ihr eigentlicher Bitterstoff sein. Der Bitterwert erfährt durch die Fermentation eine mäßige Erhöhung. Die Wurzeln schmecken doppelt so bitter wie die Wurzelstöcke, 29- bis 84mal bitterer als die Blätter. Die Wurzeln von Gentiana punctata besitzen einen bedeutend höheren Bitterwert als jene von Gentiana lutea, noch stärker bitter schmeckt Gentiana purpurea. Durch die Kultur von Gentiana lutea in der Ebene scheint der Anteil der Bitterstoffe in der Trockensubstanz eine Minderung zu erfahren.

Die zerkleinerten Drogen von *Pericarpium Aurantii*, Fructus Aurantii immaturi und Folia Aurantii werden energisch eine Stunde lang im Verhältnis 1:100 gekocht und dann weiter wie unter Radix Gentianae angegeben, behandelt. In 12 Drogen von Pericarpium Aurantii des Handels schwankten die Bitterwerte von 1:1000 bis 1:2000. Sehr große Unterschiede in der Bitterkeit zeigten je nach der Größe der Früchte die Fructus Aurantii immaturi, nämlich 1:100 bis 1:2000. Die Folia Aurantii schmecken sehr wenig bitter.

Bestimmung der Gerbstoffe.

Da die Konstitution der einzelnen Gerbstoffe noch wenig bekannt ist, kann man diese vorläufig nur in grobe Gruppen einteilen, für die H. Gnamm[1] folgendes Schema gibt:

    I. Hydrolysierbare Gerbstoffe.
      a) Gallotannine; b) Ellagengerbstoffe; c) Kastanien- und Eichengerbstoffe.
    II. Kondensierte Gerbstoffe; Catechingerbstoffe.
    III. Gerbstoffe, die weder unter I noch II fallen.

Die Bestimmung spezieller Gerbstoffe oder auch nur der erwähnten Gruppen ist noch nicht möglich gewesen, weshalb man bisher nur auf allgemeine Gerbstoffbestimmungsmethoden angewiesen ist. Wie unbefriedigend diese jedoch sind, geht daraus hervor, daß in den letzten 150 Jahren weit über 100 solcher Methoden vorgeschlagen wurden, die sich aber größtenteils als recht unspezifisch erwiesen. K. Herrmann[2] teilt diese zahlreichen Verfahren, die von ihm auch teils besprochen werden, in folgende Klassen ein:

    1. Fällung mit Metallsalzen. — 2. Fällung mit organischen Stoffen. — 3. Oxydimetrische Methoden. — 4. Fällung mit Eiweiß oder Adsorption an Hautpulver. — 5. Colorimetrische Verfahren. — 6. Absorption durch andere Stoffe. — 7. Verfahren auf Grund von Löslichkeitsunterschieden.

Die Fragwürdigkeit vieler dieser Methoden erhellt daraus, daß die Werte im Vergleich an einer Droge oft über 100% differieren. Ferner ist zu berücksichtigen, daß die therapeutische Wirkung der Gerbstoffe auf

[1] Die Gerbstoffe und Gerbmittel, Stuttgart 1949.
[2] Pharmazie **7**, 320 (1952).

der adstringierenden bzw. gerbenden Wirkung beruht, die z. B. bei allen Methoden, die auf Fällungen, Oxydation, Löslichkeitsunterschieden gegründet sind, nicht zum Ausdruck kommt. Solange keine speziellen Methoden zur Verfügung stehen, werden deshalb nur solche allgemeine Methoden sich bewähren, die die adstringierende Wirkung zu erfassen vermögen. Es ist dies vor allem die Hautpulvermethode, bei der direkt die gerbende Wirkung herangezogen wird und die Methode der Agglutination roter Blutkörperchen durch Gerbstoffe, der eine bessere therapeutische Entsprechung als den rein chemischen Methoden zukommen soll. Sie hat gerade zur Beurteilung pharmazeutischer Drogen erhöhtes Interesse gefunden.

Daneben haben sich Methoden mit Schwermetallsalzfällungen im pharmazeutischen Laboratorium bewährt. Sie beruhen darauf, daß die Gerbstoffe mit Schwermetallsalzen gefällt und vor und nach der Veraschung das Gewicht bestimmt wird. Die Differenz wird als Gerbstoff berechnet. Ein Vergleich mehrerer Methoden bei einer größeren Anzahl von Drogen wurde von O. LINDE und H. TEUFER[1] durchgeführt. Die Ergebnisse zeigt Tab. 9.

Tabelle 9.

Drogen	Konzentration der wäßrigen Stammlösung	Zinnchlorür-methode	Kupfer-acetat-methode	Hautpulver-methode	Maßana-lytische Methode
Cort. Quercus	15 : 1000	12,2	11,36	12,93	8,25
Rad. Ratanhiae ..	15 : 1000	18,03	18,27	18,3	14,17
Rhiz. Tormentillae	8 : 1000	18,05	17,05	18,97	15,17
Gallae	8 : 1000	66,6	65,87	69,08	61,3
Fol. Uvae ursi ...	20 : 1000	13,4	16,16	18,34	16,49
Catechu	4 : 1000	52,38	51,95	54,0	48,28
Gambir	8 : 1000	22,05	42,13	43,05	38,5
Sem. Arecae	8 : 1000	17,15	16,75	17,73	15,38
Cort. Chinae	20 : 1000	3,44	3,26	3,48	2,82
Cort. Granati	20 : 1000	24,04	22,78	23,8	22,35

Es ergibt sich daraus, daß die Werte der Zinnchlorür-, Kupferacetat- und Hautpulvermethode recht gut übereinstimmen, während die maßanalytische Methode von LOEWENTHAL-SCHRÖDER[2] mit Oxydation der Gerbstoffe durch Kaliumpermanganat beträchtlich größere Differenzen zur Hautpulvermethode aufweist. Zu ähnlichen Ergebnissen kommt auch E. SOOS[3] an einer Anzahl anderer Drogen, der eine gute Übereinstimmung der Kupferacetat- und Hautpulvermethode fand (Tab. 10).

Dagegen weicht der Adstriktionswert der Agglutinationsmethode teils sehr erheblich von den Werten der Hautpulvermethode ab. Dies beruht allerdings darauf, daß die Agglutination der roten Blutkörperchen auf reines Tannin als Standard bezogen wird. Der Quotient der letzten Spalte (Adstriktionswert/Gerbstoffgehalt nach der Hautpulvermethode) bringt dies deutlich zum Ausdruck. Je kleiner der Quotient, um so schwächer ist der Gerbstoff im Vergleich zu Tannin wirksam. Dort,

---

[1] Pharmaz. Zentralhalle Deutschland **1929**, 21, 53.
[2] Z. analyt. Chem. **5**, 838 (1866). — [3] Scientia pharmac. **15**, 42 (1947).

Tabelle 10.

Untersuchte Droge	FeCl₃ Reaktion	Feuchtigkeitsgehalt in %	Gerbstoffgehalt in %		Adstriktionswert	Quotient
			Hautpulvermethode	Kupfermethode		
Rad. Tormentillae, hell ..	grün	8,54	27,79	27,03	16,6	0,59
Rad. Tormentillae, dunkel	grün	8,51	23,25	22,71	14,5	0,63
Herba Caryophyllatae ...	grün	10,57	6,45	6,52	4,5	0,69
Rad. Anserinae	blau	9,33	10,12	9,03	7,7	0,76
Rad. Geranii	blau	8,66	23,88	20,97	14,6	0,61
Herba Geranii	blau	0,92	13,69	11,63	9,1	0,67
Rad. Bistortae	blaugrün	8,70	17,96	14,07	10,9	0,61
Herba Polygoni	grün	8,89	3,80	3,60	2,6	0,69
Cort. Salicis	grün	8,82	11,15	9,89	8,2	0,74
Herba Hyperici	grün	9,86	6,57	6,43	5,7	0,86
Cort. Hamamelidis	blau	9,52	12,25	11,48	11,2	0,91
Gallae haleppensis	blau	9,62	58,25	52,11	61,0	1,03
Gallae chinensis	blau	10,12	75,20	73,84	77,1	1,02

wo die Standardsubstanz mit dem Gerbstoff in der Droge identisch ist (Tannin — chinesische Gallen), ist eben der Adstriktionswert mit dem Prozentgehalt an Gerbstoff zahlenmäßig gleich. Der Vergleich des Gerbstoffgehaltes nach der Hautpulvermethode (Prozentgehalt) mit dem Adstriktionswert der Droge (= Wirkung) läßt nach Soos somit erkennen, ob der in einer bestimmten Droge vorhandene Gerbstoff zu den stärker oder schwächer wirkenden zu rechnen ist, worüber der Adstriktionswert allein noch keine Auskunft gibt. Soos vertritt weiter die Ansicht, daß die Bestimmung des Adstriktionswertes nicht nur ausreichend, sondern auch zweckmäßiger als eine andere der bisher üblichen Methoden ist, da bei der Verschiedenartigkeit der Gerbstoffe deren absolute Menge in einer Droge für die therapeutische Anwendung und Dosierung von geringerer Bedeutung ist als die Stärke ihrer adstringierenden Wirkung.

Für das pharmazeutische Laboratorium eignen sich somit neben der Hautpulver- und der Agglutinationsmethode auch die leichter ausführbaren Fällungsmethoden mit Kupferacetat und Zinnchlorür. Das Verfahren von SCHULTE[1], das auf Löslichkeitsunterschiede der Gerbstoffe beruht und verschiedentlich für die pharmazeutische Praxis empfohlen wurde, z. B. von W. PEYER[2] für Catechu, Gallae, Rad. Ratanhiae, Rhiz. Tormentillae, ist nach neueren Untersuchungen von K. HERRMANN[3] für Blatt- und Krautdrogen nicht geeignet.

Extraktion der Gerbstoffe.

Zur Extraktion der Gerbstoffe aus Drogen dient meistens Wasser, in dem die Gerbstoffe mit Ausnahme der hochkondensierten Phlobaphene gut löslich sind. Die Phlobaphene, denen keine therapeutische Wirkung zugesprochen wird und somit auch nicht erfaßt werden sollen, werden

---

[1] Pharmac. Weekbl. **59**, 412 (1922).
[2] Jahresber. d. Fa. Caesar & Loretz **1927**, 172; Apotheker-Ztg. **42**, 1306 (1927).
[3] Pharmazie **7**, 320 (1952).

allerdings teilweise durch Begleitstoffe in Lösung gebracht. Die Extraktion wird vorwiegend mit heißem Wasser vorgenommen, da in kaltem Wasser die Gerbstoffe sich nur langsam lösen. Die höheren Temperaturen ziehen wiederum die Gefahr der hydrolytischen Spaltung und erhöhter Oxydation nach sich. LINDE und TEUFER[1] geben folgende zwei Extraktionsverfahren an, deren Konzentration bei den einzelnen Drogen wechselt und aus Tab. 9 ersichtlich ist:

1. Man zieht die gepulverte Droge zunächst durch halbstündiges Kochen mit der 20 fachen Menge Wasser aus und erschöpft den Rückstand in einem Perkolator vollständig, bis die abtropfende Flüssigkeit mit Gerbstoffreagenzien, wie Eisenchlorid, keine Färbung oder Trübung mehr gibt.

2. Das Drogenpulver wird zunächst mit 300 ccm Wasser ½ Stunde lang gekocht, die Flüssigkeit nach dem Absetzen durch ein Filter gegossen. Den Rückstand kocht man mit einer neuen Wassermenge wiederum ½ Stunde, gießt nach dem Absetzen die Flüssigkeit durch dasselbe Filter, bringt den Rückstand auf dieses und wäscht ihn hier mit heißem Wasser, bis einige Tropfen des Filtrates keine Gerbstoffreaktion mehr geben. Die so erhaltenen gemischten Flüssigkeiten werden nun mit Wasser auf 1 Liter ergänzt.

Auf den Einfluß der Konzentration macht auch H. HOPMANN[2] aufmerksam, der bei der Zinnchlorürmethode mit steigender Gerbstoffkonzentration schon bei reinen Tanninlösungen eine Abnahme des Gerbstoffgehaltes im Vergleich zur Hautpulvermethode feststellte. Soos[3] extrahiert einheitlich 5 g Droge auf folgende Weise:

5 g mittelfein gepulverte Droge (Sieb V) werden zunächst mit 300 ccm destilliertem Wasser ½ Stunde lang ausgekocht und filtriert, der Rückstand nochmals mit 200 ccm destilliertem Wasser ½ Stunde in der Hitze behandelt, durch dasselbe Filter gegossen, dieses bis zum Verschwinden der Gerbstoffreaktion (Eisenchlorid) nachgewaschen und die vereinigten Filtrate in einem Meßkolben auf 500 ccm aufgefüllt.

In alkaloidhaltigen Drogen müssen die Gerbstoffe aus den Alkaloidverbindungen abgeschieden werden. LINDE und TEUFER nahmen diese Spaltung z. B. bei Semen Arecae und Cortex Chinae auf folgende Weise vor:

8 g gepulverte Arekasamen wurden in einem Arzneiglase mit 80 g Äther übergossen, kräftig geschüttelt und 4 g Ammoniakflüssigkeit zugegeben. Das Gemisch wurde 10 Minuten lang kräftig umgeschüttelt und darauf der Äther entfernt. Der Rückstand wurde noch einige Male mit kleinen Mengen Äther geschüttelt und auch dieser Äther abgegossen. Danach wurde mit Essigsäure neutralisiert, die Droge mit kochendem Wasser ausgezogen, filtriert und das Filtrat mit Wasser auf 1 Liter ergänzt.

20 g gepulverte Chinarinde wurden mit 10 g Salzsäure und 50 ccm Wasser 10 Minuten lang erhitzt. Nach dem Erkalten wurde die Mischung mit Ammoniakflüssigkeit alkalisch gemacht und mit 150 g Chloroform kräftig geschüttelt. Dann wurden 200 g Äther hinzugefügt und wiederum geschüttelt. Das Chloroform-Äthergemisch wurde darauf abgegossen und diese Ausschüttelung mit einer kleinen Menge des Chloroform-Äthergemisches wiederholt. Von dem so behandelten Rindenpulver wurde nun durch Kochen mit Wasser ein Auszug hergestellt, welcher die löslichen Bestandteile desselben in 1 Liter enthielt.

---

[1] Pharmaz. Zentralhalle Deutschland **1929**, 21, 53.
[2] Dissertation, Bonn 1950.
[3] Scientia pharmac. **15**, 42 (1947).

Hautpulvermethode.

Die Hautpulvermethode geht auf WEISS[1] zurück und wurde 1897 als
internationale Methode auf dem Kongreß der Gerbereichemiker eingeführt. Sie beruht darauf, daß einer Lösung die Gerbstoffe durch chro-
miertes Hautpulver entzogen werden und der Trockenrückstand der Lösung vor und nach dieser Behandlung mit Hautpulver bestimmt wird.
Die Gewichtsdifferenz entspricht den an Hautpulver gebundenen Gerbstoffen. Es werden somit die Gerbstoffe gewichtsmäßig erfaßt ohne Rücksicht auf ihre Wirkungsstärke, die für die therapeutische Beurteilung
allein von Interesse ist. Außer Gerbstoffen werden auch Polyphenolcar-
bonsäuren und Catechine zum Teil von Hautpulver gebunden, so daß
z. B. bei Anwesenheit von viel Gallus- oder Kaffeesäure die Werte zu
hoch ausfallen werden. Auch können Farbstoffe und Phlobaphene von
Hautpulver adsorbiert werden, weshalb diesem Verfahren auch keine
absolute Spezifität zukommt. Es stellt nur eine Konventionsmethode
dar. Trotzdem gilt sie heute noch als die brauchbarste Methode und
dient auch vielfach als Standardverfahren im Vergleich mit anderen
Methoden.

Ausführung. 100 ccm Gerbstofflösung dampft man in einer Platinschale auf
dem Wasserbade zur Trockene ein, trocknet den Rückstand bei 100° (am besten
im Vakuum) bis zum konstanten Gewicht und wägt: Gesamtmenge der löslichen
Stoffe (G). Hierauf verascht man diesen Verdampfungsrückstand und ermittelt die
Aschenmenge (A). $G - A$ ergibt die Menge der gelösten organischen Stoffe in
100 ccm Gerbstofflösung (O). Hierauf digeriert man 200 ccm der Gerbstofflösung
eine Stunde lang mit 10 g Hautpulver unter häufigem Umschwenken, preßt die
Masse durch ein Leinenfilter ab und behandelt das Filtrat noch 24 Stunden lang
mit 4 g Hautpulver. Von der filtrierten Flüssigkeit werden hierauf 100 ccm auf
dem Wasserbade eingedampft, der Rückstand wird bei 100° bis zum konstanten
Gewicht getrocknet und gewogen. Alsdann äschert man denselben ein und zieht
das Gewicht der Asche davon ab. Auf diese Weise ergibt sich die Menge der in
100 ccm Gerbstofflösung enthaltenen Nichtgerbstoffe (N). Hiervon ist jedoch noch
die geringe Menge der aus dem Hautpulver gelösten organischen Stoffe, die durch
einen direkten, unter den gleichen Bedingungen auszuführenden Versuch zu ermitteln ist, in Abzug zu bringen. Die Menge des in 100 ccm Gerbstofflösung enthaltenen wirklichen Gerbstoffes ergibt sich schließlich als $O - N$.

Kupfermethode nach Linde und Teufer[2] in Ausführung von E. Soos[3].

100 ccm des Drogenauszuges (= 1 g Droge) werden auf dem Wasserbade auf
50 ccm eingeengt und, falls die Droge Gallussäure enthält, mehrmals mit Äther
ausgeschüttelt. Zu der Äther enthaltenden wäßrigen Flüssigkeit wird Weingeist
gegeben, solange noch ein Niederschlag entsteht – um vorhandene Pectine auszufällen – filtriert, das Filter mit Weingeist gut nachgewaschen und das Filtrat bis
zur Entfernung des Äthers und Weingeistes eingeengt. Dann wird mit 4%iger
neutraler Kupferacetatlösung in geringem Überschuß versetzt, das ausgefallene
Kupfertannat auf einem vorher getrockneten und gewogenen Filter von bekanntem
Aschengehalt gesammelt, bis zur Entfernung des überschüssigen Kupferacetates
nachgewaschen (Ferrocyankalireaktion), bis zur Gewichtskonstanz getrocknet und
gewogen. Schließlich verascht man das Filter selbst, behandelt den Rückstand
mit 2 Tropfen rauchender Salpetersäure und glüht nach dem Trockenen neuerlich.
Die Menge des so erhaltenen Kupferoxyds wird von der Menge Kupfertannat in
Abzug gebracht, woraus sich der Gerbstoffgehalt in 1 g ergibt.

---

[1] Gerber **1887**, 2. — [2] Pharmaz. Zentralhalle Deutschland **1929**, 21, 53.
[3] Scientia pharmac. **15**, 42 (1947).

Agglutinationsmethode.

Die Agglutinationsmethode gründet sich auf die Eigenschaft der Gerbstoffe, rote Blutkörperchen zu agglutinieren, die mit der adstringierenden Wirkung parallel geht. Sie wurde von R. KOBERT[1] begründet und von R. WASICKY[2] und W. BRANDT und F. SCHLUND[3] weiter entwickelt. Das Prinzip besteht darin, daß verschiedene Verdünnungen eines Drogenauszuges mit einer Aufschwemmung roter Blutkörperchen versetzt werden und diejenige Konzentration festgestellt wird, bei der eben vollkommene Agglutination eingetreten ist. Zur Ausschaltung individueller Schwankungen der Blutsorte wird ein Parallelversuch mit reinem Tannin durchgeführt, dessen Adstriktionswert mit 100 angenommen wird. Nach diesem Verfahren wird der Wirkungswert der Gerbstoffe im Vergleich zu reinem Tannin festgestellt und auf dessen Menge gewichtsmäßig bezogen (s. Tab. 10).

Ausführung nach E. Soos[4]. 100 ccm des Drogenauszuges (= 1 g Droge) werden mit 0,9 g Kochsalz blutisotonisch gemacht. Hiervon werden zweckmäßigerweise nach einer annähernd geometrischen Reihe Verdünnungen mit physiologischer Kochsalzlösung in folgender Weise hergestellt: In 4 Reagenzgläser pipettiert man 0,5, 1,0, 2,5 und 5,0 ccm der Gerbstofflösung und ergänzt mit physiologischer Kochsalzlösung auf das Volumen von 5 ccm. Gleichzeitig setzt man dieselbe Reihe mit einem Drogenauszug an, den man im Verhältnis 1 : 10 verdünnt hat. Dem Inhalt eines jeden Reagenzglases fügt man 2,5 ccm einer 2%igen Aufschwemmung von serumfrei gewaschenen Blutkörperchen zu und läßt ungefähr 24 Stunden stehen. Nach dieser Zeit haben sich die zum Teil vollständig zusammengeballten roten Blutkörperchen zu Boden gesetzt; die überstehende Flüssigkeit wird abgegossen und es wird mit einigen Tropfen einer 1 : 50 verdünnten 10%igen Eisenchloridlösung geprüft, ob der ganze Gerbstoff zur Agglutination der Blutkörperchen verbraucht wurde oder ob die Lösung noch überschüssigen Gerbstoff enthält. (Bestimmung der „Reaktionsgrenze".) Da die Unterschiede im Gehalt an Drogenauszug zwischen den einzelnen Reagenzgläsern ungefähr 100% betragen, muß zwischen der Verdünnung, die gerade noch eine Gerbstoffreaktion gegeben hat und jener, die gerbstofffrei war, eine neue Reihe angesetzt werden, bei der sich die einzelnen Glieder in ihrem Gehalt an Drogenauszug nicht mehr als 10% voneinander unterscheiden (z. B. 2,5, 2,7, 3,0, 3,3 . . . 5,0). Mit physiologischer Kochsalzlösung erfolgt jeweils die Ergänzung auf 5 ccm[5]. Außerdem trachtet man durch Herstellung geeigneter Verdünnungen der Ausgangslösung in den Bereich zwischen 2,5 ccm und 5,0 ccm zu kommen, um den Ablesefehler beim Pipettieren kleinerer Mengen möglichst zu verringern. Als Grenze nimmt man jene Verdünnung an, bei der gerade der gesamte Gerbstoff zur Agglutination der roten Blutkörperchen verbraucht wurde. Um die individuellen Unterschiede des verwendeten Blutes weitgehendst auszuschalten, werden dieselben Versuchsreihen auch mit einer Lösung von Acidum tannicum in physiologischer Kochsalzlösung (etwa 0,02%) hergestellt und ebenfalls die Verdünnung bestimmt, in der gerade der ganze Gerbstoff zur Agglutination verbraucht wurde. Unter der Voraussetzung, daß der Adstriktionswert des reinen Tannins 100 beträgt, kann man durch Gegenüberstellung der beiden gefundenen Verdünnungen den Adstriktionswert der Droge berechnen. Ent-

---

[1] Arch. Pharm. Ber. dtsch. pharmaz. Ges. **24**, 470 (1914).

[2] Pharmaz. Post **50**, 785 (1917).

[3] Pharmaz. Ztg. **69**, 597 (1924).

[4] Scientia pharmac. **15**, 42 (1947).

[5] Nach H. HOPMANN (Dissert. Bonn 1950) ergibt sich hierbei die Schwierigkeit, daß bei diesen geringen Differenzen die Unterschiede der Eisenchloridreaktion sich kaum mehr feststellen lassen, so daß die Werte innerhalb einiger Prozente schwanken können.

sprechend der Abstufung der Verdünnungsreihen ist die Fehlergrenze der Methode mit ± 10% anzunehmen[1].

Bereitung der Blutkörperchenaufschwemmung. Man verdünnt 2 ccm frisches, defibriniertes Rinder-, Hammel- oder ein anderes Blut mit physiologischer Kochsalzlösung und zentrifugiert so lange, bis die Blutkörperchen sich am Boden abgesetzt haben. Die überstehende Flüssigkeit wird möglichst ohne Verlust an Blutkörperchen decantiert und das Auswaschen so oft wiederholt, bis praktisch kein Serum mehr vorhanden sein kann. Faßt das Zentrifugenglas etwa 12 ccm, so ist etwa nach viermaligem Decantieren noch $^1/_{250}$ des ursprünglichen Serums vorhanden. Hierauf verdünnt man auf das 20fache des angewandten Blutes mit physiologischer Kochsalzlösung.

Colorimetrische Bestimmung mit Phosphor- und Arsenwolframsäure.

Die colorimetrische Bestimmung von Gerbstoffen, die auf der Blaufärbung der Phosphorwolframsäure durch Reduktion beruht, geht auf MENAUL[2] zurück. Sie ist für Gerbstoffe nicht spezifisch und tritt bei anderen Polyphenolen, die in der Pflanzenwelt verbreitet sind, ebenfalls ein, vor allem bei Gallussäure, Protocatechusäure. W. LANG[3] hat in neuerer Zeit diese Reaktion zur Gerbstoffbestimmung aufgegriffen. Die Erhöhung der Spezifität versucht LANG durch eine Fällung mit Zinkacetat zu erreichen. Das Verfahren beruht darauf, daß die Gerbstoffe mit ammoniakalischer Zinkacetatlösung ausgefällt und nach Freisetzung durch verdünnte Schwefelsäure mit Phosphorwolframsäure nach FOLIN in schwach alkalischer Lösung photometrisch gemessen werden. Hierbei werden phenolische Glykoside, soweit sie nicht hydrolysiert sind, nicht erfaßt, da sie meistens durch Schwermetalle nicht gefällt werden und außerdem mit Phosphorwolframsäure nicht reagieren. Ebenso scheiden Phlobaphene aus, die zwar mit Zinkacetat gefällt, aber nicht wieder gelöst werden. Außerdem reagieren sie gleichfalls nicht mit Phosphorwolframsäure.

Ausführung. Eine Drogenmenge von etwa 0,1 g wird zwei- bis dreimal mit Wasser ausgekocht und das Extrakt bzw. die dieser Drogenmenge entsprechende Zubereitung mit Wasser genau auf 100 ccm ergänzt. 10 ccm dieser Verdünnung werden in einem 15 ccm fassenden Zentrifugenglas mit 5 ccm basischer Zinkacetatlösung nach MALVEZIN[4] versetzt. Hierbei fallen die Gerbstoffe als voluminöser Niederschlag aus, während Alkaloide, Glykoside, Kohlehydrate sowie die meisten organischen Säuren in Lösung bleiben. Nach dem Abzentrifugieren (Filtrieren empfiehlt sich wegen der möglichen Adsorption der geringen Gerbstoffmengen nicht) und Waschen des Niederschlages wird derselbe in wenig 5%iger Schwefelsäure gelöst, und diese Lösung mit Wasser auf 10 ccm ergänzt. 1 ccm dieser schwach schwefelsauren Lösung wird nun mit 0,5 ccm Phosphorwolframsäurereagens nach FOLIN[5] versetzt und mit gesättigter Natriumcarbonatlösung auf 10 ccm aufgefüllt. Die entstandene tiefblaue Färbung, die im Bereich der an-

---

[1] Nach einer noch unveröffentlichten Arbeit von F. GSTIRNER und A. BOPP läßt sich diese Methode einfacher und mit größerer Genauigkeit ausführen.

[2] J. agric. Res. **26**, 257 (1923). — [3] Pharmazie **6**, 137 (1951).

[4] 10 g Zinkoxyd werden in eben der erforderlichen Menge verdünnter Essigsäure gelöst. Dann wird zu dieser Lösung so viel 10%ige Ammoniaklösung zugesetzt, daß der anfänglich entstehende Niederschlag wieder verschwindet. Die Lösung wird dann mit destilliertem Wasser auf 1 Liter ergänzt.

[5] Natr. wolfram. 100,0, Acid. phosphoric. 85% 80 ccm, Aqua dest. 750 ccm. 3 Stunden lang kochen und nach dem Abkühlen mit Aqua dest. auf 1000 ccm ergänzen.

gegebenen Konzentration streng dem BEERschen Gesetz gehorcht, wird dann nach 5 bis 10 Minuten im Stufenphotometer bei Filter S 72 gemessen oder in einem Colorimeter mit einer Tanninlösung von 10 mg%, von welcher 1 ccm ebenfalls mit Phosphorwolframsäure und Sodalösung versetzt wurde, verglichen. Der so erhaltene Farbwert kann nun direkt auf die entsprechende Tanninkonzentration umgerechnet werden, so daß die Gerbstoffzahlen von Drogen und Zubereitungen aus denselben in „Tanninwerten" ausgedrückt werden können. Die Umrechnung auf tatsächliche Gerbstoffwerte, bei denen der betreffende Gerbstoff erst isoliert werden müßte, um seine Eichkurve festzustellen, dürfte nur in Sonderfällen in Frage kommen.

Für das Stufenphotometer ergeben sich folgende Berechnungsformeln:

$$c = 13{,}7 \cdot k \ \mathrm{mg}\%.$$

$$c = \text{„Tanninwert" der untersuchten Lösung,} \quad k = \frac{\text{Extinktion}}{\text{Schichtdicke}}.$$

Die Formel gilt unter der Voraussetzung, daß Tannin „Merck" zu 100% aus Pentadigalloylglucose besteht. Für einen entsprechenden „Quercetinwert", der mit Quercetin „Schuchardt" berechnet wurde, lautet die Formel:

$$c = 15{,}9 \cdot k \ \mathrm{mg}\%.$$

E. NICK[1] erwähnt zu dem Verfahren von LANG, daß bei Anwesenheit von Catechingerbstoffen der einmal ausgefällte Gerbstoff nur noch sehr schwer und auch unvollständig in Lösung zu bringen ist. Er führt deshalb eine Differenzbestimmung durch, indem er in einer Gerbstofflösung vor und nach der Entfernung der Gerbstoffe entweder durch Fällung mit Bleiessig[2] oder durch Behandlung mit Hautpulver die colorimetrische Messung durchführt und aus der Differenz beider Messungen den Gerbstoffgehalt berechnet. Damit wird die Spezifität der gravimetrischen Hautpulvermethode erreicht, die sich aber durch die colorimetrische Messung bedeutend einfacher und schneller ausführen läßt. Zur Aufstellung der Eichkurve dient Tannin oder Catechin, die nahezu den gleichen Wirkungswert gegen Phosphorwolframsäure besitzen.

Auf Grund von Versuchen mit Tannin kommt NICK zu dem Schluß, daß eine Hautpulverbehandlungszeit von 15 Minuten ausreicht, um die echten Gerbstoffe an Hautpulver zu binden, da nach dieser Zeit nur noch niedermolekulare Halbgerbstoffe adsorbiert werden. Damit ist es möglich, die echten Gerbstoffe von den nur noch schwach eiweißfällenden Polyphenolen (Catechin usw.) getrennt zu bestimmen.

Ausführung. 1. 100 mg fein gepulverte Gerbstoffdroge werden 15 Minuten lang mit 100 ccm 30%igem Alkohol am Rückflußkühler gekocht und darauf das Extrakt auf dem Wasserbad auf 20 ccm eingeengt. Das praktisch wäßrige Extrakt wird nun samt Extraktionsrückstand in ein 100 ccm fassendes Meßkölbchen gebracht, das Extraktionsgefäß zweimal mit je 10 ccm Wasser nachgespült und mit weiterem Wasser zu 100 ccm ergänzt.

Nach dem Abzentrifugieren der festen Drogenbestandteile wird 1 ccm der klaren Lösung mit 0,3 ccm Phosphorwolframsäure versetzt und mit 20%iger Sodalösung in einem Meßkölbchen auf 10 ccm aufgefüllt. Die entstehende, tiefblaue Färbung, die dem LAMBERT-BEERschen Gesetz folgt, kann im Stufenphotometer bei Filter S 72 (Filterschwerpunkt 726 mμ) nach 2 bis 3 Minuten gemessen werden. Bei längerem Stehenlassen macht sich ein kristalliner Niederschlag und eine Ab-

---

[1] Pharmaz. Ind. **15**, 382 (1953). Eine Prüfung des Verfahrens von LANG wurde auch von H. FRIEDRICH durchgeführt [Pharmazie **9**, 138 (1954)].
[2] Pharmazie **8**, 940 (1953).

nahme der Blaufärbung bemerkbar. Der so erhaltene Extinktionswert wird durch die Gesamtmenge der mit Phosphorwolframsäure reagierenden Stoffe (A) erzeugt.

2. Zur Bestimmung der möglicherweise mit Phosphorwolframsäure reagierenden Nichtgerbstoffe (B) werden in einer zweiten Bestimmung 20 ccm des klaren Gerbstoffauszuges mit 400 mg Hautpulver unter häufigem Umschütteln 15 Minuten lang digeriert, darauf wird vom Hautpulver abzentrifugiert, 2 ccm der klaren Lösung mit 0,3 ccm Phosphorwolframsäure versetzt und mit Sodalösung auf 10 ccm ergänzt. Der ermittelte Extinktionswert entspricht 2 × (B). Der Differenzbetrag (A) − (B) kann nun auf Grund der aufgestellten Eichkurve auf mg Gerbstoff umgerechnet werden.

G. Krieger[1] greift auf das Arsenwolframreagens von P. Menaul[2] zurück, mit dem die Gerbstoffe unter Blaufärbung reagieren. Zur Isolierung der Gerbstoffe werden diese mit Alkohol-Äther oder mit Wasser extrahiert, mit Bleiessig und Gelatine gefällt und mit Phosphorsäure wieder in Lösung gebracht:

10 g Droge werden mit einer genügenden Menge an Alkohol-Äther (3 : 1) unter häufigem Umschütteln bei Zimmertemperatur extrahiert. Eine zweite Versuchsreihe wird mit Wasser unter den gleichen Bedingungen angesetzt. Nach 72stündiger Extraktion wird vom Rückstand abfiltriert und dieser vorsichtig ausgepreßt. Darauf erfolgt Einengung des Filtrates und möglichst weitgehende Entfernung des Lösungsmittels unter Vakuum. Die erhaltenen Gerbstofflösungen werden in 100 ccm-Meßkölbchen bis zur Marke mit Wasser ergänzt. Von diesen werden 10 ccm entnommen, mit 2 ccm 1%iger Gelatinlösung und 10 ccm Bleiessig versetzt. Nach kräftigem Umschütteln zentrifugiert man den entstandenen Niederschlag ab (10 bis 15 Minuten lang bei 2000 bis 3000 U/Min.). Der Niederschlag wird mit 3 ccm einer 12,5%igen Phosphorsäurelösung und 20 bis 30 ccm Wasser unter Umrühren aufgenommen. Zu dieser Lösung wird dann noch 1 ccm einer 10%igen Natriumphosphatlösung gegeben, umgeschüttelt, filtriert und nachgewaschen. Eine etwaige schmutzige Trübung des Filtrates läßt sich leicht durch Zugabe von etwa 0,5 g Kieselgur und nachträgliches Filtrieren beseitigen, wodurch, wie Versuche zeigten, keine Gerbstoffverluste eintraten. Das klare Filtrat wird in einem 100 ccm-Meßkolben mit 2 ccm Natriumwolframatreagens und 10 ccm einer 2%igen Natriumcarbonatlösung versetzt, zur Marke aufgefüllt und der entstandene blaue Farbton im Stufenphotometer gemessen (Filter S 66, Küvette 1 cm). Das Intensitätsmaximum der durch die Reduktion des W^{VI} zu W^V gebildeten blauen Komplexverbindung liegt zwischen 30 und 45 Minuten. Die Extinktion der Farblösung folgt dem Lambert-Beerschen Gesetz.

Zur Herstellung des Wolframatreagens werden 100 g Natriumwolframat mit 30 g reiner Arsensäure unter Zusatz von 300 ccm Wasser und 50 ccm konz. Salzsäure 2 Stunden lang am Rückflußkühler gekocht. Dann wird, falls erforderlich, filtriert und nach dem Abkühlen in einem 1000 ccm-Kolben bis zur Marke aufgefüllt. Diese Lösung ist über längere Zeit hin gut haltbar.

Zur Berechnung des Gerbstoffgehaltes wird eine Eichkurve mit Tannin aufgestellt. Krieger benützte dazu Acidum tannicum Merck und Geigy, die aber keine übereinstimmenden Eichkurven ergaben, weshalb die Gerbstoffwerte der 29 untersuchten DAB 6-Drogen nach beiden Eichkurven beträchtlich differierten. Da die Ergebnisse auf Tannin bezogen werden, sollte besser, wie Lange angibt, von einem „Tanninwert" und nicht von dem Gerbstoffgehalt die Rede sein, da die Catechingerbstoffe auf Tannin bezogen nur unvollkommen erfaßt werden. Krieger fand z. B. in ausgesprochenen Gerbstoffdrogen wie Cortex Quercus, Radix Ratanhiae, Folia Uvae ursi, Rhizoma Tormentillae 0,5 bis 1,0% Gerb-

---

[1] Dtsch. Apotheker-Ztg. **92**, 845 (1952). — [2] J. agric. Res. 257 (1923).

stoffe, die nach anderen Methoden 10 bis 20% und mehr Gerbstoffe enthalten. Die wäßrigen Drogenauszüge enthielten mit wenig Ausnahmen erheblich mehr „Gerbstoffe" als die mit Alkohol-Äther bereiteten Auszüge. KRIEGER verglich seine Werte mit denen der Methode von J. LÖWENTHAL/C. NEUBAUER[1], nach der die Gerbstoffe mit Permanganat oxydiert werden. Die Werte dieser Bestimmung lagen meistens höher, teilweise um ein Vielfaches. Aus diesen Unregelmäßigkeiten geht deutlich die Problematik schematischer Gerbstoffbestimmungen hervor, die auf einen einseitigen Standard bezogen werden.

Grenzwertbestimmung von Gerbstoffdrogen und Gerbstofftinkturen.

L. FUCHS, M. WICHTL und H. HÄRING[2] geben für einige Tinkturen und Drogen eine Grenzwertbestimmung zur schnellen Orientierung über den Gerbstoffgehalt mit Metallsalzen an, die sich nach ausführlichen Versuchen für die jeweiligen Drogen am günstigsten erwiesen haben.

Reagenzien. Kupferacetatlösung (R): 0,4 g $Cu(CH_3COO)_2 \cdot H_2O$ in Wasser gelöst und auf 100 ccm aufgefüllt (= 0,02 m). Bleiacetatlösung (R): 2,0 g $Pb(CH_3COO)_2$ $\cdot 3H_2O$ in Wasser gelöst und auf 100 ccm aufgefüllt (= 0,053 m). Natriumacetatlösung (R): 16,6 g $CH_3COONa \cdot 3H_2O$ (entsprechend 10 g wasserfreies CH_3COONa) in Wasser gelöst und auf 100 ccm aufgefüllt (= 1,2 m).

Herstellung der Drogenauszüge. 1,00 g der gepulverten Droge (Sieb V) wird in einem 150 ccm-Becherglas mit 50 ccm Wasser zuerst über freier Flamme auf dem Drahtnetz bis zum beginnenden Sieden und anschließend auf dem siedenden Wasserbad unter häufigem Umrühren eine Stunde erhitzt. Dann läßt man die Drogenteilchen einige Minuten absetzen und filtriert die Lösung noch heiß durch einen Trichter, in dessen Hals sich ein kleiner lockerer Wattebausch befindet, in einen 100 ccm-Meßkolben. Die im Becherglas verbliebenen Drogenteilchen werden nochmals in gleicher Weise wie früher mit 50 ccm Wasser eine halbe Stunde erhitzt, worauf man die Lösung noch heiß ebenfalls durch denselben Wattebausch in den Meßkolben filtriert und mit wenig Wasser nachwäscht. Nach dem Erkalten des Gesamtfiltrates wird auf 100 ccm aufgefüllt.

Grenzwertbestimmung der Gerbstoffdrogen.

Gallae. In einem Reagenzglas werden 2,0 ccm des Drogenauszuges, 2,0 ccm Natriumacetatlösung (R) und 2,0 ccm Bleiacetatlösung (R) gemischt. Die Mischung erhitzt man 3 Minuten im siedenden Wasserbad und läßt sie dann zum Absetzen des Niederschlages eine halbe Stunde stehen. Nun hebt man etwa 3 ccm der über dem Niederschlag befindlichen Lösung mit einer Pipette ab, filtriert durch ein trockenes, glattes Filter von 4 cm Durchmesser und versetzt 2,0 ccm des Filtrates mit 0,1 ccm Bleiacetatlösung (R). Die Mischung wird wieder 3 Minuten im siedenden Wasserbad erhitzt, wobei noch eine deutliche Trübung der Flüssigkeit auftreten muß.

Fällt diese Grenzwertbestimmung positiv aus, dann enthalten die untersuchten Gallen mindestens 50% Gerbstoff.

Rad. Tormentillae. In einem Reagenzglas werden 3,0 ccm des Drogenauszuges mit 3,0 ccm Natriumacetatlösung (R) und 0,7 ccm Bleiacetatlösung (R) gemischt. Die Mischung wird in gleicher Weise weiter behandelt, wie dies oben bei den „Gallae" beschrieben wurde. Auf einen Zusatz von 0,1 ccm Bleiacetatlösung (R) zu 2,0 ccm des Filtrates der vom Niederschlag der ersten Fällung abpipettierten Flüssigkeit muß auch hier durch 3 Minuten langes Erhitzen der Mischung im siedenden Wasserbad noch eine deutliche Trübung entstehen.

---

[1] Lehrbuch der Nahrungschemie, H. RÖTTGERS, **2**, 1385 (1926).
[2] Scientia pharmac. **20**, 209 (1952).

Ein positiver Ausfall dieser Grenzwertbestimmung zeigt an, daß die untersuchte Droge mindestens 15% Gerbstoff enthält.

Rad. Ratanhiae. In einem Reagenzglas werden 3,0 ccm des Drogenauszuges mit 3,0 ccm Natriumacetatlösung (R) und 1,0 ccm Bleiacetatlösung (R) gemischt. Die Mischung wird in gleicher Weise weiter behandelt, wie dies oben bei den „Gallen" angegeben wurde. Auch hier muß auf einen Zusatz von 0,1 ccm Bleiacetatlösung (R) zu 2,0 ccm des Filtrates nach der ersten Fällung durch 3 Minuten langes Erhitzen der Mischung im siedenden Wasserbad noch eine deutliche Trübung entstehen.

Bei positiver Grenzwertreaktion enthält die untersuchte Droge mindestens 12% Gerbstoff.

Cort. Quercus. In einem Reagenzglas werden 5,00 ccm des Drogenauszuges und 0,6 ccm Kupferacetatlösung (R) gemischt. Nach zweistündigem Stehen der Mischung hebt man mit einer Pipette etwa 3 ccm der über dem Niederschlag stehenden Lösung ab und filtriert durch ein trockenes, glattes Filter von 4 cm Durchmesser. 2,0 ccm des Filtrates werden mit 0,1 ccm Kupferacetatlösung (R) versetzt und durchgeschüttelt. In der Flüssigkeit muß innerhalb von 2 Stunden eine deutliche Trübung auftreten.

Die Grenzwertreaktion ist positiv, wenn die untersuchte Droge mindestens 7% Gerbstoff enthält.

Grenzwertbestimmung von Gerbstofftinkturen.

Bei den Tinkturen spielt es keine Rolle, ob der Alkohol entfernt wird oder nicht. Bei den Tinct. Gallae und Tinct. Tormentillae werden die gleichen Werte erhalten. Bei Tinct. Ratanhiae sind die Werte nach dem Vertreiben des Alkohols zwar tiefer, aber sie entsprechen dem Gerbstoffgehalt, der nach der Kupfermethode ermittelt wurde, weshalb auch hier die Entfernung des Alkohols nicht notwendig ist.

Tinct. Gallae. 5,0 ccm der Tinktur werden mit Wasser auf 100 ccm verdünnt. 2,0 ccm der so verdünnten Tinktur mischt man in einem Reagenzglas mit 2,0 ccm Natriumacetatlösung (R) und 1,5 ccm Bleiacetatlösung (R), erhitzt die Mischung 3 Minuten im siedenden Wasserbad und läßt sie dann zum Absetzen des Niederschlages eine halbe Stunde stehen. Nun hebt man etwa 3 ccm der über dem Niederschlag befindlichen Lösung mit einer Pipette ab, filtriert durch ein trockenes, glattes Filter von 4 cm Durchmesser und versetzt 2,0 ccm des Filtrates mit 0,1 ccm Bleiacetatlösung (R). Die Mischung wird wieder 3 Minuten im siedenden Wasserbad erhitzt, wobei noch eine deutliche Trübung der Flüssigkeit auftreten muß.

Eine positive Grenzwertreaktion zeigt an, daß die untersuchte Tinktur mindestens 7,5% Gerbstoff enthält.

Tinct. Tormentillae. 5,0 ccm der Tinktur werden mit Wasser auf 50 ccm verdünnt. Eine dabei auftretende schwache Opalescenz der Flüssigkeit stört nicht. 3,0 ccm der Tinkturverdünnung mischt man in einem Reagenzglas mit 3,0 ccm Natriumacetatlösung (R) und 1,3 ccm Bleiacetatlösung. Die Mischung wird dann in gleicher Weise weiter behandelt, wie dies bei Tinct. Gallae beschrieben wurde.

Ist die Grenzreaktion positiv, dann enthält die Tinktur mindestens 1,5% Gerbstoff.

Tinct. Ratanhiae. 5,0 ccm der Tinktur werden mit Wasser auf 50 ccm verdünnt. Da hierbei eine stärkere Trübung entsteht, filtriert man die besonders bei älteren Tinkturen deutlich sichtbaren flockigen Ausscheidungen durch einen kleinen lockeren Wattebausch ab. 3,0 ccm des Filtrates, dessen kolloidale Lösung nicht stört, werden in einem Reagenzglas mit 3,0 ccm Natriumacetatlösung (R) und 1,0 ccm Bleiacetatlösung (R) versetzt, worauf man die Mischung in gleicher Weise weiter behandelt, wie dies bei Tinct. Gallae angegeben wurde. Auf Zusatz von 0,1 ccm Bleiacetatlösung (R) zu 2,0 ccm des Filtrates der vom Niederschlag der ersten Fällung abpipettierten Flüssigkeit muß durch 3 Minuten langes Erhitzen der Mischung im siedenden Wasserbad noch eine deutliche Trübung entstehen.

Fällt die Grenzreaktion positiv aus, dann enthält die untersuchte Tinktur mindestens 1,6% Gerbstoff.

Die Gehaltsangaben der Grenzwerte wurden bei Drogen und Tinkturen nach der Kupfermethode ermittelt.

Bestimmung des Mineralstoffgehaltes.

Die erdigen Beimengungen der Drogen werden durch die Bestimmung des Mineralstoffgehaltes erkannt, für den die Arzneibücher Höchstgrenzen vorschreiben. Genauer müßte zwischen physiologischen, das sind die in jeder Pflanze natürlich vorkommenden mineralischen Stoffen, und erdigen Beimengungen unterschieden werden. W. PEYER[1] und auch BRIEGER, ROSENTHALER, BRAND-GILG, ZÖRNIG, RIEDEL, BOHRISCH-KÜRSCHNER, ANSELMINO u. a. machten wiederholt darauf aufmerksam, daß nur eine sogenannte „Sandbestimmung", durch die nur die erdigen Beimengungen erfaßt werden, ein richtiges Urteil über den Gehalt an mineralischen Bestandteilen der Drogen zuläßt. PEYER fand durch die Sandbestimmung an 32 Drogenmustern, daß der zu hohe Mineralstoffgehalt nicht auf Verunreinigungen, sondern auf physiologische Salze der Drogen zurückzuführen war. So überschritt z. B. ein Muster Fol. Menthae pip. mit einem Mineralstoffgehalt von 14% den Arzneibuchwert um 2%, von denen nur 1% durch die „Sandbestimmung" erdigen Beimengungen zuzuschreiben war und 13% natürliche Salze der Droge darstellten.

Die Mineralstoffbestimmung und die Ermittelung des in Salzsäure Unlöslichen (Sand) nahm PEYER auf folgende Weise vor:

Etwa 5 g Droge werden in einer Rosenthaler Porzellanschale von 4 bis 5 cm Durchmesser ohne Sandzugabe verascht. Ist die Veraschung nicht vollkommen, so wird die zurückgebliebene Kohle nach dem Erkalten mit wenig Wasser angeschlemmt, mit einem Pistille verrieben und nach dem Trocknen neuerdings geglüht. Nötigenfalls muß das Anschlemmen wiederholt werden. Auch einige Tropfen Ammoniumnitrat- oder Ammoniumcarbonatlösung erleichtern die vollkommene Oxydation.

Zur Bestimmung des in Salzsäure Unlöslichen (Sand) wird die Asche zweimal mit je 10 ccm 10%iger Salzsäure auf dem Wasserbade digeriert und durch ein gewogenes Filter filtriert. Das Gewicht des getrockneten Filterinhaltes gibt den „Sandgehalt" der Droge an.

L. WINKLER[2] bestimmte die physiologischen Mineralstoffe der Drogen, nachdem sie mit besonderer Sorgfalt von Flugsand (Asche), Staub und Erde gereinigt worden waren.

In den gereinigten Drogen fand WINKLER folgende Aschewerte in Prozenten; die Zahlen in den Klammern sind die nach dem Ermessen WINKLERS aufgestellten Grenzwerte:

Amygdalae am. et dulc.	2,5	(2–3)	Cortex Condurango ...	9	(8–10)
Bulbus Scillae sicc. ...	2,2	(2,0–2,5)	Cortex Frangulae	4	(3–5)
Carrageen totum.	14	(13–15)	Cortex Granati rad....	11	(10–12)
Cortex Cassiae	2,5	(2–3)	Cortex Quercus	5	(4–6)
Cortex Chinae succ....	2	(1,5–2,5)	Cortex Quillaiae	8	(7–9)
Cortex Cinnamom.			Crocus	4,0	(3,8–4,2)
Ceylan	2,5	(2–3)	Flores Arnicae s. calyc.	6	(5–7)

[1] Jahresbericht der Fa. Caesar & Loretz **1927**, 124.
[2] Pharmaz. Zentralhalle Deutschland **1932**, 593, 705.

Flores Caryophyll.	4,5	(4–5)	Kamala	6	(5,5–6,5)
Flores Chamomillae	9	(8–10)	Lichen islandicus	1,4	(1,3–1,5)
Flores Cinae	6	(5–7)	Lignum Guajaci	0,4	(0,2–0,6)
Flores Koso	6	(5–7)	Lignum Quassiae	2,5	(2–3)
Flores Lavandulae	6	(5–7)	Lignum Sassafras	0,7	(0,5–1,0)
Flores Malvae silv.	11	(10–12)	Lycopodium	2	(2–3)
Flores Sambuci	8	(7–9)	Nux moschata	1,6	(1,4–1,8)
Flores Tiliae c. bract.	6	(5–7)	Pericarpium Aurant.		
Flores Verbasci	3,5	(3–4)	amar.	4	(3,5–4,5)
Folia Althaeae	12	(11–13)	Pericarpium Citri.	3,5	(3–4)
Folia Belladonnae	12	(11–13)	Placenta Sem. Lini	6	(5,5–6,5)
Folia Digitalis purp	8	(7–9)	Radix Althaeae germ.	4	(4–5)
Folia Farfarae	16	(15–18)	Radix Althaeae hung.	5	(5–6)
Folia Hyoscyami	15	(14–16)	Radix Angelicae	6	(5–7)
Folia Juglandis	8	(7–9)	Radix Colombo	3,5	(3–4)
Folia Malvae	12	(11–13)	Radix Gentianae	3	(2,5–3,5)
Folia Melissae	9	(8–10)	Radix Ipecacuanhae	2,5	(2–3)
Folia Menthae pip.	9	(8–10)	Radix Levistici	4	(3–5)
Folia Salviae	6	(5–7)	Radix Liquiritiae	3,5	(3–4)
Folia Sennae Tinne-			Radix Ononidis	4	(3–5)
velly	8,5	(8–9)	Radix Pimpinellae	8	(7–9)
Folia Stramonii	15	(14–16)	Radix Ratanhiae	1,5	(1–2)
Folia Trifol. fibr.	8	(7–9)	Radix Saponariae alb.	5	(4,5–5,5)
Folia Uvae Ursi	2,7	(2,5–3,0)	Radix Saponariae		
Fructus Anisi stellat.	2,3	(2,0–2,5)	rubrae	4	(3,5–4,5)
Fructus Anisi vulg.	6	(5,5–6,5)	Radix Sarsap. Hon-		
Fructus Aurantii im.	5	(4,5–5,5)	duras	3	(2,5–3,5)
Fructus Capsici (i. tot.)	6	(5–7)	Radix Veracruz	10	(9–11)
Fructus Cardamomi	5	(4,5–5,5)	Radix Senegae	2,5	(2–3)
Fructus Carvi	6	(5,5–6,5)	Radix Taraxaci	6	(5–7)
Fructus Colocynthid. s.			Radix Valerianae	6,5	(6–7)
sem.	9	(8,5–9,5)	Radix Valerianae		
Fructus Coriandri	5	(4,5–5,5)	Hercyn.	9,5	(9–10)
Fructus Cubebae	4	(3,5–4,5)	Rhizoma Calami	4	(3–5)
Fructus Foeniculi	6,5	(6–7)	Rhizoma Filicis mar.	3	(2,5–3,5)
Fructus Juniperi	2,5	(2,3–2,7)	Rhizoma Galangae	4	(3–5)
Fructus Lauri	1,7	(1,5–2,0)	Rhizoma Graminis	3	(2,5–3,5)
Fructus Piperis nigr.	4	(3,5–4,5)	Rhizoma Hydrastis	3,5	(2,5–4,5)
Gallae turcicae	1,0	(0,8–1,2)	Rhizoma Iridis	2	(1,5–2,5)
Herba Absinthii florid.	10	(8–12)	Rhizoma Rhei chin.		
Herba Adonidis vern. fl.	9	(8–10)	„Shansi“	9	(7–11)
Herba Ballotae lan. flor.	11	(10–15)	Rhizoma Rhei		
Herba Cardui bened.			„commun. round“	4,5	(3,5–5,5)
flor.	9	(8–10)	Rhizoma Rhei		
Herba Centaurii flor.	3,5	(3–4)	austriaci	6	(5–7)
Herba Chenop. ambr.			Rhizoma Tormentillae	3	(2,5–3,5)
flor.	14	(13–15)	Rhizoma Veratri alb.	3	(2–4)
Herba Equiseti	17	(16–18)	Rhizoma Zedoariae	4	(3–5)
Herba Galeops.			Rhizoma Zingiberis	2,5	(2–3)
grandifl. fl.	6	(5–7)	Secale cornutum	2,8	(2,6–3,0)
Herba Herniariae gl.			Semen Arecae	1,5	(1–2)
flor.	7	(6–8)	Semen Cardamomi	4,5	(4–5)
Herba Lobeliae flor.	7	(6–8)	Semen Colae	6	(5–7)
Herba Marubii albi flor.	11	(10–12)	Semen Colchici	2,5	(2–3)
Herba Melilot. flor.	6	(5–7)	Semen Foenugraeci	2,7	(2,5–3,0)
Herba Serpylli flor.	7	(6–8)	Semen Lini	3,5	(3–4)
Herba Thymi (fol. et			Semen Papaveris alb.	7	(6–8)
flor.)	7	(6–8)	Semen Sabadillae	2,5	(2–3)
Herba Violae tric.			Semen Sinapis alb. et		
florida	9,5	(9–10)	nigr.	4,5	(4–5)

Semen Strophanthi grati	2,8 (2,5—3,0)	Species emollientes ...	8,5 (8—9)
Semen Stroph. Hisp. et Komb.	3,8 (3,5—4,0)	Species laxantes	7,5 (7—8)
		Species Lignorum ...	1,8 (1,6—2,0)
Semen Strychni	1,3 (1,0—1,5)	Species nervinae	8 (7,5—8,5)
Species nach DAB 6:		Species pectorales	7 (6,5—7,5)
Species aromaticae ...	7 (6,5—7,5)	Tubera Jalapae	4 (3—5)
Species diureticae	3,5 (3,2—3,8)	Tubera Salep	1,5 (1—2)

Für Drogenpulver glaubt WINKLER aus praktischen Gründen die angegebenen Grenzzahlen um eine Einheit erhöhen zu können, da ein höherer Mineralstoffgehalt im Drogenpulver zu erwarten ist, das meist aus nicht mit besonderer Sorgfalt gereinigten Ganzdrogen bereitet wird. Zur Bestimmung der erdigen Beimengungen schlägt WINKLER eine doppelte Mineralstoffbestimmung vor: in der Rohdroge und in der gereinigten Droge, die Differenz ergibt die Menge fremder Mineralstoffe.

G. EDMAN[1] prüfte den Einfluß verschiedener Versuchsbedingungen auf die Ergebnisse der Mineralstoffbestimmung. Dabei traten z. B. folgende Differenzen auf:

Cortex Granati: 14,1 bis 17,4%; Cortex Quillajae: 11,2 bis 16,5%; Rhizoma Rhei: 10,8 bis 17,3%; Fructus Cardamomi: 3,5 bis 4,2%; Herba Cardui benedicti: 20,2 bis 22,4%.

Von diesen Drogen haben die drei ersten Ca-reiche Aschen, und die großen Unterschiede rühren daher, daß das Calcium einmal als Carbonat, das andere Mal als Oxyd auftrat. Bei Cardamomen, welche reich an P, Si und Mn sind, wurden die niedrigen Zahlen durch Veraschen im Platintiegel über der Gasflamme erhalten, die höheren Zahlen im elektrischen Tiegelofen bei ungefähr derselben Temperatur und nach Behandlung mit Wasserstoffsuperoxyd. Cardobenedikten sind reich an Alkalisalzen, und die niedrigeren Zahlen wurden durch längeres Erhitzen erhalten.

Die Erklärung dieser Differenzen stößt auf Schwierigkeiten. Da mehrere der Versuchsbedingungen eine komplizierte Wirkung besitzen, so daß z. B. eine einzige derartige Bedingung verschiedene Prozesse dirigieren kann und diese in betreff der Gewichtsverminderung in entgegengesetzter Weise zu wirken vermögen, so läßt sich über die Wirkungen dieser Prozesse im Einzelfalle nichts Bestimmtes aussagen. Nur Vermutungen können angestellt werden.

Temperatur. Wird beim Veraschen die Temperatur auf über 600° gesteigert, so geben Calcium- und Magnesiumcarbonat Kohlensäure ab; das letztere wird schon bei 550° zersetzt. Verascht man bei etwas unter 600°, so erhält man gleichmäßige Resultate.

Lokale Überhitzungen in der Asche durch exotherme Reaktionen dürften kaum Bedeutung besitzen. Die Regel, daß zur Bestimmung des Aschegehaltes bis zur beginnenden oder schwachen Rotglut erwärmt wird, läßt die Möglichkeit offen, daß doch, zumal bei Verwendung einer Gasflamme, bedeutend über 600° erhitzt wird. Hinzu kommt, daß viele Drogen sich bei 600° nicht völlig veraschen lassen. Dann aber ist eine starke Verminderung des Aschegehaltes nicht zu vermeiden. Deren Größe kann natürlich auf dem Gehalt der Asche an den bei der angewandten Temperatur flüchtigen Substanzen beruhen, indem die Gewichtsabnahme bei höherem Gehalt an diesen, wenn die Dissoziation sowie die Diffusion genügend lange vor sich geht, einen größeren Wert annimmt als bei geringerem Gehalt; aber eine Reihe von Versuchen, bei denen Mischungen von Calciumcarbonat und Sand in verschiedenem Verhältnis erhitzt wurden, lieferte das Ergebnis, daß eine Asche mit geringerem Gehalt an flüchtigen oder dissoziierenden Substanzen bis zu ihrer völligen Verflüchtigung oder Dissoziation und unter im übrigen gleichartigen Bedingungen erhitzt, gleichviel verliert wie eine Asche mit höherem Gehalt an denselben Substanzen. In diesem Falle bestimmen die Diffusionsbedingungen die Größe der Gewichtsabnahme.

---

[1] Svensk farmac. Tidskr. **10**, 10 (1931); Ref. Pharmaz. Ztg. **1931**, 622.

Zeit der Veraschung. Sie ist schwierig festzustellen, da es manchmal lange dauert, bis die Asche kohlefrei ist. Am besten ist es, in solchen Fällen recht hoch zu erhitzen und alle flüchtigen Stoffe zu entfernen.

Substanzmenge. Auf Grund der schon erwähnten Versuche mit Gemischen aus Calciumcarbonat und Sand schlägt EDMAN folgende Substanzmengen vor: 0,5 g für Drogen mit hohem, 1 g für solche mit mittelhohem und 2 g für Drogen mit niedrigem Aschegehalt.

Tiegelform. EDMAN befürwortet ein niedriges und weites Glühschälchen, das eine rasche Veraschung ermöglicht, wodurch die Zeit für eine intensivere Diffusion abgekürzt wird.

Wärmequelle. Am besten ist ein elektrischer Tiegelofen. Doch läßt sich auch Gas mit Vorteil verwenden, wofern nur für gleichmäßige Erhitzung gesorgt wird.

Tiegelmaterial. Die Frage ist noch ungeklärt, Cardamomen gaben z. B. im Platintiegel eine geringere Aschezahl als im Porzellantiegel.

Der Zusatz von Sand kann infolge mangelnden Luftzutrittes zu Reduktionen Veranlassung geben, die eine Gewichtsabnahme bedingen. Da die Aschebestimmung der Drogen in der Praxis meist zu voneinander abweichenden Ergebnissen führt, schlägt EDMAN schließlich die Bestimmung der Asche als Sulfatasche vor:

In einem Platintiegel, der mit Hilfe eines Asbestringes in einem weiteren Kupfertiegel hängt, wird die vorgeschriebene Substanzmenge bei möglichst niedriger Temperatur verkohlt. Nach dem Abkühlen wird mit einer Mischung aus rauchender Salpetersäure und Schwefelsäure vermengt, man erhitzt vorsichtig und verascht bei möglichst niedriger Temperatur. Man raucht noch weiter mit Schwefelsäure ab, setzt festes Ammoniumcarbonat zu und erhitzt vorsichtig bis zum konstanten Gewicht.

Erwähnt sei eine Arbeit von K. OHARA und R. KONDO[1] über die Erkennung der Drogen auf Grund des Aschebildes. Die Veraschung wird im WERNERschen Apparat vorgenommen und die Asche in Xyloldampf behandelt. Aus der Struktur der Asche kann an Hand einer Tabelle die Identität der Droge festgestellt werden.

Bestimmung der Quellfähigkeit von Drogen.

Zur Bestimmung der Quellfähigkeit von Drogen gibt A. NOLL[2] ein Verfahren und einen Apparat[3] (Abb. 15) an, mit dem die Volumenzunahme und die Wasseraufnahme der gequollenen Droge ermittelt wird. Die Droge wird am zweckmäßigsten in grob zerkleinertem Zustand, z. B. in Form ausgesiebter Stücke von 5 mm verwendet. Eine einheitliche Vorschrift läßt sich aber nicht geben, vielmehr ist die Form der Droge von Fall zu Fall entsprechend anzupassen. Feine Pulver sind für die Bestimmung des Quellverhaltens nicht geeignet.

Bestimmung der Volumenzunahme.

Zur Ausführung eines Versuches wägt man in den Abtropfkorb (Seiher) regulär 20 g, bei sehr voluminösen Materialien 15 oder 10 g Substanz, auf 0,1 g genau ein und bringt diese in den Glaszylinder des Apparates. Sodann füllt man den Glaszylinder unbeschadet des von der Substanz eingenommenen Volumens bis zur Strichmarke 100 ccm mit destilliertem Wasser von 20° auf. Darauf wird der Deckel mit dem 100 g schweren Belastungsstempel aufgesetzt und der Stempel auf das Untersuchungsmaterial herabgelassen, wobei zwecks gleichmäßiger Schichtung des Materials die Apparatur einmal kurz, jedoch vorsichtig auf eine weiche Unterlage

---

[1] Arch. Pharm. **1931**, 292. — [2] Süddtsch. Apotheker-Ztg. **86**, 206 (1946).
[3] Bezugsquelle: Fritz Kühn, Laboratoriumsbedarf, Frankfurt a. M., Taunusstraße 19, sowie Schleusingen (Thür.).

(Filzplatte) aufgestoßen wird. Die alsdann verbleibenden natürlichen Hohlräume werden nicht berücksichtigt.

Nach dem Aufsetzen des Belastungsgewichtes auf die Substanz wird die Stoppuhr ausgelöst und die Standhöhe des Stempels (Höhe des Quellgutes vor der Quellung) an der Millimeterteilung des Stabes abgelesen. Diese Ablesung erfolgt am einfachsten an der Stelle, wo der Metallstab des Belastungsgewichtes aus dem Deckelkopf (oberhalb der Arretierungsschraube) herausragt. Selbstverständlich kann die Ablesung auch an der Graduierung des Glaszylinders bei der Unterkante

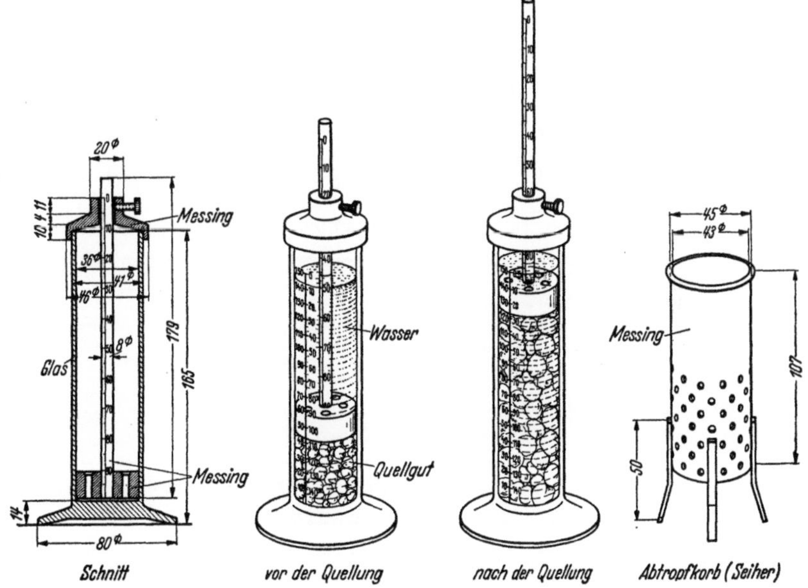

Abb. 15. Apparat zur Bestimmung der Quellfähigkeit von Drogen von A. NOLL.

des Belastungsgewichtes vorgenommen werden. Auf welche der beiden Arten die Ablesung vorgenommen wird, ist prinzipiell gleich, jedoch muß zwecks einheitlichen Vergleiches stets in der gleichen Weise abgelesen werden.

Nach Ablauf gewisser Zeitabschnitte, die je nach der Art des Untersuchungsmaterials verschieden sein können, liest man dann an der Millimetereinteilung des Stabes oder an der Teilung des Glaszylinders die Volumenzunahme (lineare Ausdehnung) des Quellgutes in Millimetern ab und berechnet dieselbe in Prozenten des Anfangwertes.

Beispiel. Höhe des Quellgutes vor der Quellung (a) .... 30 mm
Höhe des Quellgutes nach der Quellung (b) .... 70 mm
Höhenzunahme (c) durch die Quellung $= b - a$ .... 40 mm

Prozentual auf die ursprüngliche Höhe (a) bezogen, ist diese Höhenzunahme die Volumenzunahme (d), und es ist, da sich $a : c = 100 : d$ verhält, die

$$\text{Volumenzunahme } d = \frac{100 \cdot c}{a} = \frac{4000}{30} = 133\%.$$

Bestimmung der Wasseraufnahme (Gewichtszunahme).

Nach Beendigung des Quellversuches, der sich je nach Art des Untersuchungsmaterials verschieden lange ausdehnen kann, wird der Deckel und die Belastungsvorrichtung vom Glaszylinder abgehoben. Darauf wird der zur Apparatur gehörige aus perforiertem Messingblech gefertigte und mit drei Füßen versehene Abtropfkorb, auf welchem man zweckmäßig die Tara eingraviert hat, über den Glaszylinder gestülpt, sodann die ganze Vorrichtung umgedreht, in eine flache Schale gestellt und der Glaszylinder aus dem Abtropfkorb, welcher jetzt auf seinen Füßen steht, herausgezogen. Das Wasser tropft nunmehr von dem jetzt im Abtropfkorb befindlichen Quellgut ab. Sollte sich das Quellgut etwa im Glaszylinder festgeklemmt haben, so ist in einfacher Weise etwas mit einem Glasstab oder Drahtstück nachzuhelfen. Nach einer Abtropfzeit von 15 Minuten wird der Abtropfkorb außen mit Filtrierpapier abgetrocknet und darauf mit Inhalt gewogen, und es ergibt sich dann die vom Quellgut aufgenommene Wassermenge aus der Differenz zwischen dem nunmehr festgestellten Bruttogewicht, abzüglich der Tara des Abtropfkorbes und der ursprünglichen Einwaage der Substanz.

Beispiel. Taragewicht des Abtropfkorbes (a) .... 50 g
Einwaage der Substanz (b) .... 20 g
Bruttogewicht des Abtropfkorbes mit Quellgut vor der
Quellung (c) .... 70 g
Bruttogewicht des Abtropfkorbes mit Quellgut nach der
Quellung (d) .... 96 g
also von der Einwaage aufgenommene Wassermenge $e = d - c$ 26 g

Auf das angewandte Gewicht an Drogeneinwaage (b) bezogen, ist diese Gewichtszunahme (e) die gesuchte prozentuale Wasseraufnahme (f) der Substanz. Es ist, da sich $b : c = 100 : f$ verhält, die

$$\text{Wasseraufnahme } f = \frac{100 \cdot c}{b} = \frac{2600}{20} = 130\% .$$

Tabelle 11. *Quellverhalten von Kalmuswurzel in Wasser als Beispiel.*
Einwaage 20 g; Temp. 20° C.

Zeit	Standhöhe mm	Volumenzunahme	
		mm	%
Bei Beginn	35	0	0
nach 2 Stunden	45	10	28,6
„ 4 „	50	15	42,8
„ 6 „	60	25	70,4
„ 8 „	65	30	85,7
„ 12 „	70	35	100,0
„ 24 „	80	45	128,6
„ 36 „	80	45	128,6

Gewicht vor der Quellung .... 20 g
Gewicht nach 36 Stunden .... 48 g
Gewichtszunahme .... 28 g
Wasseraufnahme 140%

Bestimmung der Saponine.

Da die chemische Natur der Saponine noch zu wenig geklärt ist, um eine rein chemische Bestimmung ausführen zu können, wurden verschiedene physikalische und biologische Methoden ausgearbeitet. Die physikalischen Verfahren beruhen auf der großen Oberflächenaktivität der Saponine, die sich z. B. durch die starke Schaumbildung von Saponinlösungen ausdrückt, die biologischen Verfahren gründen sich auf die Giftigkeit der Saponine für Fische und Würmer. Zu ihnen wird auch die Hämolyse der roten Blutkörperchen gerechnet. Von diesen Methoden hat besonders das Hämolyseverfahren, die Bestimmung des Hämolytischen

Index, Bedeutung erlangt, dessen Ausführung verschiedentlich modifiziert wurde. Ein Nachteil dieser Methode ist die Langwierigkeit, da die Ergebnisse erst nach etwa 24 Stunden vorliegen können. Man versuchte deshalb die anderen Methoden heranzuziehen, die vielfach bedeutend kürzer und einfacher sind. Das Verfahren, das auf der Schaumbildung beruht, wurde aber als ungenau und wenig geeignet befunden, dagegen scheint sich die Bestimmung der Oberflächenspannung von Saponinlösungen, die sich sehr schnell ausführen läßt, gut zu bewähren. Auch auf der Adsorption von Farbstoffen durch Saponine beruht eine colorimetrische Methode.

Die Werte aller Saponinbestimmungen werden auf einen Standard bezogen. Deshalb kann es sich nicht um absolute Werte, die z. B. in Gewichtsprozenten ausgedrückt werden, handeln, sondern nur um relative Werte, die sich durch den Bezug auf den Standard ergeben. Auch sind die Eigenschaften der einzelnen Saponine derart unterschiedlich, daß auch aus diesem Grunde nur mit relativen Werten gerechnet werden kann. Es können deshalb auch keine übereinstimmenden Werte zwischen den verschiedenen Methoden erwartet werden, auch wenn die Werte auf denselben Standard bezogen wurden, sondern nur eine Parallelität der Werte. Meistens wird bei jeder Methode der „Saponingehalt" durch andere Einheiten ausgedrückt. Es ist deshalb richtiger von einer Saponinwirksamkeit als von einem Saponingehalt zu sprechen. Nur innerhalb mehrerer Proben desselben Saponins, derselben Droge oder derselben saponinhaltigen Präparate können die Methoden vergleichbare Werte der relativen Saponinwirksamkeit liefern.

Bestimmung des Hämolytischen Index.

Die Bestimmung des Hämolytischen Index von Saponindrogen geht auf R. Kobert[1] zurück, der unter Hämolytischen Index einer Droge diejenige Verdünnung eines Drogenauszuges versteht, die 10 ccm Blutverdünnung 1 Vol. + 99 Vol. eben noch zu hämolysieren vermag. Die von Kobert ausgearbeitete Methode wurde von L. Kofler und Ph. A. Adam[2] und K. Hering[3] weiterentwickelt. Die Hämolyse durch Saponine ist von verschiedenen Einflüssen abhängig, z. B. von der Wasserstoffionenkonzentration, den osmotischen Verhältnissen, von der Blutart, der Temperatur, so daß nur unter gleichbleibenden Bedingungen vergleichbare Werte erhalten werden. Man arbeitet deshalb mit blutisotonischen Lösungen mit einem p_H 7,5. Auch darf die Konzentration der Blutaufschwemmung nicht wesentlich geändert werden, da nach L. Fuchs und J. Koch[4] und Croes und Ruyssen[5] bei manchen Saponinen keine Proportionalität zwischen Konzentration der Blutaufschwemmung und der Saponine bei der Hämolyse besteht. Bei genauen Bestimmungen müßten deshalb die Blutverdünnungen durch Auszählen der Erythrocyten ge-

---

[1] Ber. dtsch. pharmaz. Ges. **22**, 210 (1912).
[2] Arch. Pharmaz. **265**, 624 (1927). — [3] Arch. Pharmaz. **268**, 24 (1930).
[4] Scientia pharmac. **18**, 121 (1950). — [5] J. Pharmc. Belgique **7**, 28 (1952).

prüft werden, wie dies von den erwähnten Autoren getan wurde und von F. Sandberg[1] vorgeschlagen wird.

Um von den Blutschwankungen verschiedener Tierarten und auch der gleichen Art unabhängig zu sein, wird nach R. Wasicky[2] das Blut gleichzeitig mit einem Standard-Saponin kontrolliert. Da die handelsüblichen Saponine aber keinen einheitlichen Stoff darstellen, so zeigen sie nach L. Fuchs[3] auch eine sehr unterschiedliche hämolytische Wirkung, weshalb solche Saponine, auch wenn sie als purum albissimum bezeichnet werden, als Standard-Saponin ungeeignet sind. Er schlägt vor, ein beliebiges leicht beschaffbares und möglichst bis zur Farblosigkeit gereinigtes Saponin als Standardpräparat einzuführen, das von einer geeigneten Stelle unter bestimmten Versuchsverhältnissen serienmäßig genau auf seinen Hämolytischen Index gegenüber den gebräuchlichen Blutarten (Ratte, Rind) zu prüfen wäre. Erst wenn alle weiteren einschlägigen Untersuchungen auf dieses Saponin bezogen werden, lassen sich ihre Ergebnisse vergleichen. Aber auch ohne ein solches Standard-Saponin lassen sich im engeren Rahmen vergleichbare Saponinbestimmungen ausführen, sofern alle Werte auf dasselbe Saponin bezogen werden.

Gegen die Verwendung eines Saponins als Standard kann geltend gemacht werden, daß die einzelnen Saponine eine sehr verschiedene hämolytische Wirksamkeit zeigen, indem das Blut eine unterschiedliche Resistenz gegen die Saponine aufweist. Demnach müßte für jedes Saponin ein eigener Standard, nämlich eine Standarddroge mit dem gleichen Saponin, auf das geprüft wird, benützt werden.

Man versuchte deshalb chemisch einheitlich definierte Substanzen als Standard heranzuziehen. So wurden vorgeschlagen von W. Butz[4] Desoxycholsäure, von R. Fischer und E. Langer[5] Natrium oleinicum und Myristinsäuremethyltaurid und von Croes und Ruyssen[6] das Natriumsalz des Laurylsulfates. Butz verwendet auch das leichter herstellbare Citratblut an Stelle von defibriniertem Blut und eine neue Phosphatpufferlösung. Von diesen vorgeschlagenen Standardsubstanzen wurde die Desoxycholsäure verschiedentlich untersucht. H. Mühlemann und W. Scheidegger[7] stellten fest, daß die Hämolyse durch Desoxycholsäure bei frischen Blutverdünnungen bedeutend stärker wäre, als wenn die Blutverdünnung einige Stunden gestanden hätten, worauf die Hämolyse konstant bleibt. Die Erkennung der totalen Hämolyse wäre schwieriger wie bei Saponinen und die Ablesung müßte genau nach 24 Stunden erfolgen. J. Büchi, F. Hippenmeyer und R. Dolder[8] bestätigen die Befunde von Mühlemann und Scheidegger und schlagen für eine Arzneibuchvorschrift ein Standard-Saponin vor, bei dem diese Schwierig-

[1] Svensk farmac. Tidskr. **52**, 173, 192, 201 (1948).
[2] Pharmaz. Post **46**, 990 (1913).
[3] Pharmaz. Zentralhalle Deutschland **83**, 121 (1942).
[4] Pharmac. Acta Helvetiae **20**, 296 (1945).
[5] Pharmaz. Zentralhalle Deutschland **86**, 41, 65 (1947); siehe auch Pharmaz. Zentralhalle Deutschland **88**, 65, 70 (1949).
[6] J. Pharmac. Belgique **7**, 28 (1952).
[7] Pharmac. Acta Helvetiae **22**, 73 (1947).
[8] Pharmac. Acta Helvetiae **25**, 143 (1950).

keiten nicht auftreten. Sowohl MÜHLEMANN und SCHEIDEGGER als auch BÜCHI und Mitarbeiter empfehlen dagegen das von BUTZ eingeführte Citratblut und die neue Phosphatpufferlösung.

P. A. RUNGE[1] und auch CROES und RUYSSEN[2] kamen bei ihren Untersuchungen über die Brauchbarkeit der Desoxycholsäure als Standard zu dem Ergebnis, daß das eigenartige Verhalten der Desoxycholsäure bei der Hämolyse auf die von BUTZ verwendete Phosphatpufferlösung zurückzuführen ist, die kein Kochsalz enthält. Er schlägt deshalb eine ausreichend gepufferte Kochsalzlösung vor, womit Desoxycholsäure ohne Schwierigkeiten als Standardsubstanz verwendet werden kann. Außerdem nimmt RUNGE die Verdünnungen der Saponinlösungen in geometrischer und nicht in arithmetischer Reihenfolge vor, wodurch der Ablesefehler konstant und dem mathematischen Fehler angepaßt ist.

Eingehende Untersuchungen über die Saponin-Hämolyse wurden von L. FUCHS[3] angestellt. FUCHS spricht sich allgemein gegen die Verwendung eines Nichtsaponins als Standard zur Bestimmung von Saponinen aus, da bei einer biologischen Bestimmung nach Möglichkeit die Substanz als Standard benützt werden soll, auf die tatsächlich geprüft wird.

Die isotonische Phosphatpufferlösung. Die Saponinlösungen und Blutverdünnungen werden mit blutisotonischen Lösungen hergestellt, weil in dieser Lösung die Erythrocyten die größte Resistenz gegen Saponinhämolyse besitzen. Bei Hypo- und Hypertonie ist die Resistenz vermindert. Als einheitlicher p_H-Wert wurde der des Blutserums von 7,4 gewählt. Wird die isotonische Phosphatpufferlösung in der Weise hergestellt, wie es bei KOFLER und ADAM und auch HERING der Fall ist, daß eine 0,9%ige Kochsalzlösung mit einer mol/30 Phosphatlösung von p_H 7,4 gemischt wird, so erhält man eine hypertonische Lösung. Die Isotonie geht auf Kosten des p_H-Wertes verloren. BUTZ[4] hat deshalb eine Phosphatpufferlösung von p_H 7,4 hergestellt, die ohne weiteren Kochsalzzusatz isotonisch ist. Diese Lösung eignet sich aber nach RUNGE nicht für die Hämolysenbestimmung der Desoxycholsäure, weil sie die erwähnten Schwierigkeiten verursacht. RUNGE[1] schlägt auf Grund eingehender Versuche vor, bei Saponinbestimmungen mit Desoxycholsäure als Standardsubstanz eine gepufferte Kochsalzlösung zu verwenden, deren Isotonie 80% durch Kochsalz, die restlichen 20% durch Phosphatpuffer gegeben sind.

Bestimmung des Hämolytischen Index mit einem Standard-Saponin von J. Büchi, F. Hippenmeyer und R. Dolder[5].

Das Verfahren entspricht dem älterer Autoren, nach denen in einem Vor- und Hauptversuch die Konzentration eines Drogenauszuges festgestellt wird, die vollständige Hämolyse hervorruft. Unter Hämolytischen Index verstehen die Autoren die Anzahl ccm Blutkörperchenaufschwem-

---

[1] Pharmac. Acta Helvetiae **27**, 315 (1952).
[2] J. Pharmac. Belquique **7**, 28 (1952).
[3] Scientia pharmac. **18**, 6, 54, 85, 121 (1950).
[4] Pharmac. Acta Helvetiae **20**, 296 (1945).
[5] Pharmac. Acta Helvetiae **25**, 143, 179 (1950).

mung (2 ccm Rinderblut + 98 ccm Phosphatpufferlösung), welche von 1 g saponinhaltigen Drogen und Drogenpräparaten vollständig hämolysiert wird. Als Standard-Saponin benützen sie ein Saponin mit dem HI 25000, das im Eidgenössischen Gesundheitsamt deponiert ist. Außerdem verwenden sie das Citratblut und die Phosphatpufferlösung von Butz.[1]

Die Extraktion der Saponine aus den Drogen nehmen sie nicht einheitlich vor, sondern berücksichtigen die Löslichkeitsverhältnisse, je nachdem ob saure, neutrale Saponine oder Gemische derselben vorliegen. Alkoholische Drogenauszüge werden bei 80° im Trockenschrank zur Trockene ohne Saponinschädigung eingedampft und der Rückstand im Phosphatpuffer gelöst.

Blutkörperchen-Aufschwemmung.

Darstellung. Eine sterile Glasstopfenflasche wird mit 1 Volumenteil steriler 3,65%iger Natriumcitratlösung versetzt und innen völlig benetzt. Dann werden langsam und unter ständigem Schwenken direkt vom frisch geschlachteten, gesunden Rind 9 Volumenteile Blut zugegeben. Zur Herstellung der Blutkörperchen-Aufschwemmung wird das Citrat-Blutgemisch umgeschüttelt und davon 1 ccm (genau gemessen) mit Phosphat-Pufferlösung vom p_H etwa 7,4 im Meßkolben auf 50 ccm verdünnt.

Aufbewahrung. Das Citrat-Blutgemisch darf höchstens 8 Tage lang im Kühlschrank aufbewahrt werden. Älteres Citrat-Blutgemisch ist unbrauchbar. Die Blutkörperchen-Aufschwemmung ist vor Gebrauch stets frisch herzustellen und innerhalb von 24 Stunden zu gebrauchen.

Phosphat-Pufferlösung vom p_H etwa 7,4.

Darstellung. Etwa 17 g entwässertes sekundäres Natriumphosphat werden bei 103 bis 105° bis zur Gewichtskonstanz getrocknet. 16 g des getrockneten Salzes und 4,4 g primäres Natriumphosphat werden im Meßkolben in Wasser zu 1 Liter gelöst.

Prüfung. Die durch einen Tropfen Bromthymolblau in 1 ccm Phosphatpufferlösung erzeugte Blaufärbung muß nach Zusatz von zwei Tropfen 0,1 n-Salzsäure in eine Grünfärbung übergehen.

Standard-Saponin-Lösung.

Etwa 0,01 g Standard-Saponin (HI 25000, genau gewogen) werden mit Phosphatpufferlösung vom p_H 7,4 im Meßkolben zu 50 ccm gelöst. Diese Lösung ist bei Aufbewahrung im Dunkeln einen Monat haltbar.

Vorversuch. In drei Reagenzgläser werden in der angegebenen Reihenfolge nachstehende Mischungen hergestellt:

	Reagenzglas Nr. I	II	III
Drogenauszug bzw. Lösung oder Verdünnung des Drogenpräparates .... ccm	0,20	0,50	1,00
Phosphatpufferlösung vom p_H 7,4 .... ccm	0,80	0,50	0,00
Blutkörperchen-Aufschwemmung .... ccm	1,00	1,00	1,00

Die Mischungen werden sofort nach Herstellung unter Vermeidung von Schaumbildung leicht umgeschwenkt. Nach einer Viertelstunde wird das Umschwenken sorgfältig wiederholt; dann wird während 6 Stunden bei gewöhnlicher Temperatur stehengelassen. Nach dieser Zeit wird dasjenige Reagenzglas festgestellt, das in der Reihenfolge der Numerierung als erstes *vollständige* Hämolyse zeigt, d. h. dessen Inhalt eine klare, durchsichtige, rote Lösung ohne Blutkörperchen-Bodensatz

---

[1] Pharmac. Acta Helvetiae **20**, 296 (1945).

darstellt. Wenn bei gewissen Drogen die Auszüge an sich nicht vollständig klar oder rein rot werden, so ist der Blutkörperchen-Bodensatz für die Beurteilung maßgebend.

Hauptversuch. Nun wird eine Verdünnungsreihe mit Intervallen von 0,05 ccm desjenigen Konzentrationsbereiches angelegt, in dessen Mitte die im Vorversuch gefundene Hämolysengrenze liegt. War dies beispielsweise in Reagenzglas Nr. II, so wird eine Serie von 10 Reagenzgläsern von links nach rechts numeriert und in der angegebenen Reihenfolge mit den nachstehenden Flüssigkeiten beschickt:

Reagenzglas Nr.	1	2	3	4	5	6	7	8	9	10
Drogenauszug bzw. Drogenpräparat . ccm	0,25	0,30	0,35	0,40	0,45	0,50	0,55	0,60	0,65	0,70
Phosphatpufferlösung .... ccm	0,75	0,70	0,65	0,60	0,55	0,50	0,45	0,40	0,35	0,30
Blutkörperchen-Aufschwemmung ccm	1,00	1,00	1,00	1,00	1,00	1,00	1,00	1,00	1,00	1,00

Im Vor- und im Hauptversuch ist die gleiche Blutkörperchen-Aufschwemmung zu verwenden. Alle Volumina sind genau zu messen. Die Mischung und Beurteilung der Prüfflüssigkeiten erfolgt wie beim Vorversuch angegeben, die Ablesung jedoch erst nach 24 Stunden.

Eichung des Blutes. Mit der Saponin-Standardlösung wird eine Verdünnungsreihe von 0,05 ccm bis 0,50 ccm mit Intervallen von 0,05 ccm angelegt; in jedem Reagenzglas wird die Saponin-Standardlösung mit Phosphatpufferlösung vom p_H etwa 7,4 auf 1 ccm ergänzt und die Mischung mit 1 ccm Blutkörperchen-Aufschwemmung versetzt.

Die Mischung und Beurteilung erfolgt gleich wie beim Vorversuch angegeben, die Ablesung jedoch erst nach 24 Stunden.

Berechnung des Hämolytischen Index. In beiden Serien wird für dasjenige Reagenzglas, in dem in der Reihenfolge der Numerierung als ersten völlige Hämolyse aufgetreten ist, die entsprechende Menge Standard-Saponin (a), bzw. Droge oder Drogenpräparat (b) berechnet.

Der HI der Droge oder des Drogenpräparates berechnet sich nach folgender Formel:

$$\text{Hämolytischer Index} = S \cdot \frac{a}{b}.$$

S Hämolytischer Index des Standard-Saponins = 25 000.

a Gewicht des Standard-Saponins, das 1 ccm Blutkörperchen-Aufschwemmung eben noch völlig hämolysiert.

b Gewicht der Droge oder des Drogenpräparates, das 1 ccm der Blutkörperchen-Aufschwemmung eben noch vollständig hämolysiert.

L. Fuchs und J. Koch[1] erwähnen zur praktischen Ausführung der Saponin-Hämolyse folgendes: Die Endablesung des Grenzwertes der totalen Hämolyse soll nicht vor Ablauf von 24 Stunden erfolgen, nach weiteren 12 Stunden ist eine Nachkontrolle vorzunehmen. Außerdem ist es von Vorteil, die einzelnen Proberöhrchen nicht bloß kurz nach dem Einpipettieren der Flüssigkeiten bzw. 15 Minuten nachher durchzumischen und dann bis zur endgültigen Ablesung ruhig stehenzulassen, sondern außerdem nach etwa 12 Stunden, wie nach 16 und 20 Stunden die inzwischen zu Boden gesunkenen Blutkörperchen durch vorsichtiges Umschwenken wieder in der Flüssigkeit zu verteilen. Eine Schaumbildung muß dabei vermieden werden. Der Eintritt des Endwertes der Hämolyse wird durch diese Maßnahme etwas beschleunigt, da die in dichter Schicht auf dem Boden der Reagenzgläser liegenden Erythrocyten nicht im gleichen Maße der Einwirkung des Saponins ausgesetzt sind wie die in der Flüssigkeit schwebenden.

W. Awe und H. Häussermann[2] weisen auf die Schwierigkeit der Ablesung hin, wenn die Lösungen nicht klar sind, da trübende Drogenteilchen beim Aufschütteln nichthämolysierte Blutkörperchen vortäuschen können. Dies trifft verhältnismäßig oft ein, da gerade saponinhaltige Drogenauszüge infolge der bekannten

---

[1] Scientia pharmac. **18**, 85 (1950). — [2] Arch. Pharmaz. **283**, 7 (1950).

Permeabilitätserhöhung von Filtern durch Saponin sich fast nie klar filtrieren lassen. Die Autoren schlagen deshalb vor, an Stelle der totalen Hämolyse (HI_t) den eben beobachtbaren Beginn einer ersten Teilhämolyse als Ablesepunkt zu wählen und das Reziproke der betreffenden Konzentration als Index haemolyticus initialis (HI_i) zu bezeichnen. Die Probegläschen werden dabei nicht aufgeschüttelt. Man stellt die geringste Konzentration fest, bei der über dem Bodensatz der roten Blutkörperchen eine gelb-rötlich gefärbte Flüssigkeitszone erkennbar ist. Bei dieser Konzentration hat die erste Teilhämolyse eingesetzt; es ist ein wenig roter Blutfarbstoff aus den Blutkörperchen ausgetreten. Dieser Ablesepunkt ist auch bei der Untersuchung nicht klar filtrierbarer Drogenauszüge gut erfaßbar.

Die zu diesem Hämolysebeginn erforderlichen Konzentrationen sind kleiner als die für die Totalhämolyse benötigten, die HI_i-Werte folglich größer als die HI_t-Werte. Das Verhältnis beider wurde in 20 Versuchsreihen mit Saponinum purum albissimum „Merck" zu $\dfrac{HI_i}{HI_t} = 2{,}46 \pm 0{,}32$, und in 12 Versuchsreihen mit Roßkastanien-Rohsaponin „Merck" zu $2{,}08 \pm$ bestimmt.

Damit ist nicht gesagt, daß das Verhältnis $HI_i : HI_t$ bei verschiedenen Saponinen immer das gleiche ist. Hierzu sind weitere Versuchsreihen erforderlich.

Bereitung der Drogenauszüge.

Cortex Quillajae. 0,10 g Seifenrindenpulver (Sieb IV oder V) werden in einem Erlenmeyerkolben von 100 ccm Inhalt mit 50 ccm Phosphatpufferlösung unter gelegentlichem Umschwenken während 6 Stunden maceriert. Dann wird die Mischung durch Watte in einen Meßkolben von 50 ccm filtriert, die Watte mit Phosphatpufferlösung nachgewaschen und das Filtrat damit auf 50 ccm ergänzt. Diese Flüssigkeit wird zur Bestimmung des HI verwendet, er soll mindestens 3000 betragen.

Flores Verbasci. 0,50 g Wollblumenpulver (Sieb IV) werden nach Zusatz von 0,05 g getrocknetem Natriumcarbonat mit 20 ccm Weingeist in einem Erlenmeyerkolben von 50 ccm Inhalt 30 Minuten auf dem kochenden Wasserbad am Rückflußkühler digeriert. Dann wird sofort durch wenig Watte in eine weite, flache Schale filtriert und Kolben und Watte mit 10 cm Weingeist nachgespült. Den weingeistigen Auszug dampft man im Trockenschrank bei höchstens 80° zur Trockene ein und nimmt den Trockenrückstand mit Phosphatpufferlösung zu 50 ccm (Meßkolben) auf. Die leicht trübe Flüssigkeit wird direkt zur Bestimmung des HI verwendet, der mindestens 500 betragen soll.

Herba Equiseti. 1,2 g gepulvertes Schachtelhalmkraut (Sieb V) werden in einem Glasrohr von etwa 30 cm Gesamtlänge und 0,6 cm lichter Weite, das an einem Ende um etwa 5 cm leicht ausgezogen und dort durch einen kleinen Wattepfropfen verschlossen ist, eingefüllt. In den so beschickten Mikroperkolator läßt man soviel 85%igen Weingeist einlaufen, daß die Drogensäule damit bedeckt bleibt und maceriert dann 2 Stunden. Hierauf wird mit 50 ccm 85%igem Weingeist innerhalb einer Stunde unter Anschluß an ein leichtes Vakuum perkoliert. Das so erhaltene Fluidextrakt wird in einer weiten, flachen Schale bei höchstens 80° im Trockenschrank zur Trockene eingedampft, der Trockenrückstand mit Phosphatpufferlösung in einem Meßkolben zu 20 ccm aufgenommen, durch wenig Watte filtriert und sogleich zur Bestimmung des HI verwendet, der mindestens 200 betragen soll.

Radix Primulae. 0,20 g Schlüsselblumenwurzelpulver (Sieb VI) werden in einem Erlenmeyerkolben von 100 ccm Inhalt mit 50 ccm 40%igem Weingeist während einer halben Stunde unter gelegentlichem Umschwenken am Rückflußkühler auf dem Wasserbad erhitzt und erkalten gelassen. 10 ccm der durch wenig Watte filtrierten Mischung werden in einer weiten, flachen Schale im Trockenschrank bei höchstens 80° zur Trockene eingedampft und der Rückstand mit Phosphatpufferlösung zu 50 ccm aufgenommen. Diese Lösung wird zur Bestimmung des HI verwendet, der mindestens 2700 betragen soll.

Radix Sarsaparillae. 0,50 g gepulverte Sarsaparillawurzel (Sieb V) werden mit 50 ccm 60%igem Weingeist in einem Erlenmeyerkolben von 100 ccm Inhalt während 4 Stunden unter gelegentlichem Umschwenken maceriert. Das Macerat wird durch wenig Watte in eine weite, flache Schale filtriert, die Watte mit wenig

60%igem Weingeist nachgewaschen und das Filtrat im Trockenschrank bei höchstens 80° zur Trockene eingedampft. Der Trockenrückstand wird mit Phosphatpufferlösung aufgenommen und in einem Meßkolben auf 50 ccm ergänzt. Diese Lösung wird zur Bestimmung des HI verwendet, der mindestens 600 aufweisen soll.

Radix Senegae. 0,05 g Senegawurzelpulver (Sieb V) werden in einem Erlenmeyerkolben von 100 ccm Inhalt mit 0,01 g Natriumbicarbonat und 50 ccm Weingeist versetzt. Die Mischung wird während 30 Minuten auf dem kochenden Wasserbad am Rückflußkühler digeriert und nachher sofort durch wenig Watte in eine weite, flache Schale filtriert. Der Kolben und die Watte werden mit 10 ccm Weingeist nachgewaschen. Das Filtrat dampft man im Trockenschrank bei höchstens 80° zur Trockene ein und nimmt den Rückstand mit Phosphatpufferlösung in einem Meßkolben zu 50 ccm auf. Diese Lösung wird zur Bestimmung des HI verwendet, der mindestens 3000 betragen soll.

Bestimmung des Hämolytischen Index mit Desoxycholsäure als Standard von P. A. Runge[1].

RUNGE verwendet, wie bereits erwähnt, die von BUTZ[2] vorgeschlagene Desoxycholsäure als Standard, aber nicht die von BUTZ benützte Phosphatpufferlösung, sondern eine gepufferte isotonische Kochsalzlösung, mit der die bei BUTZ auftretenden Schwierigkeiten vermieden werden. Außerdem nimmt RUNGE die Verdünnung in geometrischer Reihenfolge vor. BUTZ hatte vorgeschlagen, den Standardwert der Desoxycholsäure auf 4000 Hämolyse-Einheiten festzulegen und definierte als 1 Hämolyse-Einheit (HE) das hämolysierende Vermögen von 0,25 mg Desoxycholsäure.

Reagenzien.

1. Gepufferte isotonische Kochsalzlösung (= Verdünnungslösung)

$Na_2HPO_4 + 2H_2O$ (nach SÖRENSEN) .... 3,95 g
KH_2PO_4 (nach SÖRENSEN) .... 0,76 g
NaCl .... 7,20 g
Aqua dest. ad .... 1000,0 ccm

2. Wenn nichts anderes angegeben 2%iger Drogenauszug bzw. eine 2%ige Lösung der auf ihre hämolytische Wirksamkeit zu prüfenden Substanz in obengenannter Verdünnungslösung oder die von BÜCHI und DOLDER (s. S. 52) angegebenen Auszüge. Da die nach BÜCHI und DOLDER bereiteten Auszüge nicht 2%ig sind, müssen die (HE) aus den eigens für diese Drogen hier angeführten Tabellen entnommen werden.

3. Desoxycholsaure Standardlösung: 0,125 g Desoxycholsäure, welche zuvor einige Tage im Exsiccator getrocknet wurde, wird in 4 ccm Weingeist völlig gelöst. Die Lösung wird mit 2 Tropfen Bromthymolblau und dann bis zur bleibenden Blaufärbung tropfenweise mit n-Natronlauge versetzt. Diese Mischung wird im Meßkolben mit Verdünnungslösung auf 100 ccm verdünnt.

Prüfung der Desoxycholsäure nach BUTZ: Optische Drehung: Etwa 0,4 g über Phosphorpentoxyd bis zur Gewichtskonstanz getrocknete Desoxycholsäure (genau gewogen) werden im Meßkölbchen zu 20 ccm in Weingeist gelöst. Die spezifische Drehung muß mindestens $+ 53°$ und höchstens $+ 57°$ betragen. Dementsprechend muß der Drehungswinkel von 0,40 g getrockneter Desoxycholsäure, gelöst in Weingeist zu 20 ccm, bei 20° im 200 mm-Rohr bestimmt, mindestens $+ 2,12°$ und höchstens 2,28° betragen.

Titration: 10 ccm der obigen Lösung (genau gemessen) werden unter Verwendung von 2 Tropfen Phenolphthalein mit 0,1 n-Natronlauge bis zur Rosa-

---

[1] Pharmac. Acta Helvetiae **27**, 315 (1952).
[2] Pharmac. Acta Helvetiae **20**, 296 (1945).

färbung titriert. 1 ccm 0,1 n-NaOH = 0,03923 g $C_{24}H_{40}O_4$. Getrocknete Desoxycholsäure muß mindestens 99% $C_{24}H_{40}O_4$ enthalten. (0,20 g müssen also mindestens 5,04 ccm und höchstens 5,09 ccm 0,1 n-Natronlauge verbrauchen.)

4. **Blutaufschwemmung:** Eine Glasstopfenflasche wird mit 1 Volumenteil 3,65%iger Natriumcitratlösung versetzt und sterilisiert. Dann wird die Flasche umgeschüttelt, so daß sie innen völlig benetzt ist und unter Umschwenken 9 Volumenteile Blut vom frisch geschlachteten gesunden Rind hinzugefügt. Dieses Citratblut kann im Kühlschrank bis zu 8 Tagen aufbewahrt werden.

2%ige Blutaufschwemmung wird täglich frisch bereitet, indem 1,0 ccm des Citratblutes mit Verdünnungslösung zu 45 ccm aufgefüllt werden.

Vorversuch.

1. 3 bis 7 Reagenzgläser möglichst gleicher Weite aufstellen und mit den Ziffern I bis VII numerieren.

2. In die Gläser II bis VII je 1 ccm Verdünnungslösung einpipettieren.

3. Mit einer unterteilten 1 ccm-Auslaufpipette in das erste Röhrchen 1 ccm Drogenauszug einpipettieren.

Mit der gleichen Pipette in das zweite Röhrchen 0,5 ccm einpipettieren, mit der vorgelegten Verdünnungslösung mischen, indem man einige Male mit der Pipette aufsaugt und wieder auslaufen läßt. Dann 0,5 ccm dieser Mischung in das folgende Röhrchen überpipettieren, wieder mischen und so fortfahren, bis man bei dem letzten Röhrchen 0,5 ccm der Mischung verwirft.

4. In alle Röhrchen 1 ccm der gut umgeschüttelten 2%igen Blutaufschwemmung einpipettieren.

5. Alle Röhrchen unter Vermeidung von Schaumbildung gut umschwenken.

Jedes Röhrchen enthält jetzt 2 ccm 1%ige Blutaufschwemmung, sowie abgestufte Mengen Drogenauszug. Schon nach wenigen Stunden kann abgelesen werden. Das Röhrchen, in dem nach dieser Zeit völlige Hämolyse eingetreten ist, gibt den vorläufigen HI an. Gleichzeitig ergibt sich damit die Konzentration des Drogenauszuges für den Hauptversuch. Aus den Aufstellungen sind die erforderlichen Verdünnungen zu entnehmen.

2%ige Drogenauszüge

HI	I	II	III	IV	V	VI	VII
	100	300	900	2700	8100	24300	72900
	—	33,3	11,1	3,7	12,3	4,1	1,37
	auffüllen zu 100 ccm				auffüllen zu 1000 ccm		

Cortex Quillajae

HI_V	I	II	III
	1000	3000	9000
	—	33,3	11,1
	auffüllen zu 100 ccm		

Flores Verbasci
und Radix Sarsaparillae

HI_V	I	II	III
	200	600	1800
	—	33,3	11,1
	auffüllen zu 100 ccm		

Herba Equiseti

HI_V	I	II	III
	33	100	3000
	—	33,3	11,1
	auffüllen zu 100 ccm		

Radix Primulae

HI_V	I	II	III
	2500	7500	22500
	—	33,3	11,1
	auffüllen zu 100 ccm		

Radix Senegae

HI_V	I	II	III
	2000	6000	18000
	—	33,3	11,1
	auffüllen zu 100 ccm		

Sofern der HI größenordnungsmäßig bekannt ist, kann dieser Versuch sinngemäß um die letzten Röhrchen verkürzt werden. Bei Bestimmungen der hämolytischen Wirksamkeit der von BÜCHI und DOLDER angegebenen Drogen genügen 2 bis 3 Röhrchen als Vorversuch.

Hat man beim Ablesen des Vorversuches den Eindruck, daß nach längerem Stehen auch in dem nächstfolgenden Röhrchen noch totale Hämolyse eintritt, so

Tabelle zur Ermittelung des HI.

Für 2%ige Drogenauszüge:

Röhrchen Nr. 1	2	3	4	5	6	7
I 100	120	144	173	205	249	300
II 300	360	432	519	621	747	900
III 900	1080	1296	1557	1863	2241	2700
IV 2700	3240	3890	4660	5600	6720	8100
V 8100	9720	11600	14000	16800	20100	24300
VI 24300	29200	35000	42000	50300	60500	72900
VII 72900	87500	105000	126000	151000	181000	219000

Für 1,25%ige Desoxycholsäure-Standardlösung:

Röhrchen Nr. 1	2	3	4	5	6	7	8
1600	1900	2300	2770	3300	4000	4800	5750

Für Cortex Quillajae:

Röhrchen Nr. 1	2	3	4	5	6	7
I 1000	1200	1440	1730	2050	2490	3000
II 3000	3600	4320	5190	6210	7470	9000
III 9000	10800	12960	15570	18630	22410	27000

Für Flores Verbasci und Radix Sarsaparillae:

Röhrchen Nr. 1	2	3	4	5	6	7
I 200	240	288	346	410	498	600
II 600	720	863	1040	1240	1490	1800
III 1800	2160	2600	3100	3730	4480	5400

Für Herba Equiseti:

Röhrchen Nr. 1	2	3	4	5	6	7
I 33	40	48	58	68	83	100
II 100	120	144	173	205	249	300
III 300	360	432	519	621	747	900

Für Radix Primulae:

Röhrchen Nr. 1	2	3	4	5	6	7
I 2500	3000	3600	4320	5190	6210	7500
II 7500	9000	10800	12960	15570	18600	22500
III 22500	27000	32400	38900	46600	56000	67200

Für Radix Senegae:

Röhrchen Nr. 1	2	3	4	5	6	7
I 2000	2400	2880	3460	4100	4980	6000
II 6000	7200	8630	10400	12400	14900	18000
III 18000	21600	26000	31000	37300	44800	54000

Die hämolytische Wirksamkeit errechnet sich jetzt nach der Formel:

$$\text{Hämolytische Wirksamkeit} = 4000 \, \frac{\text{HI Droge}}{\text{HI Desoxycholsäure}}.$$

daß der endgültige HI gerade dort liegt, so ist es zweckmäßig, beim Anlegen des Hauptversuches noch einige Röhrchen mehr aufzustellen, um über den HI_{v+1} noch etwas hinauszugehen.

Hauptversuch.

1. 7 Reagenzgläser möglichst gleicher Weite aufstellen und mit den Ziffern 1 bis 7 numerieren.

2. In die Gläschen 2 bis 7 je 1 ccm Verdünnungslösung einpipettieren.

3. In das erste Röhrchen 1 ccm nach Vorschrift verdünnten Drogenauszuges einpipettieren, mit der vorgelegten Verdünnungslösung mischen, indem man einige Male mit der Pipette aufsaugt und wieder auslaufen läßt. Dann 5 ccm aufziehen und in das folgende Röhrchen bringen, wieder mischen und so fortfahren, bis man bei dem letzten Röhrchen 5 ccm der Mischung verwirft.

4. In alle Röhrchen 1 ccm der gut umgeschüttelten 2%igen Blutaufschwemmung einpipettieren.

5. Alle Röhrchen unter Vermeidung von Schaumbildung gut umschwenken.

Gleichzeitig werden in analoger Weise 7 Reagenzgläser angesetzt, bei denen an Stelle des Drogenauszuges die 1,25%ige Desoxycholsäure-Standardlösung verwendet wird.

Jedes Röhrchen enthält jetzt 2 ccm 1%ige Blutaufschwemmung sowie Drogenauszug bzw. Desoxycholsäure-Standardlösung in geometrisch abgestufter Menge. Es ist ratsam, nach 15 Minuten, sowie nach etwa 4, 12, 16 und 20 Stunden alle Röhrchen unter Vermeidung von Schaumbildung umzuschwenken.

Die Ablesung erfolgt nach 24stündigem Stehen bei Zimmertemperatur. Für das Röhrchen, das nach dieser Zeit noch vollständige Hämolyse zeigt, wird an Hand der Röhrchennummer aus der zugehörigen Tabelle der HI abgelesen. Nach 36 Stunden sollte eine Kontrollablesung erfolgen.

Bestimmung des Hämolytischen Index nach F. Sandberg[1].

SANDBERG benützt zur Bestimmung des Hämolytischen Index Menschenblut, mit dem die am besten übereinstimmenden Werte erhalten werden. Außerdem weist er auf die Notwendigkeit einer konstanten Zahl roter Blutkörperchen und auf eine konstante Temperatur hin. Er läßt deshalb die roten Blutkörperchen auszählen und verwendet Blutverdünnungen mit 100000 roten Blutkörperchen pro qmm. Als Standard benützt SANDBERG Desoxycholsäure und eine Phosphatpufferlösung ohne Kochsalz, die der von BUTZ[2] entspricht. Es werden deshalb auch hier die von BÜCHI, HIPPENMEYER und DOLDER aufgezeigten Schwierigkeiten auftreten, die sich nach RUNGE[3] mit einer gepufferten isotonischen Kochsalzlösung, wie oben angegeben, vermeiden lassen. Auch für die Herstellung der Drogenauszüge und der Verdünnungen sei auf die vorhergehenden Methoden verwiesen.

9 ccm venöses Menschenblut werden in einer sterilen Flasche, die 1 ccm sterile isotonische Natriumcitratlösung (3,18%) enthält, aufgefangen. 2 ccm davon werden mit 78 ccm isotonischer Phosphatpufferlösung von p_H 7,4 (19,94 g Na_2HPO_4 + 3,81 g KH_2PO_4 in 1000 g Wasser) gemischt. Eine kleine Menge dieser Suspension wird mit dem vierfachen Volumen Pufferlösung verdünnt und die Blutkörperchen gezählt. Auf Grund der Anzahl wird die Suspension mit Pufferlösung so verdünnt, daß sie pro qmm 100000 rote Blutkörperchen enthält.

Steigende Mengen Drogenauszug oder Standardlösung von 0,2 bis 1,0 ccm werden mit Pufferlösung auf 1 ccm ergänzt und mit 1 ccm Blutsuspension versetzt.

[1] Svensk Farmac. Tidskr. **52**, 173, 192, 201 (1948); Ref. Quart. J. Pharmac. Pharmacol. **21**, 523 (1948).
[2] Pharmac. Acta Helvetiae **20**, 296 (1945).
[3] Pharmac. Acta Helvetiae **27**, 315 (1952).

Nach 15 Minuten werden die Mischungen 24 Stunden in den Thermostaten gebracht und dann die totale Hämolyse festgestellt. Der Versuch wird mit entsprechend kleineren Konzentrationen des Drogenauszuges wiederholt.

Als Standard dient eine Lösung von 0,1014 g Desoxycholsäure in 3 ccm neutralisiertem Alkohol, die mit Phosphatpuffer auf 100 ccm aufgefüllt ist. Diese Lösung ist 3 Wochen haltbar. Als hämolytische Einheit definiert SANDBERG die hämolytische Wirksamkeit von $^1/_{2080}$ g Desoxycholsäure.

Bestimmung des Hämolytischen Index nach I. Mazurek.

I. MAZUREK[1] schlägt nach eingehenden Versuchen eine Ausführung vor, die in erster Linie den praktischen Verhältnissen des Apotheken-Laboratoriums entsprechen soll. Er verwendet nicht Citratblut, sondern das leichter herstellbare defibrinierte Blut, die isotonische gepufferte Kochsalzlösung von RUNGE (s. S. 53), ein Standardsaponin und verdünnt in arithmetischer Reihe. Auch verzichtet er auf einen Vorversuch.

Blutaufschwemmung. Eine sterile, zumindest einem Siebentel ihres Volumens mit kleinen Glasperlen gefüllte, trockene oder mit steriler isotonischer gepufferter Kochsalzlösung innen benetzte Glasstopfenflasche wird mit Blut von frisch geschlachtetem, gesundem Rind gefüllt und 5 bis 8 Minuten kräftig geschüttelt. Statt des vom geschlachteten Rind aufgefangenen Blutes kann auch ein bereits defibriniertes Blut verwendet werden, welches nicht älter als 2 Stunden vom Zeitpunkt des Schlachtens an sein darf. Das im Glas defibrinierte Blut wird durch Mull in ein steriles, trockenes oder mit steriler isotonischer gepufferter Kochsalzlösung innen benetztes Glasstopfengefäß gefüllt, um das Fibringerinnsel abzutrennen.

Das Blut darf bei einer Temperatur zwischen 0 und 10° C bis zu 8 Tagen aufbewahrt werden. Das zur Verwendung gelangende Blut muß geruchlos sein und darf insbesondere weder Fleisch- noch Fäulnisgeruch an sich tragen. Vor der Entnahme von Blut ist das Gefäß unter Vermeidung von Schaumbildung vorsichtig umzuschwenken, um die Blutkörperchen gleichmäßig zu verteilen. Zur Bereitung der Blutaufschwemmung ist es nicht erforderlich, das Blut bei 20° abzupipettieren, falls zur Prüfung des Drogenauszuges und des Testsaponins die gleiche Blutaufschwemmung benützt wird; das Abpipettieren darf in diesem Falle bei Temperaturen zwischen 0 und 20° erfolgen.

Zur Bereitung der Blutaufschwemmung werden 2 ccm defibriniertes Blut im Meßkolben mit isotonischer gepufferter Kochsalzlösung zu 100 ccm verdünnt und vor jeder Entnahme unter Vermeidung von Schaumbildung gut umgeschwenkt. Die zur Verwendung kommende Blutaufschwemmung darf nicht älter als 3 Stunden sein. Das Abmessen des Blutes und der Blutaufschwemmung erfolgt mit einer im Höchstfalle 10 ccm fassenden Meßpipette; die Verwendung einer Bürette ist nicht zulässig.

Standardsaponinlösung. Genau 0,02 oder die auf dem Standard angegebene Menge des vorher mindestens 24 Stunden im Exsiccator über Calciumchlorid oder Schwefelsäure getrockneten Saponins werden mit isotonischer gepufferter Kochsalzlösung im Meßkolben zu 100 ccm gelöst. Die Lösung darf, vor Licht geschützt, einen Monat aufbewahrt werden.

Die Drogenauszüge werden nach weiter unten angegebenen Vorschriften hergestellt.

Die Aufstellung der Verdünnungsreihe erfolgt nach folgendem Schema:

Glas Nr.	1	2	3	4	5	6	7	8	9	10
Blutaufschwemmung	2,50	2,50	2,50	2,50	2,50	2,50	2,50	2,50	2,50	2,50
Pufferlösung	2,25	2,00	1,75	1,50	1,25	1,00	0,75	0,50	0,25	—
Drogenauszug oder Standardsaponinlösung	0,25	0,50	0,75	1,00	1,25	1,50	1,75	2,00	2,25	2,50

[1] Pharmazie **9**, 310 (1954).

Gleichzeitig werden 10 Gläser in der gleichen Weise angesetzt, wobei der Drogenauszug durch die Standardsaponinlösung ersetzt wird. Die Zugabe der Blutaufschwemmung erfolgt zum Schluß; sie muß spätestens 24 Stunden nach der Bereitung des Drogenauszuges erfolgen und darf bis zu 12 Stunden nach der Zugabe von Drogenauszug bzw. Standardsaponinlösung und isotonischer gepufferter Kochsalzlösung geschehen.

Die Gläser werden unmittelbar nach der Zugabe der Blutaufschwemmung sowie nach 15 Minuten unter Vermeidung von Schaumbildung umgeschwenkt und bei einer Temperatur zwischen 14 und 21° 23 bis 25 Stunden lang stehengelassen. Nach dieser Zeit wird das Glas festgestellt, welches gerade noch totale Hämolyse zeigt, d. h. welches unter den total hämolysierten Gläsern die geringste Drogen- oder Standardsaponinkonzentration besitzt. Diese Feststellung wird getroffen, indem man die Gläser schräg von unten gegen das Licht betrachtet. Maßgebend für die Beurteilung der totalen Hämolyse ist, daß sich am Gefäßboden keine Erythrocyten mehr befinden. Sollte diese Ablesung durch Drogenpartikel erschwert werden, so schwenkt man das Glas vorsichtig um und beachtet, ob ein rotes oder drogenfarbiges Sediment aufgeschwemmt wird. Die nicht total hämolysierten Gläser werden unter Vermeidung von Schaumbildung derart umgeschwenkt, daß die am Gefäßboden befindlichen roten Blutkörperchen wieder vollständig in der Flüssigkeit verteilt werden. Nach 34 bis 38 und nach 46 bis 50 Stunden wird nochmals, ohne die Gläser nach der Ablesung umzuschütteln, in gleicher Weise abgelesen. Sollte bei der ersten oder auch bei der zweiten Ablesung in Glas 10 keine totale Hämolyse eingetreten sein, so werden die restlichen Ablesungen der Berechnung zugrunde gelegt.

Die Berechnung der Hämolytischen Indices der einzelnen Ablesungen erfolgt nach der Formel:

$$HI = 15\,000 \cdot \frac{a}{b}.$$

Hierin bedeuten a das Gewicht des Standardsaponins und b das Gewicht der Droge, welche eben noch totale Hämolyse erzielten. 15\,000 ist der für das Standardsaponin festgelegte HI, auf den alle Bestimmungen bezogen werden.

Extraktionsvorschriften für die Drogen.

Cortex Quillaiae. 0,1 g Seifenrindenpulver (Sieb VI) werden in einem Erlenmeyerkolben von 200 ccm Inhalt mit 100 ccm isotonischer gepufferter Kochsalzlösung im Wasserbade 30 Minuten lang bei einer Temperatur von über 90° unter häufigem Umschwenken gehalten. Man trennt sodann durch wenig Watte von der Droge, wäscht Kolben und Watte mit gepufferter Kochsalzlösung nach und ergänzt im Meßkolben auf 100 ccm. Diese Flüssigkeit wird zur Bestimmung des HI verwendet, der mindestens 2300 betragen soll.

Radix Primulae. 0,1 g Schlüsselblumenwurzelpulver (Sieb V) werden in einem Erlenmeyerkolben von 200 ccm Inhalt mit 100 ccm isotonischer gepufferter Kochsalzlösung im Wasserbade 30 Minuten lang bei einer Temperatur von über 90° unter häufigem Umschwenken gehalten. Die Weiterverarbeitung erfolgt wie bei Cortex Quillaiae, der HI muß mindestens 2300 betragen.

Radix Saponariae. 0,230 g Seifenwurzelpulver (Sieb V) werden wie bei Cortex Quillaiae extrahiert. Der HI muß mindestens 1000 betragen.

Radix Sarsaparillae. 0,6 g Sarsaparillewurzelpulver (Sieb IV) werden in einer Arzneiflasche von 200 ccm Inhalt mit 100 ccm isotonischer gepufferter Kochsalzlösung unter häufigem Umschwenken 6 Stunden lang maceriert. Nach dieser Zeit decantiert man etwa 50 ccm durch Mull von der gut abgesetzten Droge. Diese Flüssigkeit wird zur Bestimmung des HI verwendet, der mindestens 450 betragen soll.

Radix Senegae. Die Extraktion erfolgt mit 0,1 g Droge (Sieb V) wie bei Cortex Quillaiae, der HI muß mindestens 2500 betragen.

Saponinbestimmung mit Hilfe der Oberflächenaktivität.

Zur Bestimmung der Saponine wurde auch die große Oberflächenaktivität der Saponine, die sich z. B. in der starken *Schaumbildung* ausdrückt, herangezogen, indem eine „Schaumzahl" bestimmt wurde. Diese ist z. B. die Schaumhöhe, die sich beim Schütteln einer Saponinlösung unter bestimmten Bedingungen ergibt. Solche Methoden wurde von F. W. APT[1], E. PFAU[2] und E. SIEBURG und F. BACHMANN[3] empfohlen, aber von L. KOFLER[4], K. HERING[5] und L. KOFLER und H. MARECK[6] als ungeeignet abgelehnt. Etwas anderer Art ist das Verfahren von R. WASICKY, C. FERREIRA und E. DE CAMARGO FONSECA[7], nach dem der Saponingehalt durch Hemmung der Schaumbildung bestimmt wird.

Das Verfahren beruht auf der Beobachtung, daß flüssige organische Verbindungen, wie Alkohole oder Aceton, die Bildung eines beständigen Schaumes in Saponinlösungen verhindern. Zur quantitativen Verwertung dieser Erscheinung ist die Ermittelung einer Hemmungskurve notwendig, d. h. es wird die Tropfenzahl einer Mischung von 2 Volumenteilen Aceton und 1 Volumenteil Isoamylalkohol (Acetonmischung) festgestellt, die unter genau definierten Bedingungen in einem bestimmten Volumen verschiedener Saponinverdünnungen die Schaumbildung eben unterbindet bzw. den beim Schütteln gebildeten Schaum innerhalb einer Minute zum Verschwinden bringt. Die Acetonmischung fügt man der Saponinlösung aus einer Mikrobürette tropfenweise zu. Nach den Angaben der Autoren ergab die von ihnen verwendete Mikrobürette 98 Tropfen pro 1 ccm Acetonmischung bei 15°. Die so ermittelten Tropfenzahlen in einem Koordinatensystem in Abhängigkeit von der jeweiligen Saponinverdünnung (als logarithmische Funktion) aufgetragen, ergeben die Hemmungskurve. Im allgemeinen sind hierzu nicht mehr als fünf verschiedene Saponinkonzentrationen erforderlich, die jedoch im Bereich der größeren Verdünnungen liegen müssen, damit deutliche Unterschiede in der Tropfenzahl des Hemmungsagens bei den einzelnen Saponinlösungen erhalten werden. Für das Mercksche Saponin z. B. sind 4 bis 5 Verdünnungen innerhalb der Konzentrationen von 1 : 50000 bis 1 : 600000 erforderlich. Die für die Schaumhemmung notwendige Tropfenzahl der Acetonmischung betrug hierbei nach den Angaben der Autoren bei Verwendung von Reagenzgläsern mit 1,4 cm innerem Durchmesser und je 4,0 ccm Saponinlösung 26 Tropfen für die Verdünnung 1 : 50000, 18 Tropfen für 1 : 500000, 9 Tropfen für 1 : 550000 und 5 Tropfen für 1 : 600000. Die vollständige Hemmungskurve für das Saponin Merck innerhalb der Konzentrationen 1 : 25 (4%) bis 1 : 600000 (0,000167%) gleicht nach den Verfassern der bekannten Adsorptionsisotherme. Die unter den gleichen Bedingungen zur Entschäumung konzentrierterer Merck-Saponinlösungen notwendige Tropfenzahl Acetonmischung betrug 47 Tropfen für die Verdünnung 1 : 25, 47 Tropfen für 1 : 50, 44 Tropfen für 1 : 125, 44 Tropfen für 1 : 250, 43 Tropfen für 1 : 500, 40 Tropfen für 1 : 5000 und weiterhin die oben angegebenen Zahlen.

Bei jedem Saponin bzw. bei den verschiedenen Saponindrogen müssen die Hemmungskurven mit solchen Verdünnungen ermittelt werden, daß eine Übereinstimmung des Kurvenverlaufes mit den Kurven der Rein- bzw. entsprechender Standardproben erzielt wird. Aus den hierzu benötigten Verdünnungen − bei Gleichheit der zur Entschäumung verbrauchten Tropfenzahl Acetonmischung − läßt sich dann der Saponingehalt der untersuchten Probe berechnen.

Das Phänomen der Schaumhemmung wird auf Dehydrationsvorgänge an den Saponinmolekülen zurückgeführt, da die Lösungen durch neuerlichen Wasserzusatz die Fähigkeit zur Schaumbildung wiedererlangen.

---

[1] Ber. dtsch. pharmaz. Ges. **31**, 155 (1921). — [2] Apotheker-Ztg. **1925**, 1330. [3] Biochem Z. **126**, 130 (1921). — [4] Pharmaz. Mh. **3**, 117 (1922). [5] Arch. Pharmaz. **268**, 24 (1930). — [6] Pharmaz. Mh. **14**, 126 (1933). [7] An. da Faculd. de Farm. e Odont. Univ. Sao Paulo **4**, 230 (1944/45). Ref. Scientia pharmac. **15**, 55 (1947).

Die Untersuchungen müssen unter strenger Einhaltung gleicher Versuchs-
bedingungen ausgeführt werden. So müssen die Reagenzgläser für die Schaum-
Hemmungsversuche genau den gleichen Innendurchmesser besitzen, da bereits
Unterschiede von 1 mm kleine Fehler in den Analysenresultaten hervorrufen.
Weiters wurde eine außerordentliche Empfindlichkeit der Schaumhemmung gegen
Temperaturunterschiede festgestellt. Schwankungen von 2° ergeben schon kleine
Differenzen in den Resultaten. Die Temperatur muß daher bei den Versuchen auf
1° konstant gehalten werden.

Elektrolyte üben zwar einen beträchtlichen Einfluß auf die Hemmung der
Schaumbildung aus, doch kommt dies in den verdünnten Auszügen aus Saponindrogen nicht mehr zur Geltung. Ebenso beeinflussen Gerbstoffe, die sich als
schwache Hemmstoffe der Schaumbildung erwiesen haben, und Proteine, die
additiv die Schaumwirkung der Saponine verstärken, die Ergebnisse der von den
Verfassern angegebenen Prüfungsmethode nicht. Hingegen wurde eine große
Empfindlichkeit der Schaumhemmung gegenüber kleinen p_H-Unterschieden festgestellt, weshalb die Verwendung von Puffermischungen empfohlen wird. Das
Hemmungsminimum wurde zwischen p_H 6,7 bis 7,0 gefunden.

Bei Einhaltung aller Versuchsbedingungen läßt sich nach den Autoren die
Fehlergrenze der Methode auf 1 bis 2% herabsetzen.

A. JERMSTAD und T. WAALER[1] erwähnen zu dieser Methode, daß
der Umschlagspunkt sich nicht mit der erwünschten Genauigkeit feststellen läßt, da sich gegen Schluß der Titration ein kleinblasiger Schaum
an den Wandungen des Glases bildet. Durch Zusatz von kleinen Mengen
von Elektrolyten verschwindet dieser Schaum und der Endpunkt der
Titration läßt sich dann mit einer Genauigkeit von $\pm$ 1 Tropfen feststellen. Sie führen deshalb die Bestimmung in einer Pufferlösung von
p_H 6,8 aus: 7,73 ccm m/5 $Na_2HPO_4 \cdot 2H_2O$ und 2,27 ccm m/10 Citronensäure. Zur Extraktion der Droge stellen die Autoren ein Dekokt auf
folgende Weise her:

Die gepulverte und bei 103° getrocknete Droge wird in einem Becherglas mit
80 ccm Pufferlösung gemischt und bei etwa 90° während 30 Minuten auf dem
Wasserbad erhitzt. Der Auszug wird sofort durch Watte in ein Meßkölbchen zu
100 ccm filtriert. Das Becherglas und die Watte werden zweimal mit je 10 ccm
Pufferlösung nachgewaschen. Nach vollständigem Abkühlen wird mit derselben
Pufferlösung bis zur Marke aufgefüllt und filtriert. Die ersten 10 ccm des Filtrates
werden verworfen.

Von Cort. Quillajae und Rad. Sarsaparillae werden 1%ige, von Rad. Senegae,
Rhiz. Primulae und Sem. Hippocastani ½%ige Dekokte hergestellt.

Die Inhibitionsflüssigkeit wird durch Mischen von 2 Vol. Aceton und 1 Vol.
Isoamylalkohol hergestellt. Da die Tropfen sehr klein sein müssen, wird die Spitze
der Mikrobürette so ausgezogen, daß sie bei 20° Tropfen von 0,0056 ccm der Inhibitionsflüssigkeit gibt. Um zu verhindern, daß Partikelchen von festen Stoffen
die Spitze der Bürette verstopfen, wird ein Glasfiltertrichter auf der Bürette angebracht, so daß die Flüssigkeit beim Auffüllen filtriert wird. Bei allen Bestimmungen wird die Temperatur konstant bei 20° $\pm$ 1° gehalten.

Zum Schütteln werden Meßzylinder zu 10 ccm mit eingeschliffenen Glasstopfen
benutzt. Der innere Durchmesser dieser Gläser wich um weniger als 0,01 mm vom
Durchschnitt ab, der 1,12 cm war. Um die Inhibitionsflüssigkeit vor Fett zu
schützen, wurde kein Hahnfett benutzt. Die Glasapparatur wurde mit Chromschwefelsäure und destilliertem Wasser gereinigt. Um zufriedenstellende Resultate
zu erhalten, muß darauf geachtet werden, daß keine Flüssigkeitstropfen an den
Wänden der Gläser hängen bleiben.

Von den Drogenauszügen werden Verdünnungen hergestellt und von jeder
Verdünnung werden 4 ccm für jede Analyse verwendet, die Gläser geschüttelt und
die Ablesung nach 1 Minute vorgenommen. Die Verdünnungen bei Cort. Quillajae

---

[1] Pharmac. Acta Helvetiae **28**, 225 (1953).

liegen zwischen 1 : 100 und 1 : 150000, bei Rad. Sarsaparillae 1 : 100 bis 1 : 11250, bei Rad. Senegae, Rhiz. Primulae und Semen Hippocastani zwischen 1 : 200 und 1 : 20000. Tab. 12 zeigt die Werte von Radix Senegae und Abb. 16 die Kurven einiger Drogen.

Tabelle 12. *Werte der Bestimmung von Radix Senegae, ½%iges Dekokt.*

Verdünnung	Logarith. Ausdruck[1] für die Verdünnung	Tropfen Inhibitionsflüssigkeit	Mittel
1 : 200	2,6990	51, 51	51
1 : 1000	2,0000	48, 48	48
1 : 2000	1,6990	38, 39, 39	39
1 : 4000	1,3979	36, 37	36
1 : 6000	1,2219	33, 32	32
1 : 10000	1,0000	24, 24	24
1 : 20000	0,6990	11, 10	10
1 : 25000	0,6021	5, 6	5

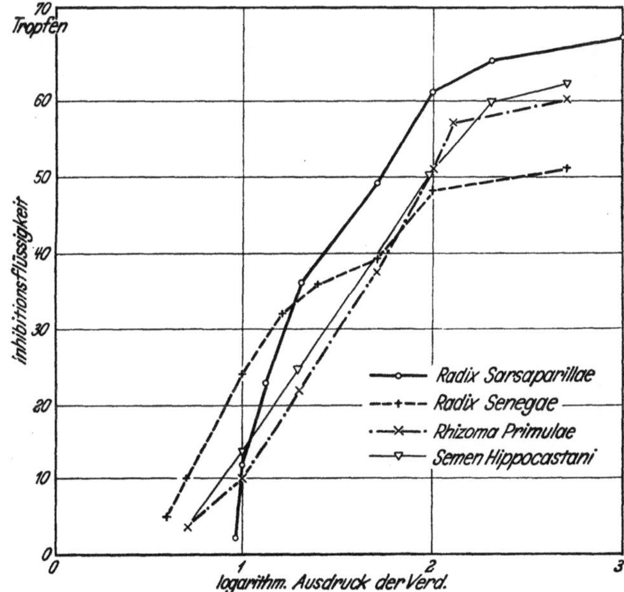

Abb. 16. Graphische Darstellung der Saponinwirksamkeit durch Hemmung des Schäumungsvermögens von einigen Saponindrogen.

Eine andere Methode zur Bestimmung des Saponingehaltes auf Grund der Oberflächenaktivität bietet die Messung der *Oberflächenspannung.* Solche Verfahren wurden von W. Awe und H. Häussermann[2] und von

---

[1] Die Verdünnung $1/N$ drückt das Verhältnis aus: 1 g Saponin oder Droge pro N ccm Lösung. Damit die Kurve immer eine positive Abszisse habe, sucht man zunächst die kleinste ganze Zahl Q, welche die Bedingung $10\,Q > N$ erfüllt, wo N der größte Nenner ist. Als Abszisse dient dann $x = Q \div \log N$ und als Ordinate die Anzahl Tropfen der Inhibitionsflüssigkeit.

[2] Arch. Pharmaz. **283**, 7 (1950); **284**, 106 (1951).

J. REITSTÖTTER und F. SCHIPKE[1] ausgearbeitet. AWE und HÄUSSER-
MANN benützen zur Messung der Oberflächenspannung das Stalagmometer von J. TRAUBE[2] in einer für Reihenversuche abgeänderten Form.
Nach Versuchen mit Radix Senegae und Roßkastanienfruchtteilen
besteht für Auszüge aus verschiedenen Sorten derselben Saponindroge
innerhalb gewisser Grenzen Proportionalität zwischen Oberflächenaktivität und der hämolytischen Wirkung. Danach erscheint eine mittels
einfacher Messung der Tropfengrößen ermittelte Kennzahl für die Oberflächenaktivität zur Wertbestimmung eines saponinhaltigen Auszuges
ebenso geeignet wie der umständlicher zu bestimmende hämolytische
Index.

Die Bestimmungen der Oberflächenspannung in Abhängigkeit von der Konzentration wurde nach der Tropfengewichts- bzw. Volumenmethode mit dem
TRAUBEschen Stalagmometer durchgeführt. Die Ergebnisse wurden in dyn/cm
ausgewertet. Das Stalagmometer besteht im wesentlichen aus einem Capillarrohr
von etwa 1,5 mm lichter Weite mit einer auf das Glas gravierten Millimeterteilung
von 0 bis 500 mm. Diese Capillare läuft unten in eine genau gearbeitete Abtropffläche von etwa 10 mm Querschnitt aus. Das Ganze ist also eine Art Feinbürette
mit großer Abtropffläche, jedoch ohne Hahn, und einem Fassungsvermögen im
Bereich der Skala von etwa 0,8 ccm. Die zu untersuchende Lösung saugt man in
das Stalagmometer auf und läßt sie langsam, eventuell unter Bremsen der nach-
strömenden Luft, auslaufen. Durch Ablesen des absinkenden Flüssigkeitsmeniscus
beim ersten und letzten abfallenden Tropfen erhält man die Tropfengröße in Teil-
strichen des Stalagmometers. Da die Oberflächenspannung der Tropfengröße
direkt proportional ist, kann man durch Eichen des Stalagmometers mit einer
Flüssigkeit bekannter Oberflächenspannung (z. B. Wasser: $s = 72{,}7$ dyn/cm bei 20°)
und anschließende Tropfengrößenbestimmung der zu untersuchenden Flüssigkeit
direkt aus dem Verhältnis der Tropfengrößen die unbekannte Oberflächenspannung
ermitteln. Die Oberflächenspannungen verhalten sich zueinander wie die Tropfengrößen.

Zur Erzielung reproduzierbarer Tropfengrößen darf die Auslaufgeschwindigkeit
einen bestimmten Wert nicht überschreiten. Dem Tropfen muß eine bestimmte
minimale Zeit zur Bildung gelassen werden. Nach Vorversuchen ist die Tropfengröße von Saponinlösungen bei einer Tropfenbildungszeit von 150 Sekunden an
aufwärts konstant. Alle Messungen für diese Arbeit wurden danach mit einer
mittleren Tropfenbildungszeit von 150 Sekunden (oder etwas darüber) gemessen.

Der Veränderlichkeit der Oberflächenspannung mit der Temperatur wurde dadurch Rechnung getragen, daß in einem fast temperaturkonstanten Experimentier-
raum von $20° \pm 1{,}5°$ gearbeitet wurde. Die Resultate wurden dann noch nach der
bekannten Temperaturbeziehung für die Oberflächenspannung des Wassers

$$s_{t}^{\circ} = s_{0}^{\circ} \cdot (1 - 0{,}002\, t^{\circ})$$

auf 20° C umgerechnet.

Da sich die Oberflächenspannung von Saponinlösungen merklich mit dem
p_H-Wert ändert, wurden alle Verdünnungen der Auszüge mit m/30-Phosphat-
pufferlösung auf p_H 7,5 eingestellt. Die verwendete Pufferlösung hatte innerhalb
der Meßgenauigkeit des Stalagmometers die gleiche Oberflächenspannung wie
Wasser.

Die Messungen mit dem Stalagmometer sind mit sehr geringem Substanz- und
Zeitaufwand ohne nennenswerten Reagenzienverbrauch durchzuführen. Zu einer
Bestimmung mit vorhergehendem Durchspülen des Stalagmometers benötigt man
etwa 10 ccm Lösung 1 : 1000, bezogen auf Droge. Die Messung ist in rund 20 Minuten
durchgeführt. Zur Herstellung der Drogenauszüge wurden Dekokte oder Kalt-
macerate 1 : 100 bereitet.

---

[1] Arch. Pharmaz. **284**, 101 (1951).
[2] Hersteller: Fa. Gerhardt, Bonn, Bornheimer Straße 100.

REITSTÖTTER und SCHIPKE bestimmten die Oberflächenspannung nach der SUYDENschen Zweicapillarenmethode unter Verwendung eines Glockenmanometers, unter Ausschaltung jeglicher subjektiver Einflüsse. Entstehungszeit und Lebensdauer der erzeugten Blase sind stets gleich und relativ kurz, so daß der gemessene Wert dem dynamischen sehr nahe kommt. Messungen an Quillajasaponin, Saponin aus italienischen Seifenwurzeln und zwei Proben Kastaniensaponin ergaben, daß die mit dem Stalagmometer gemessenen Werte mit denen nach der Blasendruckmethode erhaltenen nicht übereinstimmen. Sofern die entsprechenden c/σ Kurven mit genügender Genauigkeit vorliegen, erscheint eine Gehaltsbestimmung von Saponinen durch Messung der Oberflächenspannung nach der Blasendruckmethode durchaus möglich. Die ermittelten Saponinmengen in wäßrigen Lösungen stimmen mit denen des hämolytischen Index überein.

Colorimetrische Bestimmung der Saponine.

O. E. SCHULTZ und E. BARTHOLD[1] ziehen zu einer Saponin-Bestimmung eine Beobachtung von KOBERT[2] heran, daß zwischen Saponin und Farbstoff eine Reaktion stattfindet, die zu einem Gleichgewicht führt, das von beiden Seiten erreicht werden kann. Bei der „Bindung" des Saponins handelt es sich um eine Adsorption. Diese Verhältnisse wurden von den Autoren neuerdings studiert. Als geeigneter Farbstoff für eine Bestimmung der Saponine erwies sich eine Chloroform-Farbstoff-Lösung mit optisch genau eingestelltem Methylviolettgehalt. Es wurde deshalb eine Farbstofflösung von 0,125 Methylviolett in 500 ccm Chloroform auf den E-Wert von 0,20 (Filter S_{43}, Küvette 2,5 mm) eingestellt. Sie dient zur Aufstellung einer Standardkurve.

Tabelle 13.

Saponinlösung: 1% wäßrig aus Saponin. pur. alb. Merck. Farbstofflösung: 0,125 g Methylviolett/500 ccm $CHCl_3$ auf E-Wert von 0,20 mit Filter S_{43} und Küvette 2,5 mm eingestellt. Küvette: 2,5 mm. Verwendete Mengen: 2 ccm Saponinlösung und 2 ccm Farbstofflösung.

Reagenzglas	Saponinmenge in wäßriger Lösung g	Saponingehalt in wäßriger Lösung %	Stufenphotometrisch ermittelte E-Werte $CHCl_3$-Lösung Filter	
			S_{47}	S_{43}
1	0,02	1	0,05	0,03
2	0,01	0,5	0,07	0,04
3	0,005	0,25	0,12	0,055
4	0,0025	0,125	0,20	0,07
5	0,00125	0,0625	0,30	0,09
6	0,000625	0,0312	0,41	0,11
7	0,000312	0,0156	0,50	0,13
8	0,000156	0,0078	0,56	0,14
9	0,000078	0,0039	0,56	0,14
Vergleichsversuch mit Wasser	—	—	0,56	0,14

[1] Pharmazie **4**, 521 (1949).
[2] KOBERT: Beiträge zur Kenntnis der Saponinsubstanzen, Stuttgart 1904.

Verfahren wurde dabei folgendermaßen: Mit einer 1%igen Saponinlösung aus Saponin. pur. albiss. Merck wird eine „fallende Reihe" hergestellt, d. h. durch entsprechendes Verdünnen wurden Lösungen angefertigt, von denen die erste 1%, die zweite 0,5%, die dritte 0,25% usw. Saponin, d. h. die folgende Verdünnung immer den halben Prozentgehalt der vorhergehenden an Saponin enthält.. Mit je 2 ccm der einzelnen Lösungen wurden 2 ccm der obigen Farbstofflösung durch zehnmaliges, nicht zu kräftiges Umschwenken vermischt. Schütteln mußte vermieden werden, weil sich dabei Emulsionen bilden, die auch durch längeres, kräftiges Zentrifugieren mitunter nicht zu trennen sind. Wie Versuchsreihen ergaben, ist nach zehnmaligem vorsichtigen Schütteln das Endresultat bereits erreicht und auch nach längerem Schütteln tritt keine Änderung in den Konzentrationsverhältnissen mehr ein. Es ergaben sich die Werte der Tab. 13.

Mit Hilfe dieser Werte kann nach diesem Verfahren bei Verwendung einer derartig eingestellten Farbstofflösung der Saponinwert (berechnet auf Saponin pur. alb.) von Saponinlösungen und Drogenauszügen bestimmt werden. Im Vergleich mit der Bestimmung des Hämolytischen Index wurden parallel verlaufende Werte erhalten.

Bestimmung von Saponinen mit Tubifex-Würmern
von H. Mühlemann und W. Scheidegger[1].

MÜHLEMANN und SCHEIDEGGER haben auf Grund sorgfältiger Studien eine biologische Methode zur Bestimmung der Saponinwirksamkeit mit Tubifex-Würmern ausgearbeitet. Die durch die Tiervariation, die Eigenschaft der Wirkstofflösung und die Versuchsbedingungen bestehenden Fehlerquellen konnten in ihrem Einfluß weitgehend eingeschränkt werden. Die Methode liefert so brauchbare Werte von einigermaßen bekannter relativ hoher Genauigkeit. Das Vorgehen bei der Saponin-Wertbestimmung in den Drogen oder Drogenpräparaten von Quillaja, Primula, Sarsaparill und Senega ist folgendes:

Zuerst wird eine Stammlösung bereitet, etwa zwei- bis zwanzigmal konzentrierter als die zu erwartende wirksame Verdünnung. Trockenextrakte werden dabei direkt in frischem Leitungswasser gelöst, Fluidextrakte, Tinkturen und Sirupe in gleicher Weise verdünnt. Drogenauszüge stellt man sich entweder her durch kalte wäßrige Maceration während mehrerer Stunden oder viertel- bis halbstündiges Kochen auf dem Wasserbad.

Steigende Mengen dieser – in g bzw. mg/ccm hergestellten – Stammlösungen werden nun für die Bestimmung in Bechergläsern mit Leitungswasser auf je 20 ccm verdünnt. Wenn einmal annäherungsweise die wirksame Konzentration festgestellt ist, sollen Verdünnungen in Abständen von höchstens 10% benützt werden. Unter Einhaltung der Temperatur von genau 20° C gibt man darauf in jedes Glas etwa 50 Würmer. Nach genau 60 Minuten wird abdecantiert, wiederholt sorgfältig mit Wasser ausgewaschen und innerhalb einer Viertelstunde abgelesen: Man zählt in jedem Glas die toten und noch lebenden Tiere (indem man die beweglichen mittels eines Glasstäbchens die Wände hinaufzieht). Als wirksame Dosis (LD 50) gilt diejenige, bei welcher 50% der Würmer tot sind.

Bei jeder Bestimmung muß gleichzeitig und unter genau denselben Bedingungen der Wert des Standards festgestellt werden, z. B. eine Probe von Saponinum standardisatum „B. S.".

Im übrigen ist allgemein zu beachten:

Die Würmer sollen vor der Verwendung mindestens drei Tage lang ohne Fütterung in fließendem Wasser aufbewahrt worden sein. Für die Bestimmung sind solche, die sich in Größe und Aussehen deutlich von den anderen abheben, zum

---

[1] Pharmac. Acta Helvetiae **22**, 147 (1947).

vorneherein auszuscheiden. Die Auslese geschieht am zweckmäßigsten jedesmal beim Zurechtlegen der Portion von 50 Tieren. Wenn diese Gruppen dann einzeln in jedes Glas gegeben werden – wobei immer die Zeit notiert wird, – hat man nach einer Stunde den Vorteil, nicht überall gleichzeitig auswaschen und zählen zu müssen. Man kann vielmehr in Abständen nacheinander ablesen.

Als Stammlösung dienende Drogenauszüge, die auf dem siedenden Wasserbad bereitet wurden, müssen für die Bestimmung mindestens zehnmal mit frischem Leitungswasser verdünnt werden können. Denn die Würmer leiden sonst an Sauerstoffmangel.

Bei Sirupen soll die wirksame Verdünnung mindestens 50fach sein; andernfalls besteht Gefahr, daß die Tiere durch die Hypertonie der Zuckerlösung geschädigt werden. Nötigenfalls kann durch nachher entsprechend zu berücksichtigenden Zusatz einer bestimmten Menge des Standards die Bestimmung ermöglicht werden.

Die mit Hilfe der beschriebenen Methode bestimmte LD 50 einer Droge oder eines Drogenpräparates ist in mg% ausgedrückt. Als Maß für die Wirksamkeit auf Tubifex ist aber ein reziproker Wert zweckmäßiger. Dieser wird – immer auf den Standard bezogen – am besten in „Tubifex-Einheiten" (T. E.) ausgedrückt.

Die Berechnung erfolgt in einfachster Weise nach der Formel:

$$\text{Wirksamkeit auf Tubifex (in T. E.)} = \frac{G_s}{G_x} \cdot K_t \,.$$

G_s Menge des Standards in mg% (oder mg pro 20 ccm), die in 60 Minuten auf Tubifex 50% tödlich wirkt.

G_x Menge der zu prüfenden Substanz in mg% (bzw. mg pro 20 ccm), die in 60 Minuten auf Tubifex 50% tödlich wirkt.

K_t Standardkonstante; sie stellt den Mittelwert einer großen Anzahl von Bestimmungen mit verschiedenen Tubifexproben dar, der dann der Einfachheit halber auf eine runde Zahl auf- oder abgerundet wird. Bei Standard-Saponin „B. S." beträgt $K_t = 2000$.

Beurteilung von Schleimdrogen.

Zur Beurteilung schleimbildender Drogen wird die Bestimmung der Viscosität der Schleime, die Quellung der Droge und nach BLYTH, GULESICH und TUTHILL[1] das Rückhaltevermögen von Wasser gegen eine andere quellende Substanz herangezogen. Von diesen Verfahren wird besonders die Viscositätsbestimmung des Schleimes zur Prüfung von Drogen benützt.

Bestimmung der Viscosität von Drogenschleimen.

Viscositätsbestimmungen von Drogenschleimen wurden von C. ROJAHN und K. BÖHM[2], F. WRATSCHKO und H. WELZEL[3] und von E. WALDSTÄTTEN und H. FEUER[4] ausgeführt. ROJAHN und BÖHM prüften gleichzeitig verschiedene äußere Einflüsse auf die Viscosität der bereiteten Schleime und bis zu 11 Sorten der einzelnen Drogen. Zu diesem Zwecke bereiteten sie Macerate, Dekokte und Infuse mit reinem Wasser oder mit einer 0,5%igen Sodalösung sowohl von scharf getrockneter als auch belichteter Droge. Außerdem wurden Capillaraktivitätsbestimmungen ausgeführt, um die Auszüge auf kolloidale Bestandteile zu prüfen.

---

[1] J. Amer. pharmac. Assoc. **38**, 59 (1949).
[2] Pharmaz. Ztg. **79**, 487, 512 (1934).
[3] Zur Wertbestimmung der Schleimdrogen, Pharmaz. Presse 1931.
[4] Scientia pharmac. **5**, 95 (1934); **7**, 41 (1936).

Die Macerate wurden mit Aqua dest. von Zimmertemperatur innerhalb 30 Minuten hergestellt, Dekokte und Infuse nach der DAB 6-Vor-
schrift mit der Änderung, daß vor dem Kolieren das abgedunstete Wasser
ergänzt und die Infuse koliert wurden. Der Sodazusatz wurde bei Beginn
der Maceration bzw. Infusion hinzu-
gefügt und zur Konservierung wurden die wäßrigen Flüssigkeiten mit
Nipagin M in Substanz (1:1000) versetzt. Die scharf getrockneten Drogen wurden im Lufttrockenschrank
bei 110 bis 115° eine Stunde lang getrocknet und die belichteten Drogen
in zugedeckten Glasschalen auf der
Fensterbank eines nach Süden ge-
legenen Fensters 3 Monate lang dem
Lichte ausgesetzt.

Die Viscosität wurde im Tropfapparat nach SCHMID-STICH (s. S.
368) bei 20° gemessen und ist bei
den folgenden Drogen in Sekunden der Durchlaufzeit ausgedrückt.
Die Zahlen sind Mittelwerte von
5 Durchläufen unter Außeracht-
lassung des 1. Laufes.

WALDSTÄTTEN und FEUER be-
schränkten sich darauf, die für die
Viscositätsbestimmung günstigste
Bereitungsart der Schleime aus der
Droge festzustellen.

Zur Viscositätsbestimmung benützten sie ein abgeändertes OST-
WALDsches Capillarviscosimeter
(Abb. 17). Es bietet den Vorteil, daß
die Flüssigkeit vollkommen gleichmäßig abläuft und keine Faden-
bildung der Kolloidmoleküle eintritt,
da nach dem vollständigen Ablaufen
beim erneuten Ansaugen immer andere Teile der Flüssigkeit erfaßt

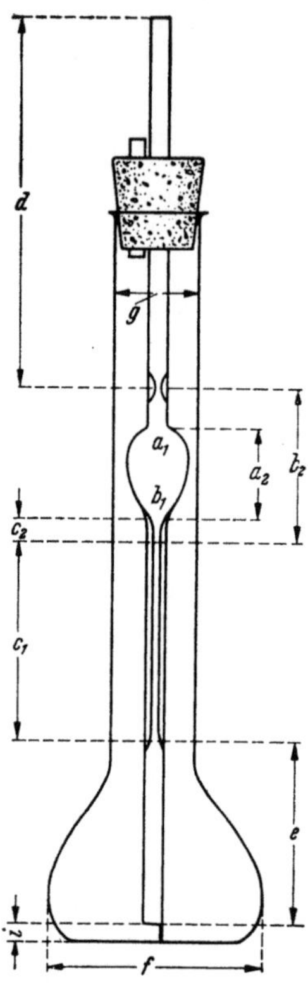

Abb. 17. a_1 (Inhalt der Birne) = etwa 3 ccm;
b_1 (Inhalt des Meßraumes von Marke zu
Marke) = etwa 3,2 ccm; a_2 = etwa 30 mm;
b_2 = etwa 50 mm; c_1 = 60 mm; c_2 = 10 mm;
d = 130 mm; e = 70 mm; f = 60 mm;
g = 25 mm; i = 7 mm; Höhe des Mantelgefäßes etwa 250 mm; Länge des Viscosimeters etwa 317 mm; Durchmesser der Capillare 0,5 bis 0,55 mm; Durchmesser des Glasrohres etwa 4 mm.

werden, so daß auch mit recht viscosen Flüssigkeiten sofort gleichmäßige, konstante Werte erhalten werden.

Die Bestimmungen vollziehen sich so, daß zunächst das Viscosimeter mittels
eines doppelt durchbohrten Gummistopfens im Mantelgefäß vollkommen zentrisch
und senkrecht befestigt wird. Dann stellt man ein für allemal fest, wieviel Flüssigkeit in das Mantelgefäß gefüllt werden muß, damit nach Aufsaugen über die obere
Marke hinaus das untere Ende des Viscosimeters gerade noch die Flüssigkeit
berührt. Diese Menge ist für jede Bestimmung mit dem betreffenden Viscosimeter
zu verwenden. Nun bringt man das Mantelgefäß samt Viscosimeter in einen Thermostaten, eventuell genügt ein entsprechend großes Becherglas, dessen Inhalt (Wasser,

Paraffinöl) auf konstanter Temperatur gehalten wird und läßt innerhalb einer Viertelstunde Badtemperatur annehmen, wobei man den Inhalt des Mantelgefäßes mit dem Thermometer kontrolliert. Dann saugt man mit Hilfe eines Gummischlauches auf und bestimmt die Abflußzeit zwischen den beiden Marken. Ohne die Flüssigkeit zu wechseln, überzeugt man sich durch mehrere Versuche von der Richtigkeit der Ablesung. Nach dem Reinigen mit Chromschwefelsäure und Seifenwasser und Trocknen wiederholt man mit einer anderen Menge der Probe die Bestimmung.

Agar-Agar:

WALDSTÄTTEN und FEUER schlagen folgende Methode zur Wertbestimmung von Agar-Agar vor:

5 g der Ganzdroge werden mit einer Schere grob zerschnitten; 2 g werden in derselben Weise weiter zerkleinert, sodann 0,05 g in ein Arzneifläschchen von 200 ccm Fassungsraum gebracht, mit 100 g kochendem, destillierten Wasser übergossen und eine Stunde im siedenden Wasserbad belassen. Während dieser Zeit wird alle 10 Minuten kräftig geschüttelt und jedesmal der Stopfen gelüftet. Nach dem Erkalten wurde das verdampfte Wasser ersetzt, dann wurde durch ein einfaches, qualitatives Filter filtriert und bei 20° viscosimetriert.

Nach den bisherigen Untersuchungen wird bei Einhaltung dieser Bedingungen eine gute Ware eine relative Viscosität von mindestens 1,22 aufweisen müssen.

Carrageen.

Nach ROJAHN und BÖHM bewegt sich die Viscosität der Macerate zwischen 58 und 135,6 (im Mittel 96,61), und zwar lag sie in 5 Fällen unter 84 und in 6 Fällen über 100. Beim Stehen nimmt die Viscosität sowohl der Macerate als auch der Infuse um einige Prozente ab. Sehr bemerkenswert ist, daß die fünf Drogen, deren Macerate Viscositätszahlen von unter 100 gaben, Infuse ergaben, die um das 2- bis $3\frac{1}{2}$ fache viscoser waren als die Macerate und damit die Viscositätszahlen der bei der Maceration am besten abschneidenden Drogen bedeutend überholten. Die drei Monate dem Licht ausgesetzten gepulverten Proben gaben bemerkenswerterweise ganz bedeutend, bis dreimal höhere Viscositätswerte als die nicht vorbehandelte Droge. Die Lichtbeeinflussung der Droge ist also sehr verschieden groß. Durch Sodazusatz wird die Viscosität der Infuse außerordentlich heruntergedrückt, was ganz den Angaben der Literatur entspricht. Die Steighöhen der Macerate schwankten zwischen 4,2 und 7,1 cm, derart, daß zwar der viscoseste Schleim die niedrigste und der dünnste Schleim die größte Steighöhe zeigte, aber bei den anderen Schleimen waren Diskrepanzen vorhanden, für die eine Erklärung nicht gegeben werden kann.

Bereitung des Schleimes nach WALDSTÄTTEN und FEUER:

10 g Droge werden mit Hilfe einer Kaffeemühle soweit zerkleinert, daß alles durch das Sieb V geht. Für die Bestimmung werden 0,1 g in einem Arzneifläschchen von 200 ccm Fassungsraum mit 99,9 g kochendem destillierten Wasser übergossen und eine Stunde im siedenden Wasserbad belassen. Während dieser Zeit wird alle 10 Minuten kräftig geschüttelt und jedesmal der Stopfen gelüftet. Nach dem Erkalten wird das verdampfte Wasser ersetzt, durch ein doppeltes, qualitatives Filter (ULLERSDORF-SOMMER) filtriert und bei 20° viscosimetriert.

Eine so hergestellte Lösung wird bei einer guten Durchschnittsware eine relative Viscosität von mindestens 1,70 besitzen müssen.

Folia Farfarae.

Nach Rojahn und Böhm variiert die Viscosität der verschiedenen
Auszüge nur sehr wenig. Das 10%ige Macerat ist kaum viscoser, die
Infuse und Dekokte nur durchschnittlich 10% viscoser als Wasser (27,2).
Ein Sodazusatz steigert die Viscosität nur wenig. Längerer Lichteinfluß
bedingt einen nur geringen Viscositätsrückgang. Nach 24 stündigem
Stehen ist kein Abfall zu bemerken. Die Steighöhe liegt unter den ge-
wählten Bedingungen im Mittel bei 11,7 cm.

Folia Malvae.

Rojahn und Böhm fanden keine großen Unterschiede in der Viscosität. Die Zahlen liegen bei allen Auszügen zwischen 30 und 40, nur beim
Sodainfus steigen diese bis auf 46,23. Die Infuse geben um etwa 10%
höhere Werte als die Macerate. Durch scharfes Trocknen und längere
Lichtbestrahlung wird die Droge minderwertiger, was sich in einem geringen Viscositätsrückgang ausprägt. Die Steighöhe liegt zwischen 5,7
und 8,6, im Mittel bei 6,6 cm.

Semen Lini.

Das Sodainfus zeigt nach Rojahn und Böhm durchschnittlich 10 bis
30% geringere Viscositätswerte als das einfache Infus. Die dem Lichte
ausgesetzten gepulverten Proben verhielten sich ungleichmäßig. In 6 von
11 Fällen trat eine wesentliche Erhöhung ein, die zwischen 20 und 80%
schwankte. Bei den noch verbleibenden 5 Mustern blieb die Viscosität
entweder ungefähr gleich oder fiel etwas ab. Beim Stehen läßt die Viscosität etwas nach. Zwischen Viscosität und Steighöhe sind keine eindeutigen Beziehungen zu erkennen. Die Steighöhe liegt im Mittel bei
4,8 cm für das 5%ige Macerat und pendelt zwischen 3,4 und 5,8 cm. Es
wäre aber wohl möglich, daß gerade bei Semen Lini infolge ungleich-
mäßigen Abpressens eventuell Schwankungen vorkommen. Das Wasser-
bindungsvermögen ist hier besonders stark, wodurch dann leicht die
Menge der Kolatur und die Viscosität derselben beeinflußt wird.

Lichen islandicus.

Nach Rojahn und Böhm sind die Kältemacerate nur weniger viscoser
als Wasser (im Mittel 28,45), während die gewöhnlichen Infuse meistens
mehr als doppelt und die Sodainfuse vier- bis achtmal so viscos sind.
Nach 24 stündigem Stehen der Macerate und Infuse nimmt die Viscosität
in den meisten Fällen eine Kleinigkeit ab. Die beim Sodainfus und bei
den belichteten Proben beobachtete meist jedoch nur geringe Zunahme
der Viscosität nach 24 stündigem Stehen rührt vielleicht zum Teil daher,
daß diese Schleime beim Aufbewahren gallertartige winzige Klümpchen
abschieden, die beim Durchgang durch die Capillare bremsend wirken.
Die drei dem Lichte ausgesetzten Proben der Drogen zeigen bedeutend
höhere Viscositätswerte als die nicht vorbehandelte Droge. Die Capillar-
steighöhe der Kältemacerate variiert nur wenig und beträgt im Mittel
unter den angewandten Bedingungen 13,7 cm.

WALDSTÄTTEN und FEUER geben folgende Methode der Schleimbewertung an:

10 g Droge werden in einer Kaffeemühle soweit zerkleinert, daß alles durch ein Sieb mit 0,3 mm Maschenweite (Sieb V) hindurchgeht. Zur Bestimmung werden 1 g Droge in einem Arzneifläschchen von 200 ccm Fassungsraum mit 99 g kochendem destillierten Wasser übergossen und 1 Stunde im siedenden Wasser belassen. Während dieser Zeit wird alle 10 Minuten kräftig geschüttelt und jedesmal der Stopfen gelüftet. Nach dem Erkalten wird das verdampfte Wasser ersetzt, durch ein doppeltes, qualitatives Filter (ULLERDORF-SOMMER) filtriert und bei 20° viscosimetriert.

Nach den bisherigen Untersuchungen wird für eine gute Ware die relative Viscosität mindestens 1,65 betragen müssen.

Tubera Salep.

ROJAHN und BÖHM beobachteten, daß trotz genau gleicher Versuchsanordnung nicht immer die gleiche Viscositätsdurchschnittszahl erhalten werden konnte (ungleichmäßige Verklumpung beim Infus?). Die Viscosität der Macerate schwankte in weiten Grenzen zwischen 32 und 85 und betrug in einem Falle sogar 338,0. Nach 24 Stunden zeigte sich in 5 von 7 Fällen ein Abfall auf etwa die Hälfte und entsprach dann die Viscosität der der Infuse. Die Viscosität der Sodainfuse ist durchschnittlich 10% höher als die der gewöhnlichen Infuse (29,7 bis 33,8). Das Infus aus den längere Zeit dem Lichte ausgesetzten Proben zeigt teilweise höhere Werte als das Infus aus nicht vorbehandelter Droge. Die Erhöhung ist aber selten höher als 10%. Die Infuse zeigen nach 24 Stunden kaum eine Änderung. Die Capillaranalyse zeigt einige Unterschiede. Die Steighöhe pendelt zwischen 3,7 und 11,8 cm und läßt keine Beziehung zur Viscosität der Auszüge erkennen.

WALDSTÄTTEN und FEUER machen darauf aufmerksam, daß es zur Durchführung einer einwandfreien Wertbestimmung notwendig ist, von einem großen Muster auszugehen. Es ist ferner darauf zu achten, daß die Korngröße des jeweils zerkleinerten Musters möglichst gleichmäßig ist. Der Neigung, sich zu entmischen, die durch die immer auftretenden Unterschiede in den Korngrößen bedingt ist, muß durch besonders genaue Probenahme Rechnung getragen werden. Abgesiebtes feines Pulver ergibt meist eine viel geringere Viscosität als der gesamten Drogenmenge entspricht, da die sehr resistenten Schleimzellen sich sehr schwer pulverisieren lassen. Das abgesiebte Pulver enthält dann mehr Stärke und andere leicht zerfallende Bestandteile, während die gröberen Schleimzellen auf dem Siebe zurückbleiben.

Die Herstellung des zur Viscositätsbestimmung verwendeten Extraktes muß mit einem möglichst feinen Pulver (Pulvis subtilissimus, Sieb VI) durch Maceration vorgenommen werden, da dieser Feinheitsgrad die beste Homogenität des Pulvers hinsichtlich Korngröße gewährleistet und da bei Zimmertemperatur die Stärke nicht in Lösung geht. Die Autoren schlagen folgende Wertbestimmung für Tubera Salep vor:

20 g Knollen von Tubera Salep werden zunächst soweit gepulvert, daß alles durch Sieb V hindurchgeht. Von diesem groben Pulver werden nach sorgfältiger Durchmischung und Probenahme 10 g auf Korngröße 0,3 mm (Sieb V) gebracht.

5 g dieses Pulvis subtilis werden soweit gepulvert, daß sie restlos durch Sieb VI hindurchgehen.

Zur Bestimmung werden 0,1 g des zu erhaltenden Pulvis subtilissimus in einem Meßzylinder von 200 ccm Fassungsraum mit 100 ccm destilliertem Wasser übergossen. Die Maceration wird 2 Stunden stehengelassen und während dieser Zeit alle 10 Minuten geschüttelt. Sodann wird durch ein einfaches, qualitatives Filter filtriert und bei 20° viscosimetriert.

Um eine gute Ware gewährleisten zu können, wird man den bestimmten Wert der relativen Viscosität mit mindestens 1,50 festsetzen müssen.

Bestimmung des Quellungsfaktors.

Die Beurteilung von Schleimdrogen auf Grund des Quellungsvermögens wurde erstmals von J. F. Clevenger[1] empfohlen. Weiter haben sich dann H. W. Yonngken[2], die Assoc. off. agric. Chemists[3], Greenberg[4], W. F. Cellbrot[5] und andere Autoren damit befaßt und verschiedene Modifikationen davon beschrieben. Einige messen den Hub eines Kolbens von bestimmtem Gewicht, andere das Einsinken normierter Kugeln oder anderer Körper und weitere Vorschläge bestimmen das Volumen, das eine definierte Menge Droge nach dem Quellen in Wasser einnimmt; die Größe wird als Quellungsfaktor bezeichnet. Die Bestimmung des Quellungsfaktors wurde vom National Formulary (1950) und von der Ph. Helv. V, 1. Suppl. (1949) aufgenommen. H. Flück und R. Aellig[6] haben die Methode der Ph. Helv. V eingehend untersucht, indem sie verschiedene Einflüsse auf Quellung und Viscosität des Schleimes prüften und schlagen folgende Bestimmung des Quellungsfaktors vor:

Unter Quellungsfaktor verstehen sie die Anzahl ccm, die 1 g Droge nach dem Quellen mit Wasser, oder in besonderen Fällen mit wäßrigen Lösungen, samt dem anhaftenden Schleim einnimmt.

Die Bestimmung erfolgt in einem Meßzylinder, der eine vom Boden an zählende, 25 ccm umfassende, mindestens in 0,25 ccm unterteilte und 100 bis 125 mm hohe Graduierung aufweist. Die vorgeschriebene Drogenmenge wird in diesem Zylinder mit 25 ccm Wasser von 15 bis 20° gemischt. Für Semen Cydoniae muß eine 0,1-molare NaCl-Lösung verwendet werden und für Traganth eine Mischung von 4 Gewichtsteilen Spiritus (92,5%) und 6 Gewichtsteilen Wasser, da die beiden Drogen ohne die angegebenen Zusätze kein abgetrenntes Gel geben. Bei Folia Althaeae und Folia Malvae wird die eingebrachte Droge zuerst mit 1 ccm Aceton befeuchtet und sofort mit 25 ccm Wasser übergossen. Die Mischung wird während einer Stunde mindestens alle 10 Minuten einmal kräftig geschüttelt und dann während 6 Stunden bei 15 bis 20° ruhig stehengelassen. Hierauf wird das Volumen der Droge samt dem anhaftenden Schleim abgelesen. Falls die Bestimmung nicht mit 1 g ausgeführt wurde, muß das abgelesene Volumen auf 1 g umgerechnet werden. Es sind mindestens 3 Parallelbestimmungen auszuführen.

Die Autoren schlagen folgende Normen vor (Tab. 14).

Die Prüfung verschiedener Einflüsse führte zu folgenden Ergebnissen:

Der Einfluß der Temperatur von 20 bis 90° auf die Quellung ist verschieden von Droge zu Droge. Bei Agar, Semen Foenugraeci und Radix Althaeae steigt der

---

[1] Drug market **19**, 236 (1931).

[2] J. Amer. pharmac. Assoc. **21**, 1265 (1932); **23**, 397 (1934); **24**, 1265 (1935); J. Assoc. off. agric. Chemists **19**, 104 (1936).

[3] J. Assoc. off. agric. Chemists **21**, 1265 (1935).

[4] J. Amer. pharmac. Assoc. **37**, 139 (1948).

[5] Dtsch. Apotheker-Ztg. **93**, 679 (1953). — [6] Bull. Galenica **16**, 61 (1953).

Quellungsfaktor parallel mit der Temperatursteigerung. Carrageen und Semen Psyllii zeigen maximale Quellung bei 37 bis 50°. Semen Lini und Tuber Salep zeigen sinkenden Quellungsfaktor mit steigender Temperatur und bei Fol. Althaeae und Fol. Malvae ist der Quellungsfaktor im untersuchten Temperaturbereich konstant.

Tabelle 14.

	Drogen-menge	Sieb	Quellungs-mittel	Anfeuchtungs-mittel	min. Faktor
Agar-Agar	0,5	IVa	Wasser	—	20
Carrageen	0,5	IVa	Wasser	—	11
Fol. Althaeae ...	1,0	IVa	Wasser	1 ccm Aceton	7
Rad. Althaeae...	0,5	IVa	Wasser	—	10
Fol. Malvae	1,0	IVa	Wasser	1 ccm Aceton	6
Sem. Cydoniae ..	0,5	IVa	0,1 m-NaCl	—	15
Sem. Foenugraeci	0,5	IVa	Wasser	—	7
Sem. Lini tot....	1,0	—	Wasser	—	4
Sem. Lini pulv...	1,0	IVa	Wasser	—	6
Sem. Psyllii	1,0	—	Wasser	—	11
Tragacantha	0,5	IVa	Äthanol 37 Gew.-%	—	8

Das p_H des Quellmittels wirkt zwischen p_H 2 und p_H 11 ebenfalls von Droge zu Droge verschieden auf die Quellung. Semen Lini in unzerkleinerter Form quillt im ganzen Bereich gleich stark. Agar-Agar, Fol. Althaeae und Semen Psyllii haben ein Quellungsoptimum zwischen p_H 5 und p_H 8. Bei Semen Lini pulvis, Sem. Foenugraeci, Semen Cydoniae, Rad. Althaeae und Fol. Malvae steigt die Quellung ± parallel mit dem p_H-Wert. Tuber Salep quillt sehr stark in stark saurem und im alkalischen Gebiet und hat ein Quellungsminimum bei p_H 4 bis 7. Die Quellung von Carrageen nimmt vom sauren zum alkalischen Bereich stetig ab.

Alkali- und Erdalkaliionen wirken gemäß der HOFMEISTERschen Reihe Li—Na—K—Mg—Ca—Ba in steigendem Maße quellungshindernd auf alle untersuchten Schleimdrogen mit Ausnahme von Semen Foenugraeci, das mit Alkalien und Erdalkalien stärker quillt als mit Wasser. Die Anionen SO_4, NO_3, Cl, Br, J wirken wenig entquellend und alle in ungefähr gleichem Ausmaß.

Äthanol wirkt entquellend, wobei für jede Droge eine kritische Äthanolkonzentration besteht, von der an ein scharfer Abfall der Quellung einsetzt.

Die Quellung im künstlichen Magensaft und im künstlichen Darmsaft weicht für die meisten Drogen nicht sehr stark von der Quellung im Wasser ab. Die Abweichungen werden im wesentlichen durch den p_H-Wert und den Gehalt an Kationen verursacht. Pepsin, Pankreatin und Natriumglykocholat beeinflussen die Quellung nicht merklich.

Bestimmung des Wassergehaltes.

Bei der Bestimmung des Wassergehaltes von Drogen durch Trocknen bei erhöhter Temperatur im Trockenschrank werden außer dem Wassergehalt andere flüchtige Stoffe (ätherische Öle) als Feuchtigkeit mitbestimmt, die zu falschen Ergebnissen führen. Diese Nachteile werden mit der Destillationsmethode vermieden, die einfach ausführbar ist und in der Lebensmittelchemie vielfach verwendet wird. Das Prinzip besteht darin, daß das Wasser mit einer leicht siedenden Flüssigkeit, in der es nicht löslich ist (z. B. Xylol) destilliert und das Destillat in einem graduierten Zylinder aufgefangen wird, in dem der Wassergehalt direkt abgelesen werden kann. Dafür wurden verschiedene Apparate konstruiert, von denen der von G. Junghans[1] beschrieben werden soll, mit dem er den Wassergehalt zahlreicher Drogen bestimmte:

Der Hals eines 100 ccm-Destillierkolbens wird kurz über dem Ableitungsrohr abgeschnitten und mit einem Korkstopfen verschlossen. Das Abschneiden des Kolbenhalses bezweckt den toten Raum zwischen Korken und Ableitungsrohr zu verringern. Der Vorstoß wird ungefähr 5 cm vom Ende senkrecht nach unten gebogen. Als Auffanggefäß dient das zur Bestimmung der Alkoholzahl vom DAB 6 vorgeschriebene Meßglas, das mit einem doppelt durchbohrten Korkstopfen verschlossen wird. Durch die eine Öffnung wird das Rohr des Fraktionskolbens geführt, in die zweite wird eine ungefähr 75 cm lange Glasröhre bis dicht unter den Korken geführt. Auf dieses Steigrohr wird dicht am Korken ein kleiner, etwa 10 bis 15 cm langer Kühler mit Gummimanschetten (abgeschnittenen Pipettenkappen) aufgesetzt (s. Abb. 18).

In den Kolben werden 10 g Droge gebracht, und soviel Xylol, daß sie ganz bedeckt ist, mindestens so viel, daß der Kolben halb angefüllt ist. Die Destillation geschieht in üblicher Weise durch Fächeln mit dem Bunsenbrenner. Zu langsames und zu starkes Erhitzen sind zu vermeiden. Das Erhitzen ist zu unterbrechen, wenn die Flüssigkeit im Steigrohr sich so stark kondensiert, daß sie zu steigen beginnt. Es werden etwa 15 ccm abdestilliert.

Die Wasser-Xylol-Emulsion im Auffanggefäß wird durch die Erzeugung von Kohlendioxyd-Bläschen auf folgende Weise zur Trennung gebracht: Auf den Boden des Auffanggefäßes werden vor Beginn des Prozesses 0,25 g Natriumbicarbonat gegeben und dann destilliert. Ist nach wenigen Minuten die 15 ccm-Marke erreicht oder überschritten, wird das Meßglas abgenommen und aus der Pipette genau 0,95 ccm verdünnte Salzsäure zugegeben. Der sofort aufsteigende Kohlensäurestrom zerschlägt die Mischung vollständig, so daß nach Aufhören der Bläschenentwicklung, nach 5 bis 10 Minuten, die Ablesung erfolgen kann. Vom Gesamtwert wird 1 ccm abgezogen (zugesetzte Salzsäure + aus Natriumbicarbonat entwickeltem Wasser).

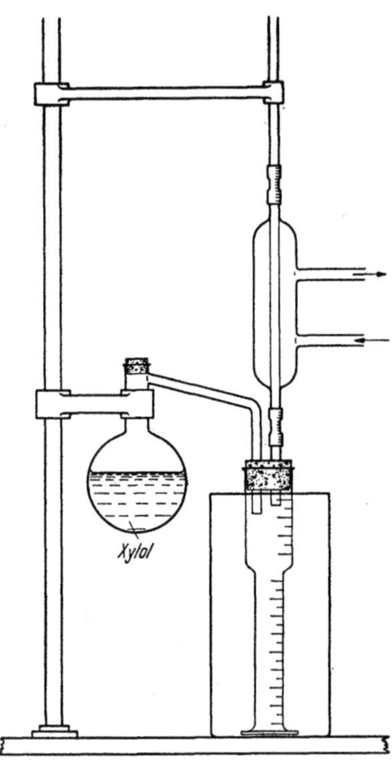

Abb. 18.

Nach diesem Verfahren erhielt Junghans folgende Ergebnisse:

Blüten.		Blätter.	
Flor. Chamom., beste deutsche	3,5%	Fol. Farfarae cc	4,0%
Flor. Chamom., beste deutsche	4,0%	Fol. Trifol. fibrin.	5,0%
Flor. Chamom., beste deutsche	6,5%	Fol. Mate	6,0%
Badekamillen	6,5%	Fol. Juglandis	7,0%
Badekamillen	7,0%	Fol. Malvae	8,0%
Flor. Sambuci	7,0%	Fol. Salviae	8,0%
Flor. Humuli Lupuli	8,0%	Fol. Sennae	8,0%
Flor. Humuli Lupuli (lebende Ware)	10,0%	Fol. Uvae Ursi	8,0%
Flor. Malvae arbor.	10,0%	Fol. Melissae	8,5%
Flor. Tiliae	10,0%	Fol. Menthae pip.	9,0%
		Fol. Menthae pip.	10,0%

[1] Apotheker-Ztg. **1934**, Nr. 67.

Fol. Sennae cc. 10,0%
Fol. Sennae tot. 10,0%

Kräuter.

Herb. Centaurii cc. 8,0%
Herb. Violae tricolor. cc....... 9,0%
Herb. Absinth. cc. 10,0%
Herb. Serpylli cc. 10,0%

Hölzer.

Lign. Guajaci cc. 6,0%
Lign. Sassafras cc. 7,0%
Lign. Quassiae cc. 10,0%

Rinden.

Cort. Frangul. cc. 6,0%
Cort. Condurang. cc. 7,0%
Cort. Quercus cc. 7,0%
Cort. Quillaiae cc. 9,0%
Cort. Chinae plv. gr. 10,0%
Cort. Granati cc. 10,0%

Wurzeln und Rhizome.

Rad. Angelicae cc. 4,0%
Rad. Levistic. cc. 6,0%
Rad. Valerian. cc............. 7,0%
Rad. Gentian. cc. 8,0%
Rad. Ononidis cc............. 8,0%
Rad. Saponar. cc. 8,0%
Rad. Senegae cc. 8,0%
Rad. Althaeae cc............. 8,0%

Rad. Althaeae plv. gr. 8,0%
Rhiz. Rhei cc. 8,0%
Rhiz. Tormentill. cc. 8,0%
Rhiz. Iridis cc. 8,0%
Rhiz. Calami°cc.............. 10,0%
Rhiz. Zedoariae cc. 10,0%
Rad. Liquiritiae cc. 10,0%
Rad. Sarsaparill. cc........... 12,0%

Früchte.

Fruct. Anisi 4,0%
Fruct. Foenicul. 5,0%
Fruct. Carvi 5,5%
Fruct. Juniperi (zerquetscht).. 6,0%

Samen.

Sem. Lini (zerquetscht)....... 6,0%
Sem. Lini Placenta 9,0%
Sem. Sinapis plv. gr. 10,0%
Sem. Foenugraec. gr.......... 10,0%

Teegemische.

Spec. Lignorum 4,0%
Spec. laxantes 7,0%
Spec. diuretic. 10,0%
Spec. pectoral. 10,0%

Verschiedenes.

Amylum Oryzae 6,0%
Amylum Tritici 6,0%
Carrageen 8,0%
Lichen island 12,0%

W. DECKENBROCK[1] erwähnt zu Apparaten mit Rückflußkühlung, daß in dem Kühler Wassertröpfchen hängenbleiben können, die der Bestimmung verlorengehen. Dieser Fehler wird bei Apparaten mit Durchflußkühler vermieden, mit denen verschiedene Apparate zur Bestimmung des ätherischen Öles in Drogen versehen sind. DECKENBROCK empfiehlt von diesen den Apparat von O. MORITZ (S. 9). Bei diesem müssen als Siedeflüssigkeiten solche mit einem spezifischen Gewicht größer als 1 verwandt werden, z. B. Chloroform, Trichloräthylen, Tetrachlorkohlenstoff oder Tetrachloräthylen. Im übrigen wird bei der Wassergehaltsbestimmung mit diesem Apparat grundsätzlich in gleicher Weise verfahren wie bei der Bestimmung der ätherischen Öle. Bei den Bestimmungen soll man stets auf eine vorherige Sättigung der Siedeflüssigkeit mit Wasser achten, da sonst leicht Bestimmungsfehler durch Wasserverluste eintreten können. Dies läßt sich unschwer durch vorherige gleichzeitige Destillation der Siedeflüssigkeit mit Wasser erreichen.

Chloramin- und Kupferzahl.

Zur Charakterisierung von Drogen wurde von P. DANCKWORTT[2] die Chloraminzahl und von A. MÜLLER[3] die Kupferzahl eingeführt. Die Chloraminzahl gibt über das Verhalten von Drogen bei hohen Oxydationspotentialen und die Kupferzahl

[1] Dtsch. Apotheker-Ztg. **92**, 60 (1952). — [2] Arch. Pharmaz. **1935**, 403.
[3] Pharmaz. Zentralhalle Deutschland **1932**, 450; **1934**, 81, 205; Apotheker-Ztg. **1934**, Nr. 18; Dtsch. Apotheker-Ztg. **1935**, Nr. 6.

über das Reductionsvermögen gegenüber FEHLINGscher Lösung Aufschluß, das
durch die verschiedenen Zuckerarten (Glucose, Fructose, Saccharose, Pentosen,
Triosen, Disaccharide und ähnliche Stoffe) bedingt ist. In beiden Fällen handelt
es sich nicht um therapeutische, sondern um unspezifische Stoffe, weshalb hier
nicht näher auf die Methoden eingegangen wird.

Spezielle Methoden.

Agar-Agar.

Reaktion. Die Reaktion des DAB 6 auf Agarschleim, nach der Agar-
gallerte 1 : 200 durch Jodlösung weinrot bis rotviolett gefärbt werden
soll, wurde von L. ROSENTHALER[1] und W. PEYER[2] als unverläßlich und
nicht befriedigend erkannt. Bei der Prüfung von 7 Agarmustern konnte
PEYER nur in einem Fall eine weinrote bis rotviolette Färbung beobachten, während bei den übrigen Mustern Färbungen von rot, grün, braun
bis schmutzigviolett auftraten, ohne daß ein Farbton als besonders
charakteristisch angesprochen werden konnte. Die vom DAB 6 verlangte
weinrote bis rotviolette Färbung trat dagegen immer ein, wenn die Jodlösung im Augenblick des Gelatinierens dem Schleim zugesetzt wurde.

Da die Färbung der Eintrittsstelle von der schwer reproduzierbaren
örtlichen Konzentration des Jods abhängt, schlägt ROSENTHALER vor,
die Endfärbung eines festgelegten Reaktionsverlaufes zu beobachten. Im
Verlaufe dieser Untersuchung ergab sich, daß die Reaktion nicht nur von
der Konzentration des Jods allein, sondern auch von der Art des Hinzu-
gebens der Jodlösung, der Temperatur und des Alters des Schleimes abhängig ist.

Auf Grund seiner eingehenden Untersuchung empfiehlt er folgende
Ausführung der Reaktion:

Man erhitze in einem 100 ccm-Kölbchen 0,1 g zerschnittenes Agar mit 50 ccm
Wasser und lasse 5 Minuten sieden. 10 ccm dieses Schleimes kühle man rasch
(innerhalb höchstens 3 Minuten) auf 15° ab, lasse auf einmal 1 ccm n/20-Jodlösung
hinzulaufen und schüttle sofort um: Es tritt eine blauviolette Färbung auf. Den
Rest des Schleimes kühle man ebenfalls auf 15° ab. Versetzt man dann nach einer
Stunde oder später 10 ccm des Schleimes mit 1 ccm n/20-Jodlösung, so darf keine
blaue Färbung eintreten (fremde Stärke).

Wird die Reaktion mit einem 10 Minuten alten Schleim ausgeführt,
so entstehen braune und grüne Farbtöne. Erhitzt man diese Schleime,
die mit Jod keine blauviolette Färbung mehr geben, zum Sieden, läßt
5 Minuten kochen und kühlt rasch auf 15° ab, so reagieren sie wieder mit
Jod unter Bildung der blauvioletten Färbung, verlieren diese Fähigkeit
beim Stehen und erlangen sie wieder beim Erhitzen. Dieses Spiel kann
beliebig oft wiederholt werden. Die Erklärung dieser eigenartigen Erscheinung sieht ROSENTHALER darin, daß zum Zustandekommen der
blauvioletten Färbung ein bestimmter Dispersitätsgrad von Agarteilchen
erforderlich ist, der nur bei höheren Temperaturen erreicht wird und erhalten bleibt. Dagegen findet die Jodreaktion nur bei niedrigen Tem-

---

[1] Pharmaz. Ztg. **1928**, 77. — [2] Apotheker-Ztg. **1927**, 1344.

peraturen statt. Will man die blauviolette Färbung erhalten, so ist es nötig, das Jod bei niedriger Temperatur dem Agarschleim innerhalb der kurzen, nach dem Erhitzen verflossenen Zeit zuzusetzen, in der die Teilchen noch den nötigen Dispersitätsgrad besitzen.

Die Wertbestimmung von Agar auf Grund der Viscosität des Schleimes ist auf S. 67 angegeben.

Aloe.

Aloe enthält 5 bis 25% kristallinisches Aloin, auch Barbaloin genannt, ein Aloeemodinanthranolglykosid oder nach H. MÜHLEMANN[1] ein 10 (1′,5′-Ahnydroglucosil)-Aloeemodin-9-anthron. In beiden Fällen handelt es sich um stark wirkende Verbindungen.

Aloeemodin-9-anthron

Näheres über die Anthracenderivate mit laxierender Wirkung findet sich unter Rhizoma Rhei. Das Glykosid zeichnet sich durch eine große Haltbarkeit aus, da es nur schwer hydrolytisch gespalten wird. A. B. SVENDSEN und K. B. JENSEN[2] konnten in einem 50 Jahre alten Aloin-Präparat freies Aloeemodin nur in sehr kleinen Mengen feststellen, ebenso auch nicht glykosidisches Anthranol-Anthron. Dagegen wurde ein rotvioletter Stoff als Umwandlungsprodukt des Alois gefunden, der in Äther und Chloroform unlöslich ist. Aloin ist in Alkohol, Wasser und Aceton leicht löslich.

Aloe enthält weiterhin bis 2% freies Aloeemodin, 50 bis 60% amorphes Aloin, sogenannte gelbe Substanzen, die im wesentlichen aus Oxymethylanthrachinon- und -anthtranolderivaten bestehen, die in Wasser löslich, in Alkohol unlöslich sind. Schließlich in Wasser unlösliche Bestandteile, die nicht abführend wirken und Leibschmerzen verursachen, sie werden als Harze bezeichnet.

Prüfung.

A. LINGELSHEIM[3] ergänzt die Prüfung des Deutschen Arzneibuches 6 auf Aloe hepatica durch den Hinweis auf das Polarisationsmikroskop, unter dem Aloe hepatica infolge des kristallinischen Gefüges im polarisierten Licht hellglänzend aufleuchtet, während die kristallfreie Aloe lucida dunkel bleibt. Die Proben sollen im Glycerinpräparat beobachtet

---

[1] Pharmac. Acta Helvetiae **27**, 17 (1952).
[2] Scientia pharmac. **17**, 118 (1949). — [3] Arch. Pharmaz. **1928**, 218.

werden, wobei bereits bei 60facher Vergrößerung der Unterschied beider Aloesorten deutlich erkennbar ist.

Während die mikroskopische Betrachtung eine leichte Erkennung dieser beiden Aloesorten infolge der Kristallbildungen in Aloe hepatica zuläßt, kann aus einem negativen Ausfall bei der Mikrosublimation nicht gleich auf Aloe lucida geschlossen werden. Wenn auch bei Aloe lucida bei der Mikrosublimation niemals Sublimate oder kristallinische Belege auftreten, so muß auch von Aloe hepatica trotz des Kristallgehaltes nicht immer ein Sublimat gebildet werden. So konnte LINGELSHEIM bei 8 untersuchten Sorten von Aloe hepatica nur in zwei Fällen weißliche Kristallanflüge beobachten.

G. MIKÓ[1] führt die *Salpetersäure-Farbreaktion* in etwas geänderter Weise aus, da bei Verwendung von Stickoxydfreier Säure bei Cap-Aloe die Reaktion stets negativ verläuft:

0,2 g Aloepulver werden in 5 ccm heißem Wasser gelöst und die Lösung abgekühlt. In ein Reagenzglas gibt man 1 ccm konzentrierte Salpetersäure und 0,1 ccm rauchende Salpetersäure. Wird auf diese Mischung die Aloelösung vorsichtig mit einer Pipette geschichtet, so entsteht an der Berührungsfläche der Lösung und der Säure eine grünliche Zone. Ist die grünliche Zone schon ganz intensiv und schüttelt man die Mischung zusammen, so färbt sich die ganze Mischung anfangs rot, dann grün.

Reaktionen zur Unterscheidung von Aloesorten von H. Ware[2]. Ein Splitter Aloe wird in 20 ccm Wasser gelöst, die Lösung wird mit 3 Tropfen verdünnter Essigsäure angesäuert und in zwei Teile geteilt. Zu dem ersten gibt man einige Körnchen Natriumnitrit, schüttelt um und läßt eine Minute stehen. Curaçao- und Cap-Aloe sowie Aloin B.P. geben kräftige rosarote bis karminrote Färbungen, und zwar Cap-Aloe am schwächsten. Natal-Aloe gibt eine noch schwächere Färbung, Sokotra- und Zansibar-Aloe geben, wenn überhaupt, höchstens braune Färbungen. Bei Curaçao-Aloe geht die Färbung bei Zusatz einer 1%igen Kaliumcarbonatlösung über grün in braun über. Zu der zweiten Hälfte der Lösung werden zwei stecknadelgroße Kristalle Natriumnitrit zugegeben und gelöst. Dann fügt man von einer Eisenchloridlösung, die bis zur annähernden Farblosigkeit verdünnt ist, nach und nach kleine Mengen zu, bis keine Farbvertiefung mehr zu beobachten ist. Curaçao-Aloe und daraus bereitetes Aloin geben eine intensive purpurrote Färbung, die das Verdünnen gut verträgt.

Emodinreaktion nach A. Jermstad[3]. 1 g Aloepulver (Cap-Aloe) wird in 10 ccm siedendem Wasser gelöst, abgekühlt und filtriert. Das Filtrat wird mit Wasser auf 50 ccm verdünnt. 10 ccm der Lösung werden 1 Minute lang mit 10 ccm Benzol geschüttelt. Die klare Benzolschicht wird abgegossen und unter Schwenken mit 5 ccm Ammoniakflüssigkeit gemischt, die dabei deutlich rote Farbe annimmt.

Eine kräftigere Reaktion erhält man nach R. FISCHER[4] erst nach der Behandlung mit schwefelsaurem Perhydrol, wodurch die Anthrachinonderivate teils oxydiert und gespalten werden:

0,1 g Aloe mit 0,5 ccm H_2O_2 und 0,1 ccm Schwefelsänre ein paar Minuten am Wasserbad erwärmen, 2 bis 3 ccm Alkohol zusetzen und nach dem Abkühlen 15 ccm Äther und einen Überschuß von Natriumbicarbonat zugeben. Nach dem Absetzen wird die etwas trübe Flüssigkeit auf eine Säule von Aluminiumoxyd, die noch mit etwas Borax überschichtet ist (zwecks Reinigung), gegossen. Es bildet sich eine leuchtend rote Zone, wodurch die Emodine (Aloin) nachgewiesen sind.

---

[1] Ber. d. ungar. pharmaz. Ges. **1931**, H. 6; Ref. Pharmaz. Ztg. **1932**, 139.
[2] Pharmac. Journ. **1930**, Nr. 3475; Ref. Pharmaz. Ztg. **1930**, 901.
[3] Scientia pharmac. **1934**, H. 3.
[4] Praktikum der Pharmakognosie **1944**, 290.

Wertbestimmung.

Die Wertbestimmung von Aloe wird entweder biologisch an Mäusen oder auf chemischem Wege durchgeführt. Die chemischen Methoden gründen sich entweder auf die rote Farbe der Emodinreaktion, auf die Fluorescenz des Aloins mit Borax oder auf die gravimetrische Bestimmung der Nichtharze. Auch läßt sich Aloin polarographisch bestimmen.

Die Emodinreaktion benützt W. PEYER[1] auf folgende Weise zu einer annähernden Wertbestimmung:

10 ccm einer wäßrigen Aloelösung (0,5 : 250 = 0,02 g Aloe) werden mit 10 ccm Benzol ausgeschüttelt. Nach längerem Trennenlassen der Schichten filtriert man die Benzollösung ab und schüttelt sie mit 5 ccm 5%iger Ammoniakflüssigkeit aus. Die Ammoniaklösung muß noch eine hellrote Farbe zeigen, tiefer als eine Kaliumpermanganatlösung 1 : 100000.

Durch diese Ausführung der Reaktion werden nur die freien Emodine erfaßt. Zur Bestimmung der gesamten Emodine geht man wie folgt vor:

0,5 g gepulverte Droge werden mit 10 ccm weingeistiger Kalilauge einige Minuten lang gekocht, dann mit 10 ccm Wasser versetzt und filtriert. Das Filtrat wird mit Salzsäure angesäuert, auf 250 ccm aufgefüllt und 10 ccm wie oben weiter behandelt. Die Reaktion tritt hier bei guten Aloesorten schon deutlich bei Verwendung von nur 5 ccm der Lösung 0,5 : 250 = 0,01 g Aloe ein.

Die starke Fluorescenz des Aloins mit Borax wird von R. FISCHER[2] auf folgende Weise zu einer Wertbestimmung herangezogen:

0,1 g Aloe in 10 ccm Wasser bis zur weitgehendsten Lösung gekocht, liefert auf Zusatz von 3 ccm gesättigter Boraxlösung eine klare Lösung (bei Curaçao-Sorten am Boden des Reagenzrohres eventuell geringe Mengen ungelöster Substanz). Wird diese Lösung nach 100facher Verdünnung mit Wasser in 10 cm hoher Schicht gegen eine schwarze Unterlage in der Aufsicht betrachtet, so muß sie eine deutliche grüne Fluorescenz aufweisen.

Im Vergleich mit einer bekannten Aloinlösung kann der Aloingehalt in Prozenten angegeben werden:

Man stellt eine Lösung der zu bestimmenden Aloe her, versetzt mit Borax und verdünnt so lange, bis die Boraxreaktion dieselbe Intensität aufweist, wie die einer Aloinverdünnung 1 : 250000. Die für die Aloelösung gefundene Verdünnung wird durch 2500 dividiert, man erhält so den Aloingehalt in Prozenten. Hierbei muß berücksichtigt werden, daß nicht erwiesen ist, daß die Fluorescenz nur von Aloin herrührt.

Eine gravimetrische Methode, die auch in das Schweizer Arzneibuch V aufgenommen wurde, haben W. SCHNEITER und R. EDER[3] ausgearbeitet. Sie gründen ihr Verfahren auf eine Wertbestimmung von A. TSCHIRCH und HOFFBAUER[4], die auf der Bestimmung des in Methylalkohol und Chloroform löslichen Teiles, des Nichtharzes, beruht:

In einen 100 ccm fassenden, mit einem Siedesteinchen beschickten und damit tarierten Erlenmeyer wird 1 g Aloepulver auf mindestens zwei Dezimalen genau

---

[1] Süddtsch. Apotheker-Ztg. **1933**, 469.

[2] WASCKY, R.: Leitfaden für die Pharmakognostischen Untersuchungen im Unterricht und in der Praxis. 1926, II. Teil, S. 367.

[3] Schweiz. Apotheker-Ztg. **63**, 630 (1925).

[4] Schweiz. Wschr. f. Chem. u. Pharm. **1905**, 153.

abgewogen und auf dem Wasserbade am Rückflußkühler in 5 ccm Methylalkohol gelöst. Alsdann gibt man, während die Lösung stets in schwachem Sieden gehalten wird, in kleinen Portionen 30 ccm Chloroform durch den Kühler zu der Lösung. Man läßt das Kölbchen verschlossen über Nacht bei Zimmertemperatur stehen, wägt den Inhalt des Kölbchens und filtriert durch ein trockenes Faltenfilterchen von 8 cm Durchmesser in einen mit einem Siedesteinchen genau tarierten, 100 ccm fassenden Erlenmeyer mit Glasstöpsel. Das Filtrat wird gewogen und das Lösungsmittel auf dem Wasserbade vollständig abdestilliert. Zur gänzlichen Befreiung von Chloroform wird während 20 Minuten ein trockener Luftstrom durch das auf dem Wasserbad befindliche Kölbchen geleitet, der Rückstand während einer Stunde bei 100° getrocknet und im Exsiccator erkalten gelassen. Hierauf verschließt man das Kölbchen und wägt. Der Prozentgehalt an Nichtharzen ermittelt sich nach der Formel:

$$x = \frac{d \cdot b \cdot 100}{a \cdot c} \, ,$$

wobei

a verwendete Menge Aloe,	c Gewicht des Filtrates,
b Gewicht des Kölbcheninhaltes,	d Gewicht des getrockneten Rückstandes

bedeuten. Aloe soll nicht weniger als 80% Nichtharze bzw. nicht mehr als 20% Harz enthalten.

Polarographische Aloinbestimmung in Aloe und in Präparaten nach K. G. STONE[1]: Etwa 0,2 g Aloe, auf 0,1 mg genau gewogen, oder etwa 1,5 g Präparat, auf mg genau gewogen, werden in 20 ccm 95%igem Alkohol und 25 ccm Wasser 15 Minuten bis fast zum Sieden erhitzt und wenn nötig mit einem Rührer gerührt. Hierauf kühlt man auf Zimmertemperatur ab, filtriert in einen 100 ccm-Meßkolben und wäscht den Rückstand dreimal mit je 10 ccm destilliertem Wasser. Die Waschflüssigkeit wird mit dem Filtrat vereinigt und dann zur Marke aufgefüllt. 10 ccm dieser Lösung mischt man mit 10 ccm 0,25 mol. Acetatpuffer (p_H 4) und verdünnt auf 25 ccm. Zur Entfernung der Luft wird gereinigter Stickstoff durchgeleitet (15 Minuten) und nun beim Anlegen eines Potentials von − 1,0 Volt mittels einer Hg- und einer Hg-Tropfelektrode polarographisch gemessen. Die gefundene Potentialdifferenz ergibt aus einer Standardkurve den Aloingehalt:

Bestimmung der Standardkurve: Die Standardlösung wird durch Lösen von 1,0 g Aloin „Merck" U. S. P. in 1000 ccm 20 Vol.-%igem Alkohol bereitet und ist unter Licht- und Luftabschluß etwa eine Woche haltbar. Man mischt eine entsprechende Menge dieser Lösung mit 10 ccm Acetatpuffer, fügt so viel Alkohol zu, daß die Alkoholkonzentration der fertigen Lösung 8 Vol.-% beträgt, verdünnt auf 25 ccm und verfährt weiter wie oben angegeben. Die Standardkurve ist für Konzentrationen bis zu 15 mg Aloin in 25 ccm Lösung gewöhnlich eine Gerade. Ausschlaggebend ist dabei die Alkoholkonzentration, bzw. die Zusammensetzung des Lösungsmittels. Ist diese nicht konstant, so erhält man als Standardkurve keine gerade Linie, ebenso bei Verwendung eines alten Aloinstandards.

Nach dieser Methode konnte das Aloin in pharmazeutischen Präparaten im Gemisch mit Seife, Gummisubstanzen, Podophyllin, Extr. Belladonnae, Extr. Stramonii usw., Ipecacuanha, Phenolphthalein und Geschmackskorrigenzien bestimmt werden.

Folgende chromatographische Analyse geben T. M. BRODY, R. F. VOIGT und F. T. MACKER[2] für *Curaçao-Aloe* an: Freie Anthrachinone werden mit Chloroform, gebundene mit 25%iger Schwefelsäure und Chloroform am Rückflußkühler extrahiert und die verdünnte Chloroformlösung über eine Mischung von 1 Teil Magnesiumoxyd + 3 Teilen Celite chromatographiert. Es bildet sich eine hellrote Zone von Aloeemodin, eine blaßrote Zone von Isoemodin, eine gelbe Zone von Anthranolen und eine rotbraune Zone, die in eine hellrote und blaßrote Zone aufgelöst werden kann.

Aloinextrakte geben ein ähnliches Chromatogramm, nicht aber Sokotra- und Cap-Aloe. Der Emodingehalt kann durch spektro-photometrische Messung der

<hr>

[1] J. Amer. pharmac. Assoc. **36**, 391 (1947); Ref. Scientia pharmac. **17**, 107 (1949).
[2] J. Amer. pharmac. Assoc. Sci. Edit. **39**, 666 (1950).

chloroformischen Lösung bei 440 mμ bestimmt werden. Bei dieser Wellenlänge ist der Absorptionskoeffizient von Aloeemodin und Isoemodin nahezu gleich. Anthranole, die bei 440 mμ nur wenig absorbieren, können durch Abtrennung der gelben Zone des Chromatogrammes entfernt werden.

Balsamum Copaivae.

Reaktionen von L. Rosenthaler[1]: Der Balsam selbst gibt mit Vanillin-Salzsäure Violettfärbung (bei einem Parabalsam himbeerfarben); auch das Destillat gibt mit demselben Reagens allmählich Violett- oder Lilafarbe. Mit HALPHENS Reagens wurde bei einem Para- und Maracaibobalsam der Rand der Schale intensiv blau. Durchschüttelt man eine ätherische Lösung von Kopaivabalsam mit Kupferacetat (gesättigte wäßrige Lösung), so färbt sich die ätherische Schicht grün.

Eine der HIRSCHSOHNschen ähnliche Reaktion ist folgende: Man löst ein wenig Balsam in 10 ccm Äther, gibt 1 ccm 10%ige Eisenalaunlösung und 4 ccm Wasser dazu und dann unter Umschütteln tropfenweise so viel Natronlauge, bis sich der Äther deutlich braun färbt. Gießt man nun die ätherische Flüssigkeit (am besten durch ein Natr. sulfuric. sicc. enthaltendes Filter) in ein anderes Reagenzglas und durchschüttelt mit n/10-Rhodan unter Zusatz von einigen Tropfen Salpetersäure, so färbt sich der Äther blutrot.

Reaktion auf Gurjunbalsam. Die Prüfung des Copaivabalsams auf Gurjunbalsam und Kolophonium wurde von E. DEUSSEN[2] eingehend untersucht. Er benützte dazu zwei naturreine Balsame aus Maracaibo, die er direkt mit Hilfe des deutschen Konsulates bezogen hatte. Er führte folgende drei Gurjunreaktionen mit dem Wasserdampfdestillat, mit dem in drei Fraktionen zerlegten flüchtigen Öl und mit dem Destillationsrückstand aus. Das flüchtige Öl wurde durch vierstündige Wasserdampfdestillation von 95 g Balsam gewonnen und mit wasserfreiem Natriumsulfat getrocknet.

1. Reaktion des DAB 6: 3 Tropfen Balsam zu einer Mischung von 1 Tropfen konzentrierter Schwefelsäure und 15 ccm Eisessig, bei Anwesenheit von Gurjunbalsam rot oder violett, bei halbstündiger Beobachtungszeit.

2. Reaktion von TURNER in Abänderung von DEUSSEN und EGER: 1 bis 2 Tropfen flüchtiges Öl und 3 ccm Eisessig und 1 bis 2 Tropfen 1%ige Natriumnitritlösung, das Gemisch auf 2 ccm konzentrierte Schwefelsäure schichten, bei Anwesenheit von Gurjunbalsam oder Gurjunbalsamöl Blaurotfärbung des Eisessigs.

3. Reaktion der nordamerikanischen Pharmakopö X: 4 Tropfen flüchtiges Öl zu einem Gemisch von 1 Tropfen Salpetersäure (d = 1,14) und 3 ccm Eisessig, bei Anwesenheit von Gurjunbalsam rötliche Zone, beim Umschwenken der Reaktionsflüssigkeit purpurrote Farbe.

DEUSSEN kam zu dem Schluß, daß alle Farbreaktionen unsicher ausfallen, wenn der Balsam selbst verwendet wird, und fordert unbedingt das abdestillierte und getrocknete Öl zur Prüfung auf Gurjunbalsam zu benützen. Aus den Tabellen ist weiter ersichtlich, daß auch bei einwandfreien Balsamen die Reaktion auf Gurjunbalsam manchmal durch eine schwache Rosafärbung positiv ausfallen kann. DEUSSEN führt diese

---

[1] Pharmaz. Ztg. **1927**, 509. — [2] Arch. Pharmaz. **1932**, 263.

Färbung auf CADINEN zurück, das in Copaivabalsam venezuelanischer und brasilianischer Herkunft anzutreffen ist. Diese der Gurjunreaktion etwas ähnliche Blaurotfärbung verblaßt aber nach 20 bis 30 Minuten und die Lösung färbt sich gelb oder bräunlichgelb. CADINEN läßt sich nachweisen, wenn man cadinenhaltige Sesquiterpene (einige Tropfen) in viel Eisessig löst und darauf mit wenig konzentrierter Schwefelsäure versetzt, es tritt sofort eine grünliche Färbung auf, die bald in Blau und schließlich in Rot übergeht.

Reaktion auf Kolophonium. W. SCHNELLBACH[1] hatte, nach DEUSSEN, beobachtet, daß Fällungen, die nach Zusatz von Petroläther zu einer Lösung von Kolophonium in Äther entstanden, in Essigsäureanhydrid gelöst und mit einem kleinen Tropfen konzentrierter Schwefelsäure versetzt die für Koniferenharze charakteristischen Färbungen von gelb, orange, kirschrot und dunkelrot gaben. Er wandte diese abgeänderte STORCH-MORAWSKISche Reaktion bei der Untersuchung von Copaivabalsam auf Zusätze von Kolophonium an. Er verfuhr in der Weise, daß in 5 ccm niedrigsiedendem Petroläther ½ g Balsam gegeben wurde; nach Umschütteln des Gemisches wurden die abgeschiedenen Flocken abfiltriert und mit Petroläther gut ausgewaschen. SCHNELLBACH löste nach dem Verdunsten des Petroläthers den Rückstand auf dem Filter in 1 ccm Essigsäureanhydrid, gab zur Lösung einen kleinen Tropfen konzentrierte Schwefelsäure und beobachtete die hierbei auftretenden Färbungen. In dieser Weise untersuchte er verschiedene Balsamsorten. So zeigten z. B. Paracopaivabalsam und Illurinbalsam ohne Zusatz und mit Zusatz von Kolophonium folgendes Verhalten:

Parabalsam ohne Zusatz .... hellviolett, nach 1 Min. verfärbt.
Parabalsam mit Zusatz von 10%
    Kolophonium .... kirschrot, violett, nach 1 Min. blau.
Illurinbalsam ohne Zusatz .... gelb, schmutzig grünlich.
Illurinbalsam mit Zusatz von 20%
    Kolophonium .... gelb, orange, kirschrot, nach 1 Min.
                             verfärbt.

Diese Reaktion ist demnach zum Nachweis von Kolophonium in spezifisch leichten Kopaivabalsamen verwendbar. Bei spezifisch schweren Balsamsorten, Maracaibo- und Maturinbalsamsorten dagegen fällt die Reaktion auch bei Abwesenheit von Kolophonium positiv aus und ist nicht brauchbar.

DEUSSEN[2] prüfte diese abgeänderte Reaktion (b) im Vergleich mit der Original STORCH-MORAWSKISchen Reaktion (a) an 6 Kolophonmustern nach. Zur Ausführung der Originalreaktion löste er 0,1 g Kolophonium in 5 Tropfen Essigsäureanhydrid und fügte einen kleinen Tropfen konzentrierte Schwefelsäure hinzu.

Er kam zu dem Schluß, daß nach der von SCHNELLBACH abgeänderten Reaktion (b) die Farbtöne verschwommen und undeutlich ohne den ausgeprägten Rotton und die Kirschrotfärbung der Originalreaktion ausfallen. Bei 6 Maracaibobalsamen, die DEUSSEN mit der abgeänderten

---

[1] Diss. Bern 1927. — [2] Arch. Pharmaz. **1932**, 263.

Probe prüfte, variierten die Farbtöne zwischen schmutzig rotbraun, bräunlichrot, bräunlichgelb, grünlichgelb. DEUSSEN schließt daraus, daß mit der SCHNELLBACHschen Reaktion Kolophoniumzusätze von 10% und mehr zu Paracopaivalbalsam nicht nachgewiesen werden können.

Balsamum peruvianum.

Die primitive und wechselnde Gewinnungsweise des Perubalsams in seinem Ursprungsland bringt es mit sich, daß die Beschaffenheit des Balsams und damit das Verhalten Reagenzien gegenüber beträchtlichen Schwankungen unterworfen ist. Eine genaue Charakterisierung des Perubalsams ist deshalb trotz der zahlreichen Reaktionen und Prüfungsmethoden noch immer mit Schwierigkeiten verbunden. Einer besonders kritischen Prüfung unterzog W. SCHNEITER[1] den Perubalsam, indem er an 18 verschiedenen Balsamen im Vergleich mit künstlichen und verschnittenen Balsamen die verschiedenen Reaktionen und Prüfungsmethoden untersuchte.

Qualitative Reaktionen.

Die *Farbreaktionen*, wie Salpetersäureproben, Eisenchloridreaktion, die Reaktionen nach MÜLLER-DIETERICH[2], nach STORCH-MORAWSKI, Farbreaktionen, die mit Äther-Schwefelsäure und Petroläther-Schwefelsäure Proben bezeichnet sind, und das Verhalten des Cinnameins gegen Schwefelsäure werden von SCHNEITER abgelehnt, da die auftretenden Farben keine Unterscheidung zwischen echten und künstlichen Balsamen zulassen.

Löslichkeitsreaktionen.

1. Petrolätherprobe. Diese auch HAGER-ENZsche genannte Probe wird von SCHNEITER wie folgt ausgeführt:

4 Tropfen Balsam werden in einem Reagenzglas mit etwa 6 ccm Petroläther während ½ Minute kräftig geschüttelt, wobei der Balsam in weißgelber bis braungelber Farbe vollständig an den Wänden kleben muß und auch nicht teilweise in Pulver zerfallen sein darf. Außerdem soll der Petroläther absolut blank und farblos sein.

Diese Probe hält SCHNEITER für die verläßlichste zur Feststellung von echtem, unverschnittenem Balsam, weil die meisten Verfälschungsmittel sich damit zu erkennen geben (Tolubalsam, Terpentin, Kolophonium, Rizinusöl, Olivenöl, Copaivabalsam, Styrax, Harzöl). Caesar & Loretz[3] berichten allerdings, daß auch diese Probe bei Kunstprodukten zu Fehlschlüssen führen kann.

2. Ätherprobe, in Ausführung von Schneiter. In 6 ccm Äther werden 4 Tropfen Balsam gebracht und kräftig geschüttelt. Man stellt das verschlossene Reagenzglas beiseite und beobachtet nach etwa 12 Stunden. Der überstehende Äther soll orange bis zitronengelb, der Niederschlag am Boden zusammengesintert sein und soll beim Umschwenken des Reagenzglases nicht flockig zerfallen.

---

[1] Pharmac. Acta Helvetiae **1927**, Nr. 11, 12; **1928**, Nr. 1.
[2] Ber. dtsch. pharmaz. Ges. **1913**, H. 9. — [3] Jber. Caesar & Loretz **1928**, 18.

Wenn auch bei echten Balsamen der Äther meist gelb bis orange und bei künstlichen Balsamen braun und grün gefärbt ist, so kann auch bei letzteren eine gelbe Farbe auftreten. Charakteristisch bei dieser Probe ist dagegen die Art des Niederschlages. Bei echtem Balsam sintert der Niederschlag schnell zu einem kleinen Klumpen zusammen, der auch beim Umkehren des Reagenzglases bestehen bleibt. Bei Kunstprodukten setzt sich der Niederschlag sehr langsam und in Form von Flocken ab, die auch nach 12stündigem Stehen beim Umdrehen des Reagenzglases aufgeschüttelt werden.

3. Verhalten gegen Ammoniak. DIETERICH[1] führte diese Reaktion als erster an, indem er 5 Tropfen Balsam längere Zeit mit einigen ccm Ammoniak schüttelte, wodurch bei echten Balsamen im Gegensatz zu Kunstprodukten eine gelbe, haltbare Emulsion entstehen soll. SCHNEITER konnte auch bei künstlichen Produkten dasselbe Verhalten beobachten und schreibt nur dem negativen Ausfall der Reaktion in folgender Ausführung Bedeutung zu: Lassen sich 3 Tropfen Balsam mit 5 ccm starkem Ammoniak durch kräftiges Schütteln nicht emulgieren, so liegt ein Kunstprodukt vor.

Dagegen ist folgendes Verhalten gegen starke Ammoniakflüssigkeit für echten Balsam charakteristisch: Fügt man zu 2 Tropfen Balsam, die sich auf dem Boden eines Reagenzglases befinden, vorsichtig ca. 8 ccm 20%ige Ammoniakflüssigkeit hinzu und schwenkt das Reagenzglas nach 15 Minuten einmal um, so soll die Ammoniakflüssigkeit grün und klar sein. Künstliche Produkte färben nicht oder nur sehr wenig. Die grüne Färbung wird wahrscheinlich durch daß Cinnamein hervorgerufen.

4. Die Löslichkeitsverhältnisse in Schwefelkohlenstoff sind für echte Balsame sehr charakteristisch:

3 Teile Balsam sollen sich mit einem Teil Schwefelkohlenstoff klar mischen. Das auf Zusatz von weiteren 9 Teilen Schwefelkohlenstoff sich abscheidende Harz soll braun sein und an den Wänden des Gefäßes kleben. Der Schwefelkohlenstoff soll klar und hellgelb bis orangegelb gefärbt sein. Der Geruch des beim Abdampfen des Schwefelkohlenstoffes verbleibenden Öles sei dem Perubalsam ähnlich (Cinnamein).

5. Das Verhalten gegen Spiritus leistet nach SCHNEITER in folgender Ausführung gute Dienste: 2 Vol. Perubalsam sollen sich mit 1 Vol. Spiritus (90%) klar mischen; auf Zusatz von weiteren 7 Vol. Spiritus soll eine Trübung entstehen.

Reaktionen auf bestimmte fremde Zusätze.

6. Reaktion auf Copaivabalsam nach Schneiter. Die Lösung von der Petrolätherprobe wird abgedampft und mit einem Tropfen Schwefelsäure versetzt, es tritt eine prächtig violette Färbung auf. Läßt man nun einen Tropfen Salpetersäure zufließen, so entsteht an der Berührungsstelle für kurze Zeit eine hellblaue Farbe.

7. Reaktion auf Kolophonium. 2 g Balsam werden während 10 Minuten am Rückflußkühler mit 10 ccm Petroläther gekocht. 3 ccm der Petrolätherlösung sollen sich nicht grün oder bläulichgrün färben, wenn sie mit 3 ccm Kupferacetatlösung (1 : 1000) geschüttelt werden.

---

[1] Ber. dtsch. pharmaz. Ges. **1913**, H. 9.

8. Bei der Ausführung der Probe auf fette Öle mit Chloralhydratlösung ist besonders darauf zu achten, daß die vorgeschriebenen Mengenverhältnisse genau eingehalten werden und das Chloralhydrat vollkommen trocken ist. Nach SCHNEITER kommt dieser Reaktion nur beschränkte Bedeutung zu, da nicht alle fetten Öle, z. B. Rizinusöl, damit erkannt werden können.

Caesar & Loretz[1] erwähnen gleichfalls, daß weder 10% Rizinusöl noch Olivenöl mit Hilfe der Chloralhydratprobe feststellbar sind. Copaivabalsam, Kolophonium und fette Öle geben sich auch durch die Petroläther-Probe zu erkennen.

9. Capillaranalyse. Nach C. ROTHENHEIM[2] läßt sich der Perubalsam DAB 6 capillaranalytisch erkennen. Die 12stündige Maceration des Balsams mit Wasser 1:9 unter häufigem Schütteln wird 5 Stunden in der Röhre zur Herstellung langgestreckter Capillarbilder nach RAPP capillarisiert und getrocknet. Im filtrierten UV-Licht zeigt sich eine typische leuchtend blaue Farbe, die für den Balsam des DAB 6 charakteristisch ist und nicht auftritt bei künstlichem Perubalsam, Balsamum canadense, Bals. Copaivae, Bals. Gurjun., Styrax, Bals. tolutanum, Benzoe, Kolophonium, Terebinthina, Zimtsäure, Cinnamein, Benzylbenzoat chlorfrei, Zimtsäure-Äthylester und Peruviol.

Auf das Verhalten echten Perubalsams gegenüber von Vaselin wird im Jahresbericht von Schimmel & Co. 1926 aufmerksam gemacht. Vermutlich bildet sich infolge des Gehaltes an Peruresinotannolestern beim Vermischen des Perubalsams mit Vaselin vom Verhältnis 1:10 an aufwärts eine harzige Ausscheidung, die eine gleichmäßige Verreibung der Höllensteinsalbe nicht zuläßt. Dieses Verhalten wurde bei einer ganzen Reihe von echten Perubalsamen beobachtet, während Kunstbalsame mit Vaselin in jedem Verhältnis homogen mischbar sind. Dagegen läßt sich echter Perubalsam mit Lanolin gleichfalls in jedem Verhältnis verarbeiten.

Quantitative Bestimmungen.

1. Säurezahl. Bei der Bestimmung der Säurezahl unter Verwendung von Kalilauge werden bei Perubalsam neben den freien Säuren noch erhebliche Mengen von labilen Estern mitgebunden, die die Werte stark beeinträchtigen können. Bedeutend bessere Ergebnisse werden nach dem Vorschlag von ITALLIE[3] unter Verwendung der viel weniger dissoziierten n/10-Ammoniaklösung erhalten. Nach Beobachtungen von SCHNEITER fallen die Werte der Säurezahlen bei längerem als 5 Minuten langem Stehenlassen des Reaktionsgemisches, wie es von ITALLIE vorgeschlagen wird, höher aus. SCHNEITER will damit nicht behaupten, daß nach 5 Minuten nicht alle Säuren gebunden und labilen Ester verseift wären, sondern schlägt vor, die Reaktionszeit zu verlängern, um nicht durch geringe Abweichungen beeinträchtigte Werte zu erhalten. SCHNEITER empfiehlt die Bestimmung der Säurezahl, für die er die Werte von 27 bis 35 vorschlägt, in folgender Weise auszuführen:

---

[1] Jber. Caesar & Loretz **1928**, 18.
[2] Pharmaz. Ztg. **1929**, 712. — [3] Pharmaz. Weekbl. **1925**, 510.

1 g Perubalsam wird genau in einem 100 ccm-Glasstöpsel-Erlenmeyer gewogen und in 3 ccm Spiritus in der Kälte gelöst. Man fügt 10 ccm n/10-Ammoniak hinzu und läßt unter zeitweiligem Schütteln über Nacht stehen. Nun schüttelt man nach Zufügen von 1 g Kochsalz während 1 bis 2 Minuten, verdünnt mit 75 ccm Wasser, filtriert in einen 200 ccm-Erlenmeyer, spült den kleinen Kolben und das Filter mit 75 ccm Wasser nach und titriert nach Zufügung von 3 Tropfen Methylrot mit n/10-Säure bis zur Rotfärbung.

1 ccm n/10-Ammoniak = 1 ccm n/10-KOH = 0,005611 g KOH.

2. Verseifungszahl. SCHNEITER spricht der Verseifungszahl keine besondere Bedeutung zu, da die Ergebnisse zu großen Schwankungen unterworfen sind, und hält deren Bestimmung auch für überflüssig, da die Verseifungszahl durch das auf jeden Fall zu bestimmende Cinnamein bedingt wird. Die besten Resultate erhielt SCHNEITER auf folgende Art:

Etwa 0,5 g Balsam werden in einem 300 ccm-Erlenmeyerkolben genau gewogen und in 3 ccm Spiritus gelöst. Nach Zufügung von 25 ccm weingeistiger n/2-Kalilauge wird während 24 Stunden unter gelegentlichem Umschwenken stehengelassen. Man verdünnt mit 200 ccm Wasser, fügt 5 Tropfen Phenolphthalein hinzu und titriert mit n/2-Säure bis zur Rotfärbung. Die pro 1 g Balsam verbrauchte Anzahl ccm Lauge, multipliziert mit 28,06, ergibt die VZ.

3. Cinnameinbestimmung. Nach SCHNEITER ist das isolierte Cinnamein nicht unbedeutend flüchtig. Die dadurch bedingten Verluste können durch Trocknen im schief gestellten Kölbchen derart verringert werden, daß die Fehler praktisch belanglos sind. Trotz der leichten Flüchtigkeit muß die ½ stündige Trocknungszeit genau innegehalten werden. SCHNEITER empfiehlt folgende, nur in Kleinigkeiten von dem DAB 6-Verfahren abweichende Methode:

In einem 75 ccm fassenden Arzneiglas werden etwa 1,5 g Balsam genau gewogen und mit 3 g Wasser und 30 g Äther während 5 Minuten geschüttelt. Man fügt 3 g Natronlauge (30%) hinzu, schüttelt während 5 Minuten, fügt 1,5 Traganth zu und schüttelt bis zur Verquellung des Traganths. Nun filtriert man die ätherische Flüssigkeit in ein tariertes, 100 ccm fassendes Erlenmeyerkölbchen und bestimmt das Gewicht der Lösung. Der Äther wird auf dem Wasserbade abdestilliert und das Kölbchen samt Inhalt eine halbe Stunde bei 100° getrocknet. Nach dem Erkalten im Exsiccator wird gewogen. Der Rückstand ist ölig oder mit Kristallen durchsetzt, gelb bis fast farblos und aromatisch riechend. Perubalsam soll nicht weniger als 58% und nicht mehr als 66% Cinnamein enthalten.

Berechnung: Es seien 1,503 g Balsam verwendet worden. Die 30 g Äther lösen (bei einem Gehalt von 60%) 0,9 g Cinnamein. Die ätherische Lösung wiegt also 30,9 g. Es seien z. B. 25,1 g abfiltriert worden, diese entsprechen somit x g Balsam.

$$x = \frac{1,0503 \cdot 25,1}{30,9} \, . \ \text{Es werden z. B. 0,8634 g Cinnamein gewogen.}$$

$$\% \ \text{Gehalt} = \frac{0,8634}{x} \cdot 100 \, .$$

4. Esterzahl des Cinnameins. Entsprechend der geringeren Einwaage bei der Bestimmung des Cinnameins verwendet SCHNEITER auch für die Bestimmung der Esterzahl kleinere Mengen:

Das Cinnamein wird mit 15 ccm weingeistiger n/2-KOH während 15 Minuten am Rückflußkühler erhitzt. Nach Zusatz von einem Tropfen Phenolphthalein wird sofort mit n/2-Säure zurücktitriert. Die Anzahl der verbrauchten ccm Lauge, multipliziert mit 28,08, gibt die Esterzahl.

Die Esterzahl des Benzylbenzoats beträgt 264,1, des Benzoyl-cinnamats 235,3; je geringer die Esterzahl ist, desto mehr Benzoyl-cinnamat enthält das Cinnamein.

5. Jodzahl. Die Bestimmung der Jodzahl des Cinnameins wird von DIETERICH und auch von SCHNEITER wegen der zu großen Schwankungen abgelehnt. JENSEN[1] setzt sich dagegen für die Bestimmung der Jodzahl ein und gibt als Werte 23,8 bis 25,5 an. L. ROSENTHALER[2] bestimmt die Jodzahl der alkoholischen Komponenten des Cinnameins, nämlich der aliphatischen Sesquiterpenalkohole Peruviol und Farnesol mit je 3 Doppelbindungen. Zur Bestimmung der Jodzahlen benützt ROSENTHALER die nach der Verseifung des Cinnameins, die nach SCHNEITER mit 15 ccm n/2-Kalilauge ausgeführt wird, erhaltene Flüssigkeit:

Diese wird nach Zusatz einiger Tropfen Natronlauge mit 30 ccm Wasser verdünnt und im Scheidetrichter mit 30 ccm Äther ausgeschüttelt. Die wäßrige Flüssigkeit wird abgelassen und die ätherische dreimal mit je 5 ccm Wasser geschüttelt. Die mit ein wenig Natr. sulf. sicc. getrocknete ätherische Flüssigkeit wird in einen tarierten Glasstöpsel-Erlenmeyer filtriert, der Äther auf dem Dampfbad abdestilliert und der Kolben nebst Inhalt eine Stunde bei 100° getrocknet. Man läßt im Vakuumexsiccator erkalten, wiegt und bestimmt die Jodzahl, indem man den Rückstand in 5 ccm Chloroform löst, 30 ccm HANUssche Lösung oder eine andere entsprechende Lösung hinzufließen läßt und nach etwa 12 Stunden in der üblichen Weise titriert.

ROSENTHALER fand bei den als echt anzusprechenden Balsamen auf diese Art die Jodzahl zwischen 38 und 51 liegen, ohne damit bestimmte Grenzzahlen festlegen zu wollen.

A. TSCHIRCH[3] schlägt einen neuen Weg zur *Prüfung des Perubalsams vor, indem er durch einen Abbau, durch ein* **Zerlegen in einzelne Fraktionen** zu brauchbaren Ergebnissen gelangte. In diesem Sinne wird die Prüfung des Perubalsams auf folgende Weise vorgenommen:

Perubalsam ist ein dickflüssiger, klarer, braunschwarzer, in dünner Schicht rubinrot durchscheinender Balsam, der, ausgestrichen, auch nach längerer Zeit und nach Erwärmen nicht fest wird.

Das spezifische Gewicht beträgt 1,145 bis 1,167.

Perubalsam löst sich klar in 5 Teilen einer 60%igen Chloralhydratlösung. 2 Volumen Balsam mischen sich klar mit einem Volumen Weingeist. Kocht man eine geringe Menge Balsam mit dem zwanzigfachen Quantum destilliertem Wasser wenige Minuten und filtriert heiß, so kristallisieren aus dem erkaltenden Filtrate Kristalle aus, die mit 10%iger Kaliumpermanganatlösung übergossen sofort schon in der Kälte den Geruch nach Benzaldehyd geben (Zimtsäurereaktion). Das wäßrige Filtrat muß den spezifischen Perubalsamgeruch haben.

Werden 4 Tropfen Balsam in einem Reagenzrohr mit etwa 6 ccm Petroläther (S° 35 bis 40°) eine halbe Minute kräftig geschüttelt, so muß der Balsam mit braungelber oder weißgelber Farbe an den Wänden kleben und darf nicht zu Pulver zerfallen; der Petroläther muß klar und farblos sein und darf, freiwillig verdunstend, keinen öligen Rückstand hinterlassen (Tolu-, Copaivabalsam, Styrax, Perugen und Perugen Dr. EVERS, Terpentin, Kolophonium, fette Öle, auch Rizinusöl).

Wird ungefähr 1 g Balsam, genau gewogen, in tariertem Kolben zuerst mit 10 ccm, darauf noch einmal mit 5 ccm Äther ausgeschüttelt, so darf sich nicht alles lösen (Perugen und Perugen Dr. EVERS), sondern es muß ein brauner Rückstand bleiben, dessen Menge zwischen 9 und 20% schwankt. Ein Teil dieses Rückstandes löst sich in Alkohol (0,8 bis 4,4%), der Rest in Chloroform.

---

[1] Pharmac. J. **1913**, 210. — [2] Pharmaz. Ztg. **1928**, 837.
[3] Pharmac. Acta Helvetiae **1928**, 86; Diss. FRIEDLÄNDER, Bern 1927.

Die ätherischen Lösungen werden unter Nachwaschen des Filters mit 5 ccm Äther in 60 ccm Petroläther (S° 35 bis 40°) hineinfiltriert. Es entsteht ein Niederschlag, von dem nach Absetzen das überstehende Äther-Petroläthergemisch (I) abfiltriert wird. Filter und Kolben werden mit wenig Petroläther nachgespült. Darauf wird versucht, den Niederschlag in Filter und Kolben mit 10 ccm, darauf mit 5 ccm Äther in Lösung zu bringen. Es verbleibt ein ätherunlöslicher Rückstand, der beim Trocknen an der Luft unzerrieben eine klare, helle, rotbraune, spröde, jedoch nicht braune bis dunkelbraune (Perugen) Masse bildet und in Alkohol löslich ist. Sein Gewicht beträgt 16,0 bis 28,8% (meist 19 bis 24%).

Die ätherischen Lösungen werden unter Nachwaschen des Filters mit 5 ccm Äther in frische 60 ccm Petroläther (S° 35 bis 40°) eingegossen. Der entstehende, farblose, feinflockige Niederschlag wird auf tariertem Filter gesammelt und ebenso wie der Kolben an der Luft ohne Anwendung von Temperatur getrocknet. Filter und Kolben werden gewogen. Die Menge des farblosen, feinpulverigen, sich harzig anfühlenden Körpers beträgt 0,45 bis 2,0% (meist 0,45 bis 1,65%).

Werden einige Körnchen dieses Körpers in wenig Äther gelöst, mit etwa ½ ccm 0,1%iger ätherischer Phloroglucinlösung versetzt, so färben sich etwa 3 bis 4 ccm hindurchgegossene rauchende Salzsäure zunächst gelb und an der Berührungsstelle beider Schichten entsteht allmählich eine rosarote bis rotorange Zone.

Werden einige Körnchen des farblosen Körpers in einer Mischung von 1 Teil Phenol und 2 Teilen Tetrachlorkohlenstoff (etwa 2 bis 3 ccm) in einem Schälchen gelöst, so darf sich die Lösung auf Zutritt des Dampfes einer Mischung von 1 Teil Brom und 2 Teilen Tetrachlorkohlenstoff nur ganz hellgrün und vom Rande her bräunlichschmutzig, nicht aber sofort im Zentrum rot färben und in beständiges Rotviolett übergehen (Gurjunbalsam).

Sämtliche Harzanteile geben Sublimate, die mit 10%iger Kaliumpermanganatlösung sofort in der Kälte den Geruch nach Benzaldehyd wahrnehmen lassen. Die Kristalle des farblosen Körpers sind oft Rhomben und Zwillingsrhomben.

Wird das bei der ersten Fällung entstehende Äther-Petroläthergemisch (I) auf dem Dampfbade von den flüchtigen Lösungsmitteln befreit, so darf der Rückstand (Cinnamein), aus dem bisweilen lebhaft polarisierende Prismen auskristallisieren, nicht stechend noch nach Terpentin riechen. 2 Tropfen dieses Rückstandes müssen sich in 10 Tropfen absolutem Alkohol klar, ohne Trübung und Tröpfchenbildung lösen (fette Öle, Peruol). Werden einige Tropfen des Rückstandes in einer Mischung von 1 Teil Phenol und 2 Teilen Tetrachlorkohlenstoff (etwa 2 bis 3 ccm) in einem Schälchen gelöst, so darf sich die Lösung auf Zutritt des Dampfes einer Mischung von 1 Teil Brom und 4 Teilen Tetrachlorkohlenstoff nur grünlich und am Rande schmutzigrosa, eventuell grünlich und vom Rande her ganz hellbläulich färben, aber nicht im Zentrum sofort rot, vom Rande her violett, allmählich total violett (Gurjunbalsam), noch sofort blau mit purpurvioletten Streifen, schließlich tiefblauviolett (Terebinthina, Terpentinöl, Kolophonium).

Die Menge des Cinnameins, das nach dem Verfahren SCHNEITER bestimmt wird, darf nicht weniger als 56% und nicht mehr als 70% betragen.

Balsamum tolutanum.

Tolubalsam enthält bis 80% Harz, das zumeist aus Zimtsäureestern von Resinophenolen besteht, 10 bis 20% freie Zimt- und Benzoesäure, etwa 7% Cinnamein und aromatische Stoffe. Die Prüfung des Arzneibuches kann durch verschiedene Verfahren ergänzt werden. L. ROSENTHALER[1] gibt in der Bestimmung der *Jodzahl der alkoholischen Komponente der Ester* in Tolubalsam (Toluresinotannol, Benzoesäure-Benzylester, Zimtsäure-Benzylester) eine neue Kennzahl an. Dazu wird die bei der Bestimmung der Esterzahl erhaltene Flüssigkeit benützt:

[1] Pharmaz. Ztg. **1928**, 837.

Man wägt etwa 2,5 g Tolubalsam, der, wenn er zerreibbar ist, zerrieben sein soll, genau in ein 100 g-Arzneiglas und schüttelt mit 30 g Äther, bis alles Lösliche gelöst ist. Dann gibt man 2 g Wasser und 2 g Natronlauge hinzu und schüttelt 2 Minuten lang kräftig. Dann gibt man unter kräftigem Umschütteln Traganthpulver in Anteilen von 0,5 g hinzu, bis die wäßrige Flüssigkeit aufgenommen ist, gießt den Äther durch Watte in ein tariertes 100 ccm-Erlenmeyerkölbchen, wägt und destilliert ab. Den Rückstand trocknet man eine halbe Stunde bei 100°, läßt im Exsiccator erkalten und wägt.

Zur Bestimmung der Jodzahl (der alkoholischen Komponente) wird der Rückstand nach Zusatz einiger Tropfen Natronlauge mit 30 ccm Wasser verdünnt und im Scheidetrichter mit 30 ccm Äther ausgeschüttelt. Die wäßrige Flüssigkeit wird abgelassen und die ätherische dreimal mit je 5 ccm Wasser geschüttelt. Die mit ein wenig Natrium sulfuricum sicc. getrocknete ätherische Flüssigkeit wird in einen tarierten Glasstöpsel-Erlenmeyer filtriert, der Äther auf dem Dampfbad abdestilliert und der Kolben nebst Inhalt 1 Stunde bei 100° getrocknet. Man läßt im Vakuumexsiccator erkalten, wiegt und bestimmt die Jodzahl, indem man den Rückstand in 5 ccm Chloroform löst, 30 ccm HANUSsche Lösung — oder eine entsprechend andere, z. B. WINKLERsche Lösung — hinzufließen läßt und nach etwa 12 Stunden in der üblichen Weise titriert. ROSENTHALER fand bei 5 Mustern Werte von 95 bis 121.

T. COCKING[1] gibt ein Verfahren zur Bestimmung von *Balsamsäuren und Harzsäuren* an, das nach W. NEUBERGER und R. WEIL[2] folgendermaßen ausgeführt wird:

0,5 g Balsam werden mit 25 ccm n/2 alkoholischer KOH am Rückflußkühler verseift, der Alkohol wird abgedampft, der Rückstand mit 50 ccm heißem Wasser digeriert, wobei Lösung entsteht. Nach dem Erkalten wird mit 150 ccm verdünnt und mit einer Lösung von 2,5 g krist. Magnesiumsulfat in 50 ccm Wasser versetzt, wobei die Magnesiumsalze der Harzsäuren ausfallen, während diejenigen der Balsamsäuren in Lösung bleiben. Es wird filtriert (Filtrat I).

Die Filterpapiere mit dem Niederschlag werden in verdünnter Salzsäure suspendiert, wobei die Harzsäuren wieder frei werden. Diese werden mit Äther ausgeschüttelt, der Äther getrocknet und aus einem tarierten Kolben abgedampft. Auf diese Weise werden die nach der Verseifung mit Magnesiumsulfat fällbaren Harzbestandteile quantitativ erfaßt. Diese Fraktion wird als Harzsäure bezeichnet.

Das Filtrat I wird mit verdünnter Salzsäure angesäuert, mit Äther ausgeschüttelt und der Rückstand in obiger Weise bestimmt. Diese Fraktion wird als Balsamsäure bezeichnet. Anschließend wird es wieder mit Äther aufgenommen und die ätherische Lösung mehrere Male mit einer 5%igen Natriumbicarbonatlösung extrahiert. Die vereinigten Auszüge werden angesäuert wie oben, mit Äther extrahiert und der Äther aus einem gewogenen Kölbchen nach üblicher Trocknung abgedampft. Dieser Wert umfaßt den natriumbicarbonatlöslichen Anteil der Balsamsäure.

Die Autoren fanden z. B. folgende Werte: 25 bis 30% Harzsäuren, 43 bis 48% Balsamsäuren, 32 bis 38% natriumbicarbonatlöslichen Anteil der Balsamsäuren.

Erweiterte *Reaktion auf Kolophonium* von W. BRANDRUP[3].

a) 5 g Tolubalsam werden verrieben und in 20 g Chloroform gelöst. Unter Umschütteln werden allmählich 30 g Petroläther hinzugegeben und durch Watte gegossen, dann wird auf 5 ccm eingedampft und die DAB 6-Reaktion angestellt.

b) Dampft man das Chloroform-Petroläther-Filtrat vollkommen ein und nimmt den Rückstand mit Eisessig auf und läßt nach der Lösung einige Tropfen Schwefelsäure am Rande der Schale hinunterfließen, so färbt sich die Essigsäure bei gelinder Bewegung der Schale schön grün, falls Kolophonium vorhanden ist, im anderen Falle rötlich-violett.

---

[1] Chemist and Druggist **1931**, Nr. 2685.
[2] Pharmac. Acta Helvetiae **22**, 523 (1947).
[3] Pharmaz. Ztg. **1933**, 497.

Benzoe.

Neue und geänderte DAB 6-Reaktionen von L. Rosenthaler[1].

Erhitzt man einen Splitter Benzoe im Reagenzglas auf freier Flamme, so entstehen weiße, zum Husten reizende Dämpfe. Beim Erkalten scheiden sich an den Glaswänden lange Nadeln von Benzoesäure ab.

Abscheidung von Benzoesäurekristallen. Man kocht in einem 100 ccm-Erlenmeyerkolben 1 g Benzoe, 1 g Natronlauge und 10 ccm Wasser 5 Minuten lang, übersättigt dann mit Salzsäure, kocht noch einmal auf und filtriert heiß durch ein Faltenfilter.

Gibt man zur Lösung eines Splitters Benzoe in 2 ccm ätherischer Phloroglucin-Lösung (1 : 1000) 2 ccm rauchende Salzsäure, so färbt sich die Flüssigkeit sofort kirschrot. Die wäßrige Abkochung gibt nach dem Erkalten eine braungrüne Indophenolreaktion.

Mikrochemie. Ein Splitter Benzoe, den man mit konzentrierter weingeistiger Kalilauge übergießt, verwandelt sich fast völlig in Büschel von Kristallen (Stäbchen, Nadeln u. dgl.). Mikrosublimation ergibt, wie bekannt, Benzoesäure. Das Sublimat färbt sich mit Phloroglucin-Salzsäure rot.

Bestimmung der Benzoesäure nach F. Lieungh[2]. 2 g bei 50° getrocknetes, grobes Harzpulver wird in dünner Schicht auf einem Uhrglas von 7 cm Durchmesser mit geschliffenem Rande ausgebreitet und quantitativ gewogen. Über diesem Uhrglas wird ein zweites angebracht, unter dem sich ein mit zahlreichen feinen Nadelstichen versehenes, fest anliegendes Filtrierpapier befindet, das etwas größer als das Uhrglas ist; die beiden Gläser werden mit einer Klemme festgehalten. Nun sublimiert man vorsichtig 30 bis 45 Minuten und bestimmt nach dem Abkühlen die Gewichtsvermehrung des oberen Uhrglases + Filtrierpapier. Siambenzoe (in lacrimis) ergab in zwei Proben durchschnittlich 28,75% Benzoesäure.

Bulbus Allii sativi.

Die Knoblauchzwiebeln, denen eine antiseptische, vermifuge, verdauungsfördernde und blutdrucksenkende Wirkung zugesprochen wird, enthalten als Hauptwirkstoff Alliin. Außerdem wurden auch die Vitamine A, B, C und D nachgewiesen. Das Alliin, dessen Konstitution von A. STOLL und E. SEEBECK[3] aufgeklärt wurde und die Muttersubstanz des ätherischen Knoblauchöles darstellt, ist ein S-Allyl-cysteinsulfoxyd:

$$\underset{\qquad\qquad\qquad\;\overset{\textstyle O}{\|}\qquad\quad\overset{\textstyle NH_2}{|}\qquad\qquad}{CH_2 = CH - CH_2 - S - CH_2 - CH - COOH} .$$

Das Alliin ist in Wasser sehr leicht löslich, die Löslichkeit nimmt aber mit steigendem Alkoholgehalt rasch ab, in absolutem Alkohol, Chloroform, Aceton, Äther und Benzol ist es unlöslich. Durch das Enzym Allinase wird es in Allicin, Brenztraubensäure und Ammoniak gespalten.

$$\underset{\qquad\qquad\qquad\overset{\textstyle O}{\|}\qquad\qquad}{CH_2 = CH \cdot CH_2 - S - S - CH_2 \cdot CH = CH_2} .$$

Allicin (Allylester der Allyl-thiosulfinsäure)

---

[1] Pharmaz. Ztg. **1926**, 1506; **1927**, 509.

[2] Norges Apotekerforen. Tidsskr. **1931**, Nr. 31; Ref. Pharmaz. Ztg. **1931**, 853.

[3] Helv. chim. Acta **31**, 189 (1948); **32**, 197, 866 (1949); Experiment. VI/9, 330 (1950).

Im Verlauf der enzymatischen Spaltung tritt allmählich der nicht unangenehme, aber typische Knoblauchgeruch des Allicins auf, dem auch die bactericide Wirkung des Knoblauchs zukommt. Unterwirft man die wäßrige Allicinlösung der Wasserdampfdestillation, so scheidet sich im Destillat ein Öl mit dem unangenehm, penetranten Knoblauchgeruch ab. Dieses entsteht somit nicht durch enzymatische Einwirkung sondern durch sekundäre chemische Umwandlung des Allicins und enthält hauptsächlich Diallyldisulfid neben kleinen Mengen Diallyltrisulfid und Diallylpolysulfid. Ursprünglich wurde angenommen, daß diese Stoffe in der Droge glykosidisch gebunden wären und enzymatisch abgespalten werden würden. Auf dieser Annahme beruhen auch die Wertbestimmungen des Knoblauchs und seiner Präparate, indem der Gehalt an ätherischem Öl durch Wasserdampfdestillation oder der Schwefelgehalt des ätherischen Öles ermittelt und auf Diallyldisulfid berechnet wird. Der Schwefelgehalt sollte aber jetzt auf Alliin bezogen werden.

In dem Wasserdampfdestillat von Allium ursinum[1], das ähnlich wie Knoblauch wirken soll, von Allium cepa, Allium porrum und Allium ascalonicum wurden gleichfalls Polysulfide gefunden, deren Menge durch Bestimmung des Schwefelgehaltes ausgedrückt werden kann.

Wertbestimmungsmethoden.

Das Erg. B. 6 verlangt von Knoblauchzwiebeln einen Mindestgehalt von 0,2% ätherischem Öl, das nach der DAB 6-Methode ermittelt wird. Genauer sind Verfahren, nach denen der Schwefelgehalt bestimmt wird, wofür mehrere Methoden für schwefelhaltige Öle ausgearbeitet wurden. J. BREINLICH[2], der einige dieser Verfahren verglichen hat, konnte mit der argentometrischen Methode des DAB 6 zur Senfölbestimmung und der Oxydationsmethode mit alkalischem Permanganat übereinstimmende Werte erhalten. Die Oxydationsmethode nach PLATTENIUS[3] mit Brom ergab etwas niedrigere Werte. Um die Methoden auch auf andere Pflanzen anwenden zu können, deren schwefelhaltige Öle keine einheitliche Zusammensetzung aufweisen, schlägt BREINLICH zur Berechnung den Begriff des „ätherischen Ölschwefels" vor, d. h. des Schwefels des wasserdampfflüchtigen ätherischen Öles, berechnet auf Ausgangsmaterial. Die Ausführung der Bestimmungen nahm BREINLICH auf folgende Weise vor:

Argentometrische Bestimmung in Anlehnung an die DAB 6-Methode für Senföl.

10 g schwefelölhaltiges Pulver, Saft oder dgl., bei Gehalten unter 0,1% eine größere gewogene Menge, werden im 500 bis 700 ccm-Steh- oder Rundkolben mit 250 bis 300 ccm Wasser angeschüttelt und nach einstündigem Stehen, wobei einige Male umzuschütteln ist, schwach alkalisiert (um zu verhindern, daß reduzierende flüchtige Säuren mit übergehen. Bei stark schäumenden Säften (z. B. Knoblauch) wird etwas frische konzentrierte wäßrige Tanninlösung zugesetzt. Nun wird gleich-

---

[1] Hippokrates **1942**, Nr. 32.
[2] Pharmaz. Zentralhalle Deutschland **89**, 217 (1950).
[3] JUCKENACK, BAMES, BLEYER, GROSSFELD: Handbuch der Lebensmittelchemie V, 782.

mäßig (Baboblech mit Drahtnetz) erhitzt, aber kurz vor dem Sieden die Flamme verkleinert und über einen Hakenaufsatz und einen langen LIEBIGschen Kühler in einen vorgelegten 150 bis 250 ccm-Meßkolben mit aufgesetztem Trichterchen destilliert. (Wichtig poröse Siedesteinchen, gute Kühlung.) Dieser enthält 10 ccm Ammoniaklösung 10% und 25 ccm n/10-AgNO₃-Lösung. Es wird unter eventuellem Umschütteln des Destillationskolbens bei voluminösem Material soviel destilliert, daß die Vorlage über ¾ gefüllt ist. Erhitzen des Kolbens mit aufgesetztem Trichter eine Stunde lang auf dem Wasserbad, abkühlen, auffüllen mit Wasser. Filtration unter Verwerfen des ersten Durchlaufs, Titration der gemessenen Hälfte nach Zusatz von Wasser, je 10 ccm Salpetersäure und Ferriammoniumsulfatlösung mit n/10-Ammoniumrhodanid.

1 ccm n/10-AgNO₃ = 0,0049 g C_3H_5NCS bzw. = 0,00365 g $C_3H_5-S-S-C_3H_5$ (Knoblauch- und Zwiebelöl), bzw. 0,0016 g S (ätherischer Ölschwefel) oder 0,00888 g Alliin.

Gravimetrische Oxydationsmethode.

Allgemein auf Schwefelöle anwendbar ist das Verfahren der gravimetrischen Bestimmung als $BaSO_4$ nach Oxydation mit alkalischem Permanganat; hierbei wirken wasserdampfflüchtige reduzierende Stoffe nicht störend. Durch alkalische Permanganatlösung wird sowohl Schwefel in S- als auch in $-N=C=S$-Bindung zu Sulfation oxydiert.

25 g Knoblauchpulver oder n ccm Saft bzw. eine gewogene Menge schwefelölhaltiges Pflanzenmaterial werden im 750 ccm-Stehkolben auf etwa 300 ccm mit Wasser aufgefüllt und unter wiederholtem Umschütteln mindestens eine Stunde stehengelassen (verschlossen). Nun wird, bei schäumendem Material nach Zusatz einer Messerspitze reinen Tannins, über einen zweimal senkrecht gebogenen Hakendestillationsaufsatz mit Kugel und im absteigenden Teil mit weitlumigem Glashahn in einen 300 ccm fassenden Weithals-Erlenmeyer (Abb. 19) destilliert, in welchem sich 3 g reines $KMnO_4$, 20 ccm 15%ige KOH und 10 ccm Wasser befinden. Die alkalische Permanganatlösung wird bei Destillationsbeginn ebenfalls zum schwachen Sieden gebracht und enthält zweckmäßig einige mit Säure gut ausgekochte Bimssteinstückchen. Der Stopfen des Erlenmeyer trägt in einer zweiten Bohrung einen gut wirkenden Rückfluß-kühler, der zweckmäßig zu unterst eine Kugelhöhlung hat, die sich in eine Kühlschlange verlängert (Kugelschlangenkühler nach BÖMER). Nachdem 120 bis 150 ccm in ½ bis ¾ Stunde übergegangen sind, wird die Flamme unter dem Destillationskolben gelöscht, der Hahn geschlossen und die alkalische Permanganatlösung ¼ Stunde zur sicheren Oxydation des Schwefelöles zum Sieden erhitzt.

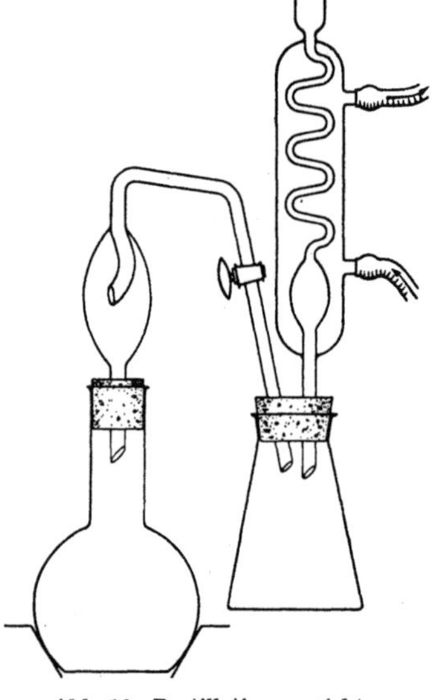

Abb. 19. Destillationsvorrichtung zur gravimetrischen Bestimmung von Schwefelölen nach J. BREINLICH.

Nach Löschung der Flamme unter der Permanganatlösung wird durch den Rückflußkühler etwa 5 ccm reiner Alkohol (96%) zugefügt, um den Überschuß des Permanganats wegzunehmen. Dann spült man zweimal den Kühler mit je 10 ccm Wasser nach und spritzt nach Abnehmen des Kolbens Kork und Destillationsrohr ab. Darauf wird heiß vom Braunstein in einen 250 ccm-Meßkolben filtriert und unter Nachspülen des Filters nach dem Erkalten zur Marke aufgefüllt. In je 125 ccm Filtrat (bei geringem Schwefelölgehalt im gesamten Filtrat) wird nach vorsichtigem Ansäuern mit Salzsäure, Erhitzen bis zum Verschwinden des Alkohol-Aldehydgeruches, und tropfenweiser Fällung mit 5%igem Bariumchlorid in der Hitze das

Sulfat gefällt. Nach Stehen über Nacht wird am besten durch Porzellanfiltertiegel geeigneter Porenweite filtriert und das $BaSO_4$ zur Wägung gebracht.

Berechnung. Durch Multiplikation des $BaSO_4$ mit 0,127 erhält man den ätherischen Ölschwefel. Daneben kann je nach Pflanze, z. B. bei schwarzem Senf, auf Allylsenföl durch Multiplikation mit 0,425 umgerechnet werden, bei Knoblauch durch Malnehmung mit 0,313 auf Diallyldisulfid, den Hauptbestandteil des ätherischen Öles.

Das gravimetrische Verfahren empfiehlt sich bei alkoholischen Zubereitungen, z. B. die Tinktur, nicht, da zur gleichzeitigen Oxydation des Alkohols große Mengen, etwa 30 g, Kaliumpermanganat erforderlich sind und die großen Mengen Braunstein den weiteren Analysengang erschweren.

Bulbus Scillae.

Bulbus Scillae enthält etwa 0,3% eines Glykosidgemisches mit digitalisähnlicher Wirkung, von dem ein Glykosid, das Scillaren A, kristallinisch erhalten wurde. Es ist sehr leicht hydrolytisch spaltbar, z. B. beim Erwärmen der wäßrigen Lösung auf 70 bis 80°, Alkalien und Säuren hydrolysieren bereits in der Kälte. In der frischen Droge sind die Glykoside als Tannoide an gerbstoffartige Verbindungen gebunden, die bei der Trocknung rasch gespalten werden. Scillaren A ist in Wasser schwer löslich.

Die Droge enthält außerdem größere Mengen Schleim, der im wesentlichen aus dem Polysaccharid Sinistrin besteht, das in Verbindung mit den Glykosiden eine starke Diurese bewirkt.

Wirksame Drogen werden nur durch schonende Trocknung erhalten und besitzen eine Wirkung von 5000 bis 8000 FD/g, während handelsübliche Drogen im Durchschnitt 1500 FD/g zeigen oder wirkungslos sind. Es sollen deshalb nur standardisierte Drogen benützt werden. Die Droge hat einen bedeutend größeren Wirkungswert als die Reinglykoside, der auf einer besseren Resorption der Wirkstoffe aus der Droge beruhen soll. Aus diesem Grunde kommt der Droge und deren Präparaten eine erhöhte Bedeutung zu.

Reaktionen nach L. Dávid[1]. Die getrocknete und gepulverte Droge wird mit Wasser geschüttelt, filtriert und dem Filtrat Tannin zugesetzt: Niederschlag bzw. Trübung (allgemeine Alkaloid- bzw. Glykosidreaktion). Der ätherische Auszug der Droge wird in eine Porzellanschale filtriert und der Äther auf dem Wasserbade vertrieben. Der Rückstand färbt sich beim Lösen in 4 ccm Resorcin-Schwefelsäure (0,05 g Resorcin + 10 ccm konz. Schwefelsäure) grünlichbraun, dann olivgrün und zuletzt braun. Die Flüssigkeit fluoresciert gleichzeitig grün. Diese Färbungen werden wahrscheinlich durch das Scillipikrin hervorgerufen. Wird das mit Äther ausgezogene Drogenpulver mit 95%igem Alkohol behandelt, so nimmt der Abdampfrückstand des Alkoholauszuges mit Resorcin-Schwefelsäure eine rote Farbe an (Scillitoxin).

Cantharides.

Cantharidin-Bestimmung.

Für die Bestimmung des Cantharidins hat R. Fischer[2] mehrfach die gravimetrische Methode verbessert. Ferner ergab die Nachforschung

---

[1] Pharmaz. Ztg. **1927**, 622.

[2] Fischer, R. und Ruess: Pharmaz. Ztg. **77**, 1006 (1936). – R. Fischer, und W. Iwanoff: Arch. Pharmaz. **281**, 361 (1943). – Fischer und H. Goll: Pharmaz. Zentralhalle Deutschland **88**, 371 (1949).

nach dem ständigen Abnehmen des Cantharidingehaltes in der Droge, daß besonders bei gelagertem Cantharidenpulver Lösungsvermittler für das Cantharidin in Form von Fettsäuren und evtl. anderen Zersetzungsprodukten auftreten, so daß das in Petroläther unlösliche Cantharidin teils löslich wird. Dies kann bei der Entfettung des Cantharidins zu Cantharidinverlusten von über 90% führen. Zur Abhilfe behandelt FISCHER den Verdunstungsrückstand des ursprünglichen Chloroformextraktes aus der Droge mit Lauge, setzt Ammoniumchlorid und Magnesiumsulfat zu, wodurch die Verunreinigungen (Lösungsvermittler wie z. B. Fettsäuren) als Magnesiumsalze ausfallen. Das alkalische Filtrat wird — nach der Reinigung mit Chloroform — angesäuert und dann das Cantharidin mit Chloroform extrahiert und über Kohle gereinigt.

Ausführung. 8 g Cantharidenpulver werden in einer 100 ccm-Arzneiflasche mit 80 g Chloroform versetzt, umgeschüttelt und 1 g konzentrierte Salzsäure zugegeben. Nach mehrmaligem kräftigem Durchschütteln läßt man 12 bis 14 Stunden stehen, filtriert dann durch Watte oder ein raschlaufendes Filter (Trichter mit Uhrglas bedecken) in einen gewogenen 100 ccm-Kolben. 51 g des Filtrates werden auf dem Wasserbade nahezu verdunstet, 15 ccm 20%ige Kalilauge zugegeben und unter Umschwenken durch eine halbe Stunde im Wasserbad erhitzt. Hernach werden 4 g Ammonchlorid, in 25 ccm Wasser gelöst, zugesetzt, kurz auf dem Wasserbade erwärmt, um den Überschuß von Ammoniak zu entfernen und dann tropfenweise mit konzentrierter Magnesiumsulfatlösung versetzt, bis keine Fällung mehr entsteht. Ein geringer Überschuß schadet nicht. Jedenfalls muß zugesetztes Phenolphthalein deutlich rosa bleiben. Vom Niederschlag filtriert man nach dem Abkühlen durch Watte ab, wäscht mit 2%iger Magnesiumsulfatlösung gut nach und schüttelt das Filtrat mit zweimal 15 ccm Chloroform zur Entfernung von Unreinigkeiten aus. Die abgetrennte wäßrige Flüssigkeit wird mit konzentrierter Salzsäure deutlich angesäuert, 15 Minuten gelinde erwärmt und nach dem Erkalten mit dreimal 15 ccm Chloroform ausgeschüttelt. Man gießt dann die vereinigten, etwas eingeengten Chloroformextrakte nach dem Trocknen mit Chlorcalcium zwecks Reinigung über eine Säule, die 0,3 bis 0,5 g Aktivkohle (Merck) enthält. Man wäscht nach, verdunstet und trocknet den Rückstand bei 60°. Man erhält reines Cantharidin. Erhaltenes Gewicht × 20 = % Cantharidin in der Droge.

Capita Papaveris.

Morphinbestimmung.

Die Morphinbestimmung in Mohnkapseln wird grundsätzlich nach denselben Verfahren wie beim Opium vorgenommen, nämlich nach dem Kalkverfahren, nach MANNICH oder auf colorimetrischem Wege. (Siehe Opium S. 253). Infolge des geringeren Morphingehaltes im Vergleich zum Opium — die Mohnkapseln enthalten bis zu 0,5% Morphin — muß die Extraktion auf anderem Wege erfolgen. Als geeignet erwies sich saurer Alkohol oder Methylenchlorid. Es wird aber auch mit Wasser oder neutralem Methanol extrahiert, z. B. von M. MASCRÉ und C. GENOT-BOULANGER[1]. Ferner müssen aus den Extraktlösungen nicht nur die Nebenalkaloide, sondern auch harzartige Stoffe entfernt werden, die sich mit organischen Lösungsmitteln abtrennen lassen.

---

[1] Ann. pharm. franc. **7**, 493 (1949).

Gravimetrische Methoden.

Ältere gravimetrische bzw. maßanalytische Verfahren werden von J. KABAY[1], BAGGESGAARD-RASMUSSEN, SALOMONSEN und JESPERSEN[2], J. DETRIE und J. LELIEVRE[3] und H. M. WÜEST und A. J. FREY[4] angegeben, von denen das letztere mit einfachen Mitteln nach F. GSTIRNER und K. VOLLMER[5] sich am besten eignen soll. M. VALENTE[6] gibt für dieses Verfahren eine etwas geänderte Ausführung an.

Verfahren von Wüest und Frey. 200 g fein pulverisierte Droge werden mit 1 Liter 90%igem Alkohol und 10 ccm Salzsäure 3 Minuten aufgekocht, abgekühlt und abgenutscht und mit 500 ccm 90%igem Alkohol nachgewaschen. Der Rückstand wird ein zweites Mal in gleicher Weise extrahiert und ebenso abgenutscht. Die vereinigten alkoholischen Auszüge werden im Vakuum auf 120 ccm eingeengt, das Konzentrat mit 100 ccm Wasser in ein Becherglas gespült und mit 20 g Calciumoxyd versetzt. Nach einer halben Stunde wird abgenutscht und mit 40 ccm Wasser gewaschen, der Rest mit 80 ccm Wasser erneut angeteigt, abgenutscht und mit 40 ccm Wasser gewaschen. Das kalkalkalische Filtrat wird mit Sodapulver versetzt, bis kein Calcium mehr in Lösung ist, abgenutscht und viermal mit 25 ccm Wasser gewaschen, das Filtrat mit Salzsäure stark angesäuert und Sodapulver zugegeben, bis Phenolphthalein schwach gerötet wird.

Dann wird das Morphin dreimal mit einer Mischung gleicher Teile Butanol und Benzol ausgeschüttelt, aus den vereinigten organischen Lösungen dann das Morphin mit 30 ccm 2%iger Schwefelsäure ausgeschüttelt und noch mehrmals mit 10 ccm Wasser nachgewaschen. Zu den vereinigten wäßrigen Lösungen werden 30 ccm Äther und Sodapulver bis zur Rötung von Phenolphthalein zugefügt, das ausgefallene Morphin dann abgetrennt, gewaschen und gewogen.

Nach Angaben von WÜEST und FREY ist das gefundene Morphin noch unrein und enthält im Durchschnitt etwa 90% reine Morphinbase. Es ist wesentlich, daß fein pulverisierte Droge genommen wird, denn nur in diesem Falle ist durch zweimaliges kurzes Auskochen eine quantitative Extraktion zu erreichen. Die Kalklösung filtriert nur langsam, da sich im Kalkniederschlag die gesamten Harze befinden.

Vielfach wird auch die Bestimmung nach MANNICH verwendet, z. B. von F. BIEDEBACH[7], der die Droge mit Wasser extrahiert. Eingehend wurde die Morphinbestimmung in Mohnkapseln von F. GSTIRNER und K. VOLLMER[5] geprüft. Sie extrahieren die Droge mit saurem Methanol und bestimmen das Morphin nach sorgfältiger Abtrennung störender Stoffe nach MANNICH. Es gelingt ihnen dies, indem sie das Morphin als Hydrochlorid aus einer stark salzsauren Lösung mit Phenol-Chloroform ausschütteln. Bei den Versuchen zur Morphinbestimmung im Opium mit Hilfe einer Phenol-Chloroformausschüttelung hatte sich gezeigt, daß die organische Phase bei der Ausschüttelung nicht nur die Harze, sondern noch einen großen Teil derjenigen Begleitstoffe aufnimmt, die bei einer Ausschüttelung mit Benzol oder Chloroform in der wäßrigen Phase geblieben wären, daß weiterhin diese Begleitstoffe bei der Ausschüttelung der Phenol-Chloroformlösung mit Wasser zum größten Teil nicht

---

[1] Ber. ung. pharmaz. Ges. **12**, 387 (1936). — [2] Chemiker-Ztg. **60**, 356 (1936).
[3] Congr. Chim. ind. Nancy **18**, 1, 95 (1938); Chem. Centralbl. **1939 II**, 3147.
[4] Festschrift E. BARELL, Basel 1936, S. 556.
[5] Süddtsch. Apotheker-Ztg. **89**, 167 (1949).
[6] Boll. chim. farmac. **90**, 2223 (1950).
[7] Süddtsch. Apotheker-Ztg. **88**, 452 (1948).

in die wäßrige Phase übergehen, sondern diese nur schwachbräunlich gefärbt wird. Sie geben folgendes Verfahren an:

20 g fein pulverisierte Mohnkapseln werden mit 150 ccm Methanol und 1 ccm 25%iger Salzsäure in einem Rundkolben von 250 ccm Inhalt 3 Minuten am Rückflußkühler zum Sieden erhitzt und nach dem Abkühlen die Flüssigkeit mit Hilfe einer Porzellannutsche vom Rückstand getrennt und dieser mit 50 ccm Methanol nachgewaschen.

Die Droge wird dann erneut mit 150 ccm Methanol und 1 ccm 25%iger Salzsäure in der gleichen Weise 3 Minuten zum Sieden erhitzt, nach dem Abkühlen abgenutscht und mit 50 ccm Methanol nachgewaschen. Die vereinigten Extraktlösungen werden dann im Wasserbad in einem Destillationskolben zur Sirupkonsistenz eingeengt und in einen Scheidetrichter (1) von 150 ccm Inhalt gegeben, der vorher mit einer Marke versehen worden ist, die eine Flüssigkeitsmenge von 20 ccm angibt. Dann wird der Destillationskolben mit Wasser bis zur Gesamtflüssigkeitsmenge des Extraktkonzentrates im Scheidetrichter (1) von 20 ccm nachgewaschen und zu dem Extraktkonzentrat im Scheidetrichter (1) 4 ccm 25%ige Salzsäure gegeben.

Darauf werden in den Destillationskolben 30 ccm einer Lösung von 1 Teil Phenol in 4 Teilen Chloroform gegeben, der Rest des Extraktes durch Umschwenken darin gelöst und die Flüssigkeit in den Scheidetrichter (1) gegeben, 1 Minute kräftig geschüttelt und nach der Trennung der Schichten die untere organische Phase durch ein kleines Filter von etwa 6 cm Durchmesser, das 1 g getrocknetes Natriumsulfat enthält, unter Vermeidung von Verdunstungsverlusten in einen Scheidetrichter von 250 ccm Inhalt (2) filtriert. Die Ausschüttelung wird noch viermal auf diese Weise wiederholt und die einzelnen Ausschüttelungen, die das Morphin als Hydrochlorid enthalten, durch das gleiche Filter filtriert.

Die vereinigten Phenol-Chloroformausschüttelungen werden dann fünfmal mit je 15 ccm Wasser ausgeschüttelt. Dies geschieht in der Weise, daß nach jeder Ausschüttelung die organische Schicht in einen Kolben abgelassen wird, die wäßrige Schicht, die das Morphin enthält, oben aus dem Scheidetrichter in einen anderen Scheidetrichter (3) gegossen wird, dann die organische Lösung zur nächsten Ausschüttelung in den Scheidetrichter (2) zurückgegeben wird.

Die vereinigten wäßrigen Ausschüttelungen, die das Morphin enthalten, werden dann zur Beseitigung von Phenol mit 50 ccm Äther ausgeschüttelt. Nach Trennung der Schichten wird die untere Phase in einen Scheidetrichter (4) abgelassen, in diesen dann 10%ige Natronlauge bis zur Rötung von Phenolphthalein gegeben und zur Beseitigung des Codeins dann mit 50 ccm einer Mischung gleicher Teile Benzol und Tetrachlorkohlenstoff ausgeschüttelt. Die obere wäßrige Schicht klärt sich schnell, die untere organische bleibt emulgiert. Zur Zerstörung dieser Emulsion wird dann die untere, organische Schicht abgelassen, durch ein kleines Filter von 5 cm Durchmesser filtriert und das zweiphasige Filtrat, welches also die Benzol-Tetrachlorkohlenstoff-Schicht und das mit dieser emulgiert gewesene Wasser enthält, in den Scheidetrichter (4) zurückgegeben. Das Filter wird dann noch mit 5 ccm Wasser nachgewaschen und dieses ebenfalls in den Scheidetrichter (4) gegeben. Dann wird die Benzol-Tetrachlorkohlenstoff-Schicht abgelassen und verworfen.

Die alkalische wäßrige Lösung wird dann mit 25%iger Salzsäure bis zur Entfärbung des Indicators versetzt und in einem Erlenmeyerkolben von etwa 250 ccm Inhalt auf dem Wasserbade bis zum Volumen von etwa 30 ccm eingedampft, dann nach dem Abkühlen mit 30 ccm Aceton, 0,3 g Dinitrochlorbenzol und 10 ccm 10%igem Ammoniak versetzt, der Kolben verschlossen und zur Kristallisation beiseite gestellt.

Nach 24 Stunden wird die Flüssigkeit durch einen Goochtiegel A 1 gesaugt und der Niederschlag zweimal mit 2 ccm Aceton und danach zweimal mit 2 ccm Wasser nachgewaschen, der Tiegel bei 70 bis 80° getrocknet und dann gewogen. Der Morphingehalt errechnet sich nach folgender Formel:

$$\text{Morphingehalt in } \% = \frac{\text{Gewicht des Niederschlages in g} \cdot 63{,}2}{\text{Einwaage}}$$

Zur Kontrolle des Verfahrens wurden der zu untersuchenden Droge vor der Extraktion bestimmte Mengen Morphinbase und in einer anderen Versuchsreihe Codeinbase zugesetzt. Die zugesetzte Menge Morphin wurde quantitativ wiedergefunden, der Zusatz von Codein bewirkte keine Erhöhung des Morphinwertes. Die Extraktion der Droge verläuft quantitativ.

Als sehr zweckmäßig zeigte sich Methylenchlorid im alkalischen Milieu zur Extraktion des Morphins, das erstmalig von W. Küssner[1] verwendet wird, der aber ein viermaliges Ausschütteln im weiteren Analysengang ausführt, um ein genügend reines Morphin zu erhalten. Die Extraktion mit Methylenchlorid wurde deshalb wiederholt mit dem Verfahren von Mannich kombiniert. Zum Beispiel von W. Poethke und E. Arnold[2], die das Morphin nach dem ersten Verfahren von Mannich des Jahres 1935 bestimmen. E. Wegner[3] führt dagegen die Morphinbestimmung nach dem verbesserten Verfahren von Mannich des Jahres 1942 aus und erhält damit bedeutend höhere Werte.

Verfahren von Wegner. 30 g der zu einem groben Pulver gemahlenen und bei 75° bis zur Gewichtskonstanz getrockneten Mohnkapseln werden mit 30 ccm Natriumcarbonatlösung (7,5 g wasserfreies Natriumcarbonat auf 100 g Lösung) in einem Mörser gleichmäßig durchfeuchtet und leicht eingedrückt 1 Stunde quellen gelassen. Die feuchte Droge wird hierauf aufgelockert, in eine Extraktionshülse gegeben und letztere, mit einem Wattebausch verschlossen, in einen Extraktionsapparat nach Soxhlet gebracht, dessen Kolben vorher tariert wurde. Anschließend wird 8 bis 10 Stunden lang mit Methylenchlorid auf dem Wasserbade extrahiert. In Anbetracht des niedrigen Siedepunktes des Methylenchlorids ist hierbei für gute Kühlung Sorge zu tragen und ein heftiges Sieden des Wasserbades unter allen Umständen zu vermeiden. Nach Beendigung der Extraktion läßt man den Auszug im verschlossenen Kolben bis zum nächsten Tage stehen.

Zunächst wird der größte Teil des Lösungsmittels bis auf einen Rückstand von etwa 10 g abdestilliert. Hierauf werden dem Extrakt 10 ccm Methanol zugesetzt und die Flüssigkeit auf dem Wasserbade abgedampft, bis das Gewicht des Kolbeninhaltes etwa 5 g beträgt. Nach erneuter Zugabe von 10 ccm Methanol wird wiederum bis auf ein Extraktgewicht von 5 g eingedampft. Nach dem Abkühlen werden zu dem vom Methylenchlorid befreiten methanolischen Auszug der Mohnkapseln unter Umschwenken 30 ccm einer stark verdünnten Bleiacetatlösung (2,5 ccm 10%ige Bleiacetatlösung und 27,5 ccm Wasser) gegeben und hierauf der Kolbeninhalt durch Zusatz von Wasser auf ein Gewicht von genau 40 g gebracht. Nach erneutem Umschwenken wird der entstandene Niederschlag abfiltriert. In genau 30 g des klaren Filtrates (= 22,5 g Droge) werden nun 1,5 g Citronensäure gelöst und dann eine Lösung von 0,25 g 4-Chlor-1,3-Dinitrobenzol in 30 ccm Aceton und schließlich 10 ccm 12,5%iger Ammoniak zugesetzt. Man läßt den verschlossenen Kolben mindestens 24 Stunden an einem kühlen Ort stehen.

Der ausgefallene kristalline Niederschlag von Morphindinitrophenyläther wird bei schwachem Vakuum auf einen Glasfiltertiegel 1 G 3 abgesaugt und die noch im Kolben verbliebenen Kristalle mittels des Filtrats quantitativ auf den Tiegel gebracht. Man übergießt jetzt den im Tiegel gesammelten Niederschlag mit 2 ccm Aceton, schwenkt 10 bis 15 Sekunden um, saugt das Aceton sofort ab und wiederholt das Auswaschen mit 2 ccm Aceton in der gleichen Weise. Anschließend wird noch zweimal mit je 2 ccm Wasser nachgewaschen und dieses wiederum sofort abgesaugt. Der Tiegelinhalt wird nun 30 Minuten lang bei 100 bis 103° getrocknet und nach dem Erkalten gewogen. Der Morphingehalt der bei 75° getrockneten Mohn-

---

[1] E. Mercks Jahresbericht **1940**, 20.
[2] Pharmaz. Zentralhalle Deutschland **88**, 1 (1949); **90**, 145 (1951).
[3] Dtsch. Apotheker-Ztg. **91**, 419 (1951).

kapseln errechnet sich bei Einhaltung der angegebenen Mengenverhältnisse nach der Formel:

$$N = \frac{a \cdot 0{,}632 \cdot 100}{22{,}5} = a \cdot 2{,}809\% \ .$$

Hierbei ist N der gesuchte Morphingehalt und a das Gewicht des Niederschlages. WEGNER sieht von einem Korrekturfaktor ab, da der Fehler praktisch ohne Bedeutung ist. Er erhielt z. B. folgende Werte:

Tabelle 15.

	Nach POETHKE und ARNOLD	Nach WEGNER	
		gravimetrisch %	titrimetrisch %
Mohnkapseln I ..	0,222	0,371	0,371
Mohnkapseln II..	0,386	0,531	0,535
Mohnkapseln III .	0,184	0,329	0,333

Aus der guten Übereinstimmung der gravimetrischen und titrimetrischen Werte schließt WEGNER auf ein genügend reines Morphin.

Colorimetrische Methoden.

Die ersten Morphinbestimmungen in Mohnkapseln wurden colorimetrisch durchgeführt, da man sich von diesen Methoden wegen des geringen Morphingehaltes eine größere Genauigkeit erwartete. Solche Bestimmungen wurden z. B. ausgeführt von A. HEIDUSCHKA und M. FAUL[1], L. LAUTENSCHLÄGER[2], V. ITALLIE und STEENHAUER[3]. Von den verschiedenen colorimetrischen Bestimmungen wird neuerdings das Verfahren mit Nitrosomorphin (s. Opium) vorgezogen, z. B. in einer annähernden Methode von W. POETHKE und E. ARNOLD[4], die das Verfahren von E. F. HEEGER und K. H. BAUER[5] für Opium auf Mohnkapseln übertragen, und von E. WEGNER[6], dessen Methode auch für andere Mohnpflanzenteile geeignet ist. WEGNER extrahiert wie POETHKE und ARNOLD mit Methylenchlorid nach KÜSSNER[7] und führt dann einen besonderen Reinigungsgang durch. Das Morphin wird aus dem Methylenchlorid in eine schwachsalzsaure Lösung übergeführt, störende Stoffe werden mit Chloroform ausgeschüttelt und dann das Morphin mit Chloroform-Isopropanol extrahiert. Das Morphin wird in salzsaurer Lösung colorimetrisch bestimmt:

Extraktion. 5 g des zu einem groben Pulver gemahlenen und bei 75° bis zur Gewichtskonstanz getrockneten Pflanzenmaterials werden in einem kleinen Mörser mit 5 ccm Natriumcarbonatlösung (7,5 g wasserfr. Natriumcarbonat auf 100 g Lösung) gut durchfeuchtet und leicht angedrückt etwa 1 Stunde lang quellen gelassen. Die so vorbehandelte Untersuchungsprobe wird nun in eine Extraktionshülse gegeben, diese mit Watte verschlossen und hierauf in einem Extraktionsapparat nach SOXHLET einer 8- bis 10stündigen Extraktion mit Methylenchlorid auf dem Wasserbade unterworfen. In Anbetracht des niedrigen Siedepunktes des Methylenchlorids (42°) ist für gute Kühlung Sorge zu tragen und ein starkes Sieden

---

[1] Arch. Pharmaz. **255**, 172 (1917).
[2] Arch. Pharmaz. **257**, 13 (1919. — [3] Arch. Pharmaz. **265**, 698 (1927).
[4] Pharmaz. Zentralhalle Deutschland **88**, 1 (1949).
[5] Landwirtsch. Jb. **90**. 397 (1940).
[6] Pharmazie **6**, 55 (1951). — [7] E. Mercks Jahresbericht **1940**, 20.

des Wasserbades unbedingt zu vermeiden. Nach Beendigung der Extraktion läßt
man den Auszug im verschlossenen Kolben bis zum nächsten Tage stehen.

Reinigungsgang. Zunächst wird der größte Teil des Methylenchlorids bis auf
einen Rückstand von etwa 10 ccm abdestilliert. Das wiedergewonnene Lösungsmittel kann erneut für den gleichen Zweck verwendet werden. Je nach dem zu
erwartenden Morphingehalt des extrahierten Pflanzengutes wird für den Untersuchungsgang entweder die gesamte im Kolben verbliebene morphinhaltige Rest-
flüssigkeit oder ein aliquoter Teil derselben verwendet. In der zur Weiterverarbeitung gelangenden Lösungsmittelmenge sollen mindestens 1 mg, aber nicht mehr
als 6 mg Morphin enthalten sein. Zur Morphinbestimmung in reifen Mohnkapseln
wird in jedem Falle der Lösungsmittelrückstand in einen 50 ccm-Meßkolben übergeführt, aufgefüllt und 10 ccm (= 1 g-Kapseln) weiterverarbeitet.

Die für den weiteren Untersuchungsgang vorgesehene Menge der morphinhaltigen stark gefärbten Extraktionsflüssigkeit, die höchstens 20 ccm betragen
soll, wird nun in einen Scheidetrichter übergeführt und 2 Minuten lang kräftig mit
10 ccm n/10-Salzsäure ausgeschüttelt. Man läßt 10 Minuten lang absitzen und trennt
das vom Morphin befreite Methylenchlorid ab. Die im Scheidetrichter verbliebene
schwachgefärbte salzsaure Morphinlösung wird nun zweimal je 2 Minuten lang mit
je 20 ccm Chloroform ausgeschüttelt und das organische Lösungsmittel nach jedes-
maligem Absitzenlassen abgetrennt. Zu den im Scheidetrichter befindlichen 10 ccm
der salzsauren Lösung werden nun 2 ccm n/1-Natronlauge gegeben und durch
Zusatz von 13 ccm Wasser die Flüssigkeitsmenge auf 25 ccm gebracht. Nach dem
Umschütteln wird die wäßrige Flüssigkeit abgelassen und filtriert. 10 ccm des
alkalischen Filtrates werden nun erneut in einem Scheidetrichter zweimal 2 Minuten
lang mit je 20 ccm Chloroform ausgeschüttelt. Das nach dem Absitzen abgetrennte
Chloroform wird mit den vorhergehenden Chloroformfraktionen vereinigt und
später zwecks Wiedergewinnung des Lösungsmittels rektifiziert. Zu der im Scheidetrichter befindlichen wäßrigen Lösung werden nun je 1 ccm n/1-Salzsäure und
12,5%iger Ammoniak gegeben. Hierauf wird jeweils 2 Minuten lang zunächst mit
20 ccm, dann zweimal mit je 10 ccm Chloroform-Isopropanolgemisch (3 : 1) ausgeschüttelt. Man läßt jeweils 10 Minuten absitzen und sammelt die drei morphinhaltigen Fraktionen in einem Erlenmeyerkolben mit eingeschliffenem Stopfen von
100 ccm Inhalt. Die vereinigten Ausschüttelungen werden anschließend durch
20 Minuten langes Eintauchen des Kolbens in ein siedendes Wasserbad eingedunstet. Der Rückstand wird mit 5 ccm Chloroform aufgenommen und hierauf
im verschlossenen Kolben 2 Minuten lang mit 20 ccm n/10-Salzsäure ausgeschüttelt.
Nach einigem Stehen wird die obere wäßrige Phase soweit wie möglich abgegossen
und filtriert.

Photometrische Bestimmung. In dem farblosen bis schwach gelblichen Filtrat
wird das Morphin in Anlehnung an D. C. M. ADAMSON und F. P. HANDISYDE[1]
bestimmt. Zu diesem Zwecke werden in zwei mit eingeschliffenem Stopfen versehene Reagenzgläser (Nr. 1 und 2) je 5 ccm des Filtrates, in ein drittes Reagenzglas 5 ccm n/10-Salzsäure, die als Vergleichslösung dienen, gegeben. Dem Glas
Nr. 2 werden hierauf 2 ccm Wasser, den beiden anderen Gläsern je 2 ccm einer
genau 1%igen Natriumnitritlösung zugesetzt und die beiden letzteren sofort
15 Sekunden lang kräftig geschüttelt. Genau 15 Minuten nach erfolgtem Nitrit-
zusatz werden alle drei Ansätze mit je 3 ccm 12,5%igem Ammoniak und nach
vorsichtigem Umschwenken noch mit 2,5 ccm Wasser versetzt. Nach etwa 5 Minuten
erfolgt am Stufenphotometer die Ablesung der in Glas Nr. 1 entstandenen Färbung
gegen den Vergleichsansatz (Filter S 47; 2 cm-Küvette). Ansatz Nr. 2, der kein
Nitrit enthält, dient zum Ausgleich einer etwa vorhandenen Eigenfärbung der
Untersuchungslösung. Die Ablesung des Ansatzes Nr. 2 erfolgt gegen Wasser
(Filter S 47; 2 cm-Küvette). Der ermittelte, meist sehr niedrige Extinktionswert
(< 0,05) wird von dem des Ansatzes Nr. 1 in Abzug gebracht. Die der Extinktions-
differenz entsprechende, in 5 ccm Filtrat enthaltene Morphinmenge wird einer
Eichkurve entnommen, die in üblicher Weise mit Morphinmengen bekannten
Gehaltes aufgestellt wird. Vor Inangriffnahme jeder neuen Untersuchungsreihe
ist eine Nachprüfung der Eichkurve ratsam, in jedem Falle jedoch ist dies nach

---

[1] Quart. J. Pharmac. Pharmacol. **19**, 350 (1946).

Herstellung einer neuen Nitritlösung erforderlich. Der Morphingehalt des untersuchten Pflanzenmaterials errechnet sich aus der Formel:

$$N = \frac{a \cdot 4 \cdot 2{,}5 \cdot 100}{b} \,\% = \frac{1000 \cdot a}{b} \,\% \,.$$

Hierbei ist N der gesuchte Morphingehalt, a die der Eichkurve entnommene Morphinmenge und b die Drogenmenge, die dem für den Untersuchungsgang verwendeten Anteil des Pflanzenauszuges entspricht.

WEGNER hat dieses Verfahren mit seiner oben angegebenen gravimetrischen Methode verglichen und fand photometrisch etwas höhere Werte (Tab. 16).

Tabelle 16.

Morphingehalt in Mohnpflanzenteilen.

	Morphingehalt	
	gravimetrisch %	photometrisch %
Mohnkapseln I ..	0,533	0,551
Mohnkapseln II .	0,364	0,368
Mohnstengel	0,104	0,105
Mohnblätter	0,038	0,044
Mohnwurzeln ...	—	0,162

WEGNER führt diese etwas höheren Werte auf das Narkotolin zurück, das in den Mohnkapseln bis zu 12% enthalten ist, aber nach G. BAUMGARTEN und W. CHRIST[1] bei dem Verfahren von MANNICH nicht erfaßt wird. Dies wird auch von W. POETHKE und E. ARNOLD[2] bestätigt. Sie stellten jedoch fest, wie WEGNER vermutet, daß Narkotolin als Phenolbase bei der Einwirkung von salpetriger Säure und anschließendem Zusatz von Ammoniak ebenfalls eine Farbreaktion gibt. Die Intensität ist jedoch geringer wie die des Morphins und stört die colorimetrische Bestimmung nicht, sofern der Narkotolingehalt nicht 50% des Morphingehaltes in der Lösung übersteigt.

H. BAGGESGAARD-RASMUSSEN und O. LANG[3] bestimmen das Nitrosomorphin nicht photometrisch, sondern polarographisch und geben dafür folgendes Verfahren an:

2 g gepulverte Droge werden mit 1 ccm 1,2-m-Natriumcarbonatlösung durchfeuchtet und in einem Kolben mit Rückflußkühler mit 20 ccm einer Mischung von 7 Vol. Butylalkohol und 3 Vol. Benzol 1 Stunde auf 70° erhitzt. Die Lösung wird durch einen Glastiegel filtriert und der Rückstand mit etwa 50 ccm derselben Mischung nachgewaschen. Die Extraktlösung wird mit 10 ccm n/10-Salzsäure gemischt und dreimal mit 10 ccm Wasser gewaschen. Die fast farblose wäßrige Lösung wird auf 10 ccm eingedampft, mit Salzsäure und Kaliumnitrit, dann mit einem Überschuß an Kalilauge behandelt und das Morphin polarographisch bestimmt.

H. BAGGESGAARD-RASMUSSEN[4] gibt 4 Jahre später folgende Ausführung an: 5 ccm einer Lösung mit 0,005 bis 0,1% Morphin in n-Salzsäure werden mit 2 ccm m-Kaliumnitritlösung versetzt. Nach genau 5 Minuten werden 3 ccm einer 20%igen Lösung von Methylcellulose zugefügt, um eine günstige Oberflächenspannung zu erhalten. Der in der Lösung enthaltene Sauerstoff wird durch Einleiten von Stickstoff entfernt. Das Nitrosomorphin wird dann polarographisch mit Hilfe einer Standardkurve bestimmt, wobei die Temperatur sorgfältig kontrolliert werden muß, da Differenzen von 1° sich bereits auf das Ergebnis auswirken.

---

[1] Pharmazie **5**, 80 (1950).

[2] Pharmaz. Zentralhalle Deutschland **90**, 145 (1951).

[3] Dansk Tidsskr. Farmac. **22**, 203 (1948); Ref. J. Pharmac. Pharmacol **1**, 51 (1949).

[4] Ann. pharm. franc. **10**, 693 (1952); Ref. J. Pharmac. Pharmacol. **5**, 795 (1953).

Cortex Berberidis.

Die Wurzelrinde von Berberis vulgaris enthält zwei Hauptgruppen von Alkaloiden, nämlich tertiäre und quarternäre Basen. Zu der ersten Gruppe gehören Oxyacanthin und Berbamin. Die quarternären Basen teilt man in phenolische und nichtphenolische Basen ein. Zu den nichtphenolischen Basen gehört hauptsächlich das Berberin und sehr kleine Mengen Palmatin, zu den phenolischen Basen zählt man Jatrorrhizin, Columbamin und Berberubin. Das Berberin ist das Hauptalkaloid. Auch die tertiären Basen haben eine gewisse pharmakologische Bedeutung, während über den therapeutischen Wert der quarternären phenolischen Basen noch keine Anhaltspunkte vorliegen.

Alkaloidbestimmung.

Das Homöopathische Arzneibuch enthält eine Bestimmungsmethode von RICHTER[1], die auf der Fällung der Alkaloide mit Pikrolonsäure beruht, tertiäre und quarternäre Basen zusammen bestimmt und etwas zu niedrige Werte liefert, weil das Berberinpikrolonat in Äther nicht ganz unlöslich ist.

H. NEUGEBAUER und K. BRUNNER[2] haben ein titrimetrisches Verfahren ausgearbeitet, mit dem tertiäre, quarternäre und phenolische Basen gesondert bestimmt werden. Die tertiären Basen lassen sich aus einer ammoniakalischen wäßrigen Lösung mit Äther ausschütteln, während die quarternären Basen zurückbleiben und auf diese Weise abgetrennt werden können. Hierauf werden die quarternären Basen mit Zink und Säure zu den tertiären Basen reduziert und in gleicher Weise wie die tertiären Basen bestimmt. Die Phenolbasen lassen sich von den nichtphenolischen quarternären Basen durch nochmaliges Ausschütteln der natron-alkalisch gemachten, titrierten Lösung mit Äther trennen, wobei die Phenolbasen in der alkalischen, wäßrigen Lösung verbleiben. Die Autoren geben folgende Ausführung für die Droge an:

2 g der Wurzelrinde werden in einem kleinen Glaskolben mit 30 g Äther und 2 g Ammoniakflüssigkeit übergossen und nach Verschließen des Kolbens 5 Minuten geschüttelt. Unter wiederholtem Umschütteln läßt man darauf 1 Stunde lang stehen. Schließlich wird nach Zugabe von 2 g geglühtem Natriumsulfat nochmals kräftig durchgeschüttelt und nach einigem Stehen (etwa 10 Minuten) vorsichtig, ohne den Bodensatz aufzuwirbeln, in einen Schüttelzylinder filtriert. Kolben und Filter werden noch zweimal mit je 20 ccm Äther gründlich nachgespült.

In den vereinigten ätherischen Ausschüttelungen werden die tertiären Basen bestimmt. Da die direkte Bestimmung der Alkaloide in der ätherischen Lösung infolge vorhandener Verunreinigungen zu Schwierigkeiten führt, wird diese Lösung drei- bis viermal mit etwa je 10 ccm schwach angesäuertem Wasser (0,5% ige Schwefelsäure) ausgeschüttelt und die vereinigten wäßrigen Ausschüttelungen wiederum, nachdem sie mit Ammoniak alkalisch gemacht wurden, zweimal mit je 40 ccm Äther ausgeschüttelt. Die vereinigten ätherischen Lösungen werden mit Natriumsulfat getrocknet, der Äther bis auf einige ccm verdunstet. Nach Zugabe von 3 ccm Wasser und 3 ccm n/10-Salzsäure wird der restliche Äther entfernt, darauf mit Alkali zurücktitriert. Es wird auf Oxyacanthin berechnet, 1 ccm 0,1 n-Salzsäure = 0,03141 g Oxyacanthin, Methylrot als Indicator.

---

[1] Arch. Pharmaz. **252**, 192 (1914).
[2] Pharmaz. Zentralhalle Deutschland **80**, 113 (1939).

Zu den in dem Kolben befindlichen Rückstand, mit dem der auf dem Filter verbliebene Anteil der Wurzelrinde wieder vereinigt wird, werden nach Abdampfen des restlichen Äthers auf dem Wasserbad 30 ccm Wasser, 5 ccm verdünnte Schwefelsäure und 5 ccm verdünnte Essigsäure sowie 2 g Zinkstaub zugegeben. Es wird zur Reduktion der quarternären Basen 2 Stunden auf dem Wasserbad erwärmt und dann die überstehende Lösung vorsichtig durch ein Filter in einen Schüttelzylinder gegossen. Der Rückstand wird nochmals dreimal mit je 10 ccm Wasser und 10 Tropfen verdünnter Schwefelsäure etwa 5 Minuten auf dem Wasserbad erwärmt. Die vereinigten Filtrate werden mit Ammoniak im Überschuß versetzt, nach nochmaligem Erkalten zweimal mit je 20 ccm Äther ausgeschüttelt, der Äther über geglühtem Natriumsulfat gut getrocknet und bis auf einen geringen Rest verdampft. Dann setzt man 3 ccm n/10-Salzsäure und 3 ccm Wasser zu, befreit durch nochmaliges vorsichtiges Erwärmen vom restlichen Äther und titriert mit n/10-Natronlauge nach dem Erkalten auf rein gelb zurück (Indikator 2 Tropfen Dimethylgelb). 1 ccm n/10-Salzsäure = 0,0353 g Berberin.

Zur Bestimmung der Phenolbasen wird die titrierte Lösung mit 1 ccm Natronlauge alkalisch gemacht, nochmals mit 30 ccm Äther ausgeschüttelt und die in den Äther übergehenden nichtphenolischen Basen wiederum in üblicher Weise bestimmt. Da in diesem Fall die wäßrige Lösung nicht mehr benötigt wird, kann dieselbe mit Traganth in der üblichen einfachen Weise gebunden werden. Die Differenz zwischen den Werten dieser und der obigen Bestimmung ergibt den Gehalt an Phenolbasen. Emulsionen, die sich beim Ausschütteln mit Äther mitunter bilden können, lassen sich durch Zugabe von geglühtem Natriumsulfat wieder trennen.

Die nach dieser Methode gefundenen Werte stimmten innerhalb der Fehlergrenze gut mit den Werten überein, die in Lösungen erhalten wurden, die durch Extraktion im Soxhlet bzw. durch erschöpfendes Auskochen der Wurzelrinde mit verdünntem Weingeist unter Zugabe einiger Tropfen verdünnter Essigsäure erhalten wurden.

Nach E. BROCHMANN-HANSSEN[1] treten bei der Titration dieses Verfahrens oft Schwierigkeiten auf, da der Umschlagspunkt in der gelben und meist auch trüben Flüssigkeit nicht leicht zu erkennen ist. Er gibt ein neues Verfahren zur Berberinbestimmung an, das darauf beruht, daß die sehr starke Base Berberiniumhydroxyd auch in großer Verdünnung genau acidimetrisch bestimmt werden kann. Die Titration wird vorzugsweise indirekt und in einer solchen Verdünnung ausgeführt, daß die Farbe der Alkaloidlösung nicht belästigend ist. Als Indicator wird Methylrot gebraucht. Die Extraktion der Droge nimmt BROCHMANN-HANSSEN in der Weise vor, daß nach der Extraktion der tertiären Basen der berberinhaltige Drogenrückstand mit schwefelsäurehaltigem Wasser erwärmt wird, wodurch das Berberin als Sulfat in Lösung geht. Nach dem Erkalten gibt man starke Natronlauge in großem Überschuß hinzu und schüttelt das Alkaloid mit Äther quantitativ aus:

2,5 g fein gepulverte Wurzelrinde übergießt man in einem Arzneiglas von 200 ccm Inhalt mit 50 ccm Äther und nach kräftigem Umschütteln mit 2,5 ccm Ammoniakflüssigkeit und läßt das Gemisch unter häufigem kräftigem Umschütteln eine halbe Stunde lang stehen. Nun fügt man 5 ccm Wasser hinzu und schüttelt einige Minuten lang, bis das Drogenpulver sich zusammengeballt hat und die ätherische Flüssigkeit klar oder beinahe klar geworden ist. Diese ätherische Alkaloidlösung gießt man möglichst vollständig durch ein Wattebäuschchen in einen Scheidetrichter, jedoch ohne etwas von der Droge mitzureißen. Der Drogenrückstand wird noch zweimal mit 10 ccm Äther ausgeschüttelt, jedesmal etwa 2 Minuten lang. Zu den gesammelten ätherischen Auszügen gibt man 10 ccm Wasser und schüttelt kräftig 5 Minuten lang. Nach dem Absetzen und Klären läßt man die

---

[1] Pharmac. Acta Helvetiae **21**, 23 (1946).

wäßrige Phase dem berberinhaltigen Drogenrückstand zufließen, fügt noch 10 ccm verdünnte Schwefelsäure (10%) hinzu und erwärmt auf siedendem Wasserbad eine halbe Stunde lang unter häufigem Umschwenken des Arzneiglases. Danach setzt man das Gemisch bis zum völligen Erkalten beiseite, gibt dann 75 g Äther und 7 ccm 30%ige Natronlauge hinzu und schüttelt kräftig 10 Minuten lang. Dann versetzt man mit 2,5 g Traganthpulver und schüttelt noch ein paar Minuten kräftig durch. Nach dem Absetzen filtriert man 60 g der ätherischen Flüssigkeit durch ein trockenes, gut bedecktes Faltenfilter in einen Erlenmeyerkolben. In den Trichter legt man zur Vorsicht einen kleinen Wattebausch unter das Filter. Man destilliert den Äther bis auf einen kleinen Rest ab, gibt noch 10 ccm Äther hinzu und destilliert weiter bis auf ein paar ccm ab. Nun fügt man 10 ccm n/10-Salzsäure und etwa 40 ccm Wasser hinzu und erwärmt die Flüssigkeit auf dem Wasserbade bis zum Verschwinden des Äthergeruches und bis sich das abgeschiedene Berberinchlorid wieder gelöst hat. Nach dem Erkalten versetzt man mit 5 Tropfen Methylrot und titriert mit n/10-Natronlauge bis zum Farbenumschlag. 1 ccm n/10-Salzsäure = 0,0353 g Berberin.

Während des Erwärmens und des Erkaltens des berberinhaltigen Gemisches bestimmt man den Gehalt an tertiären Basen in folgender Weise: Zuerst trocknet man die ätherische Lösung durch kräftiges Schütteln mit einer kleinen Menge Traganthpulver und gießt sie dann aus der oberen Öffnung des Scheidetrichters durch ein mit Äther angefeuchtetes Wattebäuschchen in einen Erlenmeyerkolben. Man wäscht den Scheidetrichter und die Watte mit 2 × 5 ccm Äther nach und destilliert dann den Äther völlig ab, löst den Rückstand in 10 ccm Äther, den man bis auf ein paar ccm abdestilliert. Nach Zusatz von 5 ccm n/10-Salzsäure und etwa 10 ccm Wasser erwärmt man die Flüssigkeit bis zum Verschwinden des Äthergeruchs, fügt nach dem Erkalten 2 Tropfen Methylrot hinzu und titriert mit n/10-Natronlauge bis zum Farbenumschlag. Den Gehalt an tertiären Basen berechnet man als Oxyacanthin. 1 ccm n/10-Salzsäure = 0,03141 g Oxyacanthin.

Cortex Cascarae sagradae.

Die Wirkstoffe der Cascara sagrada-Rinde sind wie bei der Frangularinde Anthracenderivate, die teils frei, teils glykosidisch gebunden als Anthrachinone oder in reduzierter Form vorliegen. Sie sind noch wenig bekannt. Nachgewiesen wurde von SCHINDLER[1] ein Frangulaemodinoxanthronglucosid, bei dem der Zucker mit dem Oxanthronhydroxyl verknüpft ist:

Frangulaemodinoxanthronglucosid, R = Glucose

Ferner wurde freies Frangulaemodin, Chrysophanol und von M. R. GIBSON und A. E. SCHWARTING[2] Aloeemodin und Isoemodin nachgewiesen. Der Gehalt an abführenden Stoffen ist geringer als in der Frangularinde. Wie diese enthält die frische Droge brechenerregende Stoffe, vermutlich Anthranolverbindungen, so daß nur abgelagerte oder auf 100° erhitzte Rinde verwendet werden soll. Nach Untersuchungen von J. W. FAIRBAIRN[3] sind die freien Anthrachinone an der Wirkung der Droge kaum beteiligt.

---

[1] Pharmac. Acta Helvetiae **21**, 189 (1946).

[2] J. Amer. pharmac. Assoc. **37**, 206 (1948); Ref. Scientia pharmac. **17**, 107 (1949).

[3] J. Pharmac. Pharmacol. **1**, 683 (1949).

Wirkstoffbestimmung.

Ebensowenig wie bei Rhizoma Rhei besteht auch bei Cortex Cascarae sagradae eine Übereinstimmung zwischen der Menge der Anthracenderivate und der therapeutischen Wirksamkeit. Dies wurde bereits von S. W. Morrison[1] und D. Graaff[2] nachgewiesen, so daß nur eine biologische Bestimmung oder ein Selbstversuch eine Beurteilung der therapeutischen Wirksamkeit der Droge zulassen wird. Immerhin wird auch hier, wie bei Rhizoma Rhei (S. 312) und Cortex Frangulae eine differenzierte Bestimmung von freien, gebundenen, oxydierten und reduzierten Anthracenverbindungen die Spezifität der chemischen Bestimmung bedeutend erhöhen. Solche Verfahren sind unter Rhizoma Rhei angegeben und die gravimetrische und colorimetrische Methode von R. Fischer und H. Buchegger lassen sich auch für Cortex Cascarae sagradae anwenden. Auch sei auf die Modifikation dieses Verfahrens von H. Vogt hingewiesen, das unter Cortex Frangulae (S. 115) beschrieben ist. Eine chromatographische Isolierung der Anthracenderivate und deren spektrographische Bestimmung wurde von Gibson und Schwarting[3] wie folgt ausgeführt:

5 g Droge oder Fluidextrakt werden mit 250 ccm Chloroform unter Rückflußkühlung 1 Stunde extrahiert und die erhaltene Lösung auf eine Säule einer Mischung (3 : 1) von Celit (Johns-Manville Celite Nr. 501) und Magnesia usta (Micron Brand Adsorptive Magnesia Nr. 2641, Westvaco Chlorine Products Comp.) in einem Chromatographierrohr mit 38 mm Durchmesser gebracht. Im entstandenen Chromatogramm kann man 5 deutliche Zonen unterscheiden: eine rotbraune (1), eine dunkelrote (2), eine orange gefärbte (3), eine blaßrote (4) und eine blaßgelbe (5). Nach Trennung der Schichten wurde die Magnesia durch Behandlung mit 10%iger Salzsäure gelöst und die Anthrachinone mit Chloroform ausgeschüttelt. Die Chloroformlösungen der einzelnen Zonen wurden jede für sich in Rohren mit 12 mm Durchmesser neuerlich chromatographiert, wobei sich alle Schichten als einheitlich erwiesen, mit Ausnahme der rotbraunen, die sich wieder in 3 Zonen zerlegen läßt. Die zweiten Chromatogramme der Schichten 2, 3 und 4 wurden mit Alkohol eluiert und diese Lösungen spektrophotometrisch untersucht. An Modellversuchen mit Reinsubstanzen konnte gezeigt werden, daß die Zone 2 Emodin (1,6,8-trioxy-3-methylanthrachinon) enthält, Zone 3 Aloeemodin (3-oxy-methyl-1,8-dioxyanthrachinon), Zone 4 Isoemodin (3,5,8-trioxy-2-methylanthrachinon), während die Zone 1 aus einem Gemisch der 3 Anthrachinone besteht. Die Substanz der Zone 5 wurde schon früher von Ernst und Weiner[4] als Anthranol charakterisiert.

Um die gebundenen Anthrachinone zu isolieren, wurde der nach der Extraktion mit Chloroform verbleibende Rückstand 2½ Stunden mit 250 ccm Chloroform und 50 ccm 25%iger Schwefelsäure unter Rückflußkühlung erhitzt und die Chloroformlösung wie oben chromatographiert. Es entstehen auch hier die gleichen Schichten, die nach Trennung mit Chloroform eluiert und wie beschrieben einzeln nochmals chromatographisch gereinigt werden. Die zweiten Chromatogramme wurden mit Alkohol eluiert und die Rückstände nach dem Verdampfen im Vakuum sublimiert. Schmelzpunkte und spektrophotometrische Bestimmung stimmten mit den entsprechenden Reinsubstanzen überein.

Durch chromatographische Adsorption und anschließende spektrophotometrische Messung ist auch die quantitative Bestimmung der Gesamtanthrachinone möglich. Das Absorptionsmaximum liegt für Isoemodin und Aloeemodin bei 430 mμ, für Emodin bei 440 mμ.

[1] J. Amer. pharmac. Assoc. **1931**, 1276; Ref. Pharmaz. Ztg. **1932**, 371.

[2] Pharmac. Weekbl. **1932**, 753; Ref. Pharmaz. Ztg. **1932**, 1051.

[3] J. Amer. pharmac. Assoc. **37**, 206 (1948); Ref. Scientia pharmac. **17**, 107 (1949). — [4] Scientia pharmac. **8**, 45 (1937).

Verfahren von Fairbairn und Mahran.

Nach J. W. Fairbairn und G. E. D. H. Mahran[1] erstreckt sich die chromatographische Trennung der einzelnen Anthracenderivate nach der Methode von Gibson und Schwarting über eine Woche und das Verfahren ist für die Praxis weniger geeignet. Sie haben hierauf eine Methode ausgearbeitet, nach der nur die Glykoside bestimmt werden, nachdem störende Farbstoffe, die die colorimetrische Bestimmung erschweren, durch eine Behandlung mit Wasserstoffsuperoxyd, Natriummetabisulfit und Natriumbicarbonat entfernt wurden. Die Ergebnisse stimmen mit denen der biologischen Prüfung befriedigend überein. Das Verhältnis beider Werte ist etwa 1,2. Wurden dagegen wäßrige Trocken- und schwachalkoholische Fluidextrakte nach beiden Verfahren untersucht, zeigten sie eine viel schwächere biologische Wirkung als nach der chemischen Bestimmung erwartet werden sollte. Das Verhältnis beider Methoden hat sich auf etwa 0,6 verschoben. Erst wenn die Droge mit 70%igem Alkohol extrahiert und die Extraktlösung im Vakuum unter 40° zu einem Trockenprodukt eingedampft wurde, stimmten die Werte der chemischen und biologischen Methoden wieder in demselben Maße wie bei der Droge überein, das Verhältnis der Werte war wieder 1,2.

Ausführung. Etwa 1 g genau gewogenes Drogenpulver wird mit 80 ccm heißem Wasser in ein 100 ccm-Meßkölbchen gebracht und dieses wird 15 Minuten in ein siedendes Wasserbad gestellt. Nach dem Abkühlen auf Raumtemperatur wird der p_H-Wert auf 6,0 eingestellt und kräftig geschüttelt. Hierauf wird auf 100 ccm aufgefüllt und filtriert oder zentrifugiert. Extrakte und Fluidextrakte werden ebenfalls auf p_H 6,0 eingestellt und auf ein bestimmtes Volumen aufgefüllt.

Zur Entfernung der freien Anthrachinonderivate werden 10 ccm Filtrat oder Lösung mit n-Salzsäure auf p_H 3,0 gebracht und jeweils mit 30 ccm Chloroform so oft kräftig ausgeschüttelt, bis dieses farblos ist. Die vereinigten Chloroformlösungen werden zweimal mit 5 ccm Wasser gewaschen und dieses der wäßrigen Lösung zugefügt. Das Chloroform mit den freien Anthrachinonderivaten wird verworfen.

Hydrolyse der Glykoside. Die wäßrige Lösung, die jetzt etwa 20 ccm beträgt, wird mit 12 ccm 6%igem Wasserstoffsuperoxyd und 16 ccm 10-n-Schwefelsäure versetzt, so daß die Säurekonzentration etwa 3,3 n ist. Die Mischung wird 15 Minuten in einem siedenden Wasserbad erhitzt und dann mit Leitungswasser gekühlt, wobei die Aglykone sich als brauner Niederschlag abscheiden.

Extraktion und Reinigung der Aglykone. Die wäßrige Lösung wird kräftig in einem Schütteltrichter mit 80 ccm Äther geschüttelt und zur Schichtentrennung stehengelassen. Die untere wäßrige Schicht wird abgelassen und die gelbe Ätherschicht wird von dem braunen Rückstand dekantiert, der eine Schicht zwischen der wäßrigen und ätherischen Schicht bildet. Dieser braune Rückstand wird in wenig Natronlauge gelöst und die Lösung der abgelassenen wäßrigen Schicht zugefügt, die überschüssige Säure enthält. Die Extraktion wird in gleicher Weise mehrmals mit Äther wiederholt, bis der Äther farblos ist. Die vereinigten Ätherausschüttelungen werden dreimal mit je 20 ccm 10%iger Natriummetabisulfitlösung und dann drei- bis viermal mit je 20 ccm 1%iger Natriumbicarbonatlösung ausgeschüttelt und die wäßrigen Lösungen werden verworfen.

Colorimetrische Bestimmung. Die gereinigte Ätherlösung wird mit kleinen Anteilen von 10 bis 20 ccm n-Natronlauge extrahiert, bis die alkalische Lösung farblos ist. Die alkalische Lösung wird mit 0,2 ccm 3%igem Wasserstoffsuperoxyd auf je 10 ccm Lösung versetzt und 4 Minuten in einem siedenden Wasserbad er-

---

[1] J. Pharmac. Pharmacol. **5**, 827 (1953).

hitzt. Hierauf wird rasch gekühlt, überschüssige Schwefelsäure zugesetzt und mit Äther extrahiert. Die ätherische Lösung wird neuerdings mit n-Natronlauge extrahiert, die alkalische Lösung wird zur Vertreibung des Äthers erwärmt und auf ein bestimmtes Volumen aufgefüllt. Die rote Farbintensität wird bei 500 mμ innerhalb von 30 Minuten gemessen und die Menge Aglykone, als Aloeemodin berechnet, aus einer Eichkurve von Aloeemodin abgelesen.

Cortex Chinae.

In der Chinarinde sind etwa 25 Alkaloide in einer Menge von 2 bis 9%, bei kultivierten Rinden bis 17%, enthalten, die sich größtenteils vom Chinolin ableiten. Die Hauptalkaloide sind das Chinin und isomere Chinidin und das Cinchonin und isomere Cinchonidin. An Nebenalkaloiden enthält die Rinde 0,2 bis 1,8%. Die Alkaloide sind teils frei, teils als Salze der Chinasäure, Chinagerbsäure und Chinovasäure und weiter an Gerbstoffe gebunden. Besonders die Bindung an Chinagerbsäure ist sehr fest und schwer mit Säuren spaltbar. Außerdem enthält die Rinde 1 bis 5% Gerbstoffe, die leicht zur Bildung von Phlobaphenen, Chinarot, neigen.

Die Alkaloidsalze und die freien Gerbstoffe sind in Wasser, die Alkaloide in Alkohol löslich, die Alkaloidtannate sind in Wasser leichter als in Alkohol löslich, aber trotzdem schwer extrahierbar. Mit Hilfe einer Säure werden die Alkaloidtannate zu leichtlöslichen Salzen und einen entsprechenden Gerbstoff umgesetzt, wodurch die Extraktion wesentlich erleichtert wird.

Bestimmung der Gesamtalkaloide.

Nachdem sich herausstellte, daß nach der DAB 6-Methode stark streuende Werte erhalten werden, wurde die Alkaloidbestimmung in Cortex Chinae wiederholt eingehend untersucht, indem verschiedene Arzneibuchmethoden und Vorschläge verglichen wurden. Nach dem DAB 6 und den meisten anderen Methoden werden die Alkaloide mit angesäuertem Wasser extrahiert, nach dem Alkalisieren in eine organische Phase übergeführt und in derem Destillationsrückstand titriert oder gewogen.

F. GSTIRNER[1] z. B. verglich die Methoden des DAB 6, des Schweizer Arzneibuches V, des Amerikanischen Arzneibuches, die Verfahren von FROMME[2] und AUERMÜLLER[3], die alle nach dem gleichen Prinzip verfahren, aber in den Mengen der gebrauchten Lösungs- und Fällungsmittel sich unterscheiden. GSTIRNER erhielt nach den Methoden von AUERMÜLLER, des Schweizer und Amerikanischen Arzneibuches nahezu übereinstimmende Werte, die auch höher als die Werte des DAB 6 oder anderer Methoden lagen. Daß nach diesen Verfahren auch tatsächlich richtige Werte erhalten werden, versuchte GSTIRNER in der Art zu beweisen, daß er aus einer Rinde mit 7,03% Alkaloiden verschiedene Fluidextrakte herstellte und die Alkaloide in den Fluidextrakten und

---

[1] Pharmaz. Ztg. **1933**, Nr. 54.
[2] Jahresbericht der Fa. Caesar & Loretz 1924.
[3] Ref. Pharmaz. Zentralhalle Deutschland **1924**, 20.

deren extrahierten Drogenrückständen bestimmte. Die Summe dieser beiden Werte entsprach dem Alkaloidgehalt der Rinde von 7,03%, woraus GSTIRNER auf eine vollkommene Extraktion schloß. GSTIRNER empfiehlt wegen der Einfachheit, Sparsamkeit und des scharfen Umschlagspunktes das Verfahren des Schweizer Arzneibuches V.

Ähnliche Versuche wurden auch von H. WOJAHN und K. ERDEL-MEIER[1] ausgeführt, nach denen gleichfalls die DAB 6-Methode wegen der zu geringen Laugenmenge und Extraktionsflüssigkeit Unterwerte liefert. Auch sie setzen sich für die Methode des Schweizer Arzneibuches V ein, besonders, wenn die Salzsäure zur Extraktion der Rinde durch Ameisensäure ersetzt wird. Der Vorteil der Ameisensäure gegenüber der Salzsäure wird auch von E. VOGEL und J. EUBEL[2] bestätigt, die ebenfalls das Verfahren des Schweizer Arzneibuches V mit Ameisensäure an Stelle von Salzsäure empfehlen. Die Ausführung der Bestimmung mit Ameisensäure statt mit Salzsäure wurde auch in das Supplementum primum (1948) des Schweizer Arzneibuches V aufgenommen und verläuft folgendermaßen:

1,25 g Chinarinde (VI) werden in einer Arzneiflasche von 150 ccm Inhalt mit 2 ccm Ameisensäure (25%) und 15 ccm Wasser versetzt und während 30 Minuten in ein siedendes Wasserbad gestellt. Nach dem Erkalten werden 20 g Chloroform und 40 g Äther zugesetzt. Nach Zusatz von 5 g konzentrierter Natronlauge (30%) wird während 30 Minuten häufig umgeschüttelt; dann fügt man 2 g Traganthpulver zu und schüttelt wieder kräftig. Hierauf gießt man 48 g der Äther-Chloroformlösung (= 1 g Droge) durch etwas Watte in einen Erlenmeyerkolben von 150 ccm Inhalt, destilliert das Lösungsmittel auf dem Wasserbad bis auf einige ccm ab und entfernt den Rest desselben unter schwachem Erwärmen durch Darübersaugen von Luft. Dann löst man den Rückstand vollständig, wenn nötig unter leichtem Erwärmen auf dem Wasserbad, in 10 ccm Weingeist, versetzt die Lösung mit 10 ccm frisch ausgekochtem und wieder erkaltetem Wasser und 10 Tropfen Methylrot und titriert mit n/10-Salzsäure bis zur Rotfärbung. Nun verdünnt man mit 50 ccm frisch ausgekochtem und wieder erkaltetem Wasser, wobei die Farbe wieder in Gelb umschlägt, und titriert weiter bis zur Rotfärbung (Mikrobürette). 1 ccm n/10-Salzsäure = 0,0309 g Alkaloide.

Mikroverfahren.

Wenn zur Alkaloidbestimmung infolge des hohen Alkaloidgehaltes auch nur 1 bis 2 g Droge erforderlich sind, so wurden auch Mikromethoden ausgearbeitet, die nur 0,1 bis 0,2 g Droge benötigten. O. DAFERT und H. VLCEK[3] prüften 20 verschiedene Verfahren, von denen sie 14 Arzneibuchmethoden im Verlauf einer Voruntersuchung als unpraktisch und unökonomisch ausschlossen. In den engeren Kreis der Untersuchung zogen sie die Verfahren von SCHMIDT[4], HERZOG und HANNER[5], FROMME[6], DIETERLE[7] und RAPP[8], von denen sich die Methode von DIETERLE zur

---

[1] Apotheker-Ztg. **54**, 226, 1224 (1939).
[2] Pharmaz. Zentralhalle Deutschland **81**, 397 (1940).
[3] Pharmaz. Mh. **1926**, Nr. 7, 8. — [4] Pharm. Chem. **2**, 1537.
[5] Apotheker-Ztg. **1920**, 216.
[6] Apotheker-Ztg. **1915**, 352; Pharmaz. Zentralhalle Deutschland **1923**, 58.
[7] Arch. Pharmaz. **1923**, 77, 261.
[8] Apotheker-Ztg. **1919**, 21; Pharmaz. Zentralhalle Deutschland **1918**, 332.

Umarbeitung für ein Mikroverfahren am besten eignete. Die wesentlichsten Änderungen bestehen in der Verwendung von kleineren Mengen Lösungsmitteln und von n/100-Lösungen an Stelle von n/10-Lösungen. Der Umschlagspunkt der Titration kann durch eine jodometrische Bestimmung bedeutend verschärft werden:

0,2 g fein gepulverte Chinarinde werden in einem ungefähr 20 ccm fassenden, mit eingeschliffenem Stöpsel versehenen Pulverglas mit 0,2 ccm 25%iger Salzsäure und 1 ccm Wasser übergossen. Das Gefäß wird, mit einem Bindfaden zugebunden, 10 Minuten lang in einem kochenden Wasserbad erwärmt; man läßt hierauf unter häufigem Umschütteln erkalten, versetzt mit 3,5 ccm Chloroform und 0,5 ccm 15%iger Natronlauge, schüttelt während 10 Minuten und fügt dann noch 7 ccm Äther hinzu. Unter abermaligem Schütteln läßt man das Gemisch während einer Stunde stehen, gibt 0,2 g Traganthpulver hinzu und schüttelt wieder 2 Minuten lang kräftig durch. Nach vollständiger Klärung dekantiert man das Chloroform-Äthergemisch in ein Jenenser Erlenmeyerkölbchen von 100 ccm Inhalt und wäscht den Rückstand noch zweimal mit je 5 ccm Chloroform-Äthergemisch (1 : 2) nach. Von den vereinigten Chloroform-Ätherauszügen dampft man ungefähr $^2/_3$ ab, bringt den Rückstand nach dem Erkalten in einen kleinen Scheidetrichter und spült das Kölbchen zunächst mit 5 ccm Äther, dann zweimal mit je 5 ccm n/10-Salzsäure (aus einer Pipette) und endlich dreimal mit je 5 ccm Wasser nach. Die Waschflüssigkeiten werden jedesmal in den Scheidetrichter gebracht. Nun schüttelt man 3 Minuten hindurch und läßt nach vollständiger Trennung der beiden Schichten die salzsaure Lösung in ein kleines Erlenmeyerkölbchen abfließen; man schüttelt die Ätherschichte noch zweimal mit je 5 ccm Wasser aus, das ebenfalls in das Kölbchen gebracht wird. Die vereinigten salzsäurehaltigen Auszüge werden mit n/100-Kalilauge unter Verwendung von Methylrot als Indicator zurücktitriert.

Zur jodometrischen Bestimmung verfährt man folgendermaßen: Der zuletzt erhaltene salzsaure Auszug wird mit 1 ccm einer 10%igen Kaliumjodidlösung und 0,2 ccm einer 10%igen Kaliumjodatlösung versetzt und während 5 bis 10 Minuten stehengelassen. Hierauf wird so lange n/100-Natriumthiosulfatlösung zugesetzt, bis die anfangs gelbe Farbe nahezu verschwunden ist. Nach Zusatz von 2 Tropfen Stärkelösung titriert man weiter, bis die blaue Farbe auch nach 10 Minuten nicht wiederkehrt.

E. Kɪɴsᴋᴀ[1] verglich 14 Arzneibuchmethoden und gibt folgendes Verfahren an, das sich durch eine besonders intensive Alkaloidextraktion der alkalischen wäßrigen Drogenextraktlösung mit Chloroform auszeichnet:

0,1 g der bei 105° getrockneten Chinarinde wird auf dem Wasserbad mit 5 ccm verdünnter Salzsäure und 10 ccm destilliertem Wasser 10 Minuten erhitzt. Nach dem Abkühlen wird die Mischung mit etwa 8—10 ccm destilliertem Wasser quantitativ in den Tʜɪᴇʟᴇ-Pᴀᴘᴘᴇ-Extraktor gespült, in dem sie mit Chloroform bis auf eine Höhe von 5 ccm unterschichtet wird. Die Mischung wird hierauf mit 15%iger Natronlauge alkalisch gemacht und 1 Stunde mit dem Chloroform extrahiert. Wird eine größere Menge Rinde in Arbeit genommen, dann wird entsprechend länger extrahiert. Nach Beendigung der Extraktion wird bis auf einen kleinen Rückstand abdestilliert, der nach Zugabe von 5 ccm Alkohol (96%) auf dem Wasserbad zur Trockene eingedampft wird. Der Abdampfrückstand wird in der Wärme in 10 ccm 96%igem Alkohol gelöst. Nach dem Auskühlen werden 20 ccm destilliertes Wasser zugefügt und mit n/10-Salzsäure und Methylrot als Indicator titriert. 1 ccm n/10-Salzsäure = 0,03092 g Alkaloide.

Erwähnt sei auch die Methode zur Alkaloidbestimmung in der Droge und im Trockenextrakt mit dem Sulfosäure-Austauscher Duolite C—10 von J. Bücʜɪ und F. Fᴜʀʀᴇʀ[2].

[1] Chem. Listy Vědu Průmysl **36**, 99 (1942); Ref. Chem. Cbl. **1942** II, 811.
[2] Arzneimittelforsch. **3**, 1 (1953).

Aminometrische Alkaloidbestimmung.

Die ersten aminometrischen Bestimmungen führte VORLÄNDER[1] aus, der unter „Aminometrie" die maßanalytische Bestimmung von Aminen unter Einsatz der Amine als Addenden für Säure versteht, wobei wäßrige und alkoholische Lösungsmittel sowie alle jene Bedingungen auszuschließen sind, unter denen die Amine zu Basen werden können. Basische Eigenschaften sind nicht identisch mit aminischen. Diese Methodik zogen R. DIETZEL und PAUL[2] zur Bestimmung von Alkaloiden in Drogen und galenischen Zubereitungen heran, unter Benützung einer n/20-p-Toluolsulfosäure in Chloroform an Stelle des flüchtigen Chlorwasserstoffs von VORLÄNDER. Der Titer der p-Toluolsulfosäure-Chloroform-Lösung wurde mittels Tribenzylamins in chloroformischer Lösung ermittelt unter Benützung der von VORLÄNDER vorgeschlagenen Lösung von 0,05 g Dimethylaminoazobenzol in 100 ccm Chloroform als Indicator. Dieses Verfahren, das in mancher Hinsicht schneller ausführbar ist als die Arzneibuchmethoden, bewährte sich bei Cortex Chinae, Tinctura Chinae, Extr. Chinae fluid., Extr. Chinae spirituosum, Cortex Granati, Radix Ipecacuanhae, Tinct. Ipecacuanhae, Extractum Strychni, Extr. Belladonnae, Extr. Hyoscyami, Rhizoma Hydrastis, Extr. Hydrastis fluidum und Secale cornutum. Schwierigkeiten bereiteten die fett- und chlorophyllhaltigen Drogen wie Semen Strychni, Folia Belladonnae und Folia Hyoscyami, ebenso die Alkaloide Colchicin, Piperin, Coffein, Theobromin, Theophyllin und Nikotin, die zu schwach aminisch sind.

Ausführung der Bestimmung. Man übergießt 2 g fein gepulverte Chinarinde in einem Arzneiglas von etwa 100 ccm Inhalt mit 1 g Salzsäure und 5 ccm Wasser und erhitzt das Gemisch 10 Minuten lang im siedenden Wasserbade. Nach dem Erkalten fügt man 30 g Chloroform hinzu, schüttelt 5 Minuten lang, versetzt mit 5 g Natronlauge, schüttelt das Gemisch noch einmal 10 Minuten lang kräftig durch und versetzt mit 1 g Traganthpulver. Nachdem man wieder einige Minuten lang durchgeschüttelt hat, gießt man 15 g der klaren Chloroformlösung (= 1 g Chinarinde) durch einen Wattebausch in ein Kölbchen und titriert nach Zusatz von 5 Tropfen 0,05%iger Dimethylaminoazobenzol-Chloroformlösung mit n/20-p-Toluolsulfosäure-Chloroformlösung bis zum Farbumschlag. 1 ccm n/20-p-Toluolsulfosäure-Chloroformlösung = 0,00773 g Alkaloide. (Chinin und Cinchonin werden als zweisäurige Basen titriert).

Alkalische Extraktion der Droge.

Einige Autoren extrahieren die Droge nicht mit angesäuertem Wasser, sondern mit alkalischem Alkohol, um eine quantitative Extraktion zu erreichen. Nach H. WOJAHN[3] wird durch Anwendung von Salzsäure oder Ameisensäure kein vollständiger Aufschluß der Alkaloid-Gerbstoffverbindungen ermöglicht, sondern diese werden erst durch Alkalilauge nahezu quantitativ zerlegt. So ließ z. B. die Ph. Nederl. V. 3 g Droge mit 1 g Calciumhydroxyd, 3 ccm Ammoniak (10%) und 60 ccm Chloroform 3 Stunden lang macerieren und im Verdampfungsrück-

---

[1] Ber. dtsch. chem. Ges. **66**, 1789 (1933); **67**, 145 (1934).
[2] Arch. Pharmaz. **1935**, 507. — [3] Apotheker-Ztg. **54**, 1224 (1939).

stand des Chloroforms die Alkaloide titrieren. F. Gstirner erhielt
allerdings damit etwas niedrigere Werte als nach dem Schweizer Arzneibuch V (7,1% bzw. 7,5%). Vermutlich reichte die Alkalität noch nicht
aus, denn A. Guillaume[1] läßt 1 g Droge mit 10 g Ammoniak 1 Stunde
lang behandeln und mit 70%igem Alkohol erschöpfend extrahieren. Die
so erhaltene Tinktur wird auf die Hälfte eingeengt. Dann wird mit
etwa 25 ccm 1%iger Salzsäure aufgenommen, filtriert, das Filtrat mit
20 ccm Ammoniak alkalisiert und mit Äther kalt oder Chloroform warm
extrahiert. Der ätherischen Lösung werden mit 1%iger Salzsäure die
Alkaloide entzogen und nach Bertrand gravimetrisch bestimmt. Bei
Verwendung von Chloroform muß man die Lösung zur Trockene einengen, den Rückstand mit 50 ccm 1%iger Salzsäure aufnehmen und
nach dem Verfahren von Bertrand behandeln. Die Extraktion der
Alkaloide auf kaltem Wege mit Äther wird 5 mal mit je 50 ccm vorgenommen.

Nach L. Allport und D. Friend[2] läßt sich die Alkaloidextraktion
wesentlich beschleunigen, wenn zunächst mit angesäuertem und dann
mit Alkali versetztem Alkohol oder auch umgekehrt extrahiert wird.

Bestimmung einzelner Chinaalkaloide.

Bestimmung der Chininbase, nach L. Dávid[3], die auf der Eigenschaft
des Dinatriumhydrophosphates beruht, nur die Chininbase ohne Nebenalkaloide auszufällen:

In einem mit Gummistöpsel versehenen und damit gewogenen Jenaer Erlenmeyerkolben wägen wir genau 17 g 1%ige HCl. Dazu mengen wir 1,7 g China-
rindenpulver (VI. Sieb), setzen die Mischung auf ein heißes Wasserbad und erhitzen sie bei oftmaligem Rühren eine halbe Stunde lang. Sie vom Wasserbade
herunternehmend, verschließen wir den Kolben und lassen ihn wieder eine halbe
Stunde stehen, wobei wir oft kürzere oder längere Zeit hindurch schütteln. Nach
einer halben Stunde kühlen wir ihn ganz ab (auf Zimmertemperatur), wägen den
Kolben, trocken abgewischt, wieder und ergänzen die fehlende Menge mit 1%iger
HCl. Nach gutem Zusammenschütteln filtrieren wir durch ein bedecktes Filtrierpapier von 8 cm Durchmesser in eine trockene Flasche. Nach dem Abtropfen der
Flüssigkeit pressen wir das Filtrierpapier zwischen unseren Fingern aus, messen
aus dem reinen Filtrat in ein 50 ccm Jenaer Ausgußglas 10 g (1 g Rinde). Dazu
mischen wir unter Schütteln 10 Tropfen n/10-NaOH, dann 10 ccm 20%ige
Na_2HPO_4-Lösung, rühren sie mit einem Glasstab gut um, lassen sie 1 Stunde lang
stehen, rühren sie aber während dieser Zeit einige Male mit dem Glasstabe um.
Endlich sammeln wir den Niederschlag auf einem Filtrierpapier von 7 cm Durchmesser und waschen sowohl das Glas, als auch den Niederschlag mit 10 ccm
Na_2HPO_4-Lösung aus (1 ccm 20%ige Lösung + 9 ccm Wasser). Das Auswaschen
vollziehen wir so, daß wir in das Glas 2,5 ccm Waschwasser schütten; den an der
Wand des Glases klebenden Niederschlag waschen wir, ihn mit dem Glasstabe
reibend, mit der Flüssigkeit ab und schütten diese auf den Niederschlag, welcher
sich auf dem Filter befindet. Mit neuem 2,5 ccm Waschwasser waschen wir das
Glas Wasser wieder aus und gießen, nach dem Abtropfen der vorigen Flüssigkeit,
auch diese auf den Niederschlag. Auf diese Weise das Waschwasser in 4 Teile
teilend, muß man das Glas und den Niederschlag auswaschen. Das Glas wischen
wir dann mit 2 bis 3 ein wenig nassen Filtrierpapierstreifen (etwa 2,5 cm) gut aus,

---

[1] J. Pharmac. Alsace Lorraine **66**, 89 (1939).
[2] Quart. J. Pharmac. Pharmacol. **11**, 443 (1938).
[3] Pharmaz. Ztg. **1926**, Nr. 2.

damit wir die eventuellen Niederschlagspuren auch gewinnen. Sowohl diese, wie auch den vom Waschwasser befreiten Niederschlag bringen wir in eine 50 ccm fassende, mit einem Korkstöpsel gut verschließbare Flasche mit breiter Öffnung geben 4 ccm 20%ige NaOH dazu, schließen die Flasche und schütteln sie eine Minute lang stark, damit sich der Niederschlag zersetzt. Dann geben wir 6 g NaCl dazu und schütteln es auch mit diesem zusammen. Endlich pipettieren wir, 2 × 15 ccm Äther in die Flasche und, dieselbe gut verschließend, schütteln wir sie stark 20 Minuten lang. Nach einer halben Stunde pipettieren wir von der gereinigten ätherischen Schüttelung 15 ccm zurück und lassen diese in einen 50 ccm Jenaer Erlenmeyerkolben. Den Äther vertreiben wir, dann lösen wir den trockenen Rest in 2 × 3 ccm Äther, dunsten ihn jedesmal von neuem trocken und titrieren dann den in 20 ccm neutralisiertem konzentrierten Alkohol aufgelösten trockenen Rest mit n/10-HCl im Beisein von Lakmoid (Faktor 0,0324). Die Anzahl der verbrauchten ccm mit 6,58 multiplizierend, bekommen wir direkt den Prozentgehalt. Das Titrieren muß mit einer Mikrobürette geschehen.

Spektrophotometrische Bestimmung von Chinaalkaloiden von H. S. GRAND und J. H. JONES[1]: Die Absorptionsmaxima von Chinin und Chinidin in verdünnter Salzsäure liegen bei 250,318 und 348 mμ, diejenigen von Cinchonin und Cinchonidin bei 235 und 316 mμ. Die Lösungen der Alkaloide in n/10-Salzsäure entsprechen innerhalb einer Konzentration von 10 bis 60 mg pro Liter dem BEERschen Gesetz. Die Untersuchungen wurden mit dem Spektrophotometer von BECKMANN, Modell DU, ausgeführt.

Die Extinktion des Chinins (und Chinidins) beträgt pro Gewichtseinheit bei 316 mμ die Hälfte von der des Cinchonins (und Cinchonidins), während sie bei 348mμ 7mal so groß ist. Die Zusammensetzung einer Mischung von Chinin und Chinidin, gelöst in n/10-Salzsäure, läßt sich daher auf Grund der Absorption bei den beiden Wellenlängen berechnen. Eine Mischung dieser Alkaloide und ihrer optischen Isomeren bzw. der Alkaloide, die diesen beiden Typen entsprechen, wie sie in der Droge vorliegt, verhält sich spektrophotometrisch wie ein Zweistoffsystem.

Die Untersuchung der Droge wurde wie folgt vorgenommen: Etwa 1 g feinpulverisierte Rinde wird mit einigen ccm 10%iger NaOH-Lösung und 100 ccm Benzin versetzt; hierauf extrahiert man durch 3 bis 6 Stunden in der Wärme unter Rückflußkühlung. Nach Ergänzen des verdunsteten Benzins wird ein aliquoter Teil (50 ccm) in einem kleinen Schütteltrichter portionsweise mit n/10-Salzsäure ausgeschüttelt. Die sauren Extrakte werden zur Vertreibung des Benzins 2 bis 3 Minuten erhitzt und nach dem Abkühlen auf 1000 ccm verdünnt. Es wird die Absorption bei 316 und 348 mμ gemessen und auf Grund des Verhaltens einer Standardlösung der Alkaloidgehalt nach folgenden Gleichungen berechnet:

$$D_{316} = X D_q^{316} + Y D_c^{316} \qquad\qquad D_{348} = X D_q^{348} + Y D_c^{348} \,.$$

X und Y = Menge der Alkaloide des Chinin- und Cinchonintypus. D_{316} und D_{348} = Extinktion der Probelösungen bei 316 und 348 mμ. D_q^{316}, D_c^{316}, D_q^{348}, D_c^{348} = Extinktion pro Gewichtseinheit der Standardlösungen bei entsprechenden Wellenlängen. Eine Gegenüberstellung der Resultate der spektrophotometrischen und der gravimetrischen Methode ergibt eine Abweichung von maximal 2%. Die Methode kann zur Bestimmung des Gesamtalkaloidgehaltes und der Menge an Alkaloiden des Chinintypus in Drogen verwendet werden.

V. A. CHRISTENSEN, K. R. GOTTLIEB und F. REIMERS[2] führen eine getrennte Bestimmung von Chinin und Cinchonin in der Weise aus, daß

---

[1] Analyt. Chem. **22**, 679 (1950); Ref. Scientia pharmac. **19**, 56 (1951).
[2] Dansk Tidsskr. Farmac. **21**, 231 (1947).

sie diese beiden Alkaloide über die Tartrate reinigen und als Hydrochloride polarimetrisch bestimmen:

7,5 g fein gepulverte Rinde werden mit 30 ccm 2-n-Ameisensäure und 30 ccm Wasser auf dem Wasserbade 30 Minuten erhitzt. Nach dem Erkalten werden 12 ccm Natronlauge zugesetzt und die Alkaloide mit einer Mischung von 120 g Chloroform + 255 g Äther zuerst durch 5 Minuten dauerndes Schütteln und dann durch wiederholtes Schütteln während einer halben Stunde extrahiert. Nach Zusatz von 6 g Traganthpulver wird die Extraktlösung durch Watte filtriert und 300 g Filtrat werden auf einige ccm auf dem Wasserbade und dann vorsichtig durch einen Luftstrom zur Trockene eingedampft. Der Rückstand wird in 20 ccm Alkohol gelöst und mit n/10-Salzsäure und Methylrot als Indicator titriert. Die Anzahl ccm Salzsäure mit 0,03244 multipliziert, ergibt den Gesamtalkaloidgehalt in 6 g Droge, berechnet als Chinin.

Die titrierte Lösung wird filtriert und das Filter mit 50 ccm siedendem Wasser nachgewaschen. Die Filtration wird durch einen geringen Überschuß an Salzsäure beschleunigt, die nachher neutralisiert wird. Das Filtrat wird auf 90 g eingedampft und mit einer Lösung von 30 g Kalium-Natriumtartrat in 30 ccm Wasser versetzt. Die Lösung wird unter häufigem Schütteln 1 Tag stehengelassen, dann der Niederschlag filtriert und dieser mit einer Lösung von 5 g Kalium-Natriumtartrat in 20 ccm Wasser nachgewaschen. Das Filter wird mit dem Niederschlag und mit Hilfe von 30 ccm siedendem Wasser in einen Schütteltrichter gebracht, mit 5 ccm 2-n-Natronlauge versetzt und dann werden die Alkaloide viermal mit je 20 ccm Chloroform ausgeschüttelt. Die Chloroformlösungen werden in einem tarierten Kölbchen zur Trockne eingedampft, der Rückstand in 10 ccm Alkohol gelöst und mit n/10-Salzsäure und Methylrot als Indicator bis zur ersten Rotfärbung titriert, dann werden 50 ccm Wasser hinzugefügt und bis zur deutlichen Rotfärbung titriert. Durch Multiplikation mit 0,03244 erhält man den Gehalt an Chinin + Cinchonidin, berechnet als Chinin.

Die titrierte Lösung wird auf etwa 15 g eingedampft, gekühlt, mit 2,5 ccm n-Salzsäure versetzt und mit Wasser auf 25 ccm ergänzt. Hierauf wird filtriert und die optische Drehung im 200 mm-Rohr gemessen. Der Prozentgehalt (Chinin) in der Droge errechnet sich folgendermaßen: $(1,82 \times$ Drehung$) - (0,77 \times$ ccm der letzten Titration).

Eine getrennte Bestimmung einiger Chinaalkaloide durch Mikrosublimation geben J. A. ZAPOTCKY und L. E. HARRIS[1] an:

Da die Salze der Alkaloide, so wie sie in der Pflanze vorliegen, nicht sublimieren, werden die Drogen vor der Sublimation mit Natriumcarbonat behandelt, um die Alkaloide in Freiheit zu setzen. Die getrockneten Drogen werden pulverisiert und in einer Reibschale mit so viel gesättigter Natriumcarbonatlösung versetzt, daß die Pflanzenteile genug durchfeuchtet werden. Diese Paste wird dann bei Zimmertemperatur unter häufigem Umrühren getrocknet. Etwa 50 mg werden, fein zerrieben, in ein Sublimationsröhrchen von 17 cm Länge und 7 mm Durchmesser gebracht, das an einem Ende in einem Aluminiumblock erhitzt und am anderen mit einer Hochvakuumpumpe verbunden wird. Oberhalb des Pulvers befindet sich ein kleiner Wattepfropf. Bei 5 mm Druck wird der Aluminiumblock erhitzt und man erhält folgende Fraktionen:

Sublimationstemperatur: 140—160° Chinin (140°)
145—160° Chinidin (145°)
145—160° Cinchonidin (145°)
155—175° Cinchonin (155°).

Die Zahlen in Klammern geben die Sublimationstemperatur der reinen Alkaloide unter denselben Druckverhältnissen an.

---

[1] J. Amer. pharmac. Assoc. Sci. Ed. **38**, 557 (1949); Ref. Scientia pharmac. **19**, 181 (1951).

Polarimetrische Bestimmung der Chinasäure nach L. Messiner-Klebermass, R. Kretschmayer und St. Molnar[1]. 50 bis 60 g Chinarinde werden in der Kälte mit je 1 Liter Wasser zwei bis dreimal durch etwa je 8 Stunden geschüttelt. Nach Filtration werden die Auszüge auf etwa 1 Liter Gesamtvolumen eingeengt und mit gelöschtem Kalk im Überschuß [etwa 100 ccm einer 25%igen $Ca(OH)_2$-Aufschwemmung] versetzt; nun wird auf Sirupkonsistenz eingedampft und durch reichlichen Alkoholzusatz der chinasaure Kalk abgeschieden. Nach 24stündigem Stehen wird der Niederschlag abgesaugt und mit möglichst wenig Essigsäure, unter Zusatz von etwas Eisessig, in Lösung gebracht. Diese meist dunkelbraun gefärbte Lösung muß zur Polarimetrie noch entfärbt werden. Dies geschieht mit Bleizucker (eventuell in fester Form); der Niederschlag wird abfiltriert oder abgesaugt; aus dem noch immer gefärbten Filtrat wird das Blei durch H_2S entfernt und nach Entfernung des PbS kann die nun hellgewordene Flüssigkeit polarisiert werden. Es ergab sich allerdings, daß diese Entfärbungsmethode unter Umständen zu Verlusten führen kann. Eine Entfärbung durch Tierkohle führte nicht zum Ziel; bei Anwendung von Mengen, die die Aufhellung der Flüssigkeit bewirken, wird auch Chinasäure adsorbiert. Drehung der Chinasäure: $[\alpha] = -42,1°$. Die Autoren fanden 7 bis 7,5% Chinasäure in der Chinarinde.

Papierchromatographische Untersuchungen an Chinaalkaloiden wurden von D. J. Lussmann, E. R. Kirch und G. L. Webster[2] mit Cyclohexanol oder Cyclohexanon mit verdünnter Salzsäure ausgeführt. Chinin und Chinidin wurden fluoremetrisch, Cinchonin und Cinchonidin mit Kaliumjodoplatinat identifiziert. Cyclohexanon gibt zwar eine schnellere Entwicklung, aber die Trennung der Alkaloide ist geringer als bei Cyclohexanol.

P. de Moorhoose[3] ist der Ansicht, daß sich Chinin, Chinidin, Cinchonin und Chinchonidin mit Lösungsmitteln nicht trennen lassen, die sich nicht mit Wasser mischen (Butanol, Cyclohexanol usw.). Mit Flüssigkeiten, die sich mit Wasser mischen (Ammoniak, Pyridin) erhielt er gute Chromatogramme. Nach dem Chromatographieren kann die Menge des Alkaloids fluoremetrisch bestimmt werden.

Cortex Cinnamomi.

Zur Bestimmung des Zimtaldehyds in der Zimtrinde wird das ätherische Öl mit Wasserdampf abdestilliert und im Destillat der Zimtaldehyd nach einem der unter Zimtöl angeführten Methoden ermittelt.

Bestimmung des Zimtaldehyds nach Hanus mit Semioxamazid in der Ausführung von R. Eder und W. Schneiter[4]:

6 g Rindenpulver werden der Wasserdampfdestillation unterworfen. Die ersten 250 ccm des Destillates werden mit einer heißen Lösung von 0,25 g Semioxamazid in 15 ccm Wasser versetzt, während 10 Minuten kräftig geschüttelt und hierauf unter zeitweiligem Schütteln mindestens 20 Stunden stehengelassen. Der Niederschlag wird auf einem bei 150° getrockneten, tarierten Glasfiltriertiegel gesammelt, mit Wasser nachgewaschen, 2 Stunden bei 140 bis 150° getrocknet und nach dem Erkalten im Exsiccator gewogen. Das Gewicht des Niederschlages, multipliziert mit 10,14 ($0,6083 : 6 = x : 100$, $x = 10,14$) ergibt den Prozentgehalt an Aldehyden, berechnet als Zimtaldehyd.

---

[1] Scientia pharmac. **7**, 58 (1936).

[2] J. Amer. pharmac Assoc. Sci. Ed. **40**, 368 (1951).

[3] Pharmac. Tijdsschr. v. Belgie **29**, 117 (1952); Ref. Pharmaz. Ztg. **89**, 598 (1953).

[4] Schweiz. Apotheker-Ztg. **63**, 276, 285, 297 (1925).

Bestimmung mit Hydrazinsulfat nach B. Stempel[1]. 2,5 bis 5 g gepulverte Zimtrinde werden mit 20 g Kochsalz der Wasserdampfdestillation unterworfen. 250 ccm Destillat werden mit 20 ccm 0,05 mol. Hydrazinsulfatlösung versetzt und nach 5 Stunden mit n/10-Lauge titriert. Die Wägung des Acins liefert gleiche Werte.

L. Fuchs[2] erwähnt, daß bei dieser Ausführung die flüchtigen Säuren nicht berücksichtigt werden. Man kann diese jedoch durch Neutralisation vor der Zugabe des Hydrazinsulfates ausschalten, wie es bei der Methode von Fuchs unter Oleum Cinnamomi angegeben ist.

Cortex Condurango.

Die Condurangorinde enthält als Wirkstoff 1 bis 2% Condurangin, ein schwach bitteres Glykosid mit Saponineigenschaften, dessen Konstitution noch nicht geklärt ist. Es ist in Alkohol leicht, in Wasser schwer löslich, und zwar in kaltem Wasser leichter als in heißem Wasser. Zur *Bestimmung des Condurangins* haben L. Zechner, F. Wischo und H. Wagner[3] eine gravimetrische Methode ausgearbeitet, nach der das Kondurangin mit schwachem Alkohol extrahiert, dann in chloroformische Lösung übergeführt und aus dieser mit Petroläther gefällt wird:

5 g mittelfein gepulverte, lufttrockene und gut durchgemischte Condurangorinde werden in einem Wägegläschen auf der analytischen Waage genau abgewogen. Dann bereitet man sich einen 25-vol.-%igen Alkohol durch Mischen von 104,20 ccm 96%igem Alkohol und 300 ccm destilliertem Wasser; von dieser Mischung werden zunächst 300 ccm für die Perkolation abgemessen.

Man bringt nun die Einwaage verlustlos in einen kleinen Glasperkolator von etwa 100 ccm Inhalt mit Glashahn, den man vorher, wie es bei Perkolationen bräuchlich ist, entsprechend vorbereitet hat (Wattebäuschchen am Grunde des Perkolators, das mit dem Extraktionsmittel etwas befeuchtet ist usw.). Das Rindenpulver übergießt man nun mit der Extraktionsflüssigkeit, bis es vollkommen durchfeuchtet ist. Dann verschließt man den Perkolator und läßt 48 Stunden macerieren. Das nun folgende Abtropfen muß sehr langsam erfolgen, etwa 5 bis 6 Tropfen in der Minute.

Nach beendigter Perkolation bringt man das Perkolat in einen Vakuum-Destillationskolben von etwa 1 Liter Inhalt. Das Gefäß, in dem das Perkolat gesammelt wurde, wird zweimal mit 10 ccm des anfangs bereiteten 25-vol.-%igen Alkohols nachgewaschen. Wenn die Hauptmenge des Alkohols überdestilliert ist, beginnt die Flüssigkeit zu schäumen. Ein Überschäumen kann man leicht verhindern, indem man beim Aufsteigen des Schaumes Luft eintreten läßt. Gegen Ende der Destillation hört das Schäumen jedoch wieder auf. Man destilliert bis auf etwa 10 ccm ab, bringt den Rückstand in ein Glasschälchen mit Ausguß und spült den Vakuumkolben solange mit kleinen Partien des noch vorhandenen 25-vol.-%igen Alkohols nach, bis alle an der Kolbenwand und Glascapillare anhaftenden Teilchen gelöst sind. Die Lösung kann man durch Einstellen des Kolbens in Wasser von etwa 50° C unterstützen.

Die im Schälchen befindliche Flüssigkeit wird nun am Wasserbade unter häufigem Umrühren mit einem Glaspistille auf 4 bis 5 ccm eingeengt. Den sirupartigen Rückstand verreibt man mit 20 ccm Wasser und löst in der Flüssigkeit 5 g gepulvertes Kochsalz auf. Flüssigkeit und Fällung bringt man dann in einen Scheidetrichter von etwa 100 ccm Inhalt. Hierauf mißt man sich 80 ccm Chloroform in einer Stöpselmensur ab. Die Ausschüttelung des Condurangins erfolgt in 5 Partien; für die ersten drei Ausschüttelungen benötigt man je 20 ccm, für die beiden letzten je 10 ccm. Vor jeder Ausschüttelung gießt man die benötigte Chloro-

---

[1] Fette u. Seifen **49**, 42 (1942).
[2] Scientia pharmac. **16**, 50 (1948). — [3] Pharmaz. Mh. **1928**, Nr. 4, 5.

formmenge in das Glasschälchen und verreibt die zurückgebliebenen Harzflocken unter Zuhilfenahme des Pistills. Jede Ausschüttelung soll 3 Minuten dauern.

Die Chloroformausschüttelungen werden in einem Kölbchen gesammelt und hierauf in einem Scheidetrichter von etwa 200 ccm Inhalt mit 50 ccm einer 1%igen Ammoniaklösung ausgeschüttelt. Diese Lösung wird hergestellt durch Zusetzen von 5 ccm 10%igen Ammoniaks zu 45 ccm kalt gesättigter Kochsalzlösung. Bei dieser Ausschüttelung darf man nur ganz locker und leicht ausschütteln; ein kräftiges Durchschütteln ist unbedingt zu vermeiden. Nach dem Ablassen der Chloroformschicht wird diese mit 10 ccm salzsäurehaltiger Kochsalzlösung ausgeschüttelt. Diese Lösung wird bereitet durch Ansäuern von 10 ccm kalt gesättigter Kochsalzlösung mit 5 Tropfen verdünnter Salzsäure. Die Ausschüttelung soll kurz und kräftig sein.

In der abgelassenen Chloroformschicht suspendiert man hierauf 1 g Traganthpulver. Man schüttelt die Flüssigkeit etwas durch und läßt sie unter häufigem Umschwenken 3 Stunden stehen. Die Chloroformlösung wird hierauf durch ein kleines Faltenfilter vom Traganth abfiltriert.

Vom Filtrat mißt man sich nun genau 60 ccm ab. Diese Menge gießt man in ein Fällungskölbchen, das man vorher durch Trocknen im Schwefelsäure-Vakuumexsiccator zur Gewichtskonstanz gebracht hat, und spült die Mensur zweimal mit je 5 ccm Chloroform nach. Die Chloroformlösung wird nun im siedenden Wasserbad bis auf 3 ccm abgedunstet. Nach dem Abkühlen des Kölbchens gießt man in einem Schusse unter gleichzeitigem Umschwenken 70 ccm rektifizierten Petroläther hinzu. Man setzt das Umschwenken noch einige Minuten fort und stellt das Fällungskölbchen dann für 12 Stunden beiseite.

Die überstehende klare Flüssigkeit wird nun vorsichtig und ohne den Niederschlag aufzuwirbeln, möglichst vollständig von letzterem abgegossen. Dann gießt man 25 ccm rektifizierten Petroläther in das Kölbchen und wirbelt darin den Niederschlag auf. Nach dem Absetzen des letzteren dekantiert man in gleicher Weise, wie früher angegeben wurde. Die im Kölbchen zurückgebliebenen Petrolätherreste dunstet man mit Hilfe der Wasserstrahlpumpe so lange ab, bis der Rückstand einen fast trockenen Belag bildet.

Schließlich wird das Kölbchen samt Füllung im Schwefelsäure-Vakuumexsiccator zur Gewichtskonstanz gebracht. Man erreicht dies am raschesten, wenn man mehrere Male hintereinander evakuiert und dazwischen jedesmal wieder Luft einströmen läßt. Das erhaltene Gewicht der Conduranginfällung beträgt dreiviertel Teile der Conduranginmenge, welche in der Einwaage enthalten ist, was bei der Berechnung berücksichtigt werden muß.

G. DULTZ[1] verkürzt dieses Verfahren, indem die Fällung des Condurangins auf einer Glasfritte vorgenommen wird, so daß Filtration, Nachspülen und Verdunsten des Petroläthers vereinfacht wird. Dazu eignet sich das Schüttelfilter von Schott & Gen. zur Bestimmung von Gerbstoffen, das als „Darmstädter Apparat" geführt wird. Wegen der Feinheit des Conduranginniederschlages muß ein feinporiges Filter G 4 verwendet werden. Bei der Conduranginfällung aus der Chloroformlösung durch Petroläther ist es notwendig, die Gummiplatten der Metallverschlußkapseln zu schützen. Dieses geschieht mit Hilfe von geschliffenen dicken Glasplättchen, die auf Gummi gelegt werden und die infolge der geschliffenen Ränder des Filterzylinders ebenfalls fest schließen: Der Analysengang ändert sich dann in folgender Weise:

Die in einem Meßzylinder genau abgemessene, getrocknete Chloroformlösung (60 ccm) wird nach Schließung der Metallkapsel an dem Ende, wo sich die Fritte befindet, in zwei Teilen auf das Filter gegossen. Das Chloroform wird direkt aus dem Filterzylinder verdunstet indem man die Apparatur auf ein Wasserbad stellt

---

[1] Pharmaz. Zentralhalle Deutschland **80**, 97 (1939).

und einen umgekehrten Trichter, dessen Rohr mit dem Schlauch der Wasserstrahlpumpe verbunden ist, aufsetzt. Es ist auch möglich, auf den oberen geschliffenen
Rand einen auf diesen Schliff passenden Trichter aufzusetzen, so daß innerhalb
des Filterzylinders ein luftverdünnter Raum entsteht. Dadurch wird das Verdunsten des Chloroforms beschleunigt. Der Meßzylinder wird noch zweimal mit
Chloroform nachgespült und dieses ebenfalls in dem Filterzylinder verdunstet bis
auf etwa 2 ccm. Nach dem Abkühlen gießt man dann in einem Schuß den Petroläther hinzu. Darauf wird die obere Kappe geschlossen, durchgeschwenkt und
kühl $1/_2$ Stunde beiseite gestellt. In der warmen Jahreszeit ist ein Lüften der
Kappe erforderlich, da der Petroläther verdampft und einen Druck auf die Wandungen des Filterzylinders ausübt. Nach einer halben Stunde hat sich der Conduranginniederschlag so weit zusammengeballt, daß nunmehr beide Metallkapseln
entfernt und der Petroläther durch schwachen Sog der Wasserstrahlpumpe abgesaugt werden kann. Mit weiteren 25 ccm Petroläther wird nachgewaschen, indem
der Niederschlag darin aufgewirbelt wird. Nachdem der Petroläther wiederum
abgesaugt ist, so daß der Rückstand einen fast trockenen Belag bildet, wird im
Schwefelsäure-Vakuumexsiccator getrocknet und gewogen.

Cortex Frangulae.

Von Anthracenderivaten ist in der Frangularinde in genuiner Form
hauptsächlich Glucofrangulin als Anthranol und Anthrachinon enthalten, das in der Droge einem allmählichen Abbau unterliegt, so daß je
nach Alter und Verarbeitung der Rinde folgende Substanzen im wechselnden Verhältnis vorhanden sind:

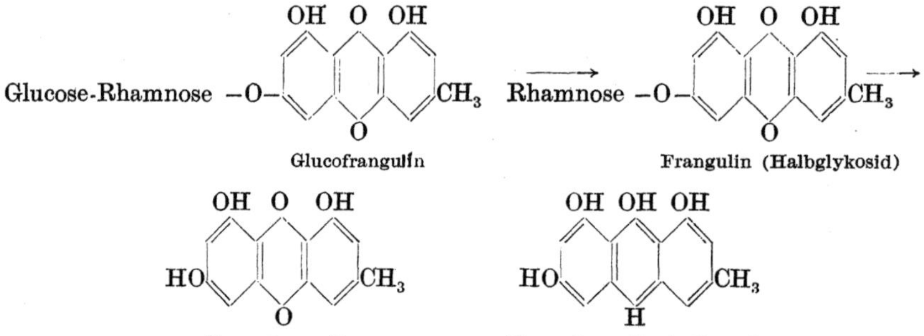

Glucofrangulin

Frangulin (Halbglykosid)

Frangulaemodin

Frangulaemodin-Anthranol

Das Glucofrangulin ist wasserlöslich, während Frangulin und Frangulinemodin in Wasser nicht löslich sind.

Zu erwähnen sind auch Fermente, z. B. die Rhamninase, die das
Glucofrangulin spaltet, ferner Oxydasen und Peroxydasen.

O. E. SCHULTZ[1] zeigte in Versuchen am Menschen, daß die Glykoside
und das freie Anthranol untereinander etwa gleich, aber 5 bis 10mal
stärker wirksam sind als das Emodin. Das in Wasser schlecht und in
Alkohol gut lösliche Anthranolhalbglykosid übt eine besonders starke
Reizwirkung auf Magen- und Dünndarm aus. Die Anthrachinonglykoside
sind dagegen reizlos, worin ein erheblicher Vorteil liegt. Während der
Lagerung werden die Anthranolglykoside unter Mitwirkung von Oxydasen und Peroxydasen zu Anthrachinonglykosiden oxydiert, wodurch
die starke Reizwirkung der frischen Rinde mit ihrem Gehalt an An

---

[1] Pharmazie **5**, 501 (1950).

thranolglykosiden verschwindet. Die Oxydation wird auch durch einstündiges Erhitzen auf 100° unter Luftzutritt erreicht, wodurch die starke Reizwirkung gemildert wird, ohne daß sich die Wirkung verringert.

Außerdem werden damit die Fermente inaktiviert und die Droge stabilisiert. Eine Stabilisierung ohne Oxydation der Anthranol- zu den Anthrachinonverbindungen ist wenig zweckmäßig, da es durch hydrolytische Spaltung der Glykoside im Magendarmkanal zur Bildung des stark reizenden Anthranolhalbglykosides kommen kann. Es sollte deshalb die Stabilisierung immer gleichzeitig mit einer Oxydation verbunden werden, wie es das Erhitzen auf 100° unter Luftzutritt darstellt.

Die Stabilisierung der Droge kann nach SCHULTZ auch auf folgende Arten durchgeführt werden: Die fein zerschnittene Droge wird ¼ Stunde in siedendes Xylol oder nach Durcharbeiten mit derselben Menge Wasser ¼ Stunde in siedendes Toluol gebracht und anschließend bei 40° getrocknet. Die Fermente werden auch durch 20 Minuten langes Kochen in Wasser, durch 50%igen Alkohol oder durch n/10 und stärkere Salzsäure abgetötet.

Auch nach K. ERNE[1] wird durch einstündiges Erhitzen der Rinde auf 100° die Wirkung nicht herabgesetzt. In solchen oxydierten und stabilisierten Rinden fand ERNE immer noch Anthranole, auch nach einjähriger Lagerung.

Chemische Bestimmungsmethoden.

Bei der chemischen Wertbestimmung der Frangularinde muß die unterschiedliche Wirkung der einzelnen Anthracenderivate berücksichtigt werden. Nur solche Methoden werden eine Wertbeurteilung der Droge ermöglichen, die zumindest freie und gebundene und weiterhin oxydierte und reduzierte Anthracenderivate und schließlich auch das Halbglykosid Frangulin gesondert bestimmen. Näheres über die Bestimmung von Anthracenderivaten findet sich unter Rheum (S. 312). Die Bestimmungen beruhen alle auf der BORNTRÄGER-Reaktion und die isolierten Emodine (Anthrachinonderivate) werden entweder gravimetrisch oder meist colorimetrisch bestimmt. R. FISCHER und E. BUCHEGGER[2] geben ein gravimetrisches Verfahren an, nachdem die Emodine durch chromatographische Adsorption weitgehend gereinigt wurden. Die genaue Ausführung ist unter Rheum beschrieben (S. 313). Dieses Verfahren wurde von H. VOGT[3] modifiziert. K. ERNE[1] führt eine Reinigung mit Bleiacetat durch und benützt die chromatographische Adsorption zur Bestimmung der Anthranole. O. SCHULTZ[4] hat ein Verfahren zur Bestimmung des Halbglykosids Frangulin ausgearbeitet.

Gravimetrische und colorimetrische Bestimmung nach H. Vogt[3].

VOGT hat das Verfahren von FISCHER und BUCHEGGER[2] bei Cortex Frangulae nachgeprüft und fand die dreimalige Adsorption, das langsame Durchlaufen durch die Adsorptionssäule und Glaswandabscheidungen

---

[1] Svensk farmac. Tidskr. **52**, 345, 377 (1948).
[2] Pharmaz. Zentralhalle Deutschland **89**, 261 (1950).
[3] Pharmaz. Ztg. **87**, 852 (1951); **88**, 297 (1952). — [4] Pharmazie **5**, 541 (1950).

als hinderlich. Vogt vermeidet diese Schwierigkeiten, indem er die
Reinigung der chloroformischen Extraktlösung durch Ausschütteln mit
Natriumhydrogensulfit und Ammoniumcarbonat vornimmt. Es werden
damit die gleichen Werte wie nach dem Verfahren von Fischer und
Buchegger erhalten.

Gesamtemodine. 500 bis 800 mg gepulverte Frangularinde werden in einem
100 ccm-Erlenmeyerkolben mit 10 ccm Methylalkohol, 3 Tropfen 2 n-Schwefelsäure und 10 bis 12 Tropfen Perhydrol versetzt und das Gemisch 10 Minuten auf
dem Wasserbad am Rückflußkühler zu lebhaftem Sieden erhitzt. Dann wird der
Alkohol bis auf 1 bis 2 ccm abdestilliert und nach Zufügen von 25 ccm Chloroform
die Droge unter häufigem Umschwenken des Kolbens 30 Minuten auf dem siedenden Wasserbad — abermals am Rückflußkühler — extrahiert. Nach dem Abkühlen
wird die Chloroformlösung durch Watte in einen Scheidetrichter dekantiert und
einmal mit wenigen ccm Chloroform nachgespült. Der Drogenrückstand im Kolben
wird mit 20 ccm Chloroform und 2 Tropfen 2 n-Schwefelsäure nochmals in der
gleichen Weise extrahiert und die Flüssigkeit zu dem ersten Auszug im Scheidetrichter hinzugegeben. In diesem wird sie mit 50 ccm einer 10%igen Natrium-
hydrogensulfitlösung 15 Minuten geschüttelt, dann die Chloroformphase in einen
zweiten Scheidetrichter abgelassen und darin 10 Minuten mit 40 ccm einer frisch
bereiteten 10%igen Ammoniumcarbonatlösung (besonders gereinigtes Salz) ausgeschüttelt. Nach Abtrennung der Chloroformschicht wird diese mit 3 bis 4 g
Natrium sulfuricum siccum sorgfältig getrocknet, abfiltriert, das Natriumsulfat mit
Chloroform nachgewaschen, bis das Lösungsmittel farblos bleibt, und die vereinigten Filtrate über eine Säule von fein gepulvertem Calciumhydroxyd geleitet
(Lumen der Röhre 16 mm, 6 bis 8 g Calciumhydroxyd, mit Chloroform zu einem
Brei angerieben und eingefüllt). Durch Anschließen an ein Vakuum wird die Durch-
laufgeschwindigkeit beschleunigt, nach Ablaufen der Flüssigkeit die Säule trocken
gesaugt, die rot gefärbten Anteile derselben in einen 200 ccm-Erlenmeyerkolben
gebracht und — unter Nachspülen des Adsorptionsrohres — mit verdünnter Salzsäure (12,5%) gelöst[1]. Die Lösung wird dann in einen Scheidetrichter gefüllt und
ihr durch mehrmaliges Ausschütteln mit Chloroform (Kolben mit Chloroform nachspülen!) die Emodine entzogen (bis die wäßrigsalzsaure Phase farblos bleibt). Die
vereinigten Chloroformanteile werden mit gekörntem Calciumchlorid getrocknet,
abfiltriert, das Trocknungsmittel nachgewaschen und die Filtrate in einem tarierten
Kolben bei 70° zur Trockene eingedampft und die Emodine gewogen.

Vogt hat das Verfahren durch die Reinigung mit Natriumhydrogensulfit und Ammoniumcarbonat erweitert, wodurch auch die Filtration
schneller verläuft. Trotzdem erhält man nach Vogt auf diese Weise nur
ein „Rohemodin", das colorimetrisch gemessen einen geringeren Emodingehalt ergibt, weshalb die *colorimetrische Bestimmung* dem gravimetrischen Verfahren vorzuziehen ist. Zur colorimetrischen Bestimmung
wird das Rohemodin entweder in Chloroform, das mit Natr. sulf. sicc.
getrocknet wird, oder in 5%iger Natronlauge + 2% Ammoniak aufgenommen. Als Standard dient Frangulaemodin[2]. Die Messung wird mit

---

[1] Man kann der Chloroformlösung die Emodine auch durch 5 bis 10 Minuten andauerndes Schütteln mit einer entsprechenden Menge Calciumhydroxyd im Scheidetrichter entziehen, das Chloroform abtrennen und den gesamten Rückstand zur
weiteren Verarbeitung in Salzsäure lösen. Das abfiltrierte Chloroform hinterläßt
nach dem Abdunsten wechselnde Mengen Verunreinigungen. Unterbleibt die Behandlung mit Calciumhydroxyd, so erscheinen diese Verunreinigungen schließlich
zusammen mit den extrahierten Emodinen am Schluß der Bestimmung, wodurch
die Werte zu hoch ausfallen.

[2] Darstellung nach Roulier und Dubreuil, Ref. C. C. **1929 I**, 888 oder nach
Mühlemann: Pharmac. Acta Helvetiae **24**, 318 (1949).

dem PULFRICH-Stufen-Photometer bei der Lösung in Chloroform oder Benzol mit Filter S 42 (10 mm-Küvette), bei der Lösung in Natronlauge mit Filter S 53 (5 mm-Küvette) vorgenommen. Istizin zeigt nur eine geringe Abweichung im Kurvenverlauf. Störungen der colorimetrischen Messung durch Gerbstoffe, Fette, Harze oder Wachse sind unter den angegebenen Bedingungen nach VOGT nicht zu befürchten, da z. B. die Gerbstoffe mindestens teilweise nicht in das Chloroform übergehen.

Die freien Emodine werden nach FISCHER und BUCHEGGER[1] aus der Droge durch bloße Chloroformextraktion ohne Vorbehandlung mit Schwefelsäure-Superoxyd gewonnen. Die Differenz zu dem Wert der Gesamtemodine ergibt die *gebundenen Emodine*. Behandelt man jedoch die Droge mit Schwefelsäure allein, so erhält man bei der Chloroformextraktion die Summe der freien und gebundenen Emodine. Die *Anthranole* ergeben sich aus der Differenz der Gesamtemodine und der soeben genannten Summe.

Colorimetrische Bestimmung von K. Erne[2].

Gesamtanthrachinone. 0,1 g Rinde wird ½ Stunde unter Rückflußkühlung mit 30 ccm m/2-Schwefelsäure erhitzt und das Gemisch in einem Scheidetrichter so oft mit je 25 ccm Äther ausgeschüttelt, bis sich der Äther nicht mehr färbt. Man filtriert die Ätherlösung und schüttelt mehrmals mit je 20 ccm m/2-Natronlauge aus. Die alkalische Lösung wird mit Schwefelsäure angesäuert und wieder mit Äther extrahiert. Den filtrierten Ätherauszug schüttelt man mit m/4-Bleiacetat, bis sich kein dunkler Niederschlag mehr bildet, extrahiert dann mit m/2-Natronlauge und füllt den Auszug mit Lauge auf 50 ccm auf. 10 ccm dieser Lösung werden mit m/2-Natronlauge auf 50 ccm verdünnt und nach 20 Minuten wird die Extinktion bei 530 mμ gemessen. Der Extinktionskoeffizient des Emodins beträgt 3,88.

Freie Anthrachinone. Diese werden wie oben bestimmt, es unterbleibt jedoch die Säurehydrolyse. Die Differenz zu dem Wert der Gesamtanthrachinone entspricht dem Wert der *gebundenen Anthrachinone*.

Anthranole. 0,1 g Rinde wird mit 10 ccm m/2-Schwefelsäure 15 Minuten unter Rückflußkühlung erhitzt und das Gemisch so oft mit je 10 ccm Äther ausgeschüttelt, bis sich der Äther nicht mehr färbt. Die ätherische Lösung trocknet man mit Natriumsulfat, filtriert und bringt auf eine Säule von 5 g Aluminiumoxyd (nach BROCKMANN). Nach Entwickeln des Chromatogrammes mit 50 ccm trockenem Äther wird die gelb fluorescierende Zone abgetrennt und mit einigen Tropfen einer Lösung von 0,5 g seleniger Säure in konzentrierter Schwefelsäure behandelt. Eine grünschwarze Färbung zeigt die Anwesenheit von Anthranolen an. Ungefähre Gehaltsbestimmung erfolgt durch saure Hydrolyse der Glykoside, Extraktion mit Benzol und Petroläther und Chromatographieren über Ca- und $MgCO_3$. Die isolierten Anthranole werden schließlich zu Anthrachinonen oxydiert und diese photometrisch bestimmt.

Die auf diese Weise erhaltenen chemischen Werte stimmen nicht sehr gut mit an Mäusen biologisch bestimmten Werten überein, aber sie ermöglichen eine Beurteilung der therapeutischen Wirkung innerhalb von 20 %.

Bestimmung des Halbglykosids Frangulin.

Hierzu gibt O. SCHULTZ[3] ein Verfahren an, das darauf beruht, daß das Aglykon, aber nicht das Frangulin in Petroläther löslich ist:

0,5 g Frangularindenpulver aus frischer, getrockneter Rinde, welches mit 0,5 g Seesand fein pulverisiert war, wurde mit 10 g Wasser kräftig durchgearbeitet

---

[1] Pharmaz. Zentralhalle Deutschland **89**, 261 (1950).
[2] Svensk farmac. Tidskr. **52**, 345, 377 (1948). — [3] Pharmazie **5**, 541 (1950).

(3 Minuten) und sofort zentrifugiert (3 Minuten). Die von der abzentrifugierten Rinde abgegossene klare Lösung bleibt 1 Stunde stehen. Dabei fällt das Halbglykosid als dicker Niederschlag aus. Es wurde scharf zentrifugiert, mit 20 ccm Wasser gewaschen, erneut scharf abzentrifugiert und in 10 ccm 96%igen Alkohol gelöst. Die Lösung wurde mit 1 ccm n-HCl in 20 ccm Wasser versetzt, wobei Aglykon und Halbglykosid ausflocken und mit jeweils 10 ccm Petroläther (Sdp. 50 bis 70°) zur Entfernung des Aglykons so lange ausgeschüttelt, bis der Petroläther farblos bleibt. Dann wurde mit 60 ccm Benzol ausgeschüttelt. Dabei geht die Farbe ins Benzol über. Die Benzollösung wird kräftig zentrifugiert, bis die durch eingeschüttelte Wassertröpfchen verursachte Trübung beseitigt ist, und stufenphotometrisch gemessen.

Cortex Quillajae.

Zur Bestimmung des Hämolytischen Index schlagen H. MÜHLEMANN und W. SCHEIDEGGER[1] nach vergleichenden Untersuchungen, die Zerkleinerungsgrad, Konzentration, Extraktionszeit, kalte und heiße Extraktion mit Pufferlösung, 40 und 70 vol.-%igen Alkohol betrafen, folgende Extraktion der Droge vor:

0,1 g grob bis mittelfein gepulverte Droge wird in 50 ccm isotonischer Phosphat-Pufferlösung vom p_H etwa 7,4 während 6 Stunden unter gelegentlichem Umschwenken maceriert. Die Mischung wird durch Watte filtriert und direkt zur Hämolysebestimmung verwendet.

Für die Wertbestimmung nach der Tubifexmethode kann zur Herstellung der „Stammlösung" reines Leitungswasser verwendet werden, mit dem — ebenfalls durch sechsstündige Maceration — ein 0,2%iger Auszug zu bereiten ist.

Cortex Yohimbe.

Die Yohimberinde enthält 4 bis 10% Alkaloide, darunter 1 bis 3% Yohimbin. Zur Bestimmung der Gesamtalkaloide und des Yohimbins wurden gravimetrische Methoden ausgearbeitet.

Alkaloidbestimmung nach A. Schomer[2] in Ausführung von F. GSTIRNER[3]:

15 g grob gepulverte Droge werden in einer 300 ccm-Arzneiflasche mit 150 g Äther übergossen und die Mischung unter öfterem Umschütteln 10 Minuten lang stehengelassen. Dann fügt man 10 ccm 15%ige Natronlauge zu und maceriert unter häufigem Umschütteln 1 Stunde lang. Nach dem Absitzen filtriert man die ätherische Flüssigkeit durch ein Faltenfilter von 18½ cm Durchmesser unter gleichzeitiger Bedeckung des Trichters mit einem Uhrglas. 100 g Filtrat (= 10 g Droge) bringt man in einen Scheidetrichter und schüttelt mit 20, 10, 10 ccm 0,25%iger Salzsäure (1 Teil 25%ige Salzsäure + 99 Teile Wasser) aus. Die vereinigten, klaren, sauren Auszüge gibt man in einen zweiten Scheidetrichter und schüttelt sie zur Reinigung mit 25 ccm Chloroform aus. Nach Klärung und Ablassen des Chloroforms alkalisiert man die saure Lösung mit Natriumcarbonatlösung (1 + 2) — es sind dazu ungefähr 1 bis 2 ccm erforderlich — und schüttelt dann mit 20, 10, 10 ccm Chloroform je 2 Minuten lang aus. Die Chloroformausschüttelungen filtriert man durch ein glattes Filter (Durchmesser 5½ cm) in ein vorher getrocknetes und genau gewogenes 150 ccm-Kölbchen, destilliert das Chloroform auf dem Wasserbade ab, trocknet den Rückstand bei 80° und wiegt. Das Gewicht mal 10 gibt den Prozentgehalt an Rohalkaloiden an.

---

[1] Pharmac. Acta Helvetiae **22**, 323 (1947).
[2] Pharmaz. Zentralhalle Deutschland **1921**, 169.
[3] Süddtsch. Apotheker-Ztg. **1933**, 214.

Zur Bestimmung des Yohimbins löst man den firnisartigen Rückstand in etwa 30 Tropfen absolutem Alkohol unter leichtem Erwärmen und fügt dann 1 ccm absoluten Alkohol zu, den man mit 3 Tropfen starker Salzsäure (spez. Gew.: 1,19) versetzt hat, um das freie Alkaloid in das Hydrochlorid zu verwandeln. Nun wird der Alkohol unter Drehen des Kölbchens im Wasserbade verdunstet, der trockene Rückstand noch zweimal mit je 5 ccm Äther versetzt und auch dieser vorsichtig abdestilliert. Hierauf gibt man zum Rückstand 3 bis 4 ccm absoluten Alkohol und schwenkt unter leichtem Erwärmen um, wobei sich reichlich Kriställchen an der Kolbenwand abscheiden. Sobald sich der Alkohol bis auf eine Spur, welche die Kriställchen gerade noch feucht hält, verflüchtigt hat, gibt man 10 ccm Chloroform zu und schwenkt gleichzeitig um. Die Kriställchen schwimmen nun im Chloroform, das sich durch Lösen der Begleitstoffe gelbbraun gefärbt hat. Man überläßt dann das Kölbchen mit Inhalt ½ Stunde der Ruhe (am besten stellt man es in den Eisschrank), wonach die Kriställchen auf dem Chloroform schwimmen. Man filtriert nun durch ein bei 100° getrocknetes und genau gewogenes Filter, wäscht zweimal mit je 3 ccm Chloroform und zum Schluß mit 5 ccm Äther Kölbchen und Filter nach, trocknet beides bei 100° bis zur Gewichtsgleichheit und wiegt.

Sollten die Kristalle durch gelbe, harzähnliche Begleitstoffe noch stark verunreinigt sein, so wasche man Kolben und Filter noch zweimal mit je 1 ccm absol. Alkohol nach und zähle zu dem Gewicht des Yohimbinhydrochlorids noch 0,0025 g als Korrektur hinzu.

Aus dem so erhaltenen Gewicht des Hydrochlorids erhält man den Prozentgehalt der freien Base durch Multiplikation mit 9,54.

Eine gute Rinde soll mindestens 1% Yohimbin enthalten.

Verfahren von E. Perrot und Raymond-Hamet[1]:

40 g feinst gepulverte Rinde werden mit 25 ccm 10%iger Natriumcarbonatlösung durchtränkt und dann mit Benzin ausgezogen. Die filtrierte Benzinlösung wird mit 2%iger Ameisensäure ausgeschüttelt, letztere nach dem Filtrieren mit Natriumbicarbonat im Überschusse versetzt und dann mit Chloroform ausgeschüttelt. Die Chloroformlösung wird getrocknet, filtriert, abgedunstet und der Rückstand nach dem Trocknen im Dampftrockenschrank gewogen. Er entspricht den Gesamtalkaloiden.

Will man das Yohimbin als solches bestimmen, so löst man die Gesamtalkaloide in möglichst wenig absolutem Alkohol, setzt dann Aceton und tropfenweise Salzsäure bis zur schwach kongosauren Reaktion zu und filtriert nach 24stündigem Stehen im Eisschrank die ausgeschiedenen Kristalle von Yohimbinhydrochlorid ab, wäscht mit Aceton und Äther nach und trocknet bis zur Gewichtskonstanz.

E. Perrot und Raymond-Hamet fanden bei 15 Mustern Gesamtalkaloide zwischen 5,35 und 9,25% und Yohimbin zwischen 1,67 und 3,40%.

Faex.

Von den zahlreichen Nähr- und Wirkstoffen der Hefe dürfte der Gehalt an Aneurin (Vitamin B_1) neben der Gärfähigkeit für die Wertbeurteilung von besonderem Interesse sein. Das Aneurin läßt sich über das blau fluorescierende Thiochrom bestimmen, dessen Fluorescenzstärke gemessen wird.

Bestimmung des freien und gebundenen Aneurins (Vitamin B_1) nach der Thiochrommethode in Ausführung von H. Ingold und H. Mühlemann[2].

Prinzip. Das Aneurin wird durch Ferricyankalium in alkalischer Lösung zu dem stark blau fluorescierenden Thiochrom oxydiert, das mit Isobutanol ausgeschüttelt wird. Die Fluorescenz wird mit Hilfe einer Standardlösung von reinem Aneurin gemessen. Das Aneurin ist in der Hefe nur zum gerinsten Teil frei enthalten, sondern teils als Aneurindisulfid, hauptsächlich als Ester der Pyrophosphorsäure (Co-Carboxylase) und teils an Eiweiß gebunden vorhanden. Da dieses verschiedenartig gebundene Aneurin sich nicht zu Thiochrom oxydieren läßt, muß vorher das Aneurindisulfid mit Cystein zu Aneurin reduziert, die Co-Carboxylase mit Maltin und das eiweißgebundene Aneurin mit Papayotin gespalten werden.

Herstellung des sauren Auszuges. 1 g Frischhefe oder 0,5 bis 1,0 g fein gemahlene Trockenhefe bzw. Hefeextrakt werden mit 15 ccm 0,25 n-Salzsäure aufgekocht. Nach dem Abkühlen verdünnt man mit 20 ccm Wasser, setzt 1 ccm n-Natriumacetatlösung zu und bringt mit n-Natronlauge auf p_H 4,5. Am Schluß wird mit Wasser in einem Meßzylinder auf 50 ccm aufgefüllt und abzentrifugiert.

In zwei graduierten Zentrifugengläschen von 30 ccm Inhalt mit Glasstopfen wägt man je 1 mg Cystein, 5 mg Papayotin und 40 mg Maltin. Dazu werden je 2 ccm des sauren Auszuges pipetiert. Dieses Abwägen erfordert bei Serienanalysen einen großen Zeitaufwand. Deshalb stellt man sich am besten eine Stammlösung von beispielsweise 20 mg Cystein, 100 mg Papayotin und 800 mg Maltin in 10 ccm kaltem Wasser her. Davon werden jeweils 0,5 ccm für eine Bestimmung benötigt. Es ist jedoch zu beachten, daß diese Suspension nur kurze Zeit haltbar ist.

Die so beschickten Reagenzgläser werden mit einem Tropfen Toluol versetzt, verschlossen und in einen auf 40° eingestellten Thermostaten gebracht. Nach 5 Stunden ist die Spaltung beendigt. Nach Zugabe von 0,2 bis 0,3 ccm gesättigter Natriumchloridlösung schüttelt man bis zum Verschwinden der Nebenfluorescenzen mit Isobutanol aus. Bei frischen Trockenhefen ist dies höchstens 6- bis 7mal, bei Hefeextrakten bis 11mal nötig. Bei älteren Präparaten nehmen die Nebenfluorescenzen zu.

Oxydation des Aneurins. In jedes der beiden Zentrifugengläschen mit der von Nebenfluorescenzen befreiten Aneurinlösung gibt man 0,1 ccm 1%iger Ferricyankaliumlösung und 1 ccm 30%iger Natronlauge, mischt gründlich durch und läßt 2 Minuten stehen. Nach Ablauf dieser Zeit ist die Oxydation abgeschlossen. Jetzt fügt man 12 ccm Isobutanol zu, schüttelt etwa 200mal kräftig durch und zentrifugiert während 5 Minuten bei etwa 2500 Umdrehungen. Diese Extraktion des Thiochroms wiederholt man mit 2 ccm Isobutanol. Eine allfällige Trübung durch Natriumcarbonat wird durch Zusatz von 0,5 ccm Spiritus auf 14 ccm Isobutanollösung beseitigt. Bei sehr aneurinreichen Präparaten, z. B. Bierhefe, müssen die 0,1 ccm 1%iger Ferricyankaliumlösung erhöht werden, um die maximale Ausbeute an Thiochrom zu erhalten. Die erforderliche Menge muß in Vorversuchen ermittelt werden.

Herstellung des Standards. 0,04 ccm einer Aneurinlösung, die 10 γ Aneurinchlorhydrat pro ccm enthält, werden in ein graduiertes Zentrifugengläschen von 30 ccm Inhalt gebracht, mit Wasser auf 2 ccm verdünnt und gleich wie die Probelösung weiterbehandelt. Die Ferricyankaliumlösung soll aber hier nur halb soviel ausmachen, nämlich pro γ Aneurin 0,05 ccm.

Messung der Fluorescenz unter der Analysenlampe. Hierzu benützt man Reagenzgläser aus nicht fluorescierendem Glas, alle von gleichem Durchmesser. In ein Proberöhrchen wird eine bestimmte Anzahl ccm Versuchslösung gegeben und auf 4 ccm mit reinem Isobutanol aufgefüllt. Ein zweites Röhrchen versetzt man mit einer kleinen Menge reinem Isobutanol und tropft nun aus einer Bürette von 5 ccm vorsichtig Standardlösung zu, beobachtet das Ganze kurz unter der Lampe und fährt mit dem Zusatz fort, bis die Fluorescenzen der Standard- und Versuchslösung ungefähr gleich sind. Anschließend bringt man die Lösungen durch Zusatz von Isobutanol wieder auf dasselbe Volumen und setzt weitere Testlösung zu, bis die Fluorescenzen identisch sind.

Berechnung. Die Berechnung als Chlorhydrat erfolgt nach der Gleichung:

$$\gamma\% \text{ Aneurinchlorhydrat} = \frac{a}{b} \cdot T \cdot \frac{5000}{p},$$

wobei a Standardlösung ccm

      b Versuchslösung ccm

      $T \cdot \gamma$ Aneurin (wasserfrei) bei der Standardbereitung

      p Prozentgehalt an Ausgangsmaterial im sauren Auszug bedeuten.

Bestimmung des Wassergehaltes des reinen Aneurins. Etwa 0,2 g Aneurin (genau gewogen) werden in 20 ccm frisch ausgekochtem und wieder erkaltetem Wasser gelöst und unter Verwendung von 2 Tropfen Bromthymolblau mit 0,1 n-Natronlauge bis zur Blaugrünfärbung titriert (Mikrobürette). 1 ccm 0,1 n-NaOH = 0,033716 g $C_{12}H_{1}ON_4SCl \cdot HCl$.

Reinigung des Isobutanols. Der Isobutanol darf nicht fluorescieren und muß annähernd neutral sein. Durch zweimalige Destillation in einer Schliffapparatur, wobei die erstere über Kaliumcarbonat zu geschehen hat, erreicht man eine genügend große Reinheit bzw. Fluorescenzfreiheit.

Tabelle 17. *Vitamin B_1-Gehalt einiger Hefepräparate.*

Präparat	Vitamin B_1 in 100 $\gamma\%$
Bierhefe	1100—15000
Backhefe	600— 2000
Dauerbackhefe	5000
Holzzuckerhefe	1500— 2400
Hefeextrakt (Bierhefe)	3000—20000
Hefeextrakt (Mischhefen, bes. Holzhefen)	1900—12000
Weizen (Vollkorn)	400— 600
Weizenkeimling	3000—11000

Quantitative Bestimmung der alkoholischen Gärung nach H. Igold und H. Mühlemann[1].

a) Methodik der Bestimmung der Gärgeschwindigkeit der frischen Preßhefe. Als Gärmilieu benützten die Autoren die von EULER und MYRBÄCK[2] vorgeschlagene 5%ige Glucoselösung, die mit einem Phosphatpuffer auf p_H 4,5 bis 5 gebracht wurde:

0,8 g Preßhefe suspendiert man in einem Erlenmeyerkolben von 25 ccm Inhalt mit 4 ccm Wasser, setzt 1 ccm einer 10%igen Lösung von primärem Natriumphosphat zu und bringt mit einer 10%igen Lösung von sekundärem Natriumphosphat auf ein p_H von 4,5. Jetzt werden noch 5 ccm Glucoselösung (10%ig) beigemischt, der Kolben auf eine Schüttelvorrichtung in einen Wasserthermostaten von 30° gestellt und eine Gasbürette von 50 ccm Inhalt angeschlossen. Nach etwa 5 Minuten hat sich der Gefäßinhalt auf 30° erwärmt, so daß man die erste Ablesung machen kann. Während ³⁄₄ Stunden liest man nun alle 5 Minuten die entwickelte Kohlensäure ab und errechnet aus den Volumina Kohlensäure und dem Trockenrückstand der Preßhefe die von 1 g Trockensubstanz bei 760 mm Luftdruck in einer Stunde erzeugten ccm Kohlensäure. Um zu verhindern, daß sich Kohlensäure im Wasser, das als Absperrflüssigkeit dient, löst, wird auf die Oberfläche eine dünne Schicht von Paraffinöl gegossen.

b) Methodik der Bestimmung der Gärgeschwindigkeit von Trockenhefen und Hefeextrakten. Prinzipiell verläuft die Bestimmung gleich wie bei der Frischhefe. Die Hefepräparate werden im Mörser fein zerrieben und durch Sieb V geschlagen. Es wird dann Trockenhefe eingewogen, deren Trockensubstanz derjenigen von 0,8 g Preßhefe entspricht.

Flores Chamomillae.

Als Wirkstoff der Kamillenblüten wird das zu 0,2 bis 1,2% vorhandene ätherische Öl angesehen, das eine entzündungswidrige, reizmildernde, desinfizierende und desodorisierende Wirkung besitzen soll und der Droge ein weites Anwendungsgebiet verleiht. Das durch Wasser-

---

[1] Pharmac. Acta Helvetiae **23**, 45 (1948).
[2] Hoppe-Seyler's Z. physiol. Chem. **183**, 226 (1929).

dampfdestillation gewonnene ätherische Öl enthält das blaue Chamazulen, ein bicyclischer Kohlenwasserstoff, das eine starke entzündungswidrige Wirkung besitzt. In der Droge ist es allerdings nicht präformiert oder nur in Spuren vorhanden und wird aus einem noch unbekannten Stoff, dem Proazulen, erst durch die Wasserdampfdestillation gebildet.

Nach K. Koch[1] ist das Proazulen relativ leicht löslich in Chloroform, Äther, Methanol und Äthanol. Auch in warmem Wasser löst es sich, dagegen ist es in Petroläther schwer löslich. Mit Wasserdampf oder mit Alkoholdämpfen ist es nicht flüchtig und zersetzt sich bei der Wasserdampfdestillation unter Bildung von Azulen. Auch in schwach saurer Lösung zersetzt es sich unter Azulenbildung, während es bei Anwesenheit von Ammoniak stabil ist.

Pharmakologische Untersuchungen an Kamillenpräparaten und Ölfraktionen brachten bei den verschiedenen Autoren teils widersprechende Ergebnisse. Bei therapeutischen Prüfungen an Lichterythemen zeigte das Kamillenöl die beste Wirkung, das auch dem reinen Azulen überlegen ist, ebenso waren das Fluidextrakt und Kamillosan gut wirksam, während das Infusum kaum wirkte (G. Bosch[2], E. Kagelmacher, zitiert bei H. Janistyn[3]). Die Frage der Wirkstoffe der Kamille ist noch nicht genügend geklärt.

Nach Z. Blažek und M. Kučera[4] und anderen Autoren wird durch Trocknung der Blüten im Schatten die an azulenogenen Stoffen reichste Droge erhalten. Bei der Trocknung im Sonnenlicht tritt ein Verlust von 31% ein, bei der Trocknung im Thermostaten bei 35° ein solcher von etwa 16% und durch Infrarotstrahlen bei einer Entfernung von 0,5 m gehen etwa 17% verloren. Durch die Trocknung mit Infrarotstrahlen wird die Trocknungszeit auf etwa $^1/_8$ gegenüber der Trocknung im Schatten verkürzt. Das Azulen bzw. Proazulen wird während der Lagerung in der Droge zerstört. H. Kaiser und H. Frey[5] fanden z. B. nach 1 Jahr nur noch 10% des ursprünglichen Azulen- bzw. Proazulengehaltes.

Bestimmung des ätherischen Öles und des Azulens.

Zur Beurteilung der Kamillenblüten wird der Gehalt an ätherischem Öl herangezogen, der nach dem DAB 6 mindestens 0,4% betragen soll. Die Bestimmung des blauen Chamazulens, die colorimetrisch im Wasserdampfdestillat durchgeführt werden kann, ist eine indirekte Bestimmung des Proazulens, dessen entzündungswidrige Wirkung umstritten ist. Eine Beurteilung der Droge und deren Präparate nach dem Azulengehalt eines Destillates ist deshalb fragwürdig, da Droge und Präparate kein Azulen enthalten oder dieses schnell zerstört wird.

Die Bestimmung des ätherischen Öles in Kamillenblüten weicht insofern von der anderer Drogen ab, als die quantitative Gewinnung des ätherischen Öles durch Wasserdampfdestillation sehr langsam verläuft. Erstmalig machte darauf M. Bergmann[6] aufmerksam, daß bei der De-

---

[1] Arch. Pharmaz. **280**, 424 (1942). — [2] Diss., München 1948.
[3] Dtsch. Apotheker-Ztg. **91**, 319 (1951). — [4] Pharmazie. **7**, 107 (1952).
[5] Dtsch. Apotheker-Ztg. **53**, 1403 (1938).
[6] Pharmaz. Zentralhalle Deutschland **1930**, 785.

stillation von 10 g Blüten 1000 bis 2000 ccm Destillat gewonnen werden müßten, um den annähernd richtigen Ölgehalt zu ermitteln. Dies wurde von F. Gstirner[1] bestätigt, der folgendes Verfahren mit 5 g Blüten und 400 ccm Destillat vorschlägt:

5 g zerkleinerte[2] Kamillenblüten werden in einem 1,5 Liter-Stehkolben mit 500 ccm Wasser übergossen und nach den Angaben des DAB 6 destilliert. Sind 200 ccm Destillat übergegangen, wird der Scheidetrichter gewechselt und nochmals 200 ccm Destillat aufgefangen. Die beiden Destillate werden dann entweder getrennt oder vereinigt genau nach den Angaben des DAB 6 verarbeitet. Sollte trotz des Durchströmens des Kühlers mit Wasserdampf blaues Öl in demselben zurückbleiben, so empfiehlt es sich, mit den ersten 20 ccm Pentan das Öl in Lösung zu bringen.

Gstirner erwähnt auch, daß das blaue Azulen rascher überdestilliert als andere Bestandteile des ätherischen Öles und die letzten Anteile Destillat nur mehr wenig Azulen enthalten.

W. Peyer[3] und H. Kaiser und H. Frey[4] kamen zu denselben Ergebnissen. Letztere Autoren schlagen als Konvention vor, von 10 g Droge 400 ccm Destillat zu gewinnen. H. Kaiser und G. Hasenmaier[5] setzten die Untersuchungen mit der Neo-Clevenger-Apparatur nach Kaiser-Lang (S. 20) fort und fanden bei 10 g Droge, daß erst nach zehnstündiger Destillationszeit das gesamte Öl praktisch überdestilliert war. Wird aber die Destillation mit Dampfdestillation und Einschalten des Zwischenstückes durchgeführt, so wird bereits nach zweistündiger Destillationszeit dieselbe Ölausbeute erhalten. Die Autoren fanden z. B. auf diese Art 0,64% ätherisches Öl, bei Destillation mit Wasser und 10 Stunden 0,63% und nach dem DAB 6 0,39%. Die Autoren erwähnen, daß im sauren Bereich zwischen p_H 5,2 und 6,0 die besten Öl- und Azulenausbeuten erhalten werden.

M. Schirm[6] erhielt die höchsten Ausbeuten mit der Moritz-Clevenger-Apparatur, wenn mit übersättigter Kochsalzlösung destilliert und das im Apparat hängende Öl mit Xylol gelöst wurde:

Die grob gepulverte Droge wird mit übersättigter Kochsalzlösung während 1½ Stunden destilliert. Nach dem Abkühlen des Kolbeninhaltes auf Zimmertemperatur wurden 0,19 ccm Xylol zugegeben und die Destillation noch eine halbe Stunde fortgesetzt. Zur Sicherheit wurde am Schluß der Kühler kurz abgestellt und etwa noch vorhandene Öl- bzw. Xylolreste an den Glaswandungen der Apparatur durch Dampfspülung entfernt.

R. Fischer und H. Resch[7] geben folgende Methode mit den Apparaten von Wasicky (S. 8) und von Panzer (S. 12) zur Bestimmung des ätherischen Öles und des Azulens mit dem Lange-Colorimeter an:

Destillation mit dem Apparat nach Wasicky. Der 750 oder 1000 ccm fassende Kolben einer Wasicky-Destillationsapparatur wird mit 10 g der unzerkleinerten

---

[1] Die dtsch. Apotheke **1933**, Nr. 9.

[2] Im Gegensatz zu L. Kofler (Arch. Pharmaz. **1931**, 416) konnte Gstirner aus zerkleinerten Kamillenblüten eine größere Ölmenge als aus ganzer Droge isolieren.

[3] Dtsch. Apotheker-Ztg. **52**, Nr. 16 (1937).

[4] Dtsch. Apotheker-Ztg. **57**, 163 (1942).

[5] Apotheker-Ztg. **4**, 249 (1952). — [6] Dtsch. Apotheker-Ztg. **93**, 273 (1953).

[7] Pharmaz. Zentralhalle Deutschland **91**, 265 (1952).

Droge und 400 ccm gesättigter Kochsalzlösung beschickt, der Ablaßhahn unter dem skalierten Rohr geschlossen und dieses ebenfalls mit Kochsalzlösung bis zum Überlauf gefüllt. (An Stelle des gewöhnlichen Glashahnes dürfte sich ein Dreiwegehahn empfehlen, mit dem es gelingt, beim Ablassen des Öl-Xylolgemisches dieses sauber und ohne Wassertropfen zu erhalten.) Hierauf wird der Kolbeninhalt durch 8 Stunden in lebhaftem Sieden gehalten, die Destillation nach dieser Zeit abgebrochen und nach 5 Minuten die am Kühler anhaftenden Öltröpfchen mit einer genau abgemessenen Menge Xylol (0,8 ccm) tropfenweise in den erweiterten Teil des skalierten Rohres gespült, worauf der Kolbeninhalt wieder durch 10 Minuten zum Sieden gebracht wird. Nachdem man durch eine genügende Zahl von Leerversuchen festgestellt hat, welche Menge Xylol bei Einhaltung der gleichen Versuchsbedingungen sich im skalierten Rohr absetzt — bei 10 Leerversuchen konnte mit guter Übereinstimmung eine Volumabnahme auf 0,75 ccm ermittelt werden, welcher Wert für jeden jeweils verwendeten Apparat neuerlich bestimmt werden muß —, kann im skalierten Rohr unmittelbar die Volumzunahme durch das aus der Destillation gewonnene Öl abgelesen werden.

Destillation mit dem Apparat nach Panzer. Zunächst muß an der Apparatur die Eichung vorgenommen werden; hierzu wird der Kolben mit 10 g öl- und harzfreien Sägespänen und 400 ccm gesättigter Kochsalzlösung beschickt. Nach Zusatz von 2 ccm eines Gemisches aus gleichen Teilen p-Dibrombenzol, o-Dichlorbenzol und Brombenzol wird der Kolbeninhalt 8 Stunden lang der Destillation unterworfen. 10 Minuten nach Abbrechen der Destillation wird der Quecksilberspiegel im skalierten Rohr auf die Marke 0 gesenkt und der Stand des oberen Meniskus der überdestillierten Halogenbenzole am Rohr über der kugelförmigen Erweiterung durch eine Marke festgehalten. Bei der Durchführung der Ölbestimmung werden die gleichen Versuchsbedingungen eingehalten, nur werden an Stelle der Sägespäne 10 bis 20 g Droge verwendet. Nach achtstündiger Destillation bei lebhaftem Sieden und zehnminütigem Abkühlen wird der Quecksilberspiegel so weit gesenkt, daß der obere Meniskus des nunmehr blauen Destillates wieder auf die im Leerversuch ermittelte Marke eingestellt ist. Im skalierten Rohr läßt sich hierauf direkt die Volumzunahme durch das Öl ablesen.

Unter Berücksichtigung des spezifischen Gewichtes des Öles von 0,95 berechnet sich dessen Prozentgehalt in der Droge zu

$$\frac{\text{Vol. Öl} \cdot 0{,}95 \cdot 100}{\text{Einwaage Droge}} \, .$$

Azulenbestimmung. Soll für eine Droge oder eine galenische Zubereitung derselben nur der Azulengehalt ohne Rücksicht auf deren Ölgehalt bestimmt werden, so erübrigt sich die volumetrische Messung und somit auch die Eichung der Apparaturen; man braucht hierbei nur das durch die Destillation gewonnene Öl quantitativ aus der Apparatur durch Ablassen zu entfernen und allenfalls an den Wandungen des Apparates anhaftende Öltröpfchen sorgfältig mit dem angewendeten Lösungsmittel (Xylol oder Halogenbenzole) abzuspülen. Hierauf wird die ölhaltige von der wäßrigen Schicht getrennt, wobei die Verwendung eines Augentropfers zu empfehlen ist. Die ölhaltige, blaue Lösung wird nunmehr auf genau 6 ccm mit dem angewendeten Lösungsmittel aufgefüllt und hierauf photometriert. Als Vergleichslösung wird das jeweils zum Auswaschen benützte Lösungsmittel herangezogen. Je nach der Intensität der erhaltenen Blaufärbung wird die 0,5 cm- oder 0,1 cm-Küvette verwendet oder schon von vornherein die Drogenmenge variiert. Die erhaltene Extinktion wird als ε berechnet: bei Küvette 0,5 cm ist $\varepsilon = 2 \cdot E$, bei Küvette 0,1 cm ist $\varepsilon = 10 \cdot E$.

Für die Ausschlagmethode ergeben sich daher:

$$\text{mg\% Azulen in der Droge} = \varepsilon \cdot \frac{3{,}4985 \cdot 100}{\text{Einwaage Droge}} \, ,$$

$$\text{g\% Azulen im Öl} = \varepsilon \cdot \frac{3{,}4985 \cdot 100}{\text{Vol. Öl} \cdot 0{,}95} \, .$$

Für die Kompensationsmethode ergeben sich:

$$\text{mg\% Azulen in der Droge} = \frac{\text{mg Azulen} \cdot 100}{\text{Einwaage Droge}},$$

$$\text{g\% Azulen im Öl} = \frac{\text{mg Azulen} \cdot 100}{\text{Vol. Öl} \cdot 0{,}95}.$$

Zur Aufstellung der Eichkurve wurde das rein blaue Öl mit bekanntem Azulengehalt in Xylol (oder auch einem Gemisch von Brombenzol oder o-Dichlorbenzol) gelöst und der Blauwert in verschiedenen Verdünnungen im LANGEschen Colorimeter unter Verwendung eines dunkelgrünen Filters (GIBSON) mit dem Schwerpunkt 560 mμ gemessen. Man trägt auf der Abszisse die in 6 ccm enthaltene Menge Azulen in mg auf; diese 6 ccm werden bei der colorimetrischen Messung zur Füllung der 0,5 cm-Küvette benötigt. Die nach der Ausschlagmethode abgelesene prozentuale Absorption rechnet man gleich in die Extinktion E um und erhält auf diese Weise in der graphischen Darstellung eine Gerade. Da man entsprechend der Farbintensität mit zwei verschiedenen Schichtdicken arbeitet, ist es zweckmäßig, an Stelle der Extinktion den Extinktionskoeffizienten ε zu berechnen, bei dem auf 1 cm Schichtdicke bezogen wird: $\varepsilon = \dfrac{E}{0{,}5}$, wenn die 0,5 cm-Küvette und $\varepsilon = \dfrac{E}{0{,}1}$, wenn die 0,1 cm-Küvette Verwendung fand.

Flores Cinae.

Santoninreaktion. Die Santoninreaktion des DAB 6 mit n/2-alkoholischer Kalilauge ist nach WIEBELITZ[1] und BRANDRUP[2] nicht in allen Fällen verläßlich, da sie auch in Santonin reichen Drogen negativ ausfallen und zu Irrtümern Veranlassung geben kann. BRANDRUP empfiehlt folgende Ausführung:

Etwa 2 g Pulver schüttet man auf ein Rundfilter, gießt langsam etwa 5 ccm Chloroform darüber und dampft das Filtrat in einer Porzellanschale ein. Der Rückstand gibt mit einer alkoholischen Kalilauge befeuchtet eine orange- bis rote Färbung.

Zur Santoninreaktion zieht L. ROSENTHALER[3] Natriummethylat (eine Auflösung von 10 g metallischem Natrium in 50 g Methanol) der alkolischen Kalilauge vor.

N. A. QAZILBASH[4] benützt Kaliummethylat, mit dem verläßlichere Reaktionen erhalten werden:

0,5 g Drogenpulver werden mit 5 ccm Benzol 5 Minuten geschüttelt und filtriert. Das Filtrat wird in einem Porzellanschälchen auf dem Wasserbade zur Trockene eingedampft. Hierauf wird der Rand des Rückstandes mit 2 bis 3 Tropfen Kaliummethylatlösung betupft und das Schälchen wieder auf dem Wasserbad erwärmt. Bei Anwesenheit von Santonin entsteht eine orangerote, blutrote oder carminrote Farbe. Santoninfreie Drogen geben gelbbraune oder braune Töne. Zur Herstellung der Kaliummethylatlösung werden 5 g Kalium anteilsweise in 50 g Methanol am Rückflußkühler gelöst.

Santoninbestimmung.

Das Santonin ist ein γ-Lacton, das durch Calcium und Barium leicht in das wasserlösliche Salz der Santoninsäure übergeführt wird. Aus

---

[1] Pharmaz. Ztg. **1927**, 1322.
[2] Pharmaz. Ztg. **1931**, 262. — [3] Pharmaz. Zentralhalle Deutschland **1926**, 211.
[4] J. Pharm. Pharmacol. **3**, 105 (1951).

diesem läßt sich durch Ansäuern wieder das chloroformlösliche Lacton
zurückgewinnen:

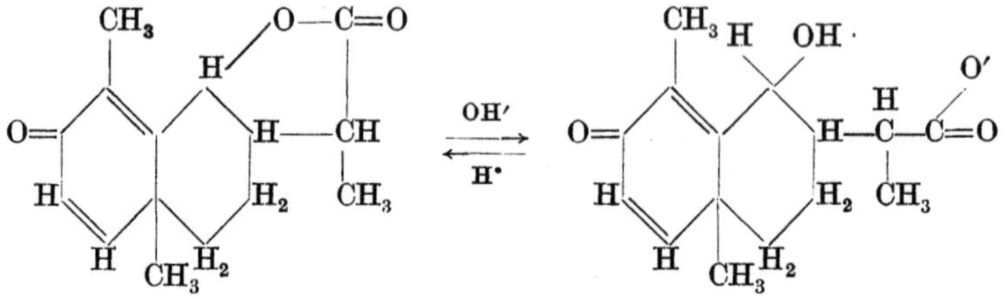

$$\begin{array}{ccc} \text{Struktur I} & \xrightleftharpoons[\text{H}^{\bullet}]{\text{OH}'} & \text{Struktur II} \end{array}$$

Durch dieses Verhalten ist es möglich, das Santonin so weit aus
Extraktlösungen zu isolieren und zu reinigen, daß es gravimetrisch bestimmt werden kann. Außerdem läßt es sich daraufhin auch maßanalytisch bestimmen. Die starke Linksdrehung des Santonins wurde ebenfalls für eine Bestimmung heranzuziehen versucht. Einen Überblick über
die verschiedenen Methoden gibt in neuerer Zeit H. GEYER[1].

Gravimetrische Methoden.

Die gravimetrischen Methoden beruhen auf dem oben angegebenen
Verhalten des Santonins gegenüber Erdalkalien und unterscheiden sich
in der Art der Extraktion und in der Abtrennung von störenden harz-
artigen und öligen Begleitstoffen. Das gereinigte Santonin wird aus
15%igem Alkohol zur Kristallisation gebracht und gewogen. Nach
N. A. QAZILBASH[2] verlaufen die meisten Verfahren bei Drogen mit weniger als 1,5% Santonin unbefriedigend, da harzartige Stoffe stören und
kein reines Santonin erhalten wird. Ein von ihm ausgearbeitetes Verfahren läßt sich dagegen bei allen Drogensorten anwenden und gibt ein
weißes Santonin mit einem Schmelzpunkt von 171 bis 173°.

Als besonders geeignet erwiesen sich solche Extraktionsverfahren, bei
denen das Santonin mit Calciumhydroxyd als Calziumsalz mit Wasser
extrahiert wird, da dadurch nach H. BÖHME[3] auch natürlich vorliegende
Santoninsalze erfaßt werden, die in organischen Lösungsmitteln unlöslich sind. Von den 33 meist älteren Verfahren, die QAZILBASH[2] anführt
und teils bespricht, hat sich das Verfahren von P. S. MASSAGETOW[4] bewährt, da es ein reines Santonin mit einem Schmelzpunkt von 169 bis
170° liefert.

Verfahren von Massagetow[4].

Prinzip. Die Droge wird mit Calciumhydroxyd und heißem Wasser extrahiert,
das Santonin nach dem Ansäuern mit Salzsäure mit Chloroform ausgeschüttelt,
mit Natronlauge und Kohle gereinigt. Nach dem Abdestillieren des Chloroforms
wird das Santonin in Alkohol gelöst, aus Wasser auskristallisiert und gewogen.

5,0 Blütenköpfe oder bei geringem Santoningehalt eine entsprechend größere
Menge derselben oder eines anderen Pflanzenteiles werden zerkleinert, in einem
Mörser mit 1,0 gelöschtem Kalk verrieben und in einem Becherglase oder Erlen-
meyerkolben mit 250 ccm Wasser 10 Minuten lang gekocht, dann wird sogleich

---

[1] Dtsch. Apotheker-Ztg. **94**, 338 (1954).
[2] J. Pharm. Pharmacol. **4**, 103, 511 (1952).
[3] Arch. Pharmaz. **280**, 89 (1942). — [4] Arch. Pharmaz. **270**, 392 (1932).

durch einen Büchnertrichter filtriert und der Rückstand mit heißem Wasser ausgewaschen, bis das Gesamtfiltrat etwa 500 ccm beträgt. Das noch warme Filtrat
wird in einen Scheidetrichter gegeben und mit 20 ccm Salzsäure (1,12) angesäuert.
Nach dem Erkalten wird mit 50, 30, 20 und 20 ccm Chloroform jedesmal unter
energischem Schütteln extrahiert. Die Chloroformauszüge werden in einen anderen
Scheidetrichter filtriert und mit 50 ccm einer etwa 4%igen Ätznatronlösung ausgeschüttelt. Die Chloroformlösung wird abgelassen, mit 0,1 bis 0,2 Tierkohle geschüttelt und in einem 300 ccm-Erlenmeyerkolben filtriert. Das Chloroform wird
auf dem Wasserbade abdestilliert, der Rückstand in 1 bis 2 ccm Alkohol gelöst,
100 ccm kochendes Wasser zugegeben, die Lösung auf 50 bis 70 ccm eingekocht
und an einem kühlen Ort zur Kristallisation hingestellt. Nach 16 bis 24 Stunden
wird filtriert, Filter und Kolben bei 100 bis 105° getrocknet, die Kristalle in wenig
Chloroform gelöst, die Lösung mit einem gewogenen Kolben abgedampft, wieder
bei 100 bis 105° getrocknet, im Exsiccator abgekühlt und gewogen. Zu dem erhaltenen Santonin wird die im Filtrat gelöst gebliebene Menge (0,0002 pro 1 ccm)
hinzugezählt. Die Summe mit 20 multipliziert ergibt den Prozentgehalt. Der
Schmelzpunkt der Kristalle ist der des reinen Santonins (168 bis 170°).

Einige Bemerkungen zu dieser Methode: Das Kochen des Materials mit Kalk-
wasser ist notwendig zur Bildung des Santoninsalzes, auch werden hierbei flüchtige
Substanzen verjagt. Der Büchnertrichter soll 9 bis 10 cm Durchmesser haben, das
Filter aus zwei Scheiben schnellfiltrierenden Papiers bestehen. Das Auswaschen
des Materials auf dem Filter mit kleinen Mengen heißen Wassers bis zum an-
gegebenen Volumen des Filtrats (500 ccm) ist notwendig. Nach dem Ablassen der
Chloroformauszüge muß der Scheidetrichter I und das Filter mit kleinen Mengen
Chloroform nachgewaschen und das Waschchloroform mit dem Auszug vermengt
werden. Nach dem Schütteln des Chloroformauszuges mit der Lauge und dem
Nachspülen des Scheidetrichters II, wie beschrieben, wird der Auszug mit etwas
Tierkohle behandelt, um suspendierte Stoffe (auch Farbstoffe) zu entfernen. Die
Kohle muß unbedingt vorher von in Chloroform löslichen Stoffen befreit werden.
Das Lösen des Santonins in ein wenig Alkohol befördert den Übergang desselben
in wäßrige Lösung. Diese kleine Menge Alkohol wird beim Kochen der Lösung
fast vollständig wieder entfernt. Das Einkochen wird durch Zugabe eines Porzellan-
kügelchens befördert; erfolgt die Zugabe des Kügelchens schon beim Verdampfen
des Chloroforms, so wird auch diese Operation beschleunigt.

Die beschriebene Methode eignet sich zur Untersuchung aller Sorten Wermut-
samen sowie zur Untersuchung auch anderer Teile der Wermutpflanze, nicht nur
der Blütenköpfe.

Nach H. Böhme[1] ist die Additionskorrektur von 0,0002 g pro Kubikzentimeter Mutterlauge zu gering und muß drei- bis viermal höher sein,
da das Santonin in der milchig, harz- oder terpenhaltigen Mutterlauge
löslicher ist als in reinem Wasser. Außerdem enthält das Santonin etwa
10% nicht lactonartige Substanzen, die durch das Behandeln mit Chloroform des auskristallisierten Santonins von den Resten Mutterlauge miterfaßt werden.

Verfahren von Qazilbash[2].

Prinzip. Die Droge wird mit Benzol, Natriumcarbonat und Ammoniak extrahiert. Damit wird eine quantitative Extraktion erreicht und weniger Harze und
Fette erfaßt. Das Benzol wird abdestilliert, der Rückstand in Bariumhydroxydlösung aufgenommen, das Santonin durch Salzsäure ausgeschieden, mit Chloroform ausgeschüttelt und dieses abdestilliert. Der Rückstand wird in 15%igem
Alkohol gelöst, mit Kohle und Kieselgur gereinigt und das Santonin zur Kristallisation gebracht.

15 g fein gepulverte Droge werden mit 1,5 g wasserfreiem Natriumcarbonat
gemischt. Die Mischung wird in einem 500 ccm-Scheidetrichter mit 15 ccm 15%iger

---

[1] Arch. Pharmaz. **280**, 89 (1942). — [2] J. Pharm. Pharmacol. **4**, 103, 511 (1952).

Ammoniakflüssigkeit einige Minuten geschüttelt. Hierauf werden 150 ccm Benzol zugesetzt und die Mischung häufig und kräftig während 3 Stunden geschüttelt. Am nächsten Tag wird 15 Minuten kräftig geschüttelt und nach 30 Minuten durch mit Benzol befeuchtete Watte in einen 100 ccm-Meßzylinder filtriert. Der Trichter wird während der Filtration bedeckt. 100 ccm Filtrat (= 10 g Droge) werden in einen Destillationskolben gebracht und der Meßzylinder mit wenig Benzol nachgespült. Die Benzollösung wird auf etwa 15 ccm eingedampft und diese unter zwei- bis dreimaligem Nachspülen des Kolbens mit 5 ccm Benzol in ein Becherglas gebracht. Hierauf wird die Benzollösung zur Trockene eingedampft. Der Rückstand wird mit 110 ccm 5%iger frisch bereiteter und filtrierter Bariumhydroxydlösung 20 Minuten bei 60 bis 70° auf dem Wasserbad erhitzt und mit einem Glasstab sorgfältig verrührt. Es scheiden sich gelblichgrüne oder dunkelgrüne harzartige Stoffe ab. Die Lösung wird durch ein mit Wasser befeuchtetes Doppelfilter filtriert, Becherglas und Filter werden zweimal mit 10 ccm heißem Wasser nachgewaschen und das Filtrat mit verdünnter Salzsäure angesäuert. Dann wird ein kleiner Überschuß an Salzsäure zugegeben, die Lösung 20 Minuten bei 60 bis 70° auf dem Wasserbad stehengelassen und zeitweise umgerührt. Nach 15 Minuten wird mit Kongorotpapier die Reaktion geprüft und bei schwach saurer Reaktion noch 1 bis 2 ccm verdünnte Salzsäure hinzugefügt. Die saure Lösung wird nach dem Abkühlen in einen Scheidetrichter übergeführt. Das Becherglas wird mit 25 ccm Chloroform gespült, dieses in den Scheidetrichter gebracht und 5 Minuten geschüttelt. Nach der Schichtentrennung wird das Chloroform durch mit Chloroform angefeuchtete Watte in einen Erlenmeyerkolben filtriert. Das Ausschütteln wird mit 20, 15, 10 ccm Chloroform wiederholt. Von den vereinigten Chloroformausschüttelungen wird das Chloroform abdestilliert und die letzten Chloroformreste durch Einblasen von Luft entfernt. Der Rückstand wird mit 50 ccm 15%igem Alkohol 15 Minuten am Rückflußkühler zum Sieden erhitzt und heiß filtriert. Kolben und Filter werden dreimal mit 5 ccm warmen 15%igem Alkohol nachgewaschen. Das Filtrat wird mit einer Mischung von je 50 mg Tierkohle und Kieselgur 10 Minuten am Rückflußkühler erhitzt, um Harze und kolloidale Stoffe zu entfernen. Hierauf wird heiß in eine Kristallierschale filtriert. Rückstand und Filter werden mit 5 ccm 15%igem Alkohol nachgewaschen und das Filtrat im Dunkeln bei 15 bis 17° 24 Stunden zur Kristallisation stehengelassen. Zur Kristallisationsbeschleunigung wird die Schalenwand mit einem Glasstab gerieben. Die Santoninkristalle werden auf einem gewogenen Filter gesammelt, zweimal mit 5 ccm 15%igem Alkohol gewaschen, bei 100 bis 105° bis zur Gewichtskonstanz getrocknet und im Exsiccator über Schwefelsäure erkalten gelassen. Zum Gewicht werden 0,046 g als Korrektur für in der Mutterlauge gelöstes Santonin addiert. Das Gesamtgewicht mit 10 multipliziert, ergibt den Santoningehalt in Prozenten.

Das isolierte Santonin hat einen Schmelzpunkt von 171 bis 173°. Im Vergleich mit den Verfahren von EDER und SCHNEITER[1], JANOT und MOUTON[2], JANOT und ESTEVE[3], COUTTS[4] und MASSAGETOW[5] werden höhere Werte und reineres Santonin erhalten.

E. W. KASSNER, C. A. JOHNSON und N. A. TERRY[6] haben das Verfahren von QAZILBASH unter Beibehaltung des Prinzipes in der Ausführung geändert, womit eine größere Genauigkeit erreicht werden soll. Sie gehen von einer größeren Drogenmenge aus, extrahieren das Santonin durch Perkolation und kristallisieren es zweimal aus 15%igem Alkohol um. Bei Drogen mit geringem Santoningehalt, bei denen keine Kristallisation eintritt, sollen 35 g Droge extrahiert werden. Steht diese Menge nicht zur Verfügung, so können 5 bis 10 g Droge mit einer san-

[1] Schweiz. Apotheker-Ztg. **63**, 405 (1925).
[2] Bull. Sci. pharmacol. **37**, 337 (1930).
[3] Bull. Sci. pharmacol. **40**, 280 (1933).
[4] Quart. J. Pharmac. Pharmacol. **5**, 375 (1932).
[5] Arch. Pharmaz. **270**, 392 (1932). — [6] J. Pharmac. Pharmacol. **5**, 245 (1953).

toninreichen Droge von bekanntem Gehalt auf 25 g vermischt und der Santoningehalt berechnet werden:

25 g zerstoßene Droge (Pulverisierung ist bei der Perkolation nicht nötig) werden in einer 500 g-Flasche mit Glasstopfen mit 2,5 g wasserfreiem Natriumcarbonat gut gemischt und mit 25 ccm 15%iger Ammoniaklösung bis zur gleichmäßigen Durchfeuchtung geschüttelt. Dann werden 250 ccm Benzol zugesetzt, geschüttelt und 3 Stunden unter zeitweisem Schütteln stehen gelassen. Hierauf wird 15 Minuten dauernd geschüttelt, die Droge in einen Perkolator gebracht und mit etwa 400 g Benzol 8 Stunden perkoliert. Das Perkolat wird in einem tarierten 600 ccm-Erlenmeyerkolben aufgefangen. Das Benzol wird bis zur Trockene abdestilliert, der Rückstand wird mit Chloroform auf 100 g gebracht, 250 ccm gesättigte Bariumhydroxydlösung zugesetzt und der Kolben 30 Minuten auf dem Wasserbad unter häufigem Schwenken erhitzt. Dann wird das Chloroform abdestilliert, die wäßrige Lösung durch einen doppelten Wattebausch in einen 600 ccm-Erlenmeyerkolben filtriert, das Filtrat sofort mit 20 ccm Salzsäure versetzt und Kolben und Filter mit kleinen Mengen siedenden Wassers nachgewaschen. Der obere Wattebausch mit dem Harz wird in das Kölbchen zurückgebracht, 20 ccm Chloroform und 20 ccm gesättigte Bariumhydroxydlösung zugegeben, am Rückflußkühler 10 Minuten zum Sieden erhitzt und dann das Chloroform abdestilliert. Der Rückstand wird durch den ersten Wattebausch filtriert und Kolben und Trichter werden achtmal mit siedendem Wasser nachgewaschen. Hierauf werden 5 ccm Salzsäure zugesetzt, gut durchgeschwenkt und auf überschüssige Säure geprüft. Dann wird auf dem siedenden Wasserbad 30 Minuten erhitzt, geschüttelt und in einem Scheidetrichter sechsmal mit Chloroform ausgeschüttelt, wobei jede Ausschüttelung mit demselben Wasser gewaschen wird. Das Chloroform wird in einem 250 ccm-Kolben abdestilliert, Spuren von Chloroform mit absolutem Alkohol entfernt, der Rückstand 30 Minuten bei 100° getrocknet und abgekühlt. Der Kolben wird mit Inhalt gewogen. 7,5 g absoluter Alkohol zugegeben, zur Lösung erwärmt, und dann mit 42,5 g siedendem Wasser und 0,1 g Kohle versetzt. Hierauf wird am Rückflußkühler auf dem Wasserbad 10 Minuten vorsichtig zum Sieden erhitzt und dann rasch durch ein kleines gehärtetes Filter unter Ansaugen durch einen dampfbeheizten Trichter filtriert. Kolben, Trichter und Filter waren vorgewärmt. Der Kolben wird zweimal mit je 5 ccm 15%igem Alkohol unter Erwärmen auf dem Wasserbad und dann das Filter zweimal mit je 5 ccm 15%igem Alkohol nachgewaschen. Dann wird der Kolben über Nacht bei Raumtemperatur zur Kristallisation stehengelassen. Die Kristalle werden durch ein kleines gehärtetes Filter filtriert und der Kolben zweimal mit je 5 ccm 15%igem Alkohol nachgewaschen. Die Kristalle werden von dem Kolben und dem Filter mit heißem Alkohol gelöst und die Lösung in einem 100 ccm-Gläschen auf dem Wasserbad eingedampft, wobei gegen Ende Spritzen vermieden werden muß. Der Rückstand wird 30 Minuten bei 100° getrocknet, in 3,75 g absolutem Alkohol gelöst, 21,25 g siedendes Wasser zugefügt, geschwenkt und über Nacht stehengelassen. Die Kristalle werden durch ein kleines gehärtetes Filter filtriert, Gläschen und Filter werden dreimal mit 2,5 ccm 15%igem Alkohol nachgewaschen. Die Kristalle werden auf dem Filter getrocknet, dann in ein kleines tariertes Wägegläschen gebracht, bei 100° getrocknet und gewogen. Hierauf wird der Schmelzpunkt bestimmt und als Korrektur für im 15%igem Alkohol gelöstes Santonin 0,05 g zum Gewicht hinzugezählt.

Maßanalytische Bestimmung.

Nach H. Böhme[1] läßt sich Santonin durch Ringspaltung mit Lauge oder durch Lactontitration des santoninsauren Salzes mit Säure quantitativ bestimmen, wie es in der obigen Formel angedeutet ist. Für die Santoninbestimmung in der Droge zieht Böhme die Ringschlußbildung durch Säure vor, da diese für die in der Natur nicht sehr verbreitete

---

[1] Arch. Pharmaz. **280**, 89 (1942).

Klasse der Lactone bedeutend spezifischer als die Verseifungsreaktion der Ringspaltung ist. Zur Extraktion des Santonins aus der Droge benützt Böhme das Verfahren von Massagetow[1]:

5 g mittelfein gepulverte Zitwerblüten werden in einer Reibschale mit 1 g Calciumhydroxyd verrieben und in einem 400 ccm-Becherglas mit 250 ccm Wasser zum Sieden erhitzt und 10 Minuten lang im Sieden belassen. Man saugt noch heiß durch eine Porzellannutsche mit einem doppelten Papierfilter von 9 cm Durchmesser und wäscht portionsweise mit heißem Wasser nach, bis das Gesamtfiltrat 500 ccm beträgt. Das heiße Filtrat wird in einen 1000 ccm-Scheidetrichter gegeben und sofort mit 20 ccm 25%iger Salzsäure angesäuert. Nach dem Erkalten wird mit 50, 30, 20 und 20 ccm Chloroform unter energischem Schütteln extrahiert und der Scheidetrichter anschließend zwei- bis dreimal mit je 10 ccm Chloroform nachgewaschen. Die vereinigten Chloroformlösungen werden in einem 250 ccm-Scheidetrichter mit 50 ccm 4%iger Natronlauge ausgeschüttelt und auch dieser Scheidetrichter nach dem Abtrennen zweimal mit je 10 ccm Chloroform nachgewaschen. Die Chloroformlösung wird anschließend einige Minuten über 0,1 bis 0,2 g medizinischer Kohle geschüttelt und in einen 300 ccm-Erlenmeyerkolben filtriert. Nach dem Nachwaschen von Kolben und Filter werden die vereinigten Chloroformlösungen auf dem Wasserbade abdestilliert.

Der Rückstand wird heiß in 5 g Alkohol gelöst und anschließend mit 10 g Barytwasser eine Viertelstunde auf dem siedenden Wasserbad erhitzt, wobei der größte Teil des Alkohols abdestilliert. Man ergänzt mit Wasser auf 30 g und filtriert nach dem Erkalten durch ein gut bedecktes Faltenfilter. 27 g des weingelben Filtrates (= 4,5 g Droge) werden nach Zusatz von 2 Tropfen Phenolphthaleinlösung mit 0,5 n-Salzsäure tropfenweise bis zur Entfärbung versetzt und anschließend aus einer Feinbürette 0,1 n-Salzsäure bis zur 1 bis 2 Minuten bestehenbleibenden Rotfärbung zugefügt. Dann wird nach Zusatz von 10 ccm 0,1 n-Salzsäure eine Viertelstunde auf dem siedenden Wasserbad erhitzt und nach dem Erkalten mit 0,1 n-Kalilauge aus einer Feinbürette bis zur 1 bis 2 Minuten bestehenbleibenden Rotfärbung titriert. Aus der Anzahl der verbrauchten ccm 0,1 n-Salzsäure (= a) ergibt sich der Santoningehalt in 100 g Droge nach der Formel

$$x = \frac{a \cdot 246 \cdot 1 \cdot 100}{4,5 \cdot 10000} = a \cdot 0{,}547 \; .$$

Im Vergleich mit dem Verfahren von Massagetow erhielt Böhme nach der maßanalytischen Methode um etwa 5 bis 15% höhere Werte.

Polarimetrische Bestimmung.

Auf Grund der starken Linksdrehung des Santonins wurden von W. Hauser[2] und von A. Kuhn und G. Schäfer[3] eine polarimetrische Santoninbestimmung ausgearbeitet. Nach H. Böhme[4] werden aber damit um 20 bis 30% zu niedrige Werte erhalten, da die Chloroformlösung, in der die polarimetrische Messung vorgenommen wird, außer linksdrehendem Santonin noch unkontrollierbare Mengen rechtsdrehender Stoffe enthält. E. Steinegger und O. Hahn[5] gelang es durch Chromatographie ohne Verwendung einer Kristallisation das Santonin als praktisch farblosen, kristallinen, weitgehend gereinigten Rückstand zu erhalten, in welchem durch Polarimetrie der genaue Gehalt bestimmt und gleichzeitig, soweit dies an Hand der spezifischen Drehung möglich ist, nach-

[1] Arch. Pharmaz. **270**, 392 (1932).
[2] Arch. Pharmaz. **279**, 175 (1941). — [3] Madaus Jahresb. **3**, 59 (1940).
[4] Arch. Pharmaz. **279**, 282 (1941); **280**, 100 (1942).
[5] Pharm. Acta Helvetiae **28**, 206 (1953).

gewiesen wird, ob der Rückstand im wesentlichen aus Santonin besteht. Diese Methode gestattet eine genaue Santoninbestimmung mit kleinen Drogenmengen von 0,2 bis 0,5 g, je nach Gehalt und verlangter Genauigkeit, und zwar auch dann, wenn Drogen mit geringem Gehalt und verschiedener botanischer Herkunft untersucht werden. Sie eignet sich gleicherweise für Kraut- und Blütendrogen. Die mittlere quadratische Abweichung betrug bei Bestimmungen einer Droge mit 1,7% Gehalt und bei 0,5 g Einwaage ± 2%. Die Bestimmung verläuft folgendermaßen:

Reinigung über Ba-Santoninat. 0,5 g pulverisierte (Sieb V) Droge (genau gewogen) werden mit 10 ccm Benzol während mindestens 30 Minuten durch Schütteln (am besten auf einer Schüttelmaschine) extrahiert. Dann filtriert man durch ein Faltenfilter von 6 cm Durchmesser unter Bedecken des Trichters mit einem Uhrglas. Vom klaren Filtrat werden 8 ccm (genau gemessen), entsprechend 0,4 g Droge abpipettiert und in einem Rundkolben von 50 bis 100 ccm im Vakuum eingedampft. Nach dem Abdampfen werden die an den Wänden haftenden Rückstände mit wenig Chloroform auf dem Boden des Kolbens zusammengespült und das Lösungsmittel vorsichtig entfernt. Dann fügt man 10 ccm 5%iges Barytwasser zu und kocht unter öfterem Umschwenken des Kolbens während 20 Minuten am Rückfluß. Die erkaltete Lösung gießt man in einen Scheidetrichter und wäscht den Kolben zweimal mit 1 ccm Wasser nach. Die vereinigten Lösungen werden dreimal mit je 5 ccm Chloroform, mit dem vorher jeweils der Kolben ausgeschwenkt wurde, ausgeschüttelt. Die wäßrige Phase filtriert man in eine tarierte Schale, wäscht Chloroform und Filter mit 2 ccm Wasser, anschließend das Filter allein mit zweimal 1 ccm Wasser und gibt die Waschflüssigkeiten ebenfalls in die Schale. Die vereinigten Auszüge werden auf die Hälfte eingedampft, mit 2 ccm 37%iger Salzsäure angesäuert, 2 Minuten lang weiter erwärmt und nach vollständigem Erkalten mit viermal 3 ccm Chloroform unter jeweiligem vorangehendem Ausspülen der Abdampfschale ausgeschüttelt. Die vereinigten Chloroformausschüttelungen werden über 0,3 g wasserfreiem Natriumsulfat während etwa 15 Minuten getrocknet, durch ein Faltenfilterchen von 5 cm Durchmesser filtriert, Natriumsulfat, Kölbchen und Filter zweimal mit je 2 ccm Chloroform gewaschen und das Filterchen schließlich noch mit zwei weiteren ccm Chloroform tropfenweise gründlich durchgewaschen. Die vereinigten Chloroformlösungen werden vom Lösungsmittel befreit.

Chromatographie. Zur Chromatographie wird ein unten verengtes Glasrohr von 5 bis 6 mm innerem Durchmesser unten mit Wattebausch verschlossen und die von der Watte aus gemessene Höhe von 5 cm und 5,5 cm außen markiert. Dann füllt man Al_2O_3, standardisiert nach BROCKMANN, trocken ein, wobei z. B. mit einem Gummischlauch so lange geklopft wird, bis sich die Säule nicht mehr senkt und 5 cm Höhe mißt. Jetzt wird eine vorher bestimmte Menge Floridin XXF direkt auf die Al_2O_3-Säule gegeben und mit einem Wattebausch festgepreßt. Die Höhe der Floridinsäule soll 5 mm betragen. Vor Gebrauch wird die Säule mit 3 ccm Benzol-Chloroform 1 : 1 durchgewaschen. Dann gibt man den erhaltenen Rückstand in 1 ccm des gleichen Lösungsmittelgemisches gelöst auf die Säule und eluiert mit dreimal 2 ccm desselben Gemisches. Die Chromatographie soll unter gleichmäßigem schwachem Saugen bei einer Abtropfmenge von 30 bis 40 Tropfen pro Minute durchgeführt werden. Die Eluate werden gesamthaft aufgefangen und in einem tarierten Gefäß vom Lösungsmittel befreit. Nach dem Trocknen wird der Rückstand gewogen.

Polarimetrie. Den erhaltenen Rückstand löst man in Chloroform zu genau 2 ccm und bestimmt die optische Drehung im Mikrorohr. Daraus wird der Santoningehalt (bei einer Einwaage von 0,5 g, Verwendung von 8 ccm Benzolfiltrat und Polarisationsrohr von 1 dm Länge) nach folgender Formel berechnet:

$$\text{Santoningehalt in \%} = \frac{\alpha \cdot 500}{171,4}.$$

Die Autoren fanden z. B. bei Auswaagen von etwa 8,5 mg nach der Chromatographie polarimetrisch 6,6 mg Santonin.

Flores, Folia und Fructus Crataegi.

Von den Inhaltsstoffen des Weißdorns wird besonders einem bisher mit Crataegulsacton bezeichneten Sapogeningemisch, das noch geringe Mengen eines Saponins und eines Oleanolates (SCHINDLER[1]) enthält, die Herzwirkung zugeschrieben. Dieses Gemisch ist in den Blättern in einer Menge von 0,5 bis 1,3%, in frischen Blüten bis zu 1,4% und in den getrockneten Früchten zu etwa 0,4% enthalten. Es ist in Alkohol und Äther leicht löslich, in Wasser und Petroläther unlöslich und in Chloroform und Aceton schwer löslich. Das Sapogeningemisch ist in der Droge nicht haltbar, besonders in zerkleinertem Material erfolgt eine rasche Abnahme. H. SCHINDLER[2] fand z. B. in fein gemahlenen Früchten nach 18 Tagen eine Abnahme um 34%, nach 48 Tagen eine solche von 67%.

Nach R. ULLSPERGER[3] besitzen auch die roten Farbstoffe der Früchte eine tonogene Wirkung auf die Herzmuskeldynamik.

Zur Bestimmung des Sapogeningemisches hat M. DAU[4] ein colorimetrisches Verfahren und H. SCHINDLER[2] ein gravimetrisches Verfahren ausgearbeitet. Nach der gravimetrischen Methode wird das Sapogeningemisch, nach vorhergehender Entfettung der Droge mit Petroläther, mit Äther extrahiert, in einer Äther-Methanol-Lösung über Kohle filtriert und nach dem Abdestillieren des Lösungsmittels zur Wägung gebracht:

Die zerkleinerte, im Trockenschrank getrocknete Droge (50 g) wird zur Entfernung der Fettstoffe im Soxhlet mit wasserfreiem Petroläther (Sp. bis 60°) bis zur Erschöpfung extrahiert, wozu 8 Stunden notwendig sind. Die restlose Entfettung ist für die Gewinnung der reinen Substanz von großer Bedeutung. Die entfettete Droge wird anschließend getrocknet, am besten durch Ausbreiten auf einem Bogen Papier. Nachdem das Material wieder quantitativ in die Extraktionshülse gefüllt worden ist, wird diese kurze Zeit in den Trockenschrank gestellt und dann im Soxhlet mit wasserfreiem Äther 8 Stunden erneut ausgezogen. Dann wird das Lösungsmittel im Vakuum abgedampft, der Rückstand gewogen, in einem Gemisch Äther-Methanol (3 : 1) gelöst, mit wasserfreiem Natriumsulfat getrocknet und filtriert. Die gelb (bei den Blättern grün) gefärbte Lösung wird in ein ALLIHNsches Röhrchen (15a G 3, Schott-Jena) gefüllt, nachdem dieses vorher auf einer Saugflasche befestigt und mit 1 bis 2 g aktiver Kohle beschickt wurde. Dazu wird am zweckmäßigsten die Kohle mit Äther-Methanol angeschwemmt und in das Röhrchen gefüllt[5]. Man läßt nun ohne Saugen die Lösung durchlaufen und wäscht dreimal mit Äther-Methanol (3 : 1) nach. Das farblose Filtrat wird anschließend im Vakuum vom Lösungsmittel befreit, wobei sich das sog. Lacton als weiße Kruste abscheidet. Das Kölbchen wird daraufhin im Exsiccator getrocknet und gewogen.

A. DENOEL[6] hat das aus Blättern und Blüten isolierte Rohprodukt papierchromatographisch untersucht. Es ergaben sich zwei Fraktionen, die den α- und β-Sapogeninen SCHINDLERS entsprachen. Als Lösungsmittel wurden Isobutanol, Wasser und Eisessig (5:5:1) und Äthyl-

---

[1] Arch. Pharmaz. **284**, 132 (1951). — [2] Arch. Pharmaz. **284**, 35 (1951). [3] Pharmazie. **8**, 596 (1953). — [4] Diss. Hamburg (1941). [5] Zur Reinigung hat sich erfahrungsgemäß eine Kohlemenge bewährt, die etwa das Drei- bis Fünffache des Ätherextraktes beträgt. Die einzelnen Kohlen sind sehr verschieden, SCHINDLERS Erfahrungen stützen sich auf eine Aktivkohle, die pro g 90 mg Methylenblau adsorbiert. [6] J. Pharmac. Belgique **7**, 11/12 : 516/30 (1953); Ref. Pharmaz. Ztg. **89**, 781 (1953).

acetat, Wasser (15:1) verwendet, das Papier Whatman Nr. 1. Zur Entwicklung der auf- und absteigend durchgeführten Chromatogramme dienten folgende Farbreaktionen: 5% Antimon-III-chlorid (grüne Fluorescenz), die HESSE-SALKOWSKI-Reaktion (violett nach blaugrün) und die Reaktion nach ROSENHEIM mit Trichloressigsäure (grün nach rot nach rotviolett).

Die R_F-Werte zweier Gruppen von Substanzen, die mit $SbCl_3$ zu entwickeln waren, lagen einmal zwischen 0,18 bis 0,24 zum anderen zwischen 0,94 und 1,0 bei Verwendung der oben genannten Phasen. Eine Benzol-Methanol-Chloroform-Wasser-Phase (50:20:20:5) liefert R_F-Werte, die zwischen 0,0 bis 0,12 und 0,90 bis 1,0 lagen. In den unteren Partien der Papierchromatogramme fanden sich neben den Sapogeninflecken noch grau angefärbte Substanzen, die als Ketohexosen identifiziert wurden und die den Befunden entsprechend mit $SbCl_3$ als empfindlichem Reagens zu entwickeln sind. In den Handelspräparaten fanden sich nur sehr wenig Sapogenine, mehr enthielten die Tinkturen.

Flores Koso.

Wirkstoffbestimmung.

Die Kosoblüten enthalten den im Filixrhizom vorhandenen Phloroglucinderivaten ähnliche Wirkstoffe, die gleichfalls mit Äther extrahierbar sind und aus der ätherischen Lösung mit Bariumhydroxyd sich ausschütteln lassen. Die Wirkstoffe können deshalb in gleicher Weise wie bei Rhizoma Filicis bestimmt werden. Eine derartige Methode wurde erstmalig von J. STAMM und K. KILLINEN[1] angegeben. R. JARETZKY und W. PUNZEL[2] benützen dieselbe Methode, gehen aber von der doppelten Drogenmenge aus und trocknen das Rohkosin im Vakuum:

Zur Bestimmung der Gesamtwirkstoffe als Rohkosin werden 4 g gepulverte Blüten mit 60 g Äther in einem Scheidetrichter während ½ Stunde des öfteren geschüttelt. Zu dieser ätherischen Kosoanschüttelung werden 200 g 5 %iges Barytwasser gegeben und diese Mischung 5 Minuten lang kräftig geschüttelt. Von der wäßrigen Schicht werden 164 g (= $^4/_5$ der Droge) in einen Scheidetrichter filtriert, das Filtrat mit 8 ccm Salzsäure versetzt und der entstandene Niederschlag nacheinander mit 50, 50, 40 und 40 ccm Äther ausgeschüttelt. Die ätherischen Auszüge werden nacheinander durch ein doppeltes glattes Filter in einen gewogenen Kolben filtriert. Der nach dem Abdunsten des Äthers verbleibende Rückstand wird schließlich im Vakuumexsiccator getrocknet. Das Rohkosin wird meistens nach 12stündigem Verweilen im Exsiccator als lockeres, leichtes, aus zitronengelben Schüppchen bestehendes Pulver erhalten.

Wird aus der Droge zuerst ein ätherisches Extrakt gewonnen wie bei Rhizoma Filicis und in diesem Extrakt das Rohkosin bestimmt, so liegen die Werte etwas tiefer.

Eine biologische Wirkstoffbestimmung haben gleichfalls JARETZKY und PUNZEL mit kleinen Fischen, wie bei Filix mas angegeben (s. S. 303), ausgearbeitet. Das Rohkosin dafür muß nach der Barytmethode und

---

[1] Pharmacia (Tallinn) **14**, 55 (1934); Ref. Pharmaz. Zentralhalle Deutschland **1934**, 554.
[2] Arch. Pharmaz. **276**, 559 (1938).

nicht mit Magnesiumoxyd gewonnen sein, da bei älteren Extrakten
unter Umständen mit Magnesiumoxyd zu wenig Rohkosin extrahiert
werden kann.

JARETZKY und PUNZEL haben 24 Drogenmuster verschiedener Herkunft sowohl chemisch durch Bestimmung des Rohkosingehaltes als
auch biologisch an Fischen geprüft. Sie konnten feststellen, daß Extraktgehalt, Rohkosingehalt und Wirkung bei längerer Lagerung zurückgehen und daß die Bestimmung des Rohkosingehaltes für eine Beurteilung der Wirksamkeit der Droge nicht ausreicht. Drogen mit weniger
als 7% Extraktgehalt sind auf jeden Fall als unwirksam abzulehnen.
Wenn auch Drogen mit mindestens 10% Extraktgehalt, das 50% Rohkosin enthält, meistens eine genügende Wirksamkeit aufweisen können,
so empfehlen trotzdem JARETZKY und PUNZEL eine biologische Wertbestimmung des aus der Droge mit der Barytwassermethode isolierten
Rohkosins vorzunehmen. Von dem in einer Ausbeute von mindestens
4% gewonnenen Rohkosins sollten 4 mg in 100 ccm Leitungswasser die
Hälfte der 4 eingebrachten Versuchstiere innerhalb ½ Stunde töten.

Folia und Radix Belladonnae.

Folia Belladonnae.

Der Gesamtalkaloidgehalt der Belladonnablätter beträgt 0,2 bis 0,5%,
von dem je nach der Racemisierung 70 bis 100% auf l-Hyoscyamin, der
Rest auf Atropin und Spuren Scopolamin entfallen, das auch fehlen
kann. Zur Bestimmung des Gesamtalkaloidgehaltes wurden zahlreiche
maßanalytische und mehrere colorimetrische Verfahren ausgearbeitet.
Wegen der unterschiedlichen pharmakologischen Wirkung von l-Hyoscyamin und Atropin ist auch die Bestimmung der Einzelalkaloide, besonders in Extrakten, erforderlich, die sich polarimetrisch und teils
papierchromatographisch bestimmen lassen.

$$
\begin{array}{ccc}
 & \overset{\displaystyle H}{|} & \\
H_2C\!-\!\!-\!\!-\!\!-\!C\!-\!\!-\!\!-\!\!-\!CH_2 & & \\
| & | & \overset{H}{\diagup} \\
| & N\cdot CH_3 \quad C\!-\!O\cdot CO\cdot CH\cdot C_6H_5 & \\
H_2C\!-\!\!-\!\!-\!\!-\!C\!-\!\!-\!\!-\!\!-\!CH_2 & & CH_2OH \\
 & \underset{\displaystyle H}{|} &
\end{array}
$$

l-Hyoscyamin

Bestimmung der Gesamtalkaloide.

Maßanalytische Verfahren.

Obwohl das Prinzip und die Ausführung der Alkaloidbestimmung
in Folia Belladonnae und auch in anderen Solanaceendrogen keine besonderen Schwierigkeiten bieten, indem die Alkaloide mit einer organischen Flüssigkeit und einem Alkali extrahiert und nach einer Reinigung
durch Umschütteln aus einer wäßrigen und organischen Phase titriert

werden, so zeigen die manigfaltigen Modifikationen der einzelnen Arzneibücher und Vorschläge in der Literatur, daß die Methode Fehlerquellen birgt, die ihrer Berücksichtigung entsprechend zu unterschiedlichen Ergebnissen führen. Dabei spielen neben Zersetzungsprodukten der Alkaloide (Apoalkaloide) vor allem flüchtige Pflanzenbasen (Protoalkaloide) eine Rolle, die bei unvollkommener Entfernung Überwerte veranlassen können. Zu deren Vertreibung genügt es nicht, von einer ätherischen Alkaloidlösung den Äther abzudestillieren, sondern wegen des teils hohen Siedepunktes ist ein etwa 2 Stunden langes Erwärmen auf dem Wasserbade (Englisches Arzneibuch 1948) oder ein Abdampfen mit Alkohol (Schweizer Arzneibuch 1933) oder mit Benzol (Tschechisches Arzneibuch 1947) oder zweimaliges 15 Minuten langes Abdampfen mit Chloroform (Amerikanisches Arzneibuch 1950) erforderlich.

Nach H. H. FRICKE und K. L. KAUFMANN[1] und Chr. SCHOUSEN[2] sollen jedoch bei längerem Erhitzen der Alkaloide auf dem Wasserbade Verluste eintreten.

Eine Zusammenstellung und eingehende Besprechung mehrerer Arzneibuchmethoden und deren Modifikationen geben R. EDER und O. RUCKSTAHL[3] und empfehlen auf Grund eingehender Versuche das Verfahren von W. PEYER und F. GSTIRNER[4] mit der Erweiterung, daß der Alkaloidrückstand vor der Titration 2 Stunden lang auf dem Wasserbade erwärmt wird, um die flüchtigen Pflanzenbasen zu verjagen. Mit diesem Verfahren werden zwar dieselben Ergebnisse wie nach dem Schweizer Arzneibuch V erhalten, aber die Bestimmung läßt sich rascher und ohne Emulsionsbildung ausführen und die Titrationslösung weist von allen geprüften Methoden die geringste Eigenfarbe auf. Auch K. NAEGELI und H. SEELING[5] greifen auf das Verfahren von W. PEYER und F. GSTIRNER zurück. Da nach P. PROCKE und R. SEIDL[6] die flüchtigen Pflanzenbasen auch durch Schütteln einer alkaloidhaltigen Benzollösung mit verdünntem Alkali entzogen werden können, schütteln NAEGELI und SEELING die Alkaloide an Stelle mit Chloroform mit Benzol aus, wodurch das 2 Stunden lange Erwärmen auf dem Wasserbade entfällt:

a) 10 g Droge werden mit 100 g Äther und 3 g Ammoniakflüssigkeit 1 Stunde geschüttelt. Nach Filtration wird der Äther vom Brei durch Wasser verdrängt. Von 60 g des ätherischen Auszuges wird in einem gewogenen Kölbchen der Äther abdestilliert, der Rückstand mit 10 ccm Äther aufgenommen, 25 ccm Salzsäure (0,25%) zugegeben und nach Abdestillieren des Äthers mit Salzsäure (0,25%) auf 30 g ergänzt. Nach Durchschütteln mit 1 g Talk werden 25 g des Filtrates (= 5 g Droge) mit Ammoniak alkalisiert und nacheinander dreimal mit je 20 ccm und je einmal mit 15 ccm und 10 ccm Benzol (bei PEYER und GSTIRNER dreimal mit 20, 15, 10 ccm Chloroform) ausgeschüttelt. Die vereinigten Benzolausschüttelungen werden filtriert, das Filter mit Benzol nachgewaschen und dieses abdestilliert. Der Rückstand wird in 10 ccm Alkohol gelöst, 20 ccm ausgekochtes und wieder erkaltetes Wasser zugegeben und nach Zugabe von 3 Tropfen Methylrotlösung mit n/10-Salzsäure titriert. 1 ccm = 0,0289 g Atropin bzw. Hyoscyamin.

---

[1] J. Amer. pharmac. Assoc. **27**, 574 (1938). — [2] Dansk Tidskr. Farmac. **1**, 443.
[3] Pharmac. Acta Helvetiae **18**, 605 (1943). — [4] Pharmaz. Ztg. **76**, 1441 (1931).
[5] Pharmazie. **6**, 217 (1951). — [6] Österr. Chemiker-Ztg. **44**, 265 (1941).

b) F. GSTIRNER und G. STEIN[1] haben zur Kontrolle einiger Verfahren eine Einzelbestimmung der Hauptalkaloide Atropin, Hyoscyamin und Scopolamin durchgeführt und damit übereinstimmende Werte mit den Verfahren des Schweizer Arzneibuches 1933 und des Englischen Arzneibuches 1948 erhalten, während bei der DAB 6 Methode bedeutend höhere Werte sich ergaben, so daß nach den beiden erwähnten Arzneibüchern der tatsächliche Gehalt an den drei Hauptalkaloiden bestimmt wird. Die Autoren kürzten diese Verfahren in der Weise ab, daß die nicht alkaloidischen Basen aus einer sauren wäßrigen Lösung mit Äther und Chloroform ausgeschüttelt werden, so daß das langwierige Erwärmen auf dem Wasserbade sich erübrigt:

10 g gepulverte Droge werden in einem 250 ccm Arzneiglas mit 100 g Narkoseäther versetzt und unter kräftigem Schütteln 7 g Ammoniakflüssigkeit (10%) zugegeben und 1 Stunde unter häufigem Schütteln stehengelassen. Nach dem Absetzen wird die ätherische Lösung durch Watte in einen Kolben filtriert, 1 g Talk und nach 3 Minuten langem Schütteln 5 ccm Wasser hinzugegeben und kräftig durchgeschüttelt. 50 g der ätherischen Lösung werden in ein Kölbchen filtriert, der Äther bis 1/3 abdestilliert, 10 ccm Wasser und 5 ccm n/10-Salzsäure zugesetzt und die Lösung bis zum Verschwinden des Äthergeruches auf dem Wasserbade erwärmt. Die saure Lösung wird in einen Scheidetrichter filtriert und Filter und Kölbchen mehrmals mit je 5 ccm Wasser nachgewaschen.

Die saure Lösung wird zur Entfernung basischer Fremdstoffe dreimal mit 20 ccm Äther ausgeschüttelt. Die Ätherausschüttelungen sammelt man in einem Kölbchen oder in einem kleinen Scheidetrichter, läßt etwa 1 Minute zur Trennung der Emulsion stehen und gibt den wäßrigen Anteil zur sauren Lösung zurück. Zur Abtrennung der Apoalkaloide wird die saure Lösung dreimal mit 30 ccm Chloroform ausgeschüttelt.

Dann wird die saure Lösung mit Ammoniak alkalisiert und drei- bis viermal mit 20 ccm Äther ausgeschüttelt. Die ätherischen Lösungen werden auf dem Wasserbade eingedampft und der Rückstand bis zum Verschwinden des Äthergeruches erwärmt. Dieser wird in 5 ccm n/10-Salzsäure aufgenommen, 10 ccm Wasser hinzugegeben und die überschüssige Säure mit n/10-Kalilauge zurücktitriert. 1 ccm n/10-Salzsäure entspricht 0,0289 g Alkaloide, berechnet auf Hyoscyamin. Das Ergebnis mit 20 multipliziert, ergibt den Prozentgehalt.

c) F. REIMERS[2] vermeidet die Mitbestimmung fremder basischer Stoffe, indem die Alkaloide hydrolytisch gespalten werden und die mit Chloroform und Isopropylalkohol ausgeschüttelte Tropasäure volumetrisch bestimmt wird:

15 g Droge werden in einer 250 ccm-Flasche mit 150 g peroxydfreiem Äther und 10 ccm Ammoniakflüssigkeit 5 Minuten ununterbrochen und dann 30 Minuten wiederholt geschüttelt. 100 g filtrierte ätherische Lösung (= 10 g Droge) werden mit 20, 20, 10 ccm etwa n/5-Salzsäure ausgeschüttelt. Die saure Lösung wird durch ein kleines Filter filtriert, das Filter mit wenig Wasser ausgewaschen, 10 ccm 2 n-Natronlauge zugegeben und die Mischung in einer Schale auf dem Wasserbade auf 10 ccm zur Hydrolyse der Alkaloide eingedampft. Nach dem Erkalten wird der Rückstand mit 10 ccm Wasser in einen Scheidetrichter gebracht, mit einigen Tropfen Methylrotlösung und 2 n-Salzsäure bis zum Farbumschlag versetzt und hierauf 0,5 ccm 2 n-Salzsäure zugefügt. Die Tropasäure wird dann viermal mit je 20 ccm einer Mischung von 1 Volumen Isopropylalkohol und 3 Volumen Chloroform ausgeschüttelt. Die Ausschüttelungen werden über Watte filtriert, mit Natriumsulfat getrocknet, auf dem Wasserbade zur Trockne eingedampft, der Rückstand in 10 ccm warmen Wasser aufgenommen, nach dem Erkalten mit Phenolphthalein

---

[1] Pharmazie. **7**, 362 (1952). — [2] Quart. J. Pharmac. Pharmacol. **21**, 470. (1948).

versetzt und mit n/10-Natronlauge bis zur deutlichen Rotfärbung titriert. Wegen des vorhandenen Methylrots wechselt die Farbe von rot über gelb nach rot. Der Umrechnungsfaktor auf Hyoscyamin ist nicht angegeben.

Das Verfahren bewährt sich auch bei Folia Hyoscyami, Folia Stramonii, Radix Belladonnae, fetthaltige Samen müssen vorher entfettet werden.

d) H. Vogt[1] hat ein Verfahren ausgearbeitet, das auf der Fällung der Alkaloide mit Reinecke-Salz beruht. Die erhaltenen Reineckate werden maßanalytisch durch Bestimmung des Rhodananteiles erfaßt. Mit dem Verfahren der Ph. Helv. V. werden damit übereinstimmende Resultate erhalten:

3 g gepulverte Belladonnablätter werden in einer Arzneiflasche mit 30 g Äther und 2 g Ammoniak (10%) übergossen und ½ Stunde unter Schütteln extrahiert. Der Äther wird durch Watte abgegossen und nach Zusatz von 2,5 g Wasser weitere 5 Minuten geschüttelt. Nach kurzem Absetzenlassen (5 bis 10 Minuten) werden 15 g Äther (= 1,5 g Droge) in einen gewogenen Erlenmeyerkolben filtriert und auf 5 g eingedunstet. Der Äther wird dann in einen Scheidetrichter gebracht und das Kölbchen mit zweimal 5 ccm Äther nachgespült. Nunmehr wird der Äther zunächst mit einem Gemisch aus 2 ccm n/10-Salzsäure und 3 ccm Wasser, dann noch zweimal mit je 5 ccm Wasser ausgeschüttelt und die vereinigten wäßrigen Lösungen in in einer gewogenen Porzellanschale auf dem Wasserbad auf 5 g eingedampft. Nach dem Erkalten werden 5 ccm einer frisch bereiteten und filtrierten Reinecke-Salzlösung (0,1 : 20) zugegeben, der Niederschlag nach halbstündigem Stehen in Eis abgesaugt und mit 20 ccm Eiswasser nachgewaschen. Durch Auftropfen von 2,5 ccm Aceton auf das erhaltene Reineckat wird dieses vom Filter gelöst, die Lösung in einem Erlenmeyerkolben von 200 ccm aufgefangen und Trichter und Filter mit 40 ccm Wasser nachgespült. Nach Zusatz von 1 ccm alkalischer Seignettesalzlösung (Fehling II) und Aufsetzen eines Trichters auf den Kolben wird die Lösung 10 Minuten auf dem Drahtnetz unter Sieden hydrolysiert und nach dem Erkalten 20 ccm reine Salpetersäure (25%) sowie 5 ccm n/10-Silbernitratlösung zugefügt. Die Rücktitration des nicht verbrauchten Silbers erfolgt mit n/10-Ammoniumrhodanidlösung gegen Eisenalaun als Indicator. 1 ccm n/10-Silbernitratlösung = 7,23 mg Atropin.

e) Von einigen Autoren werden die Alkaloide aus der Droge nicht mit Äther oder Alkohol und einem Alkali, sondern mit angesäuertem Wasser extrahiert. Solche Verfahren werden von R. Hegnauer und H. Flück[2] und von S. P. Dijkstra[3] angegeben, die sich nur in den Mengenangaben unterscheiden. Beide Methoden zeichnen sich durch eine schnelle und sparsame Arbeitsweise aus und werden besonders für Serienbestimmungen empfohlen. Das Verfahren von Hegnauer und Flück verläuft folgendermaßen:

1,0 g Droge (genau gewogen) wird in ein starkwandiges Reagenzglas gegeben und mit 10 ccm (Pipette) angesäuertem Wasser (2 Tropfen 2 n-H_2SO_4 pro 10 ccm Wasser) versetzt. Man sorgt für gleichmäßige Benetzung der Droge und verschließt das Glas mit einem Korken fest. Der Korken wird gesichert (wir verwendeten Metallgestelle) und das Glas während einer halben Stunde in ein siedendes Wasserbad gestellt. Anschließend wird es eine halbe Stunde in der Schüttelmaschine geschüttelt. Darauf filtriert man durch ein Faltenfilter soviel als möglich ab. Bei Folia Belladonnae und Folia Stramonii ist es zweckmäßig, die Drogenauszüge durch ein kleines feines Leinentuch zu kolieren, um diese vom Hauptteil des Drogenpulvers zu befreien. Durch kräftiges Auspressen wird dafür gesorgt,

---

[1] Pharmaz. Zentralhalle Deutschland **90**, 1 (1951).
[2] Pharmc. Acta Helvetiae **23**, 246 (1948). — [3] Pharmac. Weekbl. **86**, 129 (1951).

daß möglichst viel Flüssigkeit gewonnen wird. Das vom Drogenpulver befreite wäßrige, saure Extrakt wird anschließend durch ein Faltenfilter von etwa 7 cm Durchmesser filtriert.

Vom Filtrat pipettiert man 5 ccm (= 0,5 g Droge) in eine Arzneiflasche von 30 ccm, gibt 0,3 ccm konzentriertes Ammoniak und 10 ccm Äther zu und schüttelt kräftig während ungefähr einer Minute. Nun fügt man 0,2 g Traganth bei, schüttelt nochmals kräftig und gießt den Äther durch ganz wenig Watte in einen Erlenmeyerkolben von 100 ccm. Der Rückstand wird noch dreimal mit je 5 ccm Äther geschüttelt und die ätherischen Auszüge durch die gleiche Watte in den Erlenmeyerkolben gegossen. Der Äther wird auf dem Wasserbad abgedampft und der Kolben mit dem Alkaloidrückstand zur Entfernung der flüchtigen Basen etwa 2 Stunden bei 100° getrocknet. Dann löst man die Alkaloidbasen in 1 ccm neutralem Alkohol, gibt 25 ccm frisch ausgekochtes, wieder erkaltetes Wasser zu und titriert mit 0,01 n-HCl unter Verwendung von Methylrot als Indicator.

Der Endpunkt der Titration wird wie folgt fixiert: Der Indicator wird dem ausgekochten Wasser beigefügt und dieses darauf mit 0,01 n-HCl auf Rot titriert. Die Autoren benützen pro 100 ccm Wasser 1 ccm Methylrotindicator. Von dem auf Rot titrierten, methylrothaltigen Wasser werden jeweils vor der Alkaloidtitration 25 ccm zugefügt. Gleichzeitig werden 25 ccm davon in einen Erlenmeyerkolben von 100 ccm gegeben und 1 ccm Alkohol zugefügt. Dieser Kolben enthält die Vergleichslösung, die den Farbton angibt, auf welchen titriert werden muß.

Einige Autoren vermeiden das langwierige Ausschütteln durch Einführung der *chromatographischen Adsorption*. N. G. Brown und Mitarbeiter[1] erhielten allerdings Werte, die um 0,03 bis 0,1% höher liegen als bei anderen Methoden. Sie führen dies auf geringere Alkaloidverluste zurück.

f) M. Roberts und W. O. James[2] extrahieren die Alkaloide mit Benzol, adsorbieren sie an Aluminiumoxyd und führen eine Trennung von Chlorophyll und Xanthophyll durch Adsorption der Alkaloide an SiO_2 aus:

1 g Drogenpulver wird nach dem Anfeuchten mit Ammoniak in einem Perkolator so lange mit Benzol extrahiert, bis der Rückstand von 2 bis 3 ccm der Lösung nicht mehr die Vitali-Morin-Reaktion gibt. Die Benzollösung wird durch eine zweiteilige Adsorptionskolonne gegeben, deren oberer 2 bis 2,5 cm langer Teil aktiviertes Al_2O_3 enthält, während die 10 bis 12 cm lange Unterschicht aus SiO_2 (gekörntes „Neosyl") besteht. Die Carotine werden nicht adsorbiert, die Alkaloide, Chlorophylle und Xanthophylle sowie die grauen, olivgrünen und braunen Farbstoffe werden vom Al_2O_3 zurückgehalten. Mit höchstens 30 ccm Alkohol werden nunmehr die Alkaloide, Chlorophylle und Xantophylle aus dem Al_2O_3 eluiert, wobei die Alkaloide in dem unteren Kolonnenteil vom SiO_2 adsorbiert werden. Der obere Al_2O_3 enthaltende Kolonnenteil wird nun entfernt und anschließend werden die gesamten Alkaloide durch Behandeln mit 4 ccm 20%igem Ammoniak und 45 bis 50 ccm Chloroform vom unteren SiO_2 Kolonnenteil eluiert. Die Alkaloide werden nach dem Verdampfen des Chloroforms unter vermindertem Druck auf dem Wasserbade als hellbraunes Öl erhalten. Sie werden in einigen Tropfen Alkohol gelöst und mit 1 ccm 0,02 n-Schwefelsäure versetzt. Der Säureüberschuß wird unter Verwendung von Methylrot als Indicator mit 0,01 n-Natronlauge in CO_2-freier Atmosphäre zurücktitriert. 1 ccm 0,01 n-Säure entsprechen 2,892 mg Alkaloid. Die Fehlergrenze liegt unter ± 2%.

g) N. G. Brown, E. R. Kirch und G. L. Webster[1] extrahieren mit Äther und adsorbieren mit aktiviertem Aluminiumoxyd:

---

[1] J. Amer. pharmac. Assoc. **37**, 24 (1948); Ref. Scientia pharmac. **16**, 102 (1948).
[2] Quart. J. Pharmac. Pharmacol. **20**, 1 (1947); Ref. Pharmaz. Zentralhalle Deutschland **88**, 386 (1949).

10 g gepulverte Droge werden in einer Extraktionshülse mit 10 ccm 27%igem Ammoniak und 20 ccm Äther sorgfältig gemischt, 1 Stunde maceriert und hierauf 3 Stunden im Soxhlet mit Äther extrahiert. Den ätherischen Auszug füllt man auf 100 ccm auf und bringt 10 ccm davon mit der Pipette auf die Adsorptionssäule. Diese besteht aus einer 20 cm langen Säule von aktiviertem Aluminiumoxyd in einem Adsorptionsrohr von 30 cm Länge und 1,5 cm Durchmesser über etwas Glaswolle. Die adsorbierten Alkaloide werden mit mindestens 94 vol.-%igem Äthylalkohol eluiert, wobei man zuerst ein gelbes Filtrat erhält, das hauptsächlich Carotine enthält. Das Auftreten der Alkaloide im Eluat fällt mit der Elution des Chlorophylls aus der Säule zusammen. Man wechselt daher die Vorlage, sobald der abtropfende Alkohol grün gefärbt ist und eluiert so lange, bis die grüne Zone aus der Säule verschwunden ist, wozu man etwa 25 bis 40 ccm Alkohol benötigt. Zur Prüfung, ob die Elution der Alkaloide quantitativ ist, werden einige Tropfen auf einem Uhrglas aufgefangen, verdampft, der Rückstand in n/2-Schwefelsäure gelöst und mit 1 Tropfen VALSERS Reagens versetzt.

Nach vollständiger Elution verdampft man die Lösung auf dem Wasserbad zur Trockene und erhitzt 15 Minuten. Der Rückstand wird in wenig Äther gelöst, mit 15 ccm n/50-Schwefelsäure versetzt und der Äther verdampft. Wenn die Titration durch die Farbe des Chlorophylls gestört wird, bringt man die saure Lösung in ein reines, trockenes Becherglas, läßt den Äther verdunsten und schwenkt um, so daß das Chlorophyll an der Glaswand haften bleibt und die Lösung klar wird. Nun wird die überschüssige Säure mit n/50-Natronlauge zurücktitriert (Methylrot).

Ebenso verfährt man bei Fol. Stramonii, Fol. Hyoscyami (mit 20 g Einwaage) und Rad. Belladonnae. Das in Hyoscyamus und Belladonna vorkommende Cholin wird nicht miterfaßt.

Von *Extrakten* werden 3 bis 4 g in einer Extraktionshülse mit der gleichen Menge gereinigtem Sand vermischt, wie bei der Droge maceriert und perkoliert und zur Adsorption 20 ccm Ätherauszug verwendet.

Von der *Tinktur* werden 10 oder 20 ccm mit 27%igem Ammoniak alkalisiert und zur Trockene verdampft. Nach dem Lösen des Rückstandes in Äther, bringt man einen aliquoten Teil der ätherischen Lösung auf die Adsorptionssäule.

Vom *Fluidextrakt* werden 10 ccm mit 25%igem Ammoniak alkalisiert und drei- bis viermal mit Chloroform ausgeschüttelt, oder man verdampft nach dem Alkalisieren den Alkohol und schüttelt dann aus. Die vereinigten Chloroformauszüge werden zur Trockene verdampft, der Rückstand in Äther gelöst und ein aliquoter Teil adsorbiert.

S. PALKIN und H. WATKINS[1] weisen auf die hydrolytische Spaltung der Alkaloide in wäßriger Lösung als Fehlerquelle der Alkaloidbestimmung hin. Wenn Lösungen von Basen in organischen Lösungsmitteln auf dem Wasserbade abgedunstet werden, so bleibt etwas Wasser, das in diesen Lösungsmitteln enthalten war, zurück, das in der Hitze die Alkaloide weitgehend zersetzen kann. Sie empfehlen daher nur auf ein geringes Volumen einzudampfen und dann mit Säure auszuschütteln, oder im letzten Stadium des Eindampfens etwas neutralen absoluten Alkohol zuzugeben, der das Zurückbleiben von Wasserresten verhindert. So erhaltene Trockenrückstände dürfen nach dem Lösen in Alkohol nicht erst mit Wasser und dann mit Säure versetzt werden, vielmehr muß vor jedem Wasserzusatz Säurezugabe erfolgen.

E. EWE[2] erwähnt, daß die im Gange von Bestimmungsverfahren erhaltene chloroformische Alkaloidlösung vollkommen blank sein muß. Ein etwa vorhandener Trübungsschleier enthält meist aus der wäßrigen Phase mitgerissenes Ammoniak und auch Ammoniumsalze, die sich bei

---

[1] J. Amer. pharmac. Assoc. **1927**, 21; Ref. Pharmaz. Ztg. **1927**, 406.
[2] J. Amer. pharmac. Assoc. **1930**, Nr. 1; Ref. Pharmaz. Ztg. **1930**, 369.

der Temperatur des siedenden Chloroforms mit den freien Alkaloidbasen zu Alkaloidsalzen und Ammoniak umsetzen, so daß das Ergebnis der Titration zu niedrig ausfällt. Es ist daher wichtig, nur ganz blanke Chloroformlösungen von Alkaloiden zur Bestimmung einzudampfen. Filtration schleierhaft getrübter Lösungen hilft nicht ab, längeres Stehenlassen oder Schütteln mit Traganth werden empfohlen, falls man nicht die Chloroformlösung mit Wasser waschen und das Waschwasser nochmals mit Chloroform ausschütteln will.

Schließlich spielt auch der Feuchtigkeitsgehalt der Droge eine Rolle. P. RUNGE[1] fand z. B. in lufttrockenen Blättern mit 10 bis 14% Wassergehalt nach Umrechnung auf wasserfreie Droge niedrigere Werte als in getrockneten Blättern. Bestätigt wird diese Annahme durch KINDLER, daß die Alkaloide in den Blättern in Form von in Äther sehr schwer löslichen Hydraten vorliegen, die erst durch Trocknen bei 100° gespalten werden. RUNGE empfiehlt deshalb die Blätter vor der Extraktion bei etwa 100° bis zur Gewichtskonstanz zu trocknen. Bei der alkoholischen und wäßrigen Extraktion dürfte die Alkaloidextraktion nicht erschwert sein.

Colorimetrische Verfahren.

Colorimetrische Methoden wurden zuerst zur Bestimmung der Reinalkaloide ausgearbeitet, z. B. mit der Vitali-Reaktion von N. L. ALLPORT[2], mit Bromkresolrot von F. DURIK und Mitarbeitern[3], mit dem WASICKY-Reagens von R. P. DAROGA[4] und eine Modifikation des ALLPORTschen Verfahrens von T. CANBAECK[5]. Später wurden sie auch zur Alkaloidbestimmung in Drogen herangezogen mit dem Vorzug eines geringen Materialverbrauches, so daß sie als Mikromethoden Anwendung finden können und sich deshalb auch für physiologische Untersuchungen, z. B. zur Alkaloidbestimmung in einzelnen Pflanzenorganen, eignen.

a) Die VITALI-Reaktion wurde von A. B. COLBY und J. L. BEAL[6] zu einer Bestimmung für Drogen ausgearbeitet, die wegen ihrer schnellen Ausführbarkeit besonders für Reihenuntersuchungen mit nur 1 g Droge geeignet ist. Die Reaktion ist sehr empfindlich, aber im Vergleich mit der offiziellen Methode der U. S. P. sind die Werte etwas niedriger. Trotzdem bewährt sie sich bei Vergleichsuntersuchungen:

1 g gepulverte Droge wird mit 1 ccm Alkohol und 0,1 ccm Ammoniak (10%) durchfeuchtet, 5 ccm Chloroform zugesetzt und die Mischung 2 bis 3 Minuten zum Sieden erhitzt. Hierauf wird sie in einen Mikroperkolator gebracht, der mit einem mit Chloroform angefeuchteten Wattepfropfen verschlossen ist und in einen Meßzylinder von 100 ccm hineinragt. Die Droge wird mit warmem Chloroform und einer Geschwindigkeit von etwa 1 Tropfen pro Sekunde perkoliert, bis 31 ccm Perkolat erhalten sind. Das Perkolat wird mit 6%iger Essigsäure auf 80 ccm aufgefüllt, der Zylinder verschlossen und fünfzigmal langsam gewendet. Nach der Schichtentrennung werden 5 bis 10 ccm der sauren Lösung abpipettiert und durch ein

[1] Pharmaz. Ztg. **1930**, 118. — [2] Colorimetric Analysis 2. Aufl. London 1947.
[3] J. Amer. pharmac. Assoc. Sci. Ed. **39**, 680 (1950).
[4] J. Indian chem. Soc. **18**, 579 (1950).
[5] Farm. Revy **45**, 213, 377, 617 (1946); Svensk kem. Tidskr. **58**, 101 (1946).
[6] J. Amer. pharmac. Assoc. Sci. Ed. **41**, 351 (1952).

trockenes Filter filtriert. 1 ccm des Filtrates wird in einem Schälchen auf dem Wasserbade zur Trockene eingedampft, der ganze Rückstand wird mit 0,2 ccm rauchender Salpetersäure versetzt und neuerdings die Mischung zur Trockene eingedampft. Der Rückstand wird in Aceton gelöst und quantitativ in ein 25 ccm Meßkölbchen gebracht. Nach dem Erkalten wird mit Aceton auf 25 ccm aufgefüllt. Auf Zusatz von 0,1 ccm 3%iger Kalilauge entsteht eine Purpurfarbe, deren Intensität genau nach 7 Minuten nach dem ersten Auftreten gemessen wird.

Die Standardkurve wird mit einer chloroformischen Lösung von Hyoscyaminsulfat aufgestellt, die wie das oben angegebene Perkolat weiter behandelt wird. Wegen der Unbeständigkeit des Farbtones, müssen die Ablesungen nach denselben Zeiten vorgenommen werden. Die Bestimmung läßt sich auch mit Fol. Stramonii ausführen.

b) Dieselben Autoren haben eine weitere colorimetrische Methode ausgearbeitet, nach der die Alkaloide mit Reineckesalz gefällt werden. Das Reineckat wird in Aceton gelöst und die Farbintensität gemessen:

Aufstellung der Eichkurve. 100 mg Hyoscyaminsulfat werden in 15 ccm 0,5 n-Schwefelsäure gelöst, mit 10%igem Ammoniak alkalisiert und mit Chloroform ausgeschüttelt. Das Chloroform wird in einem 50 ccm-Becherglas nahezu zur Trockene verdampft, 5 ccm 0,5 n-Schwefelsäure zugegeben und dann das Chloroform vollkommen abgedampft. Hierauf wird das Alkaloid mit 10 ccm 1%iger Ammoniumreineckatlösung gefällt und während 30 Minuten oft bis zur vollständigen Fällung gerührt. Der Niederschlag wird durch einen Glassinterfilter abgesaugt, das Becherglas und der Niederschlag dreimal mit je 2 ccm kaltem Wasser nachgewaschen und dann der Niederschlag in kleinen Anteilen Aceton gelöst und

Tabelle 17 a.
Eichkurve zur colorimetrischen Alkaloidbestimmung.

Hyoscyamin in mg	Durchlässigkeit in %
15,0	62,5
12,5	68,0
10,0	73,5
7,5	79,5
5,0	86,0
2,5	93,0

die Lösung in ein 25 ccm-Meßkölbchen gesaugt. Das Becherglas wird mit wenig Aceton ausgewaschen und dem Filtrat zugesetzt. Das Filtrat wird auf 25 ccm mit Aceton aufgefüllt, gut durchgemischt und die Farbintensität bestimmt. In Tab. 17 a sind einige Werte der Eichkurve eingetragen.

Ausführung der Bestimmung. Etwa 1 g Drogenpulver wird mit 1 ccm 95%igem Alkohol und 0,1 ccm 10%igem Ammoniak durchfeuchtet, 5 ccm Chloroform zugegeben und die Mischung 2 bis 3 Minuten zum Sieden erhitzt. Die Mischung wird dann in einem Mikroperkolator, der mit einem mit Chloroform durchfeuchteten Wattebausch verschlossen ist, gebracht, der in einen 60 ccm fassenden Scheidetrichter mündet. Hierauf wird mit warmem Chloroform perkoliert mit einer Geschwindigkeit von 1 Tropfen pro Sekunde, bis 30 ccm Perkolat erhalten sind. Die Chloroformlösung wird fünfmal mit je 10 ccm 0,5 n-Schwefelsäure ausgeschüttelt. Die saure Lösung wird mit 10%igem Ammoniak alkalisiert und die Alkaloide werden mit Chloroform extrahiert. Die Chloroformlösung wird dann in gleicher Weise wie bei der Aufstellung der Eichkurve behandelt. Die Werte dieses Verfahrens stimmen mit denen der Methode der U.S.P. überein.

c) J. A. WITT, V. JIRAWONGSE und H. W. YOUNGKEN[1] benützen für kleine Drogenmengen zur quantitativen Alkaloidextraktion eine Citratpufferlösung, mit der im Vergleich zur Extraktion mit ammoniakalischem Äther beträchtlich höhere Werte erhalten werden, z. B. 0,48% Alkaloide bei Extraktion mit ammoniakalischem Äther, 0,59% bei der Extraktion mit Citratpufferlösung. Bei Folia Hyoscyami sind die Werte beider Extraktionsarten gleich und bei Folia Stramonii liefert die Extraktion mit Citratpufferlösung nur etwa den halben Wert wie die Extraktion

---

[1] J. Amer. pharmac. Assoc. Sci. Ed. **42**, 63 (1953).

mit ammoniakalischem Äther. Die Alkaloide bestimmen sie colorimetrisch nach Vitali-Morin:

Citratpufferlösung nach Mc Ilvaine: 4,11 ccm 0,2 m-Lösung von Na_2HPO_4 + 15,89 ccm m-Lösung von Citronensäure, $p_H = 3,0$.

0,5 bis 1,0 g Drogenpulver werden in einem Erlenmeyerkolben von 250 ccm mit Glasstopfen mit etwa 10 ccm Citratpufferlösung mindestens 4 Stunden und höchstens 24 Stunden lang geschüttelt. Die wäßrige gelbliche Extraktlösung wird in ein 25 ccm-Meßkölbchen filtriert, das Filter mit Citratpufferlösung nachgewaschen und auf 25 ccm aufgefüllt. Hierauf werden 3 ccm Lösung mit 0,3 ccm Ammoniakflüssigkeit alkalisiert und dann mit 25 ccm wasserfreiem Benzol kräftig geschüttelt, damit die Alkaloide quantitativ extrahiert werden. Die farblose Benzollösung wird abpipettiert und in einem Gläschen zur Trockene eingedampft. Im Trockenrückstand werden die Alkaloide auf folgende Weise bestimmt:

Der Rückstand wird in 0,2 ccm rauchender Salpetersäure aufgenommen, im Wasserbad zur Trockene eingedampft und abermals in einigen ccm Aceton (über Calciumchlorid getrocknet) aufgenommen. Die Lösung wird in ein 10 ccm-Meßkölbchen übergeführt und mit Aceton aufgefüllt. Hierauf wird die Lösung mit 0,1 ccm frisch bereiteter 3%iger Lösung von Kaliumhydroxyd in Methylalkohol durchgemischt und die Farbintensität genau nach 5 Minuten gemessen. Zur Aufstellung der Eichkurve benützt man Lösungen von 0,01, 0,03, 0,05, 0,07, 0,09 und 0,10 mg Atropin pro ccm wasserfreiem Benzol.

d) A. Romeike[1] benützt zur colorimetrischen Bestimmung des Atropins eine Reaktion, die von K. Meyer[2] zur Bestimmung des Lupanins herangezogen wurde. Das Verfahren beruht darauf, daß Silicomolybdänsäure ·mit Atropin eine schwer lösliche Fällung gibt, die bei konstanten Bedingungen von konstanter Zusammensetzung ist und nach Reduktion durch ammoniakalische Natriumsulfitlösung als Molybdänblau eine quantitative photometrische Ermittelung des Alkaloides gestattet. Die Reaktion ist sehr empfindlich und läßt sich als Mikromethode anwenden. Die Grenzkonzentration, die eine gesicherte quantitative Fällung und Bestimmung gestattet, liegt bei 7,7 mg/100 ccm Lösungsmittel:

Etwa 0,5 g Droge werden mit Ammoniak (10%) durchfeuchtet und in eine Soxhlethülse gebracht, wobei man den Mörser und das Pistill mit einem Wattebausch reinigt und diesen gleichfalls in die Hülse bringt. Der durch mehrstündige Extraktion gewonnene Chloroformauszug wird auf 15 bis 20 ccm eingeengt, in einen Scheidetrichter gebracht, zweimal mit je 5 ccm Salzsäure (0,4%ig) nacheinander ausgeschüttelt und die salzsauren Auszüge vereinigt. Es ist darauf zu achten, daß beim Ausschütteln des Alkaloids aus dem Chloroformauszug ein möglichst geringes Volumen 0,4%iger Salzsäure verwendet wird, denn bei zu starker Verdünnung wird die Empfindlichkeitsgrenze unterschritten. Rechnet man mit sehr kleinen Mengen Atropin, so nimmt man nur die Hälfte der Salzsäure. Die salzsaure Lösung wird mit 3 ccm 1,7%iger Silikomolybdänsäure versetzt. Nach 24stündigem Stehen saugt man mit Glasfilterstäbchen G_4 die überstehende Flüssigkeit ab und wäscht nacheinander mit 3, 2 und 1 ccm einer Waschflüssigkeit nach, bestehend aus einer ½% Chlorwasserstoffsäure und 1% Kochsalz enthaltenden wäßrigen Lösung. In 10 ccm Reduktionslösung (0,5% Glykokoll, 1,5% Natriumsulfit, 15% Wasser, 83% Ammoniak, 5%ig) wird der Niederschlag nun unter ständigem Umrühren gelöst, die blaue Lösung nach 1 Stunde auf ein bestimmtes Volumen aufgefüllt, im Pulfrich-Photometer die Extinktion unter Verwendung eines roten Filters (S 72) abgelesen und der Extinktionskoeffizient bestimmt. Mit bekannten Alkaloidmengen wird das Verhältnis von Konzentration zu Extinktion kurvenmäßig festgelegt und

---

[1] Pharmaz. Zentralhalle Deutschland **91**, 80 (1952).
[2] Landwirtsch. Jb. **91**, 418 (1941).

an Hand einer solchen Eichkurve kann dann aus der gefundenen Extinktion die Alkaloidmenge ermittelt werden.

Das LAMBERT-BEERsche Gesetz ist bei Konzentrationen zwischen 14 und 50 mg pro 100 ccm Lösungsmittel erfüllt. An der Stärke der Blaufärbung bei der Reduktion kann man abschätzen, auf welches Volumen man zu verdünnen hat, um auf Konzentrationen zwischen 14 und 50 mg /100 ccm zu kommen.

e) Die colorimetrische Methode von L. WORELL und R. E. BOOTH[1] mit Naphthensäure und Kupfersulfat, deren grüne Farbentwicklung 18 Stunden erfordert, dürfte für praktische Zwecke weniger geeignet sein.

Einzelbestimmung von Hyoscyamin, Atropin und Scopolamin.

Die getrennte Einzelbestimmung der drei Hauptalkaloide kann auf verschiedene Weise erfolgen. W. KÜSSNER[2] löst die drei Alkaloide in Tetrachlorkohlenstoff, aus dem sich l-Hyoscyamin und Atropin in nadelförmigen Kristallen abscheiden, die weiter gereinigt und bestimmt werden. Das in Lösung gebliebene Scopolamin wird als Goldchlorid gefällt und gewogen. Dieses Verfahren erfordert 250 g Droge, bedingt Alkaloidverluste und ist durch viele Wägungen umständlich und zeitraubend.

A. KUHN und G. SCHÄFER[3] trennen Scopolamin durch Ausschütteln mit Äther aus bicarbonathaltiger Lösung von Hyoscyamin und Atropin. Deren Gesamtgehalt wird durch Titration bestimmt und die Menge Hyoscyamin, die polarimetrisch ermittelt wird, davon abgezogen. Die Differenz ergibt den Atropingehalt:

30 g Droge (Radix Belladonnae) werden in einer starkwandigen Flasche mit 300 ccm Äther übergossen und nach kräftigem Schütteln 15 ccm Ammoniak (10%) hinzugefügt. Dieses Gemisch stellt man unter häufigem, kräftigem Umschütteln 2 Stunden beiseite. Hierauf wird die Ätherlösung abgegossen und nach kurzem Trocknen über Na_2SO_4 sicc. durch ein trockenes Filter filtriert.

200 ccm dieser Ätherlösung (= 20 g Droge) dampft man auf dem Wasserbad bis auf einige ccm ein, gibt 10 ccm 0,5%ige Salzsäure hinzu und erwärmt weiter bis zum Verschwinden des Äthergeruches. Diese salzsaure Lösung wird in einen Scheidetrichter filtriert, Kolben und Filter dreimal mit je 5 ccm Wasser nachgewaschen und durch vorsichtigen Zusatz einer gesättigten Natriumbicarbonatlösung schwach alkalisiert. Man schüttelt dreimal mit 20 ccm Äther aus. Die das Atropin und Hyoscyamin enthaltende wäßrige Lösung A wird beiseite gestellt.

Die ätherische Lösung, welche das Scopolamin und daneben noch kleine Mengen Hyoscyamin und Atropin enthält, wird auf dem Wasserbad auf einige ccm eingedampft, mit 10 ccm 0,5%iger Salzsäure versetzt und bis zum Verschwinden des Äthergeruches weiter erwärmt. Die salzsaure Lösung wird in einen Scheidetrichter gebracht, wie oben, mit Natriumbicarbonatlösung alkalisiert und dreimal mit je 20 ccm Äther ausgeschüttelt. Die wäßrige Lösung enthält noch geringe Mengen Hyoscyamin und Atropin und wird zur Lösung A zugefügt. Die ätherische Lösung wird noch ein drittes Mal wie oben behandelt (Abdampfen, HCl-Zusatz, Alkalisieren mit $NaHCO_3$ und dreimaliges Ausschütteln mit Äther). Sie enthält dann keine meßbaren Mengen Hyoscyamin oder Atropin mehr, was KUHN und SCHÄFER durch Fällen mit Goldchloridlösung und Feststellung des Schmelzpunktes des Scopolamin-Chloraurates (Smp. 208 bis 210°) nachgewiesen haben. Die übrigbleibende wäßrige Lösung wird zur Lösung A hinzugefügt.

Die bei der letzten Extraktion erhaltene ätherische Lösung wird nach dem Trocknen mit Natriumsulfat in ein Kölbchen filtriert; Kolben und Filter werden mehrmals mit Äther nachgewaschen und auf dem Wasserbade bis zum Verschwin-

---

[1] J. Amer. pharmac. Assoc. Sci. Ed. **42**, 361 (1953).
[2] Merck's Jber. **52**, 39 (1938). — [3] Dtsch. Apotheker-Ztg. **53**, 405 (1938).

den des Äthergeruches erwärmt. Der Rückstand wird in 2 ccm Weingeist gelöst, mit 10 ccm Wasser sowie Methylrot-Methylenblau als Indicator versetzt und das Scopolamin mit 0,1 n-HCl titriert. 1 ccm 0,1 n-HCl = 0,0303 g Scopolamin.

Die vereinigten wäßrigen Flüssigkeiten A werden mit 3 ccm konz. Ammoniak versetzt und dreimal mit je 30 ccm Chloroform ausgeschüttelt. Das Chloroform wird mit 0,5 g Traganth geschüttelt und nach etwa halbstündigem Stehen in einen Kolben filtriert. Kolben und Filter werden mehrmals mit Chloroform nachgewaschen.

Die Chloroformlösung wird auf dem Wasserbade fast vollständig eingedampft; die letzten Chloroformreste werden durch Einblasen eines Luftstromes entfernt. Der Rückstand wird mehrere Stunden in einem Exsiccator aufbewahrt und dann werden genau 20 ccm 90%iger Alkohol hinzugegeben (1 ccm Alkohol entspricht 1 g Droge). Die alkoholische Lösung wird nach zweistündigem Stehen blankfiltriert und (nach genauer Bestimmung der Dichte) zur Bestimmung des Hyoscyamins im 220 mm Rohr polarimetriert. Die spezifische Drehung für Hyoscyamin in 90%igen Alkohol beträgt − 24,0°.

10 ccm der polarimetrierten Lösung (= 10 g Droge) werden in ein Kölbchen pipettiert und nach Zusatz von 20 ccm Wasser und Methylrot-Methylenblau als Indicator zur Bestimmung von Hyoscyamin-Atropin mit 0,1 n-HCl titriert. 1 ccm 0,1 n-HCl = 0,02892 g Hyoscyamin-Atropin.

Zieht man den durch Polarisation für Hyoscyamin erhaltenen Wert von dem durch Titration ermittelten Hyoscyamin-Atropin-Wert ab, so erhält man den Wert des in der Droge vorhandenen Atropins. Die Berechnung des Hyoscyamins erfolgt nach einer von W. Märki[1] korrigierten Formel, die die Bestimmung der Dichte der polarimetrischen Lösung erübrigt:

$$\% \; p = \frac{\alpha \cdot 100 \cdot 100}{1 \cdot [\alpha]_D^{20°} \cdot 5 \cdot S} \; .$$

Diese Formel gilt, wenn 20 ccm einer alkoholischen Lösung zur Bestimmung verwendet werden, welche S g Ausgangsmaterial (Droge, Extrakt, Tinktur) entsprechen.

α gefundener Drehwinkel
l Länge des Polarisationsrohres in dm
%p gewichtsprozentischer Gehalt der Droge an Hyoscyamin.

Dieses Verfahren wurde von den Autoren für Radix Belladonnae ausgearbeitet, soll aber auch für Blätter, Stengel und reife Früchte verwendet werden können. R. Eder und O. Ruckstahl[2] können dies aber für Belladonnablätter nicht bestätigen und haben das Verfahren deshalb in einigen Punkten geändert. Um Emulsionen zu vermeiden, führen sie z. B. das Reinigungsverfahren von W. Peyer und F. Gstirner[3] ein und entfernen vor allem flüchtige Basen durch Vertreiben auf dem Wasserbade. Allerdings führen sie nur eine Trennung von Hyoscyamin und Atropin durch und vernachlässigen das Scopolamin, das sie in Tollkirschenblättern nicht angetroffen haben:

30 g Droge werden in einer starkwandigen Arzneiflasche von 625 ccm Inhalt mit 300 g Narkose-Äther und nach kräftigem Umschütteln mit 15 g Ammoniak (10%) versetzt und während ½ Stunde in der Schüttelmaschine geschüttelt. Man läßt während ½ Stunde absetzen und gießt von der Ätherlösung so viel wie möglich (mindestens 220 g) durch einen mit einer Glasplatte zu bedeckenden Trichter von 7,5 cm Durchmesser durch Watte in eine Arzneiflasche von 400 ccm Inhalt. Gegen das Ende der Filtration wird durch Aufgießen von einigen ccm Wasser auf den Brei im Trichter der Äther verdrängt. Zum Filtrat fügt man 15 ccm Wasser, schüttelt kräftig durch und läßt bis zur Klärung stehen (etwa 15 Minuten). 203 g der klaren Ätherlösung (= 20 g Droge) werden durch Watte in einen Erlenmeyer-

---

[1] Pharmac. Acta Helvetiae **18**, 229 (1943).
[2] Pharmac. Acta Helvetiae **18**, 605 (1943). — [3] Pharmaz. Ztg. **76**, 1441 (1931).

kolben von 500 ccm Inhalt gegossen und einige Siedesteinchen hinzugegeben. Der Äther wird auf dem Wasserbad vollkommen abdestilliert, der Kolben nach dem Erkalten mit Rückstand bis auf 1 Dezimalstelle genau gewogen und das Gewicht notiert. Der Rückstand wird in 70 g Narkose-Äther gelöst, 90 ccm 0,1 n-HCl hinzugefügt, der Kolben einige Male kräftig umgeschwenkt, der Äther auf dem Wasserbad vorsichtig abdestilliert und der Kolbeninhalt bis zum Verschwinden des Äthergeruches erwärmt. Nach dem Erkalten wird das Gewicht der Flüssigkeit mit 0,1 n-HCl auf 98 g ergänzt, die saure Alkaloidlösung mit 1,5 g Talk geschüttelt und 80 g der Lösung (= 16 g Droge) durch ein Faltenfilter von 7 cm Durchmesser in einen Scheidetrichter von 150 ccm Inhalt filtriert. In mehreren Portionen werden insgesamt 1,8 g festes Natriumbicarbonat in den Scheidetrichter gegeben. Die bicarbonatalkalische Lösung wird zwecks Entfernung färbender Stoffe dreimal mit je 20 ccm Äther ausgeschüttelt.

Die das Atropin und Hyoscyamin enthaltende wäßrige Lösung wird mit 3 ccm konz. Ammoniak versetzt und mit 30, 25, 20, 20 ccm Chloroform ausgeschüttelt. Die erhaltene Chloroformlösung wird in einer Arzneiflasche von 150 ccm Inhalt mit 0,5 g Traganth geschüttelt und nach etwa halbstündigem Stehen durch ein Faltenfilter von 7 cm Durchmesser in einen Erlenmeyerkolben von 250 ccm Inhalt filtriert. Arzneiflasche und Filter werden mehrmals mit wenig Chloroform nachgewaschen. Die erhaltene Chloroformlösung wird auf dem Wasserbade fast vollständig abdestilliert; die letzten Chloroformreste werden zwecks vollständiger Beseitigung des Ammoniaks durch Einblasen eines Luftstromes entfernt. Der Alkaloidrückstand wird hierauf in wenig Chloroform gelöst, die Lösung in ein Meßkölbchen von 20 ccm Inhalt gespült und bis zur Marke mit Chloroform aufgefüllt. Die gut durchgemischte Chloroformlösung wird, falls notwendig, blank filtriert und zur Bestimmung des Hyoscyamins im 220 mm-Rohr polarimetriert. Der Nullpunkt des Polarimeters muß vorher mit reinem Chloroform ermittelt werden.

Die Berechnung des Hyoscyamingehaltes erfolgt nach obiger Formel. Die spezifische Drehung des Hyoscyamins in Chloroform beträgt $-25,2°$, S ist in diesem Falle 16 g Droge, welche den 20 ccm der polarimetrierten Chloroformlösung entsprechen.

10 ccm der polarimetrierten Lösung (= 8 g Droge) werden in einen Erlenmeyerkolben von 100 ccm abpipettiert. Das Chloroform wird auf dem Wasserbad abdestilliert und der Rückstand mit 5 ccm Weingeist aufgenommen. Der Weingeist wird vollständig verdampft und der Rückstand während 2 Stunden auf dem siedenden Wasserbad oder bei 100° getrocknet. Der Alkaloidrückstand wird hierauf in 3 ccm Weingeist gelöst, 25 ccm frisch ausgekochtes und wieder erkaltetes Wasser und 10 Tropfen Methylrotlösung oder Methylrot-Methylenblau-Lösung (8 Tropfen Methylrotlösung Ph. Helv. V + 1 Tropfen Methylenblaulösung, 0,1 % in Weingeist) hinzugegeben und mit 0,1 n-HCl bis zur Rotfärbung bzw. Rosaviolettfärbung titriert. 1 ccm 0,1 n-HCl = 0,0289 g Alkaloide.

Die Titration ergibt die Summe von Hyoscyamin + Atropin. Zieht man den durch Polarisation für Hyoscyamin erhaltenen prozentischen Wert von dem durch Titration ermittelten prozentischen Hyoscyamin-Atropinwert ab, so erhält man die prozentuale Menge des in der Droge vorhandenen Atropins.

Trennung von Hyoscyamin und Scopolamin.

E. M. FRAUTNER und M. ROBERTS[1] geben eine annähernd quantitative Trennung von Hyoscyamin und Scopolamin durch Adsorption an Kieselsäure an (12 × 1 cm Säule). Die Alkaloide werden aus Benzol adsorbiert und mit absolutem Alkohol eluiert. Scopolamin wird dabei viel schneller als Hyoscyamin eluiert, so daß auf diese Weise eine Trennung durchgeführt werden kann. Als Test benützen die Autoren eine Spur von Dimethylaminoazobenzol, das aus der Benzollösung von SiO_2 mit roter Farbe adsorbiert wird, aber nicht an den Stellen der Alkaloid-

---

[1] Analyst **73**, 140 (1948).

Adsorption, die gelb bleiben. Der Farbstoff wird schnell durch Äther oder absoluten Alkohol eluiert. Durch ein neuerliches Aufgießen einer Benzollösung von Dimethylaminoazobenzol kann festgestellt werden, ob Alkaloide noch adsorbiert oder bereits getrennt eluiert wurden. In den getrennt aufgefangenen Eluaten werden die Alkaloide als Pikrate identifiziert.

G. Schill und A. Ägren[1] haben ein chromatographisches Verfahren ausgearbeitet, das auf der Löslichkeit des Hyoscaminhydrochlorids und der Unlöslichkeit des Scopolaminhydrochlorids in Chloroform beruht:

Eine Einwaage der Belladonnazubereitung, die 0,15 g Alkaloide entspricht, wird mit 1-m-Natriumcarbonatlösung alkalisiert und mit 200 ccm Chloroform perkoliert. Dieser Chloroformauszug muß nun drei Säulen durchlaufen. Nr. 1 (15 g Kieselgur und 4 ccm 1-m-HCl) hält das Scopolamin zurück, Nr. 2 (15 g Kieselgur und 4 ccm 1-m-Natriumcarbonatlösung) verwandelt das Hyoscyaminhydrochlorid in die freie Base, Nr. 3 (15 g Kieselgur und 4 ccm 2-m-Phosphorsäure) adsorbiert das Hyoscyamin; die Ballaststoffe gehen durch alle drei Säulen durch.

Säule Nr. 1 eluiert man mit 250 ccm Chloroform und läßt das Eluat durch die Säulen Nr. 2 und 3 laufen. Das Scopolamin wird aus Säule Nr. 1 mit 250 ccm mit NH_3 gesättigtem Chloroform ausgewaschen und diese Lösung durch 10 g Al_2O_3 fließen gelassen. Säule Nr. 2 wäscht man mit 50 ccm Chloroform, das man dann auf die Säule Nr. 3 bringt. Das Hyoscyamin wird aus Säule Nr. 3 mit 250 ccm mit NH_3 gesättigtem Chloroform extrahiert und die Lösung durch 10 g Al_2O_3 geschickt.

Läßt man Säule Nr. 2 weg, so erhält man zu niedrige Werte, da ein Teil des Hyoscyaminhydrochlorids durch Säule Nr. 3 hindurchgeht.

Papierchromatographische Trennung von Solanaceenalkaloiden.

Papierchromatographische Trennungen von Solanaceenalkaloiden wurden mehrfach ausgeführt, z. B von R. Munier und M. Macheboeuf[2], J. B. Schute[3], H. Brindle, J. E. Carless und H. B. Woodhead[4] und A. Romeike[5]. Eine einwandfreie Trennung von Hyoscyamin und Atropin ist bisher nicht möglich gewesen, da die R_F-Werte zu nahe aneinanderliegen. K. Jentzsch[6] hat folgendes Verfahren zur Untersuchung von Drogen, Tinkturen und Extrakten ausgearbeitet, das eine Trennung von Scopolin, Tropin, Scopolamin und Atropin + Hyoscyamin ermöglicht:

Für die Untersuchung von Fol. Belladonnae oder Fol. Stramonii genügt eine Einwaage von 4 g (fein gepulvert). Die Droge wird mit 100 g Äther und soviel 10%igem Ammoniak, daß das Gemisch deutlich alkalisch reagiert, eine Stunde unter häufigem Schütteln in einem Schliffkolben extrahiert und das Gemisch ohne vorherige Filtration durch Zusatz von Talk und etwas Wasser geklärt. Aus 75 g der filtrierten Ätherlösung (entsprechend 3 g Droge) lassen sich dann die Gesamtalkaloide mit 5 ccm n/10-Salzsäure und anschließend mit dreimal je 5 ccm schwach angesäuertem Wasser extrahieren. Dann alkalisiert man die vereinigten salzsauren Auszüge mit Ammoniak und schüttelt fünfmal mit je 25 ccm Chloroform aus, engt die Chloroformauszüge auf etwa 10 ccm ein, trocknet über wasserfreiem Natriumsulfat, filtriert (Nachwaschen mit reinem Chloroform) und verdampft das Filtrat vollständig. Die Lösung des Rückstandes in 0,5 ccm oder 1,0 ccm Chloroform dient

---

[1] Svensk farmac. Tidskr. **55**, 781, 797, 825 (1951); **56**, 55 (1952); Ref. Scientia pharmac. **20**, 194 (1952).

[2] Bull. Soc. Chim. biol. **31**, 1144 (1949); **32**, 192 (1950); **33**, 846 (1951).

[3] Pharmac. Weekbl. **86**, 201, 261 (1951).

[4] J. Pharmac. Pharmacol. **3**, 793 (1951).

[5] Pharmazie **7**, 496 (1952). — [6] Scientia pharmac. **20**, 216 (1952).

zur papierchromatographischen Untersuchung. Je nach dem Alkaloidgehalt werden 10 μl bis 30 μl der Lösung auf die Startlinie des Papierstreifens aufgetragen, wobei man die hierzu nötige Flüssigkeitsmenge portionsweise, d. h. Tropfen für Tropfen, verdunsten läßt.

Bei Tinkturen werden 25 g im Vakuum auf ein kleines Volumen eingeengt. Nach Alkalisierung mit Ammoniak extrahiert man mit 50 g Äther, bindet dann die wäßrige Phase mit Traganth und arbeitet mit 40 g der ätherischen Lösung (= 20 g Tinktur) wie oben weiter.

Von Trockenextrakten werden 2,5 g in möglichst wenig Wasser gelöst und nach dem Alkalisieren mit 50 g Äther ausgeschüttelt. Die weitere Verarbeitung erfolgt in analoger Weise wie bei den Tinkturen bzw. den Drogen.

Die Chromatogramme wurden nach der von CONSDEN, GORDON und MARTIN[1] angegebenen absteigenden Methode in Glaszylindern mit Glaströgen auf WHATMAN-Filterpapier Nr.1 ausgeführt. Die Filterpapierstreifen hatten eine Breite von 11 bis 12 cm und je nach der Größe des Zylinders eine Länge von 38 bzw. 46 cm. Von den 1 %igen Alkaloidlösungen wurden jeweils 4 bis 10 μl aufgetragen. Als stationäre Phase dient ein Gemisch von 50 ccm rauchender Salzsäure (d = 1,190) mit 50 ccm destilliertem Wasser, das mit einer Mischung von 12,5 ccm n-Butanol und 12,5 ccm Chloroform 5 Minuten lang geschüttelt wird. Das mit Salzsäure gesättigte organische Lösungsmittelgemisch stellt die mobile Phase dar. Um das Filterpapier und die Atmosphäre mit der stationären Phase zu sättigen, bleibt der Zylinder mit dem eingehängten Streifen zunächst mindestens 12 Stunden stehen. Nach dem Entwickeln des Chromatogrammes wird das Papier bei Zimmertemperatur trocknen gelassen. Wenn der Geruch nach Salzsäure fast vollständig verschwunden ist, besprüht man das Chromatogramm mit dem Reagens, um die Alkaloidflecken sichtbar zu machen. JENTZSCH verwendete das von AMELINK[2] modifizierte DRAGGENDORFF-Reagens, das in der Arbeit von SCHUTE[3] angegeben ist. Das Reagens wird hergestellt, indem man eine Lösung von 7 g Kaliumjodid in 18 ccm Wasser und 3 ccm 4 n-Salzsäure erhitzt und in die kochende Lösung 1,5 g basisches Wismutnitrat in kleinen Portionen einträgt. Nach dem Abkühlen fügt man 1,5 g Jod zu und verdünnt die Lösung mit dem gleichen Volumen Wasser. Vor Gebrauch werden 2 ccm dieser Lösung mit 3 ccm 25 %iger Salzsäure versetzt und mit Wasser auf 130 ccm aufgefüllt. Während das Reagens mit Atropin, Hyoscyamin und Scopolamin sofort orangegelbe Flecke bildet, treten mit Tropin und Scopolin nach einiger Zeit, oft erst nach einigen Stunden, violettrot gefärbte Flecken auf. Da diese Färbungen am Licht verblassen, und zwar bei Tropin und Scopolin rascher als bei den Esteralkaloiden, ist es empfehlenswert, die Farbflecken nach dem Trocknen des Filterpapiers mit Bleistift einzukreisen. Dies ist außerdem von Vorteil, weil beobachtet wurde, daß sich nach verhältnismäßig kurzer Zeit um die Atropin- und Scopolaminflecken ein rötlich gefärbter Hof bildet, der bei der Bestimmung des Schwerpunktes der Flecken (zur Berechnung der R_F-Werte) außer acht gelassen werden muß. Ein fertiges Chromatogramm der Reinsubstanzen hat das in Abb. 20 wiedergegebene Aussehen.

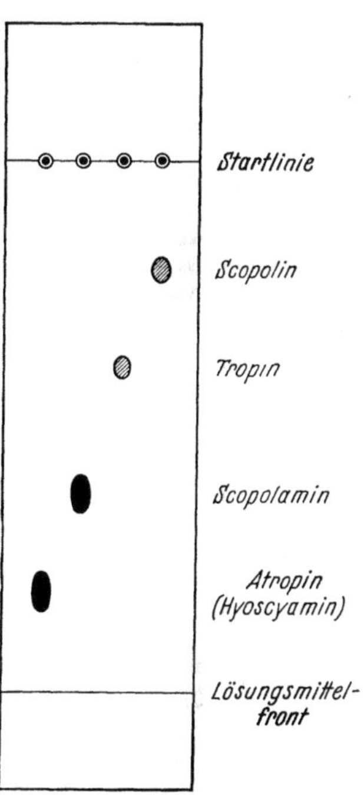

Abb. 20. Chromatogramm der Reinsubstanzen.

---

[1] Biochemic. J. **38**, 224 (1944).

[2] Schema zur mikrochem. Identifizierung von Alkaloiden, Amsterdam 1934, S.7.

[3] Pharmac. Weekbl. **86**, 201, 261 (1951).

A. ROMEIKE[1] verwendet Rundfilter entsprechend der Arbeitsweise von L. RUTTER[2] und bestimmt die Alkaloide quantitativ nach der Methode von F. H. L. van Os[3] mit Dimethylaminobenzaldehyd:

Extraktion. Das bei 60 bis 70° getrocknete und zerriebene Pflanzenmaterial wird 1 Stunde mit Äthanol ausgeschüttelt. Nach Filtration wird der Alkohol abdestilliert, der Rückstand mit einigen ccm Chloroform aufgenommen, 10 ccm 6 %ige Essigsäure zugesetzt und das Chloroform auf dem Wasserbad verdunstet. Der essigsaure Extrakt wird filtriert, Schale und Filter werden zweimal mit einigen ccm Wasser nachgespült. Nach Alkalisieren mit 5 %igem Ammoniak wird zunächst mit Chloroform ausgeschüttelt, dann die ammoniakalische Lösung auf dem Wasserbad eingedampft und der Rückstand mit Chloroform behandelt. Die vereinigten Chloroformauszüge sind nach Eindampfen auf ½ bis 1 ccm zur Chromatographie bereit.

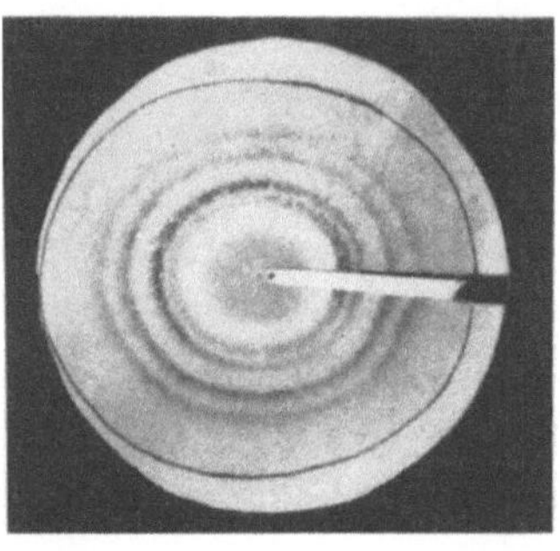

Abb. 21. Chromatogramm auf Papiersorte 2043 von Schleicher & Schüll. Die dunklen Ringe zeigen an (von außen nach innen): Atropin, Scopolamin, Tropin und Scopolin. Es wurden von Atropin und Scopolamin je 90 γ, von Tropin und Scopolin je 25 γ verwendet.

Chromatographie. Die Rundfilter werden in einer Größe von etwa 12 cm Durchmesser zugeschnitten, so daß sie etwa 1 cm über den Rand der Petrischale (10 cm Durchmesser) hinausragen. Zwei Parallelschnitte in der Laufrichtung des Papieres, beginnend an der Peripherie und genau links und rechts des Mittelpunktes endend, bilden einen 2 bis 3 mm breiten Streifen, der später als Docht dient. Mit Hilfe einer Mikropipette wird das Alkaloidgemisch, in Alkohol oder Chloroform gelöst, auf den Startpunkt, den Mittelpunkt des Filters, aufgetragen, so daß 0,0025 ccm ausfließen, wobei ein Fleck von etwa 5 mm Durchmesser entsteht. Nach Verdunsten des Lösungsmittels bringt man das Filter in eine mit Dampf der stationären Phase gesättigte Atmosphäre. Am zweckmäßigsten benutzt man dazu einen Exsiccator, auf dessen Grund sich mit Butanol gesättigtes und einigen ccm Eisessig versetztes Wasser befindet. Nach 3 bis 6 Stunden wird das vorbereitete Filter rasch über die Petrischale, deren Boden mit der mobilen Phase[4] bedeckt ist, gespannt, so daß der Docht in die Flüssigkeit taucht. Der überstehende Rand wird durch Aufstülpen des Deckels festgeklemmt. Nach 2 bis 3 Stunden hat die Lösungsmittelfront den Rand der Schale erreicht, das Filter wird vorsichtig herausgenommen und nach Markierung der Lösungsmittelfront bei 100° getrocknet. Bei Besprühen mit verdünntem DRAGENDORFFschen Reagens werden die Einzelsubstanzen als konzentrische farbige Ringe sichtbar. Scopolamin und Atropin geben eine orange, Scopolin und Tropin eine violettrote Färbung. Die R_F-Werte sind bei Papiersorte 2043a von Schleicher & Schüll für Atropin 0,70, für Scopolamin 0,60, für Tropin 0,46 und für Scopolin 0,36 (Abb. 21). Die Methode ist bei Atropin und Scopolamin für Mengen zwischen 30 und 200 γ anwendbar, bei Tropin und Scopolin für Mengen von 10 bis 50 γ.

Aus dem ungefähren Gesamtalkaloidgehalt des Pflanzenmaterials läßt sich die für ein brauchbares Chromatogramm aufzutragende Menge abschätzen. In den einfachsten Fällen genügen 0,0025 ccm Lösung. Ist diese weniger konzentriert, so müssen mehrere Tropfen nacheinander aufgetragen werden, wobei immer so lange zu warten ist, bis der vorhergehende Tropfen getrocknet ist. Im ganzen sind etwa 50 bis 100 γ Alkaloid für ein gutes Chromatogramm erforderlich.

Colorimetrische Bestimmung. Der ausgeschnittene alkaloidhaltige Papierstreifen wird mit 5 %igem Ammoniak durchfeuchtet und 10 Minuten lang mit Chloroform

---

[1] Pharmazie **7**, 496 (1952). — [2] Nature [London] **161**, 435 (1948).
[3] Recueil Trav. chim. Pay-Bas **64**, 1/2 (1945).
[4] Gemisch von 100 Teilen Butanol und 10 Teilen Eisessig, das tropfenweise mit Wasser gesättigt worden war.

geschüttelt. Nach Filtration folgt Ausschütteln mit 6%iger Essigsäure. Alkalisieren mit 5%igem Ammoniak, Ausschütteln mit Chloroform und erneutes Ausschütteln des Chloroformauszuges mit 6%iger Essigsäure. Der essigsaure Extrakt wird eingedampft, der Rückstand in Wasser gelöst, filtriert, erneut auf dem Wasserbad eingedampft und zur colorimetrischen Bestimmung nach VAN OS verwendet.

Die das Alkaloid enthaltende Lösung wird in einem Porzellantiegel, Höhe 30 mm, Durchmesser 43 mm, Inhalt 25 ccm, zur Trockene verdampft. Nach Abkühlen werden 6 bis 7 Tropfen Reagens[1] hinzugefügt (mit einer kleinen trockenen Pipette) und herumgeschwenkt, bis die Unterseite des Tiegels völlig benetzt ist. Dann erhitzt man, zweckmäßig in einem Schwefelsäurebad, während 2 Minuten auf 100 bis 102°. Nach Beendigung dieser Erhitzung stellt man den Tiegel in ein mit kaltem Wasser bis zum Rande gefülltes Becherglas und fügt nach etwa 15 Sekunden das Lösungsmittel Essigsäureanhydrid zu. Der Inhalt wird mit einem Glasstäbchen homogenisiert, in ein Meßkölbchen von 5 oder 10 ccm übergespült und bis zur Marke aufgefüllt. Nach 10 Minuten erfolgt die Messung im PULFRICH-Photometer mittels der 1 cm-Küvette.

Radix Belladonnae.

Zur Alkaloidbestimmung nach dem Erg. B. 6 wird die Droge mit Äther und Natronlauge extrahiert, die ätherische Extraktlösung wird mit Wasser gereinigt und geklärt, der Äther abdestilliert, der Rückstand in Alkohol aufgenommen und titriert. Nach F. GSTIRNER und G. STEIN[2] werden nach diesem sehr einfachen Verfahren dieselben Werte erhalten, wie die Summe der Einzelalkaloid-Bestimmung von Hyoscyamin, Atropin und Scopolamin ergibt. Dies dürfte darin begründet sein, daß die Belladonnawurzel flüchtige Pflanzenbasen der Pyrrol-Pyridingruppe, wie sie in den Blattdrogen vorhanden sind, nur in sehr geringer Menge enthält, die die Bestimmung nicht stören.

Das Verfahren zur Bestimmung der Einzelalkaloide von KUHN und SCHÄFER ist auf S. 143 angegeben.

Folia Cocae.

Alkaloidbestimmung. Die Cocablätter enthalten etwa 1% Alkaloide und noch mehr, von denen das anästhesierende Cocain nur zu etwa 0,6% in der Droge vorkommt, während die meisten anderen Alkaloide keine anästhesierende Wirkung besitzen. Durch die Ätherlöslichkeit läßt sich das Cocain von den meisten anderen Alkaloiden trennen. R. EDER und O. RUCKSTAHL[3] haben eine große Anzahl Bestimmungsmethoden geprüft und empfehlen das Verfahren der Ph. Helv. V mit einer Änderung, die sie in Anlehnung an A. W. K. DE JONG[4] vornehmen, zur Bestimmung der ätherlöslichen Ekgoninester:

6 g Cocablatt (VI) werden in einer Arzneiflasche von 150 ccm Inhalt mit 60 g Narkoseäther, 3 ccm verd. Ammoniak (etwa 2 n) und 3 ccm Wasser während ½ Stunde häufig und kräftig geschüttelt. Dann läßt man absetzen, gießt 40 g der ätherischen Lösung (= 4 g Droge) durch etwas Watte in einen Erlenmeyerkolben ab und gibt die Lösung unter Nachspülen mit kleinen Mengen Narkoseäther in

---

[1] Zusammensetzung des Reagens: 1,0 Dimethylaminobenzaldehyd, analysenrein, wird in 9,0 konzentrierter Schwefelsäure unter Kühlung gelöst und unter weiterer Kühlung mit 0,5 g Wasser versetzt.

[2] Pharmazie. **7**, 362 (1952). — [3] Pharmac. Acta Helvetiae **18**, 687 (1943).

[4] Recueil Trav. chim. Pays-Bas **57**, 1218 (1938).

einen Scheidetrichter von 200 ccm Inhalt. Die Ätherlösung wird während 1 Minute mit 20 ccm 0,1 n-Salzsäure[1] geschüttelt. Das Gemisch wird trennen gelassen und die untere Schicht durch Watte in einen zweiten Scheidetrichter gegossen. Das Ausschütteln wird wiederholt mit 15 ccm, dann mit 10 ccm 0,1 n-Salzsäure. Diese salzsauren Auszüge werden ebenfalls durch die Watte in den zweiten Scheidetrichter gegossen. Die vereinigten salzsauren Auszüge werden mit 5,5 ccm (aus Meßzylinderchen gemessen) Natriumcarbonatlösung (n) versetzt und die Alkaloidbasen nach einander mit 30, 20 ccm und so oft mit je 10 ccm Narkoseäther ausgeschüttelt, bis einige Tropfen der letzten Ausschüttelung nach dem Abdampfen und Aufnehmen mit einigen Tropfen verd. Salzsäure (etwa 2 n) durch 2 bis 3 Tropfen MAYERS Reagens nicht mehr getrübt werden. Die Auszüge gießt man nacheinander durch etwas Watte in einen Erlenmeyerkolben von 200 ccm Inhalt und destilliert den Äther auf dem Wasserbad ab[2]. Dann nimmt man den Rückstand noch zweimal mit je 5 ccm Narkoseäther auf und verdampft auch diesen jeweils vollständig. Hierauf löst man den Rückstand unter leichtem Erwärmen auf dem Wasserbad in 5 ccm Weingeist (methylrotneutral), gibt 25 ccm frisch ausgekochtes und wieder erkaltetes Wasser und 10 Tropfen Methylrot hinzu und titriert mit 0,1 n-Salzsäure bis zur Rotfärbung (Mikrobürette). 1 ccm 0,1 n-HCl = 0,0303 g ätherlösliche Ekgoninester, berechnet als Cocain.

Zur Kontrolle können die an die Alkaloide gebundenen Säuren bestimmt werden. EDER und RUCKSTAHL haben auch die dafür vorgeschlagenen Verfahren geprüft und geben folgendes Verfahren zur Bestimmung der durch alkalische Verseifung abgespaltenen Säuren an:

Die bei der Titration erhaltene Lösung wird unter Nachspülen quantitativ in eine Porzellanschale gegossen, mit 5 ccm verd. Natronlauge (2 n) versetzt und auf dem Wasserbade auf ungefähr 10 g eingeengt. Den Schaleninhalt gießt man in eine Arzneiflasche von 150 ccm Inhalt, spült zweimal mit je 3 ccm Wasser nach, fügt 10 ccm verd. Schwefelsäure (2 n) oder verd. Salzsäure (2 n) und sodann 60 g einer Mischung von 20 Vol. Äther + 80 Vol. Petroläther hinzu. Der Flascheninhalt wird in der Schüttelmaschine während ½ Stunde geschüttelt. Dann filtriert man 50 g der Äther-Petroläthermischung durch Watte in einen Erlenmeyerkolben von 150 ccm Inhalt, fügt 2 ccm 0,1 n-Natronlauge und 10 ccm frisch ausgekochtes und wieder erkaltetes Wasser (methylrotneutral) hinzu und destilliert die ätherische Lösung langsam auf dem Wasserbade ab. Man kühlt den Inhalt des Erlenmeyerkolbens ab, fügt 10 Tropfen Methylrot und 1 Tropfen Methylenblaulösung (1% in Alkohol) hinzu und titriert bei gutem Tageslicht die überschüssige Natronlauge mit 0,1 n-Salzsäure bis zum bleibenden Farbumschlag nach Rotviolett zurück.

Die Anzahl ccm 0,1 n-NaOH, die durch die bei der Verseifung abgespaltenen Säuren gebunden worden sind, werden mit $^6/_5$ multipliziert. Die so berechnete Menge 0,1 n-NaOH entspricht den abgespaltenen Säuren in 4 g Droge. Die zur Bindung der Säuren verbrauchte 0,1 n-NaOH wird auf Cocain umgerechnet. 1 ccm 0,1 n-NaOH = 0,0303 g Ekgoninester, berechnet als Cocain.

A. W. K. DE JONG[3] gibt folgendes Extraktionsverfahren mit Ammoniumcarbonat an, mit dem es möglich ist, auch grob gepulverte Cocablätter quantitativ zu extrahieren:

20 g grob gepulverte Cocablätter werden mit 5 ccm 2 n-Ammoniumcarbonatlösung (158 g Ammoniumkarbonat im Liter gelöst) in einem Mörser 15 Minuten lang verrieben und mit zweimal je 10 ccm Benzol in einen kontinuierlichen Extraktionsapparat gebracht. Nach 15 Minuten wird mit Äther 5 Stunden lang extrahiert. Die filtrierte ätherische Lösung kann dann wie oben angegeben mit n/10-Salzsäure ausgeschüttelt und weiter behandelt werden.

---

[1] Am besten wird die Gesamtmenge der zu dieser und den nachfolgenden Ausschüttelungen benötigten 0,1 n-HCl (= 45 ccm) gesamthaft in einem Meßzylinder abgemessen.

[2] Nach dem Abdestillieren des Äthers darf der Alkaloidrückstand nicht länger auf dem Wasserbad erhitzt werden, da sonst Alkaloidverluste entstehen.

[3] Recueil Trav. chim. Pays-Bas **59**, 687 (1940).

Zur Bestimmung des 1-nor-Ekgonins gibt W. K. DE JONG[1] ein ziemlich langwieriges Verfahren an.

Folia Digitalis.

Die Digitalisblätter enthalten ein Gemisch von herzwirksamen Stoffen, die chemisch sehr ähnlich, aber in der Wirkung unterschiedlich sind. Dazu kommt die teilweise leichte Zersetzlichkeit, die wechselnde Löslichkeit der Wirkstoffe im Reinzustand und in Drogenauszügen, die durch Drogeninhaltsstoffe beeinflußt wird, so daß sich erhebliche Schwierigkeiten für die Prüfung und Bewertung von Digitaliszubereitungen und allen Fragen, die damit zusammenhängen, ergeben.

Als Gehalt von herzwirksamen Stoffen in den Blättern von Digitalis purpurea werden Mengen von 0,1 bis 1,0 % angegeben. Es werden folgende Stoffe unterschieden:

1. Tannoidstufe:
(*Primärglykoside*)

Glykosid-Tannoid-Komplex, wahrscheinlich an Chlorogensäure gebunden

Purpureaglykosid A   Purpureaglykosid B

Sie besitzen die größte Herzwirkung, sind aber leicht zersetzlich und werden durch Digipurpidase gespalten in 1 Molekül Glucose und die Glykoside der

2. Digitoxinstufe:
(*Sekundärglykoside*)

Digitoxin   Gitoxin

Diese sind schwächer wirksam als die Primärglykoside, aber bedeutend stabiler. Durch Säureeinwirkung werden 3 Moleküle Digitoxose abgespalten und man erhält die Genine:

3. Geninstufe:
(*Aglykone*)

Digitoxigenin   ·   Gitoxigenin

Diese sind noch schwächer wirksam als die Sekundärglykoside.

In der getrockneten Droge finden sich je nach Alter, Aufbewahrung und Aufbereitung (Stabilisierung) der Droge wechselnde Mengen aller Hydrolysenprodukte.

Die Genine enthalten ein Sterinskelett mit einem fünfgliedrigen Lactonring, dem die spezifische Herzwirkung zukommt:

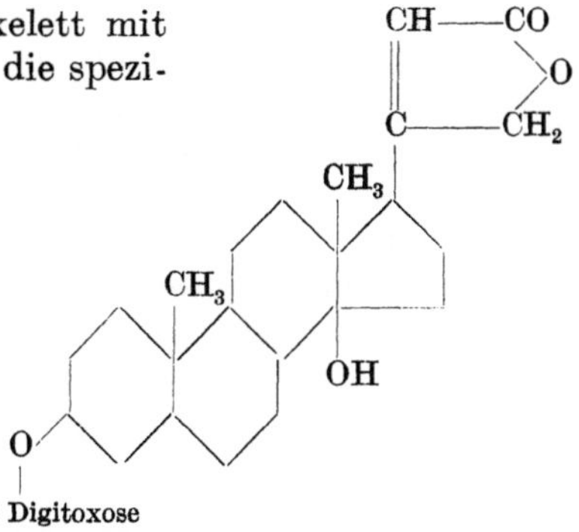

---

[1] Recueil Trav. chim. Pays-Bas **67**, 97, 153, 214 (1948).

Weitere Inhaltsstoffe sind die Saponine Digitonin, Gitonin und Tigonin, die Fermente Digipurpidase, Oxydasen, Peroxydasen, Katalase, Invertase. Schleimstoffe mildern die Reizwirkung der Glykoside auf Magen und Darm, die besonders vom Digitoxin ausgeht, und tragen bei, daß die Gesamtwirkung des Blattes sich günstig von Reinpräparaten unterscheidet.

Versuche von R. FISCHER und H. GOMAHR[1] mit dem aus Digitalisblättern isolierten Saponinkomplex und der isolierten Schleimsubstanz am Meerschweinchendünndarm in vivo ergaben, daß die Resorption des Digitoxins durch den Saponinkomplex bedeutend gefördert wird. Der Schleim mit dem Saponinkomplex zusammen hindert jedoch die Resorption völlig. Der Schleim allein hingegen beeinflußt die Resorption des Digitoxins nicht.

Stabilisierung und Trocknung.

Über die Stabilisierung und Trocknung der Digitalisblätter wurden von D. H. E. TATTJE[2] eingehende Untersuchungen angestellt. Die Droge wurde entweder mit Hilfe von Wasser- oder Alkoholdämpfen in einem Autoklaven stabilisiert oder bei einer bestimmten Temperatur gut getrocknet. Die Untersuchung führte zu folgenden Ergebnissen:

1. Die Zusammensetzung des Glykosidgemisches, ausgedrückt in primären und sekundären Glykosiden sowie Aglykonen, wird durch die Stabilisierung mit Wasser- oder Alkoholdämpfen nicht beeinflußt.

2. Der Gehalt an primären Glykosiden ist gegenüber dem an sekundären Glykosiden und Aglykonen in den stabilisierten Blättern sehr hoch, 70 bis 100% des Gesamtgehaltes.

3. Auch die in der Wärme getrockneten Digitalisblätter enthalten immer eine Menge primärer Glykoside. Diese beträgt in gewissen Fällen 50% und noch mehr des Gesamtgehaltes, gewöhnlich variiert sie von 15 bis 25%.

4. Es wurde der Einfluß verschiedener Temperaturen auf die Trocknung studiert (40°, 80° und 100°). Hinsichtlich des Gehaltes an primären Glykosiden liefert eine Temperatur von 80° die besten Ergebnisse. Dagegen bleibt der Gesamtgehalt an Glykosiden derselbe, gleichgültig, ob man bei 40° oder 80° trocknet. Bei einer Trocknungstemperatur von 100° ist sowohl der Gesamtgehalt an Glykosiden als auch der Gehalt an primären Glykosiden niedriger als wenn man bei 40° oder 80° trocknet. Durch die Stabilisierung erhält man einen niedrigeren Gesamtgehalt an Glykosiden als durch Trocknen bei 80°, wahrscheinlich infolge einer Extraktion.

5. Aus den Analysen ergibt sich, daß die Blätter immer eine geringe Menge von Aglykonen enthalten. Man gewinnt den Eindruck, daß die freien Aglykone sich nicht bei der Stabilisierung und beim Trocknen bilden, sondern daß sie schon vor dem Pflücken in den Blättern enthalten sind.

---

[1] Arzneimittelforsch. **2**, 31 (1952).
[2] Pharmac. Tijdschr. Belg. **30**, 21 (1953); Ref. Pharmaz. Ztg. **89**, 575 (1953).

6. Wenn man die Digitalisblätter bei 15 bis 18° in dünner Schicht im Schatten trocknet, ändert sich die Zusammensetzung des Glykosidgemisches nicht. In 10 Tagen waren die Blätter praktisch trocken. Hierdurch wurde gezeigt, daß in den unversehrten Blättern beim Trocknen bei 15° praktisch keine Spaltung der primären Glykoside durch Fermentwirkung stattfindet.

7. Digitalisblätter müssen in kurzer Zeit bei 60 bis 70° getrocknet werden, wenn man ohne Stabilisierung ein Produkt erhalten will, das einen möglichst hohen Gehalt an primären Glykosiden aufweist.

Bestimmung der Digitalisglykoside.

Zur Bestimmung der Digitalisklykoside wurden ursprünglich gravimetrische Methoden von C. C. Keller[1], A. Tschirch und F. Wolter[2] und von E. Perrot und P. Bourcet[3] ausgearbeitet, die sich nicht durchsetzen konnten. Colorimetrische Methoden beruhen entweder auf einer Reaktion der aktiven Methylengruppe des Lactonringes im Aglykon oder des Zuckeranteiles, vor allem der Digitoxose. Zur ersten Gruppe gehören die Reaktionen mit Nitroprussidnatrium (Legal-Reaktion), mit Pikrinsäure (Baljet-Reaktion), mit 3,5-Dinitrobenzoesäure, m-Dinitrobenzol, Natrium-ß-Naphthochinon-4-sulfonat nach A. T. Warren, F. W. Howland und L. W. Green[4], mit Trinitrophenol nach C. J. Eastland, D. P. Lawday und E. H. B. Sellwood[5] und mit dem Bial-Reagens von M. Langejan[6]. Die Bestimmung der Digitoxose läßt sich mit eisenchloridhaltigem Eisessig nach Keller-Kiliani ausführen. Von diesen Reaktionen, die vielfach nur zur Bestimmung von Reinglykosiden in Tabletten oder in Lösungen Verwendung finden, haben zur Bestimmung der Glykoside in der Droge, die von Baljet, Keller-Kiliani und mit 3,5-Dinitrobenzoesäure praktische Bedeutung erlangt.

Allgemein läßt sich zu diesen Bestimmungen sagen, daß entweder der Geninanteil oder der Zuckeranteil, also nur ein Teil der herzwirksamen Stoffe erfaßt wird. Bei reinen Glykosiden, z. B. Digitoxin, liefern diese Methoden sehr genaue Werte. Die Wirksamkeit der Droge oder eines Auszuges beruht aber auf mehreren Stoffen und zwar auf den Primärglykosiden, den Sekundärglykosiden und den Geninen, die sich in ihrer Wirkung unterscheiden, aber durch die colorimetrischen Methoden als gleichwertig bestimmt und auf Digitoxin bezogen werden. Deshalb wird diesen Methoden stets eine Ungenauigkeit anhaften. Sie können richtige Werte liefern, wenn nur Glykoside der Digitoxinstufe ohne Primärglykoside und Genine vorliegen oder deren Gehalt gering ist. Bei älteren Proben, bei denen die Zersetzung weitgehend bis zu den Geninen fortgeschritten ist, werden dagegen die Bestimmungen im Vergleich zur therapeutischen Wirkung zu hohe Werte liefern. Erst wenn die einzelnen Glykosidstufen und Genine jeweils für sich erfaßt werden, wofür auch

---

[1] Ber. dtsch. pharmaz. Ges. **7**, 125 (1897).
[2] Schweiz. Apotheker-Ztg. **56**, 469 (1918).
[3] C. R. Acad. Sci. **186**, 1021 (1928).
[4] J. Amer. pharmac. Assoc. **37**, 186 (1948).
[5] J. Pharmac. Pharmacol. **4**, 811 (1952). — [6] Pharmac. Weekbl. **86**, 593 (1951).

Methoden vorliegen, wird eine genauere Beurteilung der Wirksamkeit der Droge möglich sein.

Die Brauchbarkeit der colorimetrischen Verfahren wurde vielfach mit biologischen Methoden an der Katze und am Frosch verglichen. Da aber die bisherigen biologischen Methoden nach F. Neuwald und A. Diekmann[1] nur die toxische Wirkung, die nicht auf die Glykoside beschränkt ist, und nicht die therapeutische Wirkung ermitteln, so werden auch diese Verfahren den praktischen therapeutischen Verhältnissen nicht gerecht werden können.

Reaktion von Baljet mit alkalischer Pikrinsäurelösung.

H. Baljet[2] beobachtete, daß die Glykoside Digitoxin, Gitalin, g- und k-Strophanthin und deren Aglykone mit alkalischer Pikrinsäurelösung unter Bildung oranger bis blutroter Farbstoffe reagieren. Diese Reaktion beruht nach W. Jacobs[3] auf dem aktiven Wasserstoffatom im ungesättigten Lactonfünfring, dem auch die spezifische Herzwirkung zukommt. Aber auch die Alloverbindungen der herzwirksamen Glykoside, die hauptsächlich in den Samen von Strophanthus kombé vorkommen, geben dieselbe Reaktion. Sie ist deshalb für Kombé-Samen nicht brauchbar. Auch das herzunwirksame Steroidglykosid Diginin reagiert infolge seiner aktiven Methylengruppe und weiter auch Glykose und Digitoxose reagieren mit dem Reagens, wenn auch mit bedeutend geringerer Farbintensität, so daß sie die Reaktion der Glykoside nicht stören sollen. E. Wegner[4] fand in den Samen von Digitalis purpurea einen chloroformlöslichen Stoff mit positiver Baljet-Reaktion, der nach Straub herzunwirksam ist. Damit erfährt die Spezifität der Reaktion gewisse Einschränkungen. J. M. Rowson[5] konnte nachweisen, daß alkalische Pikrinsäurelösung auch mit Äthanol reagiert, so daß der Äthanolgehalt wäßriger Lösungen mit dem Reagens bestimmt werden kann. Bei der colorimetrischen bzw. spektrographischen Messung der Farbintensität (Maximum bei 495 mμ) von Digitalisauszügen muß dehalb der Alkoholgehalt aller zu messenden Lösungen gleich sein. Nur dann ist das Beer-Lambertsche Gesetz erfüllt.

Die Baljet-Reaktion wurde von A. Knudson und M. Dresbach[6] zu einer colorimetrischen Wertbestimmung von Digitalispräparaten benützt, indem ein Digitalisauszug mit Bleiacetat entfärbt und nach Entfernung des überschüssigen Bleis durch Natriumphosphat mit alkalischer Pikrinsäurelösung versetzt wird. Dieses Verfahren hat in der Folgezeit mehrfache Änderungen in der Wahl des Standards und in der Herstellung des Reagens erfahren. Erwähnt sei die Methode von F. K. Bell und J. C. Krantz[7], die für das Reagens an Stelle von Natronlauge Tetraäthylammoniumhydroxyd verwenden, wodurch die Empfindlichkeit der Reaktion um 100% gesteigert werden soll. Von Rowson[5] konnte

[1] Naunyn-Schmiedebergs Arch. exp. Pathol. Pharmakol. **211**, 385 (1950).
[2] Pharmac. Weekbl. **55**, 457 (1918). — [3] Physiologic. Rev. **13**, 22 (1933).
[4] Pharmazie 5, 226 (1950). — [5] J. Pharmac. Pharmacol. **4**, 814 (1952).
[6] J. Pharmacol. exp. Therapie. **20**, 205 (1923).
[7] J. Pharmacol. exp. Therapie. **83**, 213 (1945).

dies allerdings nicht bestätigt werden. E. E. Kenedy[1] benützt als Reagens eine frisch bereitete Lösung von 1 g Pikrinsäure in 15 ccm Methylalkohol, die mit 20 ccm einer 10%igen Lösung von Tetraäthylammoniumhydroxyd versetzt und auf 100 ccm mit Wasser aufgefüllt wird.

Diese Methode wurde wiederholt mit den biologischen Wertbestimmungen, z. B. von Bell und Krantz[2], in ausgedehnten Versuchen an der Katze verglichen, wobei sich teils gute Übereinstimmung, teils auch starke Differenzen ergaben. F. Neuwald[3] stellte fest, daß die Farbintensität der Reaktion bei reinem Digitoxin nach 45 Minuten abfällt, während die Farbintensität bei Digitalisauszügen stetig ansteigt, wie es auch von Bell und Krantz und S. W. Goldstein[4] beobachtet wurde. Neuwald schließt daraus, daß fremde Stoffe an der Farbreaktion beteiligt sein müssen, die einen höheren Glykosidgehalt vortäuschen. Um diese störenden Stoffe auszuschalten, führt Neuwald die Reaktion nur mit den Geninen aus, indem in gereinigten Digitalisinfusen die Glykoside mit Salzsäure gespalten und die Genine mit Chloroform ausgeschüttelt werden. Auf diese Weise erhielt Neuwald um etwa 80% niedrigere Werte als nach dem Verfahren von Knudson und Dresbach. Nach dem letzteren Verfahren fand Neuwald etwa 1% Glykoside in Digitalisblättern, nach der Geninbestimmungsmethode 0,09 bis 0,24%. Erwähnenswert ist in diesem Zusammenhang, daß H. Gold[5] auf Grund zahlreicher Auswertungen an Patienten feststellte, daß 1 g Folia Digitalis etwa 1 mg Digitoxin in der therapeutischen Wirkung entspricht, woraus sich ein Gehalt von 0,1% ergibt. Außerdem fand Neuwald, daß der chloroformunlösliche Anteil, aus dem die Genine ausgeschüttelt wurden, eine mehrfach stärkere Farbreaktion mit dem Baljet-Reagens gibt als der Geninanteil. Dagegen fiel die Reaktion nach Legal negativ aus, die für die herzwirksamen Glykoside charakteristischer ist als die Baljet-Reaktion. Im Tierversuch am Meerschweinchen und am Frosch erwies sich der chloroformunlösliche Anteil als stark toxisch, der Tod trat beim Frosch bei der Diastole und nicht bei der Systole wie bei den Glykosiden ein. Es sind somit in den Digitalisblättern Baljet-positive Stoffe vorhanden, die zwar stark toxisch wirken, aber keinen typischen Herzgiftcharakter besitzen. Neuwald weist auf den Befund von H. Gold hin, daß die Digitalisblätter in ihrem oralen therapeutischen Wirkungswert am Menschen gemessen nur 20% des biologischen Katzenwertes zeigen. Bei einem Vergleich zwischen der Geninmethode und den biologischen Methoden ergeben sich deshalb auch große Abweichungen. Neuwald[6] lehnt aus diesen Gründen auch die üblichen biologischen Vergleichsuntersuchungen ab. Wird die biologische Prüfung aber in der Weise ausgeführt, daß der chloroformlösliche Anteil der Digitalisblätter dem Tier intravenös verabreicht wird, so werden mit der Geninbestimmungsmethode übereinstimmende Werte erhalten.

---

[1] J. Amer. pharmac. Assoc. Sci. Ed. **39**, 25 (1950).
[2] J. Amer. pharmac. Assoc. **35**, 260 (1946).
[3] Arch. Pharmaz. **283**, 93 (1950).
[4] J. Amer. pharmac. Assoc. **36**, 296 (1947).
[5] J. Amer. med. Assoc. **132**, 547 (1946). — [6] Pharmazie **5**, 226 (1950).

Geninbestimmungsmethode von F. Neuwald[1,2].

1 g grob gepulverte und im Trockenschrank bei 100° bis zur Gewichtskonstanz
getrocknete Droge, die dem DAB 6 entspricht, wird genau gewogen und mit 100 ccm
kaltem, destilliertem Wasser zum Infus angesetzt. Dieses wird auf dem Wasserbad
auf 90° erhitzt und 15 Minuten lang unter häufigem Umrühren möglichst bei 89 bis
91° konstant gehalten. Nach dem Abkühlen wird das Infus durch angefeuchtete
Watte filtriert. Das Filtrat wird durch Nachwaschen des Wattefilters auf 100 ccm
ergänzt. Zweimal je 40 ccm dieser Infuse (= 0,4 g Droge) werden zur Doppelbestimmung mit 2 ccm einer 10%igen Bleiacetatlösung versetzt und mit destilliertem Wasser auf 50 ccm aufgefüllt. Nach sorgfältigem Mischen und kurzem
Stehen wird der entstandene Niederschlag abfiltriert und das Filtrat durch Nachwaschen des Filters wieder auf 50 ccm ergänzt. Zu je 25 ccm des Filtrates (= 0,2 g
Droge) wird 1 ccm einer 10%igen Lösung von sekundärem Natriumphosphat
hinzugefügt, sorgfältig gemischt und der Bleiniederschlag nach kurzem Stehen abfiltriert. Das Filter wird gut mit Wasser nachgewaschen und Filtrat und Waschwasser vereinigt. Nach Zugabe von 1 ccm 0,1 n-Salzsäure und Auffüllung auf
etwa 50 ccm mit Wasser wird 30 Minuten auf freier Flamme zum Sieden erhitzt.
Nach dem Abkühlen wird mit Ammoniaklösung gegenüber Lackmus neutralisiert
und auf dem Wasserbade zur Trockene eingedampft. Der Rückstand wird unter
Erwärmen einmal mit 10 ccm und zweimal mit je 5 ccm Chloroform sorgfältig
digeriert und die vereinigten Chloroformlösungen im Schütteltrichter mit 10 ccm
Wasser gewaschen, um etwa in Lösung gegangene Zucker oder sonstige Verunreinigungen zu entfernen. Die so gereinigte Chloroformlösung wird auf dem Wasserbade zur Trockene eingedampft. Der Rückstand, der aus Digitoxigenin und Gitoxigenin besteht, wird bei 100° getrocknet und schließlich in 5 ccm Methanol p. a.
(= 0,2 g Droge) gelöst. Nach Zusatz von 5 ccm frisch bereitetem alkalischen Pikrinsäurereagens (95 ccm einer 1%igen Pikrinsäurelösung und 5 ccm einer 10%igen
wäßrigen Natriumhydroxydlösung) wird im PULFRICH-Photometer mit dem Filter
S 50 nach 30 Minuten und bei 20° der Extinktionskoeffizient bestimmt. Die Berechnung des Glykosidgehaltes auf Digitoxin bezogen in 1 g Droge erfolgt nach
der Formel:

$$\text{mg Digitoxin} = \frac{\text{Extinktionskoeffizient} \cdot 9{,}48 \text{ (Geninfaktor)}}{4}.$$

Da 5 ccm der zur Messung gelangenden Lösung 0,2 g Droge entsprechen und
der Eichfaktor die Digitoxinmenge in mg in 100 ccm ergibt, der in analoger Weise
bestimmt wird, entspricht das Produkt Extinktionskoeffizient × Geninfaktor dem
Glykosidgehalt in 4 g Droge.

Zur Aufstellung einer Standardkurve werden je 5 ccm der in der Konzentration
verschiedenen methanolischen Digitoxinlösungen (5 bis 20 mg%) mit 5 ccm des
frisch bereiteten alkalischen Pikrinsäurereagens versetzt und nach 30 Minuten
bei 20° die Absorption gemessen.

Eine Abtrennung störender Stoffe wird auch durch Ausschütteln
der Glykoside mit Chloroform aus wäßriger Lösung ohne Hydrolyse
versucht. Ein solches Verfahren wird von A. DIEKMANN[3] angegeben:

Die Extraktion der Droge und Bleifällung erfolgt wie oben bei der Geninbestimmungsmethode. Die klaren, fast farblosen auf etwa 50 ccm mit Wasser aufgefüllten Filtrate der Natriumphosphatfällung werden dann dreimal mit je 10 ccm
Chloroform ausgeschüttelt, die vereinigten Chloroformauszüge mit wasserfreiem
Natriumsulfat getrocknet, filtriert sowie Kölbchen und Filter mit etwas Chloroform
nachgespült. Nach Abdampfen des Chloroforms wird der Glykosidrückstand im
Trockenschrank bei 100° getrocknet, in 5 ccm Methanol p. a. (= 0,2 g Droge) gelöst
und 5 ccm frisch bereitetes alkalisches Pikrinsäurereagens hinzugefügt. Hierauf
wird weiter wie bei der Geninbestimmung verfahren. Der Glykosidgehalt wird
mit dem Digitoxin-Eichfaktor 9,34 berechnet.

---

[1] Arch. Pharmaz. **283**, 93 (1950). — [2] Süddtsch. Apotheker-Ztg. **90**, 742 (1950).
[3] Diss. Hamburg 1950.

F. Neuwald und A. Diekmann[1] verglichen dieses Verfahren mit der Geninbestimmungsmethode von Neuwald und der Digitoxose-Methode von Soos und erhielten bei 9 Drogenmustern in den meisten Fällen gut übereinstimmende Werte. Nur die Digitoxose-Methode lieferte um etwa 10% tiefere Werte. Auch L. Fuchs, E. Soos und J. Kabert[2] führten die Glykosidbestimmung derart aus, daß sie aus der wäßrigen Extraktlösung die Glykoside ohne Hydrolyse mit Chloroform ausschüttelten, die Lösung eindampften und mit dem Rückstand die colorimetrische Bestimmung mit alkalischer Pikrinsäurelösung, mit Natriumnitroprussid nach Legal, mit 3,5-Dinitrobenzoesäure nach Kedde und mit dem Keller-Kiliani-Reagens nach Soos an 8 verschiedenen Digitalisarten vornahmen. Auch hier wurden annähernd übereinstimmende Werte mit Ausnahme des Verfahrens von Soos erhalten. Im Vergleich mit der biologischen Prüfung am Frosch und am Meerschweinchen traten jedoch sehr starke Differenzen auf. Solche bestanden aber auch zwischen den beiden biologischen Methoden.

J. M. Rowson[3] lehnt das Vorgehen von Fuchs und Mitarbeitern ab, da die wäßrige Drogenextraktion ungenügend wäre und die Glykoside sich aus einer wäßrigen Lösung mit Chloroform nicht quantitativ ausschütteln lassen würden.

Geninbestimmungsmethode von E. Wegner.

E. Wegner[4] hat wie Neuwald eine Geninbestimmungsmethode ausgearbeitet, um störende Stoffe zu beseitigen, indem die Glykoside mit Salzsäure hydrolysiert und die Genine mit Chloroform ausgeschüttelt werden. Wegner unterscheidet und bestimmt sowohl chloroformlösliche (Digitoxin, Gitoxin) als auch chloroformunlösliche Glykoside (noch unbekannter Natur). Da der Gehalt an chloroformlöslichen Herzglykosiden bei Heißwasserauszügen der Droge geringer als bei Kaltmaceraten ist, läßt Wegner die Droge durch 24 stündige Maceration extrahieren:

1 g der gepulverten Droge wird mit 50 ccm Wasser in einem Gefäß mit eingeschliffenem Stopfen 24 Stunden in der Schüttelmaschine bei Zimmertemperatur maceriert. Der wäßrige Drogenauszug wird zunächst vom Drogenrückstand durch Watte abgegossen. 40 ccm des Filtrates werden mit 2 ccm einer 30%igen Bleiacetatlösung versetzt und der entstandene Niederschlag nach kurzem Stehen durch Zentrifugieren abgetrennt. Zu 31,5 ccm der überstehenden Flüssigkeit werden 4,5 ccm einer 10%igen Dinatriumphosphatlösung gegeben und der entstandene Niederschlag nach wenigen Minuten abzentrifugiert.

Chloroformlösliche Fraktion: 12 ccm des gereinigten Digitalisauszuges, entsprechend 0,2 g Droge, werden dreimal mit je 24 ccm Chloroform ausgeschüttelt. Das organische Lösungsmittel wird in einem 100 ccm Rundkölbchen gesammelt und zunächst auf dem Wasserbad und schließlich im Trockenschrank (70°) abgedunstet.

Der Trockenrückstand wird in 2 ccm 50%igem Alkohol unter leichtem Erwärmen gelöst, 2 ccm n/10-Salzsäure zugegeben und die Lösung mit 16 ccm Wasser auf 20 ccm ergänzt. Die Glykosidlösung wird nun durch ½stündiges Einhängen des Kölbchens in ein siedendes Wasserbad hydrolysiert. Es empfiehlt sich, dem

[1] Arch. Pharmaz. **285**, 19 (1952). — [2] Scientia pharmac. **19**, 73 (1951).
[3] J. Pharmac. Pharmacol. **4**, 814 (1952).
[4] Pharmazie **7**, 373 (1952); Arzneimittelforsch. **2**, 382 (1952).

Hydrolysierkölbchen jeweils einen kleinen Trichter aufzusetzen, um größere Flüssigkeitsverluste durch Verdampfen zu vermeiden.

Das erkaltete Hydrolysat wird in einen Scheidetrichter gegeben und hierauf unter Nachspülen des Kölbchens mit 20 ccm Chloroform ausgeschüttelt. Nach dem Absetzen wird die Chloroformschicht abgetrennt und der Scheidetrichter mit 5 ccm Chloroform nachgewaschen. Die beiden Chloroformfraktionen werden in einem 100 ccm-Kölbchen (Nr. 1) gesammelt und hierauf dreimal mit 25 ccm Wasser im Scheidetrichter gewaschen. Anschließend wird die Chloroformlösung im gleichen Kölbchen auf dem Wasserbade eingeengt und der Rest des Lösungsmittels im Trockenschrank (70°) abgedunstet. Der Rückstand des Kölbchens Nr. 1 enthält die Genine der chloroformlöslichen Glykoside von 0,2 g Digitalisblätter.

Chloroformunlösliche Fraktion: Die nach der Abtrennung der chloroform-löslichen Glykoside im Scheidetrichter verbliebenen 12 ccm des gereinigten Digitalisauszuges werden in ein 100 ccm-Rundkölbchen überführt, der Scheide-trichter mit 7 ccm Wasser nachge-waschen und die Waschflüssigkeit mit dem im Kölbchen befindlichen Digitalis-auszug vereint. Nach Zugabe von 1 ccm n/1-Salzsäure wird durch ½ stündiges Einhängen des Kölbchens in ein sieden-des Wasserbad hydrolysiert.

Das Ausschütteln des Hydrolysates mit Chloroform sowie das Waschen der Chloroformlösung mit Wasser wird in gleicher Weise durchgeführt, wie es be-reits oben für die chloroformlösliche Fraktion angegeben ist. Der im Kölb-chen Nr. 2 gesammelte Rückstand ent-hält die Genine der chloroformunlös-lichen Glykoside von 0,2 g Digitalis-droge.

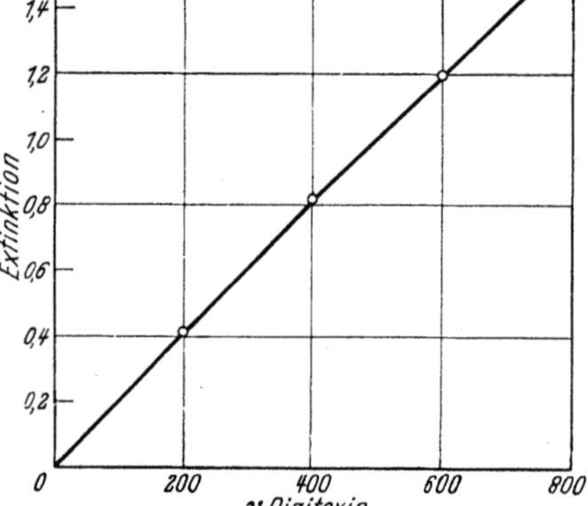

Abb. 22. Eichkurve von Digitoxin, aufgestellt mit dem Stufenphotometer von E. Wegner.

Photometrische Bestimmung: Die Trockenrückstände werden in den ver-schlossenen Kölbchen Nr. 1 und 2 unter leichtem Erwärmen auf dem Wasserbad in je 5 ccm 50%igem Alkohol gelöst. Nach dem Erkalten werden jedem der beiden Kölbchen sowie einem weiteren Gefäß, in dem sich 5 ccm 50 % iger Alkohol als Vergleichslösung befinden, 5 ccm frisch bereitetes Baljet-Reagens zugesetzt (siehe Methode von Neuwald) und nach 30 Minuten die Intensität der in den beiden Kölbchen entstandenen Farbreaktion am Stufenphotometer gegen den Vergleichs-ansatz abgelesen (Filter S 50; 1 cm-Küvette). Die den abgelesenen Extinktionen entsprechenden Digitoxinwerte werden einer Eichkurve (Abb. 22) entnommen. Mit 500 multipliziert, ergeben diese den Gehalt von 100 g Digitalisblätter an chloroformlöslichen bzw. chloroformunlöslichen Glykosiden, als Digitoxin be-rechnet.

Zur Aufstellung der Eichkurve werden Digitoxinlösungen bekannten und ab-gestuften Gehaltes (0,2 bis 0,8 mg) in der entsprechenden Anzahl Rundkölbchen von 100 ccm Inhalt eingedunstet. Die Verdunstungsrückstände werden anschließend hydrolysiert, die Chloroformausschüttelungen der Hydrolysate mit Wasser ge-waschen, zur Trockene gebracht und schließlich das Digitoxigenin photometrisch bestimmt. Dabei wird die gleiche Arbeitsvorschrift eingehalten, wie sie oben für die Behandlung der Glykoside der chloroformlöslichen Fraktion angegeben ist.

Wegner fand bei 5 Drogenmustern einen Gehalt von 0,165 bis 0,330% chloroformlösliche und 0,045 bis 0,135% chloroformunlösliche Glykoside. Zur Drogenextraktion erwähnt Wegner, daß der Lösungs-effekt verdünnten Alkohols zwar günstiger ist, aber der Vorteil der alko-holischen Extraktion im ganzen gesehen kaum ins Gewicht fällt. Wegner führt die Glykosidspaltung mit einer größeren Menge Salzsäure (p$_H$ etwa 2,4) als Neuwald aus, dessen p$_H$ von etwa 5,3 für eine völlige Spaltung der Glykoside nicht ausreichend wäre.

Reaktion mit 3,5-Dinitrobenzoesäure.

Die Digitalisglykoside reagieren mit 3,5-Dinitrobenzoesäure in Gegenwart von Alkali unter Rotfärbung, die von L. Kedde[1] für eine Bestimmungsmethode benützt wird. Außerdem führt Kedde eine chromatographische Trennung der Genine von den Glykosiden aus, wodurch beide Wirkstoffgruppen getrennt ermittelt werden können. Zur Bestimmung wird aus der Droge eine 10%ige Tinktur durch Maceration oder Perkolation mit 70%igem Alkohol hergestellt. Gerbstoffe, die Glykoside binden, werden mit Eisenchlorid in saurer Lösung entfernt und dessen Überschuß mit Natronlauge gefällt. Hierauf wird die Lösung mit basischem Bleiacetat entfärbt.

Bestimmung der Glykoside und Genine nach Kedde.

10 g grob gepulverte Droge werden in einem Extraktionskolben mit 7 ccm Spiritus dilutus durchfeuchtet und nach 24 Stunden in einen zylindrischen Perkolator (Schüttelzylinder) mit Glasstopfen und Glashahn gebracht. Die Droge wird mit Spiritus dilutus übergossen und am nächsten Tag werden langsam 100 ccm Perkolat aufgefangen, so daß der letzte Teil nur hellgrün gefärbt ist und nicht mehr bitter schmeckt.

10 ccm Tinktur werden in einem Meßkolben von 12,5 ccm mit 0,5 n-Eisenchloridlösung versetzt und mit Wasser aufgefüllt. Die Lösung wird durch ein Glasfilter G 4 filtriert, 10 ccm Filtrat werden in einem 20 ccm-Meßkölbchen mit 5 ccm n/10-Natronlauge versetzt und mit Wasser aufgefüllt. 12,5 ccm dieser Mischung werden ohne zu filtrieren in einem 20 ccm-Meßkölbchen mit 1 ccm basischer Bleiacetatlösung versetzt und mit Wasser aufgefüllt. Es wird filtriert und 10 ccm des amphoteren Filtrates werden in einem 12,5 ccm-Meßkölbchen mit 1 ccm 0,5 n-Natriumphosphatlösung versetzt und mit Wasser aufgefüllt. Nach dem Filtrieren durch ein gehärtetes Filter werden 5 ccm Filtrat (= 1 ccm Tinktur) in einem 25 ccm-Meßkölbchen mit 5 ccm 2%iger alkoholischer Lösung von 3,5-Dinitrobenzoesäure, 9 ccm Spiritus, 2 ccm n-Natronlauge versetzt und mit Wasser aufgefüllt. Nach dem Mischen wird das verschlossene Kölbchen 30 Minuten in ein Wasserbad von 20° gesetzt und hierauf die Extinktion in 30 mm-Küvetten im Pulfrich-Photometer bei Filter S 53 gemessen. Die Kompensationsflüssigkeit besteht aus 9 ccm Spiritus, 5 ccm Reagens, 2 ccm n-Natronlauge, auf 25 ccm mit Wasser aufgefüllt. Die Eigenfarbe der Flüssigkeit wird mit einer Mischung von einer entsprechenden Menge Tinktur (Filtrat) + 14 ccm Spiritus + 2 ccm n-Natronlauge, auf 25 ccm mit Wasser aufgefüllt gegen Wasser gemessen. Die Aufstellung der Eichkurve erfolgt mit einer 8- bis 10 mg%igen Lösung von Digitoxin.

Bestimmung der Genine nach Kedde.

Zur Bestimmung der Genine werden die Glykoside in alkoholischer Lösung, die Kupferchlorid enthält, an Bariumhydroxyd adsorbiert und die Genine mit Alkohol eluiert:

4 ccm Tinktur werden mit 2 ccm Kupferchloridlösung (6,2 g CuCl$_2 \cdot$2 H$_2$O auf 100 ccm Alkohol) und 4,5 ccm Alkohol versetzt und die Mischung durch eine schmale Säule von 3 g gepulvertem Bariumhydroxyd filtriert und mit 5 ccm Alkohol

---

[1] Diss. Leiden 1946.

nachgewaschen. Das Filtrat wird nochmals mit 2 ccm Kupferchloridlösung versetzt und durch 3 g Bariumhydroxyd filtriert. Hierauf wird mit 4 ccm Alkohol nachgewaschen. Das Filtrat wird in 1 ccm n/10-Schwefelsäure aufgefangen und mit 1 ccm-n/10-Natriumsulfatlösung versetzt. Die Reaktion der Lösung soll sauer sein. Die saure Lösung wird auf 1,5 ccm eingedampft, mit 5 ccm Wasser verdünnt, das Bariumsulfat abfiltriert, nachgewaschen und das Filtrat auf 20 ccm aufgefüllt. 10 ccm Filtrat (= 2 ccm Tinktur) werden mit 9 ccm Alkohol, 5 ccm Dinitrobenzoesäurelösung wie oben, 1 ccm 2-n-Natronlauge und Wasser bis zu 25 ccm versetzt und die Farbe der Genine wie oben angegeben gemessen. Die Eigenfarbe der Lösung wird mit einer Mischung von 5 ccm Filtrat, einer entsprechenden Menge Alkohol in einem 12,5 ccm-Meßkölbchen aufgefüllt gegen Wasser bestimmt.

Ausführung der Bestimmung nach Rowson.

Eingehende Untersuchungen über die chemische Glykosidbestimmung der Digitalisblätter wurden auch von J. M. ROWSON[1] durchgeführt, der von den verschiedenen colorimetrischen Methoden die Bestimmung mit 3,5-Dinitrobenzoesäure vorzieht, da sie die genauesten Ergebnisse liefert. ROWSON lehnt die wäßrige Extraktion der Digitalisblätter als ungenügend ab. Er fand z. B. durch einstündiges Schütteln mit kaltem Wasser nur 60% der Glykosidmenge, die durch 48stündige Maceration mit 70%-igem Alkohol extrahiert wurden. Die Entfärbung des alkoholischen Digitalisauszuges (Tinktur) nimmt ROWSON nur mit basischem Bleiacetat vor und hält die Fällung der Gerbstoffe mit Eisenchlorid nach KEDDE für überflüssig. ROWSON empfiehlt mehrere Tinkturen verschiedener Stärke durch Perkolation oder Maceration mit 70%igem Alkohol herzustellen und mehrere Konzentrationen zu messen, um die Erfüllung des BEER-LAMBERTschen Gesetzes zu kontrollieren. Die Messung wird spektrophotometrisch vorgenommen. Der k-Wert liegt bei 0,286:

10 ccm Digitalistinktur werden mit 7 ccm Wasser, 1 ccm basischer Bleiacetatlösung[2] versetzt, auf 20 ccm aufgefüllt, geschüttelt und filtriert. Zu 10 ccm klarem Filtrat fügt man 2 ccm 6,3%ige Natriumsulfatlösung ($Na_2SO_4 \cdot 10\,H_2O$), füllt auf 20 ccm auf, schüttelt und filtriert. 1 ccm Filtrat entspricht 0,25 ccm Tinktur und der Alkoholgehalt beträgt 17,5%. (Für diese Entfärbung werden 25 mg Pb pro 1 ccm Tinktur gebraucht. Sollen 50 mg genommen werden, so sind die Mengen von Bleiacetat- und Natriumsulfatlösungen zu verdoppeln.) 2 bis 4 ccm Filtrat werden in einem 10 ccm Glasstopfenzylinder auf 4 ccm mit 17,5%igem Alkohol aufgefüllt, 5 ccm frisch bereitete 0,8%ige 3,5-Dinitrobenzoesäurelösung (in 95%igem Alkohol) zugegeben. Nach dem Mischen wird 1 ccm n-Natronlauge zugefügt und die Farbintensität in einem Spektrophotometer bei 535 mμ jede Minute bis zum Erreichen des Maximums (nach etwa 6 Minuten) gemessen. Als Blanklösung wird dieselbe Mischung ohne Filtrat verwendet.

Reaktion mit dem Keller-Kiliani-Reagens.

Die KELLER-KILIANIsche Reaktion[3] beruht auf einer Blaufärbung der Digitoxose in einer Mischung von eisenchloridhaltigem Eisessig und konzentrierter Schwefelsäure. Diese Reaktion wurde von E. LINDENWALD[4]

---

[1] J. Pharmac. Pharmacol. **4**, 814 (1952).

[2] 25 g Bleiacetat werden in 75 ccm Wasser gelöst, 17,5 g Bleioxyd zugefügt, nach 48 Stunden filtriert und mit Wasser auf 100 ccm aufgefüllt.

[3] Ber. dtsch. pharmaz. Ges. **5**, 275 (1895); Arch. Pharmaz. **251**, 567 (1913).

[4] Pharmaz. Zentralhalle Deutschland **85**, 80 (1944).

und von E. Soos[1] zu einer quantitativen Glykosidbestimmung in Folia Digitalis ausgearbeitet. Nach beiden Autoren werden die Glykoside aus einem gereinigten Digitalisextrakt mit Chloroform ausgeschüttelt und mit dessen Rückstand die Reaktion ausgeführt. Da die Bestimmung auf einer Reaktion des Digitoxoseanteiles beruht, werden die Genine damit nicht erfaßt. Als Fehlerquelle dieses Verfahrens wurde von mehreren Seiten auf die unvollständige Ausschüttelung der Glykoside aus einer wäßrigen Lösung mit Chloroform hingewiesen, die auch schon von Soos selbst beobachtet worden war. E. Wegner[2] erwähnt eine Chloroformunlöslichkeit des Gitoxins. Nach B. E. Lindenwald und J. Petrell[3] lassen sich nur 80% der Glykoside auf diese Weise extrahieren, während sie aus 25%igem Alkohol sich quantitativ extrahieren lassen. Auch J. M. Rowson[4] weist nach, daß die Glykoside aus einer wäßrigen Lösung mit Chloroform nur teilweise ausgeschüttelt werden. F. H. L. van Os und D. H. E. Tattje[5] weisen weiter darauf hin, daß die Primärglykoside schwer wasserlöslich sind und wegen ihrer ungenügenden Ausschüttelbarkeit mit Chloroform Unterwerte veranlassen. Außerdem nehmen die Autoren an, daß in den genuinen Glykosiden nur zwei Moleküle Digitoxose mit dem Reagens von Keller-Kiliani reagieren können, da die Bindung zwischen dem dritten Molekül Digitoxose und der Glucose eine so feste ist, daß bei der Hydrolyse neben dem Aglykon nur zwei Digitoxosemoleküle und eine Biose (Digitoxose-Glucose), die nicht in Reaktion tritt, abgespalten werden. Untersuchungen von reinem Purpureaglykosid A im Vergleich mit Digitoxin in molaren Konzentrationen sollen tatsächlich für ersteres nahezu den theoretischen Wert von nur 2 reagierenden Digitoxosemolekülen ergeben haben. Da mit dem Baljet-Reagens Primär- und Sekundärglykoside in gleicher Weise erfaßt werden, so bietet sich die Möglichkeit nach D. H. E. Tattje[6], mit dem Baljet- und Keller-Kiliani-Reagens primäre, sekundäre Glykoside und Aglykone getrennt zu bestimmen.

Zu denselben Überlegungen und Anschauungen kommt auch E. Wegner[7]. Von beiden Autoren wurden die Ansichten durch enzymatische Spaltungsversuche der Glykoside bestätigt. Die Unterwerte der Digitoxosemethode im Vergleich zur Bestimmung mit dem Baljet-Reagens werden durch die in den Blattextrakten enthaltenen Primärglykoside verursacht. Der Ausfall der Keller-Kiliani-Reaktion ist nach Wegner bei den genuinen Glykosiden um ein Drittel schwächer als bei den Sekundärglykosiden, die aus den genuinen Verbindungen durch fermentative Abspaltung der Glucose unter der Einwirkung zelleigener Glucosidasen entstehen. Während die Auswertung der Baljet- und KellerKiliani-Reaktion bei den Sekundärglykosiden zu übereinstimmenden Ergebnissen gelangt, werden beim Vorliegen von Primärglykosiden nach dem Digitoxoseverfahren nur $^2/_3$ des nach der Geninmethode ermittelten

[1] Scientia pharmac. **16**, 1, 29 (1948). — [2] Pharmazie **3**, 226 (1950).
[3] Farm. Notisbl. **59**, 187 (1950). — [4] J. Pharmac. Pharmacol. **4**, 814 (1952).
[5] Pharmac. Weekbl. **86**, 104 (1951); Ref. Scientia pharmac. **19**, 123 (1951).
[6] Diss. Groningen 1952; Ref. Scientia pharmac. **21**, 61 (1953).
[7] Arzneimittelforsch. **2**, 382 (1952).

Glykosidgehaltes gefunden, wenn man Digitoxin als Eichsubstanz verwendet und der Berechnung zugrunde legt. Werden die Primärglykoside durch Fermentwirkung zu den Sekundärglykosiden aufgespalten, so findet eine weitgehende Annäherung der Werte der Genin- und Digitoxosemethode statt.

Das unterschiedliche Verhalten der beiden Glykosidformen gegenüber dem Digitoxosereagens bietet nach Wegner in Verbindung mit der Geninbestimmung die Möglichkeit, die chloroformlösliche Glykosidfraktion hinsichtlich der Höhe des Anteils der primären und sekundären Verbindungen näher zu charakterisieren. Zu diesem Zweck bildet man den Quotienten aus den mit den beiden Bestimmungsverfahren ermittelten Glykosidwerten, den Wegner als Genin-Digitoxosequotient oder G/D-Wert bezeichnet. Beträgt derselbe 1, so liegen nur Glykoside der Digitoxinstufe vor, erreicht er dagegen den Wert von 1,5, so sind die chloroformlöslichen Glykoside ausschließlich in der genuinen Form enthalten. Liegt der Quotient dazwischen, so liegt ein Gemisch beider Glykosidformen vor, in dem entweder der Anteil der primären oder der sekundären Verbindungen überwiegt, je nachdem sich der Quotient mehr dem Betrage von 1,5 oder von 1 nähert.

Zur Extraktion der Droge ist im allgemeinen eine 24stündige Maceration nach Wegner ausreichend, um die genuinen Verbindungen vollständig in die sekundären Glykoside zu überführen. Bei wesentlich kürzeren Extraktionszeiten ist, abgesehen von der fehlenden Übereinstimmung der Genin- und Digitoxosewerte, auch mit Verlusten an chloroformlöslichen Glykosiden zu rechnen, da sich ein Teil der Primärglykoside infolge ihrer geringeren Chloroformlöslichkeit der Bestimmung entzieht. Hierdurch werden auf der anderen Seite zu hohe Gehalte an chloroformunlöslichen Glykosiden vorgetäuscht.

Bei heißer Extraktion findet infolge Denaturierung der Glucosidasen während der Extraktion keine Abspaltung der Glucose aus den Primärglykosiden statt. Es bleibt der in der Droge vorliegende Zustand der Glykoside erhalten. Man kann daher unter bestimmten Voraussetzungen aus dem Verhältnis der mittels der Genin- und Digitoxosemethode bestimmten Glykosidgehalte der Infuse (Genin-Digitoxosequotient) Schlüsse auf die Höhe des Anteiles der primären und sekundären Verbindungen an der Gesamtmenge der in der Droge enthaltenen chloroformlöslichen Glykoside ziehen.

Wegner schlägt daraufhin folgende Methoden zur Bestimmung der Digitalisglykoside vor:

Verfahren I: Die Geninbestimmungsmethode nach E. Wegner zur getrennten Bestimmung der chloroformlöslichen und -unlöslichen Glykoside (Ausführung S. 157).

Verfahren II: Modifizierte Digitoxosemethode nach E. Soos zur Bestimmung der chloroformlöslichen digitoxosehaltigen Glykoside. Sie vermittelt kein Bild von der Höhe des Gesamtglykosidgehaltes.

Verfahren III: Die kombinierte Genin-Digitoxosemethode.

    a) Zur Bestimmung des Glykosidgehaltes (nach Verfahren I u. II),

    b) zur Ermittelung des Genin-Digitoxosequotienten der Droge.

Verfahren II: Modifizierte Digitoxosemethode.

2 g der gepulverten Droge werden mit 100 ccm Wasser in einem Gefäß mit eingeschliffenem Stopfen 24 Stunden in der Schüttelmaschine bei Zimmertemperatur maceriert. Nach Beendigung der Extraktion wird der wäßrige Auszug der Digitalisblätter zunächst vom Drogenrückstand durch Watte abgegossen. 80 ccm des Filtrates werden mit 4 ccm einer 30%igen Bleiacetatlösung versetzt und der entstandene Niederschlag nach kurzem Stehen durch Zentrifugieren abgetrennt. Zu 70 ccm der überstehenden Flüssigkeit werden 10 ccm einer 10%igen Dinatriumphosphatlösung gegeben und der Niederschlag wiederum nach einigen Minuten abzentrifugiert.

Die weiterzuverarbeitende Menge des gereinigten Drogenauszuges richtet sich nicht nur nach dem Glykosidgehalt des Untersuchungsgutes, sondern ist auch in starkem Maße von dem Verhalten des zur Herstellung des KELLER-KILIANI-Reagens benutzten Eisessigs abhängig. Wie nämlich von SOOS[1] festgestellt wurde, wird der Verlauf und die Intensität der Digitoxosereaktion wesentlich von der Beschaffenheit des verwendeten Eisessigs beeinflußt, eine Erscheinung, deren Ursache noch nicht geklärt werden konnte. Wenn z. B. 1 mg Digitoxin unter den unten angegebenen Bedingungen mit dem KELLER-KILIANI-Reagens eine Extinktion von etwa 1,5 ergibt, empfiehlt es sich, 18 ccm des gereinigten Auszuges (= 0,3 g Droge) für die weitere Untersuchung zu verwenden. Diese werden dreimal mit der doppelten Menge Chloroform, also jeweils 36 ccm, ausgeschüttelt. Das organische Lösungsmittel wird in einem Kölbchen gesammelt, der Hauptteil zunächst auf dem Wasserbad und der Rest schließlich im Trockenschrank (70°) abgedunstet.

Der Rückstand wird nach völligem Erkalten mit 10 ccm KELLER-KILIANI-Reagens aufgenommen, das Kölbchen verschlossen und unter Lichtabschluß bei einer Temperatur von 20° stehengelassen. Nach 2 Stunden wird die erste Ablesung am Stufenphotometer gegen das Reagens als Vergleichslösung vorgenommen (Filter S 57; 2 cm-Küvette). Die Ablesungen werden in 30 Minuten-Intervallen wiederholt, bis die entstandene Blaufärbung ihr Maximum erreicht hat. Die dem maximalen Extinktionswert entsprechende Digitoxinmenge wird einer Eichkurve entnommen. Durch Multiplikation mit $\frac{100}{a}$ erhält man hieraus den Gehalt von 100 g Digitalisblättern an chloroformlöslichen digitoxosehaltigen Glykosiden, als Digitoxin berechnet. a ist hierbei die Drogenmenge in g, die der der Chloroformausschüttelung unterworfenen Menge des gereinigten Drogenauszuges entspricht (6 ccm = 0,1 g Droge).

Die Aufstellung der Eichkurve erfolgt in der Weise, daß einer Digitoxinlösung bekannten Gehaltes in Chloroform steigende Glykosidmengen entnommen und in einer Reihe von Kölbchen eingedunstet werden. Nach dem Erkalten werden zu jedem der Kölbchen 10 ccm KELLER-KILIANI-Reagens gegeben und dann wie oben weiter verfahren. Da, wie bereits erwähnt, die Intensität der Farbreaktion von der Beschaffenheit des benutzten Eisessigs abhängt, ist es unbedingt erforderlich, bei Verwendung eines anderen Eisessigs jeweils den Verlauf der Eichkurve nachzuprüfen und gegebenenfalls entsprechend zu korrigieren.

Das KELLER-KILIANI-Reagens wird vor jedem Gebrauch frisch bereitet. Zu diesem Zweck werden in einen 100 ccm-Meßkolben nacheinander 1 ccm einer frisch bereiteten 5%igen Eisenchloridlösung, 2 ccm konzentrierte Schwefelsäure und etwa 50 ccm Eisessig gegeben. Das warme Gemisch wird durch Einstellen des Kolbens in kaltes Wasser auf Zimmertemperatur abgekühlt. Anschließend wird mit Eisessig bis zur Marke aufgefüllt.

Verfahren IIIa: Kombinierte Genin-Digitoxosemethode
zur Bestimmung des Glykosidgehaltes.

3 g der gepulverten Droge werden mit 150 ccm Wasser in einem Gefäß mit eingeschliffenem Stopfen 24 Stunden in der Schüttelmaschine bei Zimmertemperatur maceriert. Nach Beendigung der Extraktion wird der wäßrige Auszug der Digitalis-

---

[1] Scientia pharmac. **16**, 1, 29 (1948).

blätter zunächst vom Drogenrückstand durch Watte abgegossen. 120 ccm des Filtrates werden mit 6 ccm einer 30%igen Bleiacetatlösung versetzt und der entstandene Niederschlag nach kurzem Stehen durch Zentrifugieren abgetrennt. Zu 105 ccm der überstehenden Flüssigkeit werden 15 ccm einer 10%igen Dinatriumphosphatlösung gegeben und der Niederschlag wiederum nach einigen Minuten abzentrifugiert.

In dem gereinigten Drogenauszug wird der Gehalt an chloroformlöslichen und -unlöslichen Glykosiden nach der Geninmethode (Verfahren I) bestimmt.

Verfahren IIIb: Kombinierte Genin-Digitoxosemethode zur Bestimmung des Genin-Digitoxosequotienten der Droge.

3 g der gepulverten Droge werden in einem tarierten Kolben mit 150 ccm siedendem Wasser übergossen. Der Kolben wird hierauf sofort in ein siedendes Wasserbad gegeben und darin unter gelegentlichem Umrühren des Inhaltes 15 Minuten belassen. Anschließend läßt man 15 Minuten abkühlen und bringt schließlich den Inhalt durch Einstellen des Gefäßes in kaltes Wasser auf Zimmertemperatur. Hierauf wird das verdunstete Wasser ergänzt, kurz umgeschüttelt und der Auszug vom Drogenrückstand durch Watte abgegossen.

In dem gereinigten Drogenauszug wird der Gehalt an chloroformlöslichen Glykosiden nach der Geninmethode (Verfahren I) wie auch nach der modifizierten Digitoxosemethode (Verfahren II) bestimmt. Durch Division der nach den beiden Verfahren erhaltenen Ergebnisse $\dfrac{\text{Geninwert}}{\text{Digitoxosewert}}$ erhält man den Genin-Digitoxosequotienten (G/D-Wert).

Bestimmung der Primär-, Sekundärglykoside und der Aglykone nach H. E. Tattje und H. L. van Os[1].

Auf Grund der unterschiedlichen Löslichkeit von Primär-, Sekundärglykosiden und Aglykonen in Chloroform und der verschiedenen Spezifität der BALJET- und KELLER-KILIANI- bzw. LINDEWALD-Reaktion und mit Hilfe einer enzymatischen Spaltung ist es nach TATTJE und VAN Os möglich, die einzelnen herzaktiven Stoffe gesondert zu bestimmen. Durch eine einstündige Extraktion und Ausschüttelung mit Chloroform werden die Sekundärglykoside und Aglykone und ein Teil der Primärglykoside erfaßt. Durch eine dreitägige Maceration werden die Primärglykoside enzymatisch gespalten, so daß die anschließende Bestimmung die Summe der ursprünglichen Sekundärglykoside und der aus den Primärglykosiden gebildeten Sekundärglykoside und der Aglykone ergibt. Mit dem BALJET-Reagens werden Glykoside und Aglykone, mit dem KELLER-KILIANI-Reagens nur die digitoxosehaltigen Glykoside bestimmt. Aus den Werten der einzelnen Bestimmungen läßt sich der Anteil der einzelnen herzwirksamen Stoffe errechnen.

1. 0,5 g Drogenpulver (B_{30}) werden in einer Schale mit Wasser gemischt und 15 Minuten zur Quellung stehengelassen. Die Masse wird mit Wasser quantitativ in einen auf 0,05 g genau gewogenen Kolben gebracht und auf 50,5 g aufgefüllt. Hierauf wird 1 Stunde in der Schüttelmaschine geschüttelt und dann 5 g 15%ige Bleiacetatlösung zugefügt. Nach Absetzen des Niederschlages wird filtriert und 36,67 g Filtrat (= ⅓ Droge) werden dreimal mit je 20 ccm Chloroform jeweils 1 Minute ausgeschüttelt. Die vereinigten Chloroformauszüge werden mit wasserfreiem Natriumsulfat getrocknet und in einen auf 0,05 g genau gewogenen Weithalskolben von 100 ccm filtriert. Kolben und Filter werden dreimal mit 5 ccm wasser-

---

[1] Pharmac. Weekbl. **88**, 237 (1953).

freiem Chloroform nachgewaschen. Die Chloroformlösung wird auf 2 gewogene Kölbchen verteilt und hierauf das Chloroform nach Zufügen von Glasperlen abdestilliert.

Mit dem Rückstand des einen Kolbens werden die Glykoside mit dem BALJET-Reagens bestimmt, in dem er in 5 ccm Methanol p. a. gelöst und die Lösung mit 5 ccm frisch bereitetem Reagens (5 ccm 10%ige Natronlauge, mit 1%iger wäßriger Pikrinsäurelösung auf 100 ccm aufgefüllt) versetzt wird. Die Messung erfolgt nach 20 Minuten in 0,5 cm-Küvetten bei 4980 Å. Vergleichslösung: Gemisch von 5 ccm Methanol + 5 ccm Reagens. Dieser Wert wird mit $(B_1 h)$ bezeichnet.

Im Rückstand des anderen Kolbens werden die Glykoside mit dem KELLER-KILIANI-Reagens bestimmt. Der Rückstand wird in 10 ccm Reagens gelöst und die Blaufärbung nach 2 Stunden alle 30 Minuten bis zum Maximum gemessen. Die Herstellung der Eichkurve und des Reagens ist bei der Methode WEGENER (S. 158) angegeben. Der Wert wird mit $(L_1 h)$ bezeichnet. Beide Werte sind sogenannte Einstunden-Werte.

2. Mit einer 2. Probe von 0,5 g wird die Bestimmung in gleicher Weise ausgeführt, jedoch werden vor dem Auffüllen mit Wasser auf 50,5 g 10 Tropfen einer Lösung von 1 g Nipagin in 4 g Weingeist, zugefügt und erst nach 3 bis 4 Tagen die Extraktion durch einstündiges Schütteln vorgenommen. Das Gemisch soll 3 bis 4 Tage bei Raumtemperatur oder 3 Tage bei 30° zur enzymatischen Spaltung der Primärglykoside stehen. Diese Drei-Tage-Werte werden mit $(B_3 d)$ und $(L_3 d)$ bezeichnet.

Liegt eine stabilisierte Droge vor, in der die Enzyme inaktiviert sind, so müssen die genuinen Glykoside mit Hilfe eines „Enzympulvers" gespalten werden:

0,5 g Droge werden mit 0,5 g „Enzympulver" in einer Schale mit Wasser angerührt und nach 15 Minuten wird das Gemisch in ein gewogenes 100 ccm-Kölbchen auf 51,0 g mit Wasser gebracht. Dann werden 10 Tropfen einer alkoholischen Nipaginlösung (1 : 5) zugefügt und nach Umschütteln wird der Kolben 6 Tage bei 40° stehengelassen. Hierauf wird 1 Stunde in der Schüttelmaschine geschüttelt und weiter wie oben angegeben verfahren.

Herstellung des „Enzympulvers" in Anlehnung an STOLL und KREIS[1]: 3 kg frische, fein gehackte Digitalisblätter werden in 4,5 Liter starken Weingeist gebracht und nach zweistündigem Schütteln trocken ausgepreßt. Der Rückstand wird fein geschnitten und mit 7 Litern einer Mischung von gleichen Raumteilen starken Weingeist und Wasser versetzt. Nach einstündigem Schütteln wird ausgepreßt und der aufgeteilte Drogenrückstand vorsichtig bei 35° getrocknet. Hierauf wird er zu einem groben Pulver (A_3) gemahlen und erneut getrocknet. Die Extraktion wird noch einmal wiederholt. Nach vorsichtigem Trocknen wird das Produkt zu einem feinen Pulver (B_{30}) gemahlen. Das Pulver soll glykosidfrei sein.

Berechnung:

% Primärglykoside (Primärglykosid A + B) $= 1,96 (B_3 d - B_1 h)$ oder
$\qquad\qquad\qquad\qquad\qquad\qquad\qquad 1,59 (L_3 d - L_1 h)$.

% Sekundärglykoside (Digitoxin + Gitoxin) $= L_3 d - 0,825$ (% Primär-
$\qquad\qquad\qquad\qquad\qquad\qquad\qquad\qquad\qquad\qquad\qquad$ glykoside).

% Aglykone (Digitoxigenin + Gitoxigenin) $= 0,4 (B_3 d - L_3 d)$.

$B_1 h$ % Glykoside, berechnet als Digitoxin, erhalten mit der BALJET-Reaktion und nach einstündiger wäßriger Extraktion der Droge.

$B_3 d$ dasselbe wie vorher, aber nach dreitägiger Extraktion.

$L_1 h$ % Glykoside, berechnet als Digitoxin, erhalten mit dem KELLER-KILIANI-bzw. LINDEWALD-Reagens und nach einstündiger wäßriger Extraktion der Droge.

$L_3 d$ dasselbe wie vorher, aber nach dreitägiger Extraktion.

Reaktion mit Nitroprussidnatrium.

Nach W. H. JACOBS, A. HOFFMANN und E. L. GUSTUS[2] reagieren herzwirksame Glykoside und Genine mit 23 Kohlenstoffatomen mit

---

[1] Helv. chim. Acta **16**, 1390 (1933). — [2] J. biol. Chemistry **70**, 1 (1926).

Nitroprussidnatrium nach LEGAL in alkalischer Lösung unter Rotfärbung. Die recht unbeständige Farbe konnte D. L. KEDDE[1] durch Einstellen auf p_H 11 stabilisieren. KEDDE benützt diese Reaktion zur Bestimmung des Digitoxins in Digitaliszubereitungen, z. B. Digisol, auf folgende Weise:

12,5 ccm Präparat werden in einem 25 ccm-Meßkölbchen mit 5 ccm frisch bereiteter Suspension von 0,5 g Wismuthydroxyd eine Minute geschüttelt. Dann wird auf 25 ccm aufgefüllt und durch einen Tiegel G 4 filtriert. 10 ccm des neutralen Filtrates (= 5 ccm Präparat) werden in einem 25 ccm-Meßkölbchen mit 2,1 ccm 20%igem Alkohol, 10 ccm einer Pufferlösung von p_H 11 (50 ccm n/10-Natriumphosphatlösung + 16 ccm n/10-Natronlauge) versetzt, auf 25 ccm aufgefüllt, 0,2 ccm 4%ige Nitroprussidnatriumlösung zugesetzt und die Farbe nach 20 bis 30 Minuten mit Filter S 47 im PULFRICH-Photometer gemessen. Die Farbstärke ist von der Alkoholkonzentration abhängig.

Zur Messung der Eigenfarbe der Lösung werden 10 ccm Filtrat der Wismutfällung benützt. Als Kompensationslösung dient eine Mischung von Reagens, Alkohol, Pufferlösung und Wasser, um den Einfluß der allmählichen Zersetzung des Nitroprussidnatriums in alkalischer Lösung auszuschalten.

Bereitung der Wismuthydroxydsuspension: 3 g basisches Wismutnitrat werden unter Erwärmen in 18 ccm 4 n-Salpetersäure und 75 ccm Wasser gelöst. Nach dem Erkalten wird die Lösung unter Umrühren in eine Mischung von 20 ccm 25%iger Ammoniaklösung (kohlensäurefrei) und 200 ccm Wasser getropft. Der Niederschlag wird durch ein doppeltes Filter abgesaugt, zehnmal mit je 10 ccm Wasser gewaschen und zum Schluß scharf abgesaugt. Dann wird er in einer Reibschale in Wasser auf 26 ccm suspendiert. 5 ccm der neutralen Suspension entsprechen etwa 0,5 g Wismuthydroxyd.

Reaktion mit m-Dinitrobenzol und andere Methoden.

W. D. RAYMOND[2] fand, daß alkoholische Lösungen von Herzgiften mit einer alkoholischen Lösung von m-Dinitrobenzol in Gegenwart von Alkali eine indigoblaue bis violette Färbung geben, die auf dem ungesättigten Lactonring der Genine beruht und recht unbeständig ist. Diese Reaktion wurde von R. C. ANDERSON und K. K. CHEN[3] zu einer Digitoxinbestimmung in Tabletten modifiziert. T. CANBÄCK[4] benützt die Reaktion zur Glykosidbestimmung in gereinigten Digitalisauszügen, die als Injektionslösung oder zu oralem Gebrauch verwendet werden.

K. B. JENSEN[5] entwickelte eine Methode zur Bestimmung von Digitoxigenin, Digitoxin und Purpureaglykosid A, die auf einer *Fluorescenz* des Digitoxigenins beruht. Diese tritt bei der Oxydation mit Wasserstoffsuperoxyd in einer Lösung von Salzsäure und Methanol auf.

O. HRDÝ, Z. JUNG und A. ŠLOUF[6] führen die Trennung der einzelnen Glykoside und der Genine *chromatographisch* mit Aluminiumoxyd und einer Mischung von Chloroform und Alkohol (96%) aus. Durch eine Mischung von 1:9 werden die Genine, durch eine solche von 1:1 Digitoxin und Gitoxin eluiert, während die genuinen Glykoside in der Säule zurückbleiben. Digitoxin und Gitoxin können auf diese Weise nicht getrennt werden. Die Trennung dieser beiden Glykoside ist mit der fluoremetrischen Bestimmung des Gitoxins nach JENSEN und durch Berechnung des Digitoxins nach der Ermittelung mit der BALJET-Reaktion möglich.

---

[1] Diss. Leiden 1946. — [2] Analyst **63**, 478 (1938).

[3] J. Amer. pharmac. Assoc. **35**, 353 (1946).

[4] Svensk farmac. Tidskr. **51**, 261 (1947); Ref. F. NEUWALD: Süddtsch. Apotheker-Ztg. **90**, 742 (1950).

[5] Acta pharmac. tox. Kbh. **9**, 66 (1953); Ref. J. Pharmac. Pharmacol. **5**, 957 (1953).

[6] Československa Farmacie **2**, 407 (1953).

Papierchromatographie der Digitalisglykoside.

Papierchromatographische Untersuchungen der Digitalisglykoside wurden mehrfach mit verschiedenen Lösungsmittelgemischen und Identitätsreaktionen ausgeführt.

A. B. Svendsen und K. B. Jensen[1] benützen Flüssigkeitsgemische aus Chloroform, Methanol und Wasser und bringen das unsichtbare Chromatogramm durch Fluorescenz in Erscheinung, die beim Erhitzen mit Trichloressigsäure eintritt. Die Fluorescenz ist dem Aglukonteil zuzuschreiben, da auch die Genine die Reaktion geben. Die intensiv blau auftretende Fluorescenz von Purpureaglykosid B, Digilanid B sowie deren Spaltungsprodukte ist weit empfindlicher als die schwächere und rötliche Fluorescenz der entsprechenden A-Glykoside und Spaltungsprodukte. Digilanid C, Digoxin und Digoxigenin ergeben eine stahlblaue Fluorescenz, aber schwächer als die der B-Reihe.

Die Autoren benutzten eindimensionale Chromatographie auf Whatman-Nr. 1-Filtrierpapier. Die Bogen wurden in Stücke von 45×20 cm geschnitten. Die Stoffe wurden in einem Abstand von 9 cm von der einen kürzeren Seite, 2 cm voneinander und 3 cm von den Rändern angebracht. Zur Feststellung der R_F-Werte wurden 2⁰/₀₀ige Lösungen der Stoffe in einem Gemisch von Chloroform und Methanol hergestellt. In allen Fällen wurden Tröpfchen von 5 μl (= 10 γ Stoff) auf das Papier geträufelt. Folgende Flüssigkeitsgemische wurden benutzt:

	Chloroform	Methanol	Wasser
I	10	2	5
II	10	4	5
III	10	8	5

Das Chloroform wurde vor dem Gebrauch mit destilliertem Wasser gewaschen, über Natriumsulfat getrocknet und abdestilliert. Bei der Chromatographierung und bei der Einstellung des Gleichgewichtes zwischen den zwei Phasen in den Flüssigkeitsgemischen wurde eine Temperatur von 20° ± 0,5° C angewendet. Die Flüssigkeitsgemische wurden nach Umschütteln im Thermostaten bei dieser Temperatur während 12 Stunden vor der Anwendung stehengelassen.

Die Filtrierpapierbogen mit den applizierten Stoffen wurden in eine mit den verwendeten Flüssigkeiten gesättigte Atmosphäre 12 Stunden vor der Entwicklung eingehängt. In jeden Trog wurden je zwei Bogen bei der Chromatographierung angebracht. Die Tröge hatten folgende Dimensionen: Länge 22 cm, Breite und Höhe 2,5 cm. Für die Entwicklung wurden 60 ccm der Chloroformphase gebraucht. Die Entwicklungszeit betrug etwa 4,5 Stunden. Die Flüssigkeitsfront hatte während dieser Zeit eine Strecke von etwa 30 cm zurückgelegt. Die Flüssigkeitsfront wurde schnell markiert, das Chromatogramm ein paar Minuten in der Luft getrocknet und mit dem Trichloressigsäurereagens bespritzt (Lösung von Trichloressigsäure in Chloroform, 25%). Nach Erhitzen bei 100° während 2 Minuten wurde das Chromatogramm im ultravioletten Licht untersucht und die fluorescierenden Punkte markiert. Nachfolgende R_F-Werte wurden in den drei angewandten Flüssigkeitsgemischen für 10 γ Substanz beobachtet (s. umstehende Tab.):

Bei den Purpureaglykosiden ist in allen drei Flüssigkeitsgemischen ein bedeutender Unterschied zwischen den R_F-Werten der genuinen Glykoside einerseits und den Sekundärglykosiden und Geninen andererseits festzustellen. Wenn man eine Trennung der zwei Primärglykoside erzielt, ist die Anwendung des Flüssigkeitsgemisches III am zweckmäßigsten, weil die Differenz der R_F-Werte hier am größten ist: 0,10. In diesem Gemisch ist aber eine Trennung des Digitoxins von Digitoxi-

---

[1] Pharmac. Acta Helvetiae **25**, 241 (1950).

Flüssigkeitsgemisch	I	II	III
Purpureaglykosid A	0,07	0,10	0,15
Digitoxin	0,88	0,91	0,90
Digitoxigenin	0,92	0,93	0,92
Purpureaglykosid B	0,02	0,03	0,05
Gitoxin	0,76	0,81	0,82
Gitoxigenin	0,82	0,84	0,84
Digilanid A	0,37	0,46	0,49
Desacetyldigilanid A	0,07	0,10	0,15
Digilanid B	0,14	0,18	0,25
Desacetyldigilanid B	0,02	0,03	0,05
Digilanid C	0,08	0,12	0,15
Desacetyldigilanid C	0,01	0,01	0,02
Digoxin	0,68	0,75	0,76
Digoxigenin	0,58	0,64	0,61

genin und des Gitoxins vom Gitoxigenin nicht möglich, da der Unterschied zwischen den R_F-Werten nur 0,02 ist. Im Flüssigkeitsgemisch I dagegen ist die Differenz zwischen den R_F-Werten des Sekundärglykosides und Genins genügend groß, um sie trennen zu können. Dieses Flüssigkeitsgemisch eignet sich weniger zur Trennung der genuinen Glykoside.

Bei den Lanataglykosiden sind die R_F-Werte dieser Stoffgruppe über die ganze R_F-Skala in sämtlichen Flüssigkeitsgemischen gut zerstreut. Für Desacetyldigilanid A und B, die mit Purpureaglykosid A und B identisch sind, gilt was oben für diese Stoffe erwähnt ist. Desacetyldigilanid C bewegt sich in den Flüssigkeitsgemischen praktisch gesprochen nicht. Die Trennung der übrigen Stoffe ist in allen drei Flüssigkeitsgemischen ungefähr gleich gut.

Um *Digitalisblätter* papierchromatographisch zu untersuchen, haben die Autoren die Droge zur Entfernung des Chlorophylls mit Petroläther (Sp. < 40°) im Soxhletapparat extrahiert und dann zweimal mit einer Mischung von gleichen Teilen Chloroform und Methanol maceriert. Die Lösungsmittel wurden bei Zimmertemperatur verdunstet und die Rückstände in angemessenen Mengen desselben Gemisches aufgelöst. Der Lösung wurden variierende Mengen zur Chromatographierung entnommen. Die Glykoside wurden durch die Fluorescenz der B-Reihe beurteilt.

Die Autoren hatten Drogen untersucht, die bei 55 bis 60°, bei 80° getrocknet und die mittels Alkoholdampfes bei 1 atü während 5 Minuten stabilisiert und danach getrocknet worden waren. Die alkoholstabilisierte Droge enthielt in überwiegender Menge Primärglykosid, in kleineren Mengen Sekundärglykosid und Genin. Die beiden anderen Drogen enthielten kleine Mengen Primärglykosid, Sekundärglykosid und Genin waren aber in größeren Mengen vorhanden. Die Menge genuines Glykosid schien in den bei 80° behandelten Drogen etwas größer zu sein als in den bei 55 bis 60° behandelten.

G. VASTAGH und J. TUZSON[1] benützen ein Äthylacetat-Chloroform-Wassergemenge 10 : 10 : 5 und Papier Nr. 1574 von Schleicher und Schüll.

Das Äthylacetat hat den üblichen Arzneibuch-Anforderungen entsprochen; das Chloroform (Arzneibuchware) wurde zuvor dreimal mit Wasser ausgeschüttelt,

---

[1] Pharmaz. Zentralhalle Deutschland **92**, 88, 406 (1953).

mit wasserfreiem Natriumsulfat getrocknet und destilliert, wobei Vor- und Nachlauf verworfen wurden. Dieses Chloroform darf nur am selben Tage verwendet werden (Phosgenbildung!). Die im angegebenen Verhältnis vermengten Lösungsmittel werden im Schütteltrichter gut geschüttelt und etwa 16 Stunden lang bei Zimmertemperatur (etwa 20°) stehengelassen, teils um das Lösungsgleichgewicht sicher zu erreichen, teils, um die Tröpfchen sich absetzen zu lassen; danach wurde das sich abscheidende Chloroform-Äthylacetat abgelassen und zum Chromatographieren verwendet.

Zur Entfernung der Eigenfluorescenz des Filtrierpapiers wird es mit den Enden in mit Wasser gesättigtes Äthylacetat gehängt und das Lösungsmittel, im verschlossenen Raum, die ganze Länge des Papiers entlanglaufen gelassen. Danach wurden die Papiere getrocknet. Es wurden Papierstreifen von 45 × 8 cm verwendet. Vom zu untersuchenden Glykosidgemenge wurde eine 0,3%ige, alkoholische Lösung hergestellt, davon wurden mittels Capillarpipette je 0,005 ccm-Anteile auf das Papier aufgetragen, von Ende des Streifens 3 cm, voneinander 1,5 bis 2 cm entfernt. Der Durchmesser der entstandenen Flecken soll nicht größer als 4 bis 5 mm sein. Dieses so vorbereitete Papier wird nun etwa 16 Stunden in der Atmosphäre des Lösungsmittelgemisches gehalten.

Die Autoren führten aufsteigende Chromatographie aus, etwa 2½ Stunden lang, dann wurde das Papier aus der Kammer genommen, die Lösungsmittelfront schnell markiert und einige Minuten an der Luft getrocknet. Zur Erkennung der Glykoside wird das Papier mit 25%iger chloroformischer Trichloressigsäure-Lösung (höchstens einige Tage alt) besprüht, einige Minuten an der Luft getrocknet, dann 3 Minuten hindurch bei 90 bis 100° und unter der Quarzlampe die Fluorescenz beobachtet.

Da jedoch einige der verwendeten Papiere eine eigene lila Fluorescenz zeigten, mußte der Nachweis so abgeändert werden, daß das Papier zuvor mit 5%iger wäßriger Phenollösung besprüht, einige Minuten an der Luft, dann 5 bis 6 Minuten bei etwa 80° getrocknet und jetzt erst die beschriebene Trichloressigsäure-Behandlung vorgenommen wurde. Das Fluorescenzbild wurde so bedeutend schärfer, da die Phenolbehandlung die Eigenfluorescenz des Papieres zum größten Teil auslöschte.

Der Fleck des Digitoxins zeigt sich unmittelbar unter der Lösungsmittelfront und fluoresciert in lila-brauner Farbe. Gitoxin fluoresciert in türkisblauer Farbe. Der Fleck befindet sich in der Nähe des Digitoxins. Die genuinen Digilanide verbleiben in der Nähe der Startlinie; es leuchtet besonders Digilanid B, etwas schwächer C in schön türkisblauer Farbe, während A rostbraun ist. Eine scharfe Trennung dieser Glykoside war nicht erreichbar.

Die Verwendung einer Standardsubstanz macht das Verfahren bei Routine-Untersuchungen einfacher, da man z. B. auf die Temperatur nicht genau achten muß. Man muß dann auch nicht die Papiere mit dem Lösungsmitteldampf sättigen, sondern es genügt, wenn man zuvor im geschlossenen Raum ein Gläschen mit Wasser 1 bis 1½ Stunden lang neben die Papiere stellt. Als Nachteil ergibt sich nur, daß die Flecken etwas in die Länge gezogen und im Umriß undeutlicher werden.

Soll nur nachgewiesen werden, ob primäre oder sekundäre Glykoside vorliegen, so brauchen die einzelnen Digitalis-Komponenten voneinander nicht getrennt zu werden; man trachtet sogar danach, auch die sekundären Glucoside möglichst zusammenzuhalten; wichtig ist, daß die zwei Gruppen sicher voneinander getrennt werden. An hartem Papier gelingt das mit einem Äthylacetat : Chloroform : Wassergemisch 10 : 8 : 5. Aus der zuvor in Wasser aufgequollenen Droge wird nach dem Verfahren von E. Soos[1] durch Chloroformextraktion eine Lösung erhalten, welche in 1 ccm Äthylalkohol den Extrakt von 1 g Droge enthält. Von diesem werden variierte Mengen auf das Papier aufgetragen, wobei man daneben auch Lösungen, welche Standardsubstanzen in bekannten Konzentrationen enthalten, ansetzt. Die primären und die sekundären Glucoside trennen sich in zwei Gruppen; die genuinen bleiben unten, in der Linie der Digilanide, nur eben, daß sie in für die Gemenge charakteristischer Weise etwas mehr in die Höhe gezogen werden: die

---

[1] Scientia pharmac. **16**, 1. 29 (1948).

sekundären Glucoside jedoch, samt den eventuell vorliegenden Aglukonen, wandern in die Digitoxinlinie. Man kann aus der Intensität der Flecken Schlüsse ziehen, ob die Vertreter dieser oder jener Gruppe stärker vertreten sind.

Die drei Komponenten des Digilanids trennen sich nicht auf diese Weise, sondern werden nur etwas in die Länge gezogen. Das Digilanid A kann jedoch gut von den als zusammenhängendes Band zurückbleibenden B- und C-Komponenten abgetrennt werden, wenn man ein Dioxan : Chloroform : Wassergemenge im Verhältnis 10 : 3 : 3 verwendet. Auch oben in der Frontlinie trennen sich in diesem Fall das Digitoxin und Gitoxin nicht, sondern der dunkle Fleck des Digitoxins wird unten halbmondförmig vom blauen Gitoxinfleck umfaßt.

E. HABERMANN, W. MÜLLER und A. SCHREGLMANN[1] benützen als mobile Phase wie bereits C. H. HASSEL und S. L. MARTIN[2] Gemische aus n-Butanol und Wasser, eventuell unter Zusatz von Methanol oder Eisessig. An Stelle von n-Butanol können auch n- oder Isoamylalkohol Verwendung finden. Mit n-Butanol, n- oder Isoamylalkohol gesättigtes Wasser ermöglicht eine Trennung von Substanzen der Purpurea- und Lanata-Gruppe. Wassergesättigter Butyl- oder Amylalkohol ist dagegen für die Strophanthus-Gruppe und auch Digitalis-Saponine besser geeignet.

Zur Chromatographie benützen die Autoren Glasgefäße von 25 cm Höhe und 14 cm Durchmesser mit geschliffenem Rand, die mit Paraffin abgedichtet und mit einer Glasplatte bedeckt werden. Diese trägt in einer Durchbohrung einen Stopfen, durch den ein Glasstab führt, der unten rechtwinklig abgebogen und zu einem annähernd rechteckförmigen Träger von rund 8 cm Länge und 2 cm Breite geformt ist. Der Boden des Gefäßes wird mit 200 ccm Lösungsmittel bedeckt. Durch Verschiebung des Glasstabes in dem Stopfen kann der Träger nach Ausgleich der Dampfspannungen gesenkt und dadurch die aufsteigende Chromatographie eingeleitet werden. Als Papier benützen sie Schleicher & Schüll-Papier 2043 b, jedoch ist auch Whatman I brauchbar. In Faserrichtung 10 bis 12 cm breit geschnittene Streifen werden in der Mitte geknickt, an beiden Enden mit je einem Glasstab beschwert und über den Träger gelegt. 3 cm von beiden Enden entfernt wird die Startlinie gezogen und in gleichmäßigen Abständen mit je 4 Substanzflecken versehen. In jedem Gefäß können also in einem Lauf 8 Substanzen aufsteigend chromatographiert werden.

Es ist ratsam, an die Seitenwände des Gefäßes Streifen mit dem komplementären Lösungsmittel zu kleben und die Lösungsmittelmenge im Gefäß auf mindestens 200 ccm festzusetzen. Die Sättigung der wäßrigen Phase darf nicht bei höherer Temperatur erfolgen als die eigentliche Chromatographie, wohl aber kann man bei tieferer Temperatur das Lösungsmittelgemisch durch Schütteln sättigen, wenn man anschließend gründlich absetzen läßt. Die Autoren arbeiteten in einem konstant auf 12 bis 13° temperierten Raum, zum Teil auch im Eisschrank, wobei es sich bewährte, das Lösungsmittelgemisch zunächst unter Tiefkühlung gründlich bis zur beginnenden Eisbildung mehrmals durchzuschütteln und dann vor dem Einfüllen 12 Stunden im Eisschrank zu halten. Bei tieferer Temperatur erhöhen sich die R_F-Werte in der wäßrigen Phase infolge des zunehmenden Alkoholgehaltes, während sie umgekehrt in der alkoholischen abnehmen, was jedoch für viele Trennungen nicht erwünscht ist. Bei üblicher Zimmerwärme oder noch höherer Temperatur sind dagegen die Ergebnisse oft ungünstiger.

Zur Sichtbarmachung des Chromatogrammes verwenden sie ebenfalls eine 25%ige Lösung von Trichloressigsäure in Chloroform, mit der das Papier besprüht wird. Nach leichtem Antrocknen wird 2 Minuten auf 90 bis 120° erhitzt und unter der Quarzlampe die Fluorescenz beobachtet. In Tab. 18 sind die Fluorescenzfarben verschiedener Stoffe nach der Wellenlänge geordnet zusammengestellt.

Noch empfindlicher als mit Trichloressigsäure reagieren die Digitalisglykoside mit einer gesättigten Lösung von Antimontrichlorid in Chloro-

---

[1] Arzneimittelforsch. **3**, 30 (1953). — [2] Soc. **1951**, 2766.

Tabelle 18. *Fluorescenzfarben im UV-Licht nach Behandlung mit Trichloressigsäure.*

g-Strophanthin	orange
k-Strophanthin-Komponente A ....⎱	
k-Strophanthidin ....⎰	gelb
Cymarin ....⎱	
Allocymarin ....⎰	gelbbraun
Digitoxigenin und Derivate bei vorsichtigem Erhitzen	rötlich gelb
sonst	gelb bis gelbbraun
Adynerin wie Digitoxigenin	
Digitoxigenin und Derivate zunächst wie Digitoxin, bei intensivem Erhitzen	schmutzig braungrün
Gitotoxigenin und Derivate	hell, intensiv vergißmeinnichtblau
k-Strophanthin-Komponente b	veilchenblau
Digitonin, Tigonin	blauviolett
Verodigen-Komponente x	ausgesprochen violett
Convallamarin	teils rosa, teils blauviolett.

form. Das Papier wird nach entsprechender Laufzeit vollständig getrocknet, durch eine gesättigte Lösung von Antimontrichlorid in Chloroform gezogen und nach Abtropfenlassen im Brutofen bei 90° gehalten. Alle 30 Sekunden wird es herausgenommen und betrachtet. Der Farbwechsel erfolgt sehr schnell, oft noch beim Betrachten. Man darf daher den Zeitpunkt der optimalen Färbung nicht versäumen. Die Fluorescenzfarben entsprechen im Prinzip den sich bei der Trichloressigsäurereaktion entwickelnden, sind jedoch viel leuchtender und nuancenreicher. Glykosid und Genin ergeben in bestimmten Zeitpunkten der Reaktion verschiedene Farbtönungen. Im allgemeinen beginnt die Fluorescenz im längerwelligen Teil des Spektrums und verschiebt sich im Laufe des Erhitzens zu kürzeren Wellenlängen hin, bis schließlich ein verwaschenes Braun, Blau oder Grau resultiert. Im Gegensatz zu Trichloressigsäure liefert Antimontrichlorid nicht nur mit den Glykosiden, sondern auch mit den Geninen eine Färbung im sichtbaren Licht, bei der ebenfalls allmählich eine Verschiebung des Farbschwerpunktes von längeren zu kürzeren Wellenlängen eintritt.

In gleicher Weise wie mit Antimontrichlorid lassen sich die Digitalisglykoside nach denselben Autoren mit 15%iger Phosphorsäure anfärben. Die Autoren betonen, daß das Auftreten einer Fluorescenz bei der Untersuchung von Gemischen aus Digitalisstoffen einstweilen keinen eindeutigen Schluß auf die Identität bzw. auf die biologische Aktivität der betreffenden Substanzen gestattet. Bei „Rein"-Substanzen der Purpurea- und Lanata-Gruppe wurden in der Regel 1 bis 2,5 γ aufgetragen, bei sol-

Tabelle 19. *R_F-Werte von Glykosiden und Geninen der Digitalisgruppe* (butanolgesättigtes Wasser bei 12—13°).

Digitoxin	0,05	Adynerin	0,18
Digitoxigenin	0,07	Digoxin	0,20
Gitoxin	0,11	Digilanid C	0,54
Gitoxigenin	0,17	Digilanid B	0,71
Oleandrin	0,06	k-Strophanthidin	0,59
Desazetyl-Oleandrin	0,07	Cymarin	0,76
Oleandrigenin	0,19	Allocymarin	0,78
		g-Strophanthin	0,86

chen der Strophanthusgruppe ebenso wie bei Digitalis-Saponinen 20 bis 50 γ. Tab. 19 enthält die bei 12 bis 13° gewonnenen R_F-Werte.

Tab. 19 zeigt, daß die R_F-Werte in butanolgesättigtem Wasser bei den glucosefreien Substanzen der Purpurea- und Lanata-Gruppe ziemlich klein sind. Wenn hier eine deutlichere Trennung erwünscht ist, so kann man dafür drei Wege einschlagen:

a) Zusatz von Methanol oder Eisessig [Butanol-Eisessig-(bzw. Methanol)-Wasser 5:1:5]. Die wäßrige Phase dieses Gemisches ist für die Purpurea- und Lanata-Gruppe, die Butanolphase für die Strophanthus-Gruppe geeignet. In beiden Fällen erhält man wesentlich erhöhte R_F-Werte.

b) Im Durchlaufchromatogramm lassen sich die Substanzen in Butanol-Wasser (Wasserphase) in 10 bis 15 Stunden gut trennen, z. B. die Genine von zugehörigen Glykosiden.

c) Chromatographie bei tiefer Temperatur (Eisschrank) statt bei 12 bis 13°.

Mit Hilfe der oben genannten Lösungsmittel können auch zweidimensionale Chromatogramme gewonnen werden.

Zur Untersuchung von *Drogen* verwenden die Autoren den Rückstand des Chloroformextraktes eines Kaltwasserauszuges von Digitalisblättern:

Auf 15 Whatman-I-Streifen (Länge 18,cm, Breite 8 cm) wurden auf der Startlinie je 0,1 mg, insgesamt also 1,5 mg aufgetragen, die Streifen dann zwischen 2 Glasplatten gepreßt und aufsteigend entwickelt. Die Laufzeit war bei dieser Versuchsanordnung sehr viel kürzer als bei der üblichen Chromatographie, auch lagen die R_F-Werte höher. Die Trennschärfe war zwar geringer, doch ließ sich das untersuchte Präparat in 4 Zonen aufteilen, von denen die schnellste blau fluorescierte (R_F 0,97), die davon scharf getrennte zweite, ebenfalls blau fluorescierende ihr Maximum bei 0,70 hatte; die dritte Zone fluorescierte bei Trichloressigsäurefärbung braun (R_F 0,35); die langsamste Zone schließlich fluorescierte blauviolett.

Eine quantitative Auswertung ist möglich, wenn die Flecke eluiert und der Gehalt an Glykosiden colorimetrisch bestimmt wird. Eine große Fehlerquelle dieses Verfahrens liegt nach den Autoren darin, daß die Glykoside bei der Chromatographie und der Elution nicht quantitativ erhalten bleiben müssen. Eine gewisse Orientierung über den quantitativen Anteil der verschiedenen Komponenten läßt sich aber erzielen, wenn man die Fraktionen auf dem Papier mit Flecken vergleicht, die bei der Chromatographie einer abfallenden Reihe bekannter Mengen der gleichen Substanz erhalten wurden. Allerdings müssen dabei die Startflecke in allen Fällen gleich groß sein, auch empfiehlt es sich, nur Flecken des gleichen Laufs zu vergleichen.

K. B. JENSEN[1] hat die Papierchromatographie der Digitalisglykoside mit Chloroform-Methanolwasser und Chloroform-Benzol-Formamid weiterentwickelt. Mit den Reagenzien Trichloressigsäure, Trichloressigsäure-Chloramin und Antimontrichlorid geben die Glykoside und die Aglukone Färbungen und Fluorescenzen, die es ermöglichen, die einzelnen Wirkstoffe, die sich von den Purpureaglykosiden A und B ableiten, zu unterscheiden.

Folia Hyoscyami.

Die Alkaloidbestimmung in Folia Hyoscyami wird in entsprechender Weise wie in Folia Belladonnae ausgeführt, nur wird von einer größeren

---

[1] Acta pharm. tox. kbh. **9**, 99 (1953); Ref. J. Pharmac. Pharmacol. **5**, 1058 (1953).

Drogenmenge ausgegangen. Die Alkaloidbestimmung in Solanaceendrogen ist bei Folia Belladonnae ausführlich behandelt. Ein Verfahren,
das von größeren Drogenmengen ausgeht und den Fehler flüchtiger Basen
vermeidet ist folgendes von H. DEKAY und C. JORDAN[1]:

25 g fein gepulverte Bilsenkrautblätter werden nach 24stündigem Macerieren
mit einer Mischung aus 8 ccm 28%igem Ammoniak, 10 ccm Alkohol und 20 ccm
Äther 3 Stunden im Soxhlet mit Äther ausgezogen und der Auszug auf 15 ccm eingeengt. Hierzu gibt man je 10 ccm n/10-Schwefelsäure und Wasser, verjagt den
Äther und filtriert. Der Rückstand (Chlorophyll) wird in Chloroform gelöst, mit
angesäuertem Wasser versetzt, das Chloroform auf dem Wasserbade vertrieben
und filtriert. Das Filtrat wird mit dem ersten Filtrate vereinigt und diese dann mit
10%igem Ammoniak alkalisiert und mit Chloroform ausgeschüttelt. Die Chloroformlösung wird auf dem Wasserbade eingedunstet und dann noch weitere 15 Minuten erhitzt, hierauf wieder in Chloroform gelöst und das Abdampfen und Erhitzen zweimal wiederholt. Zuletzt löst man noch einmal in Chloroform, fügt 15 ccm
n/200-Schwefelsäure zu, destilliert das Chloroform ab und titriert die überschüssige
Schwefelsäure zurück (Methylrot als Indicator).

Folia Jaborandi.

Alkaloidbestimmung.

Die Jaborandiblätter enthalten bis etwa 1% Alkaloide, darunter etwa
mehr als die Hälfte Pilocarpin. Meist wird der Gesamtalkaloidgehalt bestimmt. Nach KELLER-FROMME[2] wird die Droge mit Ammoniak und
Chloroform extrahiert, die Alkaloide werden über die Hydrochloride gereinigt und dann gewogen oder titriert. Das Poisons Sub-Committee[3]
perkoliert die Droge und gibt eine Bestimmung des Pilocarpins über das
Nitrat an.

Methode von Keller-Fromme. 15 g mittelfein gepulverte Droge werden mit
150 g Chloroform und 6 g 10%iger Ammoniakflüssigkeit bei halbstündiger Maceration oft und kräftig durchgeschüttelt, dann das Gemisch auf ein glattes Filter
von 10 bis 12 cm Durchmesser gestürzt und der Trichter mit einer Glasplatte bedeckt. Sobald das Chloroform anfängt langsam abzutropfen, wird etwas Wasser
auf den Pulverbrei gegossen. Sobald reichlich 100 g Filtrat erhalten sind, wird
dasselbe in einem Schütteltrichter mit etwa 1 g Wasser kräftig durchgeschüttelt und
das Gemisch einige Zeit der Ruhe überlassen. Wenn der Chloroformauszug blank
erscheint, werden davon 100 g (oder soviel als möglich, je 10 g entsprechen 1 g
Droge) in eine Arzneiflasche von 200 ccm gewogen und nacheinander mit 30, 20
und 10 ccm verdünnter Salzsäure (1 + 99) im Schütteltrichter ausgeschüttelt. Falls
die vereinigten Ausschüttelungen nicht frei von Chlorophyll erhalten werden, sind
sie mit 10 bis 20 g Äther zu schütteln und nach dem Absetzen verlustlos abzufiltrieren. Das klare Filtrat wird nun mit Ammoniak eben übersättigt und nacheinander mit 20, 10 und 10 ccm Chloroform ausgeschüttelt, die vereinigten Chloroformausschüttelungen für eine etwaige gravimetrische Bestimmung in einen zuvor
genau gewogenen Erlenmeyerkolben filtriert, das Chloroform wird sofort abdestilliert, der Rückstand im Exsiccator bis zur Gewichtsgleichheit getrocknet und
gewogen. Zur titrimetrischen Bestimmung wird der durch Abdestillieren des
Chloroforms erhaltene Rückstand in 10 ccm Weingeist gelöst, mit 30 ccm Wasser
und 3 Tropfen Methylrot versetzt und mit n/10-Salzsäure titriert. 1 ccm n/10-Salz-

---

[1] J. Amer. pharmac. Assoc. **1934**, 316; Ref. Pharmaz. Zentralhalle Deutschland
1935, 24.
[2] Jahresber. der Fa. Caesar & Loretz **1924**, 272. — [3] Analyst **73**, 311 (1948).

säure = 0,0208 g Pilocarpin. Das Ergebnis stellt den Gesamtalkaloidgehalt, berechnet als Pilocarpin, dar.

Methode des Poisons Sub-Committee. 10 g Drogenpulver werden in einer Arzneiflasche mit 50 ccm Chloroform übergossen und nach gutem Durchschütteln 10 Minuten stehengelassen. Hierauf werden 5 ccm Ammoniak (10%) zugesetzt und 1 Stunde lang geschüttelt. Die Mischung wird unter Nachspülen mit Chloroform in einen Perkolator gebracht und mit insgesamt 160 ccm Chloroform oder bis zur Erschöpfung (Prüfung mit MAYERS Reagens) perkoliert. Das Perkolat wird auf etwa 40 ccm eingeengt, unter Nachspülen mit Chloroform in einen Schütteltrichter gebracht, 150 ccm Äther zugesetzt und mit 20 ccm 0,5 n-Schwefelsäure ausgeschüttelt. Die Ausschüttelung wird noch dreimal mit je 10 ccm 0,1 n-Schwefelsäure wiederholt. Die sauren Lösungen werden in einen anderen Schütteltrichter filtriert, mit Ammoniak alkalisiert und viermal mit je 20 ccm Chloroform ausgeschüttelt. Jede Chloroformausschüttelung wird mit denselben 10 ccm Wasser gewaschen. Von den vereinigten Chloroformlösungen wird das Chloroform abdestilliert, der Rückstand in 2 ccm absolutem Alkohol aufgenommen und dieser wieder abdestilliert. Der Rückstand wird 5 Minuten auf einem siedenden Wasserbad getrocknet, in 1 bis 2 ccm neutralem Alkohol gelöst, 15 ccm 0,05 n-Schwefelsäure zugefügt und mit 0,05 n-Natronlauge zurücktitriert (Methylrot als Indicator). 1 ccm 0,05 n-Schwefelsäure = 0,0104 g Alkaloide, berechnet als Pilocarpin.

Bestimmung des Pilocarpins als Nitrat. Die titrierte wäßrige Lösung wird in einem Schütteltrichter mit Ammoniak alkalisiert und viermal mit je 20 ccm Chloroform ausgeschüttelt. Jede Ausschüttelung wird mit denselben 10 ccm Wasser gewaschen. Von den vereinigten Chloroformlösungen wird das Chloroform abdestilliert, der Rückstand mit 2 ccm absolutem Alkohol versetzt und dieser gleichfalls abdestilliert. Hierauf wird der Rückstand 5 Minuten auf einem siedenden Wasserbad getrocknet, dann in etwa 10 ccm mit Pilocarpinnitrat gesättigtem Aceton gelöst und mit einer frisch bereiteten und gekühlten Mischung von 9 Vol. Aceton und 1 Vol. konz. Salpetersäure (spez. Gew. 1,42) aus einer Capillare bis zur kongosauren Reaktion versetzt. Es wird gut vermischt und über Nacht stehengelassen. Die ausgeschiedenen Kristalle werden in einem tarierten Glassintertiegel gesammelt, mit Aceton, das mit Pilocarpinnitrat gesättigt ist, gewaschen, bei 100° getrocknet und gewogen. Die Kristalle sollen fast farblos sein und nicht unter 170° schmelzen. Tritt keine Kristallisation ein, so muß der ganze Vorgang wiederholt werden. In der Menge der Gesamtalkaloide wurden 50 bis 65% Pilocarpin gefunden.

Erwähnt seien zwei Farbreaktionen des Pilocarpins, die zur colorimetrischen Bestimmung von Pilocarpin und seinen Salzen dienen. W. F. ELVIDGE[1] benützt eine Farbreaktion mit Nitroprussidnatrium, Natronlauge, Kaliumpermanganat und Schwefelsäure von EKKERT[2] und J. W. WEBB, R. S. KELLER und A. J. McBAY[3] die violette Färbung des Pilocarpinperchromates von SHUPE[4].

Folia und Folliculi Sennae.

Folia Sennae.

Die Sennesblätter enthalten etwa 3% Anthracenderivate in freier, glykosidischer, oxydierter und reduzierter Form. Der Hauptanteil kommt nach A. STOLL und B. BECKER[5] den 2 isomeren Sennosiden A

[1] Quart. J. Pharmac. Pharmacol. **20**, 234 (1947).
[2] Pharmaz. Zentralhalle Deutschland **66**, 36 (1925).
[3] J. Amer. pharmac. Assoc. Sci. Edit. **41**, 278 (1952).
[4] J. Assoc. off. agric. Chemists **24**, 757 (1941).
[5] Fortschr. Chem. organ. Naturstoffe **7**, 248 (1950).

und B zu, die das 10 : 10′-Bianthronyl des Rheins mit je 1 Glucose an den Kohlenstoffen 8 darstellen:

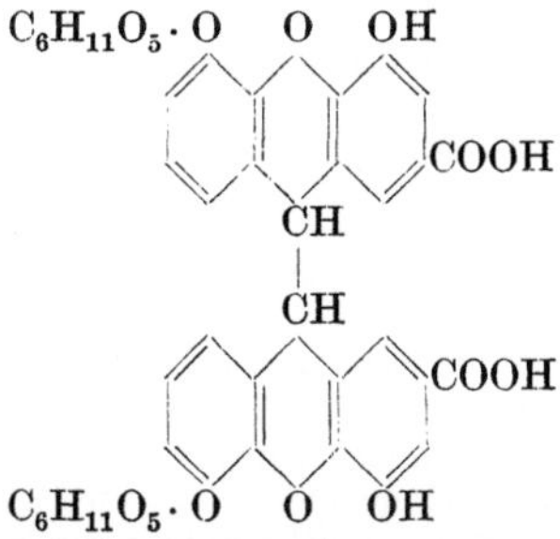

$$C_6H_{11}O_5 \cdot O \quad O \quad OH$$

Nach J. W. Fairbairn[1] ist das Glykosid etwa dreimal so stark wirksam wie das reduzierte Aglykon, das Rheinanthron, während das oxydierte Aglykon, das Rhein, unwirksam ist. Straub und Gebhardt[2] isolierten Aloeemodinanthranolglykosid, bei dem die Glucose mit dem Anthranolhydroxyl verknüpft ist. W. Kussmaul und B. Becker[3] sind allerdings der Meinung, daß sich die Straubschen Produkte auch vom Rhein ableiten. J. W. Fairbairn und M. R. I. Saleh[4] wiesen außerdem nicht rheinartige Glykoside nach, die die Wirkung der Sennoside synergistisch unterstützen. Diese Stoffe sind in einer Menge von 10 bis 15% der Gesamtglykoside enthalten. Trotz dieses synergistischen Effektes beruht die biologische Wirkung nur zu 60 bis 70% auf Glykosiden, während die restlichen 30 bis 40% noch unbekannten Stoffen zukommen. Schließlich enthält die Droge Chrysophanol, harzartige Anthrachinonprodukte, sogenannte Sennanigrine, und etwa 10% Schleimstoffe.

Es liegt also auch hier ein Gemisch verschieden stark wirkender Stoffe vor, die sich gegenüber der Bornträger-Reaktion ähnlich verhalten, dazu kommt der Synergismus und noch unbekannte Wirkstoffe, so daß chemische Bestimmungen sehr unverläßlich sein können. Eine genaue Wertbeurteilung wird nur die biologische Prüfung ermöglichen.

Emodin-Reaktionen.

Nach H. Will[5]. 0,5 g Sennesblätterpulver werden mit 10 ccm weingeistiger ½ n-Kalilauge im Wasserbade 5 Minuten lang im gelinden Sieden erhalten, mit 10 ccm Wasser versetzt und nach dem völligen Erkalten filtriert. 5 ccm des Filtrates werden mit 1 ccm Salzsäure DAB 6 angesäuert und mit 10 ccm Benzol 1 Minute lang ausgeschüttelt. Werden nach erfolgter Trennung der beiden Schichten 5 ccm der filtrierten Benzollösung mit 5 ccm Ammoniakflüssigkeit ausgeschüttelt, so erfolgt eine deutliche Rotfärbung der ammoniakalischen Flüssigkeit (Modif. d. DAB 6-Reaktion).

H. Will vereinfachte noch diese Ausführung der Reaktion, von dem Gedanken ausgehend, daß die Emodine von Äther und Benzol ohne weitere Behandlung aufgenommen werden müßten:

---

[1] J. Pharmac. Pharmacol. **1**, 683 (1949).
[2] Arch. exp. Path. Pharmacol. **181**, 399 (1936).
[3] Helv. Chim. Acta **30**, 59 (1947). — [4] J. Pharmac. Pharmacol. **3**, 918 (1951).
[5] Apotheker-Ztg. **1932**, 660.

0,5 g Folia Sennae werden mit 10 ccm Benzol 1 Minute lang kräftig ausgeschüttelt und 5 ccm des Filtrates mit 5 ccm Ammoniakflüssigkeit durchgeschüttelt. Nach Trennung der beiden Schichten zeigt die ammoniakalische Flüssigkeit intensive Rotfärbung.

Reaktionen von A. Jermstad[1] a) 0,25 g gepulvertes Sennesblatt werden 2 Minuten lang mit 5 ccm Natronlauge (1 : 10) gekocht. Das Gemisch wird mit 5 ccm Wasser versetzt, abgekühlt und filtriert. 5 ccm des Filtrates werden mit verdünnter Salzsäure schwach angesäuert und während 1 Minute mit 10 ccm Benzol geschüttelt. Wird der abgegossene, stark gelb gefärbte Benzolauszug mit 5 ccm Ammoniakflüssigkeit geschüttelt, muß die wäßrige Schicht stark rote, aber keine gelbe Farbe annehmen (Modifikation der Vorschrift der Ph. Helv. V.).

b) 0,15 g gepulvertes Sennesblatt werden während 2 Minuten mit 5 ccm Natronlauge (1 : 10) gekocht. Das Gemisch wird mit 5 ccm Wasser versetzt, abgekühlt und filtriert. 5 ccm des Filtrates werden mit verdünnter Salzsäure schwach angesäuert und 1 Minute lang mit 10 ccm Äther geschüttelt. Wird der abgegossene, gelb gefärbte Ätherauszug mit 5 ccm Ammoniakflüssigkeit gemischt, nimmt die wäßrige Schicht sofort eine gelbe Farbe an, die im Laufe von 20 Minuten in Dunkelrot übergeht.

Zum Verfahren b) ist zu erwähnen, daß die Ausschüttelung der Emodine bei Sennesblättern mit Benzol und nicht mit Äther vorgenommen werden soll, da nach CASPARI[2] auch die emodinfreien PATHÉ-Sennesblätter mit Äther behandelt eine Rotfärbung geben.

Siehe auch die BORNTRÄGER-Reaktion von W. SCHNEIDER unter Rhizoma Rhei (S. 312).

Chemische Wirkstoffbestimmungsmethoden.

Trotz der Unsicherheit chemischer Bestimmungsmethoden wird die Bestimmung der glykosidisch gebundenen Anthracenderivate und insbesonders der Sennoside eine Wertbeurteilung der Droge und von Präparaten zulassen. Solche colorimetrischen Methoden, die auf der BORNTRÄGER-Reaktion beruhen, wurden mehrfach speziell für Folia Sennae ausgearbeitet. R. FISCHER und H. BUCHEGGER[3] geben ein colorimetrisches Verfahren für freie, gebundene, oxydierte und reduzierte Anthracenderivate an, B. V. CHRISTENSEN und J. A. ABDEL-LATIV[4] eine spektrophotometrische Methode. W. KUSSMAUL und B. BECKER[5] haben eine Methode zur Bestimmung der Sennoside ausgearbeitet, das von H. AUTERHOFF[6] in der Extraktion der Droge geändert wurde. Nach B. V. CHRISTENSEN und J. A. ABDEL-LATIV[7] zeigt die mit alkoholischer Kalilauge hergestellte Extraktlösung von Sennesblättern eine starke rote Fluorescenz im filtrierten UV-Licht, die auf den Anthrachinonen beruhen soll. Mit dieser Fluorescenz läßt sich nach denselben Autoren[8] eine fluoremetrische Bestimmung ausführen.

[1] Scientia pharmac. **5**, 29 (1934).

[2] Schweiz. Apotheker-Ztg. **1917**, 55, 97.

[3] Pharmaz. Zentralhalle Deutschland **89**, 261 (1950).

[4] J. Amer. pharmac. Assoc. Sci. Edit. **38**, 589 (1949); Ref. Scientia pharmac. **19**, 182 (1951).

[5] Helv. chim. Acta **30**, 59 (1947).

[6] Arzneimittelforsch. **1**, 412 (1951).

[7] J. Amer. pharmac. Assoc. Sci. Edit. **38**, 487 (1949).

[8] J. Amer. pharmac. Assoc. Sci. Edit. **38**, 652 (1949).

Colorimetrische Bestimmung der Anthracenderivate
von R. Fischer und H. Buchegger[1].

FISCHER und BUCHEGGER versuchten ihr für Rhizoma Rhei ausgearbeitetes gravimetrisches Verfahren auch bei Folia Sennae anzuwen-
den. Es gelang ihnen aber nicht, durch chromatographische Adsorption
eine entsprechende Reinigung der Anthracenderivate zu erreichen, so
daß diese nur colorimetrisch bestimmt werden können. Als Standard
verwenden sie Chrysophanol oder auch Istizin: Bestimmung der *Ge-*
samt-Anthracenderivate (Emodine):

Etwa 500 mg fein gepulverte Droge werden mit 15 ccm Methanol, 1,5 ccm verdünnter Schwefelsäure und 2 ccm Perhydrol, wie bei Rheum (S. 313) angegeben,
behandelt und mit Chloroform extrahiert. Sollte der Chloroformextrakt nicht
orangebraun, sondern dunkelgrün gefärbt sein, wie das bei einzelnen Drogensorten
der Fall ist, so ist dem mit Natriumsulfat siccum getrockneten Chloroformextrakt
eine kleine Spatelspitze Natriumperoxyd zuzusetzen. Sofort nach dem Umschlag
des Farbtones von grün nach braun ist vom Natriumperoxyd abzufiltrieren und
dieses mit Chloroform gut nachzuwaschen, da bei längerem Stehen die Gefahr einer
spurenweisen Adsorption der Emodine besteht.

Die adsorptive Reinigung wird sodann wie bei Rhizoma Rhei durchgeführt.
Der nach dem Trocknen des Chloroforms mit Calciumchlorid erhaltene Verdampf-
fungsrückstand wird in 5%iger Natronlauge und 2% Ammoniak unter Schwenken
und gelindem Erwärmen aufgenommen. Die rote Lösung bringt man hierauf in
einen 200 ccm-Meßkolben und füllt mit derselben Lauge bis zur Marke auf. Diese
Lösung wird colorimetriert, entweder visuell oder mit einem Colorimeter.

Zubereitung der Standardlösung und Aufstellung der Eichkurve: 7,5 mg
Chrysophanol werden genau eingewogen, in 5%iger NaOH + 2% Ammoniak gelöst, quantitativ in einen 150 ccm-Meßkolben gebracht und bis zur Marke aufgefüllt. Diese Lösung füllt man in eine Bürette und läßt in vier 50 ccm-Meßkolben
jeweils folgende Mengen zufließen: 40 ccm, 30 ccm, 20 ccm, 10 ccm. Jeder Kolben
wird sodann mit dem erwähnten Natronlauge-Ammoniakgemisch bis zur Marke
aufgefüllt. Auf diese Weise erhält man vier bzw. mit der ursprünglichen fünf Ver-
gleichslösungen, die einem Gehalt von 5, 4, 3, 2 und 1 mg% entsprechen.

Sollte Chrysophanol nicht beschaffbar sein, kann ohne wesentlichen
Fehler Istizin, dessen Mol.-Gew. um 5,5% kleiner ist, verwendet werden.
Man löst die Emodine im erwähnten Natronlauge-Ammoniakgemisch.
Die Eichkurven decken sich praktisch.

Da 5 mg% die höchste Konzentration darstellt, müssen etwa anfallende konzentriertere Lösungen entsprechend verdünnt werden. Erfahrungsgemäß arbeitet
man am besten zwischen 2 und 5 mg%, da in diesem Intervall die Kurve gestreckter
verläuft. Auch der visuelle Vergleich ist am besten in diesem Intervall anzustellen.

Die *freien Emodine* werden aus der Droge durch bloße Chloroformextraktion
ohne Vorbehandlung mit Schwefelsäure-Superoxyd gewonnen. Behandelt man die
Droge jedoch mit Schwefelsäure allein, so erhält man bei der Chloroformextraktion
die Summe der *freien und gebundenen Emodine*. Die *Anthranole* ergeben sich aus
der Differenz der Gesamt-Emodine und der soeben genannten Summe.

Spektrophotometrische Bestimmung von B. V. Christensen
und I. A. Abdel-Lativ[2].

Die Probe wird pulverisiert und über Nacht bei 70° oder für 3 Stunden bei
110° getrocknet. Genau 10 g werden in einem Erlenmeyerkolben mit 75 ccm frisch
bereiteter alkoholischer Kalilauge (10%) gut vermischt und während ½ Stunde

[1] Pharmaz. Zentralhalle Deutschland **89**, 261 (1950).
[2] J. Amer. pharmac. Assoc. Sci. Edit. **38**, 589 (1949); Ref. Scientia pharmac.
19, 182 (1951).

unter Rückfluß erwärmt. Nach dem Filtrieren und Absaugen wird der Rückstand zweimal mit je 15 ccm warmem Alkohol nachgewaschen. Das Filter trocknet man durch Weitersaugen, fügt dann 10 ccm verdünnte Salzsäure zu, um auf ein p_H von etwa 2 zu bringen. Anschließend wird mit Äther ausgeschüttelt (einmal mit 30, dann je fünfmal mit 20 ccm) und die Ätherextrakte mit 5 ccm verdünnter Salzsäure und 10 ccm Wasser gewaschen. Die Waschflüssigkeit extrahiert man mit 15 ccm Äther und fügt diesen dem Extrakt hinzu. Die Gesamtflüssigkeit wird in einen 200 ccm-Kolben gebracht, mit Äther aufgefüllt (1 ccm Ätherextrakt = 12,5 mg Droge), verschlossen und über Nacht kühl stehengelassen. 30 ccm Ätherextrakt werden mit 10 ccm 10%igem Ammoniak ausgeschüttelt, stehengelassen, erneut stark geschüttelt und mit 5000 U/Min. zentrifugiert. Die Messung der Durchlässigkeit erfolgt bei 760 mμ gegenüber einer Mischung von 30 ccm Äther mit 10 ccm Ammoniak.

Bestimmung der Sennoside von W. Kussmaul und B. Becker[1].

Die Sennoside A + B lassen sich auf Grund der COOH-Gruppe von den anderen Anthracenderivaten trennen, indem deren Aglukone einer ätherischen Lösung mit Natriumbicarbonat entzogen werden können. Vorher müssen die Glykoside mit Salzsäure gespalten und das Rheinanthron zum Rheinanthrachinon mit Wasserstoffsuperoxyd oxydiert werden. Die Rotfärbung der alkalischen Lösung wird colorimetriert im Vergleich mit Sennosid A oder B.

a) Herstellung der ätherischen Aglukonlösung.

Die zu prüfende Substanz wird zunächst in Wasser in Lösung gebracht, was bei der Säurenatur der Sennoside durch Zugabe von einigen Tropfen Alkali leicht erfolgt. Damit die Farbwerte in den günstigsten Meßbereich des Colorimeters fallen (PULFRICH-Photometer), empfiehlt sich die Herstellung einer Lösung mit 0,5 bis 1,0⁰/₀₀ Glucosidgehalt. Zur Spaltung des Glucosids in Aglukon + Zucker werden 10 ccm der vorstehenden Lösung mit 5 ccm konzentrierter Salzsäure auf dem Dampfbad erhitzt. Schon nach wenigen Minuten beginnt eine flockige Abscheidung des Aglukons, die nach 15 Minuten beendet ist.

Die auf Zimmertemperatur gebrachte Suspension wird durch vorsichtigen Zusatz von konzentrierter Natronlauge unter Kühlung gerade gelöst, die klare gelbbraune Lösung im Scheidetrichter mit 80 ccm Äther überschichtet, mit 50%iger Schwefelsäure angesäuert und sofort kräftig durchgeschüttelt. Die gelbe Ätherlösung wird abgetrennt und der Wasserteil, zusammen mit einer eventuell sich bildenden Zwischenschicht, erneut mit etwas konzentrierter Natronlauge in Lösung gebracht. Die alkalische Lösung wird nun mit 40 ccm Äther überschichtet, wieder mit Schwefelsäure angesäuert und ausgeäthert. Diese Operation wird in gleicher Weise mit 40 ccm Äther wiederholt. Das wiederholte Auflösen in Alkali ist notwendig, um ein Einschließen in der flockigen Zwischenschicht zu vermeiden.

Die vereinigten Ätherfraktionen werden drei- bis viermal mit je 5 ccm n-Natriumhydrogencarbonatlösung ausgeschüttelt. Die vereinigten Hydrogencarbonatlösungen überschichtet man mit 60 ccm Äther, säuert mit 50%iger Schwefelsäure an und schüttelt, nachdem die stürmische Kohlendioxydentwicklung etwas nachgelassen hat, energisch durch. Die Extraktion wird noch zweimal mit je 20 ccm Äther wiederholt. Falls sich auch hier eine Zwischenschicht bilden sollte, wird diese durch Zugabe von Alkali in Lösung gebracht und die klare alkalische Lösung unmittelbar vor dem Ausschütteln mit Äther angesäuert. Die vereinigten Ätherextrakte werden durch ein Faltenfilter filtriert und im Meßkolben auf 100 ccm aufgefüllt.

Die so erhaltenen gelben Aglukonlösungen sind nicht haltbar und sollen innerhalb 10 Stunden weiter verarbeitet werden.

---

[1] Helv. chim. Acta **30**, 59 (1947).

b) Ausführung der Farbreaktion.

5 ccm der vorstehend beschriebenen Ätherlösung werden im Schütteltrichter mit 10 ccm n-Natronlauge extrahiert. Die blaß gelbbraune alkalische Lösung versetzt man mit 0,2 ccm einer 3%igen Hydrogenperoxydlösung und erhitzt anschließend in einem weiten Reagenzglas während 4 Minuten auf einem kräftig siedenden Dampfbad. Die jetzt weinrote Lösung wird während einer Minute am laufenden Wasser gekühlt und darauf die Farbstärke innerhalb 10 Minuten colorimetrisch bestimmt. Die der Farbstärke entsprechende Aglukonmenge wird einer Eichkurve entnommen, die den Mittelwert der Eichkurven von reinem Sennosid A und reinem Sennosid B darstellt.

c) Herstellung der Eichkurve.

30 mg reinstes, im Hochvakuum bei 80° getrocknetes Sennosid B, entsprechend 18,75 mg Aglukon, werden in einem 50 ccm-Meßkolben unter Zugabe von einigen Tropfen Alkali in Lösung gebracht. Je 10 ccm dieser Stammlösung werden mit Salzsäure gespalten und aufgearbeitet wie sub a) beschrieben. 5 ccm der ätherischen Aglukonlösung werden gemäß b) in 10 ccm Natronlauge oxydiert. Beim PULFRICH-Photometer erfolgt die Messung mit der 1 cm-Küvette und ergibt einen Extinktionskoeffizienten $k = 0,42$, der mit dem dazugehörigen Aglukonwert von 0,1875 mg in einem Koordinatensystem eingetragen wird.

Die Eichung mit Sennosid A erfolgt auf genau gleiche Weise. Die erhaltene Gerade liegt etwas steiler, d. h. Aglukon A ist etwas farbkräftiger.

Anwendungsbeispiel: Gesamtextrakt von Folia Sennae.

10 g pulverisierte Folia Sennae werden mit Wasser oder wäßrigem Methanol erschöpfend extrahiert und die Extraktlösung nötigenfalls durch Einengen im Vakuum vom Methanol befreit. Die rückständige wäßrige Lösung wird mit Salzsäure schwach kongosauer gestellt und wiederholt ausgeäthert.

Diese Ätherlösung enthält alle freien Anthrachinone, wie Rhein und Emodin. Ihr Anteil ist gegenüber den an Zucker gebundenen reduzierten Anthrakörpern verschwindend gering; so beträgt der Gehalt einer Droge guter Qualität an freiem, hydrogencarbonatlöslichem Rhein nicht mehr als $1^0/_{00}$.

Die ausgeätherte Wasserlösung wird auf 500 ccm aufgefüllt. Je 10 ccm werden gemäß a) mit Salzsäure verkocht und der Reaktionslösung die Aglukone mit Äther entzogen. Bei der Behandlung der ätherischen Aglukonlösung mit Hydrogencarbonat gehen über 90% der Aglukone in die Hydrogencarbonatlösung und werden gemäß a) und b) aufgearbeitet und gemessen.

Bestimmung der Sennoside von H. Auterhoff[1].

AUTERHOFF erwähnt zu der Methode von KUSSMAUL und BECKER, daß sie bei Drogen und schwerlöslichen, harzhaltigen Extrakten versagen würde, da mit Methanol als Extraktionsmittel keine reproduzierbaren Werte erhalten werden können. Er hat deshalb seine „Eisessigmethode" (s. Rheum, S. 316) mit dem Verfahren von KUSSMAUL und BECKER kombiniert. Für eine vollständige Hydrolyse ist Eisessig mit 10% konzentrierter Salzsäure erforderlich. Das Verfahren ergab im Vergleich mit der biologischen Prüfung der Abführwirkung an der Maus eine befriedigende Übereinstimmung.

1. 50 bis 100 mg genau gewogene Droge oder Extrakt (bei hochkonzentrierten Sennosidpräparaten entsprechend weniger) werden mit einer Mischung von 1 ccm konzentrierter Salzsäure (25%) und 7,5 ccm Eisessig übergossen und 15 Minuten lang über kleiner Flamme am Rückflußkühler gekocht. Darauf gibt man durch den

---

[1] Arzneimittelforsch. **1**, 412 (1951).

Rückflußkühler 30 ccm Äther hinzu und erhitzt weitere 15 Minuten. Die Mischung
wird durch einen kleinen Wattebausch in einen etwa 300 ccm-Scheidetrichter
filtriert, der Rückstand nochmals mit 30 ccm Äther 10 Minuten lang gekocht und
der Äther durch denselben Wattebausch filtriert. Die vereinigten Eisessig-Äther-
lösungen werden zur Entfernung überschüssiger Säure mit 40 ccm Wasser ausgeschüttelt und die wäßrige Phase verworfen. Darauf gibt man in den Scheidetrichter 30 ccm etwa 10%ige Natriumbicarbonatlösung und 3,5 g Natriumbicarbonat in Substanz. Nach beendeter Umsetzung wird die wäßrige alkalische
Phase in einen zweiten Scheidetrichter gebracht und die organische Phase noch
zwei- bis dreimal bis zur Erschöpfung mit je 10 ccm gesättigter Natriumbicarbonatlösung ausgeschüttelt.

2. Die vereinigten Bicarbonatlösungen werden mit 40 ccm Äther überschichtet
und mit 50%iger Schwefelsäure vorsichtig angesäuert. Nach Trennung der Schichten wird die Ätherlösung in ein 100 ccm-Meßkölbchen durch Papier filtriert. Das
Ausschütteln der sauren wäßrigen Phase mit Äther wird so lange wiederholt, bis
sich der Äther nicht mehr gelblich färbt und die vereinigten filtrierten Ätherlösungen 100 ccm ausmachen.

3. 10 ccm der vereinigten gelben Ätherlösung werden mit 10 ccm n/1-Natrium-
hydroxydlösung ausgeschüttelt. Die NaOH-Lösung wird in einem weiten Reagenzglas mit 0,2 ccm 3%iger Wasserstoffperoxydlösung gemischt und das Reagenzglas
4 Minuten lang im siedenden Wasserbade erhitzt. Nach Abkühlung des Reagenzglases in fließendem Wasser wird die Extinktion der roten Lösung im PULFRICH-
Photometer gemessen. 0,5 cm-Küvetten, Filter S 53. Der Sennosidgehalt ergibt sich
aus der Eichkurve. (Es hat sich als vorteilhaft erwiesen, diese Farbreaktion parallel
zweimal durchzuführen. Ohne einen wesentlich größeren Arbeitsaufwand schließt
man so gewisse Fehlerquellen aus.)

4. Aufstellen der Eichkurve: Ein Gemisch gleicher Teile reiner Sennoside A
und B wird nach der neuen Methode analysiert. Die folgenden Analysenmittelwerte
dienen zur Aufstellung der Eichkurve: 0,3 mg Sennosid A + B in 10 ccm Lauge
− E = 0,175, 0,5 mg Sennosid A + B − E = 0,29, 0,7 mg Sennosid A + B − E
= 0,41, 1,0 mg Sennosid A + B − E = 0,58.

5. Die vermittels Natriumbicarbonat von Sennidinen befreite Ätherschicht
(Arbeitsphase I) enthält im Falle der Drogen und rohen Extrakte noch andere,
weniger saure Anthrachinonderivate. Der Gehalt an solchem „Emodin" kann in
Anlehnung an die beim Rhabarber angewendete Methode durch Ausschütteln mit
5%iger Natronlauge, die 2% Ammoniak enthält, bestimmt werden. Je nach dem
Emodingehalt stellt man die rote alkalische Lösung auf 50 oder 100 ccm ein und
mißt die Extinktion im PULFRICH-Photometer. Der Gehalt wird an Hand einer
Istizin-Eichkurve bestimmt: 3 mg% Istizin − E = 0,57, 1 mg% Istizin − E = 0,21.

Folliculi Sennae.

Die Sennesschoten enthalten etwa die gleichen Wirkstoffe wie die
Sennesblätter, nämlich als Hauptwirkstoffe die Sennoside A und B.
Cassia acutifolia enthält 2 bis 4% Glykoside, Cassia angustifolia 1 bis
3%. Dagegen fehlen die Negrine, weshalb die Sennesschoten milder und
angenehmer in der Wirkung sind.

Bestimmung der Sennoside von J. W. Fairbairn und J. Michaels[1].

FAIRBAIRN und MICHAELS benützen zur Bestimmung der Sennoside
die Methode von KUSSMAUL und BECKER[2] für Folia Sennae, die sie geringfügig änderten. Eingehende Versuche zeigten, daß mit der angegebenen Extraktionsart die Glykoside quantitativ extrahiert werden. Die
Fehlerbreite der Methode geben die Autoren mit ± 4% an. Im Vergleich

---

[1] J. Pharm. Pharmacol **2**, 807 (1950). — [2] Helv. chim. Acta **30**, 59 (1947).

mit dem biologischen Versuch ergab sich eine ausgezeichnete Übereinstimmung der chemischen Werte der Sennoside. Dies trifft aber nur für die Droge und deren reine Auszüge zu, während in Gemischen mit anderen Stoffen, z. B. Radix Liquiritiae, auch fremde Stoffe als Anthracenderivate miterfaßt werden und die chemischen Werte erheblich zu hoch ausfallen können.

a) Ganze Droge. 10 g in 2 bis 3 mm breite Streifen geschnittene Droge werden in einem 500 ccm-Meßkolben mit etwa 450 ccm siedendem Wasser übergossen und der Kolben 10 Minuten lang in einem siedenden Wasserbad häufig geschüttelt.Dann wird der p_H-Wert mit n-NaOH auf 6 bis 7 eingestellt, die Extraktlösung sofort gekühlt und auf 500 ccm aufgefüllt.

b) Grobes Pulver. 10 g werden mit 450 ccm siedendem Wasser 10 Minuten infundiert, das p_H wie unter a) auf 6 bis 7 eingestellt und auf 500 ccm aufgefüllt.

c) Feines Pulver. 1 g wird mit etwa 90 g siedendem Wasser 10 Minuten infundiert, das p_H wie unter a) auf 6 bis 7 eingestellt und auf 100 ccm aufgefüllt.

In allen drei Fällen werden 10 ccm des filtrierten Infuses weiterverarbeitet.

Entfernung der freien Anthrachinone. 10 ccm Filtrat werden mit n-HCl auf p_H 3 eingestellt und mit 60 ccm und weiter so oft mit 40 ccm Äther ausgeschüttelt, bis dieser farblos ist. Die ätherischen Lösungen werden mit einer kleinen Menge angesäuerten Wassers gewaschen und das Waschwasser mit der wäßrigen Extraktlösung vereinigt. Diese Lösung enthält nur Glykoside und keine freien Anthrachinone.

Hydrolyse der Glykoside. Die wäßrige Lösung wird mit dem halben Volumen n/10-Schwefelsäure 15 Minuten in einem siedenden Wasserbad erhitzt. Während des Abkühlens fallen die Aglykone als brauner flockiger Niederschlag aus.

Extraktion und Reinigung der Aglykone. Die Lösung wird mit 80 ccm Äther geschüttelt und absetzen gelassen. Die wäßrige Phase wird abgelassen und die gelbe ätherische Lösung von der braunen Zwischenphase abgegossen. Diese wird in wenig 30%iger Natronlauge gelöst und zu dieser Lösung wird die abgelassene wäßrige Phase, die überschüssige Säure enthält, zugegeben. Hierauf wird die Extraktion in gleicher Weise so oft mit 40 ccm Äther wiederholt, bis diese farblos ist.

Zur Abtrennung der Sennosid-Aglykone werden die vereinigten Ätherlösungen mit wenig n-Natriumbicarbonatlösung bis zur Farblosigkeit öfters geschüttelt. Die vereinigten Natriumbicarbonatlösungen werden mit Äther versetzt, dann mit 50%iger Schwefelsäure angesäuert und nach Beendigung der Kohlensäureentwicklung die Aglykone mit Äther ausgeschüttelt. Die wäßrige Lösung wird abgelassen und die gelbe Ätherlösung in ein Meßkölbchen filtriert. Ein allfälliger brauner Rückstand wird in Natronlauge, wie angegeben, gelöst, angesäuert und mit 20 ccm Äther mehrmals ausgeschüttelt. Die ätherische Lösung wird schließlich mit Äther aufgefüllt.

Colorimetrische Messung. Ein geeignetes Volumen der ätherischen Aglykonlösung wird mit kleinen Mengen n-NaOH ausgeschüttelt. Die vereinigten alkalischen Lösungen werden mit 0,2 ccm 3%igem Wasserstoffsuperoxyd pro 10 ccm alkalischer Lösung versetzt, die Mischung in einem siedenden Wasserbad 4 bis 5 Minuten erhitzt, gekühlt, auf ein passendes Volumen mit n-NaOH gebracht und die rote Farbintensität colorimetriert. Als Standard dient eine Lösung von Sennosid A und B.

Folia und Semen Stramonii.

Folia Stramonii.

Die **Alkaloidbestimmung** kann in gleicher Weise wie bei den Tollkirschenblättern durchgeführt werden (S. 136). F. Gstirner und G. Stein[1] haben das Verfahren des DAB 6, der Ph. Helv. V. und der

---

[1] Pharmazie **7**, 362 (1952).

Ph. Brit. 1948 mit einer Einzelalkaloidbestimmung verglichen und kamen zu demselben Ergebnis wie bei Folia Belladonnae, daß die Werte nach den Verfahren der Ph. Helv.V. und der Ph. Brit. 1948 mit dem Wert der Einzelalkaloidbestimmung übereinstimmen, während nach dem DAB 6 um etwa 50% höhere Werte erhalten werden:

DAB 6...................... 0,41%
Ph. Helv.V................. 0,27%
Ph. Brit. 1948 .... 0,265%

Die Bestimmung der Einzelalkaloide ergab:

Scopolamin 0,003%
Hyoscyamin 0,257%
Atropin.................... 0,005%
Summe 0,265%

M. Rubin und L. E. Harris[1] verglichen die hydrolytische Methode von Reimers (S. 138) mit einem eigenen chromatographischen Verfahren und der Bestimmung der U.S.P. XIII, nach der die isolierten Alkaloidbasen mit Säure titriert werden. Die Werte des letzteren Verfahrens waren etwas niedriger als die der beiden anderen Methoden, deren Werte übereinstimmten. Das Verfahren von Reimers ließ sich am schnellsten ausführen.

Eine papierchromatographische Trennung und Bestimmung von Hyoscyamin und Hyoscin in Datura sanguinea wurde von R. E. A. Drey und G. E. Foster[2] ausgearbeitet.

Semen Stramonii.

Alkaloidbestimmung.

Nach dem Ergänzungsbuch 6 werden zur Bestimmung der Alkaloide die Samen mit Äther und Natronlauge extrahiert, die Alkaloide in der ätherischen Extraktlösung direkt mit n/10-Salzsäure ausgeschüttelt und deren Überschuß mit Natronlauge zurücktitriert. Flüchtige Aminobasen werden also nicht durch Verdunsten entfernt. Die Ph. Helv.V extrahiert mit Äther und Ammoniak, destilliert den Äther ab, läßt den Rückstand noch zweimal mit Äther aufnehmen und diesen verdunsten, wodurch flüchtige Basen beseitigt werden. Ein Vergleich dieser Verfahren wurde von R. Seifert[3] durchgeführt mit dem Ergebnis, daß nach der Methode des Ergänzungsbuches höhere Werte erhalten werden. Dies wurde auch von F. Gstirner und G. Stein[4] bestätigt:

Ergänzungsbuch 6........... 0,40%
Ph. Helv.V................. 0,28%

[1] J. Amer. pharmac. Assoc. Sci. Edit. **39**, 477 (1950).
[2] J. Pharmac. Pharmacol. **5**, 839 (1953).
[3] Die dtsch. Heilpflanze **9**, 29 (1943). — [4] Pharmazie **7**, 362 (1952).

Die Bestimmung der Einzelalkaloide von GSTIRNER und STEIN ergab:

$$\begin{array}{ll}
\text{Scopolamin} \dotfill & 0,003\,\% \\
\text{Hyoscyamin} \dotfill & 0,257\,\% \\
\text{Atropin} \dotfill & 0,009\,\% \\
\hline
\text{Summe} \dotfill & 0,269\,\%
\end{array}$$

Daraus muß geschlossen werden, daß auch die Stechapfelsamen beträchtliche Mengen an flüchtigen Pflanzenbasen enthalten, die zu Überwerten bei der Alkaloidbestimmung Anlaß geben können, aber durch zweimaliges Verdunsten mit Äther nach Ph. Helv. V leicht beseitigt werden. Das Verfahren der Ph. Helv. V lautet folgendermaßen:

6 g gepulverter Stechapfelsamen werden in einer Arzneiflasche von 150 ccm Inhalt mit 60 g Äther und 4 ccm verdünntem Ammoniak (etwa 2 n) während einer halben Stunde häufig und kräftig geschüttelt. Dann setzt man etwa 2 ccm Wasser zu und schüttelt kräftig durch. Man läßt absetzen, gießt 40 g der ätherischen Lösung (= 4 g Droge) durch etwas Watte in einen Erlenmeyerkolben von 150 ccm Inhalt mit Glasstopfen und destilliert das Lösungsmittel auf dem Wasserbade ab. Den Rückstand nimmt man noch zweimal mit je 5 ccm Äther auf und verdampft auch diesen jeweils vollständig. Dann löst man den Rückstand in 5 ccm Weingeist, fügt 10 ccm Petroläther, 30 ccm frisch ausgekochtes und wieder erkaltetes Wasser und 10 Tropfen Methylrot hinzu und titriert mit n/10-Salzsäure, bis die wäßrige Schicht eine rosa Farbe angenommen hat. Nach jedem Säurezusatz ist kräftig umzuschütteln und kurze Zeit stehenzulassen. 1 ccm n/10-Salzsäure = 0,0289 g Alkaloide, berechnet auf Hyoscyamin.

Folia Uvae ursi.

Nach Untersuchungen von G. WEISFLOG und J. BÜCHI[1] eignet sich zum Trocknen der Bärentraubenblätter im Vergleich mit dem Gefrierverfahren, dem Trocknen mit Natriumsulfat und dem Trocknen im Umlaufschrank bei 55° am besten das Trocknen im Schatten bei 18 bis 25°. Dieses ergab eine Droge mit 9% Arbutin, das Gefrierverfahren 6,5% und die beiden anderen Verfahren etwa 8%. Die Autoren machen auch auf die fermentative Spaltung des Arbutins aufmerksam und empfehlen deshalb die Stabilisation der frischen Blätter im Alkoholdampf unter Druck. Daß ein solcher fermentativer Abbau vorhanden ist, geht aus einer Beobachtung von H. MOSER[2] hervor, nach der in einem durch den Fleischwolf getriebenen Brei frischer Bärentraubenblätter der Arbutingehalt innerhalb von 48 Stunden um 85% abgenommen hat. In der Droge wird jedoch der fermentative Abbau durch die gleichzeitig reichlich vorhandenen Gerbstoffe weitgehend verzögert.

Bestimmung des Arbutingehaltes.

Die Bärentraubenblätter enthalten als Wirkstoff das Arbutin und in geringen Mengen Methylarbutin, zwei Glykoside, denen eine gleich starke

---

[1] Pharmac. Acta Helvetiae **19**, 421 (1944).
[2] Veröff. Heeressan.wes. **1940**, 81; Pharmazie **3**, 433 (1948).

desinfizierende Kraft zukommt, weshalb eine getrennte Bestimmung beider Stoffe nicht erforderlich ist.

$$HO\langle\bigcirc\rangle O \cdot C_6H_{11}O_5$$

Arbutin

Zur Bestimmung des Arbutins wurden jodometrische und polarimetrische Methoden und ein colorimetrisches Verfahren ausgearbeitet.

Jodometrische Arbutinbestimmung.

L. ZECHNER[1] hat als erster eine jodometrische Bestimmung des Arbutins ausgearbeitet, deren Ausführung verschiedentlich geändert wurde.
Die Droge wird mit kaltem Wasser ausgezogen, die Extraktionsflüssigkeit mit Bleiessig gefällt, das Arbutin im Filtrat mittels Schwefelsäure
in Hydrochinon und Glucose gespalten und das gebildete Hydrochinon
durch Oxydation mit Jod zu Chinon maßanalytisch bestimmt. Nach
E. LINDPAINTNER[2] und G. WEISFLOG und J. BÜCHI[3] werden damit sowohl Arbutin als auch Methylarbutin erfaßt, da, wie schon R. WASICKY
und F. GRAF[4] feststellten, außer Hydrochinon (Arbutin) auch der Hydro-
chinonmonomethyläther (Methylarbutin) in gleicher Weise 2 Atome Jod
pro Molekül bei der Titration verbrauchen. Als Nachteil der Ausführung
von ZECHNER wurde die mehrere Tage lange kalte Perkolation der Droge
und der unscharfe Endpunkt der Titration empfunden. Die Extraktion
der Droge wurde von C. GRIMME[5] durch Auskochen der Droge wesentlich
gekürzt, worauf GRIMME folgende Ausführung der Bestimmung angibt:

8 g fein gepulverte Folia Uvae ursi oder auch Trockenextrakt (Etrat), werden
viermal mit je 50 ccm Wasser im 200 ccm-Becherglase je 10 Minuten lang gekocht
und die Abkochungen durch Watte in einen geeigneten Kolben gegeben, welcher
bei 180 ccm eine Strichmarke besitzt. Nach der vierten Auskochung kühlt man ab,
füllt auf 180 ccm auf und versetzt unter Umschütteln mit 20 ccm Bleiessig.

Man läßt auf dem Wasserbade unter Bedecken mit einem Uhrglas kurze Zeit
absetzen und filtriert noch warm durch eine mit einem Filter beschickte Nutsche
unter gelindem Saugen. In 125 ccm des klaren, hellgelben Filtrates löst man unter
häufigem Umschwenken 1,25 g Natriumbicarbonat und läßt 10 Minuten lang absetzen. Man prüft die klare Flüssigkeit auf Bleifreiheit durch Zugeben von einem
Tropfen Sodalösung (es darf kein weißer Niederschlag entstehen) und filtriert
sodann.

100 ccm Filtrat werden viermal mit je 25 ccm Äther zwecks Entfernung freien
Hydrochinons ausgeschüttelt. Die ausgeätherte Flüssigkeit stellt man in einen
200 ccm-Erlenmeyer zwecks Verjagung gelösten Äthers einige Zeit auf den warmen
Trockenschrank, führt unter Nachspülen mit wenig Wasser in einen 110 ccm-Meßkolben über und füllt bis zur Marke auf.

In 3 Erlenmeyer von 100 ccm Fassungsvermögen gibt man je 22 ccm (= 0,4 g
Extrakt bzw. 0,8 g Folia) der ätherfreien Lösung, fügt 22 ccm Schwefelsäure (1 : 5)
hinzu und erhitzt auf kleiner Flamme unter Rückfluß 1 Stunde lang zum gelinden
Sieden. Nach Beendigung der Glykosidspaltung läßt man abkühlen, versetzt mit
je 1 g Zinkstaub und läßt unter öfterem Umschwenken 5 Minuten lang stehen.
Die Flüssigkeit muß hierbei fast farblos werden, sonst gibt man weitere 0,5 g Zinkstaub hinzu und läßt abermals 5 Minuten lang unter Umschwenken stehen.

---

[1] Pharmaz. Mh. **10**, 169 (1929). — [2] Arch. Pharmaz. **277**, 398 (1939).
[3] Pharmac. Acta Helvetiae **19**, 399 (1944). — [4] Scientia pharmac. **8**, 91 (1937).
[5] Pharmaz. Zentralhalle Deutschland **74**, 669 (1933).

Man filtriert durch ein angefeuchtetes glattes 9 cm-Filter in ein 300 ccm-Becherglas, welches man bei 150 ccm mit einer Strichmarke versehen hat, wäscht das ungelöste Zink gut aus und neutralisiert das Filtrat mit festem Natriumbicarbonat. Nach Aufhören der Kohlensäureentwicklung verdünnt man auf 150 ccm, gibt noch Natriumbicarbonat hinzu und titriert nach Versetzen mit 1 ccm 1%iger Stärkelösung unter Umrühren mit n/10-Jodlösung, bis die auftretende Blaufärbung mindestens 1 Minute lang bestehen bleibt. Dann ermittelt man den Durchschnittswert der 3 Titrationen.

Zur Berechnung des Arbutingehaltes macht G. BAUMGARTEN[1] darauf aufmerksam, daß den Formeln von ZECHNER und auch GRIMME ein Arbutin mit $\frac{1}{2}$ Molekül Kristallwasser zugrunde liegt, während nach eigenen Versuchen und denen anderer Autoren Arbutin mit 1 Molekül Kristallwasser kristallisiert und damit die Berechnungsformel revidiert werden müßte. Um eine Einheitlichkeit zu erzielen, schlägt BAUMGARTEN vor, die Werte auf das wasserfreie Arbutin, wie es in der Droge vorliegen dürfte, zu beziehen:

Das Molekulargewicht des Arbutins beträgt a) ohne Kristallwasser 272,25, b) mit 1 H_2O 290,26. Das Äquivalentgewicht demnach a) ohne Kristallwasser 136,13, b) mit 1 H_2O 145,13. Die Formel muß also lauten:

a) für wasserfreies Arbutin: g Arbutin in der Einwaage = ccm n/10-Jodlösung $\times$ 0,013613,

b) für kristallwasserhaltiges Arbutin: g Arbutin + 1 H_2O in der Einwaage = ccm n/10-Jodlösung $\times$ 0,014513.

Der unscharfe und schleppende Endpunkt der Titration wird durch fremde reduzierende Stoffe verursacht, die nach WEISFLOG und BÜCHI durch Verdünnung der Lösung und Verwendung einer größeren Menge Stärkelösung als Indicator weitgehend ausgeschaltet werden. Der Umschlagspunkt wird auch durch Entfernung des Zinkcarbonates aus der Lösung verbessert. Die Ausführung der Bestimmung von WEISFLOG und BÜCHI lautet daraufhin folgendermaßen:

Als Ausgangsmaterial werden 10 g Frischblätter, 5 g Droge oder etwa 0,5 g Trockenextrakt (genau gewogen) verwendet. Zur Vermeidung fermentativer Spaltungen während der Anheizzeit wird das Extraktionsgut sofort mit 70 bzw. 75 und 80 g siedendem Wasser übergossen und, sofern nicht wie bei Extrakten sofortige Lösung eintritt, während 30 Minuten im Kochen gehalten. Nach dem Abkühlen wird mit Wasser auf genau 80 g ergänzt und nun Gerb- und andere Ballaststoffe mit 20 g Plumbum subaceticum solutum gefällt. Nach dem Abschleudern an der Zentrifuge filtriert man 20 g der klaren, meist farblosen oder schwach gelblichen Lösung in einen 150 ccm-Scheidetrichter. Will man das eventuell vorhandene freie Hydrochinon bestimmen, so schüttelt man nun viermal mit je 20 ccm Äther aus und behandelt die vereinigten Ätherlösungen, die das freie Hydrochinon enthalten, gesondert. Den wäßrigen, arbutinführenden Rückstand bringt man quantitativ in einen 250 ccm-Stehrundkolben (Auswaschen der Trichter mit 8 ccm Wasser) und hydrolysiert mit 2 ccm konz. Schwefelsäure und Kochen während 1 Stunde am Rückflußkühler. Dann wird mit 1 g Zinkstaub bis zur Farblosigkeit reduziert, die Lösung mit $NaHCO_3$ gegen Lackmus neutralisiert und im Überschuß mit 2 g $NaHCO_3$ versetzt. Nach längerem Umschwenken (etwa 15 Minuten) ist meist alles Zinksulfat umgesetzt und das Filtrat bleibt klar. Das Filter wird nun viermal mit 20 ccm Wasser nachgewaschen, das Filtrat mit Wasser auf 500 ccm ergänzt und mit 20 Tropfen 3%iger Stärkelösung nach ZULKOWSKI versetzt. Nun titriert man direkt mit n/10-Jodlösung durch Zufließenlassen von 1 Tr./Sek. und betrachtet als Endpunkt der Titration den Moment, wo die ganze Lösung blau

---

[1] Pharmazie **3**, 371 (1948).

wird und die Färbung etwa ½ Minute bestehen bleibt. Der Gesamtglucosidgehalt (Arbutin + Methylarbutin) wird als Arbutin berechnet. Die Berechnung ergibt sich auf Grund folgender Überlegungen:

> a) 1 g Hydrochinon (Mol.-Gew. 110,05) verbraucht theoretisch 2,30676 g Jod
> = 181,77 ccm n/10-Jodlösung,
> x g Hydrochinon
> = verbrauchte ccm n/10-Jodlösung : 181,77
> = verbrauchte ccm n/10-Jodlösung × 0,0055025.
> b) Kristallwasserfreies Arbutin (Mol.-Gew. 272,13),
> 2,4727 g Arbutin = 1,0 g Hydrochinon,
> x g Arbutin = verbrauchte ccm n/10-Jodlösung × 0,01606.

Mikromethode von O. Moritz[1]. 0,5 bis 1,0 g Droge werden im 50 ccm-Pillenglas, das in eine Zentrifuge paßt, dreimal zur Entfernung des freien Hydrochinons am Rückflußkühler mit Äther und nach dem Trocknen nochmals dreimal mit je 10 ccm Wasser ausgekocht. Die klaren Abkochungen (Droge jedesmal niederzentrifugieren) werden heiß mit 2 ccm Liqu. Plumbi subacetici versetzt, niederzentrifugiert, gewaschen, mit 3 ccm Schwefelsäure das Blei entfernt, das Bleisulfat abzentrifugiert, gewaschen und die klaren überstehenden Flüssigkeiten je 1 Stunde am Rückflußkühler hydrolysiert, das Chinon reduziert und das Hydrochinon jodometrisch bestimmt.

Polarimetrische Arbutinbestimmung.

Auf Grund der optischen Aktivität von Arbutin und Methylarbutin lassen sie sich auf einfache Weise polarimetrisch bestimmen. Eine solche Methode wurde von A. KUHN und G. SCHÄFER[2] auf folgende Weise ausgearbeitet:

5 g der gepulverten vorgetrockneten Droge werden im Soxhlet 3 Stunden mit sorgfältig entwässertem Aceton extrahiert. Zur Vermeidung von Arbutinverlusten durch Spaltung gibt man zum Aceton ein wenig Calciumcarbonat. Nach beendeter Extraktion wird die Acetonlösung auf dem Wasserbad zur Trockene gedampft und die letzten Acetonreste durch Einblasen eines Luftstromes entfernt. Zu dem acetonfreien Rückstand gibt man 25 ccm siedendes Wasser und nach einigem Stehen 0,5 g gepulvertes Bleiacetat. Man kocht kurz auf und filtriert nach kurzem Stehen (10 bis 15 Minuten) die noch heiße Lösung in ein 100 ccm-Meßkölbchen, wäscht mehrmals mit wenig heißem Wasser nach, läßt dann erkalten und gibt zur Entfernung überschüssigen Bleis 1 ccm Schwefelsäure (1 + 1) zu. Dies aber nur, wenn man anschließend noch Arbutin allein bestimmen will. Sonst braucht man Blei nicht zu entfernen, da diesem ja kein Drehwert zukommt. Dann füllt man auf 100 ccm auf, filtriert in das Polarimeterrohr und polarimetriert. Aus dem Drehwert läßt sich nach untenstehender Formel die Summe von Arbutin + Methylarbutin berechnen.

$$\% \text{ Arbutin} = \frac{\alpha \cdot 100}{l\,[\alpha]\cdot\dfrac{20°}{D}\cdot d},$$

α beobachtete Drehung,
d spez. Gew., l Länge der Polarisationsröhre.
Die spezifische Drehung von Arbutin und Methylarbutin mit 1 Molekül Kristallwasser beträgt − 60,3°.

Die Autoren waren noch der Meinung, daß sich nur das Arbutin jodometrisch bestimmen ließe und gaben an, daß das Methylarbutin nach der jodometrischen Bestimmung des Arbutins allein sich aus der Differenz der Werte der polarimetrischen Bestimmung und der jodometrischen

---

[1] Apotheker-Ztg. **53**, 653 (1938). — [2] Scientia pharmac. **10**, 3 (1939).

Bestimmung ermitteln ließe. Da aber das Methylarbutin mit Jod in gleicher Weise wie das Arbutin reagiert, sind die Voraussetzungen einer derartigen Bestimmung des Methylarbutins nach KUHN und SCHÄFER nicht gegeben.

Das Verfahren wurde von L. LINDPAINTNER[1] in der Art der Extraktion und in der Berechnung geändert. KUHN und SCHÄFER wählten für den Wert der spez. Drehung kristallwasserhaltiges Arbutin und das spez. Gewicht der Lösung, LINDPAINTNER den Drehwert für wasserfreies Arbutin und die Konzentration. Der Fehler, der sich bei der Berechnung durch das unbekannte Verhältnis von Arbutin und Methylarbutin ergibt, ist gering und kann vernachlässigt werden. Beispielsweise würde der Fehler bei Vorliegen eines 20% Methylarbutin enthaltenden Gemisches, also eines bereits sehr hohen Methylarbutingehaltes, erst etwa 1% des auf Arbutin berechneten Wertes betragen. Nach LINDPAINTNER ist die polarimetrische Methode der jodometrischen Bestimmung gegenüber genauer, da sich bei dieser nicht alle jodbindenden Nebenstoffe durch die Bleifällung entfernen lassen. Wenn die hierbei erhaltenen Werte trotzdem nicht höher, sondern im Gegenteil gewöhnlich niedriger sind als jene bei der polarimetrischen Bestimmung, so muß das wohl darauf zurückgeführt werden, daß die Acetonextraktion der Wasserextraktion überlegen ist. Das Verfahren von LINDPAINTNER lautet wie folgt:

2 g der gepulverten, bei 90° 1 Stunde lang getrockneten Droge (Sieb VI) werden 3 Stunden lang am Wasserbad in ALLIHNschen Zuckerröhren (G 2), die in passende Rohre gestellt werden, am Rückflußkühler mit über CaO destilliertem Aceton ausgezogen. Die Extraktion ist bei dieser Arbeitsweise sehr gründlich. Ein Zusatz von $CaCO_3$, wie ihn KUHN und SCHÄFER zur Verhinderung eines eventuellen Arbutinverlustes durch Spaltung fordern, macht sich jedoch durch Verstopfung der Glasfilter unangenehm bemerkbar. Da Parallelversuche ergaben, daß dieser Zusatz die Analysenergebnisse in keiner Weise beeinflußt, so wurde dieser Zusatz weiterhin unterlassen.

Nach Beendigung der Extraktion wird das Aceton abgedampft, der Extrakt in der Röhre mit 0,5 g Bleiacetat und 25 ccm Wasser versetzt und 10 Minuten im siedenden Wasserbad am Rückflußkühler erhitzt. Nach dem Erkalten wird filtriert und bei 20° polarisiert.

Der Berechnung legt LINDPAINTNER die Konzentration der Lösung und die spezifische Drehung des wasserfreien Arbutins zugrunde, die − 64,40° beträgt.

$$\% \text{ Arbutin} = \frac{\alpha \cdot V \cdot 100}{l\,[\alpha]\cdot\dfrac{20°}{D}\cdot E},$$

α beobachtete Drehung,

V Volumen der Arbutinlösung in ccm bei 20°,

l Länge der Polarisationsröhre in dm = 2,0,

$[\alpha]\dfrac{20°}{D}$ spezifische Drehung des wasserfreien Arbutins in wäßriger Lösung

$\quad = -64,40°,$

E Einwaage des Drogenpulvers in g = 2,0.

Mit diesen Werten lautet die Formel:

$$\% \text{ Arbutin} = \frac{\alpha \cdot 25 \cdot 100}{2 \cdot 64,40 \cdot 2} = \alpha \cdot 9{,}705\,.$$

---

[1] Arch. Pharmaz. **277**, 398 (1939).

LINDPAINTNER hebt noch als Vorteil der polarimetrischen Methode hervor, daß sie zwei Kontrollmöglichkeiten bietet, indem nach der ersten Polarisation gespalten, hierauf die entstandene Glucoselösung polarisiert und dann noch mit Jod titriert werden kann. Wird auch noch titriert, so muß allerdings vor der Acetonextraktion mit Äther extrahiert oder vor der Spaltung mit Äther das freie Hydrochinon ausgeschüttelt werden. Die Arbeitsweise war folgende:

12,5 ccm des wäßrigen, ausgeätherten Auszuges (entsprechend der halben ursprünglichen Einwaage = 1 g Droge) wurden mit 2,5 ccm Schwefelsäure versetzt, 1 Stunde am Rückflußkühler gekocht, mit 0,5 g Zinkstaub versetzt und in das Polarisierrohr filtriert. Der Überschuß wird in einem 250 ccm-Erlenmeyerkolben gewaschen und nach der Polarisation mit dem polarisierten Anteil vereinigt. Filter und Rohre müssen zur Vermeidung von Verlusten gut nachgespült werden. Hierauf wird mit einem Überschuß von $NaHCO_3$ neutralisiert, auf etwa 150 ccm verdünnt und mit n/10-Jodlösung titriert. Aus dem gefundenen Drehwert der Glucoselösung wurde der Arbutingehalt folgendermaßen berechnet:

$$\% \text{ Arbutin} = \frac{\alpha \cdot V \cdot 100 \cdot A}{l\,[\alpha]\cdot_D \cdot E \cdot Gl},$$

a gefundener Drehwert der Glucoselösung,
l 2 dm,
E Einwaage entsprechend dem halben ursprünglichen Volumen = 1 g,
$[\alpha]_D$ spez. Gew. der wasserfreien Glucose = 52,5°,
A Mol.-Gew. des wasserfreien Arbutins = 272,13,
Gl Mol.-Gew. der wasserfreien Glucose = 180,10,
V Volumen der für die Berechnung in Betracht kommenden Spaltflüssigkeit = 14,25.

$$\text{Demnach ist } \% \text{ Arbutin} = \frac{\alpha \cdot 100 \cdot 14,25 \cdot 272,13}{2 \cdot 52,50 \cdot 180 \cdot 10} = \alpha \cdot 20,506 .$$

Aus der Jodtitration ergibt sich die normale Berechnung auf wasserfreies Arbutin:

$$\% \text{ Arbutin} = \frac{\text{ccm n/10-}J_2 \cdot 0,013606 \cdot 100}{E} = \text{ccm n/10-}J_2 \cdot 1,3606 .$$

Colorimetrische Arbutinbestimmung von J. E. Ball und C. O. Lee[1].

BALL und LEE arbeiteten für Serienversuche eine colorimetrische Arbutinbestimmung aus, die auf der JUNGMANNschen, tiefblauen Färbung von Arbutin mit Phosphormolybdänsäure beruht und noch in einer Verdünnung von 1 : 140000 sichtbar ist. Parallelversuche mit anderen Verfahren wurden nicht ausgeführt.

0,5 bis 2,5 g Droge werden während einer Stunde in kochendem Wasser maceriert, nach dem Erkalten filtriert und der Rückstand nachgewaschen. Das Filtrat wird mit Bleiacetatlösung, die frisch filtriert wurde, versetzt und das Ganze während etwa 15 Minuten auf dem Wasserbad erhitzt. Vor dem Filtrieren durch ein BÜCHNER-Filter wird noch 2 Stunden absitzen gelassen. Der Überschuß an Blei wird als Sulfid beseitigt, gekocht, um Schwefelwasserstoff zu vertreiben. Nun wird 1 ccm 10%iger Phosphormolybdänsäure dazugetan und das Volumen auf 500 ccm ergänzt.

---

[1] J. Amer. pharmac. Assoc. **26**, 698 (1937), der Text der Vorschrift wurde der Arbeit von G. WEISFLOG und J. BÜCHI [Pharmac. Acta Helvetiae **19**, 399 (1944)] entnommen.

Die Standardlösung besteht aus 15 bis 20 g Arbutin in 100 ccm Wasser. Der Standard wird in mg/ccm ausgedrückt. 1 ccm Standardlösung wird in einem 100 ccm-Meßzylinder auf 70 ccm Wasser verdünnt, 10 ccm Ammoniak zugefügt und mit 1 ccm 10%iger Phosphormolybdänsäure gefärbt, um schließlich auf 100 ccm aufzufüllen.

$$\frac{\text{Standardlösung–Ablesung}}{\text{Unbekannte Lösung Ablesung}} \cdot 5 \cdot F = \text{mg Arbutin},$$

F mg Arbutin pro ccm in der Standardlösung.

Fructus Ammi Visnaga.

Khellinbestimmung.

Die Früchte von Ammi Visnaga enthalten als krampflösende Wirkstoffe Chromonderivate, und zwar 1 bis 2% Khellin, 0,1% Visnagin, während das zu 0,3% enthaltene Khelloglykosid unwirksam ist. Zur Bestimmung der Chromone wurden mehrere Methoden ausgearbeitet, die sich bei den reinen Stoffen sehr gut bewähren, aber bei Extraktlösungen nicht immer anwendbar sind. A. RAHMAN[1] hat eine gravimetrische Methode ausgearbeitet, die nach J. R. FAHMY und N. BADRAN[2] zu hohe Werte gibt. HAMED ABU-SHADY und TAITO O. SOINE[3] geben eine einfache Methode zur Isolierung von Khellin aus der Droge an, das auch als annähernde *gravimetrische* Bestimmungsmethode, zumindest zur Orientierung, benützt werden kann. Das Isolierungsverfahren lautet folgendermaßen, wobei man sich zur Bestimmung mit einem mehr oder weniger gereinigtem Khellin beliebig begnügen kann:

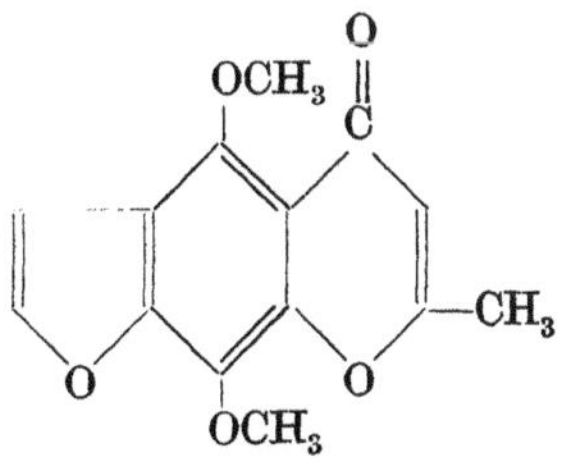

500 g gepulverte Droge (Nr. 20) werden im Soxhletapparat 24 Stunden mit Petroläther (Skellysolve-B) extrahiert. Die im Petroläther ausgefallenen Kristalle werden heiß abgesaugt und mit kleinen Mengen Petroläther gewaschen. Die grünlichen Kristalle (8,4 g) werden in 30 ccm Alkohol heiß gelöst und durch einen Wärmefilter filtriert. Nach dem Erkalten fallen etwa 5,8 g grünliche Kristalle vom Schmelzpunkt 148 bis 152° aus. Die Kristalle werden in 25 ccm Alkohol gelöst und 5 Minuten mit 0,5 g Kohle (Norit) am Rückflußkühler erhitzt. Die heiße Lösung wird filtriert und das Filtrat in den Eisschrank zur Kristallisation gestellt. Man erhält 4,7 g gelbliche Kristalle (151 bis 153°), die nochmals aus Alkohol umkristallisiert werden. Der Schmelzpunkt des nunmehr 4 g betragenden farblosen Khellins erhöht sich damit auf 153 bis 154°.

Die **colorimetrische** Bestimmung nach alkalischer Hydrolyse (FAHMY und EL-KEIY, ANREP) gibt nach W. C. ELLENBOGEN, E. S. RUMP, P. A. GEARY und M. BURKE[4] keine reproduzierbaren Werte. Besser eignet sich das colorimetrische Verfahren nach saurer Hydrolyse mit Schwefelsäure, das auf einer Gelbfärbung des Khellins mit Schwefel-

---

[1] Thesis, Fouad Ist University 1943.
[2] J. Pharmac. Pharmacol. **1**, 529, 535 (1949); **2**, 561 (1950); Ref. Pharmaz. Zentralhalle Deutschland **90**, 341 (1951).
[3] J. Amer. pharmac. Assoc. Sci. Edit. **41**, 481 (1952).
[4] J. Amer. pharmac. Assoc. Sci. Edit. **40**, 287 (1951).

säure beruht. J. R. Fаhмy und N. Bаdrаn[1] haben dafür folgendes Verfahren für die Khellinbestimmung in der Droge ausgearbeitet:

0,25 g (genau gewogen) mäßig fein gepulverte Früchte werden mit 50 ccm destilliertem Wasser in einem 150 ccm Kolben unter Rückfluß 30 Minuten lang zum Sieden erhitzt. Dann werden zu dem siedenden Ansatz 2 ccm einer 10%igen Bleiacetatlösung gegeben. Nach weiterem 3 Minuten langem Erhitzen wird heiß abgesaugt. Kolben und Filter werden dreimal mit je 20 ccm kochendem Wasser gewaschen, Filtrat und Waschwasser in ein 250 ccm-Becherglas gebracht und nach Zugabe von 1 g saurem Natriumphosphat 3 Minuten gekocht. Darauf wird filtriert, Glas und Filter werden dreimal mit je 20 ccm kochendem Wasser gewaschen. Nach dem Abkühlen auf Zimmertemperatur wird die wäßrige Lösung viermal mit je 25 ccm Chloroform ausgeschüttelt. Die vereinigten Auszüge werden mit 5 ccm Wasser gewaschen, das Waschwasser wird verworfen und die Chloroformlösung mit 2 g wasserfreiem Natriumsulfat getrocknet. Dann wird durch ein trockenes Filter in einen 200 ccm-Kolben filtriert, Filter und Trockenmittel werden dreimal mit je 10 ccm Chloroform gewaschen. Nun wird das Lösungsmittel auf dem Wasserbad vollständig verdampft und der Rückstand in 80 ccm 10 n-Schwefelsäure unter gelindem Erwärmen gelöst. Nach dem Abkühlen wird die saure Lösung in einen 100 ccm-Meßkolben gebracht und mit destilliertem Wasser bis zur Marke aufgefüllt. Nach gutem Durchmischen werden 15 ccm der Lösung in eine trockene Colorimeterküvette filtriert. Dann wird bei 25° in einem photoelektrischen Colorimeter unter Verwendung eines Blaufilters 420 und Wasser als Vergleichslösung colorimetriert. Mit Hilfe· einer Eichkurve oder einer Tabelle wird der Gehalt an Khellin + Visnagin berechnet.

Berechnungstabelle.

Khellin mg %	Khellin in mg	Durchlässigkeit %	Khellin mg %	Khellin in mg	Durchlässigkeit %
0,4	0,05	93,0	4,4	0,55	49,0
0,8	0,10	87,0	4,8	0,60	47,0
1,2	0,15	80,5	5,2	0,65	44,0
1,6	0,20	75,5	5,6	0,70	41,0
2,0	0,25	71,0	6,0	0,75	39,0
2,4	0,30	65,0	6,4	0,80	37,5
2,8	0,35	61,0	6,8	0,85	35,0
3,2	0,40	57,0	7,2	0,90	33,0
3,6	0,45	54,0	7,6	0,95	31,5
4,0	0,50	51,0	8,0	1,00	30,0

Die polarographische Bestimmung, UV-Absorptionsmethode und Infrarotmethode nach S. D. Bаllеy, P. A. Gеаry und A. E. dе Wаld[2] und nach W. C. Еllеnbоgеn und Mitarbeitern[3] lassen sich nur mit den Reinsubstanzen von Khellin und Visnagin durchführen.

Fructus Capsici.

Die Paprikafrüchte enthalten als Hauptwirkstoff 0,01 bis 0,2% des scharf schmeckenden und hyperämisierenden Capsaicins, außerdem etwa 1,6% ätherisches Öl, 0,2% Vitamin C, 1,2 bis 3,5% Carotinoide, 10 bis 15% Fett. Das Capsaicin, ein Vanillylamin einer Decylensäure, ist leicht

---

[1] J. Pharmac. Pharmacol. **1**, 529, 535 (1949); **2**, 561 (1950); Ref. Pharmaz. Zentralhalle Deutschland **90**, 341 (1951).

[2] J. Amer. pharmac. Assoc. Sci. Edit. **40**, 280 (1951).

[3] J. Amer. pharmac. Assoc. Sci. Edit **40**, 287 (1951).

löslich in Äther, Alkohol (über 57%), Aceton (max. 30% Wasser), Chloroform, Benzol, Tetrachlorkohlenstoff und verdünnten Alkalien, wie KOH NaOH, LiOH, unlöslich in kaltem Wasser, verdünnten Säuren, verdünntem Ammoniak, Baryt- und Kalkwasser, Natriumcarbonatlösung und Pentan.

$$\text{HO}-\!\!\underset{\text{Capsaicin}}{\underbrace{}}\!\!-\text{CH}_2\text{NH}-\text{CO}-\text{CH}_2\text{CH}_2\text{CH}_2\text{CH}_2-\text{CH}=\text{CH}-\underset{\overset{|}{\text{CH}_3}}{\text{CH}}-\text{CH}_3 .$$

Es kann physiologisch annähernd durch Geschmacksprüfung oder colorimetrisch bestimmt werden.

Physiologische Methoden durch Geschmacksprüfung.

Die Bewertung von Paprikafrüchten durch Geschmacksprüfung geht auf Scoville[1] zurück und fand später Aufnahme in einige Arzneibücher, z. B. in das Amerikanische X vom Jahre 1926, in folgender Ausführung:

Man maceriert ein Gemisch von 1 g Capsicumpulver und 50 ccm Alkohol in einer geschlossenen Flasche während 24 Stunden und verdünnt 0,1 ccm der klaren Flüssigkeit mit 140 ccm einer 10%igen Zuckerlösung. 5 ccm dieser Lösung müssen im Munde ein deutliches Gefühl von Schärfe erzeugen. Es wird somit gefordert, daß das Capsaicin in einer Verdünnung von 1 : 70000 das Gefühl von Schärfe auslöst.

Eine genauere Ausführung, die auch die Geschmacksunterschiede verschiedener Versuchspersonen ausschalten soll, geben R. Wasicky und F. Klein[2] an:

1 g pulverisierter Paprika wird in einem verschlossenen Gefäß 24 Stunden mit 20 ccm absolutem Alkohol unter zeitweiligem Umschütteln stehengelassen. Man filtriert über ein trockenes Faltenfilter, versetzt den Drogenrückstand mit 10 ccm Alkohol und filtriert nach ½ Stunde über das gleiche Filter. Es werden sodann 3 ccm mit einer Pipette entnommen und mit 7 ccm Wasser versetzt (1 :100). Diese Stammlösung wird in gleicher Weise mit Wasser verdünnt. Inzwischen hat man sich eine Lösung von 0,01 Capsaicin oder n-Nonylsäurevanillylamid in 10 ccm Alkohol hergestellt und mit Wasser verschiedene Verdünnungen angefertigt. In die zu prüfenden Lösungen taucht man einen dünnen Glasstab und betupft damit die Zungenspitze. Vor und nach jeder Prüfung erfolgt Mundspülung mit kaltem Wasser. Ausgehend von den stärksten Verdünnungen stellt man jene Konzentration fest, bei der eben die Empfindung des Brennens auf der Zunge wahrgenommen wird. Zuerst untersucht man die Vergleichslösung, dann das Extrakt aus Capsicum, schließlich nochmals die Testlösung, um Empfindlichkeitsänderungen auszuschließen. Aus den Konzentrationen der eben als brennend empfundenen Lösung wird der Gehalt an Capsaicin berechnet. Die Droge soll mindestens 0,2% Capsaicin enthalten.

Munch und Mitarbeiter[3] verwenden Piperin als Standardsubstanz. Dieser physiologischen Methode kommt nur eine grobe Beurteilungsmöglichkeit zu, da die Geschmacksempfindlichkeit der Versuchspersonen starken Schwankungen unterworfen ist. J. Büchi und F. Hippenmeier[4]

---

[1] J. Amer. pharmac. Assoc. **1**, 453 (1912). — [2] Tschirch-Festschrift 1926, 357.
[3] J. Amer. pharmac. Assoc. **23**, 24 (1934).
[4] Pharmc. Acta Helvetiae **23**, 327, 353 (1948).

erwähnen dazu, daß die Geschmacksempfindung der Zunge sehr rasch ermüden und die Wiederherstellung der normalen Reaktionsfähigkeit bis zu 3 Stunden dauern würde.

Colorimetrische Methoden.

Nach FODOR[1] reagiert Capsaicin mit Vanadiumoxytrichlorid in Chloroform, Tetrachlorkohlenstoff, Aceton oder Äther unter Blaufärbung, die mit der gelben Farbe des Reagens nach Grün umschlägt. W. PEYER[2] gibt dafür folgende sehr einfache Ausführung an:

2 g lufttrockener Paprika werden mit 10 ccm reinem, wasserfreiem Aceton tüchtig 10 Minuten lang geschüttelt und absetzen gelassen (1 Stunde). Dann werden 5 ccm der geklärten Schicht abgegossen, 7 Tropfen 25%ige Salzsäure und 0,1 g reines kristallisiertes vanadinsaures Ammonium hinzugefügt. Das Reagenzglas wird, ohne es umzukehren, etwas geschüttelt (eventuell verrühren mit Glasstab) und die Klärung (etwa 2 Minuten) abgewartet.

Capsaicinarme Paprikasorten (also edelsüß) zeigen eine bräunliche Färbung. Mit Ansteigen des Capsaicingehaltes zeigt sich deutliches Grün von einer dem Capsaicingehalt proportionalen Intensität. Die Vergleichung soll nach FODOR bei starker künstlicher Durchleuchtung vorgenommen werden, indem man als Schirm ein schwarzes Kartonblatt mit entsprechendem Einschnitt benutzt.

Als Vergleichslösung wird vorgeschlagen eine Mischung von 10 Volumen 10%iger Uranacetatlösung mit 12 bis 13 Volumen 5%iger Nickelsulfatlösung. Diese Farbe deckt sich mit den aus guten Capsicumsorten und den daraus durch Perkolation mit Spiritus dilutus bereiteten Tinkturen.

Dieses Verfahren wurde von TICE[3], HAYDEN und JORDAN[4] zwar verbessert, aber es weist trotzdem noch viele Mängel auf, so daß es nach BÜCHI und HIPPENMEIER[5] als nicht exaktarbeitendes Verfahren bezeichnet wird. Dieselben Autoren gehen auf eine Methode von FOLIN und DENIS[6] zur Vanillinbestimmung mit Phosphormolybdänsäure im alkalischen Medium zurück, wobei Blaufärbung auftritt, und wenden diese für Capsicum in folgender Art an:

5 g pulverisierte Capsicumfrüchte (Sieb V) werden mit 50 ccm verdünntem Alkohol in einer Arzneiflasche von 150 ccm Inhalt $^1/_2$ Stunde geschüttelt. Der alkoholische Auszug wird durch einen Papierfilter in ein Becherglas von 250 ccm Inhalt filtriert und die Arzneiflasche samt dem Filterrückstand mit weiteren 20 ccm verdünntem Alkohol nachgewaschen. Die vereinigten alkoholischen Filtrate werden mit 15 ccm 0,5 n-Natronlauge versetzt.

Unter gelegentlichem Umrühren wird ungefähr 1 Stunde auf dem siedenden Wasserbad erhitzt. Das Erhitzen soll so lange fortgesetzt werden, bis der Alkohol verdampft ist. Dies ist daran erkennbar, daß beim Umrühren kein Aufschäumen mehr auftritt. Die klare wäßrige alkalische Lösung wird abgekühlt und tropfenweise mit 2 n-Salzsäure so lange versetzt, bis Thymolblaupapier nicht mehr blau gefärbt wird und Lackmuspapier noch deutlich alkalisch reagiert. Durch das Zutropfen der Salzsäure bilden sich weißliche Fällungen, die aber beim Umrühren wieder in Lösung gehen. Es ist jedoch möglich, daß die richtig neutralisierte Lösung nicht vollkommen klar, sondern leicht getrübt ist. In einem Scheidetrichter von 100 ccm Inhalt wird die dermaßen neutralisierte Lösung nacheinander mit 50,25 und 25 ccm Äther ausgeschüttelt. Die Trennung der Schichten kann infolge Emul-

---

[1] Z. Unters. Lebensmittel **61**, 94 (1931).

[2] Süddtsch. Apotheker-Ztg. **1935**, 559.

[3] Amer. J. Pharmac., Sci. support. publ. Healt **105**, 322 (1933).

[4] J. Amer. pharmac. Assoc. **30**, 107 (1941).

[5] Pharmac. Acta Helvetiae **23**, 327, 353, (1948).

[6] Ind. Engng. Chem. **4**, 670 (1912).

sionsbildung längere Zeit beanspruchen, in den meisten Fällen bilden sich aber die beiden Schichten ohne Verzögerung. Die vereinigten, klaren Ätherauszüge werden anschließend 2 Stunden über frisch ausgeglühtem Natriumsulfat getrocknet und dann durch Watte in einen 250 ccm-Rundkolben filtriert. Der Natriumsulfatrückstand wird mit wenig trockenem Äther nachgewaschen. Der Äther wird auf dem Wasserbad in einer Glasschliffapparatur abdestilliert und der Rückstand im Luftstrom von Lösungsmitteln befreit, was etwa eine halbe Stunde beansprucht. In einem Meßzylinder werden dann 20 ccm 0,1 n-Natronlauge ($f = 1,00$) abgemessen und damit in zwei Malen der Ätherrückstand durch gelindes Erwärmen auf dem Wasserbad vollständig gelöst. Die warmen alkalischen Lösungen werden durch Watte in einen Meßkolben von 25 ccm Inhalt filtriert. Nach dem Erkalten wird mit 0,1 n-Natronlauge ($f = 1,00$) nachgespült, bis zur Marke aufgefüllt und kräftig umgeschüttelt. Die alkalische Capsaicinlösung soll klar oder höchstens schwach opaleszierend sein, sie ist je nach Droge braungelb bis rot gefärbt. Von dieser Lösung werden je 5,0 ccm in 2 Meßkolben von 20 ccm Inhalt abgemessen. Mit weiteren 5,0 ccm der gleichen Lösung wird ein graduiertes Reagenzglas mit Glasstopfen von 20 ccm Inhalt beschickt.

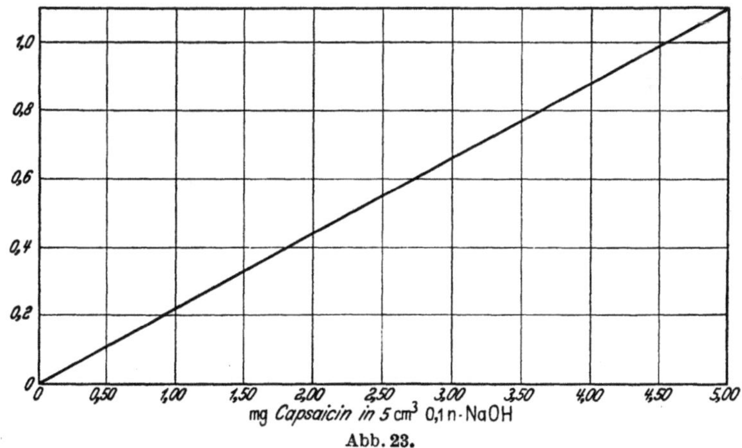

Abb. 23.

Anschließend werden in die beiden Meßkolben je 3,0 ccm Reagens (3 g analytisch reine Phosphormolybdänsäure werden durch Erwärmen auf dem Wasserbad in genau 100 ccm Wasser gelöst) gegeben. Neben der auftretenden Molybdänblaubildung entstehen mehr oder weniger voluminöse Fällungen. In das Reagenzglas werden 3,0 ccm Wasser zugefügt. Nach 1 Stunde werden die beiden Meßkolben mit 95%igem Alkohol bis zur 20 ccm-Marke aufgefüllt und kräftig umgeschüttelt. Durch den Alkoholzusatz erfolgt eine Wärmeentwicklung. Die Meßkolben werden am besten nach der Zugabe des Alkohols in kaltes Wasser gestellt und dann erneut tropfenweise mit Alkohol bis zur Marke aufgefüllt und umgeschüttelt. Der Inhalt des Reagenzglases wird in gleicher Weise mit 95%igem Alkohol auf 20 ccm verdünnt. Die Extinktionen der Farblösungen in dem Meßkolben werden sofort in der 0,5 cm-Küvette nacheinander im Stufenphotometer gegen die Lösung des Reagenzglases bestimmt. Dabei wird das Filter S 72 vorgeschaltet. Aus den Extinktionswerten der beiden Farblösungen wird das Mittel berechnet.

Der Extinktionsmittelwert kann an Hand der Eichkurve (Abb. 23) in mg Capsaicin in 5 ccm 0,1 n-Natronlauge umgerechnet werden. Um die Menge Capsaicin in 5 g Droge zu erhalten, muß dieser Wert mit fünf multipliziert werden.

Die Capsaicinmenge kann auch nach folgender Formel errechnet werden:

$$C = \frac{K}{1,100} \cdot 25 \, .$$

C mg Capsaicin in 5 g Droge, K Extinktion der alkoholisch verdünnten Farblösung.

H. North[1] hat ein ähnliches Verfahren für Oleoresina Capsici ausgearbeitet. Als Standard verwendet er an Stelle des schwer erhältlichen Capsaicins Vanillin, dessen Molekulargewicht (152) annähernd halb so groß ist wie das des Capsaicins (305). Somit entspricht eine Farblösung mit 0,5 mg Vanillin einer Capsaicinlösung, die 1,0 mg enthält.

Fructus Carvi.

R. Hegnauer und H. Flück[2] arbeiteten eine **Bestimmungsmethode des Carvons** aus, die auf der Umlagerung des Carvons durch Säuren in der Wärme in Carvacrol beruht. Dieses wird wie Thymol mit dem Diazoniumsalz der Sulfanilsäure in alkalischer Lösung zu einem orangefarbenen Farbstoff gekuppelt, dessen Intensität colorimetrisch gemessen wird (s. Thymolbestimmung, S. 214). Zur Ausführung der Bestimmung ist die Aufstellung einer Eichkurve von reinem Carvon erforderlich. Die Methode ist für kleine Drogenmenge bestimmt und arbeitet mit einer Genauigkeit von ± 2,5%.

Ausführung. 0,1 bis 0,15 g unzerkleinerte Kümmelfrüchte (genau gewogen) werden in eine Reibschale gegeben und mit etwas Wasser befeuchtet. Nach kurzer Zeit sind die Früchte etwas aufgeweicht und können leicht mit dem Pistill zu Brei verrieben werden. Durch einen Trichter wird der Brei mit etwas Wasser in ein Rundkölbchen von 50 ccm gespült. Pistill und Reibschale werden fünf- bis sechsmal mit kleinen Portionen Wasser nachgewaschen, wozu eine Gummifahne verwendet wird. Die Waschwässer werden ebenfalls durch den Trichter ins Rundkölbchen gegeben. Die Gesamtmenge des Wassers beträgt 25 ccm. Zweckmäßig bedient man sich zur Abmessung einer kleinen, aus einem 25 ccm-Meßzylinder hergestellten Spritzflasche. Das Rundkölbchen wird mit einem absteigenden Kühler verbunden und über kleiner Flamme innerhalb 50 bis 60 Minuten 20 ccm abdestilliert. Zu Beginn der Destillation wird das Kühlwasser abgestellt, um ein Anhaften von Öltröpfchen im Kühlrohr möglichst auszuschalten. Zum Auffangen des Destillates dient ein zylindrisches, einseitig geschlossenes, etwa 90 ccm fassendes Rohr aus Jenaer Bombenrohrglas. Am offenen Ende ist es mit einem eingeschliffenen Stopfen verschließbar. Der Kolben trägt eine 20 ccm-Marke. Nach beendeter Destillation werden 10,0 konzentrierte Salzsäure (36 bis 37%) zugewogen und der Kolben mit dem Stopfen verschlossen. Der Schliff wird mit etwas Paraffinum subliquidum gedichtet. Der Kolben wird in ein den Stopfen festhaltendes Metallgestell eingespannt und eine halbe Stunde in ein siedendes Wasserbad gestellt. Anschließend wird in kaltem Wasser abgekühlt und der Stopfen entfernt. Den geöffneten Kolben stellt man in kaltes Wasser und neutralisiert den größten Teil der Säure durch Zufügen von 10 ccm konzentrierter Natronlauge (30%). Da die Neutralisation Wärme entwickelt, wird der Stopfen sogleich wieder aufgesetzt. Nach dem Erkalten wird die Reaktion des Kolbeninhaltes mit Lackmuspapier geprüft und, sofern dieses noch gerötet wird, was meistens der Fall ist, weiterhin in kleinen Portionen 4%ige Natronlauge zugefügt, bis das Lackmuspapier gebläut wird. Nun werden in einem Meßkolben von 100 ccm 5 ccm Sulfanilsäurereagens[3], 5 ccm 0,5%ige Natriumnitritlösung und 5 ccm 4%ige Natronlauge gemischt und die schwach alkalische Carvacrollösung zugefügt. Unter Nachwaschen des Umlagerungskolbens wird mit Wasser zur Marke aufgefüllt. Nach einer halben Stunde kann die Färbung im Pulfrich-Photometer in der 10 mm-Küvette und mit Hilfe von Filter S 53 abgelesen werden. Es ist aber in diesem Falle nötig, die zu messende Lösung durch Watte in die Küvette zu filtrieren, da bei der Kuppelung eine körnige, den Wänden anhaftende Trübung entsteht, die wahrscheinlich durch das vorhandene Kochsalz verursacht wird. Unter den angegebenen Bedingungen können 1 bis 6 mg Carvon gemessen werden.

---

[1] Analyt. Chem. **21**, 934 (1949). — [2] Pharmac. Acta Helvetiae **23**, 246 (1948).
[3] Löse 5 g fein gepulverte Sulfanilsäure ohne zu erwärmen, durch häufiges Umschütteln in 950 ccm Wasser und füge 50 ccm 25%ige Salzsäure zu.

Fructus Colocynthidis.

Um Anhaltspunkte bei der Prüfung des Koloquintenpulvers auf Samenfreiheit zu erhalten, haben W. PEYER und HEINRICI[1] folgende Konstanten von reiner Pulpa und reinen Samen festgestellt, die durch die großen Differenzen bei der Beurteilung des Koloquintenpulvers behilflich sein können:

	Min. %	In 10 % HCl unlöslich	Wasser-Extrakt %	Spiritus.-dil.-Extrakt %	Petroläther-Extrakt %
Reine Pulpa	11,7	Spuren	56,0	42,1	1,1
Samen.....	2,45	Spuren	9,7	7,9	16,9

	Äther-Extrakt %	Alkohol.-absolut.-Extrakt %	Rohfaser %	Rohprotein %	
Reine Pulpa	8,3	30,4	18,8	5,4	
Samen.....	17,2	19,3	49,8	11,8	

Glandulae Lupuli.

Die zahlreichen Wirkstoffe des Lupulins werden bei der Lagerung allmählich zersetzt, so daß nur von frischen Drogen eine gute Wirkung erwartet werden kann. Einen gewissen Anhalt für den Frischzustand und die Wirkung der Droge vermag das „Rohlupulin", das sind die sauren ätherlöslichen Bestandteile, zu geben. Diese wurden von A. TOMINGAS[2] nach der Barytmethode von FROMME wie das Rohfilicin bestimmt. Der Rohlupulingehalt zeigt den Frischzustand an, wenn dieses von weicher Konsistenz ist, die von der Gegenwart von Hartharz im Weichharz abhängig ist. Frische, einwandfreie Droge ergibt 35 % Rohlupulin von weicher Konsistenz, ältere Drogen 22 bis 26 % von zäher Beschaffenheit und sehr alte minderwertige Drogen 16 bis 19 % von harter Konsistenz. Der Gehalt an in Äther löslichen bzw. unlöslichen Bestandteilen vermag nach TOMINGAS nichts über den Frischzustand der Droge auszusagen.

Außer der sedativen besitzt Lupulin auch eine antimikrobielle Wirkung, die dem Lupulon und Humulon zukommt. Diese fanden mit teilweisem Erfolg bei Tuberkulose Anwendung. Eine Übersicht über Darstellung, mikrobiologische und chemische Bestimmungsmethoden sowie über die antimikrobielle Wirkung von Lupulon und Humulon gibt W. F. ERDMANN[3].

---

[1] Pharmaz. Ztg. **1926**, 1223.
[2] Pharmacia [Tallinn] **14**, 223 (1934); Ref. Jb. Pharm. **70**, 45 (1935).
[3] Pharmazie **6**, 442 (1951).

Guarana.

Coffeinbestimmung.

J. Mikó und St. Mikó[1] unterzogen verschiedene Arzneibuchmethoden einem Vergleich und arbeiteten ein colorimetrisches, refraktometrisches Verfahren und eine Bestimmung mit Mikrokjeldahl aus.

Die Prüfung verschiedener *gravimetrischer* Arzneibuchmethoden führte zu dem Ergebnis, daß nach dem Verfahren des Ergb. 5, das dem der Ph. Helv.V entspricht, wie nach anderen Methoden ein genügend reines, grauweißes Coffein erhalten wird. Schneller läßt sich noch folgende Bestimmung ausführen, die zwar ein hellbraunes Coffein liefert, das sich aber im Ergebnis nicht wesentlich auswirkt. Nach dieser Bestimmung werden z. B. 4,2% Coffein, nach dem Verfahren des Ergb. 4,0% erhalten.

6 g Guarana werden mit 120 g Chloroform und 6 ccm Ammoniak mehrere Stunden extrahiert und hierauf 100 g Chloroformlösung eingedampft. Der Rückstand wird in 20 ccm siedendem Wasser gelöst, filtriert und zweimal mit je 5 ccm siedendem Wasser nachgewaschen. Die wäßrige Lösung wird auf dem Wasserbade eingedampft, getrocknet und gewogen.

Das *colorimetrische* Verfahren gründet sich auf die Feststellung der geringsten Menge Guarana, die eine eben noch sichtbare Murexidreaktion erkennen läßt:

Wenn man 0,1 g Guaranapulver im Reagenzglase mit 10 ccm Chloroform und 5 Tropfen normal-Ammoniaklösung 1 Minute lang schüttelt, die Mischung durch ein 8 cm-Papierfilter in eine Porzellanschale filtriert, die Chloroformlösung auf dem Wasserbade eintrocknet, zu dem Rückstand 3 ccm 3%ige Wasserstoffsuperoxydlösung und 5 Tropfen 5 n-Salzsäure gibt und nach vollständigem Eindampfen auf dem Wasserbade einen ausgesprochen orangeroten Rückstand erhält, der sich durch einen Tropfen Ammoniaklösung purpurrot färbt, so enthält das untersuchte Guaranapulver wenigstens 4% Coffein.

Andere Methoden sind unter Semen Colae angegeben.

Gummi arabicum.

Viscositätsbestimmung.

Zur Viscositätsbestimmung des Schleimes schlagen E. Waldstätten und H. Feuer[2] folgende Methode vor:

20 g Ganzdroge werden gepulvert (Sieb V), 0,5 g dieses Pulvers werden in einem Becherglas mit 99,5 g destilliertem Wasser übergossen und 1 Stunde lang unter Umrühren (alle 10 Minuten) stehengelassen. Dann wird durch ein einfaches, qualitatives Filter filtriert und bei 20° viscosimetriert (siehe Bestimmung der Viscosität, S. 65).

Nach den bisherigen Untersuchungen dürfte eine relative Viscosität von 1,25 für eine gute Ware angemessen sein.

---

[1] Pharmaz. Mh. **1930**, Nr. 1; Pharmaz. Zentralhalle Deutschland **1926**, 191.
[2] Scientia pharmac. **7**, 41 (1936).

Nachweis von Oxydasen und Peroxydasen.

Der Nachweis von Oxydasen und Peroxydasen wurde von A. Tschirch und H. Flück[1] mit dem Ergebnis untersucht, daß sich am besten Benzidin und Guajac eignen. Die Reaktion wird jetzt folgendermaßen ausgeführt:

5 ccm Gummischleim werden mit 5 ccm Wasser verdünnt und mit 3 Tropfen alkoholischer 1%iger Benzidinlösung oder Guajactinktur und 3 Tropfen Wasserstoffsuperoxyd versetzt, wobei nach 10 Minuten keine blaugraue oder blauschwarze Färbung auftreten darf.

Von Guajacharz werden 0,1 ccm einer frisch bereiteten 1%igen absolutalkoholischen Lösung für 5 ccm einer 1%igen Gummilösung genommen, von Guajacholz 0,1 ccm eines frisch bereiteten 5%igen Auszuges mit absolutem Alkohol.

Inaktives Gummipulver.

Oxydasen und Peroxydasen können in Arzneimittelmischungen unerwünschte Veränderungen und Umsetzungen hervorrufen. So werden zahlreiche Stoffe mit Phenolgruppen angegriffen, z. B. Gerbstoffe, Aloin, Morphin, Adrenalin, stickstoffhaltige Körper ohne Phenolgruppen wie Pyramidon, Physostigmin, Dimethylaminoantipyrin, auch destillierte Wässer, besonders Orangenblütenwasser. Eine Abtötung der Fermente in Gummi arabicum ist deshalb in vielen Fällen notwendig.

Nach A. Tschirch und H. Flück[1] wird ein inaktives Pulver auf folgende Weise erhalten:

a) durch Sieden von Gummischleim auf freiem Feuer während 10 Minuten bis 1 Stunde und nachherigem Eindampfen des Schleimes.

b) durch Eingießen von Gummischleim 1 : 5 in die fünffache Menge siedenden Alkohol (90%) und nachherigem Siedenlassen während 10 Minuten. Dabei fällt das Gummi sehr fein aus. Durch Zentrifugieren oder Abnutschen wird es von der Flüssigkeit abgetrennt und getrocknet. Die durch diese Verfahren erhaltenen Gummis zeigen beide gleich starke Inaktivierung, so daß beide gleich empfohlen werden können. Immerhin darf nicht verschwiegen werden, daß die Darstellung über die Alkoholfällung oft ein so fein ausgefälltes Gummi ergibt, daß seine Abtrennung von der Flüssigkeit nur sehr schwer gelingt. Zu erwähnen ist noch, daß ein aus so stabilisiertem Gummi hergestellter Gummischleim nach zweitägigem Stehen mit Benzidinlösung eine sehr schwache Braunfärbung aufwies.

Wird *Gummischleim* durch einfaches Erhitzen *inaktiviert*, so tritt Trübung und Absetzen ein und die Viscosität wird nach A. Laursen[2] bedeutend verringert. L. Rosenthaler[3] versuchte deshalb die Fermente durch Säuren oder Alkalien zu töten. Durch die nachträgliche Neutralisation erhält man neutrale, von den oxydierenden Enzymen freie, allerdings salzhaltige Gummischleime. Die Peroxydasen des Gummis erwiesen sich dabei gegen Säuren und Alkalien widerstandsfähiger als die Oxydasen, so daß die Herstellung von peroxydasenhaltigen, aber oxydasenfreien Präparaten möglich ist.

Waldstätten und Feuer[4] schlagen folgendes Verfahren vor:

[1] Pharmac. Acta Helvetiae **1928**, Nr. 11.
[2] Dansk Tidsskr. Farmac. **1932**, 54; Ref. Pharmaz. Ztg. **1932**, 357.
[3] Pharmaz. Ztg. **1929**, 317. — [4] Scientia pharmac. 7, 41 (1936).

20 g Gummi arabicum werden mit 400 g Wasser versetzt, einen Tag unter Umschwenken stehengelassen und bei 80° 1 Stunde lang im Wasserbad erhitzt. Nach dem Erkalten wird durch Watte filtriert. Das Filtrat wird im Vakuum bei 60° bis zur Trockene eingedampft, wonach 18 g (80%) Substanz zurückbleiben. Diese werden gepulvert (Sieb V).

Die Autoren fanden in einer solchen desenzymatisierten Droge auf Grund von Viscositätsbestimmungen einen Schleimverlust von etwa 22%.

Nach A. BAERHEIN SVENDSEN und E. DROTTNING[1] läßt sich ähnlich wie nach TSCHIRCH und FLÜCK eine sichere Inaktivierung der Peroxydasen ohne wesentliche Herabsetzung der Viscosität erreichen, wenn man den Schleim in eine dreifache Menge siedenden Alkohols gießt, diesen 15 Minuten sieden läßt und ihn nachher unter vermindertem Druck abdestilliert.

Zur *Erkennung von verschiedenen schleimbildenden Stoffen* geben W. WEINBERGER und B. JAKOBS[2] folgende Fällungsmethode an:

Werden 20 ccm eines 1%igen Schleimes unter Rühren tropfenweise mit 95%igem Weingeist versetzt, so entstehen charakteristische Ausscheidungen, die eine Erkennung der einzelnen Sorten gestatten (Tab. 20).

Tabelle 20.

Sorte	Menge des Alkohols ccm	Struktur	Aussehen	Art des Absetzens	
		des Niederschlages			
Gummi-arabicum	40	sehr fein-flockig	—	langsam, trübe	klebt nicht am Gefäß und Rührer
Traganth	10	langfaserig, klebrig	undurch-sichtig	rasch, klar	klebt beharrlich als dicker Klumpen am Rührer. Beim Herausnehmen des Rührers Strähne ziehend
Carrageen	20	klebriges Coagulum	durch-scheinend	nicht sehr rasch, klar	ähnlich wie bei Traganth, zieht aber keine Strähne
Agar-Agar	20	schwere Flocken	desgl.	gerinnende trübe Lösung	haftet fest am Gefäß und Rührer. Meniskusbildung
Sterkulia G.	15—20	sehr feine Fäden	—	klar	haftet nicht
Quitten-schleim	25	kurzes, klebriges Coagulum	undurch-sichtig	klebrige Häuf-chen unter trüber Lösung	haftet nicht

[1] Dansk Tidsskr. Farmac. **27**, 129 (1953); Ref. Pharmaz. Zentralhalle Deutschland **93**, 199 (1954).

[2] J. Amer. pharmac. Assoc. **1929**, Nr. 1; Ref. Pharmaz. Ztg. **1929**, 470.

Herba und Rhizoma Chelidonii.

Das Schöllkraut enthält unter 13 Alkaloiden Chelidonin als Haupt-alkaloid und Protopin, Berberin, Sanguinarin u. a. als Nebenalkaloide. In der frischen Pflanze sind die Alkaloide nach G. Schenck und H. Graf[1] in einer Menge von 0,07 bis 0,09% vorhanden. Der Alkaloidgehalt steigt von April bis Oktober stark an. G. Krell[2] fand z. B. in Drogen, die bei 80° getrocknet waren, in der Wurzel eine Zunahme von 0,61 bis 1,21%, im Kraut eine solche von 0,11 bis 0,57%. Schenck und Graf geben für die getrocknete Wurzel 1,37 bis 1,58% Alkaloide an. In Handelsdrogen wurden nur 0,019 bis 0,034% Alkaloide gefunden, so daß die Alkaloide entweder während der Trocknung oder während der Lagerung zerstört werden. Der Alkaloidgehalt der Droge unterliegt deshalb großen Schwan-kungen, weshalb eine Standardisierung eingeführt werden sollte.

Alkaloidbestimmung in frischen Pflanzenteilen
nach G. Schenck und H. Graf[1].

100 g grünes Durchschnittsmaterial werden in einer Reibschale mit 200 g See-sand gründlich verrieben und eine Nacht im Kalkschrank getrocknet. Dann wird das fast trockene Material mit 10 ccm 30%iger Natronlauge alkalisch gemacht und im Soxhlet 6 Stunden mit Chloroform extrahiert. Unter Zusatz von 10 ccm n/10-Schwefelsäure wird das Chloroform vollständig verdampft, wobei sich eine fett-artige Ausscheidung an der Wand abscheidet. Die schwefelsaure Lösung wird von den Ausscheidungen abfiltriert, das Filter mit Wasser gewaschen, die Lösung dann mit n/10 Natronlauge und Methylrot zurücktitriert. 1 ccm n/10-Schwefelsäure = 0,035316 g Chelidonin.

Die im Kölbchen zurückgebliebene fettartige Ausscheidung enthält noch etwa 10% Alkaloide. Sie wird deshalb in Chloroform gelöst, mit 10 ccm n/10-Schwefel-säure versetzt und die Alkaloide wie oben bestimmt. Dies muß eventuell ein drittes Mal wiederholt werden.

Alkaloidbestimmung im Wurzelpulver
nach G. Schenck und H. Graf[1].

2 g Wurzelpulver werden mit 100 g reinem Seesand innig verrieben, die Ver-reibung mit 3 g 30%iger Natronlauge gut vermischt und 3 Stunden im Soxhlet auf dem Wasserbad mit Chloroform extrahiert. Die Chloroformlösung wird auf 1/3 ihres Volumens eingedampft, mit 10 ccm n/10-Schwefelsäure versetzt und auf dem Wasserbade zur vollständigen Verdampfung des Chloroforms erwärmt. Die schwefel-saure Lösung wird von Ausscheidungen abfiltriert, das Filter mit Wasser ge-waschen, die Lösung dann mit n/10-Natronlauge und Methylrot zurücktitriert. 1 ccm n/10-Schwefelsäure = 0,035316 g Chelidonin.

Ein Einschluß von Alkaloiden durch die Ausscheidungen findet hier nicht statt. Bei dieser Bestimmung und auch bei der Bestimmung in frischen Pflanzenteilen empfiehlt es sich, Blindversuche auszuführen.

Herba Convallariae.

Maiglöckchenkraut enthält als Wirkstoff das herzwirksame Glykosid Convallatoxin, das mit 3 bis 3,5 Millionen FD pro g die herzwirksamste Substanz darstellt, die zur Zeit bekannt ist. Die Blüten enthalten den größten Anteil, die Blätter 1/3 bis 1/2 davon und die Wurzeln am wenig-

---

[1] Arch. Pharmaz. **275**, 113, 166 (1937). — [2] Dissertation, München 1937.

sten. Die günstigste Sammelzeit für die ganze Pflanze ist die Blütezeit. Das Convallatoxin unterliegt als Glykosid der hydrolytischen Spaltung, die zu einer Wirkungsabnahme führt und bei unsachgemäßem Trocknen eine starke Wertminderung der Droge veranlaßt. Nach Untersuchungen von R. JARETZKY und H. J. SIMON[1] ist die beste Trocknungsart für die Blätter zweistündiges Trocknen bei 110°, wodurch der Wassergehalt auf unter 3% erniedrigt werden soll. Durch diese Trocknung tritt kaum eine Wirkungsabnahme ein, während Trocknen bei tieferen Temperaturen und über längere Zeiten mit Verlusten verbunden ist. Die Blüten sind weniger empfindlich und können auch bei tieferen Temperaturen, z. B. bei 30°, ohne Wertabnahme getrocknet werden. Die getrocknete Droge muß auch vor Feuchtigkeit geschützt aufbewahrt werden, z. B. in paraffinierten Glasfläschchen, um den Wirkungswert zu erhalten.

P. SILLANI[2] empfiehlt, die frische Droge vor dem Trocknen zu stabilisieren. Man erreicht dies durch 2 Minuten lange Behandlung mit Wasserdampf bei $\frac{1}{4}$ atü oder mit Alkoholdampf während 3 Minuten bei $\frac{1}{2}$ atü. Die Droge soll dann schnell bei 60 bis 65° getrocknet werden und behält dann ihre grüne Farbe und ihren charakteristischen Geruch.

Auf jeden Fall ergibt sich aus den vorstehenden Versuchen, daß nur stabilisierte und auf einen bestimmten Wirkungswert eingestellte Droge verarbeitet werden soll, wofür JARETZKY und SIMON vorläufig einen Wirkungswert von 8000 FD pro g in Vorschlag bringen.

Bestimmung des Convallatoxins.

Der Convallatoxingehalt der Droge und deren Zubereitungen wird entweder biologisch im Tierversuch oder chemisch auf colorimetrischem Wege bestimmt. Nach A. MEYRAT[3], der eingehend die chemischen Bestimmungen geprüft hat, eignet sich das colorimetrische Verfahren mit dem BALJET-Reagens und mit der LIEBERMANNschen Reaktion, während gravimetrische Methoden zu hohe Werte liefern.

Colorimetrische Bestimmung mit dem Baljet-Reagens.

Die Reaktion mit dem BALJET-Reagens, das eine alkoholische alkalische Pikrinsäurelösung darstellt, beruht auf dem Lactonring des Convallatoxins, der unter Farbvertiefung der gelben Pikrinsäurelösung nach Orange reagiert. Die Reaktion ist nicht streng spezifisch, da sie z. B. auch mit freien Zuckern eintritt, sie läßt sich aber in entsprechend gereinigten Lösungen für eine quantitative Bestimmung benützen. Zur Convallatoxinbestimmung in der Droge wird aus dieser eine Tinktur durch Perkolation im Verhältnis 1 : 10 mit Spiritus dilutus hergestellt und diese wie folgt weiter behandelt:

10 g Tinktur werden im Vakuum eingedampft, der Rückstand wird mit 25 ccm heißem Wasser aufgenommen, die Lösung mit 0,5 ccm Bleiessig versetzt, geschüttelt, mit einigen Tropfen Essigsäure genau neutralisiert und der Niederschlag ab-

[1] Arch. Pharmaz. **283**, 77 (1950).
[2] Farmacista ital. **4**, 424 (1936); Ref. Pharmaz. Jahresb. **1936**, 38.
[3] Dissertation, Bern 1945.

zentrifugiert. Die klare überstehende Flüssigkeit wird quantitativ in einem Meßkolben von 40 ccm Inhalt gesammelt. Der Niederschlag wird noch dreimal mit
je 3 ccm heißem Wasser lege artis nachgewaschen, wobei die Waschflüssigkeit dem
ersten Zentrifugaté zugefügt wird. Nun werden 5 ccm heiße, gesättigte Natriumsulfatlösung zugegeben, nach dem Erkalten mit Wasser bis zur Marke aufgefüllt, gut
umgeschüttelt und vom abgeschiedenen Bleisulfat abzentrifugiert. 15 ccm der
Lösung werden mit 15 ccm Reagens (95 ccm 1%ige Pikrinsäurelösung + 5 ccm
10%ige Natronlauge) versetzt und bei konstant gehaltener Temperatur die
Extinktion beim Maximum der Farbintensität mit dem LANGEschen Colorimeter
bestimmt.

15 weitere ccm der Lösung werden mit 0,75 ccm 10%iger Natronlauge und
14,25 ccm Alkohol versetzt, und ihre Extinktion wird durch Subtraktion von der
Extinktion der ersten Hälfte abgezogen. Die Eigenfarbe des Reagens kann als
konstant angenommen werden und braucht bei entsprechender Eichkurve nicht
mehr bestimmt werden; genauer ist es, sie jedesmal durch Kompensation auszugleichen. Die der erhaltenen Extinktion entsprechende Convallatoxinmenge
(Eichkurve) ist in 3,75 g Tinktur enthalten.

Die „Ausschlagsmethode" ist nicht empfindlich genug, um sehr genaue Resultate zu erzielen, daher ist hier die „Kompensationsmethode" vorzuziehen. Ein
Colorimeter wie das „Leipha" oder das PULFRICH-Photometer dürften sich für
diese Methode besser eignen.

Für die Eichkurve mit 2 ccm Alkohol, Wasser ad 15 ccm und 15 ccm Reagens
gibt MEYRAT folgende Werte an:

$$5 \text{ mg Convallatoxin}: E = 0,115$$
$$8 \text{ mg Convallatoxin}: E = 0,159$$
$$\text{Temperatur } 17° \text{ C.}$$

Colorimetrische Bestimmung mit dem Liebermann-Burchard-Reagens.

Die grüne Farbreaktion von LIEBERMANN-BURCHARD mit Essigsäureanhydrid und Schwefelsäure in Chloroformlösung ist eine allgemeine
Sterinreaktion und wird von MEYRAT für eine quantitative Convallatoxinbestimmung benützt. Für die Ausführung der Bestimmung gibt
MEYRAT zwei Verfahren an, indem die Reaktion entweder mit dem
Glykosid oder mit dem Aglukon ausgeführt wird. Das Glykosid wird
durch eine ziemlich lang dauernde Perforation mit Chloroform isoliert
und das Aglukon durch Hydrolyse mit Schwefelsäure und Extraktion
mit Chloroform gewonnen.

Reagens: Essigsäureanhydrid 5 ccm, Chloroform 5 ccm, konz. Schwefelsäure
0,5 ccm. Die Reaktion soll bei 20° erfolgen. Bei einer Reaktionstemperatur von
10 bis 15° sind an Stelle von 0,5 ccm konz. Schwefelsäure 1,0 ccm zu nehmen.

a) Isolierung des Glykosids durch Perforation mit Chloroform.

25 g Tinktur werden im Vakuum eingedampft, der Rückstand wird mit 60 ccm
heißem Wasser aufgenommen, die Lösung mit 1 ccm Bleiessig versetzt, geschüttelt,
mit Essigsäure genau neutralisiert und der Niederschlag abzentrifugiert. Die klare,
überstehende Flüssigkeit wird quantitativ in einem Meßkolben von 100 ccm Inhalt
gesammelt. Der Niederschlag wird noch dreimal mit je 5 bis 8 ccm heißem Wasser
lege artis nachgewaschen, wobei die Waschflüssigkeit dem Zentrifugat zugefügt
wird. Nun werden 15 ccm heiße, etwa 15%ige Natriumsulfat- oder Na_2HPO_4-
Lösung zugegeben; nach dem Erkalten wird bis zur Marke mit Wasser ergänzt und
gut umgeschüttelt. Es wird vom abgeschiedenen Bleisulfat bzw. -phosphat abfiltriert oder abzentrifugiert, eine aliquote Menge Filtrat (etwa 80 ccm) mit Essigsäure nochmals (gegen Lackmus oder MERCKs Universalindicator, p_H 6 bis 7)
neutralisiert und dreimal 12 bis 16 Stunden auf dem Wasserbade mit Chloroform
perforiert (Perforator nach PRITZKER und JUNGKUNZ). Das Siedegefäß wird mit

Siedeperlen und wenig trockenem Calciumcarbonat beschickt. Die Chloroformlösungen werden durch wenig Watte in einen Rundkolben koliert, wobei etwas
Calciumcarbonat mitkommen darf, und das Chloroform wird vorsichtig auf dem
Wasserbad bis auf wenige ccm abdestilliert. Dabei sind neue Korkpfropfen zu vermeiden, da sie sterinhaltige Extraktstoffe abgeben können. Dann werden das Siedegefäß, das Trichterchen und die Watte quantitativ mit wenig absolutem Alkohol
nachgewaschen und die Waschflüssigkeit mit dem Rest des Chloroforms im Vakuum auf dem Wasserbade abgedampft. Der Rückstand (Convallatoxin + Calciumcarbonat) soll fast weiß sein. Er wird einige Minuten im Vakuum bei etwa 70°
getrocknet, mit genau 15 ccm colorimetrischer Reagenzlösung nach LIEBERMANN
versetzt und bei Zimmertemperatur, d. h. etwa 18 bis 20° beim Intensitätsmaximum
der grünen Farbe (nach 20 bis 30 Minuten bei 20° und mit dem Standardreagens)
mit dem LANGEschen Colorimeter nach der Ausschlagsmethode bestimmt.

Die Chloroformlösung darf nicht gefärbt sein, was auf eine schlechte Reinigung
mit Bleiessig zurückzuführen wäre, und beim Eindampfen darf sie höchstens
schwach gelblich werden. Die LIEBERMANNsche Färbung muß grell grün aussehen.
Eine olivengrüne Farbe wäre ein Zeichen für die Anwesenheit von Verunreinigungen.

Zur Aufstellung der Eichkurve mit Convallatoxin „Roche" nach dreistündigem
Trocknen im Vakuum bei 70° gibt MEYRAT folgende Werte an:

Menge	Mit dem Universalfilter	Mit dem Universal- und Rotfilter
2 mg	$E = 0{,}11$	$E = 0{,}175$
5 mg	0,27	0,39
10 mg	0,56	0,72
15 mg	0,85	1,05
20 mg	1,12	1,38

Die Extinktion der frischen Reagenzlösung gegenüber Wasser beträgt $E = 0{,}02$
mit dem Universalfilter (Zellenschutzfilter) und etwa $E = 0{,}005$ mit Universal-
und Rotfilter.

b) Colorimetrische Bestimmung des Aglukons.

Die anfängliche Verarbeitung der Tinktur erfolgt in gleicher Weise wie unter a).
80 ccm Filtrat des Bleisulfat-Niederschlages werden mit 25 ccm verdünnter
Schwefelsäure (10%) versetzt und 1½ Stunden lang auf dem siedenden Wasserbad
hydrolysiert. Die noch warme Lösung wird in einen Scheidetrichter gegeben und
nach dem Erkalten mit 30 ccm, dann 10 ccm Chloroform ausgeschüttelt. Diese Auszüge werden aufbewahrt; die wäßrige Lösung wird nochmals 1½ Stunden auf dem
Wasserbad erhitzt und dann mit 30 ccm, 15 ccm und 15 ccm Chloroform ausgeschüttelt. Die fünf vereinigten Auszüge werden durch ein mit Chloroform benetztes Filter filtriert, dieses mit Chloroform nachgewaschen und das Filtrat nach
Zusatz von einigen mg Calciumcarbonat auf dem Wasserbad eingeengt. Die letzten
ccm Chloroform werden im Vakuum verjagt und der Rückstand wird mit 1 ccm
trockenem Äther gewaschen. Er wird dann mit dem LIEBERMANNschen Reagens
versetzt und mit dem LANGEschen lichtelektrischen Colorimeter nach der Ausschlagsmethode bestimmt. Die gemessene Extinktion entspricht der in 20 g Tinktur
vorhandenen Menge Convallatoxin ± 10 bis 20%. Die durch die Verunreinigungen
verursachte Extinktion gleicht den Verlust an Herzglykosid während der Hydrolyse weitgehend aus.

MEYRAT hat mit diesen drei Methoden zwar in einer Tinktur den
gleichen Wert, nämlich 0,49 bis 0,51% Convallatoxin erhalten, schreibt
aber der colorimetrischen Aglukonbestimmung eine Streuung von
± 20%, der Bestimmung nach der Perforationsmethode eine Fehlerbreite von weniger als 10% zu. Die Methode mit dem BALJET-Reagens
liefert nur mit einem empfindlichen Colorimeter gute Werte, da die
Farbunterschiede sehr gering sind.

Herba Ephedrae.

Alkaloidbestimmung.

Herba Ephedrae enthält 0,5 bis 2,0% Alkaloide, von denen 60 bis 70% auf l-Ephedrin als Hauptalkaloid entfallen. Bei der Bestimmung ist zu berücksichtigen, daß die Alkaloide in Wasser löslich sind, sie können daher nur aus einer mit Kochsalz gesättigten wäßrigen Lösung mit einem organischen Lösungsmittel quantitativ extrahiert werden. Von verschiedenen vorgeschlagenen Methoden hat F. Gstirner[1] die Verfahren von S. Krishna und T. Ghose[2], von Paul und Clicart[3] und von Y. Hsu[4] verglichen und fand bei den ersten beiden Methoden übereinstimmende Werte. Er änderte das Verfahren von Krishna und Ghose in der Weise ab, daß die Droge nur mit Äther ohne Chloroformzusatz extrahiert wird:

10 g gepulverte Droge werden in einer 200 ccm-Arzneiflasche mit 100 g Äther und 7 g Ammoniak (10%) versetzt und bei einstündiger Maceration oft und kräftig geschüttelt. Dann wird der Äther in einen mit Glasplatte oder Petrischale zu bedeckenden Trichter von etwa 9 cm Durchmesser durch Watte in eine 150 ccm-Arzneiflasche filtriert. Von 70 g Filtrat (= 7 g Droge) wird in einem 250 ccm-Kolben der Äther zuerst vollkommen abdestilliert und der Rückstand abermals in 10 ccm Äther gelöst. Dann versetzt man die Lösung mit 20 ccm 0,5%iger Salzsäure (2 Teile 25%ige Salzsäure + 98 Teile Wasser), schüttelt den Kolben einige Male kräftig und vertreibt den Äther auf dem Wasserbade. Die saure Lösung wird durch ein glattes Filter (Durchmesser = 7 cm) filtriert. Kolben und Filter dreimal mit je 7 ccm Wasser nachgewaschen und das Filtrat mit 10%igem Ammoniak alkalisiert (etwa 10 Tropfen). Dann wird die Lösung mit etwa 13 g Kochsalz gesättigt und dreimal mit je 20 ccm Äther ausgeschüttelt. Die ätherischen Ausschüttelungen werden durch ein glattes Filter (Durchmesser = 7 cm) in einen 150 ccm-Kolben filtriert und der Äther abdestilliert. Den Rückstand löst man in 2 ccm Weingeist, fügt 5 ccm n/10-Salzsäure hinzu, verdünnt mit 5 ccm Wasser und titriert unter Zusatz von 2 Tropfen Methylorangelösung die überschüssige Säure mit n/10-Natronlauge zurück. 1 ccm n/10-Salzsäure entspricht 0,0165 g Alkaloide, berechnet auf Ephedrin. Berechnung: Anzahl ccm der von den Alkaloiden gebundenen Salzsäure × 0,235 = %-Gehalt Alkaloide, berechnet auf Ephedrin.

Bei der Alkaloidbestimmung in Herba Ephedrae ist nach J. Williams und H. Moraw[5] zu beachten, daß Ephedrin bei etwa 100° vollkommen flüchtig ist, so daß das Trocknen von im Gange der Ausmittelung erhaltenen Rückständen bei höheren Temperaturen zu Verlusten führt. Wird die Ausschüttelung mittels Chloroform vorgenommen, so treten besonders bei längerem Stehen Zersetzungen ein, die zur Bildung salzsauren Ephedrins führen. Williams empfiehlt daher kein Ammoniak zu verwenden, um das Alkaloid in Freiheit zu setzen, sondern Natriumhydroxyd; er schüttelt mit Äther aus und setzt dann die Normalsäure vor Beginn des Abdampfens des Äthers zu. Moraw läßt mit Ammoniak arbeiten, schüttelt mit Äther aus, verdampft diesen bis auf etwa 10 ccm, setzt

[1] Pharmaz. Ztg. **1931**, 1440. — [2] J. Soc. chem Ind. **48**, 67 (1929).
[3] J. Assoc. off. agric. Chemists **1929**, 12, 290.
[4] J. Amer. pharmac. Assoc. **1930**, Nr. 18.
[5] J. Amer. pharmac. Assoc. **1928**, Nr. 5; Ref. Pharmaz. Ztg. **1928**, 909.

dann die Säure zu und titriert mit Brom-Thymolblau als Indicator. Auch bei diesem Verfahren sollen weder Verluste noch Täuschungen durch Ammoniak möglich sein.

Verfahren von N. A. Qazilbash[1]. 5 g fein gepulverte Droge werden in einem 250 ccm-Erlenmeyerkolben mit Glasstopfen mit 100 ccm peroxydfreiem Äther, 0,5 g wasserfreiem Natriumcarbonat und 5 ccm 15%iger Ammoniaklösung versetzt und während 3 Stunden öfters geschüttelt. Am nächsten Tag wird 15.Minuten lang geschüttelt und die ätherische Lösung durch Watte filtriert. 50 ccm Filtrat (= 2,5 g Droge) werden in einem Schüttelzylinder mit 20, 15, 10, 10 ccm 2,5%iger Schwefelsäure ausgeschüttelt und die wäßrige Lösung in einen 150 ccm-Schüttelzylinder filtriert. Die saure Lösung wird mit 2%iger Ammoniaklösung gegen Kongorot neutralisiert, hierauf werden noch 1 bis 2 Tropfen Ammoniaklösung zur alkalischen Reaktion und 5 g wasserfreies Natriumcarbonat zugesetzt und dieses durch Schütteln gelöst. Dann wird die Lösung mit Natriumchlorid gesättigt und mit 30, 25, 20 und 15 ccm Äther ausgeschüttelt und die ätherische Lösung durch ein 7 cm-Filter filtriert und dieses mit Äther nachgewaschen. Die ätherische Lösung wird in einem Becherglase bei niedriger Wasserbadtemperatur auf 5 ccm eingeengt. Dann wird das Becherglas vom Wasserbad entfernt und der Äther durch Einblasen vertrieben. Der Rückstand wird in 2 ccm Methylalkohol unter leichtem Erwärmen gelöst, mit 25 ccm aufgekochtem und wieder erkaltetem Wasser verdünnt, 25 ccm n/50-Schwefelsäure zugesetzt und einige Minuten unter Umrühren mit einem Glasstab auf dem Dampfbad erwärmt. Die überschüssige n/50-Schwefelsäure wird mit n/50-Natronlauge unter Verwendung von Bromthymolblau als Indicator zurücktitriert. 1 ccm n/50-Schwefelsäure = 0,033 g Alkaloide.

Verfahren von P. Martinez[2]. Das fein gepulverte Kraut von Ephedra-Arten wird 1 Stunde lang mit der dreifachen Menge Wasser gekocht. Nach dem Abkühlen wird durch ein Plattenfilter Nr. 1 filtriert. Hierauf werden 10 g Bariumhydroxyd zugegeben. Der Niederschlag wird abgesaugt und dreimal mit Wasser ausgewaschen. Nach Zugabe eines Überschusses von Natriumcarbonat wird einige Minuten umgeschwenkt, erneut filtriert und wiederum nachgewaschen. Das Filtrat wird bis nahezu zum Sättigungsgrad mit Natriumchlorid versetzt und dreimal mit Benzol ausgeschüttelt. Die vereinigten Benzolauszüge werden mit entwässertem Natriumsulfat getrocknet. Die in Benzol gelösten Alkaloidbasen werden mit n/10-Salzsäure titriert. Aus der Anzahl verbrauchter ccm und dem Faktor 0,02016 errechnet man die in der Ausgangsmenge der Droge enthaltene Alkaloidmenge, berechnet auf Ephedrinhydrochlorid. Es werden 30 bis 50% höhere Werte erhalten als mit den bisher üblichen Methoden nach KRISHNA und GHOSE, HSU, GSTIRNER, EMDE und BOSCH-ARINO.

Verfahren zur Bestimmung des Alkaloidgehaltes in Ephedra gracilis von C. Castoldi[3]. 100 g fein gepulverte Droge werden innig mit 80 g 50%iger Kaliumcarbonatlösung gemischt. Die Masse wird im Vakuum bis zur Gewichtskonstanz über Calciumchlorid getrocknet. Das Pulver wird 4 Stunden mit Chloroform unter etwas vermindertem Luftdruck soxhletisiert, um eine Kochtemperatur von 60° nicht zu überschreiten. Das Chloroform wird im Rekuperator des Soxhletapparates aufgefangen. Der Rückstand im Kolben wird kurz mit Äther gewaschen und dann vier- bis fünfmal mit je 50 ccm verdünnter Salzsäure (10%) ausgezogen. Die vereinigten Auszüge werden mit 80 g trockenem Kaliumcarbonat versetzt, wonach viermal mit Chloroform ausgeschüttelt wird. Die vereinigten chloroformigen Auszüge werden zum Trocknen verdampft und nach Trocknen über Calciumchlorid bis zur Gewichtskonstanz wird gewogen. Die äthanolige Lösung wird mit n/10-Salzsäure titriert (Methylrot als Indicator). 1 ccm n/10-Säure entspricht 0,0165 g Gesamtalkaloid, das über die Oxalate in Ephedrin und Pseudoephedrin getrennt wurde. 100 g Droge enthielten 1,159 g Ephedrin und 0,0785 g Pseudoephedrin.

[1] Quart. J. Pharmac. Pharmacol. **21**, 475 (1948).
[2] An. Real. Acad. de Farmacia **15**, 313 (1949); Ref. Pharmaz. Zentralhalle Deutschland **89**, 232 (1950).
[3] Boll. chim farmac. **91**, 11 : 431 (1952); Ref. Pharmaz. Ztg. **89**, 725 (1953).

Herba Hydropiperis.

Rutinbestimmung.

Zur Bestimmung des Rutins (Rhamnoglykosid des 5, 7, 3′, 4′ Tetraoxyflavanol) in Drogen wurden mehrere Methoden ausgearbeitet. Nach dem gravimetrischen Verfahren von B. C. KING und A. E. SCHWARTING[1] wird die Probe im Soxhlet mit Äthanol extrahiert. Nach Entfernen des Alkohols kristallisiert das Rutin aus der wäßrigen Lösung und kann als Rohrutin zur Wägung gebracht werden. Colorimetrische Methoden beruhen auf einer Farbvertiefung unter der flavanolartige Körper mit vielen Metallsalzen reagieren, die nach P.. PFEIFFER auf der in α-Stellung zur Ketogruppe befindlichen Hydroxylgruppe beruht. Diese Reaktion ist demnach für Rutin nicht spezifisch. Deshalb müssen andere störende flavanolartige Körper vorher entfernt werden. Eine dritte Möglichkeit der Rutinbestimmung beruht auf der Reduktion eines Flavanols zu dem entsprechenden Anthozyanidinsalz nach WILLSTÄTTER.

Rutinbestimmung von J. Valentin und G. Wagner.

VALENTIN und WAGNER[2] greifen auf die Reduktion der Flavanole zu dem Anthozyanidinsalz nach WILLSTÄTTER zurück, das colorimetrisch gemessen wird. Dieses Verfahren wurde bereits von SZENT-GYÖRGYI und RUSZNYAK[3] zur Wertbestimmung des Citrins und von K. SHIBATA[4] für Pflanzenauszüge benützt. SHIBATA reduzierte die Flavanole bzw. Flavanolglykoside in alkoholischer Lösung mit Magnesiumpulver, wenig Quecksilber und 25%iger Salzsäure. Dieses Verfahren, das bisher als ungenau galt, wurde von VALENTIN und WAGNER erneut durchgearbeitet und die Bedingungen für eine genaue Bestimmung festgelegt, so daß auch das BEER-LAMBERTsche Gesetz erfüllt wird. Um störende Farbstoffe, wie Chlorophyll u. ä., zu entfernen, wird die Droge zuerst mit Chloroform und anschließend das Rutin mit Alkohol extrahiert.

Ausführung. 2 g Droge werden in eine Extraktionshülse eingewogen und im Soxhlet 3 Stunden lang mit Chloroform extrahiert. Die gefüllte Hülse wird anschließend aus dem Soxhlet herausgenommen, 2 Stunden bei 75° im Trockenschrank belassen und zum Abkühlen in den Exsiccator gebracht. Indem man 10% Extraktionsverlust in Rechnung stellt, wägt man eine bestimmte Menge vorextrahierter Droge ab und extrahiert diese dreimal je 20 Minuten lang mit je 25 ccm 96 vol.-%igem siedendem Alkohol. Die Droge wird dabei jedesmal möglichst vollständig auf einen BÜCHNER-Trichter gebracht und scharf abgesaugt. Die Filtrate werden vereinigt und mit 96 vol.-%igem Alkohol auf 100 ccm aufgefüllt. 10 ccm dieser Lösung werden mit 0,1 g Magnesiumpulver und 1,5 ccm 22,5%iger Salzsäure reduziert. Die Reduktion wird in 50 ccm-Meßkölbchen durchgeführt. Während der Salzsäurezugabe wird umgeschwenkt. Anschließend wird unter dauerndem Umschütteln 1 Minute lang in fließendem Kaltwasser gekühlt. Ohne

---

[1] J. Amer. pharmac. Assoc. Sci. Edit. **39**, 531 (1950).
[2] Pharmaz. Zentralhalle Deutschland **91**, 291 (1952).
[3] Nature **27**, 138 (1936). — [4] Botan. Marginalien **29**, 121 (1915).

Rücksicht auf etwa noch nicht gelöste Mg-Partikelchen wird zur Seite gestellt und nach einer Wartezeit von 20 Minuten unter Verwendung von S 53 in einer 2 cm-Küvette gemessen. Die Konzentration der Lösung an Rutin muß zwischen 5 und 25 mg% liegen. Ist dies nicht der Fall, so muß vor der Reduktion durch Verdünnen eine entsprechend konzentrierte Lösung hergestellt werden. Die Rutinwerte sind dann auf der Eichkurve abzulesen.

Die Autoren fanden im Kraut von Polygonum hydropiper L. 2,5% Rutin und in den Blättern 3,3%. Das Verfahren läßt sich auch auf andere Drogen anwenden.

Bestimmung von Rutin und Quercetin nach L. Hörhammer und R. Hänsel.

HÖRHAMMER und HÄNSEL[1] verwenden allgemein zur quantitativen Bestimmung von Rutin und Quercetin nebeneinander in Drogen die Farbvertiefung, welche auf Zugabe von Zirkonoxychlorid zu einer methanolischen Lösung der Flavanole eintritt. Den Vorteil in der Verwendung dieses Salzes sehen sie darin, daß Rutin und Quercetin ohne vorherige Trennung nebeneinander bestimmt werden können. Dies läßt sich sogar auf zwei voneinander unabhängigen Wegen durchführen: einmal zeigen die Zirkonylkomplexe der beiden Substanzen zwei deutlich verschiedene Absorptionsmaxima, so daß sich spektralphotometrisch durch Messung der Extinktionen in zwei oder besser mehreren verschiedenen Wellenlängenbereichen das Mischungsverhältnis ermitteln läßt, des anderen ist der Quercetinkomplex gegenüber Citronensäure stabil — es tritt nur eine Farbänderung auf —, während der Rutinkomplex bei Zugabe von Citronensäure unter Entfärbung zerfällt. Das letztere Verfahren läßt sich bequem mit dem PULFRICHschen Stufenphotometer ausführen und beruht darauf, daß aliquote Teile der zu untersuchenden Lösung einmal ohne, das andere Mal mit Citronensäure durch Zirkonoxychlorid zur Reaktion gebracht werden. In dem einen Fall erfaßt man die Summe von Quercetin und Rutin, im anderen Falle Quercetin allein.

1. Reagenzien. a) Methylalkoholische Zirkonoxychloridlösung: Man löst 2 g Zirkonoxychlorid, $ZrO(Cl)_2 + 8 H_2O$ in 100 ccm Methylalkohol.

b) Citronensäurelösung: Man löst 2 g Citronensäure in 100 ccm destilliertem Wasser.

c) Standard-Rutinlösung: Handelsübliches Rutin wird mehrmals aus Alkohol und Wasser umkristallisiert, zuerst an der Luft und schließlich im Trockenschrank bei 125° bis zum konstanten Gewicht getrocknet. 100 mg der Substanz, in 500 ccm Methylalkohol gelöst, dienen als Stammlösung zur Messung des prozentualen (mg%) Extinktionskoeffizienten.

d) Standard-Quercetinlösung: Handelsübliches Rutin wird in 5%iger salzsaurer Lösung hydrolysiert; nach mehrfacher Umkristallisation aus Alkohol und Wasser und Trocknung bei 125° bis zum konstanten Gewicht, bereitet man analog der Rutinlösung eine 20 mg%ige Quercetin-Stammlösung.

2. Eichkurven. Eine steigende Anzahl ccm Stammlösung wird in 50 ccm-Meßkölbchen mit den Reagenzien (siehe Punkt 3) versetzt. Nach Auffüllen bis zur Marke mit dem jeweiligen Lösungsmittel mißt man nach 20 Minuten die Extinktion der Lösungen. Die Autoren benutzten zur Messung das PULFRICHsche Stufenphotometer mit der lichtelektrischen Zusatzeinrichtung (Wechsellicht-Photometer)

---

[1] Arch. Pharmaz. **284**, 276 (1951).

bei Vorschalten von Filter S 43. Der prozentuale Extinktionskoeffizient ist definiert durch

$$E_p = \frac{E}{c \cdot d},$$

wobei E = gemessene Extinktion, c = Konzentration in mg% und d = Schichtdicke der Lösung in cm bedeuten. Dementsprechend erhalten wir auch bei den Bestimmungen die Konzentrationen des Rutins c_R und des Quercetins c_Q in den Einheiten mg%.

Zur Bestimmung des Quercetins neben Rutin gilt es nun drei verschiedene prozentuale Extinktionskoeffizienten zu kennen: 1. den Extinktionskoeffizienten E_p der Rutinlösung in Gegenwart von Zirkonreagens in methylalkoholischer Lösung, 2. E'_p der Quercetinlösung in Gegenwart von Zirkonreagens in methylalkoholischer Lösung und 3. E''_p der Quercetinlösung in Gegenwart von Zirkonreagens und Citronensäure in 20%iger methylalkoholischer Lösung (Tab. 21 bis 23).

3. Ausführung der Bestimmung. Das Flavanolgemisch wird in einem Mikrosoxhlet der zu untersuchenden Probe (Tablette, Droge, Extrakt usw.) mittels Methylalkohol entzogen. Aliquote Volumina des Auszuges werden in zwei 50 ccm-Meßkölbchen pipettiert. In das erste Meßkölbchen fügt man sofort 1 ccm der methylalkoholischen Zirkonoxychloridlösung. Nach Auffüllen mit Methylalkohol bis zur Marke mißt man nach 20 Minuten den Extinktionskoeffizienten E_m. In den anderen Meßkolben fügt man nur so viel Methylalkohol, daß die Reaktionslösung nach Auffüllen bis zur Marke mit destilliertem Wasser 20% Methylalkohol enthält. Anschließend pipettiert man 1 ccm Citronensäurelösung und zum Schluß 1 ccm Zirkonoxychloridreagens ein. Eine auftretende Trübung ist nur vorübergehend und verschwindet nach Auffüllen mit destilliertem Wasser. Nach 20 Minuten mißt man den Extinktionskoeffizienten E'_m. Eine Eigenfärbung der Extrakte wird kompensiert, indem man in den zweiten Strahlengang des Photometers nicht reines Lösungsmittel, sondern eine Blindprobe bringt.

4. Berechnung der Konzentrationen an Rutin und Quercetin aus den beiden gemessenen Extinktionen E_m und E'_m. Wenn auch die Entfärbung des Rutin-Zirkonylkomplexes durch die Citronensäure eine fast vollständige ist, so muß man doch eine geringfügige Restfärbung der Lösung durch Anbringen eines Korrekturfaktors (experimentell bestimmt zu 0,03) berücksichtigen, um eine Bestimmung

Tabelle 21. *Rutineichkurve.*
Lösung: methylalkoholisch, Filter S 43.

Konzentration mg %	Schichtdicke cm	Extinktion E	E_p
0,8	0,5	0,154	0,385
1,2	0,5	0,229	0,383
1,6	0,5	0,308	0,385
2,0	0,5	0,379	0,379
2,4	0,5	0,462	0,386

Tabelle 22. *Quercetineichkurve.*
Lösung: methylalkoholisch, Filter S 43.

Konzentration mg %	Schichtdicke cm	Extinktion E	E'_p
0,8	0,5	0,097	0,485
1,2	0,5	0,193	0,482
1,6	0,5	0,285	0,475
2,0	0,5	0,385	0,481
2,4	0,5	0,483	0,483

Tabelle 23. *Quercetineichkurve.*
Lösung: 20%ig methylalkoholisch in Gegenwart von Citronensäure.

Konzentration mg %	Schichtdicke cm	Extinktion E	E''_p
0,8	0,5	0,203	0,508
1,2	0,5	0,306	0,510
1,6	0,5	0,408	0,510
2,0	0,5	0,505	0,505
2,4	0,5	0,603	0,505

von Quercetin neben Rutin auf ± 5% zu gewährleisten, und zwar in dem Bereich 5% bis etwa 90% Quercetin neben 95% bis etwa 10% Rutin. Einfache Überlegungen führen dann zu folgenden Berechnungsformeln:

$$c_Q = \frac{E_m' - 0,03}{0,508}, \qquad c_R = \frac{E_m - c_Q \cdot 0,481}{0,384}.$$

Herba Hyperici.

Hypericinbestimmung. L. ROTH[1] hat eine colorimetrische Hypericinbestimmung für die getrocknete Droge ausgearbeitet, nach der das Hypericin mit Methanol extrahiert und die Farbintensität in einem AUTENRIETH-Colorimeter gemessen wird:

Die Droge wird mittelfein gepulvert und zur Entfernung von Wachsen und fettlöslichen Stoffen im Soxhlet erschöpfend mit Petroläther extrahiert. Darauf wird die Droge wieder getrocknet und dann so lange mit Äther extrahiert, bis dieser farblos abläuft. Das Chlorophyll wird dadurch zu etwa 95% entfernt. Nach abermaligem Trocknen extrahiert man mit einem Gemisch von Methanol mit etwas Alkohol, um das Hypericin herauszulösen. Man erhält so eine tiefrote Flüssigkeit mit hellroter Fluorescenz.

Mit einem normalen AUTENRIETH-Colorimeter wurden keine befriedigenden Ergebnisse erzielt, weil die Hypericinlösung immer noch etwas Chlorophyll (etwa 3%) und einen gelbgrünen Farbstoff enthält, so daß eine Mischfarbe vorlag, die keinen einwandfreien Vergleichswert lieferte. ROTH ließ sich deshalb einen AUTEN-RIETH-Colorimeter bauen, der zwei stufenlos verstellbare Meßkeile und zwei Meßtröge enthält. In den einen Keil wird eine Hypericinlösung in Pyridin 1 : 10000 gefüllt, in den anderen eine alkoholische Lösung von Chlorophyll. Durch diese Anordnung wird erreicht, daß der Farbton der zu untersuchenden Lösung ganz genau eingestellt werden kann, und daß die Ablesegenauigkeit bei Verwendung von künstlichem Licht etwa $^2/_{10}$ mm Schichttiefe beträgt; bei Tageslicht sind die Farben weniger gut ausgeprägt, so daß nur eine Genauigkeit von etwa $^5/_{10}$ mm Schichttiefe erreicht wurde.

ROTH fand in Hypericum perforatum 0,19% Hypericin, auf die lufttrockene Droge berechnet, in Hypericum acutum 0,15%, H. maculatum 0,29%, H. tetrapterum 0,33%, H. tomentosum 0,22%, während viele andere Arten kein Hypericin enthielten.

Herba Lobeliae.

Alkaloidbestimmung. Zur Bestimmung der Lobelia-Alkaloide wurden verschiedene Verfahren herangezogen. L. DÁVID[2] extrahiert die Alkaloide mit 0,5%iger Essigsäure auf dem Wasserbade und bestimmt sie gravimetrisch. M. MASCRÉ[3] lehnt dieses Verfahren ab, weil die hitzeempfindlichen Alkaloide teilweise zerstört und für eine gravimetrische Bestimmung nicht genug gereinigt werden würden.

MASCRÉ arbeitete auf einer anderen Grundlage eine Methode zur Alkaloidbestimmung in Extrakten und Injektionslösungen aus, wobei er die Fällbarkeit der Alkaloide mit Siliciumwolframsäure benützt. Aus Versuchen mit reinstem Lobelin ergab sich, daß die Lobeliaalkaloide in n/1 salzsaurer Lösung durch eine 5%ige Siliciumwolframsäure bei

---

[1] Dtsch. Apotheker-Ztg. **93**, 653 (1953).
[2] Pharmaz. Ztg. **1929**, 419. — [3] Bull. Sci. pharmacol. **37**, 209 (1930).

Zimmertemperatur quantitativ gefällt werden. Auf Grund dieser Versuche verläuft der Analysengang folgendermaßen:

Extrakt oder Injektionslösung werden in Alkohol gelöst bzw. mit Wasser gemischt, und nach Alkalisieren mit Ammoniak die Alkaloide mit Äther ausgeschüttelt. Der nach dem Abdestillieren verbleibende Rückstand wird in n/1-Salzsäure aufgenommen und mit 5%iger Siliciumwolframsäure versetzt. Die entstehende Fällung wird abfiltriert und das Gewicht der Asche mit 0,414 multipliziert (empirisch gefundener Faktor).

GSTIRNER[1] zog die Alkaloidbestimmung für Folia Belladonnae nach FROMME[2] heran und erhielt dieselben Ergebnisse wie nach der Fällungsmethode von MASCRÉ. Zum Beispiel fand er nach FROMME: 0,33, 0,34%, nach MASCRÉ: 0,33, 0,35% Alkaloide in derselben Droge. Diese gute Übereinstimmung zweier ganz verschiedener Methoden spricht für die Richtigkeit beider Verfahren. GSTIRNER vereinfachte das FROMMEsche Verfahren und empfiehlt die Bestimmung in folgender Weise vorzunehmen:

10 g gepulverte Droge werden in einer 200 ccm-Arzneiflasche mit 100 g Äther und 7 g Ammoniak versetzt und bei halbstündiger Maceration oft und kräftig geschüttelt. Dann wird der Äther mit einem mit einer Glasplatte zu bedeckenden Trichter von etwa 9 cm Durchmesser durch Watte in eine 150 ccm-Flasche filtriert. Durch Aufgießen von einigen ccm Wasser auf den Brei im Trichter verdrängt man den Äther. Von 70 g ätherischer Flüssigkeit (= 7 g Droge) wird der Äther in einem 250 ccm-Kolben vollkommen abdestilliert und der Kolben nach dem Erkalten gewogen. Dann löst man den Rückstand in 10 ccm Äther, fügt 30 ccm Salzsäure (1 Teil 25%ige Salzsäure + 99 Teile Wasser) hinzu, schwenkt den Kolben einige Male kräftig um und vertreibt den Äther auf dem Wasserbade. Nach dem Erkalten ergänzt man das Gewicht der Flüssigkeit auf 35 g mit Salzsäure (1 + 99) und filtriert durch ein Faltenfilter von 10 cm Durchmesser. 30 g Filtrat (= 6 g Droge) werden mit 10%iger Ammoniaklösung schwach alkalisiert und dreimal mit je 25 ccm Äther je 2 Minuten lang ausgeschüttelt und die ätherische Flüssigkeit durch ein glattes Filter von 7 cm Durchmesser in einen 200 ccm-Kolben filtriert. Dann destilliert man den Äther auf dem Wasserbade ab, löst den Rückstand in 10 ccm Alkohol, fügt 25 ccm Wasser und drei Tropfen Methylrotlösung hinzu und titriert mit n/10-Salzsäure bis zum Farbenumschlag. 1 ccm n/10-Salzsäure entspricht 0,03372 g Alkaloide, berechnet auf Lobelin.

Berechnung. Anzahl verbrauchter ccm n/10-Salzsäure mal 0,562 gibt den Prozentgehalt Alkaloide an, berechnet auf Lobelin.

Ähnliche Vorschriften wurden von dem Schweizer Arzneibuch V und der Dänischen Pharmakopoe IX aufgenommen. Das von W. A. N. MARKWELL[3] vorgeschlagene Verfahren ist den obigen Methoden ähnlich, unterscheidet sich aber in der Art der Drogenextraktion, der Behandlung der Alkaloidlösungen und in der Titration:

Je 10 g Drogenpulver und ausgeglühter Sand werden in einem länglichen birnförmigen Scheidetrichter, dessen Abflußrohr mit einem Wattebausch verschlossen ist, mit 75 ccm einer Mischung aus 4 Vol. Äther und 1 Vol. 95%igem Alkohol geschüttelt. Nach 15 Minuten werden 5 ccm 10%ige Ammoniakflüssigkeit zugesetzt und 1 Stunde geschüttelt. Hierauf wird unter schwachem positivem Druck in einem zweiten Scheidetrichter mit 25 ccm obiger Äther-Alkoholmischung und dann mit Äther erschöpfend perkoliert (Reaktion mit MAYERS Reagens). Das Perkolat wird sechsmal mit 0,5 n-Schwefelsäure ausgeschüttelt, die vereinigten

---

[1] Arch. Pharmaz. **1931**, 44. — [2] Jahresber. d. Fa. Caesar & Loretz **1924**, 269. [3] Pharmac. J. **136**, 617 (1936); Ref. Jb. Pharmaz. **71**, 13 (1936).

sauren Lösungen werden mit 10, 5, 5 ccm Chloroform ausgeschüttelt, jede Chloroformlösung mit 20 ccm 0,5 n-Schwefelsäure in einem anderen Schütteltrichter ausgeschüttelt. Alle vereinigten sauren Lösungen werden mit Ammoniak alkalisiert, mehrfach mit Chloroform ausgeschüttelt, die Chloroformlösungen werden mit einigen ccm Wasser gewaschen, filtriert, das Chloroform wird auf 2 ccm abdestilliert, 2 ccm absoluter Alkohol zu dem Rückstand gegeben und im Luftstrom auf dem Dampfbad eingedampft. Der Rückstand wird noch zweimal in gleicher Weise mit je 2 ccm absolutem Alkohol behandelt, um alles Wasser zu vertreiben und damit die Hydrolyse des Lobelins beim folgenden Erhitzen zu vermeiden. Der Rückstand wird 1 Stunde bei 80° getrocknet, in 10 ccm 0,02 n-Schwefelsäure gelöst und mit 0,02 n-Natriumboratlösung zurücktitriert (Methylrot als Indicator). 1 ccm 0,02 n-Schwefelsäure = 0,00674 g Alkaloide als Lobelin berechnet. Trotzdem das Lobelinsulfat wasserlöslich ist, darf die Schwefelsäure nicht durch Salzsäure ersetzt werden, da das Hydrochlorid aus wäßriger Lösung durch Chloroform gelöst wird.

H. VOGT, K. F. FELDMANN und H. H. GRANDJEAN[1] führen die Bestimmung mit Reineckesalz durch: 1 Mol Reineckesalz ($[Cr(NH_3)_2(SCN)_4]NH_4$), das bei der Fällung 1 Mol Alkaloid-Reineckat gibt, liefert nach der Hydrolyse mit alkalischer Seignettesalzlösung 4 Äquiv. SCN′, welche mit einem Überschuß von Silbernitratlösung gebunden werden. Rücktitration mit Ammoniumrhodanidlösung.

Ausführung. 6 g gepulverte Lobeliablätter werden in einer Arzneiflasche mit 60 g Äther und 3,5 g Ammoniak (10%) übergossen und 30 Minuten unter Schütteln extrahiert. Nach dem Absetzenlassen wird der Äther durch Watte gegossen und 40 g davon in einem gewogenen Kolben im Wasserbad bei 45° auf 5 g eingedampft. (Bei Drogen, die sich schlecht absetzen, ist es empfehlenswert, den Äther nach Zusatz von 2 bis 3 ccm Wasser nochmals 5 Minuten zu schütteln und durch erneute Filtration zu klären.) Dann werden 10 g stark verdünnte Salzsäure (Gemisch aus 4 g n/10-Salzsäure + 6 g Wasser) zugefügt, der Äther bei 45° unter Absaugen mit einem Luftstrom völlig entfernt, die salzsaure Alkaloidlösung nach dem Erkalten notwendigenfalls auf 10 g Gesamtgewicht ergänzt und filtriert. 7,5 g des Filtrates (= 3 g Droge) werden nun mit 5 ccm Reineckesalzlösung (wäßrige, ohne Erwärmen bereitete und filtrierte Lösung, Konzentration 0,1 : 20) gefällt, der Niederschlag nach halbstündigem Stehen in Eis abgesaugt und mit 20 ccm eisgekühltem Wasser nachgewaschen.

Da die Reineckate zum Teil schwer filtrierbar sind, wird zu ihrer Abtrennung ein doppeltes gehärtetes Filter von 5,5 ccm Durchmesser benützt, das in einen HIRSchen Trichter eingelegt wird. Das Einlegen erfolgt so, daß das Filter mit seinem inneren Teil an die Porzellanscheibe, Durchmesser etwa 15 mm, des Trichters angedrückt wird, so daß es sich beim Filtrieren fest an die Porzellanscheibe und an die Wandungen des Trichters ansaugen kann. Das Filtrieren erfolgt mit der Vorsicht an der Wasserstrahlpumpe, daß die abzusaugende Flüssigkeit nicht über den Rand des Papierfilters tritt.

Durch Auftropfen von 3 ccm Aceton auf das erhaltene Reineckat wird dieses vom Filter gelöst, die Lösung in einem Erlenmeyerkolben von 200 ccm aufgefangen und Trichter und Filter mit 40 ccm Wasser nachgespült (das Papierfilter wird zum Schluß mit in die Lösung gegeben). Nach Zusatz von 1 ccm alkalischer Seignettesalzlösung (FEHLING II) und Aufsetzen eines Trichters auf den Kolben wird die Lösung 10 Minuten auf dem Drahtnetz unter Sieden hydrolisiert und nach dem Erkalten 20 ccm reine Salpetersäure (25%) sowie 5 ccm n/10-Silbernitratlösung zugefügt. Das nicht verbrauchte Silber wird mit n/10-Ammoniumrhodanidlösung gegen Eisenalaun als Indicator zurücktitriert. Berechnung der Gesamtalkaloide auf Lobelin. 1 ccm n/10-Silbernitratlösung = 8,43 mg Lobelin.

VOGT und Mitarbeiter haben ihre Methode mit der von GSTIRNER, des Schweizer und Dänischen Arzneibuches verglichen und praktisch die gleichen Ergebnisse erhalten (Tab. 24):

---

[1] Pharmaz. Zentralhalle Deutschland **91**, 113 (1952).

Tabelle 24. *Alkaloidgehalt von Herba Lobeliae nach verschiedenen Methoden.*

	Komm. DAB 6	GSTIRNER	Pharm. Helv. V	Pharm. Danic. IX	Reineckat-Methode
			Alkaloidgehalt in %		
Droge 1......	0,71	0,411	0,425	0,420	0,429
Droge 2......	0,56	0,411	0,430	0,424	0,400
Droge 3......	0,61	0,382	0,367	0,380	0,373
Droge 4......	1,34 (!)	0,283	0,256	0,261	0,267

Die Methode des Kommentars zum DAB 6 wird abgelehnt, da sie durch Mitbestimmung von Ammoniak zu hohe Werte ergibt. Die Methode von VOGT und Mitarbeitern soll sich am schnellsten durchführen lassen. Eine Doppelbestimmung erfordert 2½ bis 3 Stunden.

Herba und Flores Millefolii.

Blüten und Blätter der Schafgarbe enthalten 0,1 bis 0,4% ätherisches Öl und wie die Kamillen Proazulen, aus dem durch Wasserdampfdestillation sich blaues Azulen bildet. Sowohl dem ätherischen Öl als auch dem Azulen bzw. dem Proazulen wird teilweise die therapeutische Wirkung zugesprochen, so daß nach dem Gehalt an ätherischem Öl und Azulen der Wert der Droge beurteilt werden kann, worüber E. STAHL Untersuchungen ausgeführt und eine Mikrobestimmung für Azulen in den Blüten ausgearbeitet hat.

E. STAHL[1] beobachtete, daß das ätherische Öl bei der Bestimmung durch Wasserdampfdestillation sehr langsam übergeht und nach sechs Stunden die Destillation noch nicht beendet ist. Um den Verlauf der Destillation näher kennenzulernen, bestimmte er in einem besonders dafür konstruierten Apparat[2] in Zeitabständen von 10 Minuten und später von 1 Stunde die destillierte Ölmenge und den Azulengehalt. Es ergab sich, daß in der 1. Stunde die Hauptmenge des ätherischen Öles überdestilliert, daß aber in den folgenden 3 Stunden noch beachtliche ätherische Ölmengen erhalten werden. In der 1. Stunde gingen 18,5 mg über, in der 2. Stunde 3,3 mg, in der 3. Stunde 3 mg, in der 4. Stunde 1,9 mg, in der 5. und 6. Stunde zusammen 2,2 mg. Nach STAHL sollen deshalb 10 g Trocken- oder 20 g Frischdroge in 300 ccm Wasser bei einer Destillationsgeschwindigkeit von 2 ccm pro Minute 4 Stunden lang destilliert werden.

Die Bestimmung des Azulengehaltes im ätherischen Öl ergab, daß das Verhältnis von ätherischem Öl und Azulen nicht konstant ist. Es betrug z. B. in den ersten 10 Minuten der Destillation 1 : 99, in den zweiten 10 Minuten 30 : 70, nach dem folgenden dritten Intervall sogar 45 : 55, um am Ende der 1. Stunde wieder bei 30 : 70 zu liegen. Es ist damit eine Azulenanreicherung möglich, indem man die ersten übergehenden Anteile verwirft. Der Azulengehalt des ätherischen Öles läßt sich dadurch von 20 auf 36% anreichern.

---

[1] Pharmaz. Ind. **14**, 262, 305 (1952).
[2] Die von STAHL benützte Apparatur ist auf S. 24 beschrieben.

Weiterhin stellte STAHL fest, daß die Destillationsgeschwindigkeit des ätherischen Öles und auch die Geschwindigkeit der Azulenbildung aus dem Proazulen von der Wasserstoffionenkonzentration abhängig ist. Am günstigsten zeigte sich ein p_H 1, das einer n/10-Schwefelsäure entspricht, wodurch die Destillationszeit auf 2 Stunden verringert werden kann. Das Azulen wird dann auch in den ersten Fraktionen am stärksten angereichert. Tab. 25 veranschaulicht den Destillationsverlauf des ätherischen Öles und des Azulens bei Verwendung von destilliertem Wasser und von n/10-Schwefelsäure.

Tabelle 25.
Gegenüberstellung der ätherischen Öl- und Azulen-Ausbeuten bei Verwendung von destilliertem Wasser und n/10-Schwefelsäure in den gleichen Zeitintervallen.

Es gingen über:	Mit destilliertem Wasser		n/10-Schwefelsäure	
	Äther. Öl mg	Azulen γ	Äther. Öl mg	Azulen γ
in den ersten 10 Minuten..	16,4	235	20,0	3170
in den zweiten 10 Minuten.	4,2	885	5,7	1090
in den dritten 10 Minuten.	3,0	990	4,1	885
in den vierten 10 Minuten.	2,3	915	3,3	585
in den fünften 10 Minuten	2,0	625	2,1	345
in den sechsten 10 Minuten	1,4	460	1,7	250
in der 1. Stunde	29,3	4110	37,1	6325
in der 2. Stunde	5,4	2150	6,9	940
in der 3. Stunde	4,0	700	4,6	400
in der 4. Stunde	3,3	355	2,3	185
Insgesamt	42,0	7315	50,9	7850

Nachweis von Proazulen in Schafgarbenblüten.

E. STAHL[1] hat im p-Dimethylaminobenzaldehyd ein geeignetes Reagens gefunden, um in den Blütenköpfchen der Schafgarbe Proazulen in einfacher Art nachzuweisen.

EP-Reagens: Acid. aceticum glaciale p. a. 96% „Merck" .... 50,0 g
Acid. phosphoricum (ortho-) puriss. 85% „Merck" .... 5,0 g
p-Dimethylaminobenzaldehyd „Merck" (farblos!) ..... 0,25 g
Aqua dest. .... 45,0 g

10 Blütenköpfchen werden im Reagenzglas mit 2,5 ccm EP-Reagens versetzt und über freier Flamme oder besser im kochenden Wasserbad 10 Minuten erwärmt. Nach dieser Zeit ist bei stark proazulenhaltigen Blütenköpfchen die Lösung so intensiv dunkelblau geworden, daß eine Durchsicht nicht mehr möglich ist. Bei mittlerem Gehalt ist die Lösung blaugrünlich gefärbt, bei geringem Gehalt ist nur eine schwache Grünfärbung wahrzunehmen. Eine gelbbraune oder rötlichbraune Farbe zeigt an, daß praktisch kein Proazulen vorhanden ist.

Stehen nur wenig Blüten zur Verfügung, so werden ein oder zwei Blütenköpfchen in ein kleines Reagenzglas gegeben und mit 0,2 ccm EP-Reagens versetzt.

Mikrobestimmung von Azulen in Schafgarbenblüten.

E. STAHL[1] hat mit dem EP-Reagens (s. oben) auch eine Bestimmung des Azulens in Schafgarbenblüten ausgearbeitet. Das Proazulen wird in einem modifizierten KLEIN-WERNERschen Vakuumsublimationsapparat

---

[1] Dtsch. Apotheker-Ztg. **93**, 197 (1953).

aus den Blüten heraussublimiert und im Sublimat der Azulengehalt mit dem EP-Reagens colorimetrisch ermittelt:

Es ist vorteilhaft, zunächst die erforderliche Einwaage festzustellen, die bei der photometrischen Bestimmung Extinktionswerte im Bereich von 0,1 bis 1,1 ergibt. Zu diesem Zweck gibt man in Reagenzgläser steigende Mengen von Blütenköpfchen (etwa 1, 3, 6, 9 Köpfchen), fügt jeweils 2,5 ccm EP-Reagens zu und erwärmt 10 Minuten. Diejenige Einwaage, die eine blaugrüne Farbe ergibt, ist für die quantitative Bestimmung geeignet.

Die im Vorversuch ermittelte und genau gewogene Drogenmenge wird in das verengte Glasrohr (d) des Sublimationsapparates eingefüllt (Abb. 24), das Zwischenstück aufgesetzt und der Einhängekühler (a) eingesetzt. Dann werden die Wasserkühlung an die Stutzen a und die Ölpumpe an Stutzen b angeschlossen. Die Apparatur wird auf etwa 1 mm Hg evakuiert. Die Heizspirale (e) kann nun angeschaltet werden. Der Widerstand (g) muß so eingestellt sein, daß die Sublimationstemperatur innerhalb von 3 Minuten auf 200° C steigt. Bei dieser Einstellung (1 bis 2 mm Hg; 200° C) beläßt man es 1 Minute. Nach Abschalten der Heizung und Aufheben des Vakuums wird der Einhängekühler vorsichtig herausgenommen und in ein Reagenzglas gebracht, das 2,5 ccm EP-Reagens enthält. Die Größe des Reagenzglases ist so zu wählen, daß nach Einbringen des Einhängekühlers dessen unteres Drittel von dem EP-Reagens bedeckt wird. Das so beschickte Reagenzglas wird 10 Minuten im siedenden Wasserbad belassen. Zweckmäßiger bewegt man hierbei den Einhängekühler öfters auf und ab. Nach 15 Minuten wird der Kühler herausgenommen und die Extinktion der Lösung bei

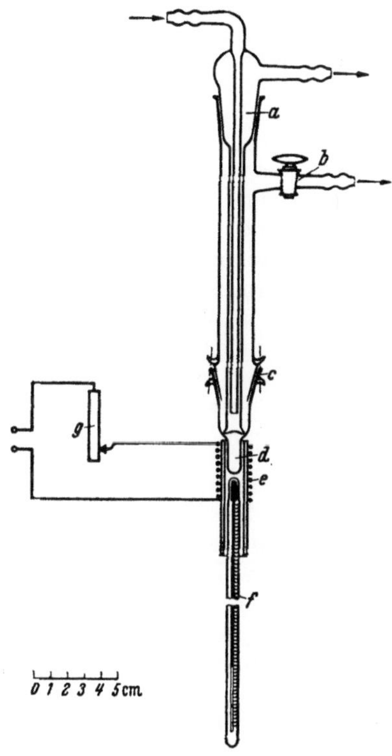

Abb. 24. Vakuumsublimationsapparatur, modifiziert. *a* Einhängekühler, *b* Stutzen mit Hahn zum Evakuieren, *c* Verbindungsschliff, *d* verengtes Rohr zur Aufnahme der Droge, *e* Heizspirale (um Tonrohr gewickelt), *f* Thermometer (bis 250°), *g* Stufenloser Regulierwiderstand.

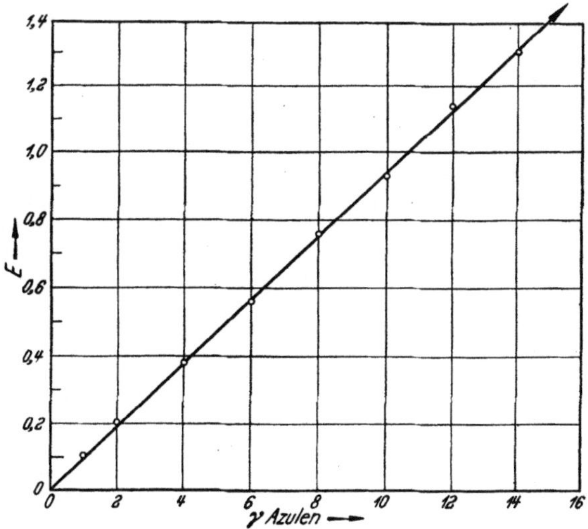

Abb. 25. Standardkurve zur quantitativen Mikro-Azulenbestimmung. (2,5 ccm EP-Reagens; PULFRICH-Photometer, Filter S 61, Küvettenschichtdicke 0,5 cm.)

Filter S 61 und einer Küvetten-Schichtdicke von 0,5 cm im PULFRICH-Photometer ermittelt. Aus der Standardkurve (Abb. 25) kann dann der entsprechende Azulenwert in γ abgelesen werden.

Herba Thymi.

Die hustenerleichternden Wirkstoffe des Thymians sind nicht bekannt. Pharmakologisch wurde von J. C. DE KEUNING[1] festgestellt, daß Thymol und Carvacrol, die im ätherischen Thymianöl enthalten sind, keine hustenerleichternde Wirkung besitzen. Die Wirkstoffe befinden sich z. B. im Destillationsrückstand eines flüssigen Thymianpräparates und auch wäßrige Thymianextrakte scheinen hustenerleichternde Bestandteile zu enthalten. Das ätherische Öl ist jedoch insofern an der Wirkung beteiligt, als es die hustenerleichternde Wirkung wäßriger Extrakte verstärkt. Dazu kommt noch die sekretolytische und desinfizierende Wirkung von Thymol und Carvacrol.

Bestimmung von Thymol und Carvacrol.

Solange die spezifisch hustenerleichternden Wirkstoffe nicht bekannt sind, kann weiterhin, wie bisher, der Gehalt an ätherischem Öl der Droge und in diesem der Gehalt an Thymol und Carvacrol zur Wertbestimmung dienen. Die Bestimmung dieser beiden Bestandteile des ätherischen Öles in Thymianpräparaten geht auf W. BRANDRUP[2] zurück und beruht auf der EHRLICHschen Diazoreaktion, der Kuppelung von Phenolen mit dem Diazoniumsalz der Sulfanilsäure in alkalischer Lösung. Die auftretende Orangefärbung wird colorimetrisch gemessen. Dieses Verfahren wurde von H. MÜHLEMANN[3] modifiziert und von R. HEGENAUER und H. FLÜCK[4] besonders für die Bestimmung von Thymol und Carvacrol in Drogen geändert. Gegenüber der Vorschrift von MÜHLEMANN arbeiten HEGENAUER und FLÜCK ganz in alkoholfreiem Milieu, da der Alkohol selbst mit dem Reagens unter Rotfärbung reagiert. Eine zweite Änderung besteht darin, daß die alkalische Kuppelungslösung ganz fertiggestellt wird, bevor die Phenole zugefügt werden. Das Warten nach dem Mischen der Sulfanilsäure mit dem Natriumnitrit fällt ganz weg. Die Ausführung der Bestimmung von HEGENAUER und FLÜCK lautet folgendermaßen:

0,1 bis 0,3 g grob zerkleinerte Droge (genau gewogen) werden in ein 50 ccm-Rundkölbchen gegeben und mit 25 ccm Wasser versetzt. Das Kölbchen wird mit einem absteigenden Kühler verbunden und, nachdem die Droge gleichmäßig benetzt ist, innerhalb 50 bis 60 Minuten 20 ccm abdestilliert. Nun werden in einem Meßkolben von 50 ccm mit Hilfe eines Meßzylinderchens 5 ccm Sulfanilsäurereagens[5], 5 ccm ½%ige Natriumnitritlösung und 5 ccm 4%ige Natronlauge gemessen und durch Umschwenken des Kölbchens gut gemischt. Man fügt die 20 ccm Destillat zu und ergänzt unter Nachwaschen des Auffanggefäßes mit Wasser bis zur Marke. Das Kölbchen wird durch Umschwenken gut durchgemischt und vor der

[1] Pharmac. Weekbl. **87**, 21/22: 353 (1952); Ref. Apotheker-Ztg. **5**, 59 (1953).
[2] Apotheker-Ztg. **1931**, 609. — [3] Pharmac. Acta Helvetiae **16**, 121 (1941).
[4] Pharmac. Acta Helvetiae **23**, 246 (1948).
[5] 5 g fein gepulverte Sulfanilsäure werden ohne Erwärmung durch häufiges Umschütteln in 950 ccm Wasser gelöst und die Lösung mit 50 ccm Salzsäure (25%) versetzt.

Ablesung mindestens eine halbe Stunde stehengelassen. Nachher ändert sich die Farbintensität lange Zeit nicht mehr.

Zur Aufnahme der Eichkurve diente eine wäßrige Thymollösung. Gearbeitet wurde mit dem PULFRICH-Photometer, unter Vorschalten von Filter S 53 und Verwendung der 10 mm-Küvette. Unter den mitgeteilten Arbeitsbedingungen können 0,3 bis 2,5 mg Thymol in 20 ccm Destillat gut gemessen werden. Wird die anwesende Thymolmenge kleiner oder größer, so gelangt man in Extinktionsbereiche, bei denen die Ablesefehler sich im Resultat zu stark auswirken.

O. SIEWERS[1] bestimmt den Thymolgehalt in der Droge und in Präparaten jodometrisch in Anlehnung an die Methode der Phenolbestimmung von KESSLER-PENNY[2]:

10 g Droge werden mit Wasserdampf destilliert und 100 g Destillat werden mit einer genau abgemessenen Menge n/10-Natronlauge stark alkalisiert. Die Mischung wird durch Eintauchen in Wasser von 60° während 5 Minuten erwärmt und sogleich mit 10 bis 15 ccm n/10-Jodlösung mehr versetzt als man Lauge genommen hat. Nach dem Erkalten säuert man mit verdünnter Salzsäure an und mißt das überschüssige Jod mit n/10-Natriumthiosulfatlösung zurück, indem gegen Ende der Titration Stärkelösung zugesetzt wird. 1 ccm n/10-Jodlösung entspricht 0,00369 g Thymol. SIEWERS fand in einigen Drogen etwa 0,45% Thymol.

Von Fluidextrakten werden 10 g, von Sirupen 100 g der Destillation unterworfen.

Zur Bestimmung des Gehaltes an ätherischem Öl durch kontinuierliche Destillation in einer Apparatur nach CLEVENGER erwähnt K. ISECKE[3], daß bei Ölen, die einen hohen Anteil wasserlöslicher Phenole enthalten, wie es beim Oleum Thymi zutrifft, diese im Destillationswasser verbleiben und der Bestimmung entzogen werden, auch dann, wenn das Öl mit Xylol abgefangen werden soll. Daraufhin hat ISECKE insbesonders für die Bestimmung des ätherischen Öles in Herba Thymi eine Apparatur entwickelt, in der das ätherische Öl schon den Wasserdämpfen und dem Wasser durch Pentandämpfe und Pentan vollständig entzogen wird. Nach dem Abdestillieren des Pentans wird das ätherische Öl gewogen. Tab. 26 zeigt einen Vergleich dieser Methode mit der DAB 6-Methode.

Tabelle 26.

	DAB 6-Methode %	Methode ISECKE %
I (etwa 40% Phenole)	1,4%	1,56%
II (etwa 20% Phenole)	1,84%	1,91%
III (etwa 62% Phenole)	1,46%	1,81%
IV (etwa 60% Phenole)	1,65%	2,01%

Da der Phenolgehalt des Öles normalerweise 20 bis 42% beträgt, dürfte für die Praxis die DAB 6-Methode ausreichend sein.

Kamala.

Kamala enthält den Filixrhizomwirkstoffen ähnliche Phloroglucinderivate, von denen das Rottlerin genau bekannt ist.

Für die Bestimmung der Phloroglucinderivate haben J. STAMM und

[1] Dtsch. Apotheker-Ztg. **93**, 624 (1953).
[2] HOPPE-SEYLER's Z. physiol. Chem. **17**, 117 (1892).
[3] Arzneimittelforsch. **3**, 630 (1953).

K. Killinen[1] ein Verfahren ausgearbeitet, nach dem das Rohkamalin
zur Wägung gebracht wird:

0,5 g Kamala werden auf einer Handwaage abgewogen, auf ein Uhrglas gebracht und darauf das genaue Gewicht auf der analytischen Waage bestimmt.
Hierauf wird die Substanz durch einen trockenen Trichter in ein Arzneiglas von
200 ccm Inhalt geschüttet und Uhrglas und Trichter mit 30 g Äther, den man in
das Glas fließen läßt, gespült. Die verkorkte Flasche wird während einer halben
Stunde öfters geschüttelt. Hierauf wird mit 100 g Barytwasser (5%) 5 Minuten
lang kräftig durchgeschüttelt. Man läßt dann in einem Scheidetrichter klar absetzen
und filtriert die wäßrige Flüssigkeit sofort. (Einfacher kann die ganze Operation von
Anfang an im Scheidetrichter vorgenommen werden.) 82 g des Filtrates (= $^4/_5$ der
Droge) werden nach Zusatz von 4 ccm Salzsäure (spez. Gew. 1,122) in einem
Scheidetrichter nacheinander mit 25, 25 und 20 ccm Äther ausgeschüttelt. Die
ätherischen Lösungen werden durch ein glattes Doppelfilter in ein gewogenes Kölbchen filtriert, das Filter quantitativ mit Äther nachgewaschen, der nach dem Ab-
destillieren des Äthers verbleibende Rückstand bei 100° getrocknet und gewogen.
Der Rückstand wird von Stamm als „Rohkamalin" bezeichnet. Das Gewicht des
Rückstandes mit 250 multipliziert ergibt den Prozentgehalt.

Eine gute Kamala soll nach dieser Methode eine Mindestmenge von
29 bis 30% Rohkamalin enthalten.

Jaretzky und Punzel[2] stellen aus der Droge zuerst ein ätherisches
Extrakt her und bestimmen darin das Rohkamalin auf folgende Weise:

1 g Extrakt wird in 60 g Äther gelöst und mit 200 g 5%igem Barytwasser in
einem Scheidetrichter 5 Minuten lang kräftig geschüttelt, 164 g (= $^4/_5$ der Droge)
der wäßrigen Schicht werden hierauf in einen Scheidetrichter filtriert, mit 8 ccm
Salzsäure versetzt und der entstandene Niederschlag nacheinander mit 50, 50, 40
und 40 ccm Äther ausgeschüttelt und der Rückstand nach Abdunstung des Äthers
2 Stunden bei 50° getrocknet.

Bei der Bestimmung nach Stamm und Killinen werden zwar meistens etwas höhere Werte erhalten als wenn die Bestimmung über das
Extrakt ausgeführt wird, aber es gibt auch Fälle des umgekehrten Verhaltens, bei denen bedeutend größere Differenzen auftreten. Zum
Beispiel fanden Jaretzky und Punzel bei der Bestimmung über das
Extrakt 38,97% Rohkamalin, bei der Bestimmung aus der Droge nur
34,5%. Aus diesem Grunde ziehen Jaretzky und Punzel die Bestimmung über das Extrakt vor.

Nach denselben Autoren[2] vermag die Rohkamalinbestimmung allerdings nichts Sicheres über die Wirkung der Droge auszusagen, da keine
Parallelität zwischen Rohkamalingehalt und biologischer Wirkung besteht. Sie empfehlen deshalb die biologische Prüfung mit kleinen Fischen,
wie sie bei Rhizoma Filicis (S. 303) angegeben ist.

Jaretzky und Punzel stellten weiter fest, daß die Wirkstoffe bei
der Gewinnung des Rohkamalins teilweise zerstört werden. Auch bei
sorgfältigster Trocknung des Rohkamalins im Vakuum war es niemals
wirksamer als das ursprüngliche Extrakt, weil die Wirkstoffe durch das
Bariumhydroxyd zerstört werden. Magnesiumoxyd dagegen schädigt die
Wirkstoffe in weit geringerem Maße. Mit Magnesiumoxyd gelingt es, ein
Rohkamalin zu gewinnen, das zwar fünfmal stärker wirkt als das Ex-

---

[1] Pharmacia [Tallinn] **13**, 109 (1933); Ref. Schweiz. Apotheker-Ztg. **1933**, 513.
[2] Arch. Pharmaz. **276**, 559 (1938).

trakt, aber theoretisch die neunfache Wirkung zeigen sollte. Das Magnesiumoxyd löst die Wirkstoffe aus dem Extrakt auch sehr unvollkommen heraus. JARETZKY und PUNZEL lehnen deshalb die biologische Bestimmung über das mit Bariumhydroxyd oder Magnesiumoxyd gewonnene Rohkamalin ab. Sie soll mit dem Ätherextrakt durchgeführt werden.

JARETZKY[1] schlägt vor, von einer guten Droge zu fordern einen Mindestgehalt von 60% ätherlöslichen Substanzen, von denen 0,02 g nach Lösung in 100 ccm Wasser (MgO-Anreibung) 2 von 4 eingebrachten Fischen innerhalb 30 Minuten töten, die beiden anderen wenige Minuten später.

Myrrha.

Reaktion von L. Rosenthaler[2]: Man bereitet sich ein Wasserdampfdestillat aus etwa 5 g Droge mit 50 ccm Wasser. Davon werden die ersten 2 bis 3 ccm zur folgenden Reaktion verwendet: 0,5 ccm Destillat geben mit 0,5 ccm 1%iger, weingeistiger Vanillinlösung und 10 ccm rauchender Salzsäure eine himbeerrote, mit rauchender Salzsäure eine grüne Färbung; die darin befindlichen Tropfen erstarren auf Zusatz von Bromwasser. Die nicht destillierte, wäßrige Flüssigkeit gibt mit Ferrichlorid Braunfärbung und gallertartige Ausflockung.

Dieselbe Reaktion wie das Destillat gibt auch die weingeistige Lösung von Myrrhe.

Eine eingehende Untersuchung von Myrrha führte P. BOHRISCH[3] aus. Er prüfte 9 Handelsmuster der echten, offizinellen Myrrhe (Herabol-Myrrhe), eine Bisabol-Myrrhe und ein Muster Bdellium nach den Vorschriften des Deutschen Arzneibuches und anderen Reaktionen und Kennzahlen. Zur *Vanillinreaktion des DAB 6* erwähnt BOHRISCH, daß es zweckmäßig ist, um eine zu dunkle Färbung zu vermeiden, nur ganz wenig Myrrhe zu nehmen und zum Verdünnen mit Wasser ebenfalls nur einige Tropfen zu verwenden. Die Rotfärbung tritt erst nach wenigen Minuten ein.

Reaktion nach Tucholka: Sechs Tropfen eines Petrolätherauszuges 1 : 15 mit 3 ccm Eisessig gemischt und mit 3 ccm konzentrierter Schwefelsäure unterschichtet, zeigen bei Bisabol-Myrrhe an der Berührungsstelle sofort eine schön rosarote Zone; nach kurzer Zeit ist die ganze Eisessigschicht rosa. Diese Färbung bleibt längere Zeit bestehen. Die Herabol-Myrrhe gibt mit diesem Reagens nur eine ganz schwache Rosafärbung der Eisessigschicht, die an Intensität nicht zunimmt; die Berührungsfläche beider Flüssigkeiten zeigt erst eine grüne Farbe, die beim Stehen in Braun mit grüner Fluorescenz übergeht.

Nach BOHRISCH ist diese Probe unverläßlich, weil sich Herabol-Myrrhe und Bisabol-Myrrhe nicht eindeutig unterscheiden lassen. Jedenfalls soll man sich nicht auf die Rosafärbung festlegen, da auch gelbe Töne auftreten können.

---

[1] Lehrbuch der Pharmakognosie, 1949, S. 200.
[2] Pharmaz. Ztg. **1927**, 510. — [3] Pharmaz. Ztg. **1931**, 737, 800.

Reaktion von Dezani[1]: Behandelt man ein Körnchen Myrrhe mit einem Reagens, bestehend aus 8 g Chloroform, 5 g Eisessig, 1 g Essigäther und ein bis zwei Tropfen Schwefelsäure, so entsteht eine intensiv violette oder azurblaue Färbung, die mehrere Stunden bestehen bleibt. Andere Harze geben die Reaktion nicht.

Löslichkeit in Petroläther: 1 g mittelfein gepulverte Myrrhe wird in einer 30 g-Flasche zwei bis drei Tage lang unter häufigem Umschütteln mit 15 ccm Petroläther vom spezifischen Gewicht 0,66 bis 0,68 digeriert und dann filtriert. Von dem Filtrat werden 5 ccm in einem kleinen Becherglas auf dem Wasserbade verdunstet und der Rückstand gewogen.

Alkoholisches Extrakt, dessen Säuregehalt, Capillaranalyse und Bonastresche Reaktion: 3 g mittelfein gepulverte Myrrhe werden dreimal mit je 50 ccm Weingeist in einem Erlenmeyerkolben auf dem Wasserbad bei aufgesetztem Steigrohr erhitzt, um alle alkohollöslichen Stoffe zu extrahieren. Die alkoholischen Auszüge werden vereinigt, nach dem Erkalten auf 150 ccm gebracht, und 50 ccm in einem Becherglase verdunstet. Der Rückstand wird bei 102° getrocknet und gewogen. 50 weitere ccm werden mit 0,1 n-Kalilauge unter Verwendung von Phenolphthalein als Indicator titriert und von den restlichen 50 ccm ein Teil zur Capillaranalyse benutzt. Zu diesem Zwecke werden 10 ccm in ein kleines Becherglas von ungefähr 4 cm Durchmesser und 8 cm Höhe gebracht, und in die Flüssigkeit ein 20 cm langer und 2 cm breiter Fließpapierstreifen 1 cm tief eingehängt. Nach 24 Stunden wird der Streifen aus der Flüssigkeit herausgenommen und an der Luft getrocknet. Der Streifen kann gleich zur Anstellung der BONASTRESCHEN Reaktion nach dem DAB 6 mit rauchender Salpetersäure Verwendung finden.

Löslichkeit des Rückstandes in kaltem und warmem Wasser. Der getrocknete, alkoholunlösliche Rückstand wird in einen 100 ccm-Glasstöpselzylinder gebracht und mit 50 ccm kaltem destillierten Wasser längere Zeit unter Umschütteln digeriert und die Löslichkeit beobachtet. Zur Bestimmung der Löslichkeit in heißem Wasser wird die Mischung eine halbe Stunde auf dem Wasserbade erhitzt, nach dem Erkalten in den graduierten Zylinder zurückgebracht, auf 50 ccm aufgefüllt und 24 Stunden stehengelassen. Nach dieser Zeit wird das Volumen des Bodensatzes abgelesen.

Bestimmung der Hüblschen Zahlen nach K. Dietrich.

Säurezahl direkt. 1 g der möglichst fein zerriebenen und einer größeren Menge zerriebener Myrrhe als Durchschnittsmuster entnommenen Droge übergießt man mit 30 ccm destilliertem Wasser und erwärmt eine Viertelstunde am Rückflußkühler. Man setzt nun 50 ccm starken Alkohol zu und kocht noch eine Viertelstunde am Rückflußkühler im Dampfbad. Nachdem die Flüssigkeit erkaltet ist, titriert man mit alkoholischer $\frac{1}{2}$ n-Kalilauge und Phenolphthalein bis zur wirklichen Rotfärbung. Man verwendet nicht $^1/_{10}$ n-, sondern $\frac{1}{2}$ n-Lauge, weil der Umschlag beim Hinzufügen eines Tropfens stärkerer Lauge schärfer, intensiver und

---

[1] Gion. Farmac. Chim. **731**, 5 (1924).

rascher eintritt als bei schwächerer Lauge. Durch Multiplikation der verbrauchten Kubikzentimeter Lauge mit 28,08 erhält man die Säurezahl direkt.

Zur Bestimmung der Säurezahl ist zu erwähnen, daß das Erhitzen der Myrrhe mit 30 ccm Wasser sehr vorsichtig vorgenommen werden muß, um starkes Schäumen zu verhindern. An Stelle des Phenolphthaleins als Indicator empfiehlt BOHRISCH Alkaliblau (man löst 2 g Alkaliblau in 100 ccm 90%igen Alkohol und fügt tropfenweise Normallauge bis zum Verschwinden der blauen Farbe zu).

Verseifungszahl heiß. Ein weiteres Durchschnittsmuster, und zwar 1 g der Myrrhe, übergießt man mit 30 ccm Wasser, läßt eine halbe Stunde stehen und fügt nun 25 ccm alkoholische $\frac{1}{2}$ n-Kalilauge hinzu. Man kocht eine halbe Stunde auf dem Dampfbad mit Rückflußkühler, läßt erkalten und titriert, nach der Verdünnung mit Alkohol, zurück. Die Anzahl der gebundenen Kubikzentimeter KOH, mit 28,08 multipliziert, gibt die Verseifungszahl heiß.

Die Esterzahl erhält man durch Subtraktion der Säurezahl direkt von der Verseifungszahl heiß.

Verseifungszahl. 1 g mittelfein gepulverte Myrrhe wird mit 30 ccm Wasser übergossen, eine halbe Stunde stehengelassen und dann 25 ccm alkoholische $\frac{1}{2}$ n-Kalilauge hinzugefügt. Nun wird 2 Stunden am Rückflußkühler auf einem Drahtnetz über kleiner Flamme erhitzt, und die Verseifungsflüssigkeit mit 50 ccm Wasser versetzt, nach dem Erkalten in ein 200 ccm-Meßkölbchen gegossen, mit 25 ccm Wasser nachgespült und schließlich mit 96%igen Alkohol auf 200 ccm aufgefüllt. Von der gut durchgemischten Flüssigkeit werden 50 ccm mit 100 ccm 96%igen Alkohol versetzt, einige Kubikzentimeter Alkaliblaulösung hinzugefügt und mit $\frac{1}{2}$ n-Schwefelsäure titriert. Der Umschlag von Kaffeebraun in Blaugrün ist sehr deutlich zu sehen; ein weiterer Tropfen Schwefelsäure ruft eine intensiv blaue Färbung hervor.

Wenn auch BOHRISCH bei den 9 Mustern niemals die von K. DIETRICH für Herabol-Myrrhe angegebene Verseifungszahl 229, bzw. Esterzahl 204 feststellen konnte, so können doch in manchen Fällen die HÜBLschen Zahlen wertvollen Aufschluß über die Güte und Reinheit mancher Myrrhe geben.

Die Ergebnisse der 12 nach diesen Methoden von BOHRISCH untersuchten Mustern sowie von Bisabol-Myrrhe und Bdellium sind auf Tafel I zusammengestellt:

Die Ergebnisse bespricht BOHRISCH wie folgt:

Probe 1, als Myrrha pulv. gross. bezogen, ist schon wegen zu hohen Aschen- und Sandgehaltes zu beanstanden (10,50% bzw. 5,70%). Auch der in Wasser unlösliche Teil des Gummis erscheint reichlich hoch. Weiter treten die Identitätsreaktionen auf Herabol-Myrrhe nur sehr schwach bzw. gar nicht ein. Die hohe Säurezahl (34,70) deutet nicht auf eine Verfälschung mit Bisabol-Myrrhe hin, während der ziemlich hohe Petrolätherrückstand sowie der positive Ausfall der Reaktion von TUCHOLKA eine Vermischung mit weiblicher Myrrhe wahrscheinlich machen. Jedenfalls ist die Probe einer Verfälschung mit anderen Harzen stark verdächtig.

Probe 2, als pulvis subtilis über 20 Jahre in der Materialkammer der Krankenhausapotheke in einem Glasstöpselglas aufbewahrt, hat zunächst einen zu hohen Aschen- und Sandgehalt (10,80% bzw. 3,60%). Die Identitätsreaktionen auf

Herabol-Myrrhe treten ferner nicht ein. Dies könnte allerdings seinen Grund darin
haben, daß das ätherische Öl, welches die Reaktionen gibt, durch das lange Lagern
im gepulverten Zustande zum größten Teil verdunstet ist. Die hohe Säurezahl (37,1)
aber macht die Myrrhe auf jeden Fall einer Verfälschung mit anderen Harzen
verdächtig.

Probe 3, bezeichnet als Myrrha tota electa, hält alle Prüfungen des Arzneibuches; auch die anderen Reaktionen deuten darauf hin, daß echte Herabol-Myrrhe
vorliegt. Nur die außerordentlich niedrige Säurezahl (20,2) und die demgegenüber
sehr hohe Esterzahl (138,2) lassen die Probe als nicht ganz unverdächtig erscheinen.

Bei *Probe 4*, bezeichnet als Myrrha pulv. gross., sind alle Reaktionen und
Zahlen mit Ausnahme der Reaktion von TUCHOLKA, die positiv ausfällt, normal.
Infolgedessen kann man diese Myrrhe kaum als einer Verfälschung mit Bisabol-
Myrrhe verdächtig bezeichnen.

Probe 5, bezeichnet als Myrrha pulv. gross., ist schon wegen ihres hohen Aschen-
und Sandgehaltes (12,0 bzw. 6,2%) zu beanstanden. Infolge des ziemlich beträchtlichen Petrolätherrückstandes (1,80%) und der außerordentlich niedrigen Verseifungszahl (139,3) erscheint sie außerdem einer Verfälschung mit anderen Harzen,
vielleicht mit Bdellium, dringend verdächtig.

Probe 6, bezeichnet als Myrrha electa. pulv. gross., ist als rein und unverfälscht
zu bezeichnen, da sämtliche Reaktionen und Zahlen auf Herabol-Myrrhe deuten.

Probe 7, bezeichnet als Myrrha pulv. gross. Ia, ist wie Probe 4 zu bewerten,
trotzdem sie auch eine positive Reaktion nach TUCHOLKA gibt.

Probe 8, bezeichnet als Myrrha pulv. gross., ist schon infolge des hohen Aschen-
und Sandgehaltes (10,0 bzw. 5,10%) zu beanstanden, weiter aber auch deswegen,
weil der in Alkohol unlösliche Teil sich nur wenig in Wasser löst.

Bei *Probe 9*, bezeichnet als Myrrha pulv. gross., treten die Identitätsreaktionen
auf Herabol-Myrrhe nur teilweise ein. Ganz auffallend ist die hohe Säurezahl
(54,8!) und die dementsprechend auch sehr hohe Verseifungszahl (191,8). Jedenfalls
ist die Probe einer Verfälschung mit anderen Harzen dringend verdächtig.

Olea ätherea.

Allgemeine Reaktionen und Kennzahlen.

Zur Erkennung von ätherischen Ölen wurden verschiedene *Farbreaktionen* geprüft. L. EKKERT[1] benützte dazu als Reagens Aldehyde
(Furfurol, Saccharose, Salicylaldehyd, Vanillin, Zimtaldehyd und Pipe-
ronal) und Schwefelsäure. W. ZIMMERMANN[2] verwendete als Reagens
Vanillin-Salzsäure. Aus diesen Arbeiten ergibt sich jedoch, daß die
auftretenden Farben bei den verschiedenen Ölen meist sehr ähnlich und
nicht in dem Maße charakteristisch sind, daß sie allein zur Erkennung
von ätherischen Ölen dienen können. Nur in Einzelfällen und mit Hilfe
von Vergleichsproben können einwandfreie Ergebnisse erzielt werden.
Eine Vergleichsreaktion wird nach ZIMMERMANN auf folgende Weise ausgeführt:

Man stellt sich eine Lösung von 0,04 Teilen Vanillin in 0,5 Teilen Spiritus und
0,5 Teilen Wasser her. 5 Tropfen dieser Vanillinlösung werden mit 2 Tropfen
des zu untersuchenden Öles und 15 Tropfen Salzsäure gemischt und 5 Minuten lang
bei gewöhnlicher Temperatur stehengelassen. Dann wird das Proberöhrchen in
Wasser von 50° gestellt und mit seitlich gestellter Flamme das Wasser langsam
zum Sieden erhitzt. In den meisten Fällen beginnt die Farbreaktion bei 90° ein-
zutreten.

[1] Pharmaz. Zentralhalle Deutschland **1927**, 593.
[2] Pharmaz. Zentralhalle Deutschland **1932**, 113.

| Bezeichnung | 3 g mit heißem Alkohol erschöpft | | | | Säure in der alkoholischen Extraktlösung (ccm 1/1 KOH pro 3 g Droge | Kapillarst… alkoho… |
| | Alkoholisches Extrakt | Unlöslicher Rückstand | Löslichkeit des Rückstandes in Wasser | | | |
			a) in kaltem Wasser	b) in heißem Wasser (ccm Bodensatz)		a) Breite und der Zon…
1. Myrrha pulv. gr.	0,87 g	1,70 g	ziemlich viel Rückstand	8,0 ccm	1,32 ccm	braungelb, f… durchsichti… 1,3 cm
2. Myrrha pulv. subt.	0,84 g	1,62 g	do.	5,0 ccm	1,62 ccm	braungelb, f… durchsichti… 0,4 cm
3. Myrrha electa tota	0,99 g	1,55 g	do.	4,5 ccm	0,45 ccm (!)	dunkelgelb, … durchsichti… 1,0 cm
4. Myrrha pulv. gros.	0,92 g	1,69 g	nur geringer Rückstand	5,0 ccm	0,90 ccm	bräunlichgel… durchsichti… 0,3 cm
5. Myrrha pulv. gros.	0,80 g	1,86 g	sehr viel Rückstand	6,5 ccm	0,87 ccm	bräunlichros… nicht fetti… durchsichti… 1,5 cm
6. Myrrha electa pulv. gros.	0,39 g	1,67 g	ziemlich viel Rückstand	6,0 ccm	1,14 ccm	bräunlichgel… durchsichti… 1,2 cm
7. Myrrha pulv. gros. Ia	1,16 g	1,48 g	geringer Rückstand	7,0 ccm	1,26 ccm	bräunlichgel… durchsichti… 1,0 cm
8. Myrrha pulv. gros.	0,94 g	1,69 g	sehr viel Rückstand	8,0 ccm	1,32 ccm	bräunlichgel… fettig, 0,3 …
9. Myrrha pulv. gros. (10 Jahre alt)	1,06 g	1,47 g	ziemlich viel Rückstand	5,0 ccm	2,10 ccm (!)	orangebraun durchsichti… 1,2 cm
Bisabol-Myrrhe	1,00 g	1,52 g	sehr viel Rückstand	11,0 ccm	0,66 ccm	gelb, fettig d… sichtig, 1,5…
Bdellium	0,83 g	1,97 g	sehr viel Rückstand	17,0 ccm	0,72 ccm	dunkelgelb, … durchsichti… 0,3 cm

	hergestellt aus der Extraktlösung	Mineralbestandteile		Bonastresche Reaktion nach dem DAB 6		Vanillinprobe nach dem DAB 6	
	b) mit rauchender Salpetersäure behandelt	a) Asche %	b) In 10%iger HCl Unlösliches %	a) Ätherrückstand	b) Filter	a) direkt	b) beim Verdünnen mit Wasser
	keine Violettfärbung	10,5	5,70	bräunlich rosa, Rand schwach violett	Spur violett	dunkelkirschrot	rosarot (trüb)
	do.	10,8	3,60	dunkelgelb, Rand ganz schwach violett	nicht violett	dunkelkirschrot	graubräunlich (trüb)
	sehr schöne Violettfärbung	4,30	1,20	rotbraun, Rand stark violett	stark violett	sehr schön kirschrot	rosa
ig	deutliche Violettfärbung	5,90	2,10	rotbraun, Rand stark violett	sehr stark violett	do.	sehr schön kirschrot
	wenig deutliche Violettfärbung	12,0	6,20	rotbraun, Rand ganz schwach violett	schwach, aber deutlich violett	kirschrot	rosa mit bräunlichem Stich
ig	wenig deutliche Violettfärbung	5,30	1,0	rotbraun, Rand ganz schwach violett	dunkelviolett	do.	schön kirschro
ig	mäßig deutliche Violettfärbung	6,10	2,3	do.	do.	do.	do.
	sehr schöne Violettfärbung	10,0	5,10	do.	do.	do.	do.
g	keine Violettfärbung	6,60	2,80	rotbraun, Rand schwach violett	deutlich violett	do.	rosa mit bräunlichem Stich (trüb)
	keine Violettfärbung	12,9	2,20	braungelb	orangerot	dunkelviolett	schmutzig graugrün
	keine Violettfärbung	15,50	4,60	gelb	orangerot	dunkelbraun	schmutzig gel

| Reaktion von Dezani | | Petrolätherrückstand | | Reaktion von Tucholka | | v. Hüblsche Z | |
nach 2 Stunden	nach 24 Stunden	%	mit Cloralhydrat und Alkohol behandelt	Zone	Eisessig	S. Z.	E. Z.
hwach rosa, violetter Stich	schwach bräunlich, rosa	1,5	gelb	trüb, schwach rosa	stark rosa!	34,7	122,5
lblich, violetter Stich	gelb	0,45	farblos	nicht gefärbt	farblos	37,1	113,6
hwach rosa, violetter Stich	schwach bräunlich, rosa	0,60	farblos	schwach rosa	schwach rosa	20,2!	138,2
ark rosa, violetter Stich	stark violett!	1,20	gelb	nicht gefärbt	stark rosa!	29,6	121,4
hwach rosa, violetter Stich	schwach bräunlich, rosa	1,80	hellgelb	do.	schwach rosa	24,5	114,8
do.	stark bräunlich, rosa	0,90	schwach gelblich	do.	farblos	31,8	115,6
ark rosa, violetter Stich	rosaviolett	0,60	schwach gelblich	do.	stark rosa!	32,4	127,6
sa, bräunlicher Stich	rosaviolett	0,60	schwach gelblich	do.	schwach rosa	30,3	119,9
äunlichgelb, kein violetter Stich	bräunlich, kein violetter Stich	0,45	farblos	do.	do.	54,8!	137,0
lb	bräunlichgelb	7,8	braun	stark gelbbraun	bräunlich rosa	11,9!	140,7
lb	gelb	5,4	gelb	stark grüngelb	orangegelb	15,9	102,1

V. Z.	Bemerkungen
57,2	Zu beanstanden
50,7	Zu beanstanden
58,4	Einer Verfälschung verdächtig
51,0	Entspricht dem DAB 6
39,3!	Zu beanstanden
47,4	Entspricht dem DAB 6
60,0	Entspricht dem DAB 6
50,2	Zu beanstanden
91,8!	Einer Verfälschung stark verdächtig
52,6	—
18,0	—

ag, Berlin/Göttingen/Heidelberg

Um die ätherischen Öle einer schärferen Kontrolle zu unterwerfen, wurde die Heranziehung der *Jodbromzahl* als Kriterium empfohlen. So ist W. WINKLER[1] der Ansicht, daß die Jodbromzahlen ebenso bezeichnend wären, wie die der fetten Öle und die Analyse der ätherischen Öle durch Aufnahme der Jodbromzahlen in vielen Fällen eine wesentliche Verfeinerung erfahren würde. WINKLER bestimmte die Jodbromzahlen in der jodometrischen Ausführungsform, mit Ausnahme des Chenopodiumöles, wozu er die bromometrische Ausführungsform benützte.

Nach H. KAUFMANN[2] dagegen, der auch die Anlagerung von Rhodan an ätherische Öle prüfte, setzen die Fettsäuren bzw. ihre Glyceride der Substitution durch Halogene einen weit größeren Widerstand entgegen als die ätherischen Öle und die Additionsvorgänge verlaufen größtenteils in sehr scharfer Begrenzung, während bei den ätherischen Ölen noch unkontrollierbare Additions- und Substitutionsreaktionen nebeneinander herlaufen. Man könnte sich jedoch unter Anwendung genau vorgeschriebener Versuchsbedingungen (Temperatur, Zeit, Lichteinwirkung, Konzentration) auf konventionelle Werte einigen, wodurch zweifellos ein Fortschritt in der Analyse der ätherischen Öle erreicht werden würde.

K. W. ROSEMUND und H. H. GRANDJEAN[3] haben die Jodzahlbestimmung ätherischer Öle und von Riechstoffen in neuerer Zeit wieder aufgegriffen und führen sie mit Pyridinmethylbromid-dibromid aus, das sich dafür als brauchbar erwiesen hat, nachdem störende Stoffe wie Alkohole, Phenole, Aldehyde, Ketone bzw. Enole, Amine, Peroxyde und Wasser ausgeschaltet wurden. Damit konnten sie an etwa 30 verschiedenen Typen von Riechstoffen und ätherischen Ölen mit Ausnahme vom Safrol und Isosafrol gut reproduzierbare Ergebnisse erhalten. Diese entsprechen meistens der theoretischen Jodzahl und die vereinzelten Abweichungen gaben keinen Anlaß, ein Versagen des Verfahrens annehmen zu müssen. Unsachgemäße Aufbewahrung der Riechstoffe und der ätherischen Öle in nicht mehr vollen Röhren aus klarem Glas, die dem direkten Tageslicht ausgesetzt wurden, zeigten schon nach wenigen Tagen einen deutlichen Rückgang der Jodzahl.

Arbeitsvorschrift.

3 bis 5 Tropfen (Normaltropfenzähler) oder etwa 60 bis 100 mg des zu untersuchenden ätherischen Öles oder Riechstoffes werden in einem 250 ccm-Jodzahlkolben genau gewogen, 5 ccm Lösung I einpipettiert (Hydroxylamin zur Umsetzung der Peroxyde und Aldehyde) und der Kolben zur Auflösung des Untersuchungsmaterials umgeschwenkt. Nach frühestens 15 Minuten werden 30 Tropfen (Normaltropfenzähler, langsam und genau) Lösung II zugegeben (Essigsäureanhydrid zur Acetylierung der Amine, Phenole, Alkohole und Ausschaltung des überschüssigen Hydroxylamins), gut umgeschwenkt, und nach mindestens 1 Stunde Wartezeit 15 ccm Lösung III beigemischt (mit Natriumacetat übersättigter Eisessig zur Ausschaltung der Enole). Weitere 5 Minuten später werden 25 ccm Lösung IV einpipettiert (Bromierungslösung), der Kolben nochmals gut umgeschwenkt und unter Ausschluß von direktem Tageslicht aufgestellt.

---

[1] Pharmaz. Zentralhalle Deutschland **1927**, 433.
[2] Arch. Pharmaz. **1**, 249 (1929).
[3] Arch. Pharmaz. **286**, 531 (1953).

Für die Erreichung einer konstanten Jodzahl an einem ätherischen Öl sind
Einwirkungszeiten des Broms erforderlich, die meist bei 2 Stunden liegen, in
einigen Fällen aber 20 Stunden und mehr betragen können. Bei unbekannten
Untersuchungsobjekten muß also entweder eine Einwirkungszeit von 20 bis
30 Stunden abgewartet werden oder es sind mehrere Bestimmungen parallel an-
zusetzen, wobei dann die endgültige Jodzahl diejenige ist, die sich von der mit
etwa 2 Stunden längerer Einwirkungszeit nicht mehr unterscheidet.

Nach Ablauf der für die Bromeinwirkung gewählten Zeit werden dem Ansatz
zur Jodzahlbestimmung aus einem Meßzylinder 8 ccm Lösung V (Kaliumjodid)
zusammen mit 5 ccm Tetrachlorkohlenstoff *in einem Guß* zugesetzt und das Ganze
umgeschwenkt, bis die eventuell vorhandene Kristallisation des Pyridin- bzw.
Natriumacetates aufgelöst ist und eine klare Lösung vorliegt. Sofort anschließend
wird mit n/10-Natriumthiosulfatlösung schnell bis auf Hellgelb titriert, dann
80 ccm Wasser zugesetzt, das auf 1000 Teile etwa 0,2 Teile Stärke gelöst enthält,
und weiter unter gutem Umschwenken auf klares Violett titriert. Ab jetzt wird
bis zur endgültigen Entfärbung vor Zusatz jedes weiteren Tropfens n/10-Natrium-
thiosulfatlösung der Kolben kurz verschlossen durchgeschüttelt.

Werden bei dieser Titration weniger als 5 ccm n/10-Natriumthiosulfatlösung
verbraucht, so ist dieser Versuch mit geringerer Einwaage zu wiederholen. Parallel
zu dem vorstehend beschriebenen Versuch (Hauptversuch) ist ein zweiter ohne
Einwaage von Untersuchungsmaterial durchzuführen (Blindversuch), der im
übrigen aber mit dem ersten genau übereinstimmen muß, besonders hinsichtlich
der Einwirkungszeit von Lösung IV. Für die Ausrechnung gilt:

$$\frac{(a - b)\,F \cdot 1{,}692}{g\ \text{Einwaage}} = \text{Jodzahl}.$$

Hierin ist a die Anzahl der im Blindversuch verbrauchten ccm n/10-Natrium-
thiosulfatlösung, b die Anzahl der im Hauptversuch verbrauchten ccm n/10-
Natriumthiosulfatlösung, F der Faktor der n/10-Natriumthiosulfatlösung.

Die Anwendung der Lösungen I bis III kann unter folgenden Bedingungen
eingeschränkt oder sogar ganz unterlassen werden:

Sind in dem Untersuchungsmaterial keine Peroxyde (Alterung!) und Aldehyde
enthalten, so kann zu dessen Auflösung an Stelle von Lösung I eine Mischung
von 6 Gewichtsteilen Pyridin mit 4 Gewichtsteilen Eisessig (99—100%, reinst,
Merck) verwendet werden und sofort anschließend der Untersuchungsgang mit
Lösung II fortgesetzt werden.

Wenn weder Peroxyde und Aldehyde noch Verbindungen mit Aminogruppen
oder phenolischem bzw. alkoholischem Hydroxyl vorliegen, so kann die Auflösung
solchen Materials mit Lösung III erfolgen, worauf nach 5 Minuten Lösung IV
einpipettiert wird.

Fehlen in dem Untersuchungsobjekt nicht nur alle die vorstehend genannten
Verbindungen bzw. Gruppen, sondern auch Ketone und Enole, so kann zur Auflösung Lösung IV unmittelbar angewandt werden.

Bei Fetten und fetten Ölen kann die Vorbehandlung mit Lösung I bis III
ebenfalls wegfallen und die Auflösung mit 2 ccm Tetrachlorkohlenstoff vorgenommen werden. Nur im Falle einer Alterung, die insbesondere bei den sogenannten trocknenden Ölen leicht eintritt, ist die volle Vorbehandlung erforderlich.

Sollte mit Lösung I keine vollständige Auflösung des Untersuchungsmaterials
zu erreichen sein, was im Ausnahmefall auch bei ätherischen Ölen z. B. mit bereits
beginnender Verharzung eintreten kann, so ist die Auflösung mit zusätzlichen
2 ccm Tetrachlorkohlenstoff zu bewirken. Nach 15 Minuten geht dann der Untersuchungsgang weiter mit der Zugabe von Lösung II. Auf Beimischung von Lösung III tritt jetzt aber sofort eine Kristallisation von Pyrindinacetat auf, die
durch kurzes vorsichtiges Erwärmen des Kolbens im Dampf eines Wasserbades
zur beginnenden Auflösung gebracht werden muß. Unmittelbar hieran anschließend ist Lösung IV zuzusetzen. Der Blindversuch ist in genau der gleichen
Weise auszuführen.

Für den angegebenen Untersuchungsgang bezeichnet: Lösung I ein Gemisch
aus 60 Gewichtsteilen Pyridin, 40 Gewichtsteilen Eisessig (99 bis 100%, reinst)

und 4 Gewichtsteilen einer Lösung von 15 Gewichtsteilen Hydroxylaminhydrochlorid in 20 Gewichtsteilen Wasser.

Lösung II reines Essigsäureanhydrid.

Lösung III Eisessig, versetzt mit Pyridinmethylbromid und übersättigt mit wasserfreiem Natriumacetat. Die Darstellung dieses, als klare Lösung anzuwendenden Gemisches erfolgt zweckmäßig in einer Flasche mit Schliffstopfen, in der 100 Gewichtsteile Eisessig (99 bis 100%, reinst) versetzt werden mit 9 Gewichtsteilen wasserfreiem Natriumacetat und 4 Gewichtsteilen Pyridinmethylbromid. Die Auflösung dieser Zusätze erfolgt unter Erwärmung des Ganzen auf dem Wasserbad bei lose aufgesetztem Schliffstopfen und gelegentlichem Durchschütteln. Die Lösung wird einer langsamen Abkühlung überlassen, am besten über Nacht, wobei eine Kristallisation auftritt, die sich nach Durchschütteln gut absetzt. Ohne die äußere Erwärmung bei der Auflösung der Zusätze zum Eisessig wird diese Kristallisation zu feinnadelig und bei späteren Entnahmen der überstehenden klaren Lösung zu leicht aufgewirbelt.

Lösung IV eine 1/10-Normal-Pyridinmethylbromid-dibromid-Lösung in Lösung III. Zur Herstellung dieses ebenfalls als klare Lösung anzuwendenden Gemisches werden in einer braunen 1 Liter-Flasche mit Schliffstopfen 980 ccm Lösung III versetzt mit 16,7 g Pyridinmethylbromid-dibromid und mit etwa 10 g wasserfreiem Natriumacetat oder, an Stelle des Letzteren, mit einer ungefähr gleichgroßen Menge des Bodenkörpers von Lösung III. Bis zum Eintritt einer klaren Lösung ist unter häufigem Umschütteln das Ganze vorsichtig auf dem Wasserbad zu erwärmen, wobei der Schliffstopfen der Flasche lose eingesetzt bleibt. Die Lösung wird dann einer langsamen Abkühlung überlassen. Die dabei entstehende Kristallisation ist vor jeder Anwendung von Lösung IV aufzuschütteln und wieder absitzen zu lassen.

Die Aufbewahrung der Lösung IV muß unter Ausschluß von direktem Tageslicht in braunen Flaschen erfolgen, deren Schliffstopfen unmittelbar nach jeder Entnahme wieder aufzusetzen ist.

Lösung V eine Auflösung von 1 Gewichtsteil Kaliumjodid in 10 Gewichtsteilen Wasser. Zu je 100 ccm dieser Auflösung werden 10 Tropfen 1%ige wäßrige Stärkelösung beigemischt. Sofern Blaufärbung eintritt, ist diese durch tropfenweisen Zusatz einer wäßrigen Verdünnung von n/10-Natriumthiosulfatlösung zu entfärben.

Besondere Angaben für die Jodzahlbestimmung einzelner ätherischer Öle sowie Normzahlen für diese werden von den Autoren nicht angeführt. Die Präparate Pyridinmethylbromid und Pyridinmethylbromid-dibromid liefert die chemische Fabrik Dr. Theodor Schuchardt, München, Aimillerstraße 25.

Als neue Konstante für ätherische Öle schlägt K. BODENDORF[1] die *Sauerstoffzahl* vor, die zur Bestimmung von ungesättigten Verbindungen von PRILESHAJEW[2] benützt wurde. Die Methode beruht darauf, daß mit Hilfe von Benzoepersäure Äthylenbindungen zu Äthylenoxyden und Aldehyde zu Säuren oxydiert werden. Nach den vorläufigen Versuchen kommt BODENDORF zu dem Schluß, daß die Bestimmung der Sauerstoffzahl prinzipiell für die Untersuchung und Wertbeurteilung der ätherischen Öle geeignet erscheint.

C. J. LINTNER, J. V. LINTOWSKY, D. ZUCK und H. TIGUCHI[3] geben eine elektrometrische Titration von ätherischen Ölen und deren Bestandteilen mittels *Lithiumaluminiumhydrid* an. Da in ätherischen Ölen fast stets Verbindungen enthalten sind, welche funktionelle Gruppen wie Alkohole, Aldehyde, Ketone oder Säureester besitzen, liegt die Anwendung des neuen Reagens Lithiumaluminiumhydrid ($LiAlH_4$) für deren

[1] Arch. Pharmaz. **1930**, 486. — [2] C. C. **1911**, I, 1279.

[3] J. Amer. pharmac. Assoc. **39**, 415 (1950). Vorrichtungen und Arbeitsweise sind in folgenden Arbeiten beschrieben: Science **111**, 63 (1950); Analyt. Chem. **22**, 534 (1950).

Analyse nahe. Das Prinzip der Methode ist, einen Überschuß des Reagens auf die zu untersuchende Substanz einwirken zu lassen und den Überschuß mittels Alkohol zurückzutitrieren. Als Lösungsmittel dient Tetrahydrofuran, welches Erwärmen erlaubt. Es werden magnetische Rührer verwendet und der Endpunkt der Titration elektrisch festgestellt. Zur Abhaltung der Luftfeuchtigkeit dient ein Drieritrohr. Luftausschluß war nicht durchgeführt worden, doch findet sich ein Hinweis, daß Sauerstoff mit dem Reagens reagiert und daher möglicherweise genauere Resultate sich ergeben würden, wenn in Stickstoffatmosphäre gearbeitet werden würde.

Eine größere Anzahl ätherischer Öle und isolierter Bestandteile, wie Menthol, Terpineol u. a., wurden analysiert und die gefundenen Werte übereinstimmend mit den theoretischen gefunden. Als Ausdruck der Reaktionsfähigkeit einer bestimmten Substanz mit dem Reagens wird die Zahl Milliäquivalente pro Gramm angegeben. Die Werte schwanken etwa zwischen 0,00 MÄ und 20,00 MÄ und sind gut reproduzierbar. Die Nützlichkeit des Reagens für die Feststellung von Identität und Reinheit ätherischer Öle wird damit bewiesen.

Allgemeine Prüfungen auf Verfälschungen.

Zum *Nachweis von Alkohol* in ätherischen Ölen gibt L. DAVID[1] die Reaktion von DAVY mit Molybdänschwefelsäure an (2 g Molybdänsäure gelöst in 100 ccm konzentrierter Schwefelsäure):

Zur Ausführung der Probe werden 2 ccm ätherisches Öl mit 3 ccm Wasser gut durchgeschüttelt. Nachdem sich das Gemenge in 2 Schichten gesondert hat, filtriert man die wäßrige Schicht, die in manchen Fällen sich rasch klar absetzt, in anderen milchartig getrübt bleibt, durch ein nasses Filter in ein Reagenzglas und unterschichtet die wasserklare Flüssigkeit mit 2 bis 3 ccm Reagens. Ist Alkohol zugegen, so bildet sich sofort oder (bei sehr geringen Mengen Alkohol) binnen einiger Stunden ein dunkelblauer Ring. Bei Gegenwart von viel Alkohol ist der Ring gewöhnlich undurchsichtig blau, aber sein gegen die wäßrige Schicht befindlicher Rand dringt mit einer schönen blauen Farbe, sein gegen die Schwefelsäure befindlicher Rand hingegen mit dunkelgrasgrüner Farbe in die Flüssigkeiten hinein.

Bei ätherischen Ölen, die Aldehyde, einen Alkohol usw. enthalten, wird die Reaktion in folgender Weise ausgeführt:

2 ccm ätherisches Öl werden in einem trockenen Reagenzglas mit 10 ccm Petroläther geschüttelt. Die Petrolätherlösung wird, wenn nötig, von dem Ungelösten abgegossen und klar filtriert, wobei eventuell mehrmals zurückgegossen werden muß. Das klare Filtrat wird dann mit 3 ccm Wasser kräftig durchgeschüttelt, dann pipettiert man die wäßrige Schicht ab, filtriert sie und unterschichtet sie mit dem Molybdänsäure-Schwefelsäure-Reagens.

Mit dieser Reaktion sind noch 0,116% Alkohol in ätherischen Ölen nachweisbar.

K. BOURNOT[2] schlägt folgende allgemeine Prüfungen vor:

Alkohol. Läßt man einige Tropfen des Öles auf Wasser gleiten, dann darf an der Berührungsstelle keine milchige Trübung eintreten. — Schüttelt man das Öl in einem graduierten Zylinder mit dem gleichen Volumen konzentrierter Kochsalzlösung oder Glycerin, so entspricht die Abnahme der Ölschicht der Menge des vorhandenen Alkohols.

<hr>

[1] Pharmaz. Ztg. **1927**, 56. — [2] Pharmazie **7**, 567 (1952).

Fettes Öl. Bringt man einen Tropfen ätherisches Öl auf Filtrierpapier, dann darf kein in Weingeist unlöslicher Fettfleck zurückbleiben.

Mineralöl. Beim Lösen des ätherischen Öles in 95%igem Alkohol dürfen an der Oberfläche des Öles keine öligen Abscheidungen auftreten.

Ester der Phthalsäure, Oxalsäure, Weinsäure, Citronensäure, Benzoesäure. Erhitzt man in einem Probierrohr 1 ccm ätherisches Öl mit 3 ccm einer mit absolutem Alkohol frisch hergestellten und filtrierten Lösung von Kaliumhydroxyd (1 + 9) 2 Minuten lang im siedenden Wasserbad, so darf nach dem Abkühlen innerhalb einer halben Stunde keine kristallinische Ausscheidung erfolgen. Eine Ausnahme machen Nelkenöl und Rosenöl. Die bei diesen beiden Ölen entstehenden Niederschläge müssen sich wieder klar lösen, wenn man das Gemisch zum Sieden erhitzt.

Glycerinacetat. Man schüttelt 10 ccm Öl in einem Scheidetrichter mit 20 ccm 5%igem Alkohol kräftig durch. Sobald sich die Schichten getrennt haben, werden 10 ccm des wäßrigen Filtrates nach Zugabe einiger Tropfen Phenolphthaleinlösung mit alkoholischer Halbnormal-Kalilauge genau neutralisiert und dann mit 5 ccm alkoholischer Halbnormal-Kalilauge eine Stunde auf dem Wasserbad verseift. Hierbei dürfen nicht mehr als 0,2 ccm der Lauge verbraucht werden. Ein mit Glycerinacetat verfälschtes Öl wird nach dem Ausschütteln mit Wasser spezifisch leichter.

Terpinylacetat. Man bestimmt in der bei Oleum Bergamottae beschriebenen Weise 2 Esterzahlen. Beträgt die Differenz der Esterzahl des zweistündigen und des halbstündigen Versuchs mehr als fünf, so kann Verfälschung mit Terpinylacetat vorliegen.

Organische Halogenverbindungen. Verbrennt man einen mit 2 Tropfen ätherischem Öl getränkten Streifen Filtrierpapier von ungefähr 2 qcm Größe in einer Porzellanschale und läßt die rußenden Dämpfe in ein vorher mehrmals mit Wasser ausgespültes Gefäß von ungefähr 1 Liter Inhalt eintreten, so darf die durch Ausspülen des Gefäßes mit 10 ccm Wasser erhaltene und filtrierte Flüssigkeit nach Zusatz von einigen Tropfen Salpetersäure und Silbernitratlösung nach 5 Minuten keine Opalescenz zeigen.

Prüfung auf *Schwermetalle.* Schüttelt man 5 ccm des Öles mit 5 ccm Wasser, das mit einem Tropfen verdünnter Salzsäure versetzt ist, kräftig durch, dann darf die wäßrige Flüssigkeit durch 3 Tropfen Natriumsulfidlösung nicht dunkel gefärbt werden.

Nachweis von Petroleum. Nach H. ZIMMERMANN[1] lassen sich mit Hilfe der WIDMER-Spirale einzelne Fraktionen von mit Petroleum verfälschten Ölen abdestillieren, worin das Petroleum so angereichert ist, daß es leicht erkannt werden kann, sei es durch direkte Feststellung des Brechungsindex dieser Fraktionen oder in deren unangegriffenen Resten, welche nach dem Ausschütteln mit konzentrierter Schwefelsäure erhalten werden. Es ergibt sich folgende Arbeitsweise:

Von dem zu untersuchenden Öle wird im Vakuum (24 bis 28 mm) aus einem WIDMER-Kölbchen langsam die erste Fraktion zwischen 10 bis 15° abdestilliert. Das Destillat, etwa 1 ccm, wird in einem kleinen Scheidetrichter mit wenig konzentrierter Schwefelsäure durchgeschüttelt. Nach kurzem Stehen scheidet sich das Petroleum als durchsichtige Schicht an der Oberfläche ab. Nach der Trennung der Schichten wiederholt man das Ausschütteln mit Schwefelsäure, bis diese nur noch schwach gelb ist und bestimmt im wasserhellen, dünnflüssigen Rest den Brechungsindex; dieser wird 1,42 bis 1,45 betragen, während der Brechungsindex von Polymerisationsprodukten mindestens 1,48 ist. Bei Verfälschungen mit 4 bis 5% Petroleum genügen für die Destillation 25 ccm Öl. Bei geringeren Verfälschungen destilliert man erst, wie oben angegeben, den Vorlauf von 100 ccm der Probe ab und fraktioniert dieses Destillat aus einem kleineren Kölbchen.

Bei Ölen, bei denen die Hauptfraktion unter dem oben angegebenen Temperaturintervall für den Vorlauf destilliert, z. B. Terpentinöl (Pinen) oder Cajeputöl

---

[1] Chem. Weekbl. **1934**, 132; Ref. Pharmaz. Zentralhalle Deutschland **1934**, 477.

(Cineol), destilliert man erst die Hauptfraktion und darüber hinaus die nächste
Fraktion, welche 5° höher siedet, ab und entfernt sie. Vom Restinhalt des Kölbchens wird soweit destilliert, bis darin nur noch Verharzungsprodukte übrig bleiben.
Dieses letzte Destillat wird zum Ausschütteln mit konzentrierter Schwefelsäure
verwendet.

Die Brauchbarkeit dieser Methode wurde an einer Anzahl garantierter Muster
von Cananga-, Citronella-, Terpentin- und Cajeputöl, vor und nach dem Ver-
schneiden mit Petroleum und an einer Anzahl von Handelsmustern nachgewiesen.

Oleum Anisi.

Anetholreaktion nach Rousse-Godefroy von L. Dávid[1]. 3 ccm Öl schüttelt man
mit 2 bis 3 ccm Eisessig, mischt 5 ccm rauchende Salzsäure zu und schüttelt wieder.
Die Mischung nimmt eine gelblichbraune Farbe an und wird beim Erhitzen bis
zum Sieden grün. Beim Stehen trennt sich die Mischung in zwei Schichten; die
obere wird grün, dann blau, die untere grünlichgelb.

Bei einer *Verfälschung mit Fenchelöl* tritt beim Schütteln mit Salzsäure zuerst
eine Rosafarbe auf, während des Erhitzens wird die ganze Flüssigkeit dunkelbraun
mit grünlicher Nuance.

Eine weitere Probe auf Fenchelöl ist unter Oleum Foeniculi angegeben.

Unterscheidung von Sternanisöl nach W. Drießen-Mareeuw[2]. 1. 10 ccm des
Öles werden mit einer Lösung von 0,7 g Ferrocyankalium in 4 ccm Wasser, dann
mit 10 ccm 10%iger Salzsäure versetzt und geschüttelt. Bei Sternanisöl entsteht
ein weißer, voluminöser Niederschlag, der sich nach dem Abfiltrieren und Abpressen zwischen Filtrierpapier als aus weißen Kristallen bestehend erweist, deren
nadelförmige Struktur unter dem Mikroskop zu erkennen ist. Anisöl gibt bei der
gleichen Reaktion nur eine opalisierende Flüssigkeit.

2. 10 ccm des Öles werden mit einer Lösung von 1,25 g Ferricyankalium in
4 ccm Wasser und mit 12,5 ccm 20%iger Salzsäure in gleicher Weise behandelt.
Der Reaktionsverlauf ist bei beiden Ölen entsprechend dem oben unter 1 beschriebenen.

Die gebildeten Kristalle bestehen aus Zineoladditionsprodukten.

Oleum Aurantii Florum.

Unterscheidung von echtem und künstlichem Öl nach L. Dávid[1]. 5 Tropfen Öl
schüttelt man mit 3 ccm Wasser, filtriert und unterschichtet das klare Filtrat mit
2 bis 3 ccm .2%iger Molybdänsäure-Schwefelsäure. Liegt echtes Orangenblütenöl
vor, so entsteht sofort ein rostbrauner Ring, darunter ein zitronengelber, und die
wäßrige Schicht wird weißlich trüb. Bei künstlichem Öl entsteht bei der Schicht-
probe ein blaßbräunlicher und ein citronengelber Ring, aber die weißlich trübe,
wäßrige Lösung nimmt eine deutliche Rosafarbe an. Nach dem Zusammenschütteln
wird die Lösung des echten Öles gräulichblau, während sich die Farbe der künstlichen Öllösung nicht verändert.

Oleum Bergamottae.

Bestimmung des Estergehaltes nach K. Bournot[3]. Man gibt zu etwa 2 g Bergamottöl (genau gewogen) 5 ccm Weingeist und 5 Tropfen Phenolphthaleinlösung
sowie so viel alkoholische Halbnormal-Kalilauge, daß die Flüssigkeit schwach
rot gefärbt wird. Nach weiterem Zusatz von 20 ccm der gleichen Lauge wird
die Lösung auf dem Wasserbad in einem Kolben mit Rückflußkühler 30 Minuten
lang gekocht. Nach raschem Abkühlen und erneutem Zusatz von Phenolphthaleinlösung titriert man mit Halbnormal-Salzsäure. Hierbei dürfen bei Verwendung von 2 g Bergamottöl höchstens 13,1 ccm Halbnormal-Salzsäure verbraucht werden, entsprechend einer Esterzahl von höchstens 96,8 und einem Gehalt

---

[1] Pharmaz. Ztg. **1927**, 640.
[2] Pharmac. Weekbl. **1927**, 189; Ref. Pharmaz. Ztg. **1927**, 373.
[3] Pharmazie **7**, 567 (1952).

von mindestens 33,9% Linalylacetat (1 ccm alkoholische Halbnormal-Kalilauge entspricht 0,09814 g Linalylacetat).

Die Bestimmung wiederholt man mit einer gleichen Menge Öl, jedoch wird die Flüssigkeit auf dem Wasserbad 2 Stunden lang gekocht. Die hiernach erhaltene Esterzahl darf die zuerst erhaltene nicht mehr als um vier übersteigen (Prüfung auf Verfälschung mit Terpinylacetat).

Oleum Carvi.

Bestimmung des Carvongehaltes mit der Hydroxylaminmethode in Ausführung von K. Bournot[1]. Man gibt etwa 1 g (genau gewogen) Kümmelöl in ein Verseifungskölbchen aus Jenaer Glas von 100 ccm Inhalt, hierzu etwa 20 ccm Hydroxylaminhydrochloridlösung und erwärmt auf dem Wasserbad unter Rückflußkühlung. Nach 5 bis 10 Minuten wird die Flüssigkeit abgekühlt und die freigewordene Säure mit alkoholischer Halbnormal-Kalilauge langsam unter Umschwenken des Kölbchens neutralisiert, bis die gelbe Farbe der Flüssigkeit einen gelbgrünen Farbton annimmt. Ein Umschlag bis zur Blaufärbung ist zu vermeiden. Dann wird wiederum auf dem Wasserbad erwärmt und nach Abkühlen wie angegeben neutralisiert. Diese Behandlung ist so lange zu wiederholen, bis der gelbgrüne Farbton auch nach längerem Warten nicht mehr verschwindet. Die Reaktion läßt sich in 1 bis 2 Stunden beenden, vorausgesetzt, daß größere Pausen zwischen den Titrationen vermieden werden. Die verwendete Hydroxylaminhydrochloridlösung muß stets im geringen Überschuß vorhanden sein. Zur Titration sollen bei Verwendung von 1 g Kümmelöl mindestens 7,1 ccm und höchstens 8,4 ccm Halbnormal-Kalilauge verbraucht werden, entsprechend einem Gehalt von 53 bis 63% Carvon. Der Gehalt an Carvon in Gewichtsprozenten berechnet sich nach der Formel:

$$\% \text{ Carvon} = \frac{150 \cdot a}{20 \cdot s},$$

a verbrauchte ccm Kalilauge $\qquad$ s Ölmenge in Gramm.

Die *Hydroxylaminhydrochloridlösung* wird wie folgt hergestellt: Man löst 5 g Hydroxylaminhydrochlorid in 9 ccm Wasser und gibt zu dieser Lösung 80 ccm 90%igen Alkohol; sodann setzt man 2 ccm Bromphenolblaulösung hinzu, neutralisiert nötigenfalls mit alkoholischer Halbnormal-Kalilauge und ergänzt mit 90%igem Alkohol auf 100 ccm. Auf absolute Reinheit des Alkohols ist besonders zu achten.

Zur Herstellung der Bromphenolblaulösung reibt man 0,1 g Bromphenolblau mit 3 ccm wäßriger n/20-Natronlauge an und ergänzt mit Wasser auf 25 ccm.

Oleum Caryophylli.

Nachweis von Benzylalkohol nach S. Kroll[2]. Läßt man zu einem Tropfen Nelkenöl auf einem Uhrglas einen Tropfen 15%ige Natronlauge zufließen, so beobachtet man sofort Vereinigung von Öl und Lauge und fast unmittelbar kristallinische Abscheidungen von Eugenolnatrium. Ist das Öl mit 20% und mehr Benzylalkohol verfälscht, so tritt keine Lösung des Öles in der Lauge ein, das Öl schwimmt auf der Lauge und kristallinische Ausscheidungen treten erst allmählich auf.

Eine andere Prüfung besteht darin, daß man etwa 1 g Öl mit 5 ccm Wasser kräftig schüttelt und im Wasserbade einige Minuten erwärmt. Nach dem Erkalten wird durch ein angefeuchtetes Filter das Öl abgetrennt, das schwach getrübte Filtrat mit 1 ccm 15%iger Natronlauge versetzt und unter allmählicher Zugabe von 2 bis 3 ccm 2%iger Kaliumpermanganatlösung oxydiert. Hierbei tritt bei Gegenwart von Benzylalkohol mehr oder wenig kräftig Benzaldehydgeruch auf.

Zur Sicherheit kann in der alkalischen filtrierten Lösung die Benzoesäure zur Abscheidung gebracht und durch den Schmelzpunkt näher bestimmt werden.

---

[1] Pharmazie **7**, 567 (1952). — [2] Pharmaz. Ztg. **1931**, 128.

Mit folgender Methode von H. LEONHARDT und R. WASICKY[1] kann im Nelkenöl neben der Prüfung auf Benzylalkohol — der auch im Sandelholz- und Pfefferminzöl als Verfälschung angetroffen wurde — in demselben Arbeitsgang der *Nachweis auf Äthyl- und Methylalkohol* vorgenommen werden:

Der Nachweis beruht darauf, daß Benzyl-, Äthyl- und Methylalkohol mit trockenem Calciumchlorid Additionsverbindungen geben:

$$(\mathrm{CaCl_2 \cdot 3\,C_6H_5 \cdot CH_2 \cdot OH}; \qquad \mathrm{CaCl_2 \cdot 3\,C_2H_5 \cdot OH}; \qquad \mathrm{CaCl_2 \cdot 4\,CH_3 \cdot OH}).$$

Die Bildung der Kristallalkohole erfolgt am raschesten in der Wärme, läßt sich aber auch erreichen, wenn man die Lösung der Alkohole in Petroläther oder die Lösung eines mit Alkohol verfälschten ätherischen Öles in Petroläther mit kristallwasserfreiem Calciumchlorid schüttelt. Man kann auf diese Weise alle nicht mit Calcium reagierenden Bestandteile des ätherischen Öles abtrennen, die Kristallalkohole mit Wasser zerlegen und den Nachweis nach bekannten Methoden bewirken. Die Arbeitsweise ist folgende:

In einem Meßzylinder von etwa 10 ccm Inhalt werden 2 ccm Öl in 6 ccm Petroläther gelöst. Die Lösung versetzt man bei Verwendung von Pfefferminz- und Sandelholzöl mit je 2 g, bei Nelkenöl mit 2,5 g fein gepulvertem, vollkommen trockenem Calciumchlorid. Das kristallwasserfreie Salz des Handels wird vor der Verwendung ausgeglüht und noch warm zugesetzt. Der Zylinder wird mittels Korkstopfen gut verschlossen und die Mischung 10 Minuten lang kräftig durchgeschüttelt. Man läßt unter öfterem Schütteln 1 Stunde stehen und etwa $^{1}/_{2}$ Stunde absetzen. Nun saugt man ab, preßt das Salz fest an und wäscht dreimal mit je 5 ccm Petroläther nach. Das Abgesaugte wird auf einem Uhrglas bei 50 bis 60° von den letzten Spuren Petroläther befreit. Das in wenigen Minuten trockene Pulver bringt man in einen Kolben von 100 ccm Inhalt, fügt allmählich unter Wasserkühlung 15 ccm Wasser hinzu und destilliert unter Verwendung eines zweimal rechtwinklig gebogenen Rohres von 75 cm Länge als Kühler, wie es im DAB 6 für den Nachweis des Methylalkohols vorgeschrieben ist, 3 ccm ab. Es wird mit kleiner Flamme destilliert und das Destillat in einem Meßzylinder aufgefangen, der in einem mit Wasser gefüllten Becherglas steht. Das erhaltene Destillat wird in zwei Teile geteilt. Den einen Teil prüft man auf Äthylalkohol, indem man mit 15%iger Kalilauge alkalisch macht, auf 50 bis 60° erwärmt und Jodjodkalilösung bis zur Gelbfärbung zufügt. Das gebildete Jodoform, schon am Geruch kenntlich, wird an seiner charakteristischen Kristallform unter dem Mikroskop erkannt.

Der andere Teil des Destillates wird mit 3 ccm verdünnter Schwefelsäure gemischt und allmählich unter guter Kühlung mit 0,05 g fein gepulvertem Kaliumpermanganat versetzt. Der gebildete Formaldehyd wird dann in der üblichen Weise charakterisiert. Der Destillationsrückstand im Kolben wird unter gelindem Erwärmen tropfenweise mit 1%iger Kaliumpermanganatlösung versetzt, wobei man vor jedem neuen Zusatz abwartet, bis Entfärbung eingetreten ist. Ist Benzylalkohol zugegen, so tritt Geruch nach Benzaldehyd auf. Auch bei kleinen Mengen ist er deutlich wahrnehmbar, wenn das Reagenzglas verkorkt einige Zeit beiseite gestellt wird.

Eine besondere Behandlung erfordert das Nelkenöl, weil bei der Destillation Eugenol übergeht, das ebenfalls mit Calciumchlorid reagiert, anscheinend auch unter Bildung einer Additionsverbindung. Deshalb muß das Eugenol vor der Destillation mit Natriumsalz fixiert werden. Zu diesem Zwecke wird das Öl vor der Destillation mit Natronlauge alkalisiert, wozu etwa 3 ccm 15%iger Natronlauge erforderlich sind. Bei einem zu großen Alkaliüberschuß tritt ein starkes Schäumen der Flüssigkeit ein.

Nelkenöl läßt sich nicht in der angegebenen Weise auf Methylalkohol prüfen, da es als natürlichen Bestandteil Methylalkohol enthält und dieser, wie im blinden Versuch festgestellt wurde, nachweisbar ist.

---

[1] Arch. Pharmazie **1932**, 249.

Die Bestimmungen des Eugenols beruhen darauf, daß das Eugenol in das wasserlösliche Phenolat übergeführt und der wasserunlösliche Teil volumetrisch im Cassiakölbchen gemessen wird. Das Phenolat kann auch mit Schwefelsäure wieder gefällt und gewogen werden, so daß das Eugenol direkt bestimmt wird. Ein solches Verfahren enthält die Ph.Helv.V:

Etwa 1 g Nelkenöl (genau gewogen) wird in einem Erlenmeyerkölbchen mit 10 ccm verdünnter Natronlauge versetzt und während 10 Minuten auf dem Wasserbad am Rückflußkühler erhitzt. Nach dem Erkalten gießt man die Flüssigkeit in einen Scheidetrichter, spült das Erlenmeyerkölbchen zweimal mit je 5 ccm Wasser und zuletzt mit 20 ccm Petroläther nach und schüttelt gut durch. Nach vollständiger Trennung der Schichten läßt man die wäßrige Lösung in einen zweiten Scheidetrichter ab und schüttelt die Petrolätherlösung noch zweimal mit je 5 ccm einer Mischung von 5 ccm verdünnter Natronlauge + 5 ccm Wasser aus. Die wäßrigen Lösungen läßt man ebenfalls in den zweiten Scheidetrichter ab. Die vereinigten wäßrigen Lösungen versetzt man mit 20 ccm verdünnter Schwefelsäure (9,8 g H_2SO_4 in 100 ccm) und schüttelt sie zweimal mit je 20 ccm, dann noch einmal mit 10 ccm Äther aus. Die ätherischen Auszüge werden in einer Arzneiflasche von 100 ccm Inhalt gesammelt, mit 2 g entwässertem Natriumsulfat versetzt und unter häufigem Umschwenken 1 Stunde stehengelassen. Dann filtriert man durch ein trockenes Filter von 7 cm Durchmesser in einen mit einigen Siedesteinchen versehenen und mit diesen genau gewogenen Erlenmeyerkolben von 100 ccm Inhalt mit Glasstopfen, wäscht mit Äther nach und destilliert den Äther auf dem Wasserbad bei 50° ab. Man trocknet bei 50° bis zur Gewichtskonstanz und wägt. Das Gewicht des Rückstandes muß mindestens 85% des zur Bestimmung verwendeten Nelkenöles betragen, entsprechend einem Gehalt von mindestens 85% freiem und verestertem Eugenol.

Oleum Chenopodii.

Nachweis von Ascaridol.

Da die bisherigen colorimetrischen Nachweisverfahren von Ascaridol und auch die jodometrische Methode nicht spezifisch sind, hat E. Wegner[1] bekannte Umsetzungen des Ascaridols zur Prüfung von Chenopodiumölen heranzuziehen versucht. Er benützt dazu die von E. K. Nelson[2] beschriebene Bildung von Ascaridolglykol mit Eisen(II)-sulfat und die von H. Paget[3] beobachtete Bildung von Propan bei der Reduktion des Ascaridols mit Titan(III)-chlorid. Beide Methoden erlauben auch eine annähernd quantitative Schätzung des Ascaridols und den Nachweis auch in Ölen von Chenopodium ambrosioides L.

Glykolprobe. 2 ccm des zu untersuchenden ätherischen Öles werden etwa ½ Stunde lang mit 20 ccm gesättigter Eisen(II)-sulfatlösung gut durchgeschüttelt. Nach dem Absitzen wird die einen wesentlichen Teil des gegebenenfalls gebildeten Ascaridolglykols enthaltende wäßrige Phase abgetrennt und in einem zweiten Schütteltrichter einmal mit 20 ccm und anschließend zweimal mit 10 ccm Äther ausgeschüttelt, wobei das Glykol in das organische Lösungsmittel übergeht. Letzteres wird in einem gewogenen Kölbchen auf dem Wasserbade abgedunstet und der Kolben im Trockenschrank bei 103° C belassen, bis Gewichtskonstanz eingetreten ist. Beim Vorliegen von Ascaridol besteht der braungefärbte Rückstand im wesentlichen aus Ascaridolglykol, enthält allerdings auch noch andere durch Nebenreaktionen entstandene Stoffe sowie eine geringe Menge wasserlöslicher Anteile des Chenopodiumöles. Aus dem letztgenannten Grunde ist die Durchführung eines Blindversuches erforderlich, bei dem das Ausschütteln des ätherischen Öles an

[1] Pharmaz. Zentralhalle Deutschland **91**, 43 (1952).
[2] J. Amer. chem. Soc. **33**, 1404 (1911). — [3] J. chem. Soc. [London] **1938**, 829.

Stelle von Eisen(II)-sulfatlösung mit Wasser erfolgt, im übrigen aber der eben beschriebene Untersuchungsgang eingehalten wird. Das beim Blindversuch gefundene Gewicht wird von dem des Hauptversuches substrahiert. Der Nachweis von Ascaridol kann als erbracht angesehen werden, wenn die Gewichtsdifferenz zumindest 10 mg beträgt, was einem Ascaridolgehalt von ungefähr 10% entspricht. Sind die Unterschiede jedoch geringer, so muß die Frage nach dem Vorliegen von Ascaridol offen bleiben, da die Methode nicht so empfindlich ist, um Ascaridolmengen von wenigen Prozent mit Sicherheit nachweisen zu können.

Propanprobe. Der Aufbau der erforderlichen Apparatur ist aus Abb. 26 ersichtlich. Das Reaktionsgefäß besteht aus einem 100 ccm-Rundkolben, in dem sich ein kleines Porzellantiegelchen befindet. Der Kolben steht einerseits mit einer Stickstoffbombe, andererseits über einen Dreiwegehahn mit einer Vorrichtung zur Messung des gebildeten Gasvolumens in Verbindung. Diese besteht aus einer graduierten Meßpipette von 10 ccm Inhalt und einer 25 ccm-Vollpipette als Niveaugefäß. Als Sperrflüssigkeit dient Wasser.

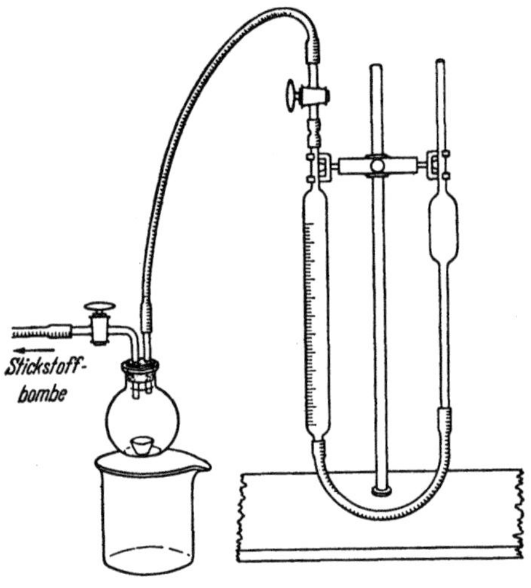

Die Probe selbst wird in folgender Weise ausgeführt: Zunächst wird das Tiegelchen mit 1 ccm einer Mischung gleicher Teile Alkohol und des zu prüfenden Öles sowie der Kolben selbst mit 5 ccm Titan(III)-chloridlösung (etwa 15%ig, eisenfrei) und 5 ccm Wasser beschickt. Hierauf wird das Reaktionsgefäß in ein großes mit Wasser von Zimmertemperatur gefülltes Becherglas eingehängt und mit der Stickstoffbombe und der Meßapparatur verbunden. Das Wasserbad ist erforderlich, um die Einstellung einer konstanten Temperatur für die Ablesungen zu gewährleisten, da die Reaktion des Ascaridols exotherm verläuft. Um den die Bestimmung störenden Luftsauerstoff zu entfernen, wird nun die Apparatur mit Stickstoff ge-

Abb. 26. Apparat zum Ascaridol-Nachweis von E. WEGNER.

füllt. Zu diesem Zweck wird das Niveaugefäß so weit gehoben, daß die Wassersäule bis an den Dreiwegehahn steigt und die in der Pipette befindliche Luft durch den geöffneten Hahn nach außen gedrückt wird. Hierauf wird der Hahn umgestellt, so daß jetzt das Reaktionsgefäß mit der Außenluft in Verbindung steht, und 10 Minuten lang Stickstoff hindurchgeleitet. Anschließend wird durch Umstellen des Dreiwegehahns der Kolben wieder mit der Meßpipette verbunden und unter vorsichtigem und langsamem Nachströmenlassen von Stickstoff das Niveaugefäß so weit gesenkt, daß sich der Flüssigkeitsspiegel gerade innerhalb der Graduierung der Pipette befindet. Nach Unterbrechung der weiteren Stickstoffzufuhr wird die Wassersäule in beiden Pipetten auf gleiche Höhe eingestellt und deren Stand an der Einteilung der Meßpipette abgelesen.

Hierauf wird die Reaktion in Gang gesetzt. Der Kolben wird aus dem als Wasserbad dienenden Becherglas genommen und 10 Minuten lang gut umgeschwenkt, wobei sich der Tiegelinhalt mit der Titan(III)-Lösung mischt. Anschließend wird das Gefäß zwecks Temperaturausgleich wieder in das Becherglas eingehängt und nach weiteren 10 Minuten die gebildete Gasmenge an der Meßpipette abgelesen.

Der Nachweis von Ascaridol kann als erbracht angesehen werden, wenn unter den angegebenen Versuchsbedingungen mindestens 1 ccm Gas gebildet wird, was etwa einem Gehalt von ungefähr 5 bis 10% Ascaridol entsprechen dürfte. Diese Empfindlichkeit wird den meisten Ansprüchen genügen. Bei Gasmengen unter 1 ccm ist eine vorsichtige Beurteilung angebracht. Es wird in solchen Fällen zweckmäßiger sein, das zu untersuchende Öl durch Abdestillieren der leichter flüchtigen Bestandteile im Vakuum zu konzentrieren und auf diese Weise das Ascaridol im Rückstand anzureichern. Mit dem Konzentrat wird dann nochmals die Reaktion durchgeführt.

Die Propanmethode hat vor der Glykolprobe den Vorteil der größeren Empfindlichkeit und des bedeutend geringeren Bedarfs an Arbeitszeit ($\frac{1}{2}$ Stunde) und Untersuchungsmaterial (0,5 ccm ätherisches Öl). Ähnlich wie der Glykolnachweis erlaubt sie auch eine annähernde quantitative Bestimmung des Ascaridolgehaltes, wenn man die Meßpipette mit ätherischen Ölen bekannten Gehaltes eicht.

WEGNER gibt schließlich noch ein Verfahren an, Ascaridol über die chemische Identifizierung und Charakterisierung als Ascaridolglykol-monobenzoat nachzuweisen.

Zur Verläßlichkeit dieser beiden Reaktionen nahmen PH. FRESENIUS[1] und späterhin E. WEGNER[2] selbst Stellung, wonach die beiden Proben keinen nur annähernd gleichwertigen Ersatz des jodometrischen Verfahrens zur quantitativen Bestimmung des Ascaridolgehaltes darstellen.

Bestimmung des Ascaridols.

Es wurden zahlreiche Methoden zur Bestimmung des Ascaridols im Chenopodiumöl ausgearbeitet, die aber alle nicht restlos befriedigen und verschiedentlich einer kritischen Beurteilung unterzogen wurden, z. B. von H. THOMS[3], K. BODENDORF[4], G. O. SCHENK[5], H. BÖHME und K. v. EMSTER[6]. Von den vielen vorgeschlagenen Methoden haben nur zwei praktische Bedeutung erlangt und wurden auch in einige Arzneibücher aufgenommen. Es ist dies die volumetrische Methode von E. K. NELSON[7] und die jodometrische Bestimmung von T. T. COCKING und F. C. HYMAS[3].

Volumetrische Bestimmung.

Dieses Verfahren, das einfach auszuführen ist, aber nur eine annähernde Bestimmung des Ascaridols erlaubt, beruht auf dessen Löslichkeit in 60%iger Essigsäure. Der ungelöste Anteil wird volumetrisch abgelesen. Das Verfahren ist nicht sehr genau, da bei der Zersetzung des Ascaridols auch wasserlösliche Verbindungen entstehen können, die als Ascaridol bewertet werden. Auch sind die Ergebnisse stark von dem Verhältnis Chenopodiumöl und Essigsäure abhängig.

E. KNISS[9] gibt folgende Ausführung an: Man schüttelt in einem Cassiakölbchen 10 ccm des Öles zunächst mit 50 bis 60 ccm verdünnter Essigsäure (60 T. Eisessig + 40 T. Aqua) 5 Minuten kräftig, bringt den ungelösten Anteil durch Zusatz von Essigsäure gleicher Konzentration durch Drehen und Beklopfen des Kölbchens in den geteilten Hals und liest nach der Trennung ab. Der ungelöste Anteil muß 2 bis 4 ccm betragen, was einem Gehalt von 60 bis 80% Ascaridol entspricht.

H. v. D. DOOL[10] hat dieses Verfahren zu folgender *Mikromethode* umgearbeitet: Ein Butyrometer füllt man mit 60%iger Essigsäure bis zur Graduierung, fügt

[1] Pharmaz. Zentralhalle Deutschland **92**, 8 (1953).
[2] Pharmaz. Zentralhalle Deutschland **92**, 11 (1953).
[3] Pharmaz. Ztg. **1927**, 1123. — [4] Apotheker-Ztg. **45**, 1636 (1930).
[5] Süddtsch. Apotheker-Ztg. **88**, 3 (1948). — [6] Arch. Pharmaz. **284**, 171 (1951).
[7] J. Amer. pharmac. Assoc. **10**, 836 (1921). — [8] Analyst **55**, 180 (1930).
[9] Süddtsch. Apotheker-Ztg. **90**, 686 (1950).
[10] Tijdschr. Artsenijk **34**, 399 (1944); Ref. Pharm. Zentralhalle Deutschland **86**, 26 (1947).

darauf etwa 0,9 ccm Chenopodiumöl, nach Ablesen fügt man von der Essigsäure nach, bis fünfmal die eingegebene Ölmenge erreicht ist. (1 Skalenteil des Butyrometers ist 0,08 ccm.) Darauf 5 Minuten umschütteln und darauf 5 Minuten zentrifugieren bei 1000 Umdrehungen in der Minute. Darauf wird das Butyrometer mit 60%iger Essigsäure gefüllt, nachdem vorerst das Ölvolumen abgelesen war, dann ohne Umschütteln wie vorhin zentrifugiert und aufs neue abgelesen. Zum Beispiel Menge Öl 7,25 (ist 0,91 ccm), nach der Behandlung 2,45, also in Lösung gegangen 66,2%.

Jodometrische Bestimmung.

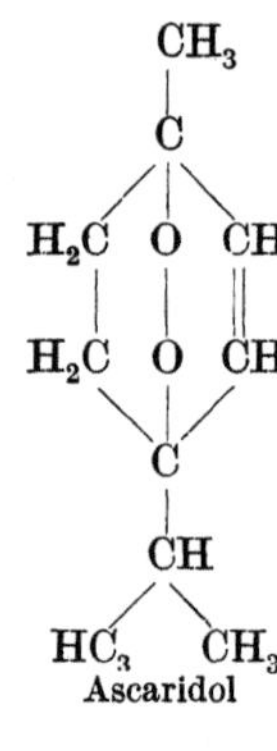

Das von T. T. Cocking und F. C. Hymas[1] ausgearbeitete und von verschiedenen Arzneibüchern aufgenommene jodometrische Verfahren, beruht darauf, daß Ascaridol als Peroxyd aus Jodwasserstoff Jod frei macht und dieses mit Natriumthiosulfat titriert wird. Dabei treten auch Nebenreaktionen auf, so daß die Umsetzung nicht stöchiometrisch verläuft und die Berechnung mit einem empirischen Faktor erfolgen muß, der verschiedentlich kritisiert wurde (H. Paget[2], H. Leptit[3]). Die Reaktion ist demnach keineswegs spezifisch. Nach K. Bodendorf[4] ergibt auch autoxydiertes Terpentinöl unter denselben Bedingungen eine beträchtliche Jodausscheidung. Da Terpentinöl auch als Verfälschung von Chenopodiumöl gefunden wurde und auch ältere Chenopodiumöle durch zusätzliche Peroxydbildung nach E. Wegner[5] höhere Werte vortäuschen können, wird in Zweifelsfällen eine qualitative Prüfung nach einer der oben angegebenen Verfahren empfehlenswert sein.

Nach H. Böhme und K. v. Emster[6] ist die Jodausscheidung auch der Ascaridoleinwaage nicht proportional. Man muß deshalb mit einem Faktor arbeiten, dessen Größe von der Menge des ausgeschiedenen Jods abhängig ist. Nach den Autoren läßt die Beziehung zwischen Ascaridolmenge und Verbrauch an Thiosulfatlösung mit befriedigender Genauigkeit sich durch die quadratische Gleichung

$$m = A \cdot n + B \cdot n^2$$

ausdrücken, in der m die mg Ascaridol bedeuten, n die verbrauchten ccm 0,1 n-Thiosulfatlösung und A und B Konstanten, deren Größe im Zusammenhang mit den gewählten äußeren Bedingungen der Methode stehen. Nach denselben Autoren ist es zweckmäßig von kleineren Einwaagen auszugehen und vor der Titration eine bestimmte Menge Wasser zuzusetzen. Hierdurch wird die Reaktion an einem genau festgelegten Zeitpunkt gestoppt, während beim Vorliegen unverdünnter Lösungen im Laufe der zwangsmäßig eine gewisse Zeit dauernden Titration noch weiterhin Jod ausgeschieden werden kann. Auch wird dadurch die Anwendung von Stärkelösung als Indicator möglich, wodurch der End-

[1] Analyst 55, 180 (1930). — [2] J. chem. Soc. [London] 1938, 829.
[3] Trav. Lab. Mat. Med. 1943/44, 32, Part. 2.
[4] Apotheker-Ztg. 45, 1636 (1930).
[5] Pharmaz. Zentralhalle Deutschland 91, 43 (1952).
[6] Arch. Pharmaz. 284, 171 (1951).

punkt der Titration deutlicher zu erfassen ist. Unter Berücksichtigung dieser Änderungen, geben BÖHME und EMSTER folgende Ausführung der Bestimmung an:

In einem 250 ccm-Jodzahlkolben mit Normalschliff 20 werden 1,5 g pulverisiertes Kaliumjodid in 1,2 ccm Wasser gelöst, 6 ccm Eisessig und 3 ccm 32%ige Salzsäure[1] zugefügt und das Gemisch in einer Eis-Kochsalzmischung auf -1 bis $-3°$ abgekühlt (durch eingestelltes Thermometer prüfen). Währenddessen werden in einem Reagenzglas (50×15 mm) 145 bis 155 mg Chenopodiumöl auf 0,5 mg genau gewogen und 3 ccm Eisessig zugefügt. Nach Entfernung des Thermometers führt man das Reagenzglas vorsichtig in den Jodzahlkolben ein, verschließt mit dem Schliffstopfen, vermischt und läßt unter gelegentlichem, vorsichtigem Umschwenken 3 Minuten in Eiswasser stehen. Dann wird er aus dem Eiswasser herausgenommen und noch 2 Minuten bei Zimmertemperatur unter gelegentlichem vorsichtigem Umschwenken stehengelassen. Anschließend — also genau 5 Minuten von der Einführung des Reagenzglases ab gerechnet — unterbricht man durch Zugabe von 20 ccm Wasser und titriert das ausgeschiedene Jod sofort mit 0,1 n-Thiosulfatlösung, wobei gegen Ende der Titration 0,5 ccm 1%ige Stärkelösung zugefügt werden. In gleicher Weise wird ein Blindversuch angesetzt, bei dem nach 5 Minuten 40 ccm Wasser zugesetzt werden und im allgemeinen 0,06 bis 0,15 ccm 0,1 n-Thiosulfatlösung verbraucht werden.

Die Berechnung der in der Einwaage enthaltenen Ascaridolmenge erfolgt nach der Formel:

$$\text{mg Ascaridol} = 4,0 \cdot n + 0,1 \cdot n^2,$$

worin n die bei der Titration verbrauchten ccm 0,1 n-Thiosulfatlösung bedeuten nach Abzug des Blindwertes.

Bei Lösungen von Chenopodiumöl in Ricinusöl werden nach D. C. GARRAT und R F. PHIPERS[2] zu tiefe Werte erhalten. Die Verluste werden vermieden, wenn das Ascaridol mit Äthylenglykol im Vakuum destilliert und das Extraktionsmittel (Äther) in Gegenwart von 90%iger Essigsäure entfernt wird. Sie geben folgende Ausführung der Destillation und Extraktion an, worauf das Ascaridol nach dem Verfahren der Ph. Brit. jodometrisch bestimmt wird:

50 g 5%ige Chenopodiumöllösung in Ricinusöl werden in einem 500 ccm-Claisenkolben mit 50 ccm Äthylenglykol bei etwa 0,5 mm Hg destilliert, bis der Inhalt klar geworden ist. Das Destillat wird in einem Scheidetrichter mit 100 ccm Wasser verdünnt, Kühler und Auffanggefäß werden mit 25 ccm Narkoseäther nachgespült. Das Ascaridol wird dreimal mit je 25 ccm Äther ausgeschüttelt und die vereinigten ätherischen Ausschüttelungen werden mit 40 ccm 90%iger Essigsäure geschüttelt. Hierauf wird der Äther durch Erwärmen auf dem Wasserbad bei 60 bis 70° oder durch einen Luftstrom abdestilliert. Der Rückstand wird mit 90%iger Essigsäure auf 50 ccm aufgefüllt und die Lösung in eine 10 ccm-Bürette gebracht, von der 5 ccm Flüssigkeit in nicht weniger als 5 Sekunden ausfließen.

In ein verschließbares Reagenzglas von 150 mm Länge und 25 mm Durchmesser werden 3 ccm einer wäßrigen 83% (w/v)igen Lösung von Kaliumjodid, 5 ccm Salzsäure und 10 ccm Eisessig gebracht und auf $-3°$ gekühlt. Dann werden etwa 5 ccm der Ascaridollösung in Eisessig zugesetzt, möglichst rasch gemischt und nach 2 Minuten wird die ausgelaufene Ascaridollösung aus der Bürette genau abgelesen. Das Reagenzglas wird 5 Minuten bei unter 10° stehengelassen und dann das ausgeschiedene Jod mit n/10-Natriumthiosulfatlösung titriert. Gleichzeitig wird ein

---

[1] Dargestellt durch Vermischen von 1 Gewichtsteil (25%) und 2 Gewichtsteilen (36 bis 38%) rauchender Salzsäure. Der Gehalt der Säure ist durch Titration zu prüfen; 2 ccm entsprechen 20,5 ccm n-Kalilauge. Er soll nicht höher als 32,5% und nicht niedriger als 30,0% sein.

[2] J. Pharmac. Pharmacol. **6**, 60 (1954).

Blindversuch ohne Ascaridol ausgeführt und das Reagenzglas mit 20 ccm Wasser vor der Titration versetzt. Die Differenz beider Titrationen ergibt das durch Acsaridol ausgeschiedene Jod. 1 ccm n/10-Natriumthiosulfatlösung = 0,00665 g Ascaridol.

BÖHME und EMSTER[1] haben auch eine colorimetrische Methode ausgearbeitet, für die nur einige mg Untersuchungsmaterial erforderlich sind und die nur für solche Fälle empfohlen wird. Sie gründet sich auf die von S. HARTMANN und J. GLAVIND[2] beschriebenen Methode zur Bestimmung von Peroxyden in Fetten, die auf der Oxydation der Leukobase des 2,6-Dichlorphenolindophenols zum Farbstoff beruht. Das Verfahren zeigt aber eine größere Fehlerbreite als die jodometrische Bestimmung.

A. H. BECKETT und M. DOMBROW[3] haben eine polarographische Methode mit Lithiumacetatpuffer ausgearbeitet, der sie eine größere Genauigkeit als den bisherigen Methoden zuschreiben.

Nach M. MARUYAMA[4] läßt sich das Ascaridol im Chenopodiumöl mittels des Ultrarot-Absorptionsspektrums bestimmen. Bei 10,69 μ Wellenlänge und 0,1 mm Schichtdicke wurde bei Lösungen in Schwefelkohlenstoff gefunden, daß bis zu einer Konzentration von 8 Gew.-% das BEERsche Gesetz gilt. Die Fehlergrenze wird mit 1 bis 2% angegeben.

Oleum Cinnamoni Cassiae.

Für die *Bestimmung des Zimtaldehyds* sind mehrere Methoden ausgearbeitet worden. In Arzneibüchern findet sich vielfach die Bisulfitmethode, R. EDER und W. SCHNEITER[5] geben ein etwas abgeändertes gravimetrisches Verfahren von HANUS[6] an, das auf der Kondensation der Aldehyde mit Semioxamazid beruht. Die Bestimmung läßt sich auch durch Titration der bei der Kondensation mit Hydroxylamin-Hydrochlorid frei werdenden Salzsäure ausführen (Ph. Brit. 1932) und L. FUCHS[7] greift auf ein titrimetrisches Verfahren aromatischer Aldehyde mit Hydrazinsulfat von L. LAUTENSCHLÄGER[8] zurück.

Bestimmung des Zimtaldehyds nach Hanus mit Semioxamazid in der Ausführung von R. Eder und W. Schneiter[5].

Etwa 0,15 g (= 4 Tropfen) Zimtöl werden in einen 150 ccm fassenden Erlenmeyer mit Glasstopfen genau eingewogen und mit 85 ccm Wasser während 10 Minuten kräftig geschüttelt. Hierauf fügt man eine heiße Lösung von etwa 0,2 g Semioxamazid (mindestens gleiche Gewichtsmenge wie des Öles) in 15 ccm Wasser hinzu, schüttelt kräftig und läßt unter zeitweiligem Schütteln mindestens 20 Stunden stehen. Der Niederschlag wird auf einem bei 150° getrockneten, tarierten Glasfiltriertiegel gesammelt, mit Wasser gewaschen, während 2 Stunden bei 140 bis 150° getrocknet und nach dem Erkalten im Exsiccator gewogen. Das Gewicht des Niederschlages ergibt, mit 0,6083 multipliziert, die Menge an Aldehyd, berechnet als Zimtaldehyd. Der Gehalt soll bei Cassia-Öl nicht weniger als 80%, bei Ceylon-Zimtöl nicht weniger als 65% betragen.

[1] Arch. Pharmac. **284**, 171 (1951). — [2] Acta chem. scand. **3**, 954 (1949).
[3] J. Pharmac. Pharmacol. **4**, 738 (1952). — [4] Pharmazie **8**, 595 (1953).
[5] Schweiz. Apotheker-Ztg. **63**, 276, 285, 297 (1925).
[6] Z. Unters. Nahrungs- u. Genußm. **6**, 817 (1903); **7**, 671 (1904).
[7] Scientia pharmac. **16**, 50 (1948). — [8] Arch. Pharmac. **256**, 81 (1918).

Bestimmung mit Hydrazinsulfat von L. Fuchs[1].

Prinzip. Hydrazinsulfat läßt sich mit Lauge exakt zum neutralen Salz titrieren. Bei der Einwirkung von Hydrazinsulfat auf Zimtaldehyd wird unter Abscheidung von Zimtaldazin die gesamte Schwefelsäure aus dem Hydrazinsalz frei. Aus der Differenz des Laugenverbrauches nach der Aldazinbildung (Filtrat) und dem Laugenverbrauch zur Neutralisation der äquivalenten Menge Hydrazinsulfatlösung läßt sich der Zimtaldehydgehalt der Untersuchungsprobe berechnen. Wesentlich ist dabei, daß die eingewogene Menge Zimtöl (0,0900 bis 0,1100 g) vor dem Zusatz der Hydrazinsulfatlösung genau gegen Methylrot neutralisiert wird (Farbumschlag nach rein Gelb) und eine möglichst gleichmäßige Verteilung des Öles in Wasser erfolgt. Dies wird durch Lösen des Zimtöles in 5 ccm Alkohol und Verdünnen mit 30 ccm Wasser erzielt. Die verwendeten Büretten müssen in $^1/_{10}$ ccm geteilt sein. Die Filtration des Aldazinniederschlages hat durch einen kleinen Wattebausch zu erfolgen, da qualitative Filter Säureverluste verursachen.

Ausführung. 0,0900 bis 0,1100 g Zimtöl (etwa 0,1 ccm) werden in einem 100 ccm fassenden Erlenmeyerkolben mit Schliffstopfen genau eingewogen und mit 5 ccm Methylalkohol (oder 95%igem Äthylalkohol) in Lösung gebracht. Nach Zufügen von 30 ccm Wasser wird die milchig-trübe Lösung gegen Methylrot bis zum eben auftretenden rein gelben Farbton neutralisiert, dann mit 5,0 ccm 0,1-mol. Hydrazinsulfatlösung versetzt und schließlich auf der Tarawaage mit Wasser auf ein Gewicht von 50,0 g ergänzt. Das Kölbchen bleibt nun unter zeitweisen kräftigem Umschütteln mindestens 6 Stunden stehen. Dann filtriert man durch einen kleinen, in den Hals eines Trichters eingeführten Wattebausch und titriert 40,0 g des Filtrates mit n/10-Lauge gegen Methylrot, das in der Regel von der Neutralisation des Zimtöles noch in ausreichender Menge im Filtrat enthalten ist, bis zum Farbumschlag nach Gelb (a ccm n/10-Lauge).

Daneben wird mit 5,0 ccm der verwendeten Hydrazinsulfatlösung die zur Neutralisation gegen Methylrot benötigte Menge n/10-Lauge festgestellt (b ccm n/10-Lauge). Aus dem Verbrauch an n/10-Lauge bei beiden Titrationen berechnet man den Gehalt des Zimtöles an Zimtaldehyd nach der Formel:

$$\% \text{ Zimtaldehyd} = \frac{(a \cdot 1{,}25 - b) \cdot 2{,}64}{E},$$

E Einwaage Zimtöl (in g).

Im Vergleich mit den anderen Methoden werden mit dem Hydroxylamin-Hydrochlorid-Verfahren übereinstimmende Werte erhalten, während die Bisulfitmethode und die Bestimmung mit Semioxamazid höhere Werte liefern. FUCHS führt dies auf die Mitbestimmung fremder Stoffe zurück und schreibt den Titrationsmethoden eine größere Spezifität und Genauigkeit zu.

Bestimmung mit Hydroxylaminhydrochlorid.
(Ausführung nach K. BOURNOT[2].)

Man gibt etwa 1 g Cassiaöl (genau gewogen) in ein Verseifungskölbchen aus Jenaer Glas von 100 ccm Inhalt, hierzu etwa 20 ccm Hydroxylaminhydrochloridlösung und titriert die in Freiheit gesetzte Salzsäure mit alkoholischer Halbnormal-Kalilauge bei Zimmertemperatur unter Umschwenken des Kölbchens langsam, bis ein gelblich grüner Farbton auftritt. Jedesmal, wenn die Flüssigkeit wieder gelb

---

[1] Scienta pharmac. **16**, 50 (1948). — [2] Pharmazie **7**, 567 (1952).

geworden ist, wird bis zum gelbgrünen Farbton weitertitriert, bis diese Färbung bestehen bleibt. Dabei ist ein Umschlag bis zur Blaufärbung sorgfältig zu vermeiden. Zur Titration müssen bei Verwendung von 1 g Cassiaöl mindestens 12,1 ccm Halbnormal-Kalilauge, 80% Zimtaldehyd entsprechend, erforderlich sein.

Der Gehalt an Zimtaldehyd berechnet sich nach der Formel:

$$\% \text{ Zimtaldehyd} = \frac{132 \cdot a}{20 \cdot s},$$

a verbrauchte ccm Halbnormal-Kalilauge, s Ölmenge in Gramm.

Die Herstellung der Hydroxylaminhydrochloridlösung ist bei Kümmelöl angegeben.

Die Bestimmung des Zimtaldehyds in *Oleum Cinnamomi Ceylanici* mit Hydroxylaminhydrochlorid wird in gleicher Weise durchgeführt. Zur Titration sollen bei Verwendung von 1 g Zimtöl mindestens 9,8 und höchstens 11,4 ccm alkoholische Halbnormal-Kalilauge, entsprechend 65 bis 75% Zimtaldehyd, verbraucht werden.

Oleum Citri.

Farbreaktion von L. Dávid[1]**:** Ein Tropfen Öl wird in einer Porzellanschale mit 5 bis 6 Tropfen Vanillin-Salzsäure gemischt und die blau gewordene Mischung einige Augenblicke auf einem siedenden Wasserbade angewärmt. Die Mischung nimmt eine dunkelkarminrote Färbung an und wird beim Abkühlen rasch grün. Diese Reaktion gibt das echte, mit der Hand kalt gequetschte Öl.

Das warm gepreßte, minderwertigere Öl nimmt mit Vanillin-Salzsäure eine blasse, lilarote Farbe an, wird dann bräunlich, erhitzt aber karminrot, während des Abkühlens wird es dunkelbraun, dann braun mit einer grünlichen Nuance.

Künstliches Öl nimmt mit Vanillin-Salzsäure eine blasse, lilarote, dann eine braune mit schmutzgrüner Nuance, später eine braune, erwärmt eine karminrote beim Abkühlen eine braune Farbe mit lilaroter Nuance an.

Auf Grund eingehender Untersuchungen stellen J. Pritzker und R. Jungkunz[2] folgende Forderungen an ein einwandfreies Citronenöl:

1. Frisches und zweckmäßig aufbewahrtes Citronenöl weist Refraktionszahlen von 70 bis 76 bei 20° auf. Höhere Refraktionszahlen von über 76 sprechen für alterierte, d. h. nicht mehr normale Handelsware (Ausnahme terpenfreie Citronenöle, die jedoch an der höheren Dispersion zu erkennen sind).

2. Säurezahl: 5 g Öl werden in 20 ccm eines Gemisches gleicher Teile Äther und Alkohol gelöst und unter Zugabe von Phenolphthalein mit n/10-Lauge titriert. Die Säurezahl ist bei einwandfreiem Öl sehr niedrig. Werte von 3 oder 6 sind bereits schon für alterierte Öle charakteristisch.

3. Verhalten gegen konzentrierte Salzsäure (spez. Gew. 1,19): Gleiche Volumina Salzsäure und Citronenöl werden in einem Schüttelzylinder 1 Minute lang kräftig geschüttelt, wobei bei alterierten Ölen eine charakteristische Verfärbung eintritt.

4. Destillationsprobe mit Wasserdampf (an Stelle der langen Trockenrückstandsbestimmung): 20 g Citronenöl werden mit Wasserdampf so lange destilliert, bis 250 ccm Destillat übergegangen sind. Der Destillationsrückstand wird ausgeäthert und gewogen, das Gewicht soll 4% nicht überschreiten.

5. Die Eibner-Hue-Zahl (siehe unter Terpentinöl) bewegt sich bei normaler Ware zwischen 0,6 bis 1,2. Eine höhere Eibner-Hue-Zahl z. B. über 1,2 und eine niedere Refraktionszahl des Rückstandes der Eibner-Hue-Zahl von unter 105 Skalenteilen deuten auf Verfälschung mit Paraffin- bzw. Mineralöl hin. Die Eibner-Hue-Zahl läßt in solchen Fällen eine quantitative Auswertung zu.

Bestimmung des Aldehydgehaltes (Citral) mit Hydroxylaminhydrochlorid in Ausführung von K. Bournot[3]: Man gibt etwa 3 g Citronenöl (genau gewogen) in

[1] Pharmaz. Ztg. **1927**, 640.
[2] Pharmac. Acta Helvetiae **1928**, 79. — [3] Pharmazie **7**, 567 (1952).

ein Verseifungskölbchen von 100 ccm Inhalt und hierzu etwa 10 ccm Weingeist und 10 ccm Hydroxylaminhydrochloridlösung (Herstellung bei Oleum Carvi angegeben). Man titriert sogleich unter beständigem Umschwenken des Kölbchens bei Zimmertemperatur die in Freiheit gesetzte Salzsäure mit alkoholischer Halbnormal-Kalilauge langsam, bis ein gelblichgrüner Farbton auftritt. Jedesmal, wenn die Flüssigkeit wieder gelb geworden ist, wird bis zum gelbgrünen Farbton weitertitriert, bis diese Färbung bestehen bleibt. Dabei ist ein Umschlag bis zur Blaufärbung sorgfältig zu vermeiden. Zur Titration müssen bei Verwendung von 3 g Citronenöl mindestens 1,6 ccm alkoholische Halbnormal-Kalilauge, entsprechend 4% Citral, verbraucht werden. Der Gehalt an Citral berechnet sich nach der Formel:

$$\% \text{ Citral} = \frac{152 \cdot a}{20 \cdot s},$$

a verbrauchte ccm alkoholische Halbnormal-Kalilauge,
s Ölmenge in Gramm.

Oleum Citronellae.

Bestimmung des Aldehydgehaltes (Citronellal) mit Hydroxylaminhydrochlorid in Ausführung von K. Bournot[1]: Man gibt etwa 1 g Citronellöl (genau gewogen) in ein Verseifungskölbchen und hierzu 10 ccm Weingeist und 20 ccm Hydroxylaminhydrochloridlösung (Herstellung bei Oleum Carvi angegeben) und stellt das Kölbchen in eine Eismischung. Dann titriert man unter ständigem Umschwenken des Kölbchens die in Freiheit gesetzte Salzsäure mit alkoholischer Halbnormal-Kalilauge, bis ein gelblichgrüner Farbton auftritt. Jedesmal, wenn die Flüssigkeit wieder gelb geworden ist, wird bis zum gelbgrünen Farbton weitertitriert, bis diese Färbung bestehen bleibt (Dauer der Titration eventuell 3 Stunden). Dabei ist ein Umschlag bis zur Blaufärbung sorgfältig zu vermeiden. Zur Titration sollen bei Verwendung von 1 g Öl mindestens 3,9 und höchstens 5,2 ccm Halbnormal-Kalilauge — entsprechend 30 bis 40% Citronellal — verbraucht werden. Der Gehalt an Citronellal berechnet sich nach der Formel:

$$\% \text{ Citronellal} = \frac{154 \cdot a}{20 \cdot s},$$

a verbrauchte ccm Halbnormal-Kalilauge, s Ölmenge in g.

Bei der Bestimmung des Gesamtgeraniols durch Acetylierung werden nicht nur Geraniol und andere Alkohole, sondern auch Citronellal erfaßt, das beim Kochen mit Essigsäureanhydrid unter Umlagerung in Isopulegylacetat übergeht. Genaue Werte werden erhalten, wenn man auch die Gewichtszunahme des Öles durch die Acetylierung berücksichtigt. Dies ist z. B. bei den Verfahren der Ph. Helv.V und der Ph. Dan.IX der Fall. Nach der Ph. Helv.V wird die Acetylierung und Verseifung in gleicher Weise wie bei Oleum Menthae piperitae (s. S. 244), jedoch mit folgenden Änderungen durchgeführt: An Stelle mit 1 g Natriumacetat wird mit 0,7 g acetyliert und 2 Stunden auf dem Drahtnetz erhitzt. Die Verseifung des Acetylierungsproduktes erfolgt mit 15 ccm 0,5 n-Kalilauge durch 2 Stunden langes Erhitzen. Der Gehalt an Gesamtgeraniol berechnet sich nach folgender Formel:

$$\%\text{-Gesamtgeraniol} = \frac{a \cdot 7,712}{s - a \cdot 0,021},$$

wobei a die Anzahl ccm 0,5 n-Lauge, die zur Verseifung von s g acetyliertem Öl verbraucht wurden, bedeutet.

---

[1] Pharmazie **7**, 567 (1952).

s g acetyliertes Öl sind bei der Acetylierung aus einer etwas kleineren Menge Öl entstanden. Vorausgesetzt, daß die Alkohole im ursprünglichen Öl frei, also nicht verestert vorlagen, entsprechen s g acetyliertes Öl $s - a$. 0,021 g nicht acetyliertem Öl. Da die Alkohole jedoch zu einem sehr geringen Teil verestert sind, fallen die Werte etwas zu hoch aus. Der Fehler ist aber unbedeutend und kann vernachlässigt werden.

Bei dem während der Acetylierung von Citronellöl stattfindenden Übergang des Citronellals in Isopulegylacetat treten Citronellal-enolacetat und -diacetat als Zwischenstufen auf, wobei wechselnde Mengen in dem Acetylierungsgemisch zurückbleiben. Infolgedessen variieren die Acetylierungszahlen und fallen je nach der Menge des vorhandenen Diacetates mehr oder weniger zu hoch aus. Hierdurch erklären sich nach RECLAIRE und SPOELSTRA auch die Unstimmigkeiten, die bei der Bestimmung des sogenannten Gesamtgeraniols im Java-Citronellöl auftreten (Berichte der Fa. Schimmel & Co. 1928).

Oleum Coriandri.

Die Ph. Dan. IX verlangt einen Mindestgehalt von 3,5% Estern, berechnet als Linalylacetat, der mit 5 g Öl bestimmt wird. 1 ccm 0,5 n-Lauge = 0,0981 g Linalylacetat. Die Bestimmung acetylierbarer Bestandteile (d-Linalool, Geraniol, Borneol) wird in fast gleicher Weise wie die Bestimmung des Mentholgehaltes nach der Ph. Helv. V (S. 244) vorgenommen. Die Acetylierung von 5 g Öl erfolgt mit 5 ccm Essigsäureanhydrid und 1 g wasserfreiem Natriumacetat durch 2 Stunden langes Erhitzen. Dann setzt man 15 ccm Wasser zu. Die Berechnung erfolgt nach folgender Formel:

$$\%\text{-,,Coriandrol''} = \frac{a \cdot 7{,}712}{1{,}5 - a \cdot 0{,}02102} \text{ ,}$$

wobei a die verbrauchte Menge 0,5 n-Lauge bedeutet.

Oleum Eucalypti.

Prüfung auf Phellandren in Ausführung von K. BOURNOT[1]: Zu 2,5 ccm Eucalyptusöl, in 5 ccm Petroläther gelöst, fügt man in einem Erlenmeyerkolben 5 ccm 1-molarer Schwefelsäure und kühlt die Mischung danach auf dem Eisbad ab. Hierauf gibt man tropfenweise aus einem Scheidetrichter 5 ccm einer gesättigten Lösung von Natriumnitrit hinzu, indem man den Kolben im Eisbad hin und wieder vorsichtig schüttelt. Während des Hinzutropfens soll die Temperatur der Mischung höchstens +4° betragen. Nach 15 Minuten langem Aufbewahren im Eisbad darf sich in der oberen Schicht kein kristallinischer Niederschlag gebildet haben.

Eine Übersicht über die Brauchbarkeit verschiedener Methoden zur **Bestimmung des Cineols** gibt SISSONS[2], wonach die hauptsächliche Schwierigkeit in den großen Schwankungen des Cineolgehaltes bei den einzelnen Ölen liegt. SISSONS prüfte folgende Methoden:

1. Resorcinmethode, 2. Phosphorsäuremethode, 3. Arsensäuremethode, 4. o-Kresolmethode.

---

[1] Pharmazie **7**, 567 (1952).
[2] Comm. Soc. Chem. Ind. Vict. **1932**, 681; Ref. Süddtsch. Apotheker-Ztg. **1934**, 313.

Das Prinzip der Resorcinmethode beruht auf der Löslichkeit von Cineol in konzentrierter Resorcinlösung: Man mißt 10 ccm Öl in ein Cassiakölbchen ein, fügt etwa vier Fünftel des Kolbenvolumens an 50%iger Resorcinlösung zu, mischt und treibt mit Resorcinlösung das Restöl in den graduierten Kolbenhals.

Diese Methode ist verläßlich bei Ölen, die weniger als 50% Cineol enthalten. Außerdem können die Werte zu hoch ausfallen, wenn andere Körper als Cineol gelöst werden.

Die Phosphorsäuremethode beruht auf einer festen Verbindung, die Cineol mit Phosphorsäure eingeht und mit warmem Wasser wieder zerlegt werden kann. Die Methode wurde folgendermaßen ausgeführt:

10 ccm Öl werden in einem Gefäß, das in einer Kältemischung steht, mit 4 bis 5 Teilen sirupöser Phosphorsäure (1,75) versetzt. Der entstandene Kuchen wird in einem Stück Kaliko zwischen Filtrierpapier gepreßt. In einem graduierten Gefäß wird der Kuchen dann mit warmem Wasser zersetzt. Dabei scheidet sich das Cineol als ölige Schicht ab, die bei 15,5° nicht weniger als 5,5 ccm = 55% Cineol betragen darf.

Die Nachteile dieser Methode sind folgende:

a) Wird der Kuchen nicht genügend stark gepreßt, so bleiben zu viel Terpene darin, bei zu starkem Druck soll Zersetzung des Cineolphosphats beginnen.

b) Am Filtrierpapier können Partikelchen hängenbleiben.

c) Während der Zersetzung mit warmem Wasser kann Verflüchtigung des Cineols eintreten.

d) Das regenerierte Cineol löst sich etwas in verdünnter Phosphorsäure.

Für die Arsensäuremethode gelten die gleichen Betrachtungen.

Die o-Kresolmethode beruht auf der Bildung einer Verbindung des Cineols mit o-Kresol, die bei 55,2° schmilzt. Bestimmt man demnach den Erstarrungspunkt einer Mischung von 3 g Öl und 2,1 g o-Kresol, so läßt sich mit Hilfe einer Tabelle der Prozentgehalt an Cineol feststellen. Für dieses Verfahren, das auch in Arzneibücher aufgenommen wurde, schlägt H. K. THOMAS[1] folgende Ausführung vor:

Als Reagens wird benötigt reines o-Kresol mit einem Erstarrungspunkt von mindestens +30°. Da o-Kresol hygroskopisch ist, muß es in kleinen, gut verschlossenen Glasstopfenflaschen aufbewahrt werden. Enthält o-Kresol Wasser, so kann der Erstarrungspunkt der Cineol-o-Kresolverbindung zu tief liegen, wobei sich Differenzen im Cineolgehalt bis zu 5% ergeben können. Das Eucalyptusöl muß einige Stunden lang über entwässertem Natriumsulfat getrocknet werden.

Als notwendige Apparatur benötigt man ein dickwandiges Reagenzglas von 80 bis 100 mm Länge und 15 mm Durchmesser, eine Weithalsflasche aus weißem Glas von 150 bis 200 ccm Inhalt mit durchbohrtem Korkstopfen, in den das Reagenzglas genau hineinpaßt, und ein Thermometer, das in Fünftelgrade eingeteilt ist.

In das Reagenzglas wiegt man 3 g vorher getrocknetes Eucalyptusöl und 2,1 g o-Kresol genau ein. Man setzt dann das Thermometer ein und reibt an der Glaswandung, um die Kristallbildung einzuleiten. Wenn die Kristallbildung einsetzt, rührt man weiter und beobachtet das Ansteigen des Quecksilberfadens im Thermometer. Der während des Auskristallisierens erreichte höchste Punkt ist der Erstarrungspunkt, der aber noch nicht genau ist. Zur exakten Bestimmung schmilzt man die entstehende Kristallmasse, setzt das Reagenzglas in den Korken der Glasflasche ein, die als Luftmantel beim langsamen Abkühlen dient, und beginnt mit dem Thermometer an der Glaswand zu reiben und umzurühren, wenn der bei der ersten, noch ungenauen Bestimmung beobachtete höchste Stand des Thermo-

---

[1] Arch. Pharmaz. **286**, 307 (1953).

meters während des Erstarrens ungefähr erreicht ist. Wie vorher setzt man das Rühren auch während der Kristallisation fort und liest den höchsten Stand des Quecksilberfadens als Erstarrungspunkt ab. Die Bestimmung soll zur Kontrolle mit dem gleichen Material nach erneutem Schmelzen wiederholt werden. Aus Tab. 27 errechnet man den Cineolgehalt des Öles.

Tabelle·27. Berechnung des Cineolgehaltes.

Erstarrungs-punkt	Gehalt an Cineol %	Erstarrungs-punkt	Gehalt an Cineol %	Erstarrungs-punkt	Gehalt an Cineol %
24°	45,6	35°	59,9	46°	78,0
25°	46,9	36°	61,2	47°	80,0
26°	48,2	37°	62,5	48°	82,1
27°	49,5	38°	63,8	49°	84,2
28°	50,8	39°	65,2	50°	86,3
29°	52,1	40°	66,8	51°	88,8
30°	53,4	41°	68,6	52°	91,3
31°	54,7	42°	70,5	53°	93,8
32°	56,0	43°	72,3	54°	96,3
33°	57,3	44°	74,2	55°	99,3
34°	58,6	45°	76,1	55,2°	100,0

Diese Methode ist sehr verläßlich und kann auch zur Bestimmung von Cineol in *Ol. Cajeputi, Ol. Lavandulae, Ol. Rosmarini* und *Ol. Spicae* benützt werden.

K. Bournot[1] gibt ein Verfahren an, wonach der Cineolgehalt aus dem Erstarrungspunkt des reinen Eucalyptusöles ohne Zusatz von o-Kresol sich bestimmen läßt:

Zur Bestimmung dient ein doppelwandiges Gefäß, das etwa 18 cm lang ist und einen äußeren Durchmesser von 3 cm, einen inneren von 2 cm hat. Eine im oberen Teil angebrachte Öffnung stellt die Verbindung des Zwischenraumes mit der äußeren Luft her. Die Außenwand des Gefäßes trägt, etwa 5 cm vom oberen Rand entfernt, drei Ausstülpungen, die dazu dienen, das Gefrierrohr beim Einhängen in die Kältemischung zu stützen. Um ein eventuelles Beschlagen der Innenwand zu verhüten, gibt man etwas gekörntes Chlorcalcium oder einige Tropfen konzentrierte Schwefelsäure in den Zwischenraum.

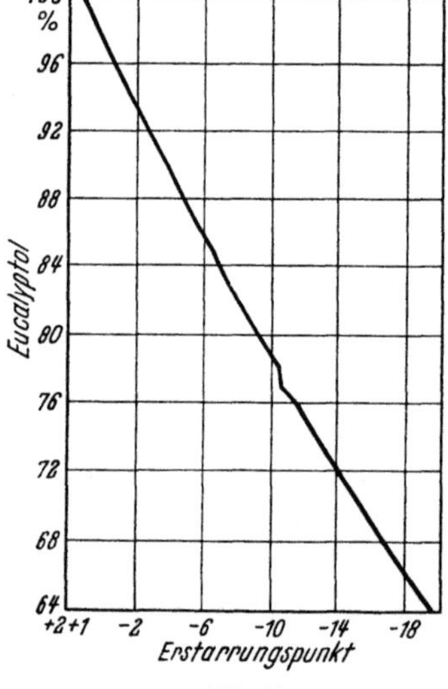

Abb. 27.

Für die Untersuchung bringt man etwa 10 ccm Öl in das Gefriergefäß und stellt zunächst den ungefähren Erstarrungspunkt fest, wobei man eine aus Eis und Kochsalz bereitete Kältemischung benutzt. Sobald das Öl wieder geschmolzen ist, beginnt die eigentliche Bestimmung. Als Erstarrungspunkt gilt jetzt die Temperatur, bei der sich die ersten Kristalle zeigen, die Kristallisation also eben einsetzt. Während des Abkühlens wird das Glas von Zeit zu Zeit aus der Kältemischung herausgenommen, die Flüssigkeit mit dem in halbe Grade eingeteilten Thermometer umgerührt und zum Einleiten der Kristallisation etwa 1° oberhalb des zu erwartenden Erstar-

---

[1] Pharmazie 7, 567 (1952).

rungspunktes ein Eucalyptolkriställchen zugesetzt. Aus dem so ermittelten Erstarrungspunkt ergibt sich mit Hilfe der Kurve (Abb. 27) der Eucalyptolgehalt des Öles.

Öle mit weniger als 70% Eucalyptol werden vorher mit der gleichen Menge Eucalyptol vermischt, da die Resultate sonst ungenau sind. In diesem Falle muß man dann von dem gefundenen Wert 50 abziehen und die Differenz mit 2 multiplizieren, um den Eucalyptolgehalt des ursprünglichen Öles zu erfahren.

Oleum Foeniculi.

Anetholreaktion nach ROUSSE-GODEFROY von L. DÁVID siehe unter Oleum Anisi. Beim Schütteln mit Salzsäure wird es rosafarbig, nach dem Erhitzen wird die obere, klare Schicht grünlich, dann bläulich, die untere trübe Schicht nimmt aber eine rötliche Nuance an. Die grüne Farbe gibt das Anethol, die rote andere Grundstoffe des Fenchelöls.

Unterscheidung von Anisöl nach L. Dávid[1]. Ein Tropfen Öl wird kalt in einer Porzellanschale mit 5 bis 6 Tropfen Vanillin-Salzsäure geschüttelt: Die Flüssigkeit nimmt eine Rosafarbe an. Auf dem Wasserbade einige Augenblicke erwärmt, wird sie lilarot, später braun. Vom Wasserbade abgenommen und geschüttelt, wird nach Stehen die um die Säure angesammelte Ölschicht blau, die Säure aber schmutzigbraun. Diese Reaktion gibt das Anisöl nicht, es verändert sich mit Vanillin-Salzsäure überhaupt nicht.

Oleum Juniperi.

Thomssche Reaktion nach L. Dávid[1]. Ein Tropfen Öl wird in 5 ccm Alkohol aufgelöst und mit einem Tropfen 10%iger Jodtinktur versetzt, wobei sich die Farbe des Jods in einigen Sekunden verliert. Ist das Öl aus Wacholderrinde oder Wacholderzweigen bereitet, sowie auch bei Vorhandensein von Terpentinöl, so verschwindet die Farbe des Jods sofort.

Oleum Menthae piperitae.

Die Unverläßlichkeit von *Farbreaktionen* bei ätherischen Ölen geht aus einer Arbeit von I. KORENMAN[2] hervor, der die Farbreaktion des Pfefferminzöles mit Vanillin-Salzsäure und Vanillin-Schwefelsäure prüfte. Er kam zu dem Ergebnis, daß Pfefferminzöle je nach ihrer Zusammensetzung mit ein und demselben Reagens unter ganz gleichen Bedingungen verschiedene Färbungen geben können. Die Intensität hängt hauptsächlich von der Menge des Menthols im Pfefferminzöl ab; die eine oder die andere Schattierung bei der Reaktion mit Vanillin-Salzsäure wird wahrscheinlich von der Anwesenheit oder vom Fehlen verschiedener Bestandteile des Öles abhängen. Aus bestimmten Beobachtungen und der Tatsache, daß Menthol selbst mit Vanillin und konz. Schwefelsäure eine gefärbte Mischung bildet, können folgende Voraussetzungen über die Ursachen der Färbung ausgesprochen werden:

Da das Menthol mit Vanillin-Salzsäure keine Färbung bildet, muß man das Auftreten der Färbung des Pfefferminzöles durch dieses Reagens der Anwesenheit anderer Bestandteile in den Pfefferminzölen zuschreiben. Solche Substanzen können Terpenwasserstoffe sein (z. B. Menthen, Pinen, Phellandren, Limonen u. a.), welche zu Bestandteilen der Pfefferminzöle gehören.

---

[1] Pharmaz. Ztg. **1927**, 640. — [2] Pharmaz. Zentralhalle Deutschland **1931**, 273.

Es ist natürlich, daß mit dem Wachsen des Mentholgehaltes im Pfefferminzöl die Menge der übrigen Bestandteile, welche eine Reaktion mit Vanillin-Salzsäure geben, fällt, folglich verringert sich auch die Intensität der Färbung. An den Färbungen, die in Anwesenheit von konz. Schwefelsäure auftreten, sind jedoch nicht nur die im Pfefferminzöl natürlich vorkommenden Kohlenwasserstoffe beteiligt, sondern wahrscheinlich auch solche, die sich aus dem Menthol durch die wasserentziehende Wirkung der konz. Schwefelsäure bilden, z. B. Menthen und Dimenthen. Daraus folgt, daß, je mehr Menthol im Pfefferminzöl enthalten ist, um so mehr Menthen und Dimenthen sich aus demselben bilden und desto intensiver unter den übrigen gleichen Bedingungen die Reaktion des Pfefferminzöles mit Vanillin und konz. Schwefelsäure sein wird.

KORENMAN erhielt auf folgende Weise die schönste Farbreaktion:

Zu 1 ccm einer verdünnten alkoholischen Öllösung (3 Tropfen Pfefferminzöl in 15 ccm 96%igem Alkohol) fügt man 1 ccm 1%iger alkoholischer Vanillinlösung. Nach dem Aufschütteln setzt man 2 ccm konz. Schwefelsäure hinzu und schüttelt von neuem. Sofort erscheint eine rote, kirschrote, in verdünnten Lösungen eine hellrote, sich rasch bräunende Färbung. Empfindlichkeit der Reaktion 1 : 15000.

Ebenso wie das Nelkenöl wird auch das Pfefferminzöl mit *Benzylalkohol* verfälscht, der sich den Prüfungen des DAB 6 entzieht. In Schimmels Berichte 1930[1] findet sich eine einfache Reaktion zu dessen Nachweis von Carles, die auf der Überführung des Benzylalkohols in Benzylbromid beruht, das durch seinen stechenden und die Augen reizenden Geruch sehr charakteristisch ist:

Man gibt in ein Reagenzglas 4 bis 5 ccm Bromwasserstoffsäure und 1 bis 2 ccm Pfefferminzöl. Dann verschließt man das Reagenzglas mit einem eine Glasröhre tragenden Stopfen und erhitzt die mit Siedesteinchen versehene Flüssigkeit eine Viertelstunde lang über ganz kleiner Flamme vorsichtig zum Sieden. Hierauf wird ein Streifen Filtrierpapier mit dem in der Regel rot werdenden Pfefferminzöl benetzt. War Benzylalkohol zugegen, so zeigt der Streifen eventuell nach leichtem Abspülen mit Wasser, den charakteristischen brennenden und die Augen zu Tränen reizenden Geruch des Benzylbromids.

Eine andere Reaktion geben H. LEONHARDT und R. WASICKY[2] an, die es gestattet neben Benzylalkohol bis zu 5% herab, auch Äthyl- und Methylalkohol in einem Gange nachzuweisen. Die Ausführung dieser Reaktion ist unter Oleum Caryophylli angegeben.

Verfälschung mit Glycerinacetat (Triacetin).

E. WEBER[3] weist daraufhin, daß eine Verfälschung des Pfefferminzöles mit 10% Glycerinacetat durch die Methode des Arzneibuches (DAB 6) nicht erkennbar wäre. Bei der Bestimmung des Gesamtmentholgehaltes wird das Glycerinacetat durch Waschen mit Wasser entfernt, so daß das zurückbleibende Acetylierungsprodukt reines acetyliertes Pfefferminzöl darstellt, das den vorschriftsmäßigen Gehalt an Gesamtmenthol vortäuscht. So sind auch Zusätze von 50% Glycerinacetat

---

[1] Pharmaz. Ztg. **1930**, 1405. — [2] Arch. Pharmaz. **1932**, 249.
[3] Dtsch. Apotheker-Ztg. **92**, 200 (1952).

durch die Gesamtmentholbestimmung nicht erkennbar. Durch die hohe Dichte des Glycerinacetats von 1,159 zeigen allerdings solche verfälschten Öle eine zu hohe Dichte.

Ein Nachweis von Glycerinacetat ist unter den allgemeinen Prüfungsmethoden angegeben. Weiter läßt es sich an der Verseifungszahl, Hydroxylzahl und am Gewicht des Acetylierungsproduktes erkennen, worüber WEBER folgendes angibt:

Durch den Eintritt der Acetylgruppe in das Mentholmolekül erfolgt eine Gewichtsvermehrung, woraus folgt, daß die Ausbeute an acetyliertem Pfefferminzöl größer sein muß als die zur Acetylierung eingesetzte Menge, und zwar um einen um so größeren Betrag, je höher der Gehalt an freiem Menthol ist. Bei Gegenwart von Triacetin wird die Ausbeute einen kleineren Wert als den erwarteten annehmen, bei großen Mengen liegt er sogar erheblich unter der Einwaage.

Die Gewichtserhöhung beträgt für 1 g Pfefferminzöl je Prozent freies Menthol 0,00296 g. Da der Gehalt an freiem Menthol der Hydroxylzahl des Pfefferminzöles proportional ist, ergibt sich aus folgender Berechnung die theoretische Ausbeute an

$$\text{Gramm acetyliertes Pfefferminzöl} = E + \frac{E \cdot \text{OHZ} \cdot 42}{56104}\,,$$

E eingewogenes Pfefferminzöl,
42 Äquivalentgewicht von CH_3CO-1H,
56104 Äquivalentgewicht von KOH in mg.

Bei guten Pfefferminzölen wird die Rohausbeute an Acetylierungsprodukt wegen ihres Wassergehaltes den berechneten Wert immer etwas übersteigen, etwa um 0,08 g je Gramm Pfefferminzöl. Das Öl ist deshalb bereits verdächtig, wenn die Rohausbeute den nach vorstehender Formel berechneten Wert ergibt. In Zweifelsfällen ist der Wassergehalt zu bestimmen und in Abzug zu bringen. Für gewöhnlich sind die Verfälschungen jedoch so stark, daß auffällige Unterschiede entstehen.

Im folgenden sei ein Beispiel (Tab. 28) eines verfälschten Pfefferminzöles im Vergleich mit einem einwandfreien Erzeugnis wiedergegeben:

Tabelle 28.

	Verfälschtes Pfefferminzöl	Einwandfreies Pfefferminzöl
Löslichkeit in 70%igem Alkohol	klar löslich	klar löslich
Dichte $\frac{20°}{4°}$	1,007	0,896
nD 20	1,4440	1,4595
Säurezahl	0,33	0,33
Verseifungszahl	380,0	23,0
Hydroxylzahl..................................	76,0	151,0
Gramm Ausbeute an Acetylierungsprodukt (feucht) aus 5 g Pfefferminzöl	3,0 g	5,95 g
1,5 g acetyliertes Öl verbrauchen 0,5 n KOH ...	8,68 ccm	8,66 ccm
Entspricht Gesamtmenthol nach DAB 6	50,2%	50,2%

Das Pfefferminzöl war mit 45% Triacetin verfälscht. Nach der Prüfungsvorschrift des DAB 6 weist es mit dem Verbrauch von 8,68 ccm 0,5 n KOH jedoch scheinbar den vorschriftsmäßigen Mindestgehalt von 50,2% Gesamtmenthol auf; tatsächlich enthält es nur 27,5%. Die niedrige Ausbeute an acetyliertem Pfefferminzöl ist hier besonders auffällig. Die Löslichkeit des Produktes war vorschriftsmäßig, die physikalischen und chemischen Kennzahlen, von denen das DAB 6 nur die Dichte anführt, weichen jedoch stark von der Norm ab.

Gehaltsbestimmung.

Das Pfefferminzöl enthält bis zu 21% verestertes Menthol und mindestens 46% freies Menthol. Der Gehalt an verestertem Menthol wird durch Verseifen bestimmt. Zur Ermittelung des freien Menthols wird dieses acetyliert und anschließend verseift, woraus sich der Gehalt berechnen läßt. In manchen Arzneibüchern, z. B. auch im DAB 6, wird zu diesem Zweck das Pfefferminzöl acetyliert und ein bestimmter Teil des Acetylierungsproduktes einschließlich des ursprünglichen natürlichen Mentholesters verseift und aus der verbrauchten Laugenmenge der Gesamtmentholgehalt berechnet, der sich zusammensetzt aus dem Mentholester und dem freien Menthol. H. KÄSERMANN[1] weist daraufhin, daß eine derartige Berechnung des Gesamtmentholgehaltes fehlerhaft ist, da durch die Acetylierung eine Gewichtszunahme des freien Menthols eintritt, so daß eine gewogene Menge Acetylierungsprodukt mit der ursprünglichen Ölmenge wegen des unbekannten natürlichen Estergehaltes nicht in Beziehung gebracht werden kann. Eine genaue Bestimmung ist nur mit Hilfe des natürlichen Estergehaltes und einer entsprechenden Formel, die die Acetylierung berücksichtigt, möglich. Ein solches Verfahren enthält z. B. die Ph. Helv. V. Die Ph. Danica 1948 läßt neben dem verestertem Menthol das freie Menthol auf einfache Weise bestimmen.

Gehaltsbestimmung der Ph. Helv. V, 1933.

Bestimmung des Estermenthols, berechnet als Menthylacetat. Etwa 1 g Pfefferminzöl wird in einem 100 ccm fassenden Erlenmeyerkolben aus gegen Alkali widerstandsfähigem Glas genau abgewogen. Das Öl wird in 2 ccm Weingeist gelöst und die Lösung unter Zusatz von 2 Tropfen Phenolphthalein tropfenweise mit weingeistiger 0,5 n-Kalilauge versetzt, bis die Rotfärbung nach leichtem Umschwenken nicht sogleich wieder verschwindet. Hierauf fügt man noch 10 ccm weingeistige 0,5 n-Kalilauge hinzu und erhitzt während einer halben Stunde auf dem Drahtnetz am Rückflußkühler zum Sieden. Nach dem Erkalten verdünnt man mit 50 ccm Wasser, fügt weitere 3 bis 4 Tropfen Phenolphthalein hinzu und titriert den Alkaliüberschuß mit 0,5 n-Salzsäure bis zum Verschwinden der Rotfärbung zurück (Mikrobürette). Zur Titerstellung der weingeistigen Kalilauge ist ein blinder Versuch anzustellen. Der Gehalt an Estermenthol wird berechnet als Menthylacetat nach der Formel

$$\% \text{ Menthylacetat} = \frac{a \cdot 9{,}909}{s},$$

wobei a die zur Verseifung verbrauchten ccm weingeistige 0,5 n-Kalilauge, s das Gewicht des verwendeten Öles bedeutet. Der Gehalt darf nicht weniger als 5% und nicht mehr als 21% betragen.

Bestimmung des Gesamtmenthols. 3 g Pfefferminzöl werden in einem trockenen, eiförmigen Rundkölbchen von etwa 100 ccm Inhalt mit eingeschliffenem, etwa 1 m langem Kühlrohr (Acetylierungskölbchen) mit 3 g Essigsäureanhydrid und 1 g geschmolzenem Natriumacetat am Rückflußkühler auf dem Drahtnetz eine halbe Stunde lang in gleichmäßigem Sieden erhalten. Dann setzt man 10 ccm Wasser hinzu und erwärmt unter öfterem Umschwenken eine Viertelstunde lang auf dem Wasserbad. Nach dem Erkalten wird das acetylierte Öl im Scheidetrichter von der wäßrigen Flüssigkeit getrennt und wiederholt mit Wasser gewaschen, bis letzteres nicht mehr sauer reagiert. Darauf gießt man das acetylierte Öl in ein kleines Erlenmeyerkölbchen, gibt etwa 1 g zerkleinertes, geschmolzenes Calciumchlorid hinzu

---

[1] Pharmac. Acta Helvetiae **18**, 234 (1943).

und läßt unter häufigem Umschwenken stehen, bis das acetylierte Öl sich geklärt hat. Darauf wird dieses durch ein kleines, trockenes Filter abfiltriert.

Etwa 1 g acetyliertes Öl (genau gewogen) wird in einem gegen Alkali widerstandsfähigen, 100 ccm fassenden Erlenmeyerkölbchen mit 2 ccm Weingeist und 2 Tropfen Phenolphthalein versetzt. Die Mischung wird genau neutralisiert durch tropfenweisen Zusatz von weingeistiger 0,5 n-Kalilauge, bis die Rotfärbung nach leichtem Umschwenken nicht sogleich wieder verschwindet. Alsdann fügt man noch 10 ccm weingeistige 0,5 n-Kalilauge hinzu und erhitzt während einer halben Stunde auf dem Drahtnetz am Rückflußkühler zum Sieden. Nach dem Erkalten verdünnt man mit 50 ccm Wasser, fügt noch 3 bis 4 Tropfen Phenolphthalein hinzu und titriert den Alkaliüberschuß mit 0,5 n-Salzsäure bis zum Verschwinden der Rotfärbung zurück (Mikrobürette). Zur Titerstellung der weingeistigen Kalilauge ist ein blinder Versuch anzustellen.

$$\% \ \text{Gesamtmenthol} = \frac{156 \cdot b \cdot (p - c \cdot 0{,}021)}{20 \cdot p \cdot (p - b \cdot 0{,}021)} \, ,$$

$p = $ g des zur Verseifung verwendeten acetylierten Öles,
$b = $ die zur Verseifung von p g acetyliertem Öl verbrauchten ccm 0,5 n-Lauge,
$c = $ die zur Verseifung von p g ursprünglichem Öl verbrauchten ccm 0,5 n-Lauge (zu berechnen aus den bei der Bestimmung des Estermenthols gefundenen Werten von a und s). Der Gehalt an Gesamtmenthol soll mindestens 48% betragen.

$\dfrac{156 \cdot b}{20 \cdot p}$ ist der Prozentgehalt Gesamtmenthol im acetylierten Öl und der Faktor

$\dfrac{p - b \cdot 0{,}021}{p - c \cdot 0{,}021}$ stellt die Menge des ursprünglichen Öles dar, die beim Verestern 1 g acetyliertes Öl liefert.

Zur Gehaltsbestimmung dieser Art erwähnt G. BAUMGARTEN[1], daß der oft unscharfe Umschlagspunkt bei der Titration mit Hilfe von Methylenblau besser erkannt werden kann. Man verfährt zweckmäßig folgendermaßen:

Das Pfefferminzöl wird acetyliert und verseift. Hierauf gibt man 1 ccm Phenolphthaleinlösung und 1,5 bis 2 ccm der 1 : 10 verdünnten offizinellen Methylenblaulösung zu und titriert mit ½ n-Salzsäure bis zum Farbenumschlag von Rotviolett in Grün.

Gehaltsbestimmung der Ph. Danica IX, 1948.

3 g Pfefferminzöl werden mit 5 ccm einer Mischung von 1 Teil Essigsäureanhydrid und 2 Teilen Pyridin in einem Erlenmeyerkolben 1 Stunde lang im Wasserbad erhitzt, der durch Glasschliff mit einem Rückflußkühler verbunden ist. Hierauf werden durch den Kühler 50 ccm Wasser zugesetzt und weiter 15 Minuten lang unter häufigem Schütteln des Kolbens erwärmt. Nach dem Erkalten und Zusatz von 10 Tropfen Phenolphthalein wird mit n-Natronlauge bis zum Farbumschlag titriert. Der Blindwert der Reagenzien wird in gleicher Weise, aber ohne Pfefferminzöl bestimmt. Der Prozentgehalt des freien Menthols errechnet sich nach folgender Formel:

$$c = \frac{a \cdot 15{,}63}{3{,}00} \, ,$$

c Prozentgehalt des freien Menthols,
a Differenz der n-Natronlauge ccm von Bestimmung und Blindwert,
1 ccm n-Natronlauge = 0,1563 g Menthol.

---

[1] Dtsch. Apotheker-Ztg. **1935**, 364.

Der Gehalt des natürlich veresterten Menthols errechnet sich aus der Bestimmung des Menthylacetates (siehe oben Methode der Ph. Helv.) nach der Formel:

$$d = \frac{b \cdot 7{,}813}{s},$$

d Gehalt an Menthol des natürlichen Mentholesters,
b ccm 0,5 n-Lauge,
s Einwaage.

Die Summe von freiem und verestertem Menthol soll mindestens 50% betragen.

Oleum Pini sylvestris pro inhalatione.

Farbreaktionen von L. Dávid[1] für reines und verfälschtes Öl. Ein Tropfen Öl wird in einer Porzellanschale mit 2 Tropfen 2%iger Molybdänsäure-Schwefelsäure versetzt, wobei eine braune Farbe mit orangeroter Nuance entsteht. Wenn Kienöl vorliegt, entsteht eine schwärzlichbraune Farbe.

Werden zu dem Reaktionsgemisch nach einigen Minuten 10 ccm Wasser zugefügt, so löst sich die Mischung beim Vorhandensein echten Öles mit einer plötzlich verschwindenden grünen Farbe auf und die Lösung trübt sich milchartig. Ist Kienöl vorhanden, so bleibt auf dem Boden der Schale ein schwärzlichbrauner Rückstand und die Lösung wird fast klar und farblos.

3 Tropfen Öl werden mit 3 ccm Wasser geschüttelt und filtriert, und das Filtrat mit 2 bis 3 ccm Molybdänsäure-Schwefelsäure unterschichtet. Bei reinem Öl tritt keine Veränderung ein. Ein blauer Ring würde Verfälschung mit Alkohol zeigen, ein brauner, grünlichbrauner, bräunlichgrüner Ring oder eine solche Färbung würde auf Kienöl oder auf Verfälschung damit deuten.

Ein Tropfen echtes Öl färbt sich beim leichten Erwärmen mit 5 bis 6 Tropfen Vanillin-Salzsäure schmutzigviolett, während das harzige Öl eine dunkelrötlichbraune Farbe annimmt.

2 bis 3 ccm Öl werden mit 5 ccm Wasser geschüttelt und durch ein angefeuchtetes Filter filtriert. Wird das wäßrige Filtrat mit einem Tropfen 1%iger Eisenchloridlösung versetzt, so tritt keine Veränderung ein, auch beim weiteren Zufügen von 5 ccm Wasser erscheint die Flüssigkeitssäule auf weißem Grunde beinahe ganz farblos. Die wäßrige Ausschüttelung des Kienöles nimmt durch einen Tropfen Eisenchlorid eine gelblich braune Farbe an, die beim Verdünnen mit Wasser deutlicher hervortritt. Mit dieser Farbreaktion, die durch kleine Mengen von Guajacol hervorgerufen wird, kann noch eine etwa 10%ige Kienölverfälschung nachgewiesen werden.

Oleum Rosae.

Reaktionen von L. Dávid[1]. Ein Tropfen Öl wird mit 3 Tropfen 2%iger Furfurollösung und 3 ccm rauchender Salzsäure geschüttelt. Echtes Rosenöl nimmt sofort eine dunkler werdende lilarote Farbe an, während Heiko-Rosenöl (künstlich) zuerst beinahe unverändert bleibt und nur langsam eine blaue Farbe mit roter Nuance annimmt.

Wird ein Tropfen Öl in einer Porzellanschale mit 5 bis 6 Tropfen Vanillin-Salzsäure leicht erwärmt, so wird nach einigem Stehen die Säure dunkelgrasgrün und das Öl bläulich gefärbt. Ist Heikoöl vorhanden, so zeigt die Säure eine Farbenmischung blaßgrüner Nuance und das Öl nimmt eine gräulichbläuliche Farbe an.

Ein Tropfen Öl in einer Porzellanschale mit einigen Tropfen rauchender Salpetersäure versetzt, nimmt eine rotbraune Farbe an, während das Heikoöl sich explosionsmäßig mischt und eine gelblichbraune Farbe annimmt.

Prüfung auf Walrat (Palmitinsäurecetylester) nach K. Bournot[2]. 2 ccm Rosenöl müssen mit 2 ccm Chloroform eine klare Lösung geben, die bei Zusatz von 2 ccm eisgekühltem 90%igem Alkohol einen weißen kristallinischen Niederschlag gibt. Der Niederschlag darf keine Verseifungszahl haben.

---

[1] Pharmaz. Ztg. **1927**, 640. — [2] Pharmazie **7**, 567 (1952).

Oleum Rosmarini.

Bestimmung des Estergehaltes (K. Bournot[1]). Man verseift 3 g Rosmarinöl, unter Verwendung von 10 ccm alkoholischer Halbnormal-Kalilauge. Nach der Verseifung dürfen bei der Titration bis zum Farbumschlag höchstens 9,4 ccm alkoholische Halbnormal-Salzsäure verbraucht werden, entsprechend 2% Ester (als Bornylacetat berechnet). 1 ccm Halbnormal-Kalilauge = 0,09814 g Bornylacetat $(C_{12}H_{20}O_2)$.

Bestimmung des Gesamtborneols (K. Bournot[1]). Man verfährt wie unter Pfefferminzöl angegeben unter Verwendung von 10 ccm Rosmarinöl. Für je 1,5 g acetylierten Öls müssen zur Verseifung mindestens 1,9 ccm alkoholische Halbnormal-Kalilauge verbraucht werden, so daß zum Zurücktitrieren 18,1 ccm Halbnormal-Salzsäure erforderlich sind, entsprechend einem Mindestgehalt von 10% Gesamtborneol.

Oleum Santali.

Die Bestimmung des Santalols erfolgt durch Acetylierung und Verseifung des Acetylierungsproduktes, wobei die Gewichtszunahme des Öles durch die Acetylierung bei der Berechnung berücksichtigt werden muß (s. Oleum Menthae pip. S. 244), wie dies z. B. in der Ph. Helv. V zutrifft. Nach der Ph. Helv. V wird Acetylierung und Verseifung in gleicher Weise wie bei Oleum Menthae piperitae (S. 244) vorgenommen, nur wird die Verseifung mit 15 ccm 0,5 n-Lauge durchgeführt. Der Gehalt an Santalol berechnet sich wie folgt:

$$\%\text{-Santalol} = \frac{a \cdot 11}{s - a \cdot 0,021},$$

worin a die Anzahl ccm 0,5 n-Lauge, die zur Verseifung von s g acetyliertem Öl verbraucht wurden, bedeutet.

Die Ph. Danica IX läßt den Santalolgehalt in einfacherer Weise wie das freie Menthol in Oleum Menthae piperitae, aber mit 2 g Sandelöl, bestimmen (s. S. 245). 1 ccm n-NaOH = 0,2203 g Santalol. Außerdem verlangt die Ph. Danica auch eine Bestimmung des Estergehaltes, die in üblicher Weise mit 10 g Öl durchgeführt und der Estergehalt als Santalylacetat berechnet wird. 1 ccm 0,5 n-Lauge = 0,1312 g Santalylacetat.

Oleum Sinapis.

Die in manchen Arzneibüchern enthaltene argentometrische Senfölbestimmung führt zu Überwerten, die teils von schwefelhaltigen Verunreinigungen, teils durch Mitreißen von anderen Silberverbindungen durch das ausfallende Silbersulfid verursacht werden. Diese Vermutung von F. VIEBÖCK und C. BRECHER[2] wird durch ähnliche Ergebnisse bei der Analyse von Allylthioharnstoff gestützt. Es wurden deshalb andere Methoden ausgearbeitet, die diese Fehler vermeiden sollen. Allen Methoden gemeinsam ist die Überführung des Allylisothiocyantes mit Ammoniak in Allylthioharnstoff.

VIEBÖCK und BRECHER[2] geben ein *jodometrisches* Verfahren an, das auf MORVILLEZ und MEESEMAKER[3] zurückgeht. Der aus dem Senföl ge-

---

[1] Pharmazie **7**, 567 (1952). — [2] Pharmaz. Mh. **11**, 204 (1930).
[3] Chem. Zbl. **1924 II**, 2604.

bildete Allylthioharnstoff reagiert in Gegenwart von n-HCl und Eisessig mit Jod unter Bildung eines Thiazolinabkömmlings; das überschüssige Jod wird zurücktitriert:

$$C_3H_5NCS + NH_3 \rightarrow S{=}C\underset{NHCH_2\cdot CH{=}CH_2}{\overset{NH_2}{\Big\langle}}$$

$$+ J_2 \longrightarrow \quad \text{(Thiazolinring)} \quad CH\cdot CH_2J + HJ$$

Mit diesem Verfahren, mit dem allerdings etwa vorhandenes Allylrhodanid nicht mitbestimmt wird, werden sehr gute Werte erhalten. Es wurde auch in die Ph. Helv. V aufgenommen:

Etwa 0,5 g Senföl (genau gewogen) wird in einem Meßkölbchen von 100 ccm Inhalt mit 30 ccm Weingeist und 5 ccm konzentriertem Ammoniak (20 bis 25%) zuerst 10 Minuten lang gelinde und hierauf unter Aufsetzen eines kleinen Trichters weitere 10 Minuten lang stärker im Wasserbad erhitzt.

Nach dem Abkühlen wird mit Wasser bis zur Marke aufgefüllt. 20 ccm dieser gut durchgemischten Stammlösung werden nach Zusatz von 5 Tropfen Methylrot mit n-Salzsäure bis zum Farbumschlag in Rot titriert (Mikrobürette). Die dazu nötige Menge n-Salzsäure + weitere 5 ccm n-Salzsäure + 5 ccm Eisessig gibt man zu neuen 20 ccm der Stammlösung in einen Erlenmeyerkolben von 100 ccm Inhalt mit Glasstopfen. Zu diesem Gemisch läßt man langsam, unter dauerndem Umschwenken 25 ccm 0,1 n-Jodlösung aus einer Bürette zufließen. Man verschließt den Kolben und läßt ihn 2 Stunden lang im Dunkeln stehen. Hierauf wird das überschüssige Jod mit 0,1 n-Natriumthiosulfatlösung bis zur Entfärbung zurücktitriert (Mikrobürette). Gegen Ende der Titration werden 2 ccm Stärkelösung zugefügt. 1 ccm 0,1 n-Jodlösung = 0,004955 g Allylsenföl.

Weiterhin empfehlen VIEBÖCK und BRECHER eine *acidimetrische* Bestimmungsmethode, die darauf beruht, daß Schwefel zu Schwefelsäure, Allylrhodanid über das Merkaptan zu Sulfonsäure und Cyansäure oxydiert werden. Das überschüssige Alkali wird zurückgemessen. Beim darauffolgenden Ansäuern wird die Cyansäure in Kohlensäure und Ammoniak zerlegt, so daß eine Messung des Rhodanidgehaltes möglich ist. Dieses Verfahren hat sich in der Praxis nach H. ESCHENBRENNER[1] und nach H. BÖHME[2] weniger bewährt, da es zu niedrige Werte liefert.

BÖHME schlägt ein anderes acidimetrisches Verfahren vor, nach dem das Senföl durch Erhitzen mit Ammoniak zunächst in den zugehörigen Thioharnstoff übergeführt wird. Dieser läßt sich, wie E. G. THORIN[3] und R. KITAMURA[4] gezeigt haben, mit Wasserstoffsuperoxyd in alkalischer Lösung quantitativ entschwefeln:

$$\begin{array}{c} C_3H_5{-}NH \\ | \\ C{=}S + 2\,NaOH + 4\,H_2O_2 \\ | \\ NH_2 \end{array} \longrightarrow \begin{array}{c} C_3H_5{-}NH \\ | \\ C{=}O + Na_2SO_4 + 5\,H_2O \\ | \\ NH_2 \end{array}$$

[1] Pharmaz. Ztg. **80**, 594 (1934).
[2] Pharmaz. Zentralhalle Deutschland **87**, 299 (1948).
[3] Z. physik. Chem. **89**, 685 (1915).
[4] J. Soc. chem. Ind. Japan [Suppl.] **54**, 1 (1934).

Es werden bei dieser Umsetzung für 1 Mol Senföl 2 Äquivalente Lauge verbraucht, worauf eine acidimetrische Bestimmung aufgebaut werden kann.

Ausführung. Etwa 0,1 g Senföl (genau gewogen) werden in 10 ccm Alkohol gelöst und mit 1 ccm konz. Ammoniakflüssigkeit versetzt. Das Ganze wird auf dem siedenden Wasserbad zunächst eine halbe Stunde unter Rückfluß erhitzt und danach zur Trockene eingedampft. Der Rückstand wird in einigen ccm Wasser aufgenommen, mit 4 ccm 10%igem Wasserstoffsuperoxyd und 50 ccm 0,1 n-Kalilauge versetzt und 2 Stunden bei Zimmertemperatur stehengelassen. Nach Zugabe von 50 ccm 0,1 n-Salzsäure wird mit 0,1 n-Kalilauge gegen Methylorange zurücktitriert. 1 ccm 0,1 n-Kalilauge entspricht 0,004956 g Allylsenföl.

Dieses acidimetrische Verfahren ergibt die gleichen Werte wie die jodometrische Bestimmung von VIEBÖCK und BRECHER.

H. WOJAHN[1] gibt ein Verfahren mit Hypojodit an, mit dem Senföl und auch Thioharnstoffderivate unter stöchiometrischen Verhältnissen reagieren und bestimmt werden können, indem diese in natronalkalischer Lösung mit Jodlösung versetzt werden und deren Überschuß zurücktitriert wird. Das Reaktionsschema ist folgendes:

$$8\,\mathrm{NaOH} + 4\,\mathrm{J_2} \longrightarrow 4\,\mathrm{NaJ} + 4\,\mathrm{NaJO} + 4\,\mathrm{H_2O}$$

$$\begin{array}{ccc} \mathrm{C_3H_5{-}NH} & & \mathrm{C_3H_5{-}NH} \\ | & & | \\ \mathrm{C{=}S} + 2\,\mathrm{NaOH} + 4\,\mathrm{NaJO} \longrightarrow & \mathrm{C{=}O} + \mathrm{Na_2SO_4} + 4\,\mathrm{NaJ} + 2\,\mathrm{H_2O}. \\ | & & | \\ \mathrm{NH_2} & & \mathrm{NH_2} \end{array}$$

Da die Direktbestimmung des Senföles wegen der leichten Flüchtigkeit und der Wasserunlöslichkeit schwierig ist, ist es zweckmäßig, das Senföl mit Ammoniak in alkoholischer Lösung zu Allyl-Thioharnstoff umzusetzen. Anschließend muß der die Reaktion störende Äthylalkohol wie das überschüssige Ammoniak durch Abdampfen auf freiem Feuer entfernt werden; sodann kann nach Alkalizusatz die Titration vorgenommen werden.

Ausführung. In einem 100 ccm-Meßkolben werden 100 bis 120 mg frisch destilliertes Senföl genau abgewogen; nach Zusatz von 30 ccm Äthylalkohol und 5 ccm 20%igem Ammoniak wird das Gemisch 10 Minuten gelinde und hierauf weitere 20 Minuten auf dem Wasserbad stärker erhitzt. Nach dem Abkühlen wird mit Wasser bis zur Marke aufgefüllt. Je 20 ccm dieser Lösung werden in einem enghalsigen Erlenmeyerkolben mit aufgesetztem Trichter anfangs gelinde und dann stärker auf freiem Feuer so lange zum Sieden erhitzt, bis der Alkohol restlos entfernt ist und in den Dämpfen kein NH$_3$ mehr nachgewiesen werden kann. Durch gelegentlichen Wasserzusatz läßt sich ein zu starkes Eindampfen vermeiden. Die erkaltete Lösung wird mit 6 ccm 1 n-NaOH und sodann langsam mit 25 ccm 0,1 n-Jodlösung versetzt; nach 5 Minuten wird angesäuert und das unverbrauchte Jod mit Thiosulfat zurückgemessen. 1 ccm 0,1 n-Jodlösung = 1,2375 mg Allylsenföl.

Die Ergebnisse stimmen mit denen des jodometrischen Verfahrens von VIEBÖCK und BRECHER überein. Der Vorteil besteht darin, daß infolge des Jodverbrauchs von 8 Äquivalenten in alkalischer Lösung gegenüber 2 Äquivalenten beim Verfahren von VIEBÖCK und BRECHER mit kleineren Untersuchungsmengen gearbeitet werden kann.

Oleum Terebinthinae.

J. PRITZKER und R. JUNGKUNZ[2] unterzogen das Terpentinöl einer eingehenden Untersuchung, indem sie folgende Prüfungen vornahmen:

---

[1] Pharmaz. Zentralhalle Deutschland **91**, 326 (1952).
[2] Pharmac. Acta Helvetiae **1926**, 169.

Siedepunkt. Zur Bestimmung desselben wurde der Apparat nach BESSON verwendet, wie er in der Chemiker-Zeitung[1] beschrieben worden ist. Andere Konstruktionen können natürlich ebenfalls verwendet werden.

Spez. Gewicht und Refraktionszahl. Diese Werte wurden bei 20° im Pyknometer bzw. im Zeißschen Butterrefraktometer ermittelt.

Dispersion. Das Zeißsche Butterrefraktometer ergibt nur bei Butter, Kokosfett usw. eine scharfe Trennungslinie, bei anderen Substanzen entstehen farbige, mehr oder weniger breite Grenzlinien. Die Breite derselben ist in Skalenteilen (S.T.) dieses Refraktometers ausgedrückt worden.

Löslichkeitsprobe nach Wolff[2]. 4 ccm der zu untersuchenden Flüssigkeit werden mit 4 ccm Essigsäureanhydrid in einem in zehntel ccm geteilten Meßzylinder versetzt und durch fünfmaliges Umkehren gemischt. Bei reinem Terpentinöl entstehen 2 Schichten von bestimmter Höhe.

Pinennitrosochloridprobe. Man tröpfelt 1,5 ccm konz. Salzsäure (33%) in ein stark abgekühltes Gemisch von 5 g des zu prüfenden Öles, 5 g Eisessig und 5 g reinem Amylnitrit. Während und nach dem Zutropfen muß die gekühlte Mischung tüchtig geschüttelt werden. Der abgeschiedene Kristallbrei wird auf einem Filter gesammelt. Der Schmelzpunkt liegt bei 103°.

Kienölreaktion nach Wolff. Man fügt zu einem Gemische von je 4 ccm Ferrichloridlösung (1 : 2500) und Ferricyankaliumlösung (1 : 500) 2 bis höchstens 10 Tropfen des fraglichen Öles zu und schüttelt kräftig durch. Kienöl bewirkt, je nach dem Gehalte, eine tiefblaue Verfärbung bis starke Fällung von Berlinerblau. Die verdünnte Eisenchloridlösung soll stets frisch hergestellt werden.

Die Kienölreaktion des DAB 6 mit Kaliumhydroxyd ist nach K. HÖLL[3] unverläßlich, da sie in kienölfreien Terpentinölen positiv und in kienölhaltigen Terpentinölen negativ ausfallen kann. HÖLL empfiehlt gleichfalls die Probe von WOLFF in folgender Ausführung:

Man mischt gleiche Teile einer Lösung von 0,5 g Kaliumferricyanid auf 250 g Wasser und einer Lösung von 0,2 g Ferrichlorid in 250 g Wasser und setzt im Reagenzglas zu 8 ccm dieser Mischung 5 bis 8 Tropfen des Öles und schüttelt eine Viertelminute kräftig durch. Bei leichtem Bewegen des Reagenzglases geht darauf die Schaumbildung schnell zurück.

Wenn reines Kienöl vorliegt, so ist sogleich eine leichte Blaufärbung in der Grenzzone von Öl und Lösung bemerkbar. Die Färbung wird sehr schnell stärker, nach 2 bis 5 Minuten ist eine kräftige Blaufärbung erkennbar. Die Eisenlösung wird sogleich grünlichgelb und nach je einer weiteren Minute wechselt die Farbe nach gelbgrün, grün, bläulichgrün und ist nach längstens 5 Minuten blau. Nach 15 Minuten findet sich in der Grenzzone eine tiefdunkelblaue Trübung, und die Eisenlösung ist tiefblau und etwas trübe. Nach $^1/_2$ Stunde bis 1 Stunde tritt ein deutlicher Niederschlag von Berlinerblau auf, der sich zu Boden setzt.

Bei reinen Terpentinölen bleibt die Grenzzone nach dem Schütteln noch 2 bis 3 Minuten lang farblos und die darunter befindliche Flüssigkeit bleibt rein gelb. Die gelbe Farbe geht erst nach 5 bis 10 Minuten in gelbgrün und darauf langsam in grün über. In der Grenzzone bemerkt man erst nach etwa 3 bis 5 Minuten eine leichte Blaufärbung. Auch ältere verharzte Terpentinöle verhalten sich wie frisch gewonnene Öle oder Destillate von älteren Ölen. Eine vorherige Destillation, wie sie bei der Kaliprobe vorgeschrieben ist, erübrigt sich also bei der Berlinerblauprobe.

Bei Kienölzusätzen in Mengen von 30% und darüber ist der Ausfall der Probe genau wie bei reinem Kienöl. Auch Zusätze von 10 und 20% lassen sich noch sehr gut erkennen, und zwar hauptsächlich an dem Verhalten der Eisenlösung. Während bei reinem Balsam-Terpentinöl die Lösung innerhalb von 10 Minuten höchstens gelbgrün gefärbt wird, ist sie bei geringen Kienölzusätzen bald kräftig blaugrün oder blau gefärbt. Innerhalb von 2 bis 3 Minuten geben Terpentinöle mit 10% Kienöl eine grünliche und nach 5 Minuten eine blaugrüne Verfärbung. Die reinen

---

[1] Chemiker-Ztg. **1913**, 1035, 1255.
[2] Die Lösungsmittel der Fette, Öle, Wachse und Harze, S. 40.
[3] Dtsch. Apotheker-Ztg. **1935**, Nr. 42.

Öle geben auch innerhalb 1 Stunde und darüber hinaus niemals eine blaugrüne oder blaue, sondern höchstens eine grüne Färbung der Eisenlösung. Bei kienölhaltigen Ölen färbt sich in dieser Zeit die Eisenlösung tiefblau und wird auch trübe und undurchsichtig.

In der Grenzzone bemerkt man bei geringem Kienölgehalt innerhalb von 2 Minuten eine Blaufärbung, die langsam stärker wird. Die Holzterpentinöle („Deutsches Terpentinöl") nehmen eine Mittelstellung ein. Portugiesische, französische und indische Balsam-Terpentinöle verhalten sich im allgemeinen ähnlich wie die amerikanischen Balsam-Terpentinöle.

Verdampfungsrückstand. 10 g Terpentinöl wurden in einer Nickelschale auf dem Wasserbade verdunstet und daraufhin im Wasserbade bis zur Gewichtskonstanz belassen. Bei reinem Terpentinöl wurde dies bereits nach 2 Stunden, bei Kienöl und entkampfertem Terpentinöl jedoch erst nach 5 bis 6 Stunden erreicht.

Säuregrad. 10 g Terpentinöl wurden in 25 ccm eines neutralen Gemisches gleicher Teile Alkohol und Äther gelöst und unter Beigabe von 2 Tropfen Phenolphthalein mit n/10-Lauge titriert. Die Anzahl ccm Normallauge, welche zur Neutralisation von 100 g Terpentinöl notwendig sind, werden als „Säuregrad" bezeichnet.

Drehungsvermögen. Dasselbe wurde im 100 mm-Rohr bei Natriumlicht und bei 20° C bestimmt.

Eibner- und Hue-Zahl. In den von PRITZKER und JUNGKUNZ konstruierten Apparat „Terpentinölprüfer" (Abb. 28) wird bis zur Marke 15 ccm konzentrierte Schwefelsäure vom spezifischen Gewicht 1,84 gegeben. Alsdann läßt man aus einer in zehntel ccm eingeteilten 10 ccm-Bürette das zu untersuchende Terpentinöl nach und nach in halben ccm zufließen. Nach jeder Zugabe von 0,5 ccm wird gut umgeschüttelt, wobei eine mehr oder weniger starke Erwärmung eintritt. Man wartet kurze Zeit, bis die Hauptreaktion vorbei ist, indem man den Apparat am zweckmäßigsten durch Einstellen in ein Becherglas mit kaltem Wasser kühlt. Die portionenweise Zugabe der 10 ccm Terpentinöl ist höchstens nach 20 bis 25 Minuten beendigt. Daraufhin wird mit der gleichen Schwefelsäure etwa bis zur oberen graduierten Einteilung aufgefüllt und der Inhalt einige Male durchgemischt. Sodann kann der beschickte Terpentinölprüfer in einer Zentrifuge 5 Minuten lang bei 800 bis 1000 Touren ausgeschleudert werden. Daraufhin liest man den über der Schwefelsäure im graduierten Teil stehenden Rückstand ab.

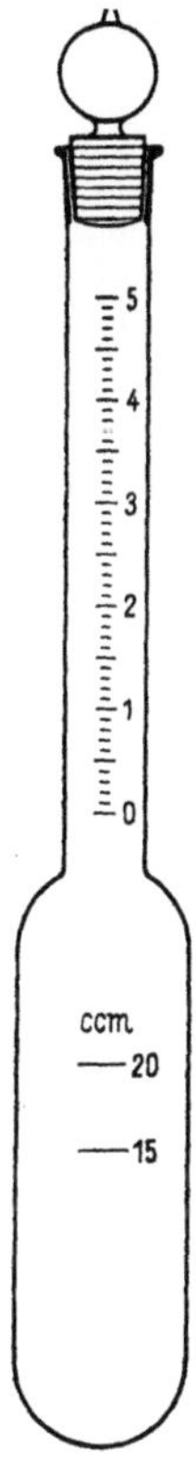

Der gleiche Apparat dient auch dazu, um aromatische Kohlenwasserstoffe im Terpentinöl, sowie in Mischungen mit Benzin nachzuweisen. Zu diesem Zwecke werden jedoch dann 20 ccm konzentrierte Schwefelsäure mit 4% Anhydridgehalt verwendet, die Marke 20 dient zur Abmessung dieses Quantums Schwefelsäure.

Für die Anzahl ccm (Rückstand), welche nach der Behandlung mit konzentrierter Schwefelsäure zurückbleiben, wurde von PRITZKER und JUNGKUNZ die Bezeichnung „EIBNER-HUE-Zahl" vorgeschlagen.

Die Ergebnisse dieser Untersuchung sind in Tab. 29 zusammengestellt.

Tab. 30 zeigt die Änderungen der verschiedenen Kennzahlen bei wachsenden Zusätzen von Benzinkohlenwasserstoffen zu Terpentinöl, wie sie von PRITZKER und JUNGKUNZ festgestellt wurden.

Bei höheren Gehalten an Benzinkohlenwasserstoffen (über 40%) ergibt die EIBNER-HUE-Zahl, multipliziert mit 10, den ungefähren Gehalt an solchen in Prozent an.

Abb. 28.
„Terpentinölprüfer"
von PRITZKER und
JUNGKUNZ.

Spezielle Methoden.

Tabelle 29.

Bezeichnung	Spez. Gew. bei 20°	Siedepunkt C°	Löslichkeitsprobe nach WOLFF	Refr.-Zahl bei 20°	Dispersion		E.H.Z.
					Farbe d. Grenzlinie S	Breite d. Grenzlinie S	
A. Balsamterpentinöle:							
Terpentinöl Ph. H. IV	0,8638	156,0	4,9	67,1	violett	4—5	1,4
„ rektif. ...	0,8624	155,5	4,7	65,7	„	4—5	1,3
„ franz. ...	0,8657	157,5	4,6	65,5	„	3	1,3
„ amerik. ...	0,8663	157,5	4,7	65,9	„	3—4	1,3
„ deutsches	0,8712	160,0	5,2	69,0	„	4—5	0,9
B. Kienöle:							
Kienöl, russisch	0,8797	159,9	7,8	71,7	„	6	1,9
„ schwedisches .	0,8820	161,4	5,6	69,6	„	4	1,5
„ deutsch (veg. Terpentinöl) .	0,8831	162,0	5,9	72,7	„	4—5	0,9
C. Entkampferte Terpentinöle:							1,4
Dipenten	0,8703	171,0	8,0	73,4	„	6	2,9
Depanol	0,9009	180,0	8,0	86,5	„	8—9	
amerik. Terpentinöl, rein veg.	0,8584	171,0	8,0	75,3	„	8—9	1,3

Bezeichnung	Refr.-Zahl des Rückstandes der E.H.Z. bei 20°	Pinennitrosochloridprobe	Kienölreaktion nach WOLFF	Verdampfungsrückstand	Säuregrad	Drehungsvermögen in Graden
A. Balsamterpentinöle:						
Terpentinöl Ph. H. IV						
„ rektif. ...	über 105	pos.	neg.	0,70	1,2	−30,30
„ franz. ...	„ 105	„	„	0,17	0,1	−31,17
„ amerik. ...	„ 105	„	„	—	—	—
„ deutsches	„ 105	„	„	—	—	—
B. Kienöle:						
Kienöl, russisch	„ 105	neg.	schw. pos.	4,08	0,3	+19,94
„ schwedisches .	„ 105	pos.	pos.	—	—	+24,50
„ deutsch (veg. Terpentinöl) .	„ 105	pos.	deutl. pos.	8,31	0,9	+16,92
C. Entkampferte Terpentinöle:						
Dipenten	„ 105	neg.	pos.	5,27	0,2	− 3,28
Depanol	„ 105	„	„	2,16	0,6	+ 2,44
amerik. Terpentinöl, rein veg.	„ 105	„	„	4,28	0,4	− 5,06

Tabelle 30.

EIBNER-HUE-Zahl mittels Terpentinölprüfer	Refraktionszahl der Originalsubstanz bei 20°	Refraktionszahl des Rückstandes der E.H.Z. bei 20°	Annähernder Gehalt an Benzinkohlenwasserstoffen
1,0—1,4	65,0—69,0	über 105	reines Terpentin
1,5—1,9	60—63	104—95	5—10%
2,0—2,2	58—60	85—75	10—20%
2,3—3,3	43—55	65—55	20—30%
3,4—4,1	37—45	50—40	30—40%

Oleum Thymi.

Die Bestimmung der Phenole (Thymol und Carvacrol) wird vielfach indirekt in der Weise ausgeführt, daß die Phenole in Phenolate übergeführt werden und das restliche Öl volumetrisch gemessen wird. Direkt lassen sich die Phenole durch Bromierung bestimmen. Ein solches Verfahren enthält z. B. die Ph. Helv. V:

Etwa 2 g Thymianöl (genau gewogen) werden in einem Scheidetrichter in 20 ccm Petroläther gelöst und fünfmal mit einer Mischung von je 5 ccm verdünnter Natronlauge + 5 ccm Wasser ausgeschüttelt. Die wäßrigen Auszüge werden nacheinander durch ein angefeuchtetes Filter in ein Meßkölbchen von 100 ccm Inhalt filtriert und mit Wasser bis zur Marke ergänzt. 10 ccm dieser Lösung (= etwa 0,2 g Thymianöl) versetzt man in einem Erlenmeyerkolben von 200 ccm Inhalt mit Glasstopfen nacheinander mit 30 ccm Wasser + 50 ccm 0,1 n-Bromid-Bromat + 10 ccm Tetrachlorkohlenstoff + 30 ccm verdünnter Salzsäure (7,3 g HCl in 100 ccm). Der Kolben wird sofort verschlossen und unter häufigem, kräftigem Umschütteln 30 Minuten lang im Dunkeln stehengelassen. Hierauf fügt man rasch 2,5 g festes Kaliumjodid hinzu, verschließt sogleich wieder, schüttelt gut um und titriert sogleich das ausgeschiedene Jod, welches dem überschüssigen Bromat entspricht, mit 0,1 n-Natriumthiosulfat. Von Zeit zu Zeit, besonders gegen das Ende der Titration, ist der Kolben zu verschließen und sehr energisch durchzuschütteln. Der Endpunkt ist erreicht, wenn die wäßrige Lösung farblos geworden und die Tetrachlorkohlenstoffschicht nicht mehr rot gefärbt ist. Der Gehalt an Phenolen als Thymol wird nach folgender Formel berechnet:

$$\% \ \text{Thymol} = \frac{b \cdot 3{,}752}{a} \, ,$$

wobei a die Einwaage Thymianöl und b die ccm 0,1 n-Bromid-Bromat bedeuten.

Die Ph. Helv. V verlangt einen Gehalt von 20 bis 42% Phenolen.

Opium.

Morphinbestimmung.

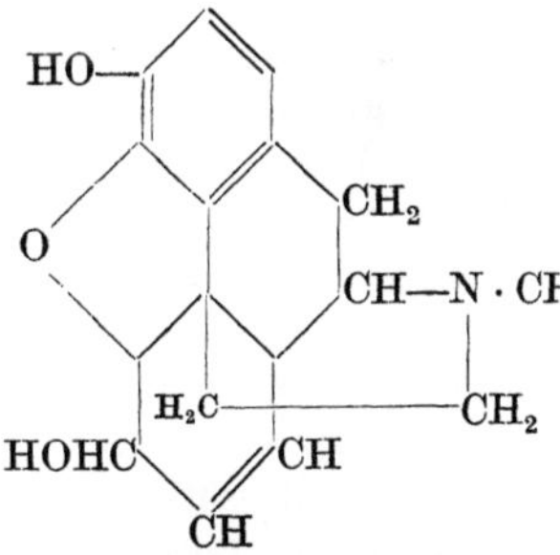

Seit SERTÜRNER 1803 das Morphin entdeckte und als organische Base, als Alkaloid erkannte, sind eine große Zahl von Methoden zur Morphinbestimmung im Opium ausgearbeitet worden. Die Vielzahl der bisher veröffentlichten Untersuchungsverfahren, sie haben die Zahl 200 überschritten, läßt schon die außerordentlichen Schwierigkeiten der Bestimmung des Morphins im Opium erkennen, die sich vor allem durch die quantitative Abtrennung des Morphins von den anderen Opiumalkaloiden ergeben. Eine Übersicht über die Entwicklung der Morphinbestimmung in den letzten 30 Jahren bringt K. VOLLMER[1]. Andere zusammenfassende Arbeiten brachten noch E. F. HEEGER und W. POETHKE[2] und J. A. C. VAN

Morphin nach ROBINSON.

---

[1] Dissertation Bonn 1948. Dieser Arbeit sind die folgenden Ausführungen teilweise entnommen.

[2] Papaver somniferum L., Berlin 1947.

PINXTEREN und M. A. G. SMEETS[1]. Die verschiedenen Morphinbestimmungsmethoden faßt man in folgende Gruppen zusammen:

1. Verfahren mit Ammoniakfällung; — 2. Verfahren mit Ätzkalk; — 3. Ausschüttelungsverfahren; — 4. Verfahren von MANNICH; — 5. Chromatographisches Verfahren; — 6. Colorimetrische Verfahren; — 7. Papierchromatographisches Verfahren.

Verfahren mit Ammoniakfällung.

Das 1886 veröffentlichte HELFENBERGER Verfahren von DIETERICH brachte durch die gesonderte Fällung des Narkotins einen wesentlichen Fortschritt gegenüber den früheren Methoden und wurde auch mit unwesentlichen Verbesserungen in verschiedene Arzneibücher aufgenommen.

Das Verfahren lautet (gekürzt) wie folgt:

6,0 g Opium werden mit 60,0 g Wasser 12 Stunden maceriert, filtriert, und vom Filtrat 50,0 g mit 2 ccm n-Ammoniak versetzt, die Mischung filtriert und vom Filtrat 44,2 g (entsprechend 4,0 g Opium) mit 10,0 g Äther versetzt, die Flüssigkeit umgeschwenkt und mit 4 ccm n-Ammoniak versetzt. Nach 6 Stunden wird zunächst die Ätherschicht durch ein Filter gegossen, dann erneut 10,0 g Äther zugegeben und auch dieser nach kurzem Umschwenken auf das Filter gegossen, dann die ganze Flüssigkeit auf das Filter gebracht. Nach dem Ablaufen wird zweimal mit 5 ccm Wasser nachgewaschen, das Filter getrocknet und das ausgefällte Morphin gewogen.

Durch den ersten Ammoniakzusatz wird die meist schwachsaure Opiumlösung neutralisiert und das Narcotin ausgefällt, während das Morphin in Lösung bleibt. Durch den zweiten Ammoniakzusatz wird die Opiumlösung schwach alkalisiert, wodurch das Morphin ausfällt. Der Ätherzusatz hat den Zweck, die anderen in der schwach alkalischen Opiumlösung unlöslichen Opiumalkaloide aufzunehmen und damit in Lösung zu halten.

Aus zahlreichen Untersuchungen ergibt sich heute eindeutig, daß das DIETERICHsche Verfahren in seinen einzelnen Phasen ungenau ist.

Nach DIETERICHs eigenen Versuchen und Angaben von HOLLMANN[2] und KNAFFL-LENZ[3] verläuft die Morphinextraktion unvollständig.

Demgegenüber erfaßt eine dreimalige Extraktion des Opiums mit Wasser, wie sie erstmalig von SQUIBB[4] im Jahre 1882 vorgeschlagen und von den Arzneibüchern der USA übernommen wurde, das Morphin vollständig, wie dies auch durch VOLLMER[5] bewiesen werden konnte.

Eine Reinigung von nichtalkaloidischen Extraktstoffen in der Extraktlösung läßt DIETERICH nicht vornehmen. Die Beseitigung der Nebenalkaloide, insbesondere des Narcotins aus der Extraktlösung nimmt DIETERICH in der Weise vor, daß durch den ersten schwachen Zusatz von Ammoniak normalerweise eine Pufferung des Opiumauszuges auf den Neutralpunkt und damit eine vollständige Fällung des Narcotins erreicht wird; ist aber das Opium mit Streckungsmitteln, die die Acidität beeinflussen, gemischt, oder aber reagiert der Opiumauszug abnorm sauer oder alkalisch, so wird im ersten Falle das Narcotin nicht vollständig aus-

---

[1] Pharmac. Weekbl. **85**, 1, 48 (1950); Ref. Scientia pharmac. **18**, 17 (1950).
[2] Proefschrift, Amsterdam 1926. — [3] Pharmaz. Mh. **1937**, 16.
[4] Arch. Pharmaz. **1885**, 223. — [5] Dissertation Bonn 1948.

fallen und beim zweiten stärkeren Ammoniakzusatz den Morphinwert erhöhen, im zweiten Falle wird schon beim ersten Ammoniakzusatz Morphin ausfallen und der Morphinwert zu gering werden.

Auch eine Ausschüttelung der schwach alkalischen Opiumlösung mit Benzol, wie sie EDER[1] 1926 vorschlug gibt keine verläßlichen Werte. Zwar ist das reine Morphin in Benzol unlöslich, doch gehen bei der Ausschüttelung einer schwach alkalischen Opiumlösung meßbare Mengen Morphin in das Benzol über.

Zur Fällung des Morphins als Base ist es erforderlich, die Opiumlösung auf p_H 9 zu puffern. DIETERICH läßt zu diesem Zweck eine kleine Menge Ammoniak zugeben und erreicht damit in den meisten Fällen auch die erforderliche Pufferung. Weicht das zu untersuchende Opium aber von der Norm ab und ist der Morphingehalt wesentlich höher oder geringer als 8 bis 12%, so wird der p_H-Wert 9 nicht erreicht oder überschritten und in beiden Fällen bleiben unkontrollierbare Mengen von Morphin in der Mutterlauge gelöst zurück. Vorschläge zur Verbesserung des DIETERICHschen Verfahrens mit Soda- oder Boraxlösung als Alkalisierungsmittel vermochten dieser Schwierigkeit nur teilweise abzuhelfen.

Verfahren mit Ätzkalk.

Ein grundsätzlich anderer Weg zur Morphinbestimmung wurde schon im Jahre 1828 durch ROBINET gewiesen.

Er fand, daß sich in Kalkmilch Morphin löst, Narcotin dagegen ungelöst bleibt und MOHR zeigte 1840, daß Morphin aus seiner Lösung in Kalkwasser durch Ammoniumchlorid gefällt wird. Nach zahlreichen unbrauchbaren Vorschlägen veröffentlichte HAGER 1874 ein Verfahren, das die von ROBINET und MOHR gefundenen Tatsachen in brauchbarer Form anwandte:

2,5 g Ätzkalk werden mit wenig Wasser gelöscht, mit 6,5 g Opiumpulver verrieben und mit 65,0 g Wasser gemischt. Die Mischung wird dann 1 Stunde auf 80° erhitzt, filtriert, und vom Filtrat 50,0 g mit 5,0 g Äther gemischt. Dann werden 4,5 g Ammoniumchlorid zugegeben und die Mischung kräftig geschüttelt. Nach 4 Stunden wird das ausgefallene Morphin abfiltriert, ausgewaschen, bei 50° getrocknet und gewogen.

Bei der Behandlung des Opiums mit Kalkmilch gehen das Morphin auf Grund seiner phenolischen OH-Gruppe und das Narcein auf Grund seiner Carboxylgruppe in Lösung, Codein, Narcotin, Papaverin und Thebain bleiben ungelöst und von den nichtalkaloidischen Extraktstoffen gehen weniger als bei der rein wäßrigen Extraktion in Lösung, durchschnittlich etwa 40% des zu extrahierenden Opiums. Weitere Versuche ergaben, daß nur durch eine mehrmalige Extraktion mit Kalkmilch das Morphin quantitativ extrahiert wird und daß durch Zusätze von Manganchlorür oder Mangansulfat störende Extraktivstoffe teilweise gefällt werden.

In der Annahme, daß sich in der kalkalkalischen Extraktlösung außer Morphin und Narcein keine anderen Opiumalkaloide befinden, lassen die

---

[1] Quart. J. Pharmac. Pharmacol. **1937**, 680; Pharmac. Acta Helvetiae **1940**, 227.

Kalkverfahren vor der Fällung des Morphins keine weitere Beseitigung der Nebenalkaloide vornehmen. Nach EDER und WAECKERLIN[1] gehen aber doch meßbare Mengen Narcotin (in 1 ccm Kalkfiltrat 0,25 mg Narcotin) in den Kalkauszug, die bei der Fällung des Morphins mitausfallen und den Morphinwert erhöhen. Das zur Fällung des Morphins zugesetzte Ammoniumchlorid oder Ammoniumsulfat zersetzt das Calciummorphinat unter Bildung von Calciumchlorid oder -sulfat und Ammoniummorphinat, letzteres hydrolysiert und die Morphinbase fällt aus.

Ammoniumsulfat wird von K. WINTERFELD[2] im Überschuß verwendet, wodurch eine weitgehende Pufferung und Verschiebung des Gleichgewichtes zugunsten des freien Morphins erreicht wird. Außerdem wirkt das überschüssige Ammoniumsulfat auf das freie Morphin aussalzend und das sich bildende Calciumsulfat als Klärungsmittel.

Unterschiedliche Zusätze von Ammoniumsalzen rufen hier viel geringere Schwankungen in der Basizität der Mutterlauge hervor, als unterschiedliche Zusätze von Ammoniak in der Mutterlauge des DIETERICHschen Verfahrens und seinen Variationen. Deshalb ist die Gefahr, daß größere Mengen von Morphin in der Mutterlauge zurückbleiben, bei den Kalkverfahren geringer, als bei den Ammoniakverfahren.

Eine wesentliche Fehlerquelle der Kalkverfahren liegt aber darin, daß das sich an der Oberfläche des kalkalkalischen Opiumextraktfiltrates bildende Calciumcarbonat mit dem ausgefallenen Morphin abfiltriert wird und höhere Morphinwerte vortäuscht. 1 mg Calciumcarbonat verbraucht ebensoviel Säure wie 57 mg Morphin. Um dies zu vermeiden, muß entweder das ausgefallene Morphin mit Aethanol oder Methanol umkristallisiert werden oder man versetzt nach dem Verfahren von DOTT[3] die kalkalkalische Opiumlösung vor dem Zusatz von Ammoniumsalzen mit je 5% Äther und Äthanol, filtriert den sich dabei bildenden Niederschlag ab und setzt zum Filtrat dann zur Fällung des Morphins Ammoniumchlorid. Das auf diese Weise abgeschiedene Morphin ist farblos und kalkfrei.

ANNETT und SINGH[4] fanden 1918, daß auch der Gehalt des Opiums an Codein nicht ohne Einfluß auf die Fällung des Morphins ist. Wird die kalkalkalische Opiumlösung vor der Fällung des Morphins zur Beseitigung von Codein mit Benzol ausgeschüttelt, so erhöht sich der Morphinwert. Nachdem HOLLMANN[5] 1926 festgestellt hatte, daß Stärke, Zucker, Gummi und Eiweiß auf die Kristallisation von Morphin hemmend einwirken, wurden in den folgenden Jahren bei Untersuchungen der Morphinfällungen festgestellt, daß in den Mutterlaugen der Kalkverfahren einschließlich des Verfahrens von DOTT im ccm noch 0,6 bis 2,0 mg Morphin vorhanden waren. Untersuchungen von VOLLMER[6] mit dem Verfahren von RUSTING führten zu folgendem Ergebnis, das auch von PINXTEREN und SMEETS[7] bestätigt wurde:

---

[1] Quart. J. Pharmac. Pharmacol. **1937**, 680; Pharmac.Acta Helvetiae **1940**, 227.

[2] Arch. Pharmaz. **1937**, 445.

[3] Pharmac. J. **1920**, 302. — [4] Analyst **1918**, 205.

[5] Proefschrift, Amsterdam 1926. — [6] Dissertation Bonn 1948.

[7] Pharmac. Weekbl. **85**, 1, 48 (1950); Ref. Scientia pharmac. **18**, 17 (1950).

Bei einem normalem Opium betrug der Morphingehalt in der Mutterlauge 0,6 mg im ccm, er stieg bei einem Stärkezusatz von 30% des untersuchten Opiums auf 0,65 mg im ccm, auf ebenfalls 0,65 mg bei einem Zusatz von 20 mg Codeinbase zu 1,0 g Opium und auf 1,3 mg im ccm Mutterlauge bei einem Zusatz von 20 mg Codeinbase und 0,3 g Stärke zu 1,0 g Opium. Daraus ergibt sich also:

Die Pufferwirkung der Opiumauszüge ist bei verschiedenen Opiumsorten unterschiedlich. Durch einen konstanten Zusatz eines Alkalisierungsmittels ist die zur optimalen Morphinfällung erforderliche Wasserstoffionenkonzentration nicht immer zu erreichen. Die in den Mutterlaugen verbleibenden Morphinreste sind auch bei gleicher Wasserstoffionenkonzentration bei verschiedenen Opiumsorten unterschiedlich und zusätzlich noch von dem Opium zugesetzten Streckmitteln abhängig. Außerdem sind die in den Mutterlaugen gelöst bleibenden Morphinmengen auch durchschnittlich relativ bedeutend größer, als nach den Versuchen mit reinen Morphinsalzen zu erwarten gewesen wäre.

Alle Morphinbestimmungsverfahren, die eine Fällung der Morphinbase aus der Opiumextraktlösung vornehmen lassen, erfassen daher das Morphin nicht vollständig und es ist nicht möglich, durch Angabe eines konstanten Korrekturfaktors den durch Kristallisationshemmung und unterschiedliche Wasserstoffionenkonzentration in der Mutterlauge bedingten Verlust auszugleichen.

Trotzdem wurde das Kalkverfahren in neuere Arzneibücher aufgenommen, da es immerhin annähernde Werte liefert, die für die allgemeine Praxis genügen, und leicht ausführbar ist. Es kann aber nur als Konventionsmethode gelten. Liegen z. B. Opiumsorten mit größeren Mengen Streckmitteln oder mit stark abweichendem Morphingehalt vor, so können sich beträchtliche Fehler einstellen. Von den verschiedenen Ausführungen der Kalkverfahren soll die der USP Pharmakopoe XIV vom Jahre 1950 angeführt werden:

6 g Opium werden mit 40 ccm Wasser 15 Minuten in einem Mörser verrieben, mit 30 ccm Wasser in einen Kolben gebracht und alle 10 Minuten oder kontinuierlich 2 Stunden geschüttelt. Man läßt über Nacht stehen und schüttelt am nächsten Tag nochmals 30 Minuten lang. Dann filtriert man durch ein Filter von 10 bis 11 cm Durchmesser, wäscht mit 20 ccm Wasser nach und bringt den Rückstand mit 40 ccm Wasser in den Kolben zurück. Kolben und Filter werden mit Wasser nachgewaschen bis dieses farblos abläuft und 300 bis 350 ccm Gesamtfiltrat erhalten sind. Dieses wird in einem Schälchen auf etwa 40 g eingedampft und dann erkalten gelassen. Der Rückstand wird mit 3 g Calciumhydroxyd 15 Minuten verrieben, mit wenig Wasser in einen tarierten Kolben gebracht, mit Wasser auf 54 g aufgefüllt und filtriert.

34 g Filtrat (= 4 g Opium) werden mit 2 ccm Alkohol, 15 ccm Äther und nach kräftigem Schütteln mit 1 g Ammoniumchlorid versetzt. Hierauf wird 10 Minuten kräftig geschüttelt und über Nacht bei 5 bis 10° stehengelassen. Der Äther wird durch ein Filter dekantiert, Kolben und Filter mit 15 ccm Äther und das Filter nochmals mit 10 ccm Äther nachgewaschen. Dann filtriert man die wäßrige Schicht und wäscht die Morphinkristalle mit 40 ccm morphingesättigtem Wasser nach. Auf das Filter tropft man hierauf 1 ccm kaltes Wasser, um das Morphinwasser zu verdrängen. Die Morphinkristalle in dem Kolben werden mit 15 ccm siedendem Methanol gelöst und die Lösung auf das Filter gegossen. Dies wird acht- bis zehnmal mit je 5 bis 7 ccm Methanol wiederholt, bis das ganze Morphin gelöst ist. Die Methanollösung wird gekühlt, mit 25 ccm n/10-Schwefelsäure versetzt, 75 ccm

Wasser zugegeben, auf etwa 50 ccm eingedampft und nach dem Erkalten mit n/10-Natronlauge zurücktitriert. 1 ccm n/10-Säure = 0,0285 g Morphinbase.

Verschiedene andere Wege zur Morphinbestimmung, die von den HELFENBERGER-DIETERICH- und den Kalkverfahren abweichen, sind schon entweder bald nach ihrer Veröffentlichung als fehlerhaft erkannt und nicht weiter verfolgt worden, oder bieten gegenüber diesen keine besonderen Vorteile. Da sie aber auch das Morphin aus der ursprünglichen Opiumlösung fällen, sind sie aus den oben genannten Gründen für eine exakte Bestimmung nicht brauchbar.

Ausschüttelungsverfahren.

Wegen der unvollständigen Fällung des Morphins aus der Extraktlösung wurden zahlreiche Versuche unternommen, das Morphin aus der Opiumextraktlösung herauszunehmen und dadurch die Bestimmung von der Einwirkung kristallisationshemmender Stoffe unabhängig zu machen.

Eine Ausschüttelung des Morphins aus stark alkalischer, neutraler oder schwach saurer Lösung ist nicht möglich, da das Morphin als Morphinat, als Anion bzw. als Morphinsalz, als Kation leicht löslich ist. Zur Ausschüttelung kommen also nur schwach alkalische oder stark salzsaure Lösungen in Frage, in denen das Morphin als Base bzw. als Hydrochlorid schwer löslich ist.

In Äther, Benzin, Benzol, Chloroform und Tetrachlorkohlenstoff ist Morphin unlöslich, es ist aber bemerkenswert, daß Mischungen von Alkoholen mit Chloroform zur Ausschüttelung der Morphinbase aus schwach alkalischer Lösung geeignet sind. Es haben sich dabei die Mischungen von 3 Teilen Chloroform und 2 Teilen Äthanol und von 3 Vol. Chloroform mit 1 Vol. Isopropanol am besten bewährt. Die Ausschüttelung des Morphinhydrochlorids aus stark salzsaurer Lösung ist nur mit einer Mischung von 4 Teilen Chloroform und 1 Teil Phenol möglich. In diesem Falle geht das Morphinhydrochlorid in die organische Phase und wird dann zur eigentlichen Bestimmung aus dieser wieder mit Wasser ausgeschüttelt.

Eine Trennung des Morphins von dem größeren Teil der anderen Opiumalkaloide ist auf Grund ihrer unterschiedlichen Löslichkeit in organischen Lösungsmitteln schnell und sicher zu erreichen. Codein, Narcotin, Papaverin und Thebain sind aus einer alkalischen Opiumlösung mit Äther, Chloroform, Benzol und Tetrachlorkohlenstoff ausschüttelbar, während das Morphin dabei nicht in diese Lösungsmittel übergeht.

Bei den ersten Verfahren dieser Art wurde das Morphin als Rückstand einer organischen Ausschüttelung maßanalytisch bestimmt. Untersuchungen von R. EDER und E. WAECKERLIN[1] ergaben jedoch grundsätzlich, daß im Abdampfrückstand einer organischen Morphinausschüttelung (im folgenden kurz „rohes Morphin" genannt), der zur Titration gelangt, die mitausgeschüttelten Extraktstoffe und andere Opiumalkaloide bis zu 20%, nach VOLLMERS[2] Untersuchungen des Verfahrens von SZEGHÖ bis zu 40% des Rückstandes ausmachen können. Das rohe Morphin erwies sich bis zu 3% methoxylhaltig. Morphin enthält keine, die

---

[1] Quart. J. Pharmac. Pharmacol. **1937**, 680; Pharmac. Acta Helvetiae **1940**, 227.
[2] Dissertation Bonn 1948.

anderen Opiumalkaloide bis zu 4 Methoxylgruppen, ein Methoxylgehalt der Morphinausschüttelung beweist also hier die Verunreinigung mit anderen Opiumalkaloiden. Der bei der Titration des rohen Morphins ermittelte Wert muß also über dem tatsächlichen Morphinwert liegen, wie dies durch EDER und WAECKERLIN und Untersuchungen des Verfahrens von SZEGHÖ durch VOLLMER[1] bewiesen werden konnte. Außerdem ist auch bei der Titration des rohen Morphins durch Verunreinigung mit Farb- und anderen Extraktstoffen aus dem Opium der Umschlagspunkt schlecht zu erkennen. Daraus folgt, daß in allen Fällen, in denen die Bestimmung des Morphins durch Titration des rohen Morphins erfolgt, die Erzielung eines einwandfreien Wertes nicht möglich ist.

EDER und WAECKERLIN[2] änderten daher ihr Verfahren 1937 ab.

Ebenso ergab sich die Unmöglichkeit der Isolierung einer reinen Morphinbase durch alleinige Ausschüttelung. Wird auch das rohe Morphin durch eine Umkristallisation weiter gereinigt, so ist doch eine einmalige Ausschüttelung des Morphins zu seiner Abtrennung von kristallisationsbeeinflussenden Stoffen nicht ausreichend.

1939 schlugen EDER und WAECKERLIN[2] zu einer noch intensiveren Reinigung und Beseitigung nichtalkaloidischer Extraktstoffe die Filtration der Chloroform-Isopropanolausschüttelung durch ein mit Aluminiumoxyd hergestelltes Adsorptionsfilter vor und brachten dann 1940 zur Vereinfachung des dadurch sehr umständlich gewordenen Verfahrens eine neue Vorschrift heraus.

EDER und WAECKERLIN haben auch dieses Verfahren in seinen einzelnen Phasen untersucht und festgestellt, daß hier wie bei dem Grundverfahren von 1937 und dem Verfahren von 1939 die Extraktion vollständig ist, daß bei den Verfahren von 1937 und 1939 im Gange der Untersuchung ein Morphinverlust von 1,8 mg, bei dem Verfahren von 1940 von 2,9 mg eintritt und daß die Menge Morphin, die bei der Fällung am Ende des Untersuchungsganges in der Mutterlauge zurückbleibt, bei allen drei Verfahren und bei verschiedenen Opiumsorten konstant 0,44 mg pro ccm Mutterlauge beträgt und daher durch einen Korrekturfaktor ausgeglichen werden kann. EDER und WAECKERLIN haben damit bewiesen, daß die drei erwähnten Verfahren eine genaue Bestimmung des Morphins in Opium ermöglichen. Unter diesen ist das Verfahren von 1939 das genaueste, aber auch das umständlichste, doch genügen die Verfahren von 1937 und 1940 auch vollauf den Bedürfnissen der Praxis. Eine direkte Ausschüttelung der kalkalkalischen Opiumlösung zur Beseitigung der Nebenalkaloide ist bei dem Verfahren von 1940 wieder möglich geworden, da durch die Extraktion mit Mangansulfat die Extraktlösung weitgehend von emulsionsbildenden Stoffen gereinigt wurde.

Die Verfahren von KNAFFL-LENZ[3], DOWZARD, THOMAS und RUSSO[4] sowie von KLJATSCHKINA[5] erreichen nach VOLLMER nicht die Genauigkeit der Methode von EDER und WAECKERLIN.

---

[1] Dissertation Bonn 1948.
[2] Quart. J. Pharmac. Pharmacol. **1937**, 680; Pharmac. Acta Helvetiae **1940**, 227.
[3] Pharmaz. Mh. **1937**, 16. — [4] J. Amer. pharmac. Assoc. **1937**, 618.
[5] Arch. Pharmaz. **1933**, 558.

Zusammengefaßt ergibt sich, daß eine in jeder Beziehung einwandfreie Bestimmung des Morphins im Opium nur möglich ist, wenn das Opium zur Extraktion des Morphins mit einem geeigneten Lösungsmittel mehrmals behandelt wird, wenn das Morphin aus dieser Lösung durch mehrmalige Ausschüttelung von Nebenalkaloiden und nichtalkaloidischen Begleitstoffen gereinigt und nach dieser Reinigung noch einmal aufgelöst und erneut ausgefällt und dann erst durch Titration bestimmt wird.

Die eigentliche Bestimmung des isolierten Morphins kann durch Titration oder Wägung erfolgen. Bei der Wägung werden alle Verunreinigungen rein additiv mitbestimmt, bei der Titration haben aber nur die Verunreinigungen Einfluß auf das Ergebnis, die Säure oder Lauge binden. Nach den Untersuchungen von Poethke[1] ergibt sich für die Titration, daß als Indicator Methylrot am besten geeignet ist. Weiterhin ist es erforderlich, daß die Titrationsflüssigkeit nicht mehr als 25% Äthanol oder 40% Methanol enthält, da sich sonst der Umschlagspunkt des Indicators verschiebt. Eine Verunreinigung mit Codein oder Narcotin bewirkt auch bei der Titration trotz der gegenüber Morphin unterschiedlichen Äquivalentpunkte dieser Alkaloide einen Überwert, dagegen hat eine Verunreinigung mit Narcein bei der acidimetrischen Titration des Morphins keinen Einfluß auf den Morphinwert.

Morphinbestimmung von R. Eder und E. Waeckerlin[2].
Verfahren von 1940.

Gewinnung eines homogenen Musters aus Opiumbrot[3]. Das dem Brot entnommene Muster (je nach den Verhältnissen 10 bis 250 g) wird rasch in kleine Stücke geschnitten, gewogen und in einer tarierten, glasierten Porzellanschale so lange bei 60° getrocknet, bis es sich mit einem glasierten Pistill zerdrücken und zerreiben läßt. Das Trocknen und Zerreiben wird fortgesetzt, bis ein genügend homogenes grobes Pulver entstanden ist. Nun wischt man das Pistill mit einer Feder oder einem Pinsel ab, stellt den Gewichtsverlust fest und füllt das Pulver in eine dichtschließende Flasche ab.

Die Wägungen werden auf der Rezepturwaage so genau wie möglich vorgenommen. Wenn man glasierte Porzellanschalen und Pistille verwendet, so klebt das Opium am Schluß nicht mehr an und kann infolgedessen quantitativ durchmischt werden. Flache Porzellanschalen eignen sich nicht, weil man nicht richtig reiben kann, ohne daß das Opium über den Rand gelangt. Man zerreibe noch warm, weil dann das Opium kaum elektrisch wird. Eine Feinheit der Pulverpartikel von nicht über 1 mm ist genügend. Man erhält ein homogenes Opiumpulver, das unverändert aufbewahrt, zur Bestimmung der Restfeuchtigkeit und des Morphingehaltes benützt werden kann. Will man die Feuchtigkeit und den Morphingehalt auf das ursprüngliche Opiumbrot beziehen, so gelten folgende Berechnungsformeln:

$$\text{Gesamtfeuchtigkeit } F = F_1 + F_2 \cdot \frac{100 - F_1}{100}\ \% ,$$

$$\text{Morphingehalt } M = M_1 \cdot \frac{100 - F_1}{100}\ \% ,$$

wobei bedeuten:

F_1 Feuchtigkeit des ursprünglichen Opiums, bei 60° bestimmt,
F_2 Restfeuchtigkeit des bei 60° getrockneten Opiums, bei 103 bis 105° bestimmt,
M_1 Morphingehalt des bei 60° getrockneten Opiums.

---

[1] Arch. Pharmaz. **1940**, 109.
[2] Quart. J. Pharmac. Pharmacol. **1937**, 680; Pharmac. Acta Helvetiae **1940**, 227.
[3] Schweiz. Apotheker-Ztg. **77**, 29, 41 (1939).

Herstellung des Opiumauszuges. 1,0 g Opiumpulver werden in einer innen rauhen, etwa 39 ccm fassenden Reibschale mit 1 ccm Wasser sehr sorgfältig verrieben, bis ein gleichmäßiger Brei entstanden ist und keine Körnchen mehr erkennbar sind. Dann mischt man mit 1 ccm Wasser, gibt 0,6 g krist. Mangansulfat dazu und verreibt, bis unter dem Pistill keine Körnchen mehr wahrnehmbar sind. Weiter mischt man mit 1 ccm Wasser und 0,6 g Calciumhydroxyd und verdünnt schließlich mit 7 ccm Wasser, das man in zwei Portionen zufügt. Nun gießt man den Inhalt der Reibschale in eine Jenaer Glasfilternutsche 3 G 4, die auf einen 150 ccm fassenden Scheidetrichter in der Weise aufgesetzt ist, daß das Filtrat dort hineingesaugt werden kann. Man filtriert bei schwachem Unterdruck (100 bis 200 mm Hg unter dem bestehenden Atmosphärendruck) vollständig ab und unterbricht dann sogleich das Saugen (ein schwachtrübes Filtrat schadet nicht). Während des Absaugens hat man die Reibschale und das Pistill mit weiteren 7 ccm Wasser ausgerieben. Dieses Waschwasser gießt man samt den noch in der Reibschale befindlichen Opiumresten in die Glasfilternutsche ohne zu saugen, wäscht mit Hilfe eines Metallspatels, an dessen Ende ein etwa 1 cm langes Stück rechtwinklig umgebogen ist, die Wandung der Nutsche, verteilt den gesamten auf der Filterplatte befindlichen Opiumkuchen in der Flüssigkeit zu einem vollkommen gleichmäßigen dünnen Brei und saugt dann die Flüssigkeit wieder vollständig ab. Dieses Auswaschen wird in gleicher Weise noch fünfmal wiederholt mit je 7 ccm Wasser. Der Spatel wird jeweils in der Reibschale mit der nächsten Portion Wasser gewaschen.

Abtrennung der Hauptmenge der Nebenalkaloide. Der 1 g Opium entsprechende Auszug[1] wird 1 Minute lang mit 60 ccm Benzol-Tetrachlorkohlenstoff (Mischung gleicher Volumina) geschüttelt. Nachdem die Flüssigkeiten sich getrennt haben, läßt man die noch etwas trübe Benzol-Tetrachlorkohlenstoffschicht vollständig wie möglich, aber ohne die geringen Mengen von emulgierten Ausscheidungen (etwa 1 ccm) sorgfältig ablaufen, so daß die an der Wand haftenden Tröpfchen der anderen Phase nicht mitgerissen werden.

Gewinnung des Rohmorphins. Der im Scheidetrichter gebliebene Opiumauszug wird mit 0,4 g Ammoniumsulfat versetzt und sogleich mit 60 ccm Chloroform-Isopropanol (Mischung von 3 Volumina Chloroform + 1 Volumen Isopropanol) eine Minute lang geschüttelt. Nachdem die Flüssigkeiten sich getrennt haben, läßt man 10 Minuten lang stehen und filtriert dann die noch etwas trübe Chloroform-Isopropanolschicht direkt aus dem Scheidetrichter durch das nachfolgend beschriebene Adsorptionsfilter in einen 300 ccm fassenden Erlenmeyerkolben. (Empfehlenswert ist ein Kolben mit eingeschliffenem Destillationsrohr.) Das Ausschütteln wird in gleicher Weise mit 40 ccm und 30 ccm Chloroform-Isopropanol wiederholt. (Das sich ausscheidende Calciumsulfat stört nicht.) Diese Auszüge werden nach dem Ablaufen des ersten Auszuges durch das gleiche Filter zum ersten Auszug abfiltriert. Am Schluß wird die Wand über der Filtermasse aus einem Spritzfläschchen dreimal mit je 10 ccm Chloroform-Isopropanol nachgewaschen.

Zur Herstellung des Adsorptionsfilters benützt man ein etwa 20 cm langes Glasrohr von 17 mm innerer Weite, das im unteren, verjüngten Teil mit einem Glashahn versehen ist. Der Hahnschliff wird mit einem Tropfen Wasser benetzt. In den verengten Teil des Rohres über dem Hahn wird ein Wattebausch gebracht, den man mit einigen ccm Chloroform-Isopropanol bedeckt. Man läßt so viel von diesem Lösungsmittel ablaufen, daß die Watte noch damit bedeckt ist. Dabei beobachte man, ob die Watte nicht zu locker oder zu fest gestopft ist. Zu locker gestopfte Watte könnte etwas Aluminiumoxyd durchlassen, zu feste Stopfung verlangsamt die Filtration. Nun wirbelt man 5 g Aluminiumoxyd (standardisiert nach BROCKMANN) mit etwas Chloroform-Isopropanol auf, gießt in das Filterrohr und spült mit einigen ccm Chloroform-Isopropanol aus einem Spritzfläschchen nach. Dann läßt man das Chloroform-Isopropanolgemisch ablaufen, bis die Flüssigkeitsoberfläche die Oberfläche des sedimentierten Aluminiumoxyds berührt. Man spritzt die Innenwand des Filters mit wenig Chloroform-Isopropanol blank und läßt wieder bis zur bezeichneten Stelle ablaufen. Die Aluminiumoxydschicht wird mit einem passenden Filtrierpapierscheibchen bedeckt. Das fertige Filter wird

---

[1] Um Zersetzungen von Morphin zu vermeiden, soll diese Lösung unverzüglich weiterverarbeitet werden.

nochmals mit 10 ccm Chloroform-Isopropanol gewaschen. Erst jetzt stellt man den 300 ccm fassenden Erlenmeyerkolben, der die filtrierten Chloroform-Isopropanol-ausschüttelungen aufnehmen soll, unter das Adsorptionsfilter.

Nun füllt man mit der ersten Chloroform-Isopropanolausschüttelung vorsichtig das Adsorptionsfilter bis etwa 3 cm unter der oberen Öffnung. Man reguliert den Hahn des Filters so, daß die Tropfen in rascher Folge fallen. Oben läßt man weitere Mengen des Auszuges eintropfen.

Jede einzelne Ausschüttelung und Nachwaschung wird so weit durch das Filter abgelassen, bis die Flüssigkeitsoberfläche das Filtrierpapierscheibchen berührt, worauf der Hahn des Filters geschlossen wird. Dann läßt man die nachfolgende, zu filtrierende Ausschüttelung oder Nachwaschung vorsichtig in das Adsorptions-filter laufen. Die Filtration dauert insgesamt etwa 1 Stunde.

Man gibt nun 2 bis 3 Stückchen eines Glasstäbchens als Siedesteinchen in den Erlenmeyerkolben und destilliert das Lösungsmittel auf dem Wasserbad bis auf etwa 10 ccm ab. Diesen Rest gibt man ohne die Siedesteinchen in ein 50 ccm fassendes Erlenmeyerkölbchen mit Glasstopfen. Man spült den 300 ccm-Erlen-meyerkolben dreimal mit je 5 ccm Chloroform-Isopropanol aus einem kleinen Spritzfläschchen nach und dunstet das Lösungsmittel in einem Wasserbad von etwa 75° vollständig ab, indem man mittels eines Glasröhrchens, das nahe über der Oberfläche der Lösung endet, einen Luftstrom durch das Kölbchen saugt.

Ausfällung des Reinmorphins. Den erkalteten Rückstand versetzt man mit 1 ccm Spiritus, 10 ccm 0,1 n-Natronlauge und 5 ccm Narkoseäther und löst ihn durch andauerndes Schwenken des verschlossenen Kölbchens vollständig auf, wobei man vermeidet, daß Flüssigkeit in den Schliff gelangt. Dann gibt man 0,4 g Ammoniumchlorid hinzu, benetzt den Schliff mit einem Tröpfchen Wasser und verschließt. Nun schüttelt man sogleich kräftig, bis das Morphin auszufallen beginnt und dann noch während weiteren 5 Minuten. Hierauf stellt man das verschlossene Kölbchen über Nacht an einen Ort, dessen Temperatur einigermaßen konstant bleibt. Die Temperatur wird notiert.

Am folgenden Morgen schüttelt man das Kölbchen nochmals kräftig, kühlt kurz am laufenden Wasser, öffnet vorsichtig und gießt den Inhalt in eine kleine Glasfilternutsche von etwa 10 ccm Inhalt[1], wobei man sich eines kleinen Glasstäb-chens bedient, und saugt ab. Kölbchen und Filter werden nacheinander mit 2 ccm Narkoseäther und viermal mit je 2 ccm morphingesättigtem Wasser, welches man aus einem kleinen, graduierten Spritzfläschchen spritzt, nachgewaschen, wobei der Inhalt des Filters bei abgestelltem Vakuum jedesmal mit dem Glasstäbchen auf-gewirbelt wird. Am Schluß wird das untere Ende der Glasfilternutsche, wo sich meistens etwas Nebenalkaloide ausgeschieden haben, mit etwas Methanol ab-gespritzt (Filter und Morphin nicht benetzen). Darauf löst man das Morphin im Kölbchen und auf dem Filter mit insgesamt 15 ccm Methanol in Portionen von 2 bis 3 ccm, wobei man am besten ein kleines, graduiertes Spritzfläschchen ver-wendet. Die Methanollösungen werden sukzessive in eine Saugflasche oder ein Kölbchen von 250 ccm abgesaugt. Mit einem Rest der 15 ccm Methanol spritzt man am Schluß noch das untere Ende der Filternutsche ab, weil sich hier etwas Morphin ausscheidet.

Bestimmung des Reinmorphins. Die Methanollösung wird mit 4 Tropfen Methylrot versetzt und mit 0,1 n-Salzsäure oder Schwefelsäure bis zur schwachen Orangefärbung titriert. Hierauf verdünnt man mit 45 ccm kaltem, frisch aus-gekochtem Wasser, wodurch die Farbe der Lösung wieder in Gelb umschlägt, und beendet die Titration mit 0,1 n-Säure bis zur beginnenden Rotfärbung.

In einem Gemisch der bei der Titration verwendeten Reagenzien, nämlich 15 ccm Methanol, 45 ccm Wasser und 4 Tropfen Methylrot, wird mittels einer in $^1/_{100}$ ccm eingeteilten, kleinen Bürette der Blindverbrauch an 0,1 n-Säure ge-messen. Dieser Betrag wird von dem oben gefundenen abgezogen.

1 ccm 0,1 n-Säure = 0,0285 g Morphinbase.

Der ermittelten Morphinmenge wird eine Korrektur hinzugezählt, die von der Temperatur abhängt, bei welcher das 50 ccm-Erlenmeyerkölbchen mit dem ge-

---

[1] Diese Filternutschen werden zweckmäßig aus einem ALLIHNschen Rohr (Jena 15a G 4) hergestellt, welches man 4 cm über der Filterplatte abschneidet.

fällten Morphin über Nacht gestanden hat. Die Korrektur beträgt für eine Fällungstemperatur von

$$
\begin{array}{ll}
10° & 0,0064\ \text{g Morphin} \\
20° & 0,0073\ \text{g Morphin} \\
30° & 0,0091\ \text{g Morphin.}
\end{array}
$$

Für dazwischenliegende Temperaturen wird der Wert durch Interpolation ermittelt. Die hundertfache Menge des korrigierten Morphinwertes gibt an, wieviel Prozente das untersuchte Opium enthält.

Herstellung des morphingesättigten Wassers: Überschüssiges fein gepulvertes Morphin wird mit Wasser eine halbe Stunde geschüttelt und dann vor Licht geschützt aufbewahrt. Bei Bedarf wird die nötige Menge abfiltriert (1 Teil Morphin löst sich in rund 3000 Teilen Wasser).

Die Autoren geben an, daß das auf diese Weise gewonnene Morphin einen Methoxylgehalt von unter 0,2 % aufweisen würde. PINXTEREN und SMEETS[1] geben dagegen einen Methoxylgehalt für diese Methode von 0,75 % an.

Verfahren von Mannich.

C. MANNICH[2] ging von der Überlegung aus, daß die Kristallisationsfähigkeit organischer Verbindungen durch Einfügung von Nitrogruppen erhöht wird, und fand, daß sich Dinitrochlorbenzol in alkalischer Lösung leicht mit Morphin veräthert, während es mit Narkotin, Papaverin, Thebain, Codein und Narcein keine Verbindung eingeht. 1-Chlor-2,4-Dinitrobenzol ist demnach als spezifisches Reagens auf Morphin innerhalb der Opiumalkaloide anzusehen. Die Bestimmung kann deshalb bedeutend einfacher gestaltet werden, indem die Reinigung des Opiumauszuges von störenden Stoffen und Nebenalkaloiden nach MANNICH nur mit Bleiacetat zu erfolgen braucht und im Filtrat sofort das Morphin mit 1-Chlor-2,4-Dinitrobenzol gefällt und hierauf gewogen oder titriert werden kann. Daraufhin gab MANNICH 1942 folgendes Verfahren zur Bestimmung des Morphins in Opium bekannt:

Morphindinitrophenyläther

Bereitung des Opiumauszuges.

Erstes Verfahren. Man verreibt etwa 1 g Opium (auf 2 mg genau gewogen) erst trocken, dann mit 1 ccm Wasser recht fein im Porzellanmörser (etwa 10 cm Durchmesser, innen rauh), fügt 3 ccm 10 %ige Bleiacetatlösung hinzu und rührt gut durch. Die Anreibung bringt man auf eine Glassinternutsche 3 G 3 (Schott & Gen., Jena), die mittels eines Gummistopfens auf eine gewogene Saugflasche von 100 ccm Inhalt dicht aufgesetzt ist. Durch dreimaliges Nachspülen mit je 2 ccm

---

[1] Pharmac. Weekbl. **85**, 1, 48 (1950); Ref. Scientia pharmac. **18**, 17 (1950).
[2] Arch. Pharmaz. **273**, 97 (1935); **280**, 386 (1942).

Wasser wird das Opium quantitativ auf die Nutsche gebracht[1]. Man läßt 15 Minuten stehen, wobei man bisweilen mit dem Spatel umrührt, und saugt dann bei schwachem Vakuum ab. Gegen Ende des Saugens achtet man darauf, daß in der Opiumschicht keine Risse entstehen, die gegebenenfalls mit dem gebogenen Spatel verschmiert werden. Wenn alle Flüssigkeit abgesaugt ist, gibt man 5 ccm Wasser in die Nutsche, rührt den Inhalt mit dem gebogenen Spatel sorgfältig an und saugt nach 5 Minuten wieder ab. Dieses Auswaschen mit je 5 ccm Wasser wird noch dreimal wiederholt, wobei man das Wasser vor dem Absaugen jedesmal 5 Minuten einwirken läßt. Das in der gewogenen Saugflasche gesammelte Filtrat (etwa 28,5 g) wird mit Wasser auf 30 g gebracht (auf 0,3 g genau).

Zweites Verfahren (Perkolation). Die in der gleichen Weise bereitete Opiumanreibung wird in ein ALLIHN-Rohr mit Glassinterplatte 15a G 3 oder 15a G 2 gebracht, das mittels einer Klammer senkrecht über einem gewogenen Erlenmeyerkolben von 100 ccm Inhalt eingespannt ist. Durch dreimaliges Nachspülen mit je 2 ccm Wasser wird das Opium quantitativ in das ALLIHN-Rohr übergeführt. Wenn nach 2 bis 3 Stunden die Flüssigkeit abfiltriert ist, schiebt man einen feuchten Wattebausch von oben in das ALLIHN-Rohr und achtet darauf, daß an der Wand sitzende Opiumteilchen durch die Watte abgewischt und nach unten gebracht werden. Man gießt 20 ccm Wasser auf den Wattebausch, das in etwa 4 Stunden abtropft. Das im Kolben gesammelte Filtrat wird mit Wasser auf 30 g gebracht (auf 0,3 g genau).

Drittes Verfahren. Man reibt 1,5 g Opium mit 1,5 ccm Wasser aufs feinste an, fügt 4,5 ccm 10%ige Bleiacetatlösung hinzu, spült quantitativ in einen tarierten Kolben und bringt das Gewicht mit Wasser auf 45,7 g. Dabei ist angenommen, daß 45 g Lösung und 0,7 g ungelöste Bestandteile vorhanden sind. Man läßt eine Stunde unter öfterem Umschütteln stehen und filtriert durch ein Filter von 9 cm Durchmesser; die ersten 5 ccm werden verworfen. 30 g Filtrat (gleich 1 g Opium) werden in einem Erlenmeyerkolben von 100 ccm Inhalt abgewogen.

Die Bereitung dieses Auszuges ist zwar am einfachsten, aber das Opium wird nicht erschöpft. Die Morphinwerte sind daher um etwa 0,2% zu niedrig.

Fällung und Bestimmung des Morphin-Dinitrophenyläthers.

In 30 g Opiumauszug löst man 0,5 g Citronensäure, fügt eine Lösung von 0,25 g Chlor-dinitrobenzol in 24 g (oder 30 ccm) Aceton, schließlich 10 ccm Ammoniak von 10% hinzu. Man läßt wenigstens 24 Stunden im verschlossenen Gefäß stehen; sodann werden die ausgeschiedenen Kristalle auf einem gewogenen ALLIHN-Rohr 15a G 3 bei schwachem Vakuum abgesaugt und mit Hilfe des Filtrats quantitativ auf das ALLIHN-Rohr gespült. Man nimmt dann das ALLIHN-Rohr von der Saugflasche ab, gießt 2 ccm Aceton hinein, schwenkt, indem man das Rohr senkrecht hält, 10 bis 15 Sekunden um, so daß die Kristalle gut ausgewaschen werden, saugt das Aceton sofort ab und wiederholt das Auswaschen nochmals mit 2 ccm Aceton in derselben Weise. Dann wäscht man zweimal mit je 2 ccm Wasser nach, die jeweils sofort abgesaugt werden. Man trocknet das Rohr bei 70 bis 80° und wägt. Durch Multiplikation der gefundenen Menge Morphin-dinitrophenyläther mit 0,632 rechnet man auf Morphin um. Der Prozentgehalt des Opiums an Morphin ergibt sich nach der Formel:

$$\% \text{ Morphin} = \frac{N \cdot 63{,}2}{A},$$

in der N die Menge des gefundenen Morphin-dinitrophenyläthers, A die Menge des eingewogenen Opiums ist. Eine Korrektur ist nicht anzubringen. Zum Absaugen kann man an Stelle des ALLIHN-Rohres auch einen Porzellanfiltriertiegel verwenden.

Maßanalytische Bestimmung. Zum Absaugen des Morphin-dinitrophenyläthers verwendet man einen Porzellanfiltriertiegel mit porösem Boden (z. B. A 1 der

---

[1] Am Pistill sitzende Teile sind mit einem Nickelspatel abzukratzen. Der Spatel — 12 cm lang, 6 mm breit — ist an einem Ende in einer Länge von 6 mm rechtwinklig umzubiegen.

Staatl. Porzellanmanufaktur Berlin). Das Auswaschen erfolgt wie bereits beschrieben. Den Tiegel reinigt man außen durch Abwischen mit Aceton von dem gelben Ansatz, legt ihn in ein Becherglas von etwa 200 ccm, fügt 10 ccm 0,1 n-Salzsäure sowie 20 ccm Wasser hinzu und erwärmt schwach, bis völlige Lösung erfolgt ist. Man setzt noch 25 ccm Wasser und 5 g Natriumchlorid hinzu, wodurch das Hydrochlorid des Morphinäthers ausfällt. Nach Zusatz von 3 Tropfen Methylrot titriert man mit 0,1 n-Kalilauge zurück, wobei der im Becherglas befindliche Tiegel öfters umzuwenden ist. Die zur Sättigung des Morphin-dinitrophenyläthers verbrauchte Menge 0,1 n-Salzsäure ist um 0,03 ccm zu erhöhen. Durch Multiplikation der so erhaltenen Zahl mit 0,02852 erhält man die Menge des vorhandenen Morphins. Der Prozentgehalt des Opiums an Morphin errechnet sich nach der Formel:

$$\% \text{ Morphin} = \frac{(V + 0{,}03) \cdot 2{,}852}{A},$$

in der V die Anzahl der zur Neutralisation benötigten ccm 0,1 n-Salzsäure, A die Menge des eingewogenen Opiums ist.

Durch das Bleiacetat wird das p_H des Opiumauszuges von 3 bis 4 auf 6 erhöht, wodurch zahlreiche Nebenalkaloide ausfallen. Die Citronensäure fällt das in den Auszug übergegangene Blei, das dann durch Ammoniak komplex gelöst wird. Als Alkalisierungsmittel wird Ammoniak zugegeben, da es im Gegensatz zu Kalilauge nicht so genau bemessen zu werden braucht. Morphindinitrophenyläther löst sich in Aceton zu etwa 0,06%. Das Auswaschen soll daher schnell geschehen. Soll der Morphinäther durch Titration bestimmt werden, so ist zu dem durch Titration ermittelten Wert der n/10-Salzsäure ein Korrekturfaktor von 0,03 ccm zu addieren, da bei Erreichung des Umschlagspunktes von rotorange zu gelb der Äquivalenzpunkt schon überschritten ist.
Der Methoxylgehalt des Morphinäthers beträgt nach MANNICH 0,27%, der zum Teil auf adsorptiv mitgefälltes Codein und Narcein, zum Teil auf die im Opium in ganz geringer Menge vorkommenden Alkaloide Codamin, Laudanin und Laudanidin zurückzuführen ist, die ebenfalls mit Dinitrochlorbenzol veräthern. In der Mutterlauge fand MANNICH in je 25 ccm 1 mg Morphinäther. Da sich diese Verluste mit den durch den Methoxylgehalt bedingten Überwerten des Morphinäthers praktisch ausgleichen, verzichtet MANNICH auf die Anbringung eines besonderen Korrekturfaktors.
MANNICH prüfte auch das Verhalten der einzelnen Opiumalkaloide in aceton-wäßriger Lösung und fand, daß Morphinbase mit einem Zusatz von 16% Codein in reiner Lösung einen Morphinäther mit einem Methoxylgehalt von 0,35% ergab und bei einem Codeinzusatz von 27% einen Methoxylgehalt von 0,45%. Vergleichsweise hatte dazu der Morphinäther einer Bestimmung von Opium mit einem Zusatz von 2% Codein 0,45% Methoxylgehalt gegenüber 0,26% bei einem Opium ohne Zusätze.
VOLLMER[1] führte ähnliche Versuche mit einem Opium aus, das er mit Dextrin und Stärke versetzt hatte und fand, daß bei einer Bestimmung des Morphins als Dinitrophenyläther aus einer Lösung, die Codein und Narcein enthält, der Morphinäther stets codein-narceinhaltig ist und daß die Menge der adsorptiv mitgefällten Nebenalkaloide von der Art und Menge der in der Mutterlauge vorhandenen Kolloide abhängt und

---

[1] Dissertation Bonn 1948.

von keinem Korrekturfaktor ausgeglichen werden kann. Daraus folgt, daß bei einer Morphinbestimmung im Opium die Lösung, aus der das Morphin als Dinitrophenyläther auskristallisieren soll, frei sein muß von den Nebenalkaloiden Codein und Narcein oder von Extraktstoffen des Opiums, am besten aber von beiden. VOLLMER gelang dies vorteilhaft mit einer zweimaligen Ausschüttelung des Morphins mit Chloroform-Isopropanol nach Art des Verfahrens von EDER und WAECKERLIN[1] zu erreichen und verbindet diese Methode mit der von MANNICH auf folgende Weise:

1 g Opium wird mit 1 ccm Wasser verrieben, hierauf werden hinzugefügt eine Anreibung von 0,6 g Mangansulfat mit 1 ccm Wasser, dann eine Anreibung von 0,6 g Calciumhydroxyd mit 1 ccm Wasser und schließlich 7 ccm Wasser. Die Mischung wird auf eine Glasfilternutsche 3 G 4 gegeben und in einen Scheidetrichter abgesaugt. Der Filterrückstand wird noch sechsmal mit je 7 ccm Wasser nachgewaschen.

Der Opiumauszug wird dann im Scheidetrichter mit 0,3 g Ammoniumchlorid versetzt und mit 60 ccm, dann mit 40 ccm und endlich mit 30 ccm Chloroform-Isopropanolgemisch (3 Vol. + 1 Vol.) ausgeschüttelt und die organischen Lösungen in einen Scheidetrichter filtriert und das Filter mit 15 ccm Chloroform-Isopropanolgemisch nachgewaschen. Die vereinigten organischen Ausschüttelungen werden nach EDER und WAECKERLIN 1 Minute mit 20 ccm n/10-Natronlauge geschüttelt und nach Trennung der Schichten die organische Phase in einen Kolben abgelassen, dann wird die Natronlauge oben aus dem Scheidetrichter in einen Kolben von etwa 150 ccm Inhalt gegossen und die organische Lösung in den Scheidetrichter zurückgegeben. Diese Ausschüttelung wird noch mit 15 ccm und dann mit 10 ccm n/10-Natronlauge wiederholt.

Die vereinigten alkalischen Lösungen werden mit verdünnter Salzsäure bis zur Rötung von Methylrot versetzt und auf dem Wasserbad bis auf etwa 20 ccm eingeengt und nach dem Abkühlen mit 20 ccm Aceton, 5 ccm 20%iger Ammoniakflüssigkeit und 0,3 g Dinitrochlorbenzol versetzt und zur Kristallisation 24 Stunden beiseite gestellt. Die Bestimmung des ausgefallenen Morphinäthers erfolgt dann weiter nach MANNICH wie oben angegeben.

Durch das Mangansulfat werden nichtalkaloidische Extraktstoffe aus dem Opium adsorptiv niedergeschlagen und dadurch eine noch bessere Reinigung der Opiumextraktlösung erreicht. Durch den Zusatz von Ammoniumchlorid wird das Morphin ausgefällt und geht dann bei der Ausschüttelung mit dem Codein und Narcein in das Chloroform-Isopropanolgemisch. Bei der Ausschüttelung mit n/10-Natronlauge bleibt das Codein in der organischen Phase, das Narcein geht teilweise und das Morphin quantitativ in die Natronlauge über. Die Natronlauge wird vor dem Einengen angesäuert, da das Morphin beim Erhitzen in alkalischer Lösung oxydativ zersetzt werden würde. Durch die Ausschüttelung des Morphins ist der Gehalt der Morphinlösung an den Extraktstoffen, die die adsorptive Mitfällung der Alkaloide Codein und Narcein fördern, sehr gering geworden. Dadurch wird die Adsorption des Narceins erheblich herabgesetzt. Die Untersuchung einiger Opiumproben ergab folgende Werte (s. nachstehende Tabelle):

Aus diesen Werten ist ersichtlich, daß die angegebene Methode vom Gehalt des Opiums an anderen Alkaloiden und Streckmitteln unabhängige Werte liefert.

---

[1] Quart. J. Pharmac. Pharmacol **1937**, 680; Pharmac. Acta Helvetiae **1940**. 227.

Opiumprobe	Gewicht des Morphinäthers mg	Morphinbase einschl. Korrekturfaktor mg	Morphingehalt in %
1 g Opium	158,5	101,7	10,17
Mischung von 1 g Opium mit 0,4 g Stärke	159,5	102,3	10,23
Mischung von 1 g Opium mit 0,3 g Stärke und 30 mg Codeinbase	159,0	102,0	10,20

PINXTEREN und SMEETS[1] fanden durch titanometrische Bestimmung der Nitrogruppen, daß der Dinitrophenylmorphinäther nach der Vorschrift von MANNICH in der Regel 8% Verunreinigungen enthält, wovon 0,32 bis 0,43% auf Methoxyl entfallen. Darauf kann auch zurückgeführt werden, daß die Ergebnisse der acidimetrischen Bestimmung des Dinitrophenyläthers mit jenen der gravimetrischen Bestimmung nicht übereinstimmen. Die Autoren änderten daher die Methode, indem sie das Extraktionsverfahren von RUSTING[2] mit der Fällungsmethode von MANNICH auf folgende Weise kombinieren:

1 g Opium wird in einer Reibschale mit 1 ccm Wasser zu einem homogenen Brei verrieben. Hierauf mischt man mit 5 ccm 5%iger Manganochloridlösung, fügt 0,5 g Calciumhydroxyd zu und rührt, bis eine homogene Masse entstanden ist. Der Inhalt der Reibschale wird nun in einen vorher gewogenen Glasfiltertiegel 3 G 3 gebracht, der auf einer Absaugflasche von 100 ccm sitzt. Man filtriert unter schwachem Absaugen, bis die ganze Flüssigkeit abgelaufen ist und unterbricht dann das Absaugen. Inzwischen spült man Reibschale und Pistill mit 5 ccm Wasser nach und bringt damit die Opiumreste in den Filtertiegel. Nach 3 Minuten Stehen wird die Flüssigkeit wieder abgesaugt. Das Nachwaschen wiederholt man noch dreimal in derselben Weise mit je 5 ccm Wasser. Das Gesamtgewicht des Filtrates beträgt etwa 25 g.

Man fügt nun 4 ccm einer alkalischen Kaliumoxalatlösung (20 g Kaliumoxalat und 10 ccm n-KOH auf 100 ccm) zu und erwärmt $\frac{1}{4}$ Stunde auf dem Wasserbade. Nach dem Erkalten der Lösung wird das gebildete Calciumoxalat durch einen Porzellanfiltertiegel A_2 abfiltriert, wobei man die Filtration beschleunigt, indem man das Calciumoxalat vom Tiegelboden während des Filtrierens mit einem Spatel loslöst. Kolben und Tiegel werden hierauf dreimal mit je 2 ccm Wasser nachgewaschen.

Das gesamte Filtrat bringt man nun quantitativ in einen Erlenmeyerkolben von 150 ccm Inhalt und ergänzt mit Wasser auf 40 g. Nach Zusatz einer Lösung von 250 mg Dinitrochlorbenzol in 30 ccm Aceton beginnt der Morphinäther nach kurzer Zeit zu kristallisieren, wobei man wiederholt umschwenkt. Hierauf läßt man die Lösung im geschlossenen Erlenmeyerkolben 3 Stunden stehen. Das in sehr feinen Nadeln abgeschiedene Kristallisat wird in einem vorher gewogenen Glasfiltertiegel 3 G 3 unter schwachem Ansaugen abfiltriert und die an den Wänden des Kolbens haftenden Kristalle werden mit Hilfe des Filtrates quantitativ auf das Filter gebracht. Nun nimmt man den Tiegel von der Absaugflasche ab, wäscht die Kristalle einige Sekunden durch Umschwenken mit 2 ccm Aceton und saugt rasch ab. Das Auswaschen wird in derselben Weise noch einmal mit 2 ccm Aceton und anschließend zweimal mit 2 ccm Wasser, die ebenfalls rasch abgesaugt werden, wiederholt. Schließlich wird bei 70 bis 80° getrocknet und nach dem Erkalten gewogen.

$$\% \text{ Morphin} = \frac{A \cdot 63,2}{E},$$

A Auswaage Morphinäther, E Einwaage Opium.

---

[1] Pharmac. Weekbl. **85**, I, 48 (1950); Ref. Scientia pharmac. **18**, 17 (1950).
[2] Pharmac. Weekbl. **1934**, 833.

Die maßanalytische Bestimmung des gefällten Morphinäthers wird folgendermaßen ausgeführt: Man reinigt den Filtertiegel außen mit Aceton, bringt ihn samt Inhalt in ein Becherglas von 200 ccm, fügt 10 ccm n/10-Salzsäure und 20 ccm Wasser zu und erwärmt auf dem Wasserbad, bis die Kristalle vollständig gelöst sind. Nach Zusatz von 25 ccm Wasser und 5 g Natriumchlorid kristallisiert das Hydrochlorid des Morphinäthers aus. Nun fügt man 3 Tropfen Methylrot zu und titriert mit n/10-Natronlauge.

$$\% \text{ Morphin} = \frac{V + 0{,}04}{E} \cdot 2{,}582 \, ,$$

V Verbrauch n/10-Salzsäure in ccm, E Einwaage Opium.

Die Autoren geben an, daß der nach der von ihnen vorgeschlagenen Methode gefällte Morphinäther einen Reinheitsgrad von 98 bis 99% aufweist und nur einen Gehalt von 0,28% Methoxyl besitzt. Auch stimmen die Ergebnisse der acidimetrischen Bestimmung mit denen der gravimetrischen Bestimmung viel besser überein.

W. AWE und J. REINECKE[1] beobachteten, daß die Umsetzung des Morphins mit 1-Fluor-3,4-Dinitrobenzol in reiner wäßriger Lösung bereits nach 15 Minuten praktisch erfolgt ist, während mit den anderen Halogenderivaten die Umsetzung mehrere Stunden erfordert. Falls die Inhibitorwirkung der Inhaltsstoffe einer Opiumextraktlösung überwunden werden kann, so würde die Morphinbestimmung nach MANNICH erheblich abgekürzt werden können.

Chromatographische Morphinbestimmung von H. Böhme und R. Strohecker[2].

BÖHME und STROHECKER führen eine Reinigung des Morphins durch Adsorption mit Aluminiumoxyd aus und bestimmen es gravimetrisch als Reineckat. Dieses Verfahren soll im Gegensatz zu der MANNICH-Methode besonders für Opiumsorten mit vom Arzneibuch abweichendem Morphingehalt geeignet sein, z. B. bei Rohopium. Mit der Methode von EDER und WAECKERLIN stimmen die Werte überein, der Arbeitsaufwand beider Verfahren ist etwa der gleiche.

Morphinbestimmung im Opium. Etwa 0,2 g Opium werden genau gewogen und in einem kleinen, innen rauhen Mörser zunächst für sich und dann nach Zusatz von 3 Tropfen Wasser fein verrieben. Durch weiteres Verreiben nach Zusatz von zweimal je 0,5 ccm Wasser stellt man eine möglichst feine Anschlämmung her. Diese wird anschließend in ein Filterrohr oder einen Filtertiegel mit Glasfritte G 3 gegeben, die auf einer Saugflasche von 100 bis 200 ccm Inhalt befestigt ist. Der Mörser wird noch dreimal mit je 1 ccm Wasser ausgespült und auch diese Lösungen auf die Glasfritte gegeben. Man wartet nun mindestens 5 Minuten und beginnt erst dann mit Saugen. Nachdem vollständig abgesaugt ist, wird die Verbindung zur Saugpumpe unterbrochen und weitere 3 ccm Wasser auf die Fritte gegeben. Man rührt mit dem Spatel gut um und saugt nach 1 bis 2 Minuten langem Stehenlassen vollständig ab. Dieses Auswaschen wird noch viermal in derselben Weise mit je 3 ccm Wasser wiederholt. Benutzt man einen Glastiegel 1 G 3, so zieht man sicherheitshalber noch zweimal mehr mit je 3 ccm Wasser aus, da bei der breiteren Grundfläche des Tiegels die Zerkleinerung und die Verteilung des trocken gesaugten Rückstandes im Waschwasser schwieriger ist.

Die in der Saugflasche befindliche Lösung wird sodann über eine Säule aus *saurem* Aluminiumoxyd filtriert, die folgendermaßen vorbereitet wird: Eine am unteren Ende verjüngte Glasröhre von 1,5 cm Durchmesser und 16 cm Länge des

---

[1] Arzneimittelforschung 1, 417 (1951). — [2] Arzneimittelforschung 3, 468 (1953).

weiten Teiles (der enge soll eine Länge von 5 bis 7 cm und eine Weitevon 0,6 cm haben) wird an einem Stativ befestigt, mit etwas Watte verstopft und mit 5 g Aluminiumoxyd „Woelm sauer" beschickt. Man gießt nun den Opiumauszug vorsichtig auf, läßt die Flüssigkeit abfließen und wäscht die Saugflasche zwei- bis dreimal mit etwa 5 ccm Wasser nach, wobei man die folgenden Anteile immer erst dann aufgießt, wenn sich der Flüssigkeitsspiegel bis zum oberen Rande der Aluminiumoxydsäule gesenkt hat.

Das Filtrat läßt man in ein Becherglas von 100 ccm Inhalt tropfen. Man gibt dann noch dreimal je 10 ccm Wasser auf die Säule und läßt vollständig abfließen. Das jetzt etwa zur Hälfte gefüllte Becherglas wird vorsichtig (damit die Lösung nicht schäumt) auf dem Asbestnetz erhitzt. Man hält im Sieden, bis die Lösung ein Volumen von 5 bis 10 ccm einnimmt und dampft dann den Rest des Wassers auf dem Wasserbade ab. Zur Beseitigung der letzten Wasserreste stellt man das Becherglas noch 10 Minuten in einen Trockenschrank (100 bis 105°) und läßt mindestens 5 Minuten erkalten.

Während dieser Zeit bereitet man die *alkalische* Säule vor. Sie besteht aus einem Glasrohr derselben Form wie bei der sauren Säule, nur mit einem Durchmesser von etwa 2 cm und etwa 28 bis 30 cm Länge. Man verschließt das untere Ende der (trocknen!) Röhre mit Watte und mißt in einem trockenen Meßcylinder 100 ccm reines Methanol ab. 35 g Aluminiumoxyd „Woelm basisch" werden in einem trockenen Becherglas mit Methanol zu einem gießbaren Gemisch angeschlämmt und in die Röhre möglichst in einem Guß eingefüllt. Es ist nicht erforderlich, das Aluminiumoxyd quantitativ in die Röhre zu überspülen, ein zurückbleibender Rest (im allgemeinen unter 1 g) kann verworfen werden. Das zum Anschlämmen verwendete Methanol entnimmt man den abgemessenen 100 ccm. Weitere 5 ccm davon werden zum Lösen des Abdampfrückstandes verwendet. Ist völlige Lösung eingetreten und hat sich das Aluminiumoxyd in der Röhre abgesetzt, so gießt man die Lösung des Opiumauszuges aus dem Becherglas in die Säule. Man gibt weitere 5 ccm Methanol zum Ausspülen in das Becherglas, indem man die Pipette kurz unter dem Rand des Gefäßes an der Innenseite im Kreise herumführt. Mit dem Aufgeben dieser Lösung wartet man, bis die vorher aufgegossene Lösung gerade den oberen Rand des Aluminiumoxydes erreicht hat. Dies wiederholt man noch zweimal in derselben Weise. Sodann setzt man mit einem dicht schließenden, mit Vaseline eingeschmierten Gummistopfen einen trockenen Tropftrichter auf das Rohr und füllt den Rest des abgemessenen Methanol sein. Man kann nun die Apparatur sich selbst überlassen, bis das Methanol etwa 0,5 bis 1 cm über dem Aluminiumoxyd steht. Sodann gießt man in den Tropftrichter 70 ccm 1 n-Essigsäure, wobei der Hahn des Tropftrichters geöffnet bleibt. Nach einigen Minuten bemerkt man auf der Säule zwei langsam nach unten wandernde, gefärbte Zonen. Die obere ist stark braun gefärbt und manchmal nur schlecht zu sehen, vor allem bei den Opiumsorten, die wenig gefärbte Stoffe abgeben. Die untere Grenze dieser Zone verläuft streng horizontal; sie zeigt an, wie weit das wäßrige Medium vorgeschritten ist. Wenn sich diese untere Grenze etwa 1 bis 2 cm oberhalb der Watte befindet, muß man die Vorlage wechseln. Die erste Vorlage enthält die methanolische Lösung der Nebenalkaloide und die mit Methanol eluierbaren Begleitstoffe; sie wird verworfen. Die zweite Vorlage dient zur Aufnahme der Morphinlösung. Man läßt so lange abtropfen, bis die stark braungefärbte (obere) Zone vollständig in die Watte eingezogen ist und nimmt dann die Vorlage weg. Eventuell muß man noch einmal 1 n-Essigsäure nachfüllen.

Das saure Filtrat (man erhält etwa 50 ccm) wird nun quantitativ in einen Scheidetrichter von 200 ccm Inhalt überführt, mit 100 ccm Butanol-Chloroform (3 + 7 Vol.-Teile) oder Amylalkohol-Chloroform (3 + 7 Vol.-Teile) versetzt und nach Zugabe von einem Überschuß 10% Ammoniak 2 Minuten lang kräftig geschüttelt. Während die Lösungen sich voneinander trennen, prüft man, ob Ammoniak tatsächlich im Überschuß vorhanden ist, indem man in die Öffnung des Scheidetrichters, ein feuchtes Stück rotes Lackmuspapier hält. Nachdem sich die beiden Schichten vollständig getrennt haben, läßt man die organische Phase (die untere) in einen zweiten Scheidetrichter von 200 bis 250 ccm Inhalt ab. Man schüttelt nun die wäßrige Lösung nacheinander noch zweimal mit je 50 ccm Butanol-Chloroform bzw. Amylalkohol-Chloroform aus und läßt nach dem Absetzen die untere Phase jeweils in den zweiten Scheidetrichter ab. Die gesammelten Auszüge (in dem zweiten Scheidetrichter) werden nun mit einem Überschuß von 10%iger Essigsäure 1 Minute kräftig geschüttelt. Um festzustellen, daß Essigsäure im Überschuß vorhanden ist, gibt man nach dem Absetzen 1 Tropfen Methylrotlösung in den Scheidetrichter. Die wäßrige Phase muß sich rot färben. Man schüttelt nun noch einmal kräftig durch, um das Methylrot aus der wäßrigen Phase in die organische Phase zu überführen. Nun läßt man die organische Phase in ein 250 ccm-Becherglas ab und gießt die zurückbleibende wäßrige Phase in ein 100 ccm-Becherglas, wobei man nach dem Ausgießen den oberen Rand des Scheidetrichters mit Wasser nachspült. Man schüttelt nun die organische Phase, nachdem man sie wieder in den Scheidetrichter überführt hat, dreimal mit je 10 ccm Wasser aus, wobei man jedesmal die wäßrige Phase in das 100 ccm-Becherglas gibt. Die vereinigten wäßrigen Lösungen werden sodann auf dem Asbestnetz auf ein Volumen von 10 bis höchstens 15 ccm heruntergedampft. Man läßt erkalten, gibt 15 ccm kalt bereiteter 2%iger Reineckesalzlösung zu und stellt 30 Minuten auf Eis. Sodann bereitet man das zum Auswaschen des Niederschlages benötigte Eiswasser vor, indem man in die mit destilliertem Wasser halb gefüllte Spritzflasche Eisstücke gibt. Nach 30 Minuten bringt man den Niederschlag quantitativ auf einen gewogenen Glastiegel 1 G 4 und wäscht mit Eiswasser bis zur Farblosigkeit des abfließenden Filtrates nach. Es genügen im allgemeinen dreimal 5 ccm, die vorher zum Ausspülen des Becherglases dienen. Dabei läßt man den Niederschlag nie ganz trocken werden, sondern gibt die nächste Portion Waschwasser schon auf, wenn der Flüssigkeitsspiegel noch ein wenig über dem Niederschlag steht. Ist das Becherglas gut ausgespült, so saugt man den Tiegel trocken und spritzt noch einmal 2 bis 3 ccm Eiswasser auf den Niederschlag. Das Filtrat ist dann im allgemeinen schon farblos. Nach 1 Stunde Trocknen bei 105° und Erkalten wird gewogen. Berechnung: mg Morphin-Reineckat·0,472 = mg Morphinbase.

Morphinbestimmung in Opiumtinkturen. In einem Erlenmeyerkolben oder Becherglas von höchstens 25 ccm Inhalt werden 2,5 bis 3,0 g Opiumtinktur gewogen. Man überführt quantitativ (Nachspülen mit Wasser) auf eine Säule von Aluminiumoxyd „Woelm sauer" und wäscht, nachdem die Tinktur in das Adsorbens eingezogen ist, viermal mit je 10 ccm Wasser nach, indem man erst dann neues Wasser zugibt, wenn die Flüssigkeit ganz abgeflossen ist. Das Filtrat läßt man in ein 100 ccm-Becherglas tropfen. Nachdem das letzte Waschwasser abgetropft ist, engt man das Filtrat zunächst auf dem Asbestnetz ein und dampft dann auf dem Wasserbad zur Trockene, erhitzt nach 10 Minuten im Trockenschrank auf 100 bis 103° und läßt erkalten. Den Rückstand löst man in 5 ccm reinem Methanol und gießt nach völliger Lösung auf eine vorbereitete Säule von Aluminiumoxyd „Woelm basisch" (s. Analysenvorschrift für Opium). Man wäscht, genau wie bei der Bestimmung des Opiums, mit Methanol nach (Gesamtvolumen Methanol 100 ccm) und, wenn das Niveau des Methanols etwa 1 cm über dem Aluminiumoxyd steht, schließlich mit 70 ccm 1 n-Essigsäure. Das essigsaure Filtrat wird nun in derselben Weise wie bei der Morphinbestimmung im Opium mit Butanol-Chloroform bzw. Amylalkohol-Chloroform ausgeschüttelt, nachdem die Lösung vorher mit einem Überschuß von Ammoniak versetzt wurde. Die vereinigten wäßrigen, schwach essigsauren Auszüge werden ebenfalls auf ein Volumen von 10 bis 15 ccm eingedampft. Nach dem Erkalten wird das Morphin als Reineckat gefällt und nach 30 Minuten Stehenlassen aus Eis abgesaugt, getrocknet und gewogen.

Morphinbestimmung in Extrakten. 0,1 bis 0,15 g Opiumextrakt oder 0,25 bis 0,35 g Mohnkapselextrakt werden genau gewogen und in einer kleinen Reibschale mit etwa 3 bis 5 ccm Wasser angerieben. Die Lösung wird aus der Reibschale quantitativ auf eine vorbereitete Säule von Aluminiumoxyd „Woelm sauer" gegeben. Man läßt die Lösung in das Adsorbens einziehen und gibt nun hintereinander viermal je 10 ccm Wasser zum Nachspülen auf die Säule. Das Filtrat wird in einem 100 ccm-Becherglas gesammelt, auf dem Asbestnetz bzw. zum Schluß auf dem Wasserbad zur Trockene eingedampft, im Trockenschrank noch 10 Minuten getrocknet und nach Lösung in reinem Methanol in der gleichen Weise, wie bei Opium und Opiumtinktur beschrieben, über eine Säule von Aluminiumoxyd „Woelm basisch" filtriert. Das nach obiger Vorschrift durch Filtration über die basische Säule und Ausschütteln gereinigte Morphin wird als Reineckat bestimmt.

Colorimetrische Verfahren.

Nachdem gravimetrische und maßanalytische Morphinbestimmungen durch das lange Auskristallisieren des Morphins zeitraubend sind, versucht man durch colorimetrische Methoden die Dauer der Bestimmung abzukürzen. Außerdem lassen sich mit Farbreaktionen sehr kleine Morphinmengen erfassen. Deshalb werden colorimetrische Methoden besonders für die Morphinbestimmung in Teilen der Mohnpflanze angewandt. Die Farbreaktionen für Morphin sind teils nicht sehr spezifisch. Aus diesem Grunde muß auch bei den colorimetrischen Methoden die Morphinlösung, in der die Farbreaktion vorgenommen wird, weitgehend von störenden Stoffen, insbesonders von Nebenalkaloiden, befreit sein. Die Genauigkeit dieser Methoden wird deshalb vielfach auch von dem Reinheitsgrad der Morphinlösung abhängen. Entsprechend gereinigte Morphinlösungen werden z. B. nach den Verfahren von EDER und WAECKERLIN (S. 260) oder von RUSTING (S. 267) erhalten. Die Genauigkeit colorimetrischer Methoden läßt sich mit den gravimetrischen bzw. maßanalytischen Verfahren von EDER und WAECKERLIN oder von MANNICH (S. 263) nachprüfen. Solche Kontrollen wurden bisher allerdings nur vereinzelt vorgenommen.

Für die colorimetrische Bestimmung wurden mehrere Farbreaktionen des Morphins herangezogen. Das älteste Verfahren benützt eine Gelbfärbung des Morphins mit Jodsäure, die von GEORGES und GASCARD[1] zu einer Bestimmung benützt wurde. L. MAGENDIE[2] und A. GINSBERG und N. KRASCHEWSKI[3] verwenden eine rote Farbreaktion des Morphins mit Wasserstoffsuperoxyd, Ammoniak und Kupfersalz von DENIGÈS[4] zu einer colorimetrischen Bestimmung, die aber in der Empfindlichkeit nach E. WEGNER[5] nicht ganz befriedigt. Auch die auf G. DENIGÈS[6] zurückgehende Reaktion und von R. CAHEN und H. FEUER[7] ausgearbeitete Methode, die auf der Überführung des Morphins in Apomorphin und dessen Bestimmung mit Quecksilberacetat beruht, wird von WEGNER abgelehnt. Schließlich wird auch die Bildung des gelben Nitrosomorphins mit Nitrit für eine colorimetrische Bestimmung benützt. Von diesen vielfältigen Verfahren haben sich die Bestimmung mit Jodsäure und mit Nitrosomorphin als besonders brauchbar erwiesen.

Colorimetrische Morphinbestimmung mit Jodsäure.

Wird eine Morphinsalzlösung mit Jodsäure versetzt, so wird die Jodsäure zu Jod reduziert und die Lösung infolge Bildung bestimmter Jodverbindungen gelb gefärbt. Das Morphin geht in Oxydimorphin über. Diese Reaktion benützten erstmalig GEORGES und GASCARD[1] zu einer colorimetrischen Bestimmung des Morphins, die verschiedene Abänderungen erfahren hat. Nach GUARINO[8] entsteht auf Zusatz von Eisen-

[1] J. Pharmac. Chim. **23**, 513 (1906). — [2] Bull. Soc. pharmac. **65**, 157 (1927).
[3] Ind. organ. Chem. (russ.) **2**, 104 (1936). — [4] Compt. rend. **151**, 106 (1910).
[5] Pharmazie **6**, 55 (1951). — [6] Bull. Soc. pharmac. **56**, 158 (1918).
[7] C. R. hebd. Séances Acad. Sci. **208**, 1907 (1939).
[8] Boll. Soc. ital. Biol. speriment. **22**, 1231 (1946).

chlorid eine rotviolette, aber sehr unbeständige Farbe. B. Drevon und
G. Lafitte[1] verwenden an Stelle von Eisenchlorid, Ferrisulfat und erhöhen die Genauigkeit, indem sie die colorimetrische Messung mit mehreren Konzentrationen ausführen. J. S. N. Cramer und J. G. Voermann[2] erhalten mit Nickelsulfat eine beständige Grünfärbung. Außerdem erhöht sich die Spezifität, da Mekonsäure und die fünf Hauptalkaloide, außer Morphin, mit Nickelsulfat nicht reagieren.

Ausführung von B. Drevon und G. Lafitte. 0,5 g Opium werden mit wenig
Wasser verrieben, 1 g Calciumhydroxyd zugesetzt und nach 15 Minuten wird die
Masse unter häufigem Durchmischen mit Wasser auf 15 ccm versetzt. Nach
weiteren 15 Minuten und Durchrühren werden nochmals 15 ccm Wasser zugesetzt,
zentrifugiert und absetzen gelassen. Die klare Flüssigkeit wird in einen 500 ccm-
Meßkolben filtriert und der Drogenrückstand wird noch dreimal mit je 25 ccm
Wasser extrahiert und die Lösung auf 500 ccm aufgefüllt.

Dann bereitet man sich eine Standardlösung von Morphin durch Auflösen von
0,1318 g wasserfreiem Morphinhydrochlorid in 1 Liter Wasser und benützt diese
mit der Opiumlösung zur Aufstellung von 3 Reagenzglasreihen a, b, c. In die Reihe a
und c bringt man 2, 4, 5 und 7 ccm der Opiumlösung und dieselben Mengen Morphinlösung in die Reihe b. Die Reagenzgläser der Reihen a und b versetzt man
mit 0,1 ccm konz. Salzsäure, 1 ccm 10%iger Jodsäurelösung und nach 1 Minute
mit 1 ccm kalter und frisch bereiteter gesättigter Lösung von Ammoniumcarbonat
und hierauf mit 3 Tropfen einer frisch bereiteten 1,7%igen wäßrigen Lösung von
kristalliertem Ferrisulfat. Die Reagenzgläser der Reihe c werden in gleicher Weise
mit Ausnahme der Jodsäure behandelt. Dann werden die Volumina auf 10 ccm
ergänzt und die Extinktion bei 470 mμ in 1 cm Schichtdicke gemessen. Von den
Werten der Reihe a werden die Blindwerte der Reihe c abgezogen und in ein
Koordinatensystem gegen die Volumina eingetragen. In gleicher Weise geht man
mit der Standardlösung vor und berechnet daraus den Morphingehalt.

Ausführung von Cramer und Voermann. Eine Menge wäßriger Morphinlösung
oder morphinhaltigen Extraktes, die höchstens 8 mg Morphin enthält, wird in ein
Meßkölbchen von 50 ccm gebracht. Die Lösung wird mit Wasser auf 15 ccm ergänzt und dann folgende Lösungen zugesetzt: 15 ccm n/10-Salzsäure, 2 ccm 5%ige
Jodsäure (aus Kaliumjodatlösung und äquivalenter Menge Salzsäure, nach Stehen
eventuell anwärmen) und nach 2 Minuten 5 ccm gesättigte Ammoniumcarbonatlösung. Schließlich wird mit 5%iger Ammoniumcarbonatlösung auf 50 ccm aufgefüllt. Nach 30 Minuten setzt man 1 ccm 1%iger Nickelsulfatlösung zu und mißt
nach 90 Minuten die Extinktion mit einem photoelektrischen Colorimeter. Der
Nullpunkt des Gerätes wird mit einer Blankolösung eingestellt, die an Stelle der
Jodsäure 2 ccm Wasser enthält. Der Morphingehalt ergibt sich aus einer entsprechenden Eichkurve.

Colorimetrische Morphinbestimmung mit Nitrosomorphin.

Als besonders empfindlich erwies sich das Verfahren, das auf der Bildung von gelbem Nitrosomorphin beruht, dessen Farbe auf Zusatz von
Lauge nach rot umschlägt. Diese Reaktion geht auf H. Wieland und
P. Kappelmeier[3] zurück und wurde von F. A. Goin[4] zur Morphinbestimmung im Opium ausgearbeitet. Es wurde von D. G. M. Adamson
und F. P. Handisyde[5] und von A. B. Svendsen[6] weiterentwickelt und

---

[1] Ann. pharmac. franc. **8**, 397 (1950).

[2] Pharmac. Weekbl. **84**, 129 (1949); Ref. Süddtsch. Apotheker-Ztg. **89**, 956 (1949).

[3] Liebigs Ann. Chem. **382**, 306 (1911). — [4] An. Farmac. Bioquim. **5**, 93 (1934).

[5] Quart. J. Pharmac. Pharmacol. **19**, 350 (1946).

[6] Dansk Tidsskr. Farmac. **2**, 2, 131 (1948).

vielfach auch zur Morphinbestimmung in der Mohnpflanze benützt, z.B. von E. Wegner[1] und W. Poethke und E. Arnold[2] (s. Papaver, S. 96). Svendsen trennt durch eine Ausschüttelung mit Chloroform-Isopropanol das Morphin weitgehend von störenden Stoffen und Nebenalkaloiden und erhält dann dieselben Werte wie nach dem maßanalytischen Verfahren von Eder und Waekerlin[3].

Ausführung von Svendsen. 50 mg Opium werden mit 0,1 ccm Essigsäure in einer Reibschale zu einer homogenen Masse verrieben. Unter dauerndem Reiben werden 5 ccm Wasser zugesetzt und nach 5 Minuten wird durch ein Filter von 4,5 cm Durchmesser in ein Reagenzglas filtriert. Es wird fünfmal mit je 1 ccm Wasser nachgewaschen und das klare Filtrat mit 2 ccm 5%iger Quecksilberchloridlösung versetzt. Die Mischung wird 2 Minuten im Wasserbad von 90° erhitzt und dann in Eiswasser 10 Minuten gekühlt. Dann wird filtriert und fünfmal mit je 1 ccm Wasser nachgewaschen. Das Filtrat wird in einem kleinen Kölbchen mit 0,1 g Calciumhydroxyd versetzt, das Kölbchen 5 Minuten rundgeschwungen und dann 1 ccm 10%ige Natronlauge zugegeben. Es wird in einen Scheidetrichter filtriert und nachgewaschen. Nach Zusatz von 0,5 g Ammoniumsulfat wird das Morphin mit 35, 35 und 30 ccm einer Mischung von 3 Vol. Chloroform und 1 Vol. Isopropanol je 3 Minuten lang ausgeschüttelt. Die organische Phase wird in einen anderen Scheidetrichter filtriert und mit 15,10 und 10 ccm n/10-Natronlauge ausgeschüttelt. Die alkalische Lösung wird in einem 50 ccm-Meßkölbchen gesammelt das 3,5 ccm 2 n-Salzsäure enthält und der Scheidetrichter mit Wasser gewaschen, um das Volumen auf 50 ccm aufzufüllen. 25 ccm dieser Mischung werden in ein anderes Meßkölbchen von 50 ccm gebracht und mit 5 ccm Wasser und 5 ccm n/5-Natriumnitritlösung versetzt. Nach 5 Minuten werden 5 ccm 10%iges Ammoniak zugegeben und mit Wasser auf 50 ccm aufgefüllt. Die restlichen 25 ccm werden gleichfalls mit Ammoniak und Wasser aufgefüllt und dienen als Blindprobe. Hierauf wird die Extinktion der Rotfärbung in 1 cm Schichtdicke mit Filter S 43 gemessen. Der Morphingehalt wird aus einer Standardkurve abgelesen.

Colorimetrische Morphinbestimmung mit Natrium-Wolfram-Molybdat.

F. C. Klee und E. R. Kirch[4] benützen Natrium-Wolfram-Molybdat als Reagens (Folin-Ciocalteu-Reagens), das mit Morphin in alkalischer Lösung unter Blaufärbung reagiert. Die Reaktion beruht auf der phenolischen OH-Gruppe, so daß Papaverin, Narkotin und Codein nicht erfaßt werden. Mekonsäure, die wie Morphin unter Blaufärbung reagiert, und andere störende Stoffe werden durch Adsorption an Florisil entfernt. Das Morphin wird aus dem Opium mit Methanol unter gleichzeitiger Adsorption extrahiert.

Herstellung des Reagens. 100 g Natriumwolframat ($Na_2WO_4 \cdot 2H_2O$) und 25 g Natriummolybdat ($Na_2MoO_4 \cdot 2H_2O$) werden in 700 ccm Wasser in einem 1500 ccm-Kolben gelöst. Die Lösung wird mit 50 ccm 85%iger Phosphorsäure und 100 ccm konzentrierter Salzsäure versetzt und 10 Stunden lang unter Rückflußkühlung (Glasschliff) in leichtem Sieden erhalten. Hierauf werden 150 g Lithiumsulfat ($Li_2SO_4 \cdot H_2O$), 50 ccm Wasser und einige Tropfen Brom zugefügt. Die Lösung wird ohne Rückflußkühlung 15 Minuten zum Vertreiben des überschüssigen Broms zum Sieden gebracht. Nach dem Erkalten wird auf 1 Liter verdünnt und, wenn nötig, filtriert.

---

[1] Pharmazie **6**, 55 (1951).
[2] Pharmaz. Zentralhalle Deutschland **88**, 1 (1949).
[3] Quart. J. Pharmac. Pharmacol. **1937**, 680; Pharmac. Acta Helvetiae **1940**, 227.
[4] J. Amer. pharmac. Assoc. Sci. Edit. **42**, 146 (1953).

Aufstellung der Eichkurve. 100 mg aus absolutem Methanol rekristallisiertes Morphin werden in einem 125 ccm-Erlenmeyerkolben mit 50 ccm absolutem Methanol und einigen Glaskügelchen 3 Stunden am Rückflußkühler erhitzt. Die Lösung wird mit den Glaskügelchen quantitativ mit absolutem Methanol in eine Schale gebracht und zur Trockene eingedampft. In der noch warmen Schale wird das Morphin mit 5 bis 10 ccm verdünnter Salzsäure unter Umrühren gelöst, in ein 100 ccm-Meßkölbchen filtriert und mit Wasser aufgefüllt. Diese Lösung enthält 1 mg Morphin pro ccm. Zur Gewinnung einer Stammlösung von 0,1 mg Morphin pro ccm werden 10 ccm Lösung auf 100 ccm verdünnt.

Zur Aufstellung der Eichkurve werden Lösungen mit 100 bis 400 μg Morphin in einem 100 ccm-Meßkölbchen mit 2 ccm Reagens und hierauf mit 3 ccm gesättigter Natriumcarbonatlösung versetzt und mit Wasser auf 100 ccm aufgefüllt.

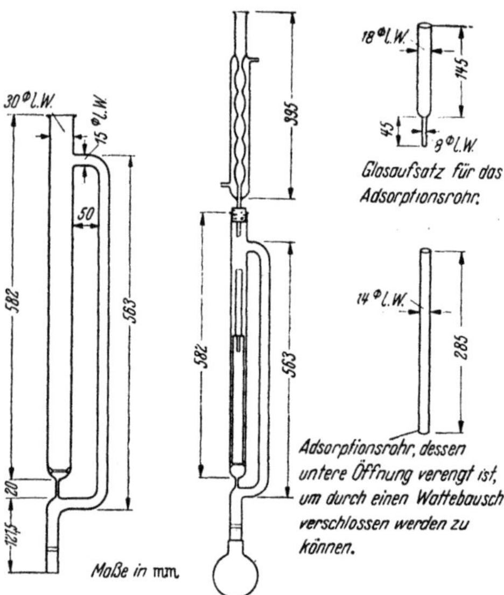

Abb. 29. Apparatur zur Morphinextraktion.

Nach 5 Stunden ist das Maximum der Farbintensität erreicht, die 18 Stunden bestehen bleibt. Sie wird bei 765 mμ in einem geeigneten Colorimeter gemessen.

Die Extraktion des Opiums nehmen die Autoren in einer geänderten STOLMAN-STEWART-Apparatur (Abb. 29) vor. An Stelle einer Extraktionshülse enthält er ein Adsorptionsrohr (285 × 12 mm), das bis zu 200 mm mit Florisil gefüllt und oben und unten mit einem Wattebausch abgeschlossen ist. Dieses wird mit etwa 40 ccm absolutem Methanol übergossen und die Luft zwischen Florisil und Wattebausch mit einem Glasstab herausgedrückt. Auf dieses Rohr wird ein unten verjüngtes Rohr von 145 × 18 mm gesetzt. Dieses dient zur Aufnahme eines konisch gefalteten Filters von 9 cm, in dem sich die Einwaage von 0,5 g Opium, das bei höchstens 70° bis zur Gewichtskonstanz getrocknet wurde, befindet, die mit Watte bedeckt wird. Die Extraktion des Morphins erfolgt mit 100 ccm absolutem Methanol, das derart erhitzt wird, daß über dem Florisil dauernd Methanol steht. Das Opium wird 3 Stunden lang extrahiert und die methanolische Lösung wird auf dem Wasserbade zur Trockene eingedampft. Der Rückstand wird in 30 ccm Wasser unter Umschwenken gelöst und in einen 200 ccm-Meßkolben filtriert. Es wird mit Wasser nachgespült und aufgefüllt. 1 ccm dieser Lösung, dem etwa 250 μg Morphin entsprechen, wird in ein 100 ccm-Meßkölbchen gebracht und weiter wie bei der Aufstellung der Eichkurve verfahren.

Papierchromatographisches Verfahren.

A. B. SVENDSEN[1] führt die Isolierung des Morphins papierchromatographisch mit einem Gemisch von Äthylacetat, Ameisensäure und Wasser (10:1:3) aus, extrahiert das Morphin aus dem Opium mit Ameisensäure und bestimmt es photometrisch als Nitrosomorphin. Die Fehlerbreite des Verfahrens beträgt ± 4% gegenüber den Methoden der Ph. Helv.V 1935 und der Ph. Suedica 1946.

---

[1] Pharmac. Acta Helvetiae **26**, 323 (1951).

Ausführung. Das genau gewogene Opium — im allgemeinen etwa 250 μg oder eine 20 bis 50 mg Morphin entsprechende Menge — wird in einer kleinen Porzellanschale sorgfältig mit 0,5 ccm konzentrierter Ameisensäure bis zur Bildung eines gleichartigen Gemisches oder Lösung verrieben. Das Gemisch wird mittels 2,5 ccm Wasser in kleinen Portionen in ein Glasfilter, z. B. Jena 3 G 3, übergeführt und der Auszug nach Umrühren während 2 Minuten durch schwaches Saugen in einen Meßkolben von 5 ccm gebracht. Das Opiummark wird dann mit 0,5 ccm Ameisensäure (5%) wieder während 2 Minuten verrieben und die Flüssigkeit in den Meßkolben abgesaugt. Die Operation wird wiederholt, bis man 0,5 ccm Auszug hat.

Von dem Auszug wird 0,01 ccm auf das Chromatographiepapier (WAHTMAN-Filtrierpapier Nr. 1) appliziert. Um eine ausreichende Menge Morphin in den zu chromatographierenden Flecken zu erhalten, ist es notwendig, die Applizierung von 0,01 ccm zu wiederholen, so daß jeder Fleck 0,02 ccm Auszug entspricht. Ein Chromatogramm soll 6 Flecke haben: fünf in der Reihenfolge für die quantitativen Bestimmungen und einen für die Auffindung der Morphinflecke am entwickelten Chromatogramm appliziert. Entwickelt wird mit einem Gemisch aus Äthylacetat, Ameisensäure und Wasser im Verhältnis 10 : 1 : 3. Die Entwicklung eines Chromatogrammes erfordert 5 bis 6 Stunden und das Morphin läuft als wohl abgegrenzter Fleck. Der R_F-Wert des Morphins beträgt 0,65. Um Zeit in der Analyse zu ersparen, hat SVENDSEN die Entwicklung des Chromatogrammes ohne vorausgehende Sättigungszeit des Papiers im Chromatographiergefäß durchgeführt.

Um den Platz des Morphins zu finden, ging SVENDSEN wie folgt vor: Der Passagestreifen eines der applizierten Flecke wurde vom Chromatogramm abgeschnitten und der Morphinfleck mittels Nitritreagens und Ammoniak entwickelt. Die Lage der übrigen Morphinflecke am Chromatogramm konnte dann ziemlich einfach gefunden werden.

Zur photometrischen Morphinbestimmung wird nach dem Trocknen das Papier mit dem Morphin ausgeschnitten und in ein Reagenzglas gebracht. Das Glas wird mit 2 ccm Salzsäure (1%) mittels Pipette und nach Umschütteln mit 2 ccm Natriumnitritlösung (0,5%) versetzt. Nach genau 10 Minuten werden dann 1 ccm Ammoniaklösung (5%) beigemischt und die Extinktionswerte abgelesen. Mögliche Fasern des Filtrierpapiers werden durch Filtration durch ein Glasfilter, z. B. Jena 15a G 3, entfernt.

Aufstellung der Eichkurve: In einem Meßkolben von 5 ccm werden mit Pipette 2 ccm 1%ige Salzsäure, die variierende Mengen wasserfreier Morphinbase — von etwa 50 γ bis etwa 190 γ pro 5 ccm Analysenflüssigkeit — enthalten, abgemessen und mit 2 ccm einer 0,5%igen Lösung von Natriumnitrit gemischt. Nach genau 10 Minuten wird 1 ccm Ammoniakflüssigkeit, 5%ig, zugefügt, die Extinktionen gemessen und damit die Eichkurve aufgestellt. Das Extinktionsmaximum liegt bei einer Wellenlänge von 450 mμ.

Tinctura Opii. Bei der Morphinbestimmung in der Opiumtinktur werden gleich 0,01 ccm, die etwa 100 γ Morphin entsprechen, fünfmal auf das Chromatographiepapier aufgetragen und wie bei Opium weiterbehandelt. Das Nitritreagens ergibt am Chromatogramm Farben auch mit anderen Substanzen als dem Morphin, so z. B. mit der Mekonsäure. Die anderen Stoffe laufen aber mit anderen R_F-Werten und haben keinen Einfluß auf die Morphinbestimmung. Auch hier wurden mit der Ausschüttelungsmethode der Ph. Helvetica 1935 und der MANNICH-Methode der Ph. Suedica 1946 praktisch übereinstimmende Werte erhalten. Bei der Auswertung des Ergebnisses muß das spezifische Gewicht der Opiumtinktur berücksichtigt werden.

Bestimmung der Nebenalkaloide des Opiums.

Zur Bestimmung der wichtigsten Nebenalkaloide des Opiums werden nur wenige Verfahren angegeben und zwar von P. C. PLUGGE[1], B. KLJATSCHKINA[2] und von E. ANNELER[3], von denen das letztere Verfahren angeführt wird. ANNELER hat einen Trennungsgang zur Be-

---

[1] Arch. Pharmaz. **225**, 343 (1887).
[2] Arch. Pharmaz. **271**, 558 (1933). — [3] Festschrift E. BARELL, S. 344 (1936).

stimmung von Codein, Thebain, Narkotin und Papaverin ausgearbeitet. Die Alkaloide werden gravimetrisch ermittelt und die Reinheit der Kristalle durch die Bestimmung des Schmelzpunktes kontrolliert. Alkaloidmengen, die in den Mutterlaugen zurückblieben, werden durch eine Korrektur berichtigt. Die Methode lautet folgendermaßen:

Extraktion des Opiums mit Salzsäure.

12 g Opium werden in einer tarierten Reibschale mit 15 ccm Wasser zu einem homogenen Brei zerrieben, welche Arbeit man sich zweckmäßig durch Einweichen über Nacht erleichtert. Man fügt dann allmählich unter gutem Durchmischen 110 ccm Salzsäure von 1% HCl-Gehalt dazu, so daß eine bleibende, stark kongosaure Reaktion besteht (Kongopapier stark blauviolett). Nach etwa einer Stunde ergänzt man den Inhalt der Reibschale mit Salzsäure (1%) auf 147 g, mischt wieder gut durch und filtriert an der Saugpumpe bei geringem Unterdruck durch ein trockenes Filter ab.

Extraktion mit Chloroform.

120 g Filtrat, welche unter Annahme von 25% unlöslichen Bestandteilen im Opium 10 g Einwaage an Opium entsprechen, werden im Extraktionsapparat (Abb. 30) über Chloroform geschichtet und 4½ bis 5 Stunden mit frischem Chloroform extrahiert. Die Chloroformdämpfe passieren den Wasserkühler, das kalte Kondensat durchtropft die 12 cm hohe Flüssigkeitssäule so rasch, daß in 10 Minuten 50 bis 55 ccm Chloroform passieren (etwa 200 bis 250 Tropfen pro Minute). Morphin und Codein bleiben in der Säure, Narkotin, Papaverin und Thebain gehen als Hydrochloride in das Chloroform über.

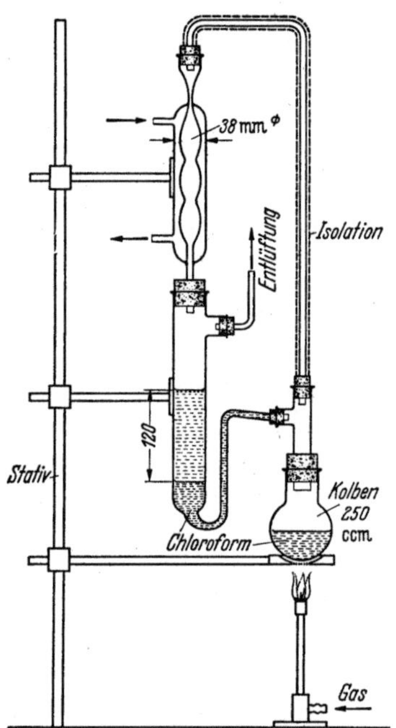

Abb. 30. Extraktionsapparat zur Bestimmung der Nebenalkaloide des Opiums.

Isolierung des Codeins.

Zur Trennung des Codeins vom Morphin wird der im Extraktionsapparat verbliebene Opiumauszug durch Zusatz von 10 ccm 30%iger Natronlauge stark alkalisch gemacht und nach dem Durchmischen mit frischem Chloroform 3 bis 3½ Stunden lang extrahiert. Der Auszug wird mit 1 Tropfen Eisessig versetzt (zur Neutralisation allfälliger Spuren Ätznatrons) und in Portionen in einem 100 ccm-Erlenmeyerkolben im Wasserbad zur Trockene verdampft. (Der Opiumauszug kann auch in einem Scheidetrichter mit aufeinanderfolgenden Portionen von 40 + 20 + 20 + 20 + 20 ccm Chloroform ausgeschüttelt werden, falls dies vorgezogen wird, doch hat man bei einigen Opiumsorten starke Emulsionsbildung zu gewärtigen). Der Chloroformrückstand wird zur Austreibung der letzten Reste an Chloroform mit einigen ccm absolutem Alkohol aufgenommen und unter Ausblasen der Dämpfe mit einem Handgebläse wieder abgedampft. Dann löst man den Rückstand unter gelindem Erwärmen in 3 ccm Essigsäure (10%), verdünnt mit 60 ccm Wasser, erwärmt auf 60° und fällt mit 3 ccm Ammoniak (10%), wodurch noch kleine Mengen Nebenalkaloide unbekannter Art entfernt werden, während das Codein im Wasser gelöst bleibt. Man läßt erkalten, filtriert nach einigen Stunden in einen 100 ccm-Scheidetrichter und wäscht dreimal mit je 5 ccm Wasser nach. Dann schüttelt man das Codein mit Chloroform aus (20 + 20 + 10 + 10 ccm) und destilliert die Auszüge nacheinander in einem 50 ccm-Erlenmeyerkölbchen im Wasserbad ab; eine Filtration ist meist unnötig. Der Rückstand wird wieder, wie oben angegeben, zur Entfernung der letzten Reste Chloroform mit etwas absolutem Alkohol abgedampft.

Reinigung des Rohcodeins über das Hydrochlorid.

Bei Opiumsorten, welche nur etwa 1% und weniger Codein enthalten, wie z. B. beim türkischen Opium, muß man noch eine bekannte Menge, z. B. 50 mg Codein pur. sicc., zusetzen, um die Kristallisation bei der nachfolgenden Abscheidung als Hydrochlorid zu sichern. Dies kann z. B. durch Zusatz von 5 ccm einer 1%igen benzolischen Lösung geschehen; das Benzol wird daraufhin abdestilliert. Zuletzt wird wieder mit einigen ccm Alkohol abdestilliert und warm ausgeblasen. Hierauf löst man den Rückstand in 3 ccm absolutem Alkohol, versetzt mit 1 Tropfen Methylrotlösung (0,2%) und dann unter Umschwenken tropfenweise mit alkoholischer Salzsäure (10% HCl in absolutem Alkohol) bis zum deutlichen Farbumschlag nach Rot. Weiterhin setzt man tropfenweise unter Umschwenken 1 ccm reinen Äther dazu, impft mit einer Spur wasserfreiem Codeinhydrochlorid mit Hilfe eines Glasfadens, verschließt das Kölbchen mit einem dichten Kork und schwenkt es 1 Stunde lang gelinde hin und her (auf einer Schüttelmaschine), bis der Boden mit feinen Kristallen besät ist, worauf man über Nacht bei 15 bis 20° stehen läßt.

Am folgenden Tag gießt man die Mutterlauge durch ein Filterchen von 4 cm Durchmesser ab (die Kristalle haften zum größten Teil am Boden), wäscht Kölbchen und Filter dreimal mit je 1 ccm einer Mischung von 2 Volumen absolutem Alkohol mit 1 Volumen Äther nach und trocknet kurze Zeit bei etwa 80° unter Ausblasen der Dämpfe.

Da sich das Hydrochlorid nicht zur Wägung eignet, gewinnt man die Base daraus. Zu diesem Zwecke gießt man durch das Filter dreimal je 5 ccm heißes Wasser in das Kölbchen und löst damit das Codeinhydrochlorid, gießt die Lösung in einen 100 ccm-Scheidetrichter, spült dreimal mit 5 ccm Wasser nach, macht mit 5 ccm Sodalösung (10% Na_2CO_3) alkalisch und schüttelt viermal mit je 10 ccm Chloroform gut aus, das man jedesmal durch dasselbe kleine, mit Chloroform benetzte Filter in ein genau gewogenes 50 ccm-Erlenmeyerkölbchen abfiltriert. Das Chloroform destilliert man im Wasserbad über, den Rückstand dampft man nochmals mit einigen ccm absolutem Alkohol ab, impft mit einer Spur wasserfreier Codeinbase zur Beschleunigung der Kristallisation, trocknet dann etwa 20 Minuten lang bei 100°, wobei man mit dem Gummigebläse die Dämpfe entfernt, und wägt nach dem Erkalten im Exsiccator.

Zum Gewicht des gefundenen Codeins aus 10 g Opium sind als Mutterlaugenkorrektur 7 mg zu addieren, weiter sind die eventuell zugesetzten 50 mg Codein zu subtrahieren.

Meist ist das so gewonnene Codein nicht rein genug (F. unter 153°). Man reinigt es dann nochmals über das Hydrochlorid, indem man es wieder in 3 ccm absolutem Alkohol löst, mit alkoholischer Salzsäure neutralisiert usf. wie oben. Bei der Berechnung ist die Mutterlaugenkorrektur von 7 mg ein zweites Mal zu addieren.

Titration. Beim Codein kontrolliert man die Reinheit des zur Wägung gelangten Alkaloids zweckmäßig noch durch Titration. Die gewogene Codeinbase wird in 10 ccm n/10-Salzsäure durch *gelindes* Erwärmen oder längere Behandlung in der Kälte gelöst, die Lösung wird mit 20 ccm Wasser verdünnt, mit 1 Tropfen Methylrot (0,2%) versetzt und kalt mit n/10-Natronlauge zurücktitriert. 1 ccm n/10-Salzsäure entspricht 0,0299 g Codein, pur. wasserfrei. Die titrierten Werte liegen meist ganz knapp unter den durch Wägung erhaltenen und sollen als maßgebend betrachtet werden.

Zur Bestimmung des Schmelzpunktes wird die Base nochmals isoliert, indem man die titrierte Lösung mit etwas Sodalösung alkalisch macht und einmal mit 10 ccm Chloroform ausschüttelt. Das Chloroform wird durch ein mit Chloroform benetztes Filterchen in ein kleines Kölbchen abgelassen, abdestilliert und der Rückstand kurze Zeit bei 100° getrocknet. Der Schmelzpunkt liegt nun meist über 153° und beträgt oft 154 bis 155°.

Bestimmung des Thebains.

Die bei der Extraktion des salzsauren Opiumauszuges mit Chloroform erhaltene Alkaloidlösung wird in einem 100 ccm-Erlenmeyerkölbchen in Portionen im Wasserbad abdestilliert und der Rückstand noch zweimal mit je einigen ccm absolutem Alkohol zur Austreibung der letzten Chloroformreste abgedampft. *Nach dem Erkalten* wird der Rückstand in 45 ccm kaltem Wasser gelöst und etwa 5 ccm Salzsäure (1% HCl) zugegeben, bis zur ganz schwach sauren Reaktion auf Kongopapier, was man durch Tüpfeln mit einem Glasfaden feststellt. Nun wird die Hauptmenge an Narkotin und Papaverin aus der Lösung gefällt, indem man 6 g festes Natriumacetat zusetzt und durch Umschwenken in Lösung bringt, dann in einem Wasserbad allmählich auf etwa 40° erwärmt, wobei sich die Fällung zusammenballt. Nach dem Erkalten und mehrstündigem Stehen wird die Fällung kristallinisch. Sie wird dann durch ein Papierfilter von 7 ccm Durchmesser in einen 100 ccm-Scheidetrichter abfiltriert, Kölbchen und Filter werden mehrmals mit wenig Wasser (z. B. dreimal 5 ccm) nachgespült. An Stelle des Papierfilters kann man auch einen Gooch-Tiegel verwenden, dessen Boden man mit einem nassen Filtrierpapierscheibchen durch Ansaugen an der Wasserstrahlpumpe abdichtet. Das Kölbchen und das Filter mit dem Niederschlag bewahrt man für die Narkotin- und Papaverinbestimmung auf. – Die Fällung ist nicht vollständig, der Rest wird später gewonnen.

Das Filtrat wird mit überschüssiger Kaliumcarbonatlösung versetzt und die Thebainbase erschöpfend mit Chloroform ausgeschüttelt, was mit fünfmal 20 ccm erreicht wird. Die Auszüge werden in einem Erlenmeyerkölbchen abdestilliert und der Rückstand zur Austreibung der Chloroformreste mit wenig Alkohol abdestilliert.

Es erfolgt nun die Reinigung des Thebains über das Bitartrat. Der Rückstand wird in 10 ccm Alkohol (von 93 bis 95 Gew.-%) durch gelindes Erwärmen gelöst und mit 0,8 ccm Weinsäurelösung (25 g Weinsäure in Wasser gelöst zu 100 ccm) gemischt[1], wonach beim Erkalten das Thebainbitartrat in voluminöser Form auskristallisiert. Man schwenkt anfangs während der Kristallisation um und läßt dann über Nacht bei 15 bis 20° stehen. Am folgenden Morgen filtriert man an der Wasserstrahlpumpe durch einen Gooch-Tiegel, dessen Boden mit einem benetzten, fest angesaugten Filtrierpapierscheibchen[2] abgedichtet ist, in einem 25 bis 30 ccm fassenden Filtrierstutzen. Den Niederschlag bringt man mit Hilfe des Filtrats und einem Gummiwischer quantitativ auf das Filter und wäscht zwei- bis dreimal mit je 2 ccm Alkohol nach.

Filtrat und Waschflüssigkeit werden quantitativ gesammelt und für die Bestimmung von Narkotin und Papaverin aufbewahrt.

Zur Gewinnung der Base aus dem Tartrat stellt man den Tiegel in ein 50 ccm-Becherglas, gießt 5 ccm Salzsäure (0,5% HCl) dazu (oder eventuell mehr), löst *in der Kälte*, verdünnt mit 20 ccm Wasser, gießt die Lösung in einen 100 ccm-Scheidetrichter und spült dreimal mit je 7 ccm Wasser nach. Dann macht man mit 2 ccm Ammoniak alkalisch und schüttelt das Thebain mit Benzol aus (20 + 20 + 10 + 10 + 10 ccm). Die vereinigten Benzolauszüge werden getrocknet (mit Na_2SO_4 oder Traganthpulver), in ein gewogenes 100 ccm-Kölbchen abfiltriert, mit Benzol nachgespült, im Wasserbad abdestilliert, der Rückstand wird im Vakuum über Chlorcalcium getrocknet und gewogen. Als Korrektur sind für je 10 ccm Mutterlauge der Bitartratfällung 7 mg Thebainbase zu addieren. – Sollte der Schmelzpunkt stark unter 193 bis 194° liegen, was meistens der Fall ist, so reinigt man das Thebain nochmals über das Bitartrat; bei der zweiten Tartratfällung muß die gleiche Mutterlaugenkorrektur nochmals zugezählt werden.

---

[1] Diese Mengen gelten für Beträge bis zu 0,17 g Thebain; bei größeren Beträgen verwendet man entsprechend mehr Alkohol und Weinsäure.

[2] Man muß mit einigen Tropfen Wasser anfeuchten, dann gut absaugen und das Wasser entfernen; bei Verwendung von Alkohol haftet das Filter nicht am Boden.

Isolierung von Narkotin und Papaverin.

Die Hauptfraktion dieser Alkaloide wurde mit Natriumacetat sub „Bestimmung des Thebains" erhalten. Die Mutterlauge des Thebaintartrats, welche den Rest enthält, wird samt der Waschflüssigkeit in einem 50 ccm-Kölbchen zur Trockene abdestilliert. Den Rückstand löst man in 5 ccm Wasser und fällt mit 4 g festem Natriumacetat (diese zweite Fraktion ist meist ziemlich unrein.) Nachdem sich die Fällung zusammengeballt hat, was einige Stunden dauert, filtriert man sie durch ein Filter von 4½ cm Durchmesser ab und wäscht mit dreimal 2 ccm Natriumacetatlösung (10%) nach. Beide Alkaloidfraktionen, die sich auf 2 Filter und auf 2 Kölbchen verteilen, trocknet man 4 Stunden bei 100° und extrahiert sie dann mit warmem Benzol, wozu man $20 + 7 + 7 + 7$ ccm verwendet. Hierzu gibt man die Filter in die entsprechenden Kolben, dazu das Benzol in den einen Kolben, erwärmt im Wasserbad, bearbeitet das Filter mit einem Glasstab, gießt die Lösung dann in den anderen Kolben, verfährt ebenso und filtriert zuletzt in einen 100 ccm-Scheidetrichter. Der Filterrand wird zuletzt noch mit heißem Benzol nachgespült. Die etwa 50 ccm betragende Benzollösung wird zwecks Reinigung zuerst mit 30 ccm Natronlauge (10% NaOH) und dann noch zweimal mit je 20 ccm Wasser ausgeschüttelt. Die Waschflüssigkeiten werden verworfen.

Die Auszüge werden, wenn nötig, mit Natriumsulfat oder Traganthpulver getrocknet, in ein tariertes Kölbchen von 100 ccm filtriert und darin im Wasserbad abdestilliert; der Rückstand wird kurze Zeit bei 100° getrocknet und auf 0,05 g genau gewogen.

Trennung des Narkotins vom Papaverin.

Der gewogene Rückstand wird wieder in Benzol aufgenommen (auf 1 g Gewicht etwa 30 ccm Benzol) und die Lösung bei 20° mit alkoholischer Kalilauge gemischt (auf 1 g Gewicht 5 ccm Lauge mit 14 bis 16 Vol.-% KOH, titriert). Man läßt genau 30 Minuten lang stehen, wobei das Narkotin in das wasserlösliche narkotinsaure Kalium übergeht, während das Papaverin unangegriffen zurückbleibt. Dann gießt man die Flüssigkeit in einen 100 ccm-Scheidetrichter, spült das Kölbchen dreimal mit wenig Benzol und einmal mit 10 ccm Natronlauge (4% NaOH) nach. Man schüttelt gut durch, läßt absitzen und trennt die wäßrige Schicht in das 100 ccm-Kölbchen ab; die Benzollösung wird noch zweimal mit je 5 ccm Natronlauge, dann noch zweimal mit 5 ccm Wasser ausgeschüttelt.

Bestimmung des Narkotins.

Die wäßrigen Auszüge, welche 30 bis 40 ccm betragen, werden sogleich mit konzentrierter Salzsäure neutralisiert, dann wird ein Überschuß von 4 ccm konzentrierter Salzsäure (36% HCl) zugemischt und zwecks Regenerierung des Narkotins 30 Minuten lang im Dampfbad auf 90 bis 95° erhitzt; man kühlt ab, filtriert in einen 150 ccm-Scheidetrichter, wäscht mit möglichst wenig Wasser nach, macht dann mit konzentriertem Ammoniak alkalisch und schüttelt die Base mit Chloroform aus $(20 + 10 + 10 + 10$ ccm). Die (eventuell getrockneten und filtrierten) Chloroformauszüge werden im gewogenen Kölbchen im Wasserbad abdestilliert, der Rückstand wird nochmals mit wenig Alkohol heiß aufgenommen und abgedampft, dann kurze Zeit bei 100° getrocknet und gewogen.

Falls der Schmelzpunkt des gewonnenen Narkotins unter 173 bis 174° liegt, kann das Alkaloid durch *Umkristallisieren aus 50 vol.-%igem Alkohol* leicht gereinigt werden. Zu diesem Zwecke löst man es zuerst in der Wärme in absolutem Alkohol (auf 1 g etwa 35 ccm), mischt dann das gleiche Volumen destilliertes Wasser dazu, läßt unter öfterem Umschwenken abkühlen und noch einige Stunden bei etwa 20° stehen, filtriert durch einen gewogenen Glasfiltertiegel, bringt das Alkaloid mit Hilfe des Filtrats quantitativ auf das Filter und wäscht es zuletzt einmal mit 5 ccm Alkohol (50 Vol.-%) aus, saugt an der Pumpe gut ab und trocknet bei 100°. Die Mutterlaugenkorrektur beträgt für je 70 ccm 50 vol.-%igen Alkohol 46 mg.

Bestimmung des Papaverins.
(Reinigung über das Bioxalat).

Die Benzollösung des Papaverins (vgl. Abschn. „Trennung des Narkotins vom Papaverin") wird in ein 50 ccm-Kölbchen filtriert, mit Benzol nachgespült, im Wasserbad abdestilliert, dann wird der Rückstand nochmals in wenig absolutem Alkohol aufgenommen und wieder abdestilliert, die Dämpfe werden ausgeblasen. Der Rückstand wird nun mit 7,5 ccm[1] Oxalsäurelösung (2% krist.) versetzt und durch Erhitzen in Lösung gebracht[2], auf Zimmertemperatur abgekühlt, die Lösung mit einer Spur Papaverinbioxalat geimpft, ½ Stunde lang zur Beschleunigung der Kristallisation auf eine langsam gehende Schüttelmaschine gestellt, worauf man 24 Stunden bei 20° stehen läßt[3]. Nachher filtriert man die Mutterlauge durch ein Filterchen von 4 cm Durchmesser ab und wäscht Kölbchen und Filter mit 1%iger Oxalsäurelösung (3 + 2 ccm) aus. Man gibt das Filter in das Kölbchen zurück, dazu 10 ccm Salzsäure (1%), bringt das Papaverin durch Erhitzen in Lösung, filtriert durch ein 5 cm-Filter in einen 100 ccm-Scheidetrichter und wäscht mit dreimal 5 ccm Wasser nach. Das Filtrat versetzt man mit überschüssiger Kaliumcarbonatlösung (etwa 5 ccm Lösung 10%), schüttelt das Alkaloid mit Benzol aus (20 + 10 + 10 + 10 ccm), trocknet die Auszüge mit Na_2SO_4, filtriert sie in ein gewogenes 100 ccm-Kölbchen, wäscht mit Benzol nach und destilliert im Wasserbad zur Trockene. Der Rückstand wird nochmals mit einigen ccm absolutem Alkohol aufgenommen und wieder abgedampft; die Dämpfe werden ausgeblasen, wobei Kristallisation eintritt (eventuell impft man mit einer Spur Papaverinbase). Man trocknet etwa 20 Minuten bei 100° und wägt nach dem Erkalten. Zum gefundenen Gewicht werden für 7,5 ccm verwendeter Oxalsäurelösung 6,5 mg addiert als Verlust in der Mutterlauge. Der Schmelzpunkt beträgt meist 145 bis 146° (F. der reinen Base 147 bis 148°).

M. L. Borke und E. R. Kirch[4] haben ein oberflächenchromatographisches Verfahren mit einem fluorescierenden und auf p_H 6,6 gepufferten Adsorbens zur Trennung von Morphin, Codein, Papaverin, Narkotin, Narcein und Mekonsäure ausgearbeitet. Zur Entwicklung des Chromatogrammes benützen sie 1,4-Dioxan.

Pepsinum.

Wertbestimmung.

Zur Bestimmung der proteolytischen Wirksamkeit von Pepsin wurden etwa 20 Methoden ausgearbeitet, woraus die Schwierigkeit solcher Bestimmungen ersichtlich ist. Von diesen Verfahren haben die Prüfungen mit koaguliertem Eiweiß und die Caseinmethode Eingang in die pharmazeutische Praxis gefunden und wurden in Arzneibücher aufgenommen.

Zu den *Verfahren mit koaguliertem Eiweiß* gehört z. B. auch die Methode des DAB 6, die aber als unverläßlich gilt und verschiedentlich abgelehnt wird, weil die Angaben der Ausführung für eine genaue Be-

---

[1] Man rechnet auf je 0,1 g Papaverin 0,1 g Oxalsäure = 5 ccm.

[2] Die Lösung ist meist nicht ganz klar; die ungelösten Partikel werden später mit der salzsauren Lösung abfiltriert.

[3] Bei Opiumsorten, welche sehr wenig Papaverin enthalten (unter 1%), ist zu empfehlen, eine bekannte Menge reines Papaverin (z. B. 50 bis 100 mg) zuzusetzen, in analoger Weise wie beim Codein beschrieben, wodurch ein vollständigeres Auskristallisieren bewirkt wird.

[4] J. Amer. pharmac. Assoc. Sci. Edit. **42**, 627 (1953).

stimmung unzureichend sind. H. ESCHENBRENNER[1], der über eine reiche
Erfahrung in der Bewertung von Pepsinpräparaten verfügt, empfiehlt
die schon im Jahre 1933 von A. STASIAK und B. KERÉNYI[2] vorgeschlagene Methode, mit der gute Resultate erhalten werden.

STASIAK und KERÉNYI beobachteten nämlich, daß die proteolytische
Reaktion zunächst mit einer gewissen Geschwindigkeit beginnt, beim
Fortschreiten der Verdauung abnimmt, und zwar 1. wegen Zunahme der
Konzentration der hemmenden Reaktionsprodukte, 2. wegen Abnahme
der Angriffsfläche des Substrates und 3. wegen Anhäufung resistenter
Komponenten im Substrate, um schließlich zu einem gewissen Stillstande
zu gelangen. Dazu kommen noch all die anderen Faktoren, die die Ergebnisse zu ändern imstande sind, so daß auch nur dann nach derselben
Methode reproduzierbare Werte zu erwarten sind, wenn die Reproduzierbarkeit aller Versuchsfaktoren sichergestellt werden kann. Da aber das
Eiweiß als ein biologisches Substrat zu betrachten ist, das nie in streng
reproduzierbarer Beschaffenheit zur Verfügung steht, so müssen, wenn
Eiweiß als Substrat beibehalten werden soll, die Arbeitsbedingungen entsprechend geändert werden. STASIAK und KERÉNYI wählten dafür folgende 2 Punkte: 1. Einführung des Standardprinzipes, wodurch die Messung an der Substratreaktion durch einen Vergleich mit einem Standardpräparat an derselben Substratmenge ersetzt wird. 2. Die Ermittelung
eines entsprechenden Meßbereiches bzw. Ausgestaltung einer Vergleichs-
methode.

Als Standard wählten STASIAK und KERÉNYI ein Präparat, wovon
0,1 g unter den weiter unten angegebenen Bedingungen nach 2 Stunden
Einwirkungsdauer einen unverdauten Rest von 1,5 bis 3,5 ccm (im
Mittelwert 2,7 ccm) zurücklassen. Da dieses Präparat zum Normalmaß
des 100fachen Pepsins gewählt wurde, soll ein Pepsin als 100faches bezeichnet werden, wenn seine Wirkung auf demselben Substrat der Wirkung der gleichen Standardpepsinmenge gleichgefunden wird, während
ein Pepsin als 50faches bzw. als 200faches bezeichnet wird, wenn 0,2
bzw. 0,05 g desselben die gleiche Wirkung an dem gleichen Substrat
zeigen, wie 0,1 g des Standardpräparates. Das Standardpräparat wird in
einer gut schließenden Pulverflasche bei Zimmertemperatur vor Licht
geschützt aufbewahrt.

Durch Einführung dieses Standards entfallen alle Faktoren, die die
Beschaffenheit der gebrauchten Eier bedingen. Es versteht sich von
selbst, daß die Substratmenge, an der Standard und Unbekanntes verglichen werden sollen, vollkommen gleichmäßig ist.

Als Vergleichsbereich wurde aus den oben angeführten Beobachtungen ein nicht sehr vorgeschrittenes Stadium des proteolytischen Vor-
ganges gewählt und zum Vergleich der Wirkungen dient die unverdaute
Eiweißmenge, deren Volumen, nach ½ stündigem Absitzen in ccm abgelesen wird. Die Messung der Wirkung durch Bestimmung des Trocken-
rückstandes der Lösung mit dem verdauten Eiweiß erwies sich als nicht
vorteilhaft.

---

[1] Süddtsch. Apotheker-Ztg. **89**, 413 (1949).
[2] Pharmaz. Zentralhalle Deutschland **1933**, 519, 531.

Das Prinzip der Methode ist folgendes:

Es werden verschiedene Dosen vom Standard und Unbekannten an dem gleichen Substrat und auch sonst unter streng gleichen Bedingungen verglichen bzw. das Mengenverhältnis der Dosen festgestellt, welche durch die Gleichheit der unverdauten Eiweißmenge die angezeigte gleiche Wirksamkeit besitzen. Ist dieses Verhältnis $\dfrac{\text{Menge des Unbekannten}}{\text{Menge des Standards}} = \dfrac{m_x}{m_{st}}$, so ist die Wirksamkeit des Unbekannten $= \left(\dfrac{m_{st}}{m_x}\right)$. Wirksamkeit des Standards $= \dfrac{m_{st}}{m_x} \cdot 100$.

Die Wertbestimmung eines Pepsinpräparates im Vergleich mit dem Standardpräparat auf dem Grunde des angegebenen Prinzipes wird folgendermaßen ausgeführt:

Man stellt eine 1%ige starke Lösung des Vergleichsstandardes mit 0,2%iger starker Salzsäure her, deren bestimmte Volumina bekannte Wirkungswerte repräsentieren. Aus dem unbekannten Präparat soll auch eine salzsaure Stammlösung hergestellt werden, und zwar so, daß die beiden Lösungen in bezug auf ihre Wirksamkeit etwa gleichwertig sind. Diese Forderung ist keine prinzipielle, sie bezweckt nur eine experimentelle Zweckmäßigkeit und man wird ihr entsprechen, wenn die Herstellung der Stammlösung auf Grund eines angegebenen oder supponierten Wirkungswertes geschieht. So stellt man aus einem Pepsin, dessen Wert als 1 : 100 angegeben wurde, ohne weiteres eine 1% starke Lösung her, ungeachtet, daß der wirkliche Wert dieses Präparates vielleicht nur etwa die Hälfte des angegebenen Wirkungsgrades oder noch weniger betragen wird. In ähnlichem Sinne stellt man die Stammlösung her, wenn es sich um ein hochwertiges (konzentriertes, etwa 1000- bis 3000faches) Pepsin handelt. Hat man überhaupt keine Anhaltspunkte in bezug auf die Wirksamkeit des zu untersuchenden Präparates, so muß man sich diesbezüglich zunächst durch Versuche mit recht verschiedenen Dosen orientieren.

In der ersten Versuchsreihe vergleicht man die Wirkung einer gewählten Dose des unbekannten Präparates (z. B. 10 ccm der Stammlösung) mit den Wirkungen verschiedener Standardeinheiten (z. B. 100, 80, 60, 40 und 20 Standardeinheiten, das heißt 10, 8, 6, 4 und 2 ccm der Standardlösung).

Will man die oben angegebenen Dosen vergleichen, so verfährt man folgendermaßen: In sechs numerierte Bechergläser von 200 ccm Inhalt, etwa 10 cm Höhe und 5 bis 6 cm Bodendurchmesser füllt man so viel 0,2% starke Salzsäure, daß die einzelnen Volumina durch die später zuzufügenden Pepsinlösungen zu 100 ccm ergänzt werden. Diese Volumina wären in dem zum Beispiel dienenden Falle: 90 (für das unbekannte Präparat), 90, 92, 94, 96 und 98 ccm (für das Standard). Die Gläser stellt man in ein Wasserbad von 50 bis 52° und bereitet zugleich ein anderes Wasserbad von 40° Temperatur vor. Inzwischen wird das Substrat zubereitet, indem man die entsprechende Anzahl von frischen Hühnereiern (das Eiweiß eines Eies wiegt etwa 22 bis 26 g) verwendet; will man also 6 Versuche an demselben Substrat ausführen, so nimmt man 3 Eier, die man 5 Minuten lang in lebhaft kochendem Wasser liegen läßt, nach Ablauf dieser Frist sofort in Wasser von etwa 15 bis 20° (Leitungswasser) taucht, nach weiteren 5 Minuten die Schale und das unter derselben liegende Häutchen entfernt, das Eiweiß vorsichtig von dem Dotter trennt und durch ein Haarsieb von etwa 1 mm Maschenweite reibt. Nun homogenisiert man die zerkleinerte Eiweißmasse durch gründlichstes Mischen und Umrühren mit einem Glas- oder Hornlöffel und wägt davon auf Uhrgläser Portionen von 10 g (mit einer Genauigkeit von wenigstens 0,05 g) ab. Diese Substratportionen müssen binnen kürzester Zeit angesetzt werden. Diese Zeit beträgt, wenn der Inhalt der Bechergläser inzwischen auf 50° erwärmt wurde, bei 6 Einzelversuchen nicht mehr als etwa 5 bis 6 Minuten. Man schüttet das Eiweiß von dem Uhrglas mit Zuhilfenahme eines Glasstabes in das Becherglas hinein, rührt die Masse mit dem Glasstab, um die Eiweißteilchen voneinander zu trennen, gut durch, fügt die Pepsinlösung aus einer entsprechend graduierten Pipette zu, stellt das Becherglas sofort in das Wasserbad von 40° und notiert die genaue Zeit. Die Temperatur des Wasserbades wird während des Versuches streng konstant gehalten.

Es ist zweckmäßig, die Bechergläser mit einem Uhrglas zu bedecken. Der Inhalt der Bechergläser wird in Zeitabständen von 10 Minuten mit dem Glasstab gründlich umgerührt. Nach Ablauf von genau *einer* Stunde werden die Bechergläser der Reihe nach aus dem Wasserbad genommen und sofort in ein Bad von Eiswasser gestellt. Um den Wärmeaustausch zu beschleunigen, wird der Inhalt der Gläser öfters umgerührt und nach etwa 5 Minuten in Spitzkelche von 150 bis 200 ccm gleicher Abmessungen und Form und mit einer Graduierung von 0 bis 30 ccm gegossen. Man spült die etwa zurückgebliebenen Eiweißteilchen aus den Gläsern insgesamt mit je 15 ccm dest. Wasser aus. Das unverdaute Eiweiß setzt sich rasch ab, die Oberfläche des Satzes wird aber meistens nicht in einer Ebene liegen, sondern sie bildet wegen der Reibung an der Wand einen kleinen Krater. Man muß also, nachdem sich keine schwebenden Teile mehr in der Flüssigkeit befinden, die Oberfläche des Satzes mit einem nicht sehr dünnen Glasstab ebnen, wodurch nach einiger Übung eine scharf abgegrenzte Oberfläche erreicht wird. Das Volumen der unverdauten Eiweißmasse wird nach einer halben Stunde Absetzenlassen abgelesen und notiert. Die Genauigkeit der Ablesung wird wegen der konischen Form des Glases natürlich von dem jeweilig abzulesenden Volumen abhängen, wenn aber die Skala bis 10 ccm in Halbkubikzentimetern, von 10 bis 30 ccm in Kubikzentimetern eingeteilt ist, so kann man bis etwa 15 ccm die Volumina durch entsprechende Schätzung noch zu Zehntelkubikzentimetern ablesen, eine genauere Ablesung wird nur bei höheren Volumina auf Schwierigkeiten stoßen. Diese Schwierigkeit läßt sich aber dadurch eliminieren, daß, wenn die gewählte Dosis des Unbekannten einen verhältnismäßig niedrigen Wirkungswert zeigt und dementsprechend das Volumen des unverdauten Eiweißes nicht genau genug abgelesen werden kann, der Verdauungsversuch mit einer entsprechend vergrößerten Dosis wiederholt wird. Eine sinngemäße Änderung der Dosen bei der Wiederholung der Versuche wird übrigens auch schon deshalb empfohlen, da dies schon an sich eine größere Sicherheit der Resultate gewährleistet, als die Parallelversuche in demselben Wirkungsbereich. Alles das wird an Hand eines zahlenmäßigen Beispiels am besten illustriert. Eine Versuchsserie lieferte z. B. folgende Resultate:

Dosis	0,1 g Unbekanntes	100 SE	80 SE	60 SE	40 SE	20 SE
Volumen des unverdauten Eiweißes .... ccm	12,5	6,3	8,4	10,5	13,5	20,0

Die Wirksamkeit von 0,1 g des Unbekannten liegt also zwischen 60 und 40 Standardeinheiten, genauer angegeben wahrscheinlich zwischen 45 und 50 Einheiten. Nun wiederholt man die Versuchsreihe mit 0,1 g des Unbekannten und 60, 50 bzw. 40 Standardeinheiten und gelangt zu folgenden Resultaten:

Dosis	0,1 g Unbekanntes	60 SE	50 SE	40 SE
Volumen des unverdauten Eiweißes .... ccm	14,5	11,5	13,5	16,0

Das heißt: 0,1 g des Unbekannten = 45 SE. Jetzt verdoppelt man die Dose des Unbekannten und vergleicht die Wirkung derselben mit denen von 100, 90 und 80 Standardeinheiten:

Dosis	0,2 g Unbekanntes	100 SE	90 SE	80 SE
Volumen des unverdauten Eiweißes .... ccm	8,6	7,6	8,5	9,4

0,2 g des Unbekannten ist also mit 0,09 des Standardpräparates (90 Standardeinheiten) gleichwertig, demnach ist die Wirksamkeit des Unbekannten

$$= \frac{0,09}{0,20} \cdot 100 = 45 \text{ SE.}$$

Auf diese Weise werden Parallelwerte erzielt, die innerhalb etwa $\pm 10\%$ übereinstimmen.

Einfacher ist die von GROSS modifizierte *Caseinmethode* nach VOLLHARD und LÖHLEIN. Die einfachste Ausführung dieser Methode gibt W. BRANDRUP[1] an:

0,5 g Casein Hammersten werden in 8 ccm 25%iger Salzsäure 3 Minuten im Wasserbade erhitzt und auf 500 ccm aufgefüllt. 30 ccm dieser Lösung werden mit 1 ccm einer Lösung von 2 g Pepsin in 100 ccm Wasser 15 Minuten in ein Wasserbad von 38 bis 40° gesetzt. Nach dieser Zeit darf ein Zusatz von 4 ccm Natriumacetatlösung 20/100 eine Trübung nicht mehr hervorrufen.

Als besonders geeignet empfiehlt ESCHENBRENNER[2] eine Ausführung, die auf G. BÜMMING[3] zurückgeht:

1 g Casein wird mit 16 ccm 25%iger Salzsäure 20 Minuten auf der Platte des Dampfbades erhitzt, wobei das Becherglas nicht direkt mit dem Dampfe in Berührung kommen soll, und dann auf 1 Liter aufgefüllt.

Zur Prüfung des Pepsins werden in 6 oder auch 8 Proberöhrchen je 10 ccm dieser Caseinlösung gegeben und auf 40° erwärmt. In je ein Röhrchen wird 1 ccm Pepsinlösung mit:

1.	0,02 g Pepsin	5.	0,00125 g Pepsin
2.	0,01 g ,,	6.	0,00062 g ,,
3.	0,005 g ,,	7.	0,00031 g ,,
4.	0,0025 g ,,	8.	0,00016 g ,,

gegeben und 15 Minuten auf 40° gehalten. Dann wird je 1 ccm Natriumacetatlösung (20 g auf 100 ccm) hinzugefügt. Tritt dabei keine Trübung ein, so ist alles zugesetzte Pepsin verdaut. BÜMMING konnte beobachten, daß bei Gebrauch des gleichen Caseins bei einem dem DAB 6 entsprechenden Pepsin im 6. Röhrchen eine Trübung eintritt. Das entspricht mindestens 800 Pepsineinheiten. 1 Pepsineinheit ist nach GROSS diejenige Menge Pepsin, die 10 ccm Caseinlösung (= 0,01 g Casein) in 15 Minuten verdaut. Kontrollversuche mit Pepsin von bekannter Wirkung sind nach BÜMMING ebenfalls erforderlich.

Dieses Verfahren ermöglicht nach ESCHENBRENNER das Pepsin genau auf seinen Gehalt zu prüfen oder einzustellen, indem man die geringste Menge Pepsin bestimmt, die in 15 Minuten alles Casein verdaut hat. Bei einem Vergleich der Reagensgläser ist beginnende Trübung leicht zu erkennen, und wenn auch der Begriff beginnende Trübung persönlicher Auslegung unterworfen ist, so ist doch bei entsprechender Verdünnung der Stammlösung die Möglichkeit gegeben, auch kleinste Unterschiede festzulegen. Auch sind nach ESCHENBRENNER Kontrollversuche mit einem Pepsin bekannter Wirkung nicht unbedingt erforderlich, wenn sie natürlich die Sicherheit der Prüfung erhöhen.

Die *Einwirkung verschiedener Arzneimittel auf die Pepsinverdauung* wurde von A. HEIDUSCHKA und I. FÖRSTER[4] untersucht. Sie verwendeten dazu reinstes, kristallisiertes Pepsin und arbeiteten in gepufferten Lö-

---

[1] Apotheker-Ztg. **1929**, 593. — [2] Süddtsch. Apotheker-Ztg. **89**, 413 (1949). [3] Apotheker-Ztg. **1929**, 964. — [4] Arch. Pharmaz. **1932**, 419.

sungen mit $p_H = 1{,}66$. Es ergab sich, daß die meisten untersuchten Arzneimittel einen hemmenden Einfluß auf die peptische Funktion des Pepsins ausüben und kein einziges fördernd war. Indifferent verhielten sich die meisten Alkaloide, vor allem diejenigen der Chinolin-, Morphin- und Isochinolingruppe, von Kohlehydraten z. B. Rohrzucker und arabisches Gummi und auch die als spezifische Magenmittel bekannten Tinkturen von Cinchona, Citrus, Cinnamomum, Valeriana usw.

Folgende Arzneistoffe wirkten hemmend: Salicylsäure, Aspirin, Antipyrin, Migränin, Pyramidon, Amylenhydrat, Chloralamid, Chloralhydrat, Veronal, Paraldehyd, Urethan, Kalium sulfoguajacolicum, Coffein, Hexamethylentetramin.

Pericarpium Aurantii.

Bestimmung des ätherischen Ölgehaltes.

Die Droge Pericarpium Aurantii enthält etwa 1% ätherisches Öl und Bitterstoffe, darunter etwa 10% Hesperidin. Bei der Bestimmung des ätherischen Öles in der Droge durch die übliche Wasserdampfdestillation konnten M. STEINER und J. HOCHHAUSEN[1] in eingehenden Versuchen zeigen, daß aus geschnittener Droge nur ein kleiner Teil des ätherischen Öles durch Wasserdampfdestillation übergetrieben werden kann, da dieses größtenteils von einer Pektinhülle umschlossen wird. Durch feines Pulverisieren oder Homogenisieren wird zwar das gesamte ätherische Öl durch Wasserdampfdestillation erfaßt, aber während der Zerkleinerung treten schon beträchtliche Ölverluste durch Verdunstung ein, die sich beim Homogenisieren nur durch Zusatz lipophiler „Abfangmittel", z. B. Ol. Cacao, vermeiden lassen. Aus geschnittener Droge läßt sich jedoch das gesamte ätherische Öl gewinnen, wenn die Pektinhülle durch Salzsäure oder Ammoniumoxalat aufgeschlossen wird, indem die Destillation nicht aus reinem Wasser, sondern aus 0,1 n-Salzsäure oder aus 2% wäßriger Ammoniumoxalatlösung erfolgt.

Eine *chemische Bestimmung* des ätherischen Öles haben H. BÖHME und J. WAGNER[2] ausgearbeitet, die auf dem großen Jodadditionsvermögen des ätherischen Öles, vorwiegend des Limonens mit seinen zwei Doppelbindungen beruht. Mit Hilfe eines empirisch ermittelten Faktors errechnet sich der Gehalt an ätherischem Öl aus dem gebundenen Jod. Zur Bestimmung des Jodverbrauchs benützen sie die V. HÜBLsche Jodlösung mit Quecksilberchlorid. In gleicher Weise läßt sich auch das Verfahren von KAUFMANN zur Bestimmung der Jodzahl anwenden. Das Verfahren, das im Vergleich mit der Bestimmung durch Wasserdampfdestillation übereinstimmende Werte ergab, ermöglicht die Bestimmung mit 5 g Droge:

5 g frisch gepulverte Pomeranzenschalen werden mit 25 ccm Spiritus eine Viertelstunde auf dem siedenden Wasserbad am Rückflußkühler erhitzt. Nach dem Erkalten wird filtriert und 10 g des Filtrates (= 2 g Droge) mit 5 ccm Wasser versetzt. Das Gemisch wird im Apparat zur Bestimmung der Alkoholzahl destilliert

---

[1] Arzneimittelforsch. **2**, 535 (1952). — [2] Arch. Pharmaz. **276**, 242 (1938).

und das Destillat, wie dort, mit Kaliumcarbonat versetzt. 5 ccm der alkoholischen Schicht werden sodann mit 5 ccm einer Lösung von 2,5 g Jod in 50 ccm Weingeist und 5 ccm einer Lösung von 3,0 g Quecksilberchlorid in 50 ccm Weingeist versetzt. Das Ganze bleibt 4 Stunden im verschlossenen Jodkolben vor Licht geschützt stehen. Nach dieser Zeit werden 8 ccm Kaliumjodidlösung (1 + 9) und 10 ccm Wasser zugefügt und das überschüssige Jod mit n/10-Natriumthiosulfatlösung zurücktitriert (Stärkelösung als Indicator).

Gleichzeitig wird ein Blindversuch angesetzt, in dem 5 ccm Weingeist mit je 5 ccm der obigen alkoholischen Jod- und Quecksilberchloridlösungen versetzt werden. Das Gemisch bleibt gleichfalls im verschlossenen Jodkolben 4 Stunden vor Licht geschützt stehen. Sodann wird wie oben die Menge Jod mit n/10-Natriumthiosulfatlösung titriert.

Die Differenz der Anzahl ccm Natriumthiosulfatlösung beider Versuche (a) multipliziert mit der im Meßzylinder abgelesenen Alkoholzahl (b) und dem Faktor 0,039 gibt dann den Gehalt der Droge an ätherischem Öl in Prozent (x).

$$x = a \cdot b \cdot 0,039 \, .$$

Die Autoren fanden in der Droge ¼-Stücke bis zu 4 % ätherisches Öl, in concisa Droge 0,2 %, in pulverisierter Droge 0,02 bis 0,05 %.

Pices.

Auf Grund der Löslichkeitsverhältnisse schlägt W. PEYER[1] folgenden Gang zur Identifizierung der arzneilich verwendeten Teere vor:

In Alkohol lösen sich: Pix betulin., Pix liquid.
In Äther lösen sich: Pix Junip., Pix liquid.
In Anilin lösen sich: Pix Junip., Pix Fagi, Pix liquid.
In Terpentinöl lösen sich: Pix betulin., Pix Junip., Pix liquid.

Sind Teere in Alkohol nicht löslich, so können sie sein:
Pix Junip., Pix Lithanthr., Pix Fagi.
Sind Teere in Äther nicht löslich, so können sie sein:
Pix betulin., Pix Lithanthr., Pix Fagi.
Sind Teere in Anilin nicht löslich, so können sie sein:
Pix betulin., Pix Lithanthr.
Ein in Alkohol nicht restlos löslicher Teer wird behandelt mit Äther, löslich: Pix Junip., unlöslich: Pix Fagi.
Ein in Anilin nicht löslicher Teer wird behandelt mit Benzol, löslich: Pix Lithanthr., unlöslich: Pix betulin.
Löst sich ein Teer in Alkohol und Äther und gibt er mit Petroläther eine grießig-körnige Ausscheidung bei nur geringer Löslichkeit, so liegt vor: Pix liquid.
Läßt man den Steinkohlenteer, der sich durch seinen Geruch nach Naphthalin, seine Unlöslichkeit in den meisten Lösungsmitteln und seine grüne Fluorescenz in Arachisöl scharf heraushebt, beiseite, so gestaltet sich der Schlüssel einfach wie folgt:

Ist der Teer in

Alkohol löslich, in Äther löslich, so liegt Pix liquid. vor.
Alkohol löslich, in Äther unlöslich, so liegt Pix betulin. vor.
Alkohol unlöslich, in Äther löslich, so liegt Pix Junip. vor.
Alkohol unlöslich, in Äther unlöslich, aber in Anilin löslich, so liegt Pix Fagi vor.
Alkohol unlöslich, in Äther unlöslich, aber in Benzol löslich, so liegt Pix Li-
    thanthr. vor.

Trocknet man dünn ausgestrichene Teere auf Glasplatten, so ist in höchstens 2 Tagen bei Zimmertemperatur fest: Pix betulin. (nicht mehr klebend), ziemlich fest: Pix Lithanthr.

---

[1] Süddtsch. Apotheker-Ztg. Nr. 28, **1932**.

Radix und Folia Althaeae.

Radix Althaeae.

Radix Althaeae enthält als Wirkstoff etwa $^1/_3$ in kaltem Wasser lösliche Schleimstoffe, die bei der Hydrolyse d-Glucose und l-Xylose liefern. Außerdem ist in der Droge zu einem weiteren Drittel Stärke vorhanden.

Prüfung auf geschönte Droge. H. WILL[1] hat verschiedene Vorschriften zur Erkennung von gekalkter Eibischwurzel an einem größeren Drogenmaterial geprüft und kam zu dem Ergebnis, daß die Eibischwurzel so viel natürlich vorkommende Kalksalze enthält, daß die Kalkreaktion immer schwach positiv ausfallen wird. Eine Kalkung der Droge läßt sich mit größerer Sicherheit aus einer Erhöhung des in Salzsäure und Essigsäure löslichen Calciumoxyds der Asche feststellen. Dieses soll 1,5% nicht übersteigen. WILL stellt daraufhin folgende Forderung auf:

Übergießt man 2 g geschnittene Eibischwurzel auf einem kleinen, glatten kalkfreien Filter mit 5 ccm 1%iger Essigsäure, so darf das Filtrat durch Ammoniumoxalatlösung höchstens schwach getrübt werden (gekalkte Eibischwurzeln).

1 g Eibischwurzel darf nach dem Verbrennen höchstens 0,07 g Rückstand hinterlassen. Wird dieser Rückstand in 5 ccm verdünnter, warmer Salzsäure gelöst und das Filtrat nach Zusatz von Natriumacetat mit Ammoniumoxalat ausgefällt, darf das auf einem quantitativen Filter gesammelte Calciumoxalat nach dem Veraschen höchstens 0,015 g Rückstand ergeben.

Die Bleichung der Eibischwurzel mit schwefeliger Säure, die von H. KAISER und K. EGGENSPERGER[2] beobachtet wurde und im Jahresbericht der Fa. Caesar & Loretz 1928 erwähnt wird, kann mit Kaliumjodatstärkepapier nachgewiesen werden:

50 ccm Decoctum Althaeae werden in einem Erlenmeyerkolben mit 5 g Phosphorsäure auf dem Wasserbade erwärmt. Der Kolben wird mit einem Korken verschlossen, an dessen unterer Seite ein mit wenig Wasser befeuchteter Streifen Kaliumjodatstärkepapier befestigt ist. Bei anwesender schwefeliger Säure tritt eine vorübergehende Blaufärbung des Streifens auf.

Prüfung des Schleimgehaltes. Viscositätsbestimmungen des Althaeaschleimes wurden von O. DAFERT und E. FUCHSGELB[3], H. WILL[1], C. ROJAHN und K. BÖHM[4] und von E. WALDSTÄTTEN[5] ausgeführt. WALDSTÄTTEN hat die Bedingungen der günstigsten Extraktion und Schleimbildung (Korngröße, Temperatur, Extraktionszeit) eingehend geprüft mit dem Ergebnis, daß der Schleim aus gepulverter Droge und durch Maceration hergestellt werden soll. Zur Viscositätsbestimmung benützte er ein etwas abgeändertes Capillarviscosimeter von OSTWALD (s. S. 66) und schlägt vor, die Wertbestimmung von Radix Althaeae auf folgende Weise vorzunehmen:

5 g Droge werden soweit zerkleinert, daß alles durch ein Sieb mit 1 mm Maschenweite hindurchgeht. Man wägt nun 0,5 g ein und versetzt in einem Standzylinder von 200 ccm Inhalt mit 99,0 g Wasser. Man läßt nun 2 Stunden stehen, wobei man alle 10 Minuten gelinde durchschüttelt. Dies geschieht am besten durch Drehen des Zylinders um seine waagerechte Achse. Nach Ablauf der Zeit wird

[1] Apotheker-Ztg. **1931**, 453. — [2] Süddtsch. Apotheker-Ztg. **1929**, 306.
[3] Pharmaz. h. **33**, 111 (1930). — [4] Pharmaz. Ztg. **79**, 487, 512 (1934).
[5] Scientia pharmac. **6**, 61 (1935).

zuerst durch Watte, dann durch ein doppeltes Filter (Ullersdorf weich) abfiltriert und das Filtrat viscosimetriert. Die relative Viscosität darf nicht weniger wie 1,20 betragen.

ROJAHN und BÖHM[1] prüften die Viscosität im Tropfapparat nach SCHMID-STICH (s. S. 368) in Abhängigkeit von verschiedenen Bedingungen und gelangten zu folgendem Ergebnis:

Die Viscosität der Schleime schwankt stark, und zwar von 30 bis 110″ und ist bemerkenswerterweise nicht einmal bei den teuersten Drogen am höchsten. Aus 13 Drogen errechnet sich beim einfachen Macerat der Mittelwert 58,27″. Wird die Droge scharf getrocknet oder drei Monate dem Licht ausgesetzt, so geht die Viscosität zurück. Hierbei ist zu bemerken, daß der Schleim aus der getrockneten Droge konzentrierter ist, da der Trockenverlust nicht bei der Einwaage berücksichtigt wurde. Sodazusatz erhöht die Viscosität. Konservierungsversuche mit Nipagin M bei einfachen Maceraten ergaben bei der Nachprüfung nach 24 Stunden niedrigere Werte als die nicht mit Nipagin M versetzten Schleime. Nach 24 stündigem Stehen verloren alle Schleime an Viscosität teils durch Absetzen der kolloid gelösten Stärke, teils durch enzymatischen Stärkeabbau.

Folia Althaeae.

Zur Wertbestimmung der Droge schlägt WALDSTÄTTEN[2] vor, auf folgende Weise vorzugehen:

10 g Droge werden soweit gepulvert, daß alles durch ein Sieb mit 1 mm Maschenweite hindurchgeht. Dann wird eine Einwaage von 1 g in einem 200 ccm fassenden Standzylinder mit 99,5 g Wasser übergossen. Während 2 Stunden wird nun alle 10 Minuten gelinde durchgeschüttelt, was am besten durch Drehen des Zylinders um seine waagrechte Achse geschieht. Dann wird zuerst durch Watte, dann durch ein doppeltes Filter (wie Ullersdorf weich) filtriert und die Lösung viscosimetriert. Die relative Viscosität darf nicht geringer sein als 1,25.

ROJAHN und BÖHM[1] gelangten bei ihren Untersuchungen zu folgendem Ergebnis:

Alle Auszüge reagieren sauer außer dem Sodamacerat, das fast neutral reagiert. Die Auslaufzeiten schwanken beim gewöhnlichen Macerat zwischen 42,5 und 67″ (im Mittel: 56″) und die Steighöhe zwischen 2,5 und 6,5 cm (im Mittel: 4 cm) unter den angewandten Bedingungen. Beim Sodamacerat ließen sich nur schlecht übereinstimmende Auslaufzeiten finden. Sodazusatz erhöht die Viscosität des Infuses. Scharfes Trocknen der Droge und längerer Lichteinfluß bedingen Abfall der Viscosität. Macerate, Infuse und Dekokte zeigen keine besonders großen Unterschiede in der Viscosität. Beziehungen zwischen Viscosität und Steighöhe sind nicht so deutlich zu erkennen wie bei Radix Althaeae.

WALDSTÄTTEN fand mit gepulverter Droge folgende Beziehung zwischen Viscosität und Konzentration bei einer Extraktionszeit von 1 Stunde:

Konzentration	0,50%	1,00%	1,35%	1,50%	1,60%
Viscosität	1,15	1,31	1,48	1,56	1,64

[1] Pharmaz. Ztg. **79**, 487 (1934).
[2] Scientia pharmac. **6**, 61 (1935).

Radix Colombo.

Alkaloidbestimmung.

Die Colombowurzel enthält als Alkaloide die quarternäre nicht phenolische Base Palmatin und die quarternären phenolischen Basen Jatrorrhizin und Spuren von Columbamin. H. NEUGEBAUER und K. BRUNNER[1] haben ein Verfahren zur Bestimmung der Gesamtalkaloide und zur Einzelbestimmung der phenolischen Alkaloide und von Palmatin ausgearbeitet. Zur Bestimmung der Gesamtalkaloide werden die quarternären Basen mit nascierendem Wasserstoff zu den mit Äther aus ammoniakalischer Lösung ausschüttelbaren und gut titrierbaren tertiären Basen reduziert. Das nicht phenolische Palmatin läßt sich aus natronalkalischer Lösung mit Äther ausschütteln und titrieren, während Jatrorrhizin und Columbamin als Phenolbasen in Lösung bleiben. Aus der Differenz beider Titrationen ergibt sich der Gehalt an phenolischen Basen. Das Palmatin kann auch als Pikrolonat bestimmt werden:

3 g grob gepulverte Wurzel werden im Soxhlet bis zur Erschöpfung mit verdünntem Weingeist ausgezogen. Der Auszug wird auf 100 ccm mit 45%igem Alkohol ergänzt. 30 ccm werden auf dem Wasserbade vom Alkohol befreit, dann mit 5 ccm verdünnter Essigsäure und 5 ccm verdünnter Schwefelsäure sowie 2 g Zinkstaub versetzt und die Mischung während einer Viertelstunde auf dem Wasserbade erwärmt. Die nahezu völlig entfärbte heiße Lösung wird durch Watte in einen Schüttelzylinder filtriert und Kolben und Wattefilter sorgfältig vier- bis fünfmal mit schwach angesäuertem Wasser nachgewaschen. Nach dem Abkühlen wird mit Ammoniaklösung im Überschuß versetzt, nach nochmaligem Erkalten zweimal mit je 20 ccm Äther ausgeschüttelt, die vereinigten Ausschüttelungen über geglühtem Natriumsulfat getrocknet und schließlich nach Abdampfen der Hauptmenge des Äthers, Vorlegen von 3 ccm 0,1 n-Salzsäure und 3 ccm Wasser, sowie Abdampfen des restlichen Äthers nach dem Erkalten auf rein gelb zurücktitriert (Indicator Dimethylgelb). 1 ccm 0,1 n-Salzsäure = 0,03622 g Gesamtalkaloide.

Das Abdestillieren des Alkohols ist nicht unbedingt erforderlich, da die Reduktion auch ohne vorheriges Entfernen des Alkohols glatt verläuft.

Die auf rein gelb titrierte, die Gesamtalkaloide enthaltende Lösung wird mit 1 ccm Natronlauge versetzt und mit 30 ccm Äther 3 Minuten kräftig geschüttelt. Nach Zugabe von 1 bis 2 g Traganth wird nochmals kräftig umgeschüttelt, bis sich die ätherische Lösung völlig geklärt hat. Dann gießt man durch ein Wattefilter, wäscht Kölbchen und Trichter zweimal gründlich mit je 10 ccm Äther nach, verdunstet den Äther bis auf einen geringen Rest, legt 3 ccm 0,1 n-Salzsäure und 3 ccm Wasser vor, befreit durch nochmaliges vorsichtiges Erwärmen vom restlichen Äther und titriert mit 0,1 n-Natronlauge nach dem Erkalten auf rein gelb zurück (Indicator 2 Tropfen Dimethylgelb). 1 ccm 0,1 n-Salzsäure entspricht 0,0369 g Palmatin.

In 50 ccm des ursprünglichen Drogenauszuges kann das Palmatin auch als Pikrolonat auf folgende Weise ermittelt werden: Der Auszug wird auf dem Wasserbade vom Alkohol befreit, dann mit 10 ccm 15%iger Natronlauge und 50 ccm Äther versetzt und 3 Minuten kräftig geschüttelt. Nach Zugabe von 0,5 g Traganthpulver und nochmaligem kräftigem Durchschütteln wird durch Watte filtriert, viermal mit je 20 ccm Äther unter kräftigem Umschütteln nachgewaschen und dann das Palmatin in den vereinigten Filtraten mit 15 ccm gesättigter ätherischer Pikrolonsäurelösung gefällt. 2 Stunden nach der Fällung wird durch einen Jenaer

[1] Arch. Pharmaz. **276**, 199 (1938).

Glasfiltertiegel filtriert, dreimal mit je 5 ccm Äther nachgewaschen und schließlich eine halbe Stunde bei 100° getrocknet. Die erhaltene Zahl, mit 0,600 multipliziert, ergibt den Gehalt an Palmatin.

Die Autoren fanden in der Wurzel etwa 1,0% Gesamtalkaloide. Das Verhältnis der beiden Alkaloidgruppen unterliegt starken Schwankungen.

Radix Ipecacuanhae.

Die Brechwurzel enthält als Hauptalkaloide 0,6 bis 2,0% Emetin und 0,5 bis 0,8% Cephaelin, dem besonders die brechenerregende Wirkung zugesprochen wird, während dem Emetin hauptsächlich die expektorierende Wirkung zukommt. Die Alkaloide sind zum größeren Teil in der Rinde lokalisiert. B. W. LUPTON[1] fand z. B. in der Rinde 2,1%, im Holzteil 0,76% Alkaloide. Deshalb sollen Drogenpulver zur Erzielung einer einheitlichen Korngröße nicht gesiebt werden, da mit der Entfernung des feinen Drogenpulvers ein beträchtlicher Alkaloidverlust verbunden ist. Dies veranschaulicht Tab. 31 von K. STEIGER[2], in der der Alkaloidgehalt verschiedener Siebfraktionen eingetragen ist. Zur Alkaloidbestimmung wurden die Siebfraktionen zu feinem Pulver pulverisiert.

Tabelle 31.
Alkaloidgehalt verschiedener Siebfraktionen von Radix Ipecacuanhae.

Korngrößen der Ph. Helv. V, die etwa denen des DAB 6 entsprechen	Alkaloidgehalt %
VI	2,74
V und VI	2,60
zwischen IVa und V ...	2,67
etwas feiner als IV	2,50
etwas feiner als III	2,29
gröber als III	2,12

Alkaloidbestimmung.

Bei der in Arzneibüchern gebräuchlichen Methode, nach der die Droge mit ammoniakalischem Äther extrahiert wird, wurden Unregelmäßigkeiten beobachtet L. DAVID[3] und K. BAUER und H. HEBER[4] fanden nämlich in mit Salzsäure bereiteten Infusen mehr Alkaloide als die Droge enthielt. Aus diesem Grunde wurde die Extraktion der Droge mit Salzsäure vorgeschlagen. J. BÜCHI[5] weist jedoch darauf hin, daß die Alkaloide mit ammoniakalischem Äther aus feinem Drogenpulver quantitativ sich extrahieren lassen. Bei feinem Pulver würde sich ein Salzsäurezusatz nicht auf das Ergebnis auswirken. F. A. WHIPPLE und J. M. WOODSIDE[6] führen die höheren Werte, die mit sauren Auszügen erhalten werden, auf Verunreinigungen zurück und ziehen die Extraktion mit ammoniakalischem Äther vor. In Reihenversuchen stellten sie fest, daß die Extraktion im Soxhlet-Apparat anderen Verfahren wie Perkolation, Maceration, Ausschütteln überlegen ist. Sie schlagen folgende Ausführung der Bestimmung vor:

Genau 5 g Droge werden in einer Extraktionshülse in einen Soxhlet gebracht, mit soviel Äther versetzt, daß die Droge bedeckt ist und hierauf unter zeitweiligem Umrühren 5 Minuten stehengelassen. Dann setzt man 3 ccm 27%ige

---

[1] Quart. J. Pharmac. Pharmacol. **7**, 483 (1934).
[2] Pharmac. Acta Helvetiae **10**, 59 (1935). — [3] Pharmaz. Ztg. **1924**, 899.
[4] Pharmaz. Zentralhalle Deutschland **1930**, 513. — [5] Pharmaz. Ztg. **1933**, 448.
[6] J. Amer. pharmac. Assoc. **37**, 83 (1948); Ref. Scientia pharmac. **17**, 23 (1949).

Ammoniakflüssigkeit zu, mischt sorgfältig und läßt über Nacht macerieren. Nach Bedecken der Droge mit einem Wattebausch wird mit Äther 4 Stunden extrahiert, oder so lange, bis die vollständige Extraktion in geeigneter Weise nachgewiesen wurde. Nun bringt man den Ätherauszug in einen Scheidetrichter, spült den Kolben mit wenig Äther nach und schüttelt die Alkaloide mit etwa n-Schwefelsäure quantitativ aus, indem man erst 15 ccm (oder so viel, daß die Lösung sauer reagiert) und dann mehrmals je 10 ccm verwendet.

Die sauren Auszüge werden in einen zweiten Scheidetrichter filtriert, mit dem gleichen Volumen peroxydfreiem Äther versetzt, mit 10%igem Ammoniak alkalisiert und mit mehreren Portionen peroxydfreiem Äther vollständig extrahiert. Die einzelnen Ausschüttelungen filtriert man in ein Becherglas und verdampft den Äther auf dem Wasserbad fast zur Trockene. Nach Zusatz von 5 ccm peroxydfreiem Äther und 10 ccm n/10-Schwefelsäure erwärmt man auf dem Wasserbad, um vollständiges Lösen der Alkaloide zu erzielen und den Äther zu verjagen. Nach dem Abkühlen wird mit 15 ccm Wasser verdünnt und der Säureüberschuß mit n/10-Natronlauge gegen Methylrot zurücktitriert. 1 ccm n/10-Säure = 0,02482 g Alkaloide.

Nach Untersuchungen von C. G. Arkel und M. Meijst[1] führen die Verfahren der Ph. Helv.V und der Ned. Ph. V durch die Titration zu ungenauen Ergebnissen. Sie empfehlen folgende Methode mit einer direkten Titration und einem Mischindicator:

7,5 g Radix Ipecacuanhae werden mit 70 g Äther und 5 ccm Ammoniak eine Stunde geschüttelt. 5 ccm Wasser werden hinzugefügt, die Lösung wird noch einmal kräftig geschüttelt und danach in einen Kolben abfiltriert. Nach Abdestillation des Lösungsmittels wird der Rest in 5 ccm Alkohol gelöst und auf dem Wasserbad erwärmt. Nach Hinzufügen von 20 ccm gekochtem, abgekühltem Wasser und 10 Tropfen Indicatorlösung (8 Tropfen Methylrot und 2 Tropfen Methylenblau) wird mit n/10-Salzsäurelösung bis zum Umschlag nach Purpurrot titriert.

Getrennte Bestimmung von Emetin und Cephaelin.

In manchen Fällen ist die getrennte Angabe der Alkaloide *Emetin und Cephaelin* erwünscht, um z. B. Carthagena- und Rio-Wurzel in Pulverform unterscheiden zu können. In Rio-Matto-Grosso-Droge soll der Emetingehalt gewöhnlich das Doppelte bis Dreifache des Gehaltes an Cephaelin betragen. Solche Bestimmungen wurden von Paul & Cownley[2] und Fromme[3] ausgearbeitet, die auf der Eigenschaft des Cephaelins beruhen vermöge seiner freien Hydroxylgruppe mit starken Basen wie NaHO, KOH, $Ca(OH)_2$, $Ba(OH)_2$, nicht aber mit Ammoniak wasserlösliche Phenolate zu bilden, die aus der ätherischen Lösung ausgeschüttelt werden können. Fromme zog Ätzbaryt vor in der Meinung, eine genauere Trennung der beiden Alkaloide zu erreichen. Trotzdem ist nach diesem Verfahren die Summe des getrennt bestimmten Emetin + Cephaelin fast durchwegs kleiner, als die Bestimmung des Gesamtalkaloidgehaltes ergibt. Die Differenzen schwanken zwischen 0,1 bis 0,4 %. J. Büchi[4] änderte deshalb die Frommesche Methode ab, indem er zur Bindung und Ausschüttelung des Cephaelins Normal-Natronlauge bzw. eine Mischung von Chloroform und Isopropylalkohol benützte und die technische Ausführung genauer gestaltete. Durch diese Verbesserungen stimmen die theo-

---

[1] Pharmac. Weekbl. **87**, 51/52: 892 (1952); Ref. Pharmaz. Ztg. **90**, 50 (1954).
[2] Pharmac. J. **53**, 61 (1893). — [3] Jahresber. der Fa. Caesar & Loretz 1903.
[4] Pharmac. Acta Helvetiae **1932**, 229 und **1934**, 184.

retischen und praktischen Werte fast vollkommen überein. Ausführung der Bestimmung:

6,0 g Brechwurzelpulver (VI) werden in einer Arzneiflasche von 200 ccm Inhalt mit 120 g Narkose-Äther und 5 ccm verdünntem Ammoniak R. während einer halben Stunde häufig und kräftig geschüttelt. Dann läßt man absetzen, gießt nacheinander je 50 g der ätherischen Lösung (= je 2,5 g Brechwurzel) durch etwas Watte:

A in ein Erlenmeyerkölbchen von etwa 150 ccm Inhalt, und

B in einen Scheidetrichter von etwa 150 ccm Inhalt.

A. Bestimmung des Gesamtalkaloidgehaltes (= Emetin + Cephaelin):

Man destilliert aus dem Erlenmeyerkölbchen *A* das Lösungsmittel auf dem Wasserbade ab, nimmt den Rückstand sofort zweimal mit je 5 ccm Narkose-Äther auf und verdampft auch diesen jeweils wieder vollständig. Dann löst man den Rückstand sofort in 1 ccm Weingeist, gibt 5,0 ccm 0,1 n-Salzsäure hinzu und erwärmt eine Minute lang auf dem Wasserbad. Hierauf versetzt man mit 30 ccm frisch ausgekochtem und wieder erkaltetem Wasser und 10 Tropfen Methylrot und titriert den Säureüberschuß mit 0,1 n-Natronlauge bis zur Gelbfärbung zurück (Mikrobürette).

$$1 \text{ ccm } 0,1 \text{ n-HCl} = 0,0238 \text{ g Emetin} + \text{Cephaelin} .$$

B. Trennung von Emetin und Cephaelin:

Die 50 g Ätherlösung im Scheidetrichter *B* werden nacheinander mit 20, 15 und 15 ccm n-Natronlauge je eine Minute lang kräftig ausgeschüttelt und die Ausschüttelungen in einem zweiten Scheidetrichter von etwa 150 ccm Inhalt gesammelt. Diese werden zur Zurückgewinnung von Spuren Emetin eine Minute lang mit 50 ccm Äther ausgeschüttelt und die wäßrige Phase in einen dritten Scheidetrichter von etwa 200 ccm Inhalt ablaufen gelassen. Die ätherischen Emetinlösungen des ersten und zweiten Scheidetrichters werden nacheinander dreimal mit je 10 ccm Wasser eine Minute lang ausgeschüttelt, wobei die wäßrigen Ausschüttelungen des ersten Scheidetrichters nacheinander zur Ausschüttelung des zweiten Scheidetrichters benützt und hierauf in den dritten Scheidetrichter ablaufen gelassen werden.

Bestimmung des Gehaltes an Emetin:

Die ätherischen Lösungen des ersten und zweiten Scheidetrichters gibt man in einen Erlenmeyerkolben von 250 ccm Inhalt, spült die Scheidetrichter mit 10 ccm Äther nach und verjagt das Lösungsmittel. Der aus Emetin bestehende Rückstand wird sofort nach dem Verdunsten der letzten Reste Äther in 1 ccm Weingeist gelöst, mit 5 ccm 0,1 n-Salzsäure versetzt und eine Minute lang auf dem Wasserbade erwärmt. Hierauf versetzt man mit 30 ccm frisch ausgekochtem und wieder erkaltetem Wasser und 10 Tropfen Methylrot und titriert den Säureüberschuß mit 0,1 n-Natronlauge bis zur Gelbfärbung zurück (Mikrobürette).

$$1 \text{ ccm } 0,1 \text{ n-HCl} = 0,0240 \text{ g Emetin} .$$

Bestimmung des Gehaltes an Cephaelin:

Der Cephaelingehalt kann entweder aus der Differenz der Gesamtalkaloide und des Emetins errechnet oder auf folgende Weise bestimmt werden:

Der Inhalt des dritten Scheidetrichters wird nacheinander je eine Minute lang mit 50, 40 und 30 ccm Chloroform-Isopropylalkohol (3 Vol.-Teile + 1 Vol.-Teil) ausgeschüttelt. Die nach Trennung der Schichten noch etwas trüben Ausschüttelungen werden nacheinander durch ein glattes, mit Chloroform-Isopropylalkohol benetztes Doppelfilter von 8 cm Durchmesser in einen mit einigen Glasperlen beschickten Erlenmeyerkolben von 300 ccm Inhalt abfiltriert unter Nachwaschen des Filters mit 10 ccm Chloroform-Isopropylalkohol. Nun wird das Lösungsmittel auf dem Wasserbad abdestilliert. Der trockene, möglichst kurze Zeit erwärmte Rückstand wird in 1 ccm Weingeist gelöst, 5 ccm 0,1 n-Salzsäure zugefügt und eine Minute lang auf dem Wasserbad erwärmt. Hierauf versetzt man mit 30 ccm frisch ausgekochtem, wieder erkaltetem Wasser und 10 Tropfen Methylrot und titriert den Säureüberschuß mit 0,1 n-Natronlauge bis zur Gelbfärbung zurück (Mikrobürette).

$$1 \text{ ccm } 0,1 \text{ n-HCl} = 0,0233 \text{ g Cephaelin} .$$

Radix Liquiritiae.

Zur *Bestimmung* des Wirkstoffes der Süßholzwurzel, *des Glycyrrhizins*, das ein Calcium-, Kaliumsalz der Glycyrrhizinsäure darstellt, wurden mehrere Verfahren ausgearbeitet. Das einfachste und älteste Verfahren besteht darin, daß aus einer mehr oder weniger gereinigten Extraktlösung die Glycyrrhizinsäure mit Schwefelsäure ausgefällt, gewaschen und gewogen wird. Um störende Stoffe, vor allem Harze, auszuschalten, wird die Droge vielfach vorextrahiert. P. A. Heuseman[1] extrahiert z. B. die gepulverte Droge zuerst in der Kälte mit 95%igem Alkohol oder Äther, um harzartige Stoffe wenigstens teilweise zu entfernen, und anschließend das Glycyrrhizin mit 75%igem Alkohol. Trotzdem wird keine reine Glycyrrhizinsäure erhalten und die Bestimmung gibt nur annähernde, meist etwas zu hohe Werte. Sie ist unter Succus Liquiritiae im II. Band näher beschrieben.

H. Cederberg[2] kombiniert diese gravimetrische Methode mit einer Titration der Glycyrrhizinsäure, um damit genauere Werte zu erhalten, indem die mitgewogene Schwefelsäure in Abzug gebracht werden kann. Die mit Schwefelsäure ausgefällte Glycyrrhizinsäure wird nach Waschen mit Schwefelsäure wieder in Alkohol gelöst und in aliquoten Teilen dieser Lösung einerseits eine Titration mit Lauge ausgeführt, andererseits der Gehalt der Lösung an Schwefelsäure durch Fällung mit Bariumchlorid bestimmt. Nach Abzug des auf die Schwefelsäure entfallenden Anteiles wird die bei der Titration der Gesamtsäuren verbrauchte Menge n/10-Kalilauge (Indicator Thymolblau) auf Glycyrrhizinsäure umgerechnet.

Andere Verfahren beruhen auf der aus der Glycyrrhizinsäure abgespaltenen Glukuronsäure, deren Menge durch das Reduktionsvermögen, durch die Furfurolbildung oder colorimetrisch ermittelt wird. Die Glycyrrhizinsäure gibt bei der hydrolytischen Spaltung 1 Mol Glycyrrhetinsäure und 2 Mol Glukuronsäure. E. Erikson[3] arbeitete eine Methode aus, bei der das Reduktionsvermögen der aus der Glycyrrhizinsäure durch Hydrolyse abgespaltenen Glukuronsäure gegenüber Fehlingscher Lösung bestimmt wird. Da sich andere reduzierende Stoffe nicht genügend ausschalten lassen, so liefert die Methode keine genauen Werte. Ein wesentlich genaueres Verfahren geben E. Eder und H. Sack[4] an. Die durch hydrolytische Spaltung der Glycyrrhizinsäure erhaltene Glukuronsäure wird mit Salzsäure destilliert, das dabei gebildete Furfurol mit Barbitursäure gefällt und gravimetrisch bestimmt. Der Glycyrrhizingehalt wird mit einem empirisch ermittelten Faktor berechnet. Wenn dieses Verfahren auch genauere Werte ergibt als die vorher erwähnten Methoden, so ist es ziemlich zeitraubend und umständlich.

---

[1] Amer. J. Pharmac. **84**, 531 (1912).
[2] Svensk farmak. Tidskr. **1927**, Nr. 20; Ref. Jb. Pharmaz. **62**, 183 (1929).
[3] Arch. Pharmaz. **249**, 144 (1911). — [4] Pharmac. Acta Helvetiae **4**, 23 (1929).

Colorimetrische Glycyrrhizinsäurebestimmung von L. Fuchs und J. Trauner-Adelpoller[1].

FUCHS und TRAUNER-ADELPOLLER benützen die aus der Glycyrrhizinsäure abgespaltene Glukuronsäure zu einer colorimetrischen Bestimmung. Das Prinzip der Methode besteht darin, daß die Glukuronsäure mit Naphthoresorzin einen violetten Farbstoff gibt, der mit Äther ausgeschüttelt und colorimetriert wird, wozu die Autoren das PULFRICH-Photometer benützen.

Ausführung. 0,2 g Radix Liquiritiae pulvis werden in einem 100 ccm fassenden Schliffkolben (oder in einem entsprechenden Arzneiglas) mit 50,0 ccm einer Mischung von 100 Teilen 50%igem Alkohol und 2 Teilen 2%iger HCl eine Stunde unter häufigem, kräftigem Umschütteln extrahiert. Dann filtriert man durch ein trockenes Filter, pipettiert 10,0 ccm des Filtrates (= 0,04 g Droge) in ein Zentrifugenglas, fügt 0,4 ccm einer gesättigten wäßrigen Lösung von neutralem Bleiacetat hinzu, mischt durch und zentrifugiert den entstandenen Niederschlag ab. Nach dem Abhebern der überstehenden Flüssigkeit wird der Niederschlag mit 10 ccm 50%igem Alkohol aufgeschwemmt, wieder abzentrifugiert und der Waschvorgang mit 50%igem Alkohol nochmals wiederholt. Die Bleifällung wird dann quantitativ mit 30 ccm 3%iger Schwefelsäure (10 + 10 + 5 + 5 ccm) in ein 75 ccm fassendes Rundkölbchen gespült und schließlich 4 Stunden am Rückflußkühler gekocht. Nach dem Abkühlen bringt man die Spaltungsflüssigkeit in einen 50 ccm-Meßkolben, füllt zur Marke auf und läßt nun am besten über Nacht stehen, damit sich der entstandene Niederschlag (Glycyrrhetinsäure + Bleisulfat) möglichst absetzt. Von der durch ein trockenes Filter gegossenen Lösung werden 0,5 ccm (= 0,400 mg Droge) bis 1,0 ccm (= 0,800 mg Droge), eventuell bis 2,0 ccm (= 1,60 mg Droge), in ein starkwandiges Reagenzglas (1,7 cm lichte Weite und 15 cm Länge) mit eingeschliffenem, 80 cm langem Steigrohr (0,5 cm lichte Weite) pipettiert, mit Wasser auf je 2,0 ccm ergänzt und 2,0 ccm einer frisch bereiteten, filtrierten 0,1%igen wäßrigen Naphthoresorcinlösung sowie 2,0 ccm konz. HCl (d = 1,19) zugefügt. Das Gemisch wird 4 Stunden im kochenden Wasserbad erhitzt und während der ersten halben Stunde nach je 10 Minuten, weiterhin nach je 30 Minuten umgeschüttelt. Nach Beendigung der Reaktion wird im fließenden Wasser gut gekühlt und der gebildete Farbstoff nach Zusatz von 2 ccm 95%igem Alkohol erst mit 10 ccm und anschließend mit 5 ccm peroxydfreiem Äther ausgeschüttelt. Die Ausschüttelung wird zweckmäßig in einem kleinen Schütteltrichter vorgenommen und das Reagenzglas, in dem sich die Reaktionsflüssigkeit befand, jedesmal mit dem Äther zuerst gut ausgespült. Die Ätherauszüge werden vereinigt und in einem kleinen Meßzylinder wieder auf das Volumen von 15 ccm ergänzt. Falls die ätherische Lösung auch nur schwach trüb ist, klärt man durch Schütteln mit einer kleinen Menge Natrium sulfuricum siccum. Neben der Naphthoresorcinreaktion mit der Probe wird stets ein Leerversuch mit Naphthoresorcin und HCl allein unter sonst gleichen Bedingungen ausgeführt. Die Messung im Stufenphotometer erfolgt dann gegen den Ätherauszug des Leerversuches mit dem Filter S 57 bei einer Schichtdicke von 2 cm. Das verwendete Naphthoresorcin darf höchstens schwach verfärbt sein.

Zweckmäßiger nimmt man jedoch die Naphthoresorcinreaktion gleichzeitig mit 2 oder 3 Proben der Spaltungsflüssigkeit vor (zum Beispiel mit 0,5, 0,75 und 1,0 ccm = 0,400 bzw. 0,600 bzw. 0,800 mg Droge oder 0,75, 1,0 und 1,5 ccm = 0,600 bzw. 0,800 bzw. 1,20 mg Droge), um einerseits bei einem niedrigen Gehalt der Droge an Glycyrrhizinsäure noch brauchbare Meßergebnisse zu erhalten und andererseits die Übereinstimmung der Resultate überprüfen zu können.

Zur direkten Berechnung des Prozentgehaltes der untersuchten Radix Liquiritiae genügt bei genauer Einhaltung der Versuchsbedingungen (Volumen des Ätherextraktes 15,0 ccm, Messung der Extinktion E bei einer Schichtdicke von

---

[1] Scientia pharmac. **15**, 2 (1947).

2,0 cm und Filter S 57) die Multiplikation der gefundenen E-Werte mit folgenden Faktoren:

Für 0,5 ccm Spaltungsflüssigkeit = 0,400 mg Droge $E \cdot 53{,}5 = \%$ Glycyrrhizin
„ 0,75 „ „ = 0,600 mg „ $E \cdot 35{,}5 = \%$ „
„ 1,0 „ „ = 0,800 mg „ $E \cdot 26{,}6 = \%$ „
„ 1,5 „ „ = 1,20 mg „ $E \cdot 17{,}7 = \%$ „
„ 2,0 „ „ = 1,60 mg „ $E \cdot 13{,}3 = \%$ „

Ausführung der Bestimmung ohne Colorimeter mit einem Farbstandard als Grenzreaktion.

Die Bestimmung kann auch ohne Colorimeter mit einem Farbstandard als Grenzreaktion ausgeführt werden, wofür sich eine Lösung von Pyoctaninum coeruleum, der noch alizarinsulfosaures Natrium zugesetzt ist, am besten eignet. Die Stammlösung für den Farbstandard enthält 0,25 mg-% Pyoctaninum coeruleum und 0,5 mg-% alizarinsulfosaures Natrium. Hierzu werden 0,0250 g Pyoctaninum coeruleum in 100 ccm Wasser gelöst, von dieser Lösung 1,0 ccm sowie 1 ccm einer 0,050%igen Lösung von alizarinsulfosaurem Natrium wieder mit Wasser auf 100 ccm aufgefüllt.

Die Ausführung der Naphthoresorcinreaktion (NR.-R.) mit der Droge erfolgt genau so, wie dies für die stufenphotometrische Messung angegeben ist. Vom Filtrat der auf 50 ccm aufgefüllten Spaltungsflüssigkeit werden dann 0,75, 1,0 und 1,5 ccm (entsprechend 0,6 mg bzw. 0,8 mg bzw. 1,2 mg Droge) für die NR.-R. verwendet und die auf 15 ccm aufgefüllte Ätherextrakte mit folgenden Verdünnungen der Stammlösung des Farbstandards in gleicher Schichtdicke verglichen:

> Farbstandard a: 20 ccm Stammlösung + 40 ccm Wasser,
> Farbstandard b: 21 ccm Stammlösung auf 50 ccm verdünnt,
> Farbstandard c: 30 ccm Stammlösung auf 50 ccm verdünnt,
> Farbstandard d: 25 ccm Stammlösung auf 50 ccm verdünnt.

Nimmt man als untere zulässige Grenze einen Glycyrrhizingehalt von Radix Liquiririae von 6% an, so muß die Probe mit 0,6 mg Droge dem Farbstandard a, mit 0,8 mg Droge dem Farbstandard b, mit 1,2 mg Droge dem Farbstandard c in der Farbtiefe mindestens entsprechen. Der Farbstandard d hingegen entspricht für 1,2 mg Droge nur mehr einem Gehalt von rund 5% Glycyrrhizinsäure und muß daher auf jeden Fall heller sein als die Probe.

Soll eine dem photometrischen Verfahren analoge Bestimmung des Glycyrrhizinsäuregehaltes mittels des angegebenen Farbstandards ausgeführt werden, so ist hierzu ein wenigstens zweistufiges Colorimeter nötig. Man braucht dann nur die Ätherausschüttelung eines gleichzeitig vorgenommenen Leerversuches dem Tauchzylinder mit dem Farbstandard vorzuschalten, und zwar in gleicher Schichtdicke wie die Ätherausschüttelung der Probe, um den Leerwert des Naphthoresorcins zu eliminieren. Der Farbstandard d (= Stammlösung 1:1 verdünnt) würde unter diesen Bedingungen einem Gehalt von 70 γ Glycyrrhizinsäure entsprechen. Es kann natürlich auch eine andere Verdünnung als Farbstandard gewählt werden. Die Berechnung erfolgt in der üblichen Weise nach dem BEERschen Gesetz $d_1 : d_2 = c_2 : c_1$.

Radix Primulae.

Radix Primulae enthält neben Glykosiden 5 bis 10% Saponine, von denen eines, die Primulasäure, in kristalliner Form erhalten wurde. Die Saponine sind in Wasser wenig, in Alkohol besser löslich, und die Löslichkeit kann infolge des sauren Charakters durch alkalische Zusätze verbessert werden. Außerdem sind in der Droge stark gelierende und quellende Stoffe und ein Kratzstoff vorhanden, der nach L. KOFLER und

M. Brauner[1] mit dem Saponin nicht identisch ist und sich von diesem trennen läßt. Er ist in neutralem, alkalischem und saurem Wasser löslich und kann durch Kochen mit salzsaurem Wasser der Droge entzogen werden.

Eine kratzstofffreie Droge erhält man, wenn man 2 g Droge in eine kochende Mischung von 90 ccm Wasser und 10 ccm n/10-Salzsäure wirft und einige Minuten kocht. Nach dem Abfiltrieren wird die Droge mit Ammoniak befeuchtet und im Trockenschrank bei 50° getrocknet.

Es treten dabei aber Saponinverluste von 24 bis 42% auf, die hauptsächlich auf die Trocknung zurückgeführt werden, da in Auszügen der behandelten Droge ohne Trocknung der Verlust nur 9% beträgt. Es läßt sich also z. B. bei Dekokten anwenden, bei denen eine Trocknung der Droge nicht nötig ist und eine Neutralisierung des Auszuges nur ratsam erscheint. V. Würtzen[2] neutralisiert die Droge auf folgende Weise:

600 g Droge (Sieb V) werden während 3 Minuten mit der zehnfachen Menge siedender n/10-Salzsäure extrahiert und filtriert. Die Droge wird abgepreßt, darauf mit 240 g 2-n-Ammoniak befeuchtet und bei 30° getrocknet. Der Saponinverlust beträgt dabei 22,8 %.

H. Mühlemann und W. Scheidegger[3] stellten aus einer so behandelten Droge ein Trockenextrakt her, das sich von einem Extrakt aus unbehandelter Droge im Saponingehalt und in anderen Eigenschaften nicht unterschied. Dies wird auch von R. Heiz[4] bestätigt. Wenn auch eine Geschmacksverbesserung sich ergab, so ist sie doch nicht so erheblich, daß die aufgewendete Mühe bei größeren Drogenmengen berechtigt wäre.

Nach A. Büchi, J. Büchi und R. Dolder[5] kommt aber der kratzende Geschmack den Saponinen selber zu, da nach Fällung der Saponine aus einer wäßrigen Lösung mit Cholesterin das Filtrat der Cholesterinfällung den kratzenden Geschmack verloren hat. Der Kratzstoff kann deshalb nicht ohne Saponinverluste aus der Droge oder deren Präparate entfernt werden.

Dieselben Autoren konnten auch nachweisen, daß die Gelierfähigkeit wäßriger Drogenauszüge auf den Saponinen beruht. Wird aus einem gelierten Fluidextrakt das Saponin durch Cholesterin ausgefällt, so ist der saponinfreie Anteil des Fluidextraktes nicht mehr gelierfähig. Die Drogenauszüge müssen mindestens 40 Gew.-% Alkohol enthalten, damit keine Gelierung eintritt.

Bestimmung des Hämolytischen Index.

Die Löslichkeitsverhältnisse der Primulasaponine erfordern eine entsprechende Bereitung des Auszuges, um eine quantitative Saponinextraktion zu erreichen. Nach Untersuchungen von Mühlemann und Scheidegger[3] und A. Büchi und Mitarbeitern[5] erhöhen sich die Sapo-

---

[1] Arch. Pharmaz. **85**, 424 (1925). — [2] Dansk Tidsskr. Farmac. **15**, 25 (1941).
[3] Pharmac. Acta Helvetiae **22**, 405 (1947).
[4] Pharmac. Acta Helvetiae **23**, 217 (1948).
[5] Pharmac. Acta Helvetiae **25**, 354 (1950).

ninausbeuten mit steigendem Zerkleinerungsgrad der Droge, aber mit Wasser, auch im alkalischen Medium, ist eine quantitative Saponinausbeute nicht erreichbar. Diese ist nur mit 40%igem Alkohol und 30 Minuten langem Erhitzen auf dem Wasserbade möglich. In diesem Falle ist ein Alkalizusatz nicht nur überflüssig, sondern er setzt sogar die Ausbeute herab. Die Drogenkonzentration kann zwischen 0,5 bis 2,5 g pro 100 g Auszug schwanken. Zur Bestimmung des H. I. muß der alkoholische Auszug eingedampft und der Rückstand in wäßriger Lösung aufgenommen werden. Die Herstellung des Drogenauszuges verläuft dann folgendermaßen:

a) Nach MÜHLEMANN und SCHEIDEGGER: 0,2 g grob bis mittelfein gepulverte Schlüsselblumenwurzel werden in einem Erlenmeyerkolben mit 50 ccm Spiritus dilutus am Rückflußkühler während einer halben Stunde unter gelegentlichem Umrühren auf dem Wasserbad erhitzt und erkalten gelassen. 10 ccm der durch Watte filtrierten Mischung werden in einem weiten Wägeglas im Vakuumexsiccator bei normaler Temperatur vollständig getrocknet und in 20 ccm isotonischer Phosphatpufferlösung vom p_H etwa 7,4 aufgenommen. Diese Lösung, entsprechend 0,2 g Rhizoma Primulae, wird zur Bestimmung der hämolytischen Wirksamkeit verwendet.

b) Nach BÜCHI und Mitarbeitern: Etwa 0,2 g Rhizoma Primulae (VI), genau gewogen, werden mit 50 ccm 40 vol.-%igem Weingeist unter häufigem Umschwenken 30 Minuten am Rückflußkühler erhitzt und nach dem Erkalten am Rückflußkühler filtriert. 10 ccm des Filtrates werden in einer weiten, flachen Schale bei max. 80° zur Trockene verdampft und der Rückstand mit Phosphatpufferlösung zu 50 ccm aufgenommen.

Mit einem dieser Auszüge wird die Saponinbestimmung nach einem im allgemeinen Abschnitt „Bestimmung der Saponine" angegebenen Verfahren (S. 46) ausgeführt.

Radix Rauwolfiae serpentinae.

Alkaloidbestimmung.

Die Wurzeln von Rauwolfia serpentina enthalten 5 Alkaloide in einer Menge von etwa 1%, die eine blutdrucksenkende Wirkung aufweisen. Die Alkaloide werden in die Ajmalingruppe mit schwächeren Basen und in die Serpentingruppe mit stärkeren Basen unterteilt. Zur Alkaloidbestimmung wurden mehrere, meist gravimetrische, Verfahren ausgearbeitet. Die Methode von M. L. SCHROFF und M. L. DHIR[1], nach der die Alkaloide mit Magnesiumoxyd und Äther-Chloroform aus der Droge extrahiert werden, liefert zu geringe Werte. Die fluoremetrische Methode von V. M. BAKSHI[2] erfaßt nur die Serpentingruppe und A. DUTT[3] bestimmt die Alkaloide nach dem Verfahren der Ph. Brit. für Folia Belladonnae. L. HÖRHAMMER und S. B. RAO[4] entwickelten eine Schnellmethode, die sich auf ein Trennverfahren von DUTT aufbaut, nach dem sich die Alkaloide dem Rückstand eines äthanolischen Gesamtauszuges der Droge durch Digerieren mit Wasser entziehen lassen:

Etwa 3 g gepulverte Droge werden im Soxhlet erschöpfend mit 95%igem Alkohol extrahiert. Nach Abdestillieren des Alkohols digeriert man den halbfesten,

---

[1] Indian J. pharmac. **3**, 59 (1941). — [2] Indian J. pharmac. **12**, 172 (1950). [3] Indian J. pharmac. **9**, 54 (1947). — [4] Arch. Pharmaz. **287**, 75 (1954).

rotbraunen Rückstand mehrmals (etwa fünfmal) mit je 20 ccm heißem Wasser, bis die Prüfung mit MAYERS Reagens nicht mehr positiv ausfällt. Die wäßrigen Auszüge werden einzeln durch ein Faltenfilter in einen Scheidetrichter (Fassungsvermögen 250 ccm) filtriert. Nach Alkalisieren der vereinigten wäßrigen Auszüge mit konzentriertem Ammoniak extrahiert man die freien Basen mit Chloroform; viermalige Extraktion mit je 20 ccm Chloroform erweist sich als hinreichend. Die vereinigten Chloroformlösungen wäscht man mit 10 ccm destilliertem Wasser und filtriert durch ein mit Chloroform angefeuchtetes Faltenfilter in ein gewogenes Kölbchen und destilliert das Lösungsmittel ab. Der Rückstand wird zunächst auf dem Wasserbad und anschließend über Calciumchlorid bis zum gleichbleibenden Gewichte getrocknet.

Die Autoren fanden 1,5% Alkaloide; die Werte stimmten mit denen des Verfahrens des Indischen Arzneibuches praktisch überein.

W. L. HOLT und CH. H. COSTELLO[1] weisen auf die unterschiedliche pharmakologische Wirkung der einzelnen Alkaloide hin, von denen Serpentin die größte blutdrucksenkende Wirkung besitzt, so daß eine Bestimmung des Gesamtalkaloidgehaltes keinen genauen Schluß auf die therapeutische Wirkung zuläßt. Zur Extraktion der Gesamtalkaloide eignet sich nach den Autoren am besten Aceton und Chloroform.

Radix Valerianae.

Als Wirkstoff der Baldrianwurzel wird in erster Linie das ätherische Öl angesehen, das in Mengen von 0,2 bis 1,0% in der Droge enthalten ist. Von dessen verschiedenen Bestandteilen kommt vor allem dem Borneolisovaleriansäureester die sedative Wirkung auf das Zentralnervensystem zu, von dem das ätherische Öl etwa 9% enthält. Außerdem soll auch ein Alkaloid an der Wirkung der getrockneten Droge beteiligt sein und noch andere unbekannte wasserlösliche Stoffe, vermutlich saurer Natur. Nach F. GSTIRNER und H. KIND[2] ist das ätherische Öl nur mit etwa $1/_3$ an der Gesamtwirkung der Droge beteiligt.

Die frische Droge enthält die Alkaloide Chatinin und Valerin in Mengen von etwa 0,01% und Methylpyrrylketon, die gleichfalls eine sedative Wirkung besitzen, aber leicht oxydativ zerstört werden und in der getrockneten Droge nicht mehr enthalten sind.

Die Bestimmung des ätherischen Ölgehaltes oder des Säuregehaltes ist deshalb für eine Wertbestimmung des Baldrians nicht ausreichend, die nur auf biologischem Wege erfolgen kann. Dafür werden mannigfaltige Methoden benutzt, indem z. B. an Mäusen, Fröschen, Kaninchen, Vögeln und Fischen die sedative Wirkung auf verschiedenste Weise bestimmt wird, weshalb die Ergebnisse nicht vergleichbar und oft widersprechend sind. Als ein besonders zweckmäßiges Verfahren hat sich die Bestimmung an der Maus erwiesen, bei der die Mindestdosis eines Baldrianpräparates nach Erregung der Maus mit Coffein im Zitterkäfig ermittelt wird. Mit dieser Methode wurden z. B. von F. GSTIRNER und H. KIND[2] ausgedehnte Versuche ausgeführt, die zu folgenden Ergebnissen führten:

---

[1] J. Amer. pharmac. Assoc. Sci. Ed. **43**, 144 (1954).
[2] Pharmazie **6**, 57 (1951).

Bei der getrockneten Droge und bei alkoholischen Auszügen besteht zwar eine Parallelität zwischen physiologischer Wirkung und Gehalt an ätherischem Öl, die aber nicht nur auf dem Öl, sondern auch auf anderen Wirkstoffen beruht. Da diese unbekannten Wirkstoffe sich in der Haltbarkeit ähnlich wie das ätherische Öl verhalten, so kann dessen Gehalt wenigstens als Gradmesser für die Zersetzung der Wirkstoffe dienen und erlaubt eine Beurteilung des offizinellen Baldrians. Von einer guten, frischen Droge wird ein Mindestgehalt von 0,5% ätherischem Öl erwartet werden können. Bei alkoholischen Präparaten gilt dies nur für frische Präparate, da bei älteren Präparaten zwar der Gehalt an ätherischem Öl gleich befunden wird, aber die Wirksamkeit sich beträchtlich verringern kann, so daß keine Parallelität mehr zwischen ätherischem Ölgehalt und Wirkung besteht. Solche älteren Präparate sind allerdings an dem starken Geruch abgespaltener Baldriansäure in dem isolierten Öl zu erkennen. Wenn auch eine Parallelität zwischen Wirkung und Säuregehalt festgestellt wurde, so reichen die vorliegenden Untersuchungen nicht aus, um den Säuregehalt als Bewertung heranziehen zu können. Immerhin kann in der Droge ein hoher Gesamtsäuregehalt für eine wirksame Droge angesehen werden, wenn z. B. der Gesamtsäuregehalt von 5 g Droge etwa 15 ccm n/10-Natronlauge entspricht. Man ist deshalb in den meisten Fällen, besonders bei Baldrianauszügen, noch auf die biologische Prüfung angewiesen.

Während der Lagerung verflüchtigt sich teils das Öl aus der Droge, teils wird es zu unwirksamen Stoffen gespalten oder oxydiert, so daß die Wirksamkeit der Droge allmählich abnimmt und möglichst nicht zu lang gelagerte Droge verarbeitet werden soll.

Rhizoma Filicis.

Die Droge Rhizoma Filicis enthält als Wirkstoffe eine Reihe von sauren Phloroglucinderivaten, die bei der Spaltung Buttersäure geben, in ihrer Wirkung auf Bandwürmer aber sehr unterschiedlich sind. Am wirksamsten soll das Filmaron mit vermutlich vier Phloroglucinbutanoringen sein, das sich allmählich zersetzt. Trotz dieser unsicheren Verhältnisse der Wirkstoffe wird die Droge und das Extrakt nach dem sogenannten Rohfilicingehalt bewertet, das ein Gemisch von Phloroglucinderivaten sehr schwankender Wirksamkeit darstellt. Aus diesem Grunde wurden auch mehrere biologische Methoden ausgearbeitet, die eine viel genauere Beurteilung der Wirkung ermöglichen. C. KOFLER und E. MÜLLER[1] z. B. fanden bei der Testung an kleinen Fischen bei frischen Filixdrogen bereits Wirkungsunterschiede im Verhältnis 1 : 2 und bei alten und frischen Drogen Unterschiede wie 1 : 15, während die gleichzeitig durchgeführte Rohfilicinbestimmung nur eine unbeträchtliche Abweichung ergab.

Bestimmung des Rohfilicins.

Zur Bestimmung des Rohfilicins in der Droge, werden von dieser etwa 50 g mit Äther erschöpfend perkoliert, der Äther abdestilliert und

---

[1] Arch. Pharmaz. **268**, 644 (1930).

im Rückstand das Rohfilicin wie in einem Extractum Filicis ermittelt.
Das als Rohfilicin bezeichnete Gemisch von Phloroglucinbutanonderivaten
läßt sich aus ätherischer Lösung mit Barytwasser ausschütteln und nach
dem Ansäuern aus der wäßrigen Lösung mit Äther extrahieren. Der Verdampfungsrückstand dieser Lösung wird als Rohfilicin gewogen. Für dieses Verfahren, das auch in Arzneibücher Aufnahme gefunden hat, werden
verschiedene Ausführungen angegeben, z. B. von W. PEYER[1], G. BÜM-
MING[2], G. FRERICHS[3].

B. REICHERT[4] gibt folgendes Verfahren an:

5 g des bei 50° C mit einem Glasspatel gut durchgemischten Farnextraktes
werden in einem weithalsigen Arzneiglase von 200 ccm Fassungsvermögen in 30 g
Äther gelöst und mit 100 g Barytwasser (5%) versetzt. Das Gemisch wird 5 Minuten
lang kräftig durchgeschüttelt und in einen Scheidetrichter gegeben. Unmittelbar
nach dem Trennen der beiden Schichten wird die untere Schicht abgelassen und
85 g dieser wäßrigen Flüssigkeit (= 4 g Farnextrakt) in einem zweiten Scheidetrichter mit 4 ccm 25%iger Salzsäure versetzt und nacheinander mit 25, 15 und
10 ccm Äther ausgeschüttelt. Die Ätherlösungen werden durch ein kleines glattes,
mit etwas getrocknetem Natriumsulfat beschicktes Filter in ein genau tariertes
Kölbchen filtriert. Nach dem Ablaufen der letzten Ausschüttelung werden Filter
und Natriumsulfat mit Äther gründlich nachgewaschen. Nachdem der Äther auf
mäßig erwärmtem Wasserbade abgedunstet ist, wird der verbleibende Rückstand
30 Minuten lang bei 100° C getrocknet und nach dem Erkaltenlassen im Exsiccator
gewogen. Dabei soll sein Gewicht mindestens 1,0 g betragen, was einem Mindest-
gehalte von 25% Rohfilicin entspricht.

H. J. TOFT[5] trocknet das Rohfilicin 3 Stunden bei 80°. E. SELLES
und F. A. ALVAREZ[6] schlagen folgende Ausführung vor:

4 g Extrakt werden mit 50 g gewaschenem Sand gemischt und mit 100 ccm
2%igem Barytwasser unter öfterem Umschütteln 2 Stunden stehengelassen.
50 ccm des Filtrates werden mit 3 ccm Salzsäure gemischt. Der Niederschlag wird
nacheinander mit 30, 20, 15 und 10 ccm Äther extrahiert. Die vereinigten Auszüge
werden nach dem Trocknen mit wasserfreiem Natriumsulfat auf dem Wasserbade
bis zur Schaumbildung eingedunstet. Dann evakuiert man den auf dem Wasserbade
stehenden Kolben. Nach einer halben Stunde läßt man im evakuierten Schwefel-
säureexsiccator erkalten und wägt.

CSIPKE[7] drückt die Wertbezeichnung des Präparates in den Grundverbindungen des Farnkrautes aus, in der Annahme, daß bei gravimetrischen Verfahren auch unwirksame Bestandteile mitgewogen werden.
Von dem Gedanken ausgehend, daß die wirksamsten Bestandteile des
Extraktes zwar die höheren Phloroglucide mit mehreren Kernen sind,
die zu den Grundverbindungen Phloroglucin und Buttersäure bzw. zum
einfachen Ester, zum isobuttersaurem Phloroglucin (= Phlorobutyrophenon) abgebaut werden können, will CSIPKE den Wert des Extraktes
in diesen Grundstoffen angeben, um auch über den chemischen Wert des
Extraktes ein einheitliches Bild zu gewinnen. CSIPKE versuchte zuerst
die abgespaltene Buttersäure oder die Oxydierbarkeit des Phloroglucins

---

[1] Apotheker-Ztg. **1926**, 424.
[2] Apotheker-Ztg. **1927**, 859. — [3] Apotheker-Ztg. **1927**, 940.
[4] Zbl. Pharmaz. **1929**, Nr. 42; Ref. Pharmaz. Ztg. **1929**, 1567.
[5] Dansk Tidsskr. Farmac. **14**, 252 (1940); Ref. Jb. Pharmaz. **75**, 191 (1940).
[6] Gal. Acta **1**, 90 (1948); Ref. Pharmaz. Zentralhalle Deutschland **89**, 197 (1950).
[7] Ber. ung. pharmaz. Ges. **1929**, Nr. 5; Ref. Pharmaz. Ztg. **1929**, 1567.

durch Hypobromid und Hypojodid aber ohne Erfolg zur Bestimmung heranzuziehen. Erst durch die Reduktion von ammoniakalischem Silbernitrat wurden an reinem Phloroglucin gute Ergebnisse erzielt, worauf sich folgende Wertbestimmung des Filixextraktes gründet:

Das in Äther gelöste Extrakt wird mit Barytwasser zweimal ausgeschüttelt, die Ausschüttelung wird filtriert und auf ein bekanntes Volumen ergänzt. Davon wird ein bekanntes Volumen mit einer Pipette abgenommen und mit ammoniakalischem Silbernitrat vermengt an dunklem Ort 6 bis 10 Stunden lang stehengelassen. Das abgeschiedene Silber wird auf einem dichten Faltenfilter gesammelt, ausgewaschen und in 20%iger Salpetersäure gelöst. Das auf diese Weise erhaltene Silbernitrat wird mit $n/10$-H_4NSCN auf direktem Wege bestimmt (Indicator Ferriammoniumsulfat). 1 ccm $n/10$-H_4NSCN = 0,0108 g metallisches Silber = 0,00217 g Phloroglucin = 0,0196 g Phlorobutyrophenon.

L. Hörhammer und H. R. Spagl[1] versuchten zur weiteren Prüfung des Rohfilicins die UV-Absorption heranzuziehen, nachdem sie feststellten, daß die Filixwirkstoffe in chloroformischer Lösung deutlich ausgeprägte Absorptionsmaxima bei 285 bis 290 mμ und ein Minimum bei 260 mμ aufweisen (Konz.: 870 mg Rohfilicin pro Liter Chloroform oder Methanol, Schichtdicke 0,101 mm). Eine Zersetzung und die damit verbundene Wertminderung eines wirksamen Filixpräparates kann nach ihrer Untersuchung charakterisiert werden: a) durch Verschiebung des Maximums 285 bis 290 mμ zum kürzerwelligen Bereich hin und b) durch Abnahme der relativen Höhe der Kurven, insbesondere der Höhe der Maxima im Vergleich zum Minimum bei 260 mμ. Ein Rohfilicin dürfte um so besser zu bewerten sein, je weiter seine etwa bei 287 mμ liegende Absorptionsbande ins Längerwellige verschoben ist. Trotzdem tritt der Unterschied verschieden wirksamer unzersetzter Filixpräparate im biologischen Versuch deutlicher hervor als durch ihre UV-Absorption. Die biologischen Vergleichsversuche wurden mit Röhrenwürmern (Tubifex rivulorum) ausgeführt.

Das colorimetrische Verfahren von H. Popoff[2] mit diazotierter Sulfanilsäure hat keine Bedeutung erlangt.

Biologische Methoden.

Die biologische Prüfung von Wurmfarnextrakten wird mit Blutegeln, Regenwürmern, Bandwürmern oder kleinen Fischen ausgeführt, die in eine Lösung oder Suspension des Filixextraktes eingetragen werden. Hierauf wird die Wirkung auf die Tiere beobachtet. Eine andere Methode, die den klinischen Verhältnissen weitgehend angepaßt ist, aber pharmakologische Erfahrung erfordert, besteht darin, daß Versuchstiere (Ratten, Mäuse) mit Bandwürmern infiziert werden und die Wirkung der Farnextrakte an diesen infizierten Tieren geprüft wird. Da die Testtiere nicht gleichmäßig reagieren, so empfiehlt es sich, die Ergebnisse mit einem Standard zu vergleichen. Über den geeigneten Standard gehen die Meinungen noch auseinander. Rohfilicine werden meist wegen ihrer Unbeständigkeit und auch Filmaron wegen der uneinheitlichen Zusammensetzung abgelehnt. Besser eignen sich haltbare kristallisierte Substanzen

---

[1] Arch. Pharmaz. **287**, 18 (1954). — [2] Scientia pharmac. **9**, 29 (1938).

wie Phlorobutyrophenon (WASICKY[1]), Filixsäure (YAGI[2]), Gentianaviolett, Kristallviolett (ACKERMANN[3]) und Rottlerin (SEELKOPF[4]).

Da die wirksamen Filixbestandteile wasserunlöslich sind, müssen sie vor der Bestimmung in eine wasserlösliche Form gebracht werden. Man führt die Wirkstoffe deshalb in wasserlösliche Natrium- oder Magnesiumsalze über. Diese Lösungen verlieren aber bald an Wirksamkeit und müssen schnell dem Versuch zugeführt werden. Von einigen Autoren werden deshalb Suspensionen ohne alkalische Zusätze verwendet. Es ist jedoch zu berücksichtigen, daß reine Filixsubstanzen unresorbierbar und daher unwirksam sind, dagegen die Alkaliverbindungen bei jeder Art der Applikation stark wirken. Darauf macht z. B. in neuerer Zeit wieder K. SEELKOPF[4] aufmerksam, als er Rottlerin und Filixsäure als Standard bei wurminfizierten Mäusen prüfte. Nur mit folgender Lösung wurden brauchbare Werte erzielt:

96 mg Rottlerin wurden mit 1 ccm Wasser und 1,2 ccm 12%iger Natriumcitratlösung angeteigt; mit 1,0 ccm n/2-NaOH zur Lösung gebracht. Die Lösung wurde mit einigen Tropfen Essigsäure auf p_H 8,8 eingestellt und mit Wasser auf 6 ccm aufgefüllt.

Ebenso konnte er zeigen, daß die therapeutische Wirksamkeit eines an und für sich schwach wirksamen Extraktes durch Verabreichung in alkalischer Lösung ganz wesentlich zunimmt, während die Toxicität für den Wirt nicht in demselben Maße ansteigt. Das Extrakt wurde dabei Ratten in folgender Form verabreicht:

Es wurden 180 mg Extrakt mit 3 ccm 12%iger Natriumcitratlösung, 1,5 ccm m/2-NaOH, 0,6 ccm m/2-Essigsäure und 75 mg glykocholsaurem Natrium (als Emulgator) versetzt. Die entstandene „Lösung" wurde mit einem Stärkebrei (1:30) auf 15 ccm aufgefüllt. Der größte Teil des Extraktes ging in Lösung, nur ein wenig ätherisches Öl und Harz blieben ungelöst. Diese letzteren Bestandteile ließen sich in der Stärke mit Hilfe des Emulgators gut verteilen. Das Gemenge hatte am Schluß ein p_H von 8,8 und wurde zur Vermeidung einer Zersetzung sofort an die Versuchstiere verabreicht.

Verfahren von Csipke[5] mit Blutegeln.

4 g des bei 40° C sorgfältig umgerührten ätherischen Extraktes werden mit Pulv. Gummi arabici und 1% wäßriger Natriumhydrocarbonatlösung zu einer sorgfältigen Emulsion verarbeitet. Die Emulsion wird mit 1% Natriumhydrocarbonat enthaltendem Brunnenwasser auf 2000 ccm verdünnt, wovon 500 ccm (= 1 g Extrakt) ebenfalls mit natriumhydrocarbonathaltigem Brunnenwasser auf 2000 ccm ergänzt werden. Dies ist die Stammlösung, deren 200 ccm 0,10 g Extrakt enthalten. Die Lösung kann nach 2 Stunden in Gebrauch genommen werden.

Die Dosis minima letalis wird in mehreren Phasen festgestellt. Zuerst werden mehrere Lösungen hergestellt, zwischen deren Konzentration eine größere Differenz besteht, und nun sucht man jene zwei orientierende Werte, von denen bei einem (wenigstens 6 Stück 3 bis 5 g schwere Blutegel gebraucht) binnen 2 Stunden alle Tiere zugrunde gehen, bei dem anderen aber binnen 2 Stunden kein einziges getötet wird.

In der zweiten Phase des Versuches trachtet man diese zwei orientierenden Mengen einander derart näher zu bringen, daß bei dem höheren Werte die Blutegel

---

[1] Schweiz. Apotheker-Ztg. **62**, 602 (1924). — [2] Z. ges. exp. Med. **3**, 64 (1914).
[3] Dissertation Bern, 1946. — [4] Arzneimittelforsch. **2**, 55 (1952).
[5] Ber. ung. pharmaz. Ges. **1930**, Nr. 2; Ref. Pharmaz. Ztg. **1930**, 761.

binnen 2 Stunden eben noch zugrunde gehen, bei dem niederen Werte aber noch nicht getötet werden.

In der dritten Phase sucht man zwischen den beiden jene Konzentration (sozusagen den biologischen Mittelwert), bei welcher die Hälfte oder etwas mehr als die Hälfte der Blutegel binnen 2 Stunden, die übrigen aber nur nach 2 Stunden zugrunde gehen. Dies ist die gesuchte Dosis minima letalis. CSIPKE fand bei seinem Standardextrakt als oberen Grenzwert 0,0036, als unteren 0,002, als Dosis minima letalis aber 0,0028.

Verfahren von R. Jaretzky und W. Punzel[1] mit Fischen.

Das Verfahren entspricht im wesentlichen der von WASICKY[2] empfohlenen Fischmethode:

1 g Extrakt wird mit 2,5 g Magnesia usta innig verrieben, die Verreibung in einem größern Erlenmeyerkolben mit 500 ccm Leitungswasser versetzt und während 2 Stunden des öfteren umgeschüttelt. Das Filtrat dieser Anschüttelung verdünnt man mit Leitungswasser auf 1000 ccm, so daß 1 ccm der Lösung 1 mg Extrakt entspricht. Von dieser Stammlösung werden steigende Mengen in eine Reihe gleichgroßer Bechergläser gegeben und die Lösung mit Leitungswasser auf 100 ccm aufgefüllt. In jedes Becherglas verbringt man 4 Fische der Gattung Phoxinus und beobachtet den Eintritt des Todes. Als Dosis letalis minima gilt diejenige Extraktmenge, die auf 100 ccm Wasser gelöst die Hälfte der eingebrachten Fische vor 30 Minuten, den Rest nach 30 Minuten tötet.

Wichtig ist die Einhaltung einer konstanten Temperatur, da eine Temperatursteigerung der Versuchslösungen von 10° auf 20° die Giftwirkung verdoppelt. Die Versuchstiere werden am besten in fließendem Wasser gehalten, das je nach Jahreszeit eine Temperatur zwischen 14° und 17° zeigt. Um den durch die Variabilität der Fische bedingten Fehler auf ein Mindestmaß zu beschränken, werden die Versuche mit mehreren Tieren durchgeführt und die Ergebnisse nur dann gewertet, wenn der Eintritt des Todes bei den Tieren eines Versuches nicht mehr als 7 Minuten auseinanderliegt. Ist der Zeitabstand im Sterben der Fische größer, so wird der Versuch als ungültig betrachtet und wiederholt. Bei Beachtung dieser Vorsichtsmaßnahmen ist eine Kontrolle der Empfindlichkeit der Versuchstiere mit einer Testsubstanz nicht erforderlich.

Verfahren von M. Ackermann[3] mit Tubifex-Würmern.

M. ACKERMANN benützt als Testtiere Tubifex-Würmer und bringt die Wirkstoffe in Form einer Acetonsuspension zur Anwendung. Als Standard benützt er Magnesia-Rohfilicin.

Rohfilicine werden direkt, in Aceton gelöst, mit Wasser suspendiert. Extrakte bestimmt man ebenfalls direkt, ohne zuerst das Rohfilicin herauszulösen wie oben. Die Suspension wird hergestellt durch Auflösen von 0,020 g Substanz in Aceton. Die Acetonlösung wird in einen 100 ccm fassenden Meßkolben gegossen und mit Aceton nachgespült, so daß total 1,5 ccm Aceton zur Verwendung kommen. Darauf spritzt man Leitungswasser (13°) (immer bei derselben Temperatur) in den Kolben und füllt zur Marke auf. 1 ccm dieser Stammlösung wird verdünnt mit Brunnenwasser zu 20 ccm, um eine 1 mg-%ige Lösung zu erhalten. Andere Konzentrationen stellt man unter Verwendung größerer oder kleinerer Mengen Stammlösung her.

Für die Bestimmung verwendet man 20 ccm Suspension. Wenn die Wirksamkeit des zu bestimmenden Extraktes nicht annähernd bekannt ist, so muß im Vorversuch zunächst ermittelt werden, welche Dosis annähernd in Frage kommt. Darauf stellt man sich in Abständen von etwa 10% Konzentrationen über und unter der D.L. 50 her.

---

[1] Arch. Pharmaz. **276**, 559 (1938).
[2] Naunyn-Schmiedebergs Arch. exp. Pathol. Pharmakol. **97** (1923).
[3] Dissertation Bern, 1946.

Unter Einhaltung der Temperatur von 20° werden darauf je 50 Würmer (eventuell auslesen) 35 Minuten in den Gläsern belassen. Dann dekantiert man ab und ersetzt die Suspension mit Brunnenwasser, das wiederum abgegossen wird. Dieses Auswaschen wird dreimal wiederholt. Die Würmer läßt man schließlich in Brunnenwasser 45 Minuten stehen. Gegen Ende dieser Zeit streicht man sich, nachdem man den größten Teil des Wassers entfernt hat, die noch beweglichen Tiere an die Wände hinauf, um nach 45 Minuten endgültig ablesen zu können. Der Standard wird am besten gleichzeitig bestimmt, um genau dieselben Bedingungen zu haben.

Als Tiermaterial verwendet man Würmer, die von einem frischen, guten Magnesia-Rohfilicin aus D. Filix mas bei etwa 0,6 mg-% getötet werden. (Altes oder schlechtes Magnesia-Rohfilicin etwa 1,3 mg-%). Diese Empfindlichkeit wird im allgemeinen erreicht durch 10 bis 20 tägiges Aufbewahren der Würmer in fließendem Wasser ohne Fütterung. Fehlen solche Würmer, so muß die Methode abgeändert werden, je nach der Empfindlichkeit des Tiermaterials, unter Aufstellung einer neuen Dosis-Wirkungskurve.

Grenzdosis oder biologische Wirksamkeit wird in mg-% ausgedrückt und ist diejenige Dosis, bei der 50% aller Tiere bewegungslos bleiben. Die Werte müssen auf einen Standard bezogen werden, in unserem Falle auf das alte Magnesia-Rohfilicin, welches willkürlich gleich 1 gesetzt wurde. Demnach ist die

$$\text{Grenzdosis} = \frac{\text{D.L. 50 des zu prüfenden Präparates}}{\text{D.L. 50 Standard}} \cdot 1 \, .$$

Verfahren von V. Kwaniewski[1] mit Regenwürmern.

Je 1 g Filmaronöl und 1 g des zu untersuchenden Filixextraktes (liegt Droge zur Untersuchung vor, so stellt man daraus ein Extrakt her) werden mit soviel Magnesia usta (etwa 3 g) verrieben, daß ein trockenes Pulver entsteht. Dieses wird in zwei 50 g-Flaschen gefüllt, jede mit 20 g Leitungswasser versetzt und unter öfterem Umschütteln 24 Stunden stehengelassen. Hiernach werden diese Lösungen filtriert und können nun verwandt werden.

Von jeder Lösung werden 1 ccm (= 0,005 g reines Filmaron bzw. 0,05 g Filixextrakt) in ein Becherglas abpipettiert und zu 100 ccm mit Leitungswasser aufgefüllt. In ein drittes Becherglas kommt reines Leitungswasser mit etwas reiner Magnesiumlösung versetzt zur Kontrolle. Nun werden in jedes der drei Gläser fünf frisch gefangene Regenwürmer (Lumbricus terrestris) eingesetzt und der Zeitpunkt des Todes der Tiere beobachtet und verglichen (etwa 2 Stunden). Bei einem guten und therapeutisch brauchbaren Filixextrakt sterben die Würmer in fast der gleichen Zeit wie in der Filmaronvergleichslösung. Ist der Zeitpunkt des Todes zu sehr verschieden (etwa 1 bis 2 Stunden), so entspricht das Extrakt nicht den zu stellenden Anforderungen. Das Filmaronöl soll möglichst frisch bezogen sein.

Verfahren von A. H. Oelkers[2] mit Enchyträen.

Zur Beurteilung eines unbekannten Filixextraktes empfiehlt A. H. OELKERS folgendes biologisches Verfahren mit Enchyträen:

100 mg des Extraktes werden in einem geeigneten Becherglas in 20 ccm absolutem Alkohol unter Erwärmen gelöst. Von dieser Stammlösung werden je 4,0, 3,0, 2,0, 1,5, 1,0, 0,7, 0,5 und 0,3 ccm in Meßkölbchen mit Wasser auf 100 ccm aufgefüllt, so daß man 20, 15, 10, 7,5, 5, 3,5, 2,5 und 1,5 mg-% ige Lösungen bzw. Emulsionen des Extraktes erhält, in die man sogleich nach der Fertigstellung eine größere Anzahl Enchyträen bringt. Anfangs alle 5, später alle 10 bis 15 und noch später alle 30 Minuten wird das Verhalten der Würmer in den Lösungen geprüft. Zur Kontrolle werden parallel dazu Versuche mit Filmaron in der halben Konzentration (Stammlösung 50,0 mg in 20,0 ccm absolutem Alkohol, Aqua ad 100,0) angestellt. Obwohl die von einigen Untersuchern beim Experimentieren mit anderen Wurmarten beobachteten jahreszeitlichen Empfindlichkeitsschwankungen bei

---

[1] Pharmaz. **7**, 381 (1952). — [2] Arzneimittelf. **3**, 623 (1953).

ständig im Versuchsraum gehaltenen Enchyträen nicht vorzukommen scheinen, ist doch eine derartige Kontrolle mit Filmaron bei Auswertung unbekannter Extrakte sicherlich zweckmäßig.

Der Ersatz der Giftlösung durch reines Wasser gleich nach der Feststellung völliger Lähmung der Enchyträen ist als Kontrolle zweckmäßig, da der Ungeübte das Stadium absoluter Lähmung nicht selten etwas zu früh annimmt. In derartigen Fällen kehren die Spontanbewegungen nach wenigen Minuten zurück. War die Lähmung durch Filixstoffe wirklich vollständig, so pflegen mindestens 1½ bis 2 Stunden zu vergehen, ehe das Lähmungsstadium nachzulassen beginnt.

OELKERS hat mit diesem Verfahren eine große Anzahl Filixextrakte mit dem Ergebnis untersucht, daß zwar deutliche Wirkungsunterschiede zwischen den Extrakten nicht selten vorkommen, daß sich jedoch die Haltbarkeit der Extrakte größer erwies, als bisher angenommen wurde. Selbst mehrjährige Extrakte zeigten keine Wirkungsabnahme und auch ständige Aufbewahrung bei 30° führte nach 6 Monaten zu keinem Wirkungsverlust.

Rhizoma Hydrastis.

Die Droge Rhizoma Hydrastis enthält die Alkaloide Hydrastin, Berberin und Canadin, von denen dem Hydrastin die Hauptwirkung zukommt, die durch das Berberin wesentlich unterstützt wird. Das Hydrastin ist zu 1,5 bis 4%, das Berberin zu 0,5 bis 6% und das Canadin zu etwa 0,5% in der Droge enthalten. Hydrastin und Canadin sind tertiäre Basen und lassen sich mit Ammoniak und Äther extrahieren, das Berberin als quarternäre Base kann nur mit Alkalihydroxyden aus den Salzen abgeschieden werden. Auf diesem Verhalten beruht auch die Trennung des Berberins von den anderen Alkaloiden.

Alkaloidbestimmung.

Bei den üblichen gravimetrischen und maßanalytischen Hydrastinbestimmungen der Arzneibücher in der Droge und in den Extrakten wird das Hydrastin und Canadin zusammen bestimmt. Die gravimetrischen Methoden liefern meist zu hohe Werte, weil auch nichtalkaloidische Stoffe mitgewogen werden. Die maßanalytische Bestimmung ist durch den unscharfen Umschlagspunkt bei der Titration erschwert. Als Indicator wird deshalb auch Dimethylgelb oder Mischungen von Methylrot und Methylenblau vorgeschlagen. Diese Fehlerquellen lassen sich vielfach durch Einführung der Adsorptionsanalyse einschränken. Eine besonders hohe Spezifität weist die fluoremetrische Hydrastinbestimmung auf. Auch für die Bestimmung des Berberins wurden Methoden ausgearbeitet.

Gravimetrische Bestimmung.

Wegen der ungenauen Titration des Hydrastins ziehen C. G. v. ARKEL und M. MEIJST[1] neuerdings die gravimetrische Methode vor, für die sie folgende Ausführung vorschlagen:

3 g Drogenpulver werden mit 30 g Äther und 2,5 ccm Ammoniak (10%) 30 Minuten geschüttelt, dann mit 3 ccm Wasser behandelt und filtriert. Die ätherische Lösung wird mit 10 ccm, dann dreimal mit je 5 ccm 10%iger Salzsäure aus-

---

[1] Pharmac. Weekbl. **87**, 853 (1952); Ref. J. Pharmac. Pharmacol. **5**, 327 (1953).

geschüttelt. Die filtrierte wäßrige Lösung wird mit 5 ccm Ammoniak versetzt und mit derselben Äthermenge ausgeschüttelt als ätherische Lösung gewogen wurde. Nach Zusatz von 3 g Traganth wird die ätherische Lösung filtriert, 20 ccm des Filtrates werden auf 5 ccm eingedampft und der Rest durch Stehenlassen vertrieben. Das zurückgebliebene Hydrastin wird bei 100° getrocknet und gewogen.

Adsorptionsanalytische Hydrastinbestimmung.

Um das Hydrastin von störenden Stoffen zu trennen und die Titration zu erleichtern, versuchte man eine Reinigung durch Adsorptionsanalyse. Ein solches Verfahren wird von R. FISCHER und H. FRANK[1] angegeben. Sie perkolieren die Droge heiß mit Äthanol im Aluminiumoxydadsorptionsrohr, dieses vorgereinigte Extrakt wird eingedampft, der Rückstand mit Chloroform aufgenommen und die Lösung neuerdings über Aluminiumoxyd adsorbiert. Das Filtrat wird eingedampft und das Hydrastin maßanalytisch bestimmt:

Etwa 1 g der trockenen, genau gewogenen, fein gepulverten Droge wird auf einem Uhrglas ausgebreitet und 2 bis 3 Stunden in einem mit konzentrierter Ammoniaklösung beschickten Exsiccator stehengelassen, um die vorhandenen Salze in die Basen umzuwandeln. Man kann auch die trockene Droge in die Säule bringen und für je 1 g Einwaage drei Tropfen konzentrierten Ammoniak den ersten Portionen Äthanol zusetzen.

Das Adsorptionsrohr (Lumen 13 bis 14 mm, Länge 20 cm), das mit Methanoldampf heizbar ist, wird mit etwa 7 g Aluminiumoxyd Merck (stand. nach BROCKMANN) beschickt und der Heizkolben mit etwa 150 ccm Methanol gefüllt. Dann wird die Droge mit Hilfe eines weißen Glanzpapieres und einer Federfahne quantitativ in das Extraktionsrohr gefüllt und der Apparat fertig zusammengesetzt.

Nachdem die Heizung durch Sieden des Methanols etwa 10 bis 15 Minuten in Betrieb war, werden 75 ccm reiner Alkohol (96%) in Anteilen von 15 ccm heiß aufgenommen und gegebenenfalls, wenn vorher auf die Räucherung verzichtet wurde, den ersten beiden Anteilen je 3 Tropfen Ammoniak zugesetzt. Das Filtrat wird in einem Schälchen gesammelt und die letzten 3 bis 5 ccm gesondert aufgefangen.

Dieses gesonderte Filtrat dient zur Kontrolle. Es wird auf dem Wasserbade zur Trockene verdunstet, mit 5 ccm einer etwa n/10-Salzsäure aufgenommen und mit 2 bis 3 Tropfen Mayers Reagens versetzt, wobei höchstens eine schwache Trübung auftreten darf.

Das Hauptfiltrat wird bei günstigem Ausfall der Kontrolle auf dem Wasserbad zur Trockene eingedunstet, mit 5 ccm Chloroform aufgenommen und über eine trockene Säule von etwa 1 g Aluminiumoxyd (Lumen des Rohres 7 bis 8 mm im Durchmesser) gegossen. Das Schälchen wird dann zweimal mit je 3 ccm Chloroform nachgespült und diese nacheinander aufgegossen. Nach dem Durchlaufen dieser Lösung wird zweimal mit je 5 ccm Chloroform nachgewaschen.

Das Filtrat wird in einem Titrierkolben aufgefangen und auf dem Wasserbade das Chloroform bis auf einige ccm eingedunstet. Dann werden 5 ccm Wasser und 10 ccm n/10-Salzsäure zugegeben und am Wasserbad das restliche Chloroform verjagt, bis die letzten Tropfen des Chloroforms verschwunden sind, was man durch gelegentliches Schütteln wesentlich beschleunigen kann. Nun läßt man abkühlen und titriert nach Zusatz von 2 Tropfen Methylorangelösung mit n/10-Natronlauge so lange vorsichtig aus einer Feinbürette zurück, bis die letzte rote Färbung eben verschwunden ist und in helleres Zwiebelrot umgeschlagen hat (Vergleichslösung). Aus der Differenz ergeben sich die von der Hydrastinbase gebundenen ccm n/10-Salzsäure, 1 ccm n/10-Salzsäure entspricht 0,03832 g Hydrastin.

J. MENDEZ, E. R. KIRCH und R. F. VOIGT[2] adsorbieren an synthetisches Magnesiumsilikat (Florisin 60 bis 100 Mesh), eluieren mit Äther

[1] Scientia pharmac. 16, 38 (1948).
[2] J. Amer. pharmac. Assoc. Sci. Ed. 38, 538 (1949).

und bestimmen das Hydrastin im Spektrophotometer bei 600 mμ. Etwa gleichfalls adsorbiertes Berberin hat sein Adsorptionsmaximum bei 430 mμ und ist daher leicht von Hydrastin zu unterscheiden.

Fluoremetrische Hydrastinbestimmung.

E. BROCHMANN-HANNSEN und J. EVERS[1] erhöhen die Spezifität der Hydrastinbestimmung und vermeiden die Mitbestimmung des Canadins, indem sie das Hydrastin mit Salpetersäure zu dem stark blau fluorescierenden Hydrastinin oxydieren und dieses fluoremetrisch bestimmen:

0,4 g fein gepulverte Droge werden in einem 100 ccm-Erlenmeyerkolben mit 50 ccm peroxydfreiem Äther 2 Minuten geschüttelt, dann mit 1 ccm Ammoniakflüssigkeit versetzt und 30 Minuten geschüttelt. 25 ccm der ätherischen Extraktlösung werden in ein 100 ccm-Meßkölbchen gebracht und der Äther auf dem Wasserbade abdestilliert. Hierauf werden 10 bis 15 ccm n/10-Schwefelsäure zugesetzt und der Äther vollkommen verjagt. Nach dem Erkalten wird das Volumen mit n/10-Schwefelsäure auf 100 ccm aufgefüllt. 5 ccm dieser Lösung werden mit 10 ccm Salpetersäure (spez. Gew. 1,30) in einem 100 ccm-Meßkölbchen gemischt und 30 Minuten in ein konstantes Wasserbad von 50° gestellt. Nach dem Erkalten wird der Kolben bei 20° mit Wasser aufgefüllt. 10 ccm dieser Lösung werden in einem 100 ccm-Meßkölbchen mit Wasser auf 100 ccm verdünnt und dann die Fluorescenz gemessen.

Zur Aufstellung der Eichkurve werden 50 mg Hydrastin in n/10-Schwefelsäure gelöst und die Lösung auf 250 ccm aufgefüllt. Davon werden Standardlösungen von 0 bis 6 mg pro 100 ccm mit n/10-Schwefelsäure hergestellt und mit je 5 ccm die Oxydation zu Hydrastinin durchgeführt und die Fluorescenz gemessen.

Wird nach den üblichen Verfahren der Arzneibücher die Summe von Hydrastin und Canadin bestimmt, so ergibt die Differenz zu dem Wert der fluoremetrischen Hydrastinbestimmung den Gehalt an Canadin.

Bestimmung von Hydrastin und Berberin.

Einer der ersten Versuche Berberin mit Kalium-Quecksilber-Jodid gravimetrisch in Rhizoma Hydrastis zu bestimmen, geht auf R. WASICKY und JOACHIMOWITZ[2] zurück. NEUGEBAUER und AWE geben Verfahren zur Berberinbestimmung in der Urtinktur an, die dort besprochen werden. E. BROCHMANN-HANNSEN[3] arbeitete ein Verfahren aus, das darauf beruht, daß die sehr starke Base Berberinumhydroxyd auch in großer Verdünnung genau acidimetrisch bestimmt werden kann. Die Titration wird vorzugsweise indirekt und in einer solchen Verdünnung ausgeführt, daß die Farbe der Alkaloidlösung nicht stört. Um die schwache Base Hydrastin titrieren zu können, muß eine möglichst farblose und konzentrierte Lösung vorliegen. BROCHMANN-HANSSEN erreicht dies, indem er eine gründliche Reinigung der Hydrastinfraktion vornimmt. Als Indicator verwendet er Dimethylgelb:

3 g fein gepulvertes Hydrastisrhizom übergießt man in einem Arzneiglas von 200 ccm Inhalt mit 50 ccm Äther und nach kräftigem Umschütteln mit 3 ccm Ammoniakflüssigkeit und läßt das Gemisch unter häufigem, kräftigem Umschütteln eine halbe Stunde lang stehen. Ohne den Bodensatz aufzuwirbeln, gießt

---

[1] J. Amer. pharmac. Assoc. Sci. Ed. **40**, 620 (1951).
[2] Arch. Pharmaz. **255**, 497 (1917). — [3] Pharmac. Acta Helvitiae **21**, 23 (1946).

man die ätherische Hydrastinlösung möglichst vollständig durch ein Wattebäuschchen in einen Scheidetrichter. Der Drogenrückstand wird noch zweimal mit je 10 ccm Äther ausgeschüttelt, jedesmal etwa 2 Minuten lang. Die Äthermenge, die der Drogenrückstand zurückhält, wird durch 5 ccm Wasser verdrängt, und nach Umschwenken in den Scheidetrichter gegossen. Zu den gesammelten ätherischen Auszügen gibt man 10 ccm Wasser und schüttelt kräftig etwa 5 Minuten lang. Nach dem Absetzen und Klären läßt man die wäßrige Phase dem berberinhaltigen Drogenrückstand zufließen, fügt noch 10 ccm verdünnte Schwefelsäure (10%) und 5 ccm Wasser hinzu und erwärmt auf dem siedenden Wasserbad eine halbe Stunde lang unter häufigem Umschwenken des Arzneiglases. Danach setzt man das Gemisch bis zum völligen Erkalten beiseite, gibt dann 75 g Äther und 8 ccm 30%ige Natronlauge hinzu und schüttelt kräftig 10 Minuten lang. Dann versetzt man mit 2,5 g Traganthpulver und schüttelt noch ein paar Minuten lang kräftig durch. Nach dem Absetzen filtriert man 60 g der ätherischen Flüssigkeit durch ein trockenes, gut bedecktes Faltenfilter in einen Erlenmeyerkolben. In den Trichter legt man zur Vorsicht ein Wattebäuschchen unter das Filter. Man destilliert den Äther bis auf einen kleinen Rest ab, gibt noch 10 ccm Äther hinzu und destilliert weiter bis auf ein paar ccm ab. Nun fügt man 5 ccm n/10-Salzsäure und etwa 30 ccm Wasser hinzu und erwärmt die Flüssigkeit auf dem Wasserbade bis zum Verschwinden des Äthergeruches und bis sich das abgeschiedene Berberinchlorid wieder gelöst hat. Nach dem Erkalten versetzt man mit 5 Tropfen Methylrot und titriert mit n/10-Natronlauge bis zum Farbenumschlag. 1 ccm n/10-Salzsäure = 0,0353 g Berberin.

Den Gehalt an Hydrastin bestimmt man während des Erwärmens und des Erkaltens des berberinhaltigen Gemisches wie folgt: Zuerst trocknet man die ätherische Lösung durch kräftiges Schütteln mit einer kleinen Menge Traganthpulver und gießt sie dann aus der oberen Öffnung des Scheidetrichters durch ein mit Äther angefeuchtetes Wattebäuschchen in einen Erlenmeyerkolben. Man wäscht den Scheidetrichter und die Watte mit 2×5 ccm Äther nach und destilliert dann den Äther völlig ab. Nach dem Erkalten wiegt man den Kolben mit der Genauigkeit von einem Dezigramm, löst dann den Alkaloidrückstand in 10 ccm Äther, gibt 25 ccm 0,25%ige Salzsäure hinzu und vertreibt wieder den Äther vollständig. Nach dem Erkalten versetzt man mit so viel 0,25%iger Salzsäure, daß das Gesamtgewicht des Kolbeninhaltes 30 g ist, dann mit 0,5 g Talcum und schüttelt kräftig durch. Man filtriert die Flüssigkeit durch ein kleines trockenes Filter und wiegt vom Filtrat 25 g in ein Arzneiglas von etwa 150 ccm Inhalt ab. Dazu fügt man nun Ammoniakflüssigkeit bis zur schwachen, alkalischen Reaktion (Lackmus) und 50 g Äther. Nach kräftigem Umschütteln während ein paar Minuten gibt man 2,5 g Traganthpulver hinzu und schüttelt wieder kräftig durch. Die klare und farblose ätherische Flüssigkeit filtriert man durch ein Wattebäuschchen und 54 g[1] des Filtrates werden in einem Erlenmeyerkolben gesammelt. Man destilliert den Äther völlig ab, löst den Rückstand in 10 ccm Äther, der bis auf ein paar ccm abdestilliert wird. Nach Zusatz von 5 ccm n/10-Salzsäure erwärmt man die Flüssigkeit bis zum Verschwinden des Äthergeruches, fügt nach dem Erkalten 2 Tropfen Dimethylgelb hinzu und titriert mit n/10-Natronlauge bis zu reiner, gelber Farbe. 1 ccm n/10-Salzsäure = 0,03832 g Hydrastin.

Rhizoma Podophylli.

Harzbestimmung nach C. N. Sprankle und C. B. Jordan[2]. 10 g fein gepulverte Droge werden in einem 125 ccm-Erlenmeyerkolben 3 Stunden lang mit 60 ccm Weingeist am Rückflußkühler auf dem Wasserbade extrahiert. Dann wird die Masse im Perkolator mit warmem Alkohol langsam perkoliert, bis insgesamt 95 ccm abgelaufen sind. Nach dem Erkalten wird auf 100 ccm aufgefüllt. 10 ccm dieser Tinktur werden im Scheidetrichter mit je 10 ccm Chloroform und 0,6%iger Salzsäure geschüttelt. Die wäßrige Schicht wird dreimal mit 15 ccm eines Ge-

---

[1] Gemeint dürften 45 g sein, die 2,25 g Droge entsprechen, sofern keine Ätherverluste durch Verdampfen eintreten.

[2] J. Amer. pharmac. Assoc. **1933**, 188; Ref. Pharmaz. Ztg. **1933**, 645.

misches von 1 Raumteil Weingeist und 2 Raumteilen Chloroform ausgeschüttelt. Die erste Chloroformausschüttelung der Tinktur wird zusammen mit den drei Ausschüttelungen mit Alkohol-Chloroform in einem zweiten Scheidetrichter mit 10 ccm 0,6%iger Salzsäure ausgeschüttelt. Dann wird die untere Schicht in ein gewogenes Gefäß abgelassen, auf dem Wasserbade bis zur Trockene verdampft und nach dem Übergießen mit 1 ccm absol. Alkohol nochmals zur Trockene gebracht. Es wird dann bei 80° bis zum konstanten Gewicht getrocknet und gewogen. Das Gewicht gibt den Harzgehalt von 1 g Droge.

Rhizoma Rhei.

Rhizoma Rhei, wie eine Reihe anderer Drogen, z. B. Folia Sennae, Cortex Frangulae, Cortex Cascarae sagradae, Aloe, enthalten als abführende Wirkstoffe Anthracenderivate, die in freier, glykosidisch-gebundener, reduzierter und oxydierter Form in der Droge vorliegen und in ihrer physiologischen Wirkung sehr große Unterschiede aufweisen.

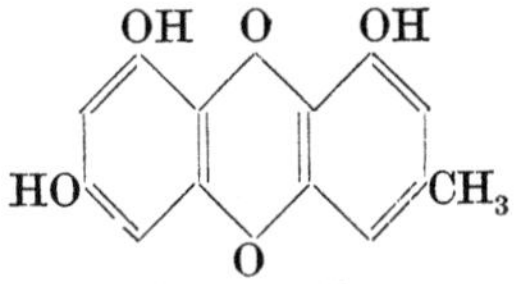

Rheumemodin 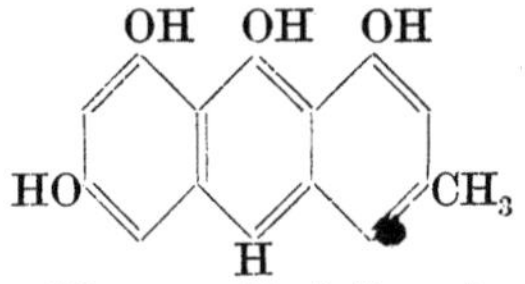 — Rheumemodin-Anthranol 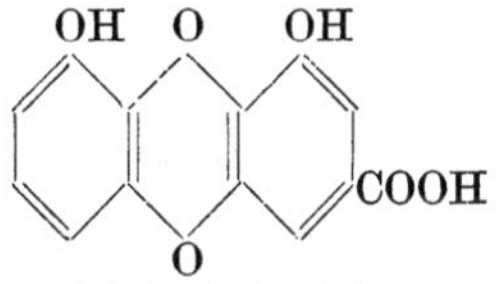 — Rhein-Anthrachinon

Nach bisherigen Untersuchungen sind die Glykoside hochwirksam und von diesen wieder die reduzierten Verbindungen, Anthranol- und Anthronderivate, wirksamer als die Anthrachinonderivate. Nach W. SCHMID[1] sind die freien Anthranol- und Anthronverbindungen die eigentlichen Wirkstoffe, die eine Steigerung der Schleimsekretion und Anregung der Motorik hervorrufen. Die glykosidischen Bindungen stellen die Transportform zum Dickdarm dar, in dem die Glykoside durch Darmbakterien gespalten werden und die Aglykone zur Wirkung kommen. Die bedeutend schwächere Wirkung der Anthrachinonderivate beruht nach SCHMID auf einer teilweisen Reduktion der Anthrachinone durch Darmbakterien zu den wirksamen Anthron- und Anthranolverbindungen.

Die oxydierten Anthracenderivate, die Anthrachinone, werden seit A. TSCHIRCH[2] als Anthraglykoside bzw. als Anthragenine bezeichnet. Für die reduzierten Verbindungen schlägt W. SCHNEIDER[3] die Bezeichnung Anthrahydroglykoside bzw. Anthrahydrogenine vor.

Infolge der phenolischen Hydroxylgruppen geben die Anthrachinonderivate mit Alkali durch Phenolatbildung eine kirschrote wäßrige Lösung, aus der sie nach Säurezusatz mit Äther unter Gelbfärbung ausgeschüttelt werden können. Diese Reaktion, die unter dem Namen BORNTRÄGER-Reaktion bekannt ist, wird nur von den freien Anthrachinonen und nicht von den Glykosiden gegeben. Auf dieser Reaktion wurden zahlreiche gravimetrische und vor allem colorimetrische Bestimmungsmethoden ausgearbeitet, mit denen freie und nach Säurehydrolyse glykosidisch gebundene Anthrachinonderivate bestimmt und einheitlich als Wirkstoffe bewertet wurden. Bei dem maßanalytischen

---

[1] Dtsch. Apotheker-Ztg. **91**, 452 (1951); Arzneimittelforsch. **2**, 6 (1952).
[2] Arch. Pharmaz. **240**, 596 (1902). — [3] Arch. Pharmaz. **285**, 305 (1952).

Verfahren von A. Tschirch[1] sind nach Untersuchungen von F. Gstirner
und H. Holtzem[2] und weiterhin von R. Fischer und E. Buchegger[3]
die stöchiometrischen Voraussetzungen nicht gegeben. Es wird deshalb
schon aus diesem Grunde von den Autoren als ungeeignet angesehen.

Im Vergleich mit biologischen Bestimmungen an der Maus, die sich
dafür besonders gut eignet, ergaben sich aber auch bei den gravimetrischen und colorimetrischen Bestimmungen starke Differenzen. Darüber
berichten z. B. für Rhizoma Rhei B. Daels[4], Göldlin v. Tiefenau[5],
L. Kroeber[6], Ström und Kihlström[7], F. Gstirner und H. Holtzem[2],
für Cortex Cascarae sagradae Astruc und Giroux[8] und für Frangula-
extrakt Björling und Ehrlen[9]. Dies erklärt sich nunmehr durch die
unterschiedliche Wirkung der einzelnen Anthracenderivate. Durch all-
mähliche hydrolytische Zersetzung der Glykoside und Oxydation der
Anthranol- und Anthronverbindungen zu freien Anthrachinonderivaten
wird deren Gehalt zunehmen und die Bornträger-Reaktion stärker ausfallen, während die abführende Wirkung abnimmt. Chemische Wertbestimmungsmethoden werden erst dann zu annähernd richtigen Werten
führen können, wenn freie, gebundene, oxydierte und reduzierte Anthracenderivate unterschieden, einzeln bestimmt und die freien Verbindungen als wirkungslos angesehen werden. Liegen aber antagonistisch
wirkende Gerbstoffe vor oder ein Synergismus von Anthracenderivaten
untereinander, wie er z. B. von J. W. Fairbairn und M. R. J. Saleh[10]
und von H. Auterhoff[11] beobachtet wurde, so werden die chemischen
Wirkstoffbestimmungen weiterhin erschwert und unsicher, weshalb in
vielen Fällen nur eine biologische Bestimmung oder ein Selbstversuch
eine Beurteilung ermöglichen wird.

Im Rhabarberrhizom ist eine größere Anzahl von Wirkstoffen vorhanden, die frei oder glykosidisch an Glucose gebundene Anthracenderivate
darstellen und in oxydierter und reduzierter Form auftreten. Folgende
Anthrachinonderivate wurden festgestellt: Rheum-(Frangula)-emodin,
Chrysophanol, Rheochrysidin und Rhein. Reduzierte Verbindungen, wie
Anthranole und Anthrone, konnten bisher aus Rhabarber zwar nicht isoliert werden, vermutlich weil sie außerordentlich empfindlich sind und
schnell oxydiert werden. Nachgewiesen wurden sie z. B. von Casparis und
Göldlin[12], Tukats[13] und von Wasicky und Heinz[14]. Nach W. Schmid[15]
sind während der Winterruhe im Rhizom und in den Wurzeln die Anthracenderivate fast zu 100% als Anthronglykoside vorhanden. Mit Beginn der Vegetationsperiode finden sich im Rhizom vorwiegend die (oxy-

[1] Pharmac. Acta Helvetiae **1928**, 88. — [2] Pharmazie **4**, 333 (1949).
[3] Pharmaz. Zentralhalle Deutschland **89**, 261 (1950).
[4] J. Pharmac. Belgique **1919**, 198. — [5] Diss. Bern 1924.
[6] Schweiz. Apotheker-Ztg. **1923**, 221 234.
[7] Medd. Norsk. Farm. Salskap **10**, 67 (1948).
[8] Ann. pharmac. franc. **2**, 12 (1944).
[9] Coll. Pharmac. Suec. **1**, 1 (1946); Ref. Farm. Revy **45**, 605 (1946).
[10] J. Pharmac. Pharmacol. **3**, 918 (1951). — [11] Arzneimittelforsch. **3**, 23 (1953).
[12] Schweiz. Apotheker-Ztg. **1923**, 504.
[13] Pharmaz. Mh. **1924**, 77. — [14] Pharmaz. Mh. **1924**, 5.
[15] Dtsch. Apotheker-Ztg. **91**, 452 (1951); Arzneimittelforsch. **2**, 6 (1952).

dierten) Anthrachinonglykoside, während alle sprossenden Pflanzenteile zu diesem Zeitpunkt praktisch ausschließlich die reduzierte Form enthalten. Daß im frischen Rhabarber nur Glykoside vorhanden sind, ergibt sich aus dem negativen Verlauf der BORNTRÄGER-Reaktion auf freie Anthrachinonderivate. Diese sind deshalb Spaltungsprodukte, die sich im Lauf der Lagerung der Droge bilden. Außerdem werden auch die reduzierten Anthracenderivate allmählich oxydiert, so daß eine langsame Verminderung der abführenden Wirkung während der Lagerung eintritt. Diese Wertabnahme verläuft in der Droge allerdings nur langsam. H. MÜHLEMANN und J. SCHERRER[1] konnten nach einjähriger Lagerung physiologisch überhaupt keine Wertabnahme feststellen, nach zwei Jahren eine solche von etwa 25%. Trotzdem können freie Anthrachinone in größerer Menge auftreten, die aber für die Wirkung nur von untergeordneter Bedeutung sind. J. W. FAIRBAIRN[2] fand z. B. in einer Droge 3% Gesamtanthracenderivate, von denen 2,3% auf freie Anthrachinone entfielen. Wurden diese mit Äther extrahiert, so blieb die physiologische Wirkung unverändert. Der Gehalt an Anthracenderivaten stark wechselnder Zusammensetzung dürfte bei Rhizoma Rhei bei 3 bis 5% liegen.

Abweichend von den bisherigen Ansichten sehen J. W. FAIRBAIRN und T. C. LOU[3] in den Rheinglykosiden die Hauptwirkstoffe im Rhabarberrhizom. Im Vergleich mit biologischen Bestimmungen an der Maus stellten sie fest, daß die physiologische Wirkung mit dem Gehalt an Rhein-artigen Verbindungen parallel verläuft. Da das freie Rhein unwirksam ist, werden von den Autoren vorläufig die gebundenen Rhein-artigen Verbindungen als Hauptwirkstoffe angesprochen. H. AUTERHOFF[4] konnte diese Annahme nicht bestätigt finden. Die Problematik der Wirkstofffrage geht z. B. daraus hervor, daß AUTERHOFF etwa 60 Rhabarberdrogen und Zubereitungen chemisch und pharmakologisch untersucht hat und immer zutreffende Gesetzmäßigkeiten nicht finden konnte. Er vermutet, daß die Schwierigkeit dieses Fragekomplexes auch im Synergismus von Wirkstoffen liegen würde.

Schließlich dürften an der abführenden Wirkung außer den Anthracenderivaten noch unbekannte Stoffe beteiligt sein. Werden nämlich freie und gebundene Anthracenderivate extrahiert, so besitzt der Drogenrückstand immer noch eine, wenn auch abgeschwächte Wirkung (GÖLDLIN V. TIEFENAU[5], L. KROEBER[6], F. GSTIRNER und H. HOLTZEM[7]). Ferner enthält die Droge sogenannte Nigrine, die sich in Anthrachinone, Gallussäuren und Zimtsäure spalten lassen, Gerbstoffe, gerbstoffartige Verbindungen, Stärke und Pektin, die die abführende Wirkung der Droge beeinflussen können.

---

[1] Pharmac. Acta Helvetiae **1941**, 169.
[2] J. Pharmac. Pharmacol. **1**, 683 (1949).
[3] J. Pharmac. Pharmacol. **3**, 93 (1951).
[4] Arzneimittelforsch. **3**, 23 (1953).
[5] Diss. Bern 1924.
[6] Schweiz. Apotheker-Ztg. **1923**, 221, 234.
[7] Pharmazie **4**, 333 (1949).

Neuere *biologische Bestimmungsmethoden* der laxierenden Wirkung finden sich z B. bei H. HAAS und H. HOLTZEM[1], C. LOU[2] T. C. LOU und J. W. FAIRBAIRN[3].

Chemische Wirkstoffbestimmungsmethoden.

Infolge der größeren Anzahl Anthracenderivate in Rhizoma Rhei, die eine sehr unterschiedliche physiologische Wirkung aufweisen, aber sich gegenüber der BORNTRÄGER-Reaktion fast gleich verhalten, und weiterhin wegen der antagonistisch wirkenden Gerbstoffe und des möglichen Synergismus von Wirkstoffen ist eine chemische Wirkstoffbestimmung sehr erschwert. Alle älteren Methoden, die freie und gebundene Glykoside als gleichwertig behandeln und die reduzierten Anthracenderivate nicht berücksichtigen, werden über die physiologische Wirkung kaum Anhaltspunkte geben können. Bestenfalls können sie als Gehaltsbestimmungsmethoden für Anthracenderivate angesehen werden. In neuerer Zeit wurden deshalb Verfahren ausgearbeitet bzw. bisherige Methoden erweitert, die neben freien und gebundenen Anthracenderivaten, auch die reduzierten Verbindungen, die Anthrone und Anthranole, erfassen, wodurch die Spezifität der Wirkstoffbestimmungsmethoden wesentlich erhöht wird. Diese Verfahren beruhen darauf, daß die Anthracenderivate vor und nach der Oxydation bestimmt werden. Die Differenz der Werte entspricht den reduzierten Verbindungen. Die Oxydation wird entweder durch den Luftsauerstoff allein unter gleichzeitigem Erhitzen oder mit Wasserstoffsuperoxyd durchgeführt. AUTERHOFF[4] kann allerdings Wasserstoffsuperoxyd nicht empfehlen, da größere Mengen höhermolekularer Anthrachinonderivate entstehen, deren Alkaliverbindungen einen mehr violetten Farbton annehmen, der die colorimetrische Messung erschwert.

Ein gravimetrisches Verfahren dieser Art wurde von R. FISCHER und E. BUCHEGGER[5] ausgearbeitet, die eine weitgehende Reinigung der Antrachinonverbindungen mittels der chromatographischen Adsorptionsanalyse vornehmen. Colorimetrische Verfahren geben W. SCHMID[6] und H. AUTERHOFF[4] an. Abweichend ist die Methode von J. W. FAIRBAIRN und T. C. LOU[7], die nicht zwischen reduzierten und oxydierten Anthracenderivaten unterscheiden, sondern zwischen Rhein-artigen und Nicht-Rhein-artigen Verbindungen, deren Trennung über die Natriumsalze der Rhein-artigen Verbindungen möglich ist.

Alle Verfahren beruhen auf der BORNTRÄGERschen *Reaktion*, die neuerdings von W. SCHNEIDER[8] vereinfacht wurde, indem die Lösung des Anthrachinonderivates (Emodin) in einem organischen Lösungsmittel wie Benzol, Äther oder Chloroform, nicht mit Alkali ausgeschüttelt, son-

---

[1] Naunyn-Schmiedebergs Arch. exp. Pathol. Pharmakol. **206**, 660 (1949).
[2] J. Pharmac. Pharmacol. **1**, 673 (1949).
[3] J. Pharmac. Pharmacol. **3**, 225, 295 (1951).
[4] Dtsch. Apotheker-Ztg. **91**, 415 (1951).
[5] Pharmaz. Zentralhalle Deutschland **89**, 261 (1950).
[6] Dtsch. Apotheker-Ztg. **91**, 452 (1951); Arzneimittelforsch. **2**, 6 (1952).
[7] J. Pharmac. Pharmacol. **3**, 93 (1951). — [8] Arch. Pharmaz. **285**, 305 (1952).

dern mit Piperidin versetzt wird, das sich mit den organischen Lösungsmitteln mischt und sofort eine Rotfärbung gibt. Diese Reaktion ist auch empfindlicher und die Farblösung beständiger.

Ausführung der Reaktion mit verschiedenen Drogenextrakten: a) 0,3 g gepulverte Droge wird mit 20 ccm Benzol eine halbe Stunde am Rückflußkühler gekocht. Nach dem Erkalten wird filtriert. b) 0,1 g der extrahierten und getrockneten Droge wird mit 1 ccm 25%iger Salzsäure und 5 ccm Alkohol 1 Stunde am Rückflußkühler auf einem bedeckten siedenden Wasserbad erhitzt. Dann wird eine Mischung von 20 ccm Alkohol und 20 ccm Benzol hinzugegeben und das Ganze in 200 ccm 0,5%ige Salzsäure im Scheidetrichter eingegossen. Nach dem Absetzen wird das Benzol abgetrennt, mit Natriumsulfat getrocknet und filtriert. Zur Ausführung der Farbreaktion werden in beiden Fällen 0,5 ccm der zu untersuchenden Benzollösung mit 2 ccm Piperidin versetzt.

Gravimetrische Wirkstoffbestimmung von R. Fischer und E. Buchegger[1].

FISCHER und BUCHEGGER geben ein Verfahren an, nach dem die Anthrachinone (Emodine) durch chromatographische Adsorption gereinigt werden und gravimetrisch bestimmt werden können. Die Oxydation der Anthranole wird mit Perhydrol in Methanol durchgeführt. Das Verfahren läßt sich auch für Cortex Frangulae und Cortex Cascarae sagradae verwenden.

Prinzip. Die fein gepulverte Droge wird zwecks Spaltung der Glykoside und Oxydation der Anthranole mit Schwefelsäure und Perhydrol in Methanol behandelt, der Auszug fast eingedampft, und aus dem Rückstand werden die Emodine mit Chloroform extrahiert. Dieses wird nach dem Neutralisieren mit Bicarbonat und Trocknen mit Natriumsulfat zur Reinigung über eine Säule von Bisulfit, Kieselgur und Ammoncarbonat (Säule I) gegossen und hernach an Calciumhydroxyd (Säule II) adsorbiert. Dieses wird mit Äthanol ausgewaschen, um Unreinigkeiten zu entfernen, worauf das tiefrot gefärbte Calciumhydroxyd in wäßriger Salzsäure gelöst wird und dieser Lösung die Emodine mit Chloroform entzogen werden. Dieses hinterläßt beim Verdunsten die reinen Emodine.

Bestimmung der Gesamtemodine. 300 bis 500 mg der fein gepulverten Droge werden in einem 100 ccm-Erlenmeyerkolben mit 15 ccm Methanol, 0,05 ccm verdünnter Schwefelsäure und 5 bis 10 Tropfen Perhydrol versetzt und die so erhaltene Mischung im Wasserbade 10 Minuten am Rückfluß erhitzt und nach Entfernung des Kühlers bis auf 1 bis 2 ccm eingedampft. Nun werden 25 ccm Chloroform zugefügt und eine halbe Stunde am Rückflußkühler erhitzt. Der Kolbeninhalt wird dann über Watte in ein Becherglas filtriert und Kolben und Watte dreimal mit 5 ccm Chloroform nachgespült. Das Filtrat wird hierauf am Wasserbade auf 10 bis 15 ccm eingeengt und mit einer kleinen Spatelspitze Natriumcarbonat und etwas Natriumsulfat siccum versetzt. Diesen Chloroformauszug läßt man alsbald über eine Säule (I) von 4 g Natriumbisulfit, 2 g Kieselgur und 4 g Ammoniumcarbonat (als unterste Schicht) fließen. Die durchlaufende Flüssigkeit leitet man anschließend über eine zweite Säule (II), welche mit 6 bis 8 g Calciumhydroxyd gefüllt und mit der Säule I mittels eines durchbohrten Gummistopfens gekuppelt ist. Zur Erhöhung der Durchlaufsgeschwindigkeit wird an der unteren Säule abgesaugt. Es wird nun so lange mit Chloroform nachgewaschen, bis die aus der Röhre I abtropfende Flüssigkeit farblos ist bzw. mit einem Tropfen 5%iger Kalilauge zusammengebracht, diese nicht mehr rötlich färbt. Ist dies der Fall, wird nun die Säule I von der Säule II abgehoben und diese (die Calciumhydroxydröhre) mit 5 + 5 + 3 ccm 96%igem Äthanol gewaschen. Sollte die rote Farbe schon fast

---

[1] Pharmaz. Zentralhalle Deutschland **89**, 261 (1950).

bis an das Ende der Säule gewandert sein, ist es ratsam, in das Auffanggefäß ein paar Tropfen Kalilauge zuzusetzen, um die ersten Spuren der durch das Waschen mit Alkohol langsam herabwandernden Emodine zu bemerken. In diesem Falle ist natürlich das Waschen sofort einzustellen. (Lumina der Röhren: etwa 13 mm).

Hierauf wird das Calciumhydroxyd aus der Röhre II herausgestoßen, der von den Emodinen rotgefärbte Anteil in verdünnter Salzsäure gelöst, worauf die Emodine mit Chloroform erschöpfend extrahiert werden. (Je nach der Drogenmenge drei- bis viermal mit je 10 bis 15 ccm.) Der Extrakt wird nun über eine Säule von 9 mm Lumen, die mit 6 bis 8 g fein gepulvertem Calciumchlorid gefüllt ist, geleitet, wobei nicht nur das Lösungsmittel getrocknet und dadurch das Auftreten von etwa in Lösung gegangenem Calciumhydroxyd im Eindampfrückstand verhindert, sondern gleichzeitig der letzte Rest von Verunreinigungen zurückgehalten wird. Die Chloroformlösung wird sodann in einer gewogenen Schale aufgefangen, das Lösungsmittel bei 70° verdampft, der Rückstand gewogen und der Prozentsatz in der Droge berechnet.

Bei diesem Verfahren sind die Adsorptionsmittel sorgfältig zu pulvern und in die Säule in der erwähnten Reihenfolge einzufüllen, festzustopfen und vor dem Aufgießen der Lösung mit Chloroform gut zu befeuchten. Besonderes Augenmerk ist auf die Präparation der Säule II zu legen. Das Calciumhydroxyd muß nämlich ziemlich fest und ohne Hohlraumbildung in das Rohr gefüllt werden, da andernfalls eine wesentlich größere Menge desselben benötigt würde. Das zur Reinigung verwendete Ammoncarbonat muß zu diesem Zwecke vollkommen rein sein, da sonst die Emodine teilweise von ihm zurückgehalten werden. Es ist zu empfehlen, das käufliche Ammoncarbonat auf alle Fälle vorher zu reinigen. Es wird mit etwa 5 Teilen 90- bis 96%igem Äthanol versetzt und etwa 5 Minuten am Wasserbade zum Sieden erhitzt. Sodann wird noch heiß abgenutscht und das fast trockene Ammoncarbonat im Trockenschrank bei 60 bis 70° etwa 2 Stunden getrocknet.

Die *freien Emodine* werden aus der Droge durch bloße Chloroformextraktion ohne Vorbehandlung mit Schwefelsäure-Superoxyd gewonnen. Die Differenz zu dem Wert der Gesamtemodine ergibt die *gebundenen Emodine*. Behandelt man jedoch die Droge mit Schwefelsäure allein, so erhält man bei der Chloroformextraktion die Summe der freien und gebundenen Emodine. Die *Anthranole* ergeben sich aus der Differenz der Gesamtemodine und der soeben genannten Summe.

Die Bestimmung kann auch auf *colorimetrischem Wege* durchgeführt werden, wenn man die Lösungen in der oben angegebenen Weise reinigt, den Rückstand in 5%iger NaOH + 2% Ammoniak aufnimmt und mit einer Lösung von Chrysophanol oder Istizin in demselben Lösungsmittel vergleicht. Die Bestimmung kann sowohl im lichtelektrischen Colorimeter als auch visuell vorgenommen werden. In letzterem Falle ist jedoch das Chrysophanol dem Istizin als Testsubstanz vorzuziehen.

Die Autoren verwenden ein Gemisch von Natronlauge und Ammoniak, weil bei Kalilauge oder Natronlauge allein rote Flocken auftreten, die die Colorimetrie stören. Sie führen die Flockenbildung auf eine Empfindlichkeit von Istizin, Chrysophanol und Emodinen aus Rheum gegen K-Ionen (KOH oder KCl) zurück. Der Zusatz von Ammoniak verhindert diese Flockenbildung und verschiebt den orange Farbton der natronalkalischen Lösung mehr zum Violett, so daß Chrysophanol als Testsubstanz zur visuellen Colorimetrie sämtlicher Emodine verwendet werden kann. Zur Not läßt sich Istizin benützen.

Colorimetrische Wirkstoffbestimmung von W. Schmid[1].

SCHMID oxydiert die Anthronverbindungen durch zweistündiges Einwirken des Luftsauerstoffs in alkalischer Lösung. Diese werden aber nicht nur zu den Emodinen, sondern teils zu einem noch unbekannten Produkt oxydiert. Dieses löst sich in Lauge blaustichiger als das Emodin, in organischen Lösungsmitteln nicht wie die Emodine mit gelber, sondern mit blauroter Farbe. Es handelt sich um ein Kondensationsprodukt doppelter Molekulargröße, vermutlich ein Dianthron, und wird von SCHMID als Blaustoff bezeichnet. Die Benzollösung des „Blaustoffs" hat ihr Absorptionsmaximum im Bereich des Filters S 53 (PULFRICH-Stufenphotometer), bei welchem die Extinktion des Emodins = Null ist. Bei diesem Filter kann deswegen die Bestimmung des Blaustoffs neben Emodin ohne weiteres vorgenommen werden. Der errechnete Wert muß bei der Bestimmung des Emodins in Mischungen von Emodin und Blaustoff (bei S 43) abgezogen werden. Als Extinktionswert fand SCHMID bei Filter S 53 und 1 cm Schichtdicke für: 1 mg-% Blaustoff E = 0,233, d. i. E = 0,1 entspr. 0,0043 mg/1 ccm. Die Benzollösungen des Trioxymethylanthrons, -anthranols und des -anthrachinons (Frangula- bzw. Rheumemodin) haben ihr Absorptionsmaximum im Bereich des Filters S 43. Als Extinktionswerte fand SCHMID bei Filter S 43 in 1 cm Schichtdicke für 100 mg-% Anthron E = 0,406, d. i. E = 0,1 entspricht 0,22 mg/1 ccm: 1 mg-% Emodin E = 0,526, d. i. E = 0,1 entspr. 0,0019 mg/1 ccm. SCHMID hat die Methode für das Rhabarberblatt ausgearbeitet, die aber ohne wesentliche Modifikationen auf die anderen Drogen mit Frangulaemodin übertragen werden können.

A. Freies Emodin.

1. Proben mit Benzol erschöpfend extrahieren
a) von frischen Pflanzenteilen etwa 2 g unter Zugabe gleicher Mengen Sand dreimal mit 10 ccm saurem Alkohol (50%iger Alkohol mit einer Säurekonzentration von n/5-HCl) je 5 Minuten verreiben und 10 ccm der vereinigten Extrakte dreimal mit 5 ccm Benzol ausschütteln;
b) von Droge etwa 0,2 g, von trockenen Zubereitungen eine entsprechende Menge, fein pulverisieren und dreimal mit 5 ccm Benzol ausschütteln;
c) von flüssigen Zubereitungen eine etwa 0,1 g Droge entsprechende Menge auf 50% Alkohol einstellen und dreimal mit 5 ccm Benzol ausschütteln.
2. 5 ccm der vereinigten Benzolextrakte (1) mit 2 ccm n/1-NaOH ausschütteln.
3. 1 ccm der Lauge entnehmen, ansäuern und in 5 ccm frisches Benzol zurückschütteln.
4. Benzol (3) in 1 cm Schichtdicke messen bei Filter S 43 = Freies Emodin (1. Messung).
Beispiel. Nach 1b: 0,2 g Droge mit insgesamt 15 ccm Benzol (Benzolextraktmenge = BEM) extrahiert. Benzol (3) zur Messung unverdünnt verwendet (Verdünnungsfaktor = VF = 1). Extinktion S 43 = 0,24.
Berechnung: 0,24 · 0,019 · 15 (BEM) · 1 (VF) = 0,068 Emodin pro 0,1 g.
Droge = 0,068% freies Emodin.

B. Gebundenes Aglykon.

1. Proben bei Fehlen von freiem Emodin oder nach Extraktion des freien Emodins mit 5% HCl bei 70° 1 Stunde hydrolysieren;

---

[1] Dtsch. Apotheker-Ztg. **91**, 452 (1951); Arzneimittelforsch. **2**, 6 (1952).

a) bei frischen Pflanzenteilen: 10 ccm des nach A 1 a hergestellten Alkoholextraktes hydrolysieren;

b) bei Drogen und trockenen Zubereitungen: Die nach A 1 b mit Benzol extrahierte Probe oder (bei Fehlen von freiem Emodin) 0,2 g Droge bzw. entsprechende Mengen Trockenzubereitung dreimal mit 10 ccm saurem Alkohol (50%iger Alkohol mit einer Säurekonzentration von n/5-HCl) verreiben und 10 ccm der vereinigten Extrakte hydrolysieren;

c) bei flüssigen Zubereitungen: Die nach A 1 c behandelte Probe hydrolysieren oder eine 0,2 g Droge entsprechende Menge auf 50% Alkohol einstellen und $\frac{1}{3}$ des Ansatzes hydrolysieren;

2. Hydrolysenansätze (1) noch warm dreimal mit 10 ccm Benzol extrahieren;

3. einen ersten Anteil (5 ccm) der vereinigten Benzolextrakte (2) in 1 cm Schichtdicke messen bei Filter S 43 = gebundenes Emodin (2. Messung), (Extinktionswert des Anthrons kann vernachlässigt werden).

Beispiel. 10 ccm des nach B 1 b aus 0,2 g Droge hergestellten und hydrolysierten Extraktes mit insgesamt 30 ccm Benzol (BEM) ausgeschüttelt. Benzol (3) zur Messung dreifach verdünnt (VF = 3). Extinktion S 43 = 0,35. Berechnung: 0,35 · 0,019 · 30 (BEM) · 3 (VF) = 0,59 mg Emodin/0,07 g Droge = 0,85% gebundenes Emodin;

4. einen zweiten Anteil des Benzolextraktes (2) (5 ccm) mit 2 ccm NaOH ausschütteln;

5. Ansatz (4) nach 2 Stunden langem Stehen im Dunkeln ansäuern, eine der Lauge aliquote Menge Alkohol hinzufügen und in dasselbe Benzol (4) zurückschütteln;

6. Benzol (5) in 1 cm Schichtdicke messen bei Filter a) S 53 = Blaustoff, b) S 43 = Emodin, a + b = gebundenes Gesamtaglykon (3. Messung).

Beispiel. Benzolextraktmenge (2) (BEM) 30 ccm (s. B 3 Beispiel). Benzol (5) zur Messung dreifach verdünnt (VF = 3). Extinktion: a) S 53 = 0,21, b) S 43 = 0,56.   Berechnung: a) Blaustoff 0,21 · 0,043 · 30 (BEM) · 3 (VF) = 0,8 mg / 0,07 g Droge = 1,1% Blaustoff, b) Emodin: $0,56 - \dfrac{0,21}{2,7} = 0,48$;   0,48 · 0,019 · 30 (BEM) · 3 (VF) = 0,82 mg / 0,07 g Droge = 1,2% Emodin; a + b = 2,3% gebundenes Gesamtaglykon.

7. Messung 3 − Messung 2 = *gebundenes Anthron.*

Beispiel. 2,3% − 0,85% = 1,45% gebundenes Anthron.

Fermentaktivität.

1. Proben mit Wasser verreiben und 1 Stunde bei Zimmertemperatur stehenlassen;

a) von Frischpflanzen etwa 1 g unter Zugabe von 0,5 g Sand und 0,5 ccm Wasser verreiben;

b) von Droge etwa 0,1 g unter Zusatz von 0,5 g Sand und 1,5 ccm Wasser verreiben;

2. 10 ccm sauren Alkohol (50%iger Alkohol mit einer Säurekonzentration von n/5-HCl) zugeben und dreimal mit 10 ccm Benzol extrahieren;

3. weiter wie unter B 2 bis 6;

4. nach B 6 bestimmtes Gesamtaglykon − freies Emodin = *fermentativ abgespaltenes Aglykon* (soll bei stabilisierten Frischpflanzen und Drogen möglichst nicht mehr als 10% des durch Säurehydrolyse abgespaltenen Aglykons betragen).

Colorimetrische Wirkstoffbestimmung von H. Auterhoff[1].

AUTERHOFF hat sämtliche aus der Literatur bekannten Anthrachinonbestimmungsmethoden überprüft und zwar sowohl die verschiedenen Arten der Hydrolyse der Glykoside als auch die Extraktion der Aglykone und fand als hauptsächlichste Fehlerquelle, daß die Hydrolysen-

---

[1] Dtsch. Apotheker-Ztg. **91**, 415 (1951).

rückstände durch Extraktion nie quantitativ erschöpft werden. Das Ergebnis hängt davon ab, wie oft und auf welche Weise man mit dem organischen Lösungsmittel extrahiert. AUTERHOFF hat eine neue Methode ausgearbeitet, nach der Hydrolyse der Glykoside und anschließende Extraktion der Aglykone in einer Operation mit Eisessig durchgeführt wird. Durch einmaliges Auskochen mit Eisessig und Äther sind die Drogenrückstände praktisch schon anthrachinon- und anthranonfrei. Bei dieser schnellen Durchführung der Operation in wasserfreiem Medium läuft man auch nicht Gefahr, daß sich wesentliche Anthranolmengen oxydieren. Aus der Eisessig-Ätherlösung lassen sich Anthrachinone und Anthranole mit Alkali schnell extrahieren. Die sofortige Messung der Extinktion der roten alkalischen Lösungen im PULFRICH-Photometer ergibt den Anthrachinongehalt, die Messung nach zweistündigem Erhitzen der Lösungen im Wasserbade den Gesamtanthrachinonwert, die Differenz beider Bestimmungen den Anthranolgehalt. Der Farbton der alkalischen Lösungen ändert sich bei dieser Oxydation nicht. Die Reproduzierbarkeit der Bestimmungen zeigt außerdem, daß die höhermolekularen Stoffe, wenn solche überhaupt entstehen, und die Anthrachinone sich in allen Fällen in konstanten Mengenverhältnissen bilden. Zur Ausschüttelung der Anthrachinone benützt AUTERHOFF das Gemisch von Natronlauge und Ammoniak von FISCHER und BUCHEGGER[1] und zur Aufstellung der Eichkurve Istizin.

50 bis 100 mg Rhabarberdroge oder Extrakt werden genau gewogen, in einem 1 00 ccm-Kölbchen mit 7,5 ccm Eisessig übergossen und 15 Minuten lang über kleiner Flamme am Rückflußkühler im Sieden erhalten. Darauf werden durch den Rückflußkühler 30 ccm Äther hinzugegeben und weitere 15 Minuten gekocht. Die gelbe Äther-Eisessiglösung wird durch einen kleinen Wattebausch in einen etwa 300 ccm-Scheidetrichter filtriert. Den Rückstand im Kölbchen übergießt man mit 30 ccm Äther und kocht nochmals 10 Minuten. Die zweite Ätherlösung wird durch denselben Wattebausch in den Scheidetrichter gegeben.

Zur Ausschüttelung der Anthrachinonderivate gießt man in den Scheidetrichter zuerst eine Mischung von 15 ccm 30%iger Natronlauge mit 25 ccm 5%iger Natronlauge mit 2% Ammoniak. Die Umsetzung wird durch vorsichtiges Schwenken bewirkt. Man trennt die rote wäßrige Phase von der meist nahezu farblosen Ätherschicht und schüttelt den Äther noch zweimal mit 5%iger Natronlauge, die 2% Ammoniak enthält, aus. Die alkalischen Lösungen werden in einem 100 ccm-Meßkölbchen gesammelt und mit der Natronlauge-Ammoniakmischung auf 100 ccm eingestellt. Man läßt das Kölbchen 15 Minuten stehen, damit die Lösung Zimmertemperatur annimmt und keine Äther- und Ammoniakbläschen aufsteigen. Darauf wird im PULFRICH-Stufenphotometer die Extinktion dieser Lösung gemessen (Filter S 53, 5 mm-Küvetten, Vergleichslösung: 7,5 ccm Eisessig + 15 ccm 30%ige NaOH + 70 ccm 5%ige NaOH mit 2% Ammoniak. Der *Anthrachinongehalt* wird mit Hilfe einer Eichkurve ermittelt.

Man stellt das Kölbchen 2 Stunden lang in ein siedendes Wasserbad und mißt nach dem Erkalten wiederum die Extinktion. Mit Hilfe der gleichen Eichkurve bestimmt man den *Gesamtgehalt an Anthracenderivaten*. Aus der Differenz ergibt sich der *Anthranolgehalt*.

Der Gehalt an *freien, nicht glykosidisch gebundenen Anthrachinonen* wird durch zweimaliges Auskochen von 100 bis 200 mg Droge bzw. Extrakt mit je 50 ccm Äther und anschließendes erschöpfendes Ausschütteln der vereinigten ätherischen Lösungen mit 5%iger NaOH + 2% NH$_3$ ermittelt. Die Messung und Berechnung erfolgt wie oben.

---

[1] Pharmaz. Zentralhalle Deutschland **89**, 261 (1950).

Aufstellen der Eichkurve. Man löst 10 mg Istizin unter Reiben und Schütteln ohne Anwendung von Wärme in einer Mischung, bestehend aus 7,5 ccm Eisessig, 15 ccm 30%iger NaOH und 70 ccm 5%iger NaOH mit 2% NH_3 und füllt auf 250 ccm auf. Diese Lösung ist 4 mg-%ig. Durch Verdünnen mit dem gleichen Lösungsmittel stellt man sich noch 3-, 2- und 1 mg-%ige Lösungen her, deren Extinktionswerte, wie oben beschrieben, gemessen werden. (4 mg-% entsprachen $E = 0,75$, 3 mg-% $- E = 0,57$, 2 mg-% $- E = 0,39$, 1 mg-% $- E = 0,21$). In einem Koordinatensystem eingezeichnet ergibt sich linearer Kurvenverlauf: Die Absorption gehorcht in diesem Intervall dem LAMBERT-BEERschen Gesetz.

H. VOGT[1] macht zu dieser Methode darauf aufmerksam, daß auch Gerbstoffe mit Lauge Rotfärbungen geben und damit Anthrachinone vortäuschen können. AUTERHOFF[2] entgegnet diesem Einwand, daß dies nur bei sehr hohem Gerbstoffgehalt der Droge oder eines Extraktes sein könnte, da 100 mg Tannin, die der gesamten Drogeneinwaage gleich sind, nur 0,4% Anthrachinonen entsprechen würden. Daß aber noch andere Verhältnisse eine Rolle spielen, geht aus einem Vergleich mit der biologischen Bestimmung besonders beim Extr. Rhei hervor (s. Band II).

Zur Bestimmung von *Rhein-Anthranol* und *Rhein-Anthrachinon* gibt AUTERHOFF[2] folgendes Verfahren an, das dem von FAIRBAIRN und LOU[3] entspricht:

50 bis 100 mg Rhabarber werden mit 7,5 ccm Eisessig 15 Minuten über kleiner Flamme erhitzt. Man gibt durch den Rückflußkühler 30 ccm Äther hinzu und kocht 15 Minuten. Die Mischung wird durch einen Wattebausch in einen 300 ccm-Schüttelzylinder filtriert und der Rückstand im Kölbchen mit weiteren 30 ccm Äther 10 Minuten gekocht. Man filtriert den Äther durch denselben Wattebausch und spült mit 20 ccm Äther nach. Die vereinigten Äther-Eisessigauszüge werden mit 40 ccm 10%iger Natriumbicarbonatlösung und 8,5 g Natriumbicarbonatsubstanz versetzt. Nach erfolgter Umsetzung wird die wäßrige Phase abgetrennt und die Ätherphase noch zweimal mit je 10 ccm Bicarbonatlösung ausgeschüttelt.

1. Die vereinigten Bicarbonatlösungen überschichtet man in einem zweiten Schütteltrichter mit 40 ccm Äther und säuert mit 50%iger Schwefelsäure vorsichtig an. Der Äther wird abgetrennt und die wäßrige saure Phase mehrmals mit Äther ausgeschüttelt, bis sich dieser nicht mehr gelb färbt. Die vereinigten Ätherphasen werden mit 5%iger Natronlauge, die 2% NH_3 enthält, wiederholt ausgeschüttelt: die alkalische rote Lösung wird auf 100 ccm eingestellt und ihre Extinktion im PULFRICH-Photometer gemessen. Der Gehalt an *Rhein-Anthrachinon* wird an Hand einer Istizin-Eichkurve bestimmt.

Man stellt das Kölbchen 2 Stunden lang in ein siedendes Wasserbad und mißt nach dem Erkalten wiederum die Extinktion. Von dem so erhaltenen *Gesamt-Rhein* subtrahiert man das Rhein-Anthrachinon und erhält den *Rhein-Anthranolgehalt*.

2. Die mit Natriumbicarbonat extrahierte ätherische Lösung wird mit der 5%igen — 2% NH_3 enthaltenden — Natronlauge wiederholt ausgeschüttelt; die roten alkalischen Lösungen werden auf 100 ccm eingestellt. Die wie oben gemessene Extinktion gibt den *Nicht-Rhein-Anthrachinongehalt*. Nach 2 Stunden Erhitzen im Wasserbade bestimmt man das *Gesamt-Nicht-Rhein*. Die Differenz ergibt den *Nicht-Rhein-Anthranolgehalt*.

3. Zur Bestimmung der freien Anthrachinone werden 0,5 g Droge mit je 30 ccm Äther zweimal je 10 Minuten am Rückflußkühler gekocht. Die vereinigte gelbe ätherische Lösung wird zuerst mit gesättigter Natriumbicarbonatlösung ausgeschüttelt und weiter wie unter 1 beschrieben behandelt: Man erhält den Gehalt an *freiem Rhein-Anthrachinon und -Anthranol*. Der von der Natriumbicarbonatausschüttelung zurückbleibende Äther wird wie unter 2 beschrieben aufgearbeitet: man erhält den Gehalt an freiem Nicht-Rhein-Anthrachinon und -Anthranol.

---

[1] Pharmaz. Ztg. **88**, 297 (1952).
[2] Arzneimittelforsch. **3**, 23 (1953). — [3] J. Pharmac. Pharmacol. **3**, 93 (1951).

Wenn man eine weitere Differenzierung der Rhabarberbestandteile durchführen will, so ersetzt man in einer neuen Bestimmung die Natriumbicarbonatausschüttelungen durch eine Behandlung mit Natriumcarbonat (50 ccm 33 %ige Natriumcarbonatlösung). Man erfaßt mit Na_2CO_3 Rhein + Emodin, läßt aber das Chrysophanol im Äther zurück. Subtrahiert man vom Sodawert den Natriumbicarbonatwert, so erhält man den Emodingehalt. Die Trennungen mit Natriumcarbonat sind weniger scharf als die mit Natriumbicarbonat.

Colorimetrische Bestimmung der Rhein-Verbindungen
von J. W. Fairbairn und T. C. Lou[1].

FAIRBAIRN und LOU sehen in den Rhein-artigen Glykosiden die Hauptwirkstoffe und bestimmen neben den freien und gebundenen Anthracenderivaten Rhein-artige und Nicht-Rhein-artige Verbindungen. Die Rhein-artigen Verbindungen enthalten eine COOH-Gruppe und lassen sich aus einer organischen Lösung mit Natriumbicarbonat extrahieren und damit von den Nicht-Rhein-artigen Verbindungen trennen. Zur Trennung der freien und gebundenen Anthracenderivate benützen die Autoren eine wäßrige Suspension der Droge mit einem p_H-Wert von etwa 3, aus der die freien Verbindungen mit Chloroform ausgeschüttelt werden. Damit wollen sie eine sichere Extraktion der freien Anthracenderivate erreichen, die in kaltem Wasser nicht vollständig löslich sind. Bei heißer wäßriger Extraktion tritt bereits eine leichte Hydrolyse der Glykoside ein, wodurch der Gehalt der freien Verbindungen fälschlich erhöht wird.

Freie Anthracenderivate. Etwa 0,1 g fein gepulverte Droge wird in einem kleinen Becherglas mit 5 ccm Wasser und 2 Tropfen n-NaOH vermischt. Die Mischung wird mit 15 ccm Wasser in einen Schütteltrichter übergeführt und mit n-HCl auf etwa p_H 3 eingestellt. Diese saure Suspension wird mehrmals mit Chloroform erschöpfend extrahiert, bis diese farblos ist. Die Chloroformlösung wird mit einer kleinen Menge salzsaurem Wasser gewaschen und filtriert. Das klare Filtrat wird mit 5%iger Natriumbicarbonatlösung mehrmals erschöpfend extrahiert und die vereinigten wäßrigen Lösungen mit einer geringen Menge Chloroform gewaschen und dieses der Hauptmenge Chloroform zugefügt.

a) *Rhein-artige Verbindungen.* Die vereinigten Bicarbonatausschüttelungen werden mit verdünnter Schwefelsäure angesäuert und mit Äther extrahiert. Die ätherischen Extrakte werden mit einer geringen Menge mit Salzsäure angesäuertem Wasser gewaschen und dann mit n-NaOH extrahiert. Die vereinigten alkalischen Lösungen werden 4 Minuten in einem kräftig siedenden Wasserbad erhitzt, hierauf rasch abgekühlt und zu einer Konzentration verdünnt, die eine colorimetrische Bestimmung ermöglicht. Da die Farbe unbeständig ist, soll die Bestimmung innerhalb von 30 Minuten vorgenommen werden. Als Standard für die Eichkurve dient Rhein.

b) *Nicht-Rhein-artige Verbindungen.* Die Chloroformlösung, die mit Natriumbicarbonat ausgeschüttelt wurde, wird mit n-NaOH vollständig extrahiert und die alkalische Lösung wird wie oben angegeben behandelt und die Farbintensität gemessen. Die Autoren benützten ein Elektrophotometer mit einem Filter Nr. 626 (grün), das Licht mit einer Wellenlänge von 470 bis 530 mμ durchläßt und mit dem Maximum der Durchlässigkeit bei etwa 495 mμ. Als Standard für die Eichkurve dient Chrysophanol.

Gesamt-Anthracenderivate. Etwa 0,1 g feines Drogenpulver wird in einem kleinen Becherglas mit 5 ccm Wasser und 2 Tropfen n-NaOH gemischt und die Mischung mit 15 ccm Wasser in einen 250 ccm-Kolben gebracht. Hierauf werden 10 ccm n-H_2SO_4 zugesetzt und 15 Minuten in einem siedenden Wasserbad am Rück-

---

[1] J. Pharmac. Pharmacol. **3**, 93 (1951).

flußkühler erhitzt. Dann werden langsam 100 ccm Chloroform durch den Kühler zugegeben und weiter 5 Minuten lang erhitzt. Der Kolben wird gut gekühlt und der Inhalt in einen Schütteltrichter übergeführt. Die Chloroformschicht wird abgelassen und mit 5 ccm Wasser, das mit Salzsäure angesäuert ist, gewaschen und filtriert. Die wäßrige Schicht wird weiter vollständig mit Chloroform extrahiert, die Chloroformlösungen werden gewaschen, filtriert und vereinigt. Dann werden die vereinigten Chloroformlösungen mit 5%iger Natriumbicarbonatlösung ausgeschüttelt, um die Rhein-artigen von den Nicht-Rhein-artigen Verbindungen zu trennen. Jede dieser beiden Fraktionen wird in n-NaOH übergeführt und zur Oxydation der reduzierten Aglykone mit je 0,1 ccm 3%igem Wasserstoffsuperoxyd pro 10 ccm alkalischer Lösung 4 Minuten in einem siedenden Wasserbad erhitzt. Hierauf wird wie oben angegeben colorimetriert. Der Wert für die gebundenen Anthracenderivate wird durch Subtraktion des Wertes der freien Verbindungen von dem Wert der Gesamt-Anthracenderivate errechnet.

Die Autoren fanden z. B. folgende Werte (Tab. 32):

Tabelle 32.

	Rhein-artige Verbindungen %	Nicht-Rhein-artige Verbindungen %	Rhein- + Nicht-Rhein-artige Verbindungen %
Freie Verbindungen	0,42	0,88	1,30
Gebundene Verbindungen	0,64	1,24	1,88
Freie + gebundene Verbindungen	1,06	2,12	3,18

Rhizoma Tormentillae.

Rhizoma Tormentillae enthält als Wirkstoff Catechingerbstoffe, denen durch enzymatische und oxydative Einflüsse keine lange Haltbarkeit zugesprochen wird. W. PEYER und F. DIEPENBROCK[1] fanden in einem Drogenpulver innerhalb von 18 Monaten eine Gerbstoffabnahme von 23%. Die Gerbstoffbestimmung nahmen sie nach der Methode von SCHULTE vor. Wegen dieser geringen Haltbarkeit wurde die Stabilisierung der Droge empfohlen.

H. HOPMANN[2] führte Versuche aus, um den Einfluß der Stabilisierung und verschiedener Trocknungsarten auf den Gerbstoffgehalt zu prüfen. Die Stabilisierung der frischen Rhizome wurde durch 30 Minuten langes Einwirken von Dämpfen siedenden Alkohols ausgeführt. Nach der Stabilisierung wurde die Droge entweder unzerkleinert oder zerkleinert, an der Luft oder bei 80° getrocknet. Der Gerbstoffgehalt wurde nach der Hautpulvermethode sofort nach der Trocknung und nach 10 Monaten bestimmt. Die Ergebnisse im Vergleich mit nicht stabilisierter Droge sind in Tab. 33 zusammengestellt.

Demnach tritt durch das Trocknen in allen Fällen eine Gerbstoffabnahme ein, die bei der stabilisierten Droge am geringsten ist. Aber auch bei den nicht stabilisierten Drogen ist die Gerbstoffabnahme mit Ausnahme der unzerkleinerten, luftgetrockneten Droge nicht so erheblich, daß unbedingt eine Stabilisierung notwendig wäre. Nach 10 Monaten zeigte sich nicht nur keine Gerbstoffabnahme mit einer unerheb-

---

[1] Jahresbericht der Firma Caesar & Loretz 1928, 117.
[2] Dissertation Bonn 1950.

Tabelle 33. *Gerbstoffgehalt verschiedener Tormentilldrogen.*

Droge	Gerbstoffgehalt in %		Zu- oder Abnahme in %
	nach der Trocknung	nach 10 Monaten	
Frische Droge, auf Trockensubstanz umgerechnet	22,7	—	—
stabil. conc. getr. b. 80°	21,5	22,1	+ 2,8
stabil. conc. luftgetr.	20,9	22,3	+ 6,7
tot. getr. b. 80°	19,4	18,9	− 2,6
conc. luftgetr.	18,5	22,4	+21,0
tot. luftgetr.	17,1	21,6	+26,3

lichen Ausnahme, sondern eine Gerbstoffzunahme, die in einem Fall 26% erreichte. Diese Gerbstoffzunahme müßte auf eine postmortale Gerbstoffkondensation zurückzuführen sein[1]. Die Gerbstoffe des Tormentillrhizoms zeichnen sich demnach durch eine große Stabilität aus und die Befürchtungen einer raschen enzymatischen oder oxydativen Zerstörung sind nicht begründet. Stabilisierung und rasches Trocknen sind demnach nicht unbedingt erforderlich, wenn sie sich auch in geringem Maße günstig auf den Gerbstoffgehalt auswirken.

HOPMANN gibt folgende schnelle *orientierende Prüfung* des Gerbstoffgehaltes an:

1 Teil fein gepulverte Droge wird mit 100 Teilen Wasser aufgekocht. Die Lösung muß nach dem Abkühlen deutlich zusammenziehend schmecken. Enthält die Droge z. B. 20% Gerbstoff, so schmeckt die Verdünnung 0,2 : 100 deutlich zusammenziehend. Die Grenze des Wahrnehmbaren liegt bei 0,15 : 100 (= 15% Gerbstoff in der Droge). Wenn man einen Gerbstoffgehalt von mindestens 15% verlangt, so genügt obige Vorschrift, um eine minderwertige Ware ausschalten zu können.

Rhizoma Veratri.

Zur Bestimmung der Gesamtalkaloide, die in der Droge in einer Menge von 0,5 bis 1,4% enthalten sind, gibt H. ESCHENBRENNER[2] zwei Methoden an. Nach dem ersten Verfahren werden die Alkaloide mit Äther-Chloroform und Natronlauge extrahiert und nach entsprechender Reinigung gravimetrisch oder maßanalytisch bestimmt. Nach dem zweiten Verfahren werden die Alkaloide mit Äther und Ammoniak extrahiert und gravimetrisch ermittelt.

a) 12 g Rhizoma Veratri pulv. werden mit 120 ccm eines Gemisches von gleichen Teilen Äther und Chloroform durchgeschüttelt, dann 10 ccm Natronlauge zugefügt und unter häufigem Schütteln etwa 3 Stunden stehengelassen. Darauf setzt man Wasser zu, bis das Pulver zusammenballt und absetzt. Die Chloroformäthermischung, die stets mehr oder weniger trüb ist, wird möglichst völlig abgegossen, mit gebrannter Magnesia und 3 bis 4 Tropfen Wasser geschüttelt und durch ein trockenes Filter gegeben; 100 ccm werden abfiltriert entsprechend 10 g Droge. Diese Chloroformäthermischung wird dreimal mit je 20 ccm mit Essigsäure angesäuertem Wasser ausgeschüttelt, die vereinigten, filtrierten essigsauren Ausschüttelungen werden mit Natronlauge alkalisch gemacht und

---

[1] In noch unveröffentlichten Versuchen von F. GSTIRNER und A. BOPP mit der Agglutinationsmethode konnte die postmortale Gerbstoffzunahme nicht bestätigt werden.

[2] Pharmaz. Ztg. **1935**, 607.

mit einem Gemisch aus gleichen Teilen Äther und Chloroform wiederum dreimal ausgeschüttelt. Diese Ausschüttelungen werden verdunstet und die Alkaloide nach dem Trocknen bei 100° gewogen. Man kann sie ebensogut in 5 ccm Alkohol aufnehmen und mit n/100-Salzsäure maßanalytisch bestimmen, wobei 1 ccm n/100-HCl = 0,00424 g Gesamtalkaloid entspricht.

b) 6 g fein gepulverte Droge werden in einer Arzneiflasche von 150 ccm Inhalt mit 60 g Äther und 2,5 ccm verdünnter Ammoniakflüssigkeit (4 Teile Liqu. Ammon. caust. + 6 Teile Wasser) während einer halben Stunde häufig und kräftig geschüttelt. Nach Zufügen von 2,5 ccm Wasser, kräftigem Durchschütteln und Absetzenlassen gießt man 40 g der ätherischen Lösung (= 4 g Droge) durch etwas Watte in ein Kölbchen und bringt unter Nachspülen mit wenig Äther in einen Scheidetrichter. Dann schüttelt man mit 15 ccm, sodann zweimal mit je 10 ccm verdünnter Salzsäure (etwa 1%ig) gut aus. Die in einem Scheidetrichter vereinigten sauren Ausschüttelungen macht man mit Ammoniak alkalisch, schüttelt mit 20 ccm, dann dreimal mit je 15 ccm Äther aus und filtriert über einen Wattebausch in ein mit Siedesteinchen beschicktes und mit diesen genau gewogenes Kölbchen von 150 ccm. Nach Abdestillieren auf dem Wasserbade trocknet man den Rückstand 1 Stunde bei 103 bis 105°. Das Gewicht des so erhaltenen und erkalteten Rückstandes muß mindestens 0,04 g betragen, was einem Mindestgehalt von 1% Alkaloiden entspricht.

Secale cornutum.

Secale cornutum enthält etwa 12 Alkaloide in einer stark wechselnden Menge bis etwa 0,2%, Zuchtdrogen enthalten bis über 1,0%, die in folgende Gruppen eingeteilt werden:

1. Ergotoxingruppe mit den 3 Isomerenpaaren: Ergocristin, Ergokryptin und Ergocornin, Ergocristinin, Ergokryptinin, Ercorninin.
2. Ergotamingruppe mit den 2 Isomerenpaaren: Ergotamin und Ergosin, Ergotaminin, Ergosinin.
3. Ergometringruppe (Ergobasingruppe) mit dem Isomerenpaar: Ergometrin, Ergometrinin.
4. Ergomonamingruppe, über deren Bausteine noch wenig bekannt ist.

Allen bekannten Alkaloiden gemeinsam ist als Grundkörper die Lysergsäure bzw. die isomere Isolysergsäure, die in der Carboxylgruppe eine aus Aminosäuren gebildete polypeptidartige Seitenkette trägt. Die Alkaloide der Ergotoxin- und Ergotamingruppe besitzen außer der Uteruswirkung auch eine sympathicolytische Wirkung, die dem Ergometrin fehlt. Die physiologische Wirkung kommt nur den linksdrehenden Alkaloiden zu, die auch überwiegend in der Droge enthalten sind, während die rechtsdrehenden Formen praktisch unwirksam sind. Die Alkaloide sind hitzeempfindlich und erfahren in Lösung, besonders beim Erwärmen, leicht eine Umlagerung in die kaum wirksamen rechtsdrehenden Formen.

Lysergsäure

Secale cornutum enthält noch zahlreiche Amide und Aminosäuren, die größtenteils Zersetzungsprodukte von Eiweißstoffen sind. Die uteruswirksamen Amine Histamin und Tyramin sind bei oraler Verabreichung wirkungslos und spielen deshalb nur eine untergeordnete Rolle. Ferner enthält die Droge Ameisensäure, Essigsäure, Milchsäure, Citronensäure, den rotvioletten Farbstoff Sclererythrin, zwei gelbe Farbstoffe, Enzyme und 20 bis 40% fettes Öl.

Die Haltbarkeit der Droge ist bei trockener Lagerung verhältnismäßig gut. Nach B. V. CHRISTENSEN und J. A. REESE[1] ist der Alkaloidrückgang nach 17 Monate langer Lagerung bei Temperaturen unter 27° und einem Wassergehalt unter 8% sowie nach 7 Monaten bei 21 bis 38° und einem Wassergehalt unter 6% belanglos. Höherer Feuchtigkeitsgehalt wirkt sich jedoch ungünstig aus und solche Drogen sollen durch 24 Stunden langes Trocknen bei 38° in dünner Schicht getrocknet werden.

Qualitative Reaktionen.

Um sich über den Wert einer Secale Droge orientieren zu können, werden Reaktionen angegeben, deren Brauchbarkeit teils umstritten ist. Eine dieser Reaktionen ist die auch in Arzneibüchern enthaltene Cornutinreaktion von KELLER-FROMME, die nach K. HERING[2] folgendermaßen ausgeführt wird:

Von einem Aufguß aus 1,0 Mutterkornpulver, entfettet, 20,0 destilliertem Wasser und 1,0 Tropfen Salzsäure werden 4,0 (= 0,2 g Pulver) abfiltriert mit 1,0 Tropfen Salmiakgeist versetzt und mit 10,0 ccm Äther kräftig geschüttelt. 5,0 ccm des nach dem Absetzen klaren Äthers mit der Pipette in einem Reagenzglas auf etwa 2,0 ccm reine Schwefelsäure geschichtet, müssen an der Berührungsfläche innerhalb einiger Minuten eine kornblumenblaue Zone hervorrufen. Nach ungefähr 1½ bis 2 Stunden ist die größte Farbintensität erreicht. Ein positiver Ausfall soll den Mindestanforderungen des DAB 6 entsprechen.

Diese Cornutinreaktion gilt nicht als spezifisch für die Mutterkornalkaloide, da sie auch bei zersetzten Alkaloiden auftritt und wahrscheinlich auch nicht alkaloidische Stoffe beteiligt sein dürften. Nur bei negativem Ausfall soll sie beweisend für das Fehlen von Alkaloiden sein.

Eine andere verläßlichere Reaktion, die sogenannte Sodaprobe, gibt H. OETTEL[3] an, nach der die wasserunlöslichen Alkaloide der Ergotoxin- und Ergotamingruppe, weitgehend isoliert werden. Sie wird nach W. PEYER[4] wie folgt ausgeführt:

5 g grob gepulverte Droge werden in einem Schüttelzylinder während 1 Stunde mit 10 ccm 50%igem Alkohol unter bisweiligem Umschütteln stehengelassen. Dann alkalisiert man, ohne abzufiltrieren, das ganze Gemisch mit 5 bis 6 bis 8 Tropfen 10%iger Sodalösung und fügt 40 ccm Äther hinzu. 10 Minuten schütteln! Die abgetrennte Ätherschicht wird dreimal mit je 10 ccm Wasser, dem je 1 Tropfen Sodalösung hinzugefügt ist, gewaschen, um die Farbstoffe zu entfernen. Ist der Äther nun völlig farblos geworden, schüttelt man ihn mit 10 ccm 1%iger Weinsäurelösung aus. Die Weinsäurelösung befreit man durch gelindes Erwärmen, Schütteln und eventuell Einblasen von Luft vom Äther. In dieser Weinsäurelösung muß durch 5 bis 6 Tropfen einer 10%igen Sodalösung eine deutliche weißflockige Fällung entstehen. Diese Fällung, auf einem Filterchen gesammelt und in Eisessig gelöst, muß eine deutliche Cornutinreaktion geben:

---

[1] J. Amer. pharmac. Assoc. **28**, 343 (1939); Ref. Jber. Pharmaz. **74**, 37 (1939).
[2] Apotheker-Ztg. **1928**, 1381.
[3] Naunyn-Schmiedebergs Arch. exp. Pathol. Pharmakol. **1930**, H. 3, 4.
[4] Pharmaz. Ztg. **1934**, 618.

Den sehr geringen Rückstand nimmt man mit 2 ccm Essigsäure (96%), der 1 Tropfen verdünnte Eisenchloridlösung (1 + 24) zugesetzt ist, auf und schichtet die Essigsäurelösung vorsichtig über 2 ccm Schwefelsäure. An der Berührungsstelle der beiden Flüssigkeiten tritt eine blauviolette Zone auf.

Bestimmung der Alkaloide.

Zur Bestimmung der Alkaloide wurden gravimetrische, maßanalytische, spektrographische und colorimetrische Methoden ausgearbeitet, von denen den colorimetrischen Methoden die größere Bedeutung zukommt, da sie nur eine geringe Menge Droge benötigen. In älteren Arzneibüchern, auch im DAB 6, ist eine maßanalytische Bestimmung vorgeschrieben, für die infolge des geringen Alkaloidgehaltes der Droge größere Drogenmengen von 100 g erforderlich sind. Außerdem sollen damit auch unwirksame Basen erfaßt werden und die wasserlöslichen Alkaloide werden meistens vernachlässigt. Die Werte dieser Methoden sind deshalb nicht gut übereinstimmend und werden widerspruchsvoll beurteilt. Sie lassen sich aber mit einfachen Laboratoriumsgeräten ausführen und haben sich immerhin als Konventionsmethoden bewährt. Von den verschiedenen Modifikationen dieser Bestimmungen, sei die gravimetrische Ausführung von F. WESSEL[1], die verschiedene Fehlerquellen berücksichtigt, angeführt.

Gravimetrische Bestimmung von F. Wessel[1].

WESSEL schüttelt die Alkaloide mit Ammoniak an Stelle von Natriumcarbonat aus, um einerseits das lästige Aufbrausen zu verhindern und andererseits um den Niederschlag durch die leichtere Löslichkeit des Ammonchlorids schneller chlorfrei auswaschen zu können. Außerdem läßt WESSEL die Droge entfetten und die Alkaloide wiegen:

120 g grob gemahlenes Mutterkorn werden in einem Perkolator gemäß den Vorschriften der Perkolation mit Petroläther extrahiert so lange, bis 5 ccm des gesammelten Perkolates nach dem Verdunsten keinen Fettrückstand mehr hinterlassen.

Das Perkolat wird eingeengt und mit 25 ccm 1%iger Salzsäure ausgeschüttelt und davon 1 ccm mit MAYER-Reagens auf Alkaloide geprüft. Im Falle positiver Reaktion vereinigen wir sie mit den künftigen salzsauren Ausschüttelungen.

Das entfettete Mutterkorn wird bei niedriger Temperatur, eventuell im Vakuum, vom Petroläther befreit, gewogen und der Gewichtsverlust ermittelt, um die Resultate auf das ursprüngliche Material umrechnen zu können.

Die Droge wird jetzt pulverisiert (Sieb Nr. IV) und 100 g davon werden in einem Porzellanmörser mit 4 g Magnesiumoxyd innig vermischt und mit 40 ccm Wasser gleichmäßig verrührt. Die Masse wird in einer 1 l-Flasche, mit 400 ccm Äther bedeckt, stehengelassen; alle halben Stunden wird 10 Minuten lang kräftig umgeschüttelt. Nach Ablauf von 3 Stunden wird mit 100 ccm destillierten Wassers versetzt, durchgeschüttelt und nach Zugabe von 5 bis 10 g Traganthpulver bis zum Zusammenballen der wäßrigen Schicht kräftig geschüttelt.

Die ätherische Lösung wird jetzt durch einen kleinen Wattebausch abgegossen und in einer ½ l-Flasche mit 30 ccm Wasser und 1 bis 2 g Talk geschüttelt und so geklärt. Hier ist noch zu bemerken, daß bei dieser Methode die abgegossene ätherische Lösung zumeist schon klar ist oder durch einfache Filtration geklärt werden kann, so daß von der Klärung mit Talcum abgesehen werden kann.

[1] Süddtsch. Apotheker-Ztg. **1928**, 354.

Von der ätherischen Flüssigkeit werden 200 ccm zur weiteren Verarbeitung verwendet. Sie werden mit 20 ccm 1%iger Salzsäure, dann mit 20 ccm Wasser und zuletzt noch zweimal mit je 10 ccm 1%iger Salzsäure ausgeschüttelt. Die Salzsäurelösungen werden in einem Kolben vereinigt und falls in der Salzsäureausschüttelung des Petroläthers Alkaloide gefunden wurden, wird auch diese dazu gesetzt. Die Lösung wird jetzt eine halbe Stunde bei 50° C im Wasserbade gehalten, um den gelösten Äther zu verjagen. Dann wird die Lösung in ein Kochglas filtriert und das Filter zweimal mit je 10 ccm 1%iger Salzlösung nachgewaschen.

Die klare Flüssigkeit wird mit 10%igem Ammoniak so lange versetzt, bis sie deutlich alkalisch reagiert und sich kein Niederschlag mehr bildet. Nach 12stündigem Stehen an einem kühlen Ort wird durch ein SCHLEICHER-SCHÜLL-Filter von 8 cm Durchmesser filtriert. Das Filter wird zuerst in einem Wägeglas bis zur Gewichtskonstanz getrocknet und gewogen. Der Niederschlag wird quantitativ auf dem Filter gesammelt und mit destilliertem Wasser bis zum Ausbleiben der Chlorreaktion gewaschen. Filter und Niederschlag werden hierauf bei 90 bis 100° bis zur Gewichtsgleichheit getrocknet und gewogen. Das Resultat wird auf die ursprüngliche Ausgangsmenge berechnet.

Der Alkaloidniederschlag kann auch maßanalytisch z. B. nach dem DAB 6 bestimmt werden.

Colorimetrische Methoden.

Die colorimetrischen Verfahren haben den Vorteil, daß die Bestimmung mit kleinen Drogenmengen ausgeführt werden kann. Von den Farbreaktionen hat sich die mit p-Dimethylaminobenzaldehyd, die auf H. W. V. URK[1] zurückgeht, durchgesetzt, mit dem die Secalealkaloide unter Blaufärbung reagieren. Die Reaktion die von M. PÖHM[2] untersucht wurde und auf dem Lysergsäureanteil der Alkaloide beruht, erfolgt durch Wasserabspaltung zwischen 2 Molen Lysergsäure und 1 Mol Aldehyd und anschließende Oxydation unter Bildung eines Farbsalzes vom Typus des Rosindols.

Die Reaktion ist zwar nicht spezifisch, da auch die Lysergsäure und eventuell auch andere Spaltprodukte der Alkaloide gleichfalls unter Blaufärbung reagieren. Die Lysergsäure wird aber im Verlauf der Bestimmung praktisch vollkommen entfernt. Schwerwiegender ist die Tatsache, daß die physiologisch schwach wirksamen rechtsdrehenden Alkaloide genau so wie die linksdrehenden Alkaloide reagieren. Da in der Droge fast ausschließlich die linksdrehenden Alkaloide vorliegen sollen, so dürfte sich nur ein geringfügiger Fehler ergeben. Bei Mutterkornextrakten aber, die einen längeren Erwärmungsprozeß durchmachten, ist mit einer Umlagerung der genuinen linksdrehenden Alkaloide in die rechtsdrehenden Alkaloide und einer entsprechenden Wirkungsabnahme zu rechnen, die sich der colorimetrischen Bestimmung entzieht. In solchen Fällen kann nur eine biologische Auswertung oder polarimetrische oder papierchromatographische Untersuchung Anhaltspunkte über die therapeutische Wirkung geben. Die colorimetrische Bestimmung mit p-Dimethylaminobenzaldehyd wurde z. B. in die Ph. Brit. 1948 und in die Ph. Danica 1948 aufgenommen.

Die neueren colorimetrischen Methoden erhöhen auch die Spezifität der Bestimmung durch Ermittelung der wasserunlöslichen Alkaloide (Ergotoxin-, Ergotamingruppe) und der wasserlöslichen Alkaloide (Ergo-

---

[1] Pharmac. Weekbl. **66**, 473 (1929). — [2] Arch. Pharmaz. **286**, 509 (1953).

metringruppe), die sich auch in der physiologischen Wirkung unterscheiden. Die Trennung dieser beiden Gruppen ist leicht auf Grund der verschiedenen Löslichkeit in Wasser und in organischen Lösungsmitteln möglich, die entweder durch Ausschüttelungen oder durch Fällung der Alkaloide vorgenommen wird.

Der Genauigkeit dieser Methode sind weiterhin Grenzen gesetzt, da in der Droge ein Gemisch von Alkaloiden mit verschiedenem Molekulargewicht vorliegt, die Bestimmung aber auf ein Alkaloid bezogen wird und die Extinktionen nur von äquimolekularen Lösungen gleich sind. Da die Molekulargewichte der Alkaloide der Ergotoxin- und Ergotamingruppe — sie liegen bei etwa 550 — nicht sehr stark differieren, so wird der sich praktisch kaum auswirkende Fehler vernachlässigt und der Alkaloidgehalt der wasserunlöslichen Alkaloide meist auf Ergotamin berechnet. Da das Ergometrin sich mit seinem Molekulargewicht von 325 ganz beträchtlich von den wasserunlöslichen Alkaloiden unterscheidet, muß der Gehalt an wasserlöslichen Alkaloiden auf Ergometrin bezogen werden.

Fehlerhaft ist auch die Angabe eines Gesamtalkaloidgehaltes, berechnet auf Ergotamin, bei dem das Ergometrin als Ergotamin colorimetrisch gemessen und berechnet wird, da infolge des niedrigeren Molekulargewichtes des Ergometrins die Werte eines solchen „Gesamtalkaloidgehaltes" zu hoch angegeben werden. Auch wenn man von diesem „Gesamtalkaloidgehalt" den Gehalt an wasserlöslichen Alkaloiden in Abzug bringt und damit die wasserunlöslichen Alkaloide berechnen will, werden aus demselben Grunde sich falsche Werte ergeben. Richtige Werte erhält man nur, wenn die wasserunlöslichen und wasserlöslichen Alkaloide jeweils für sich getrennt bestimmt und als solche angegeben werden. Da die wasserunlöslichen und wasserlöslichen Alkaloide sich physiologisch und therapeutisch unterscheiden, so erübrigt sich auch die Angabe eines Gesamtalkaloidgehaltes, der die therapeutische Wirkung nicht klar zum Ausdruck bringt.

Die Reaktion mit p-Dimethylaminobenzaldehyd verläuft zwar sehr langsam, wird aber durch Zusatz einer geringen Menge eines Oxydationsmittels bedeutend beschleunigt und bleibt mehrere Stunden konstant. Als Oxydationsmittel wird das von N. L. ALLPORT und T. T. COCKING[1] eingeführte Eisenchlorid hauptsächlich benützt. Die Herstellung des Reagens wird ziemlich einheitlich vorgenommen, wofür L. FUCHS[2] z. B. folgende Vorschrift gibt:

0,2 g reiner p-Dimethylaminobenzaldehyd werden in einer gekühlten Mischung von 35 ccm Wasser und 65 ccm konzentrierter Schwefelsäure gelöst und 0,03 ccm 10%ige Eisenchloridlösung zugefügt. Das Reagens muß vor Licht geschützt aufbewahrt werden und ist etwa 10 Tage haltbar. Zur Ausführung der Reaktion werden 2 Volumen Reagens und 1 Volumen wäßrige Alkaloidlösung gemischt.

E. SCHULEK und G. VASTAGH[3] verwenden Wasserstoffsuperoxyd auf folgende Weise:

[1] Quart. J. Pharmac. Pharmacol. 5, 341 (1932).
[2] Scientia pharmac. 18, 93 (1950).
[3] Ber. ung. pharmaz. Ges. 15, 322 (1939).

4 ccm Lösung, die etwa 0,1 mg Alkaloide enthält, wird mit 7 ccm Reagens versetzt, bestehend aus 0,12 g p-Dimethylaminobenzaldehyd in 100 ccm etwa 65%-iger Schwefelsäure (50 ccm konz. Schwefelsäure, 50 ccm Wasser). Die Mischung wird mit 5 Tropfen „Oxydans" versetzt, das einen Tropfen 30%iges H_2O_2 in 5 ccm Wasser enthält und bleibt nachher 2 Minuten lang stehen. In dieser Zeit entwickelt sich die blaue Farbe der Lösung völlig und der Oxydationsprozeß wird danach durch Zugabe von 5 mg $NaHSO_3$ beendet. Die Reduktion des überschüssigen Wasserstoffsuperoxyds ist nötig, da die blaue Farbe gegenüber Oxydation empfindlich ist. Auch Chlorionen dürfen deshalb nicht vorhanden sein.

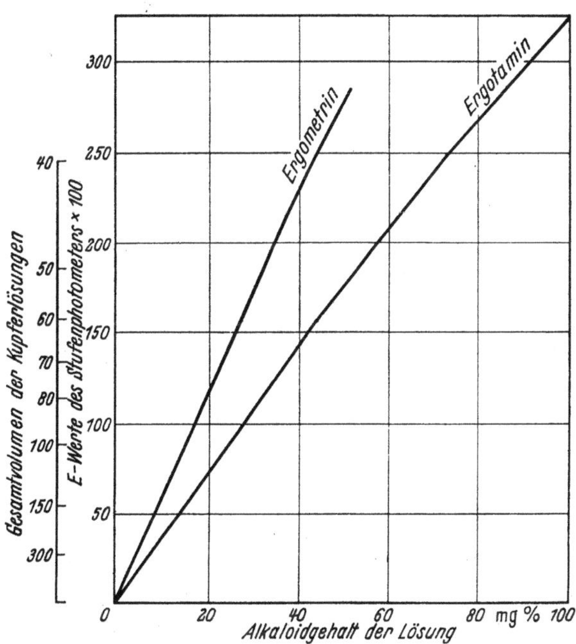

Abb. 31. Eichkurven von Ergotamin und Ergometrin, aufgenommen mit dem PULFRICH-Photometer (Filter S 61).

Die Farbintensität wird mit einer Standardlösung eines Secalealkaloides, meist Ergotamin bzw. Ergometrin, in einem Colorimeter gemessen. Auch kann eine alkalische Kupfersulfatlösung benützt werden. Eichkurven von Ergotamin und Ergometrin mit dem PULFRICH-Photometer (Filter S 61) von G. SCHUMACHER[1] aufgestellt, zeigt Abb. 31 von G. BAUMGARTEN[2]. In dem Kurvenbild zeigt die Skala auf der linken Senkrechten die Extinktionswerte des Photometers, auf der rechten Senkrechten sind die entsprechenden Werte von Kupfersulfatammoniaklösungen angegeben. Die Zahlen bedeuten das Volumen in ccm, auf das eine Lösung von Cuprum sulfuricum crist. puriss. 1,0 in Liquor ammon. caust. 10,0 verdünnt werden muß, damit diese Lösung dem gegenüberstehenden Extinktionswert entspricht.

Die Droge wird allgemein vor der Bestimmung entfettet, um störende Emulsionen zu vermeiden und die Alkaloidextraktion zu erleichtern. Die

---

[1] Dtsch. Apotheker-Ztg. **55**, 321 (1940). — [2] Pharmazie. **1**, 308 (1946).

Entfettung wird mit Petroläther, vorteilhafter mit siedendem Petroläther durchgeführt. Für eine Grenzwertbestimmung extrahieren S. A. Schou und V. Gaunö Jensen[1] die nicht entfettete Droge mit ammoniakalischem Aceton, doch soll damit die Extraktion nach C. H. Hampshire und M. W. Partridge[2] nicht vollständig sein. Nach R. F. Corran und F. E. Rymill[3] werden fast die gesamten Alkaloide durch siedenden Äther, siedendes Benzol, siedendes Di- und Trichloräthylen unzersetzt extrahiert und können mit 1%iger Weinsäurelösung ausgeschüttelt werden. In Tetrachlorkohlenstoff sind die wasserunlöslichen Alkaloide löslich, nicht aber Ergometrin. Die Extraktion der Alkaloide wird allgemein mit Äther, auch unter Zusatz von Methylenchlorid, durchgeführt. Dabei spielt der Feinheitsgrad der Droge eine große Rolle. J. Molnar[4] fand z. B. folgende Abhängigkeit des Alkaloidgehaltes vom Feinheitsgrad bei nicht entfetteter Droge:

Mittlerer Durchmesser der Drogenteilchen	Prozent Ergotoxin
0,12 mm	0,236
0,25 mm	0,179
0,24 mm	0,145
0,60 mm	0,118

Da das fette Öl der Droge eine feine Pulverisierung nicht zuläßt, wird auch aus diesem Grunde eine Entfettung durchgeführt werden müssen. L. Fuchs fordert, daß das Drogenpulver nach der Entfettung einem Sieb von 0,2 mm Maschenweite entsprechen soll.

Ausschüttelungsmethoden zur Trennung der wasserlöslichen und wasserunlöslichen Alkaloide.

Die Ph. Brit. 1948 trennt die wasserunlöslichen von den wasserlöslichen Alkaloiden durch Extraktion der wasserlöslichen Alkaloide mit Wasser aus einer ätherischen Lösung. S. A. Schou und V. G. Jensen[5] extrahieren die Alkaloide aus der Droge mit ammoniakalischem Aceton und die wasserlöslichen Alkaloide aus einer Ätherlösung mit einer Pufferlösung von p_H 6,8. Abgesehen davon, daß, wie erwähnt, nach Hampshire und Partridge[6] die Extraktion mit Aceton nicht erschöpfend erfolgt, verläuft nach A. Silber und T. Schulze[7] auch die Trennung der wasserlöslichen und wasserunlöslichen Alkaloide bei p_H 6,8 nicht quantitativ. Silber und Schulze arbeiteten eine Mikromethode aus, bei der die Droge mit ammoniakalischem Äther extrahiert und die Trennung der beiden Alkaloidgruppen bei p_H 8 durchgeführt wird. L. Fuchs, M. Hecht und M. Pöhm[8] erreichen eine Trennung der beiden Alkaloidgruppen in ihrem Mikroverfahren, indem sie die wasserunlöslichen Alkaloide mit Benzol aus einer Ammonsulfatlösung extrahieren.

[1] Dansk Tidsskr. Farmac. **22**, 1 (1948).
[2] Quart. J. Pharmac. Pharmacol. **14**, 116 (1941).
[3] Quart. J. Pharmac. Pharmacol. **8**, 337 (1935).
[4] Pharmac. Acta Helvetiae **19**, 270 (1944).
[5] Dansk Tidsskr. Farmac. **22**, 1 (1948).
[6] Quart. J. Pharmac. Pharmacol. **14**, 116 (1941).
[7] Pharmazie **8**, 675 (1953). — [8] Scientia pharmac. **21**, 350 (1953).

Methode der Ph. Britannica 1948.

Nach der Methode der Ph. Brit. 1948, das im wesentlichen auf
C. H. Hampshire und G. R. Page[1] zurückgeht, wird die entfettete Droge
mit Äther extrahiert, die Gesamtalkaloide werden mit Weinsäurelösung
ausgeschüttelt und in einem Teil davon die Alkaloide colorimetrisch bestimmt. Ein anderer Teil der sauren Lösung wird mit Ammoniak alkalisiert, die Alkaloide mit Äther ausgeschüttelt und die wasserlöslichen
Alkaloide mit Wasser daraus entfernt. Die zurückgebliebenen wasserunlöslichen Alkaloide werden mit Weinsäurelösung extrahiert und colorimetrisch bestimmt. Die Differenz beider Werte ergibt, auf Ergometrin
umgerechnet, den Gehalt der wasserlöslichen Alkaloide.

Gesamtalkaloide. 10 g gepulverte Droge werden mit Petroläther (40 bis 50°) in
einem kontinuierlichen Extraktionsapparat entfettet, bei höchstens 40° getrocknet,
in einer Schale mit Äther bis zu einem Brei und mit 8 ccm Ammoniakflüssigkeit
(10%) versetzt und durchgemischt. Nachdem der größte Teil des Äthers verdunstet
ist, wird die Droge in demselben Extraktionsapparat mit 100 ccm Äther etwa
5 Stunden lang extrahiert. Die ätherische Extraktlösung wird filtriert, Kolben und
Filter mit Äther auf 110 ccm nachgewaschen und mit 20 ccm Aceton versetzt. Die
Lösung wird mit 20, 10, 10, 10 ccm 1%iger Weinsäurelösung ausgeschüttelt und
der gelöste Äther bei Zimmertemperatur im Vakuum vertrieben. 1 ccm Lösung
wird mit 2 ccm p-Dimethylaminobenzaldehydlösung versetzt und 5 Minuten stehengelassen. In gleicher Weise wird 1 ccm Ergotoxin-Äthanolsulfonatlösung (oder besser Ergotamintartratlösung) behandelt und die Farbstärke verglichen. 1 ccm Testlösung = 0,1 mg Alkaloide. Die Farbintensitäten sollen nicht mehr als 20% differieren, andernfalls ist eine Verdünnung der Alkaloidlösung erforderlich.

Dimethylaminobenzaldehydlösung: 0,125 g werden in einer Mischung von
65 ccm Schwefelsäure und 35 ccm Wasser gelöst und 0,1 ccm 5%ige Eisenchloridlösung zugesetzt.

Ergotoxin-Äthanolsulfonatlösung: 0,012%ig in wäßriger 1%iger Weinsäurelösung.

Wasserlösliche Alkaloide. 25 ccm saure Alkaloidlösung werden in einem
Schütteltrichter mit Ammoniakflüssigkeit alkalisiert und mit 40, 30, 30, 20 ccm
Äther ausgeschüttelt. Die ätherische Lösung wird fünfmal mit je 40 ccm Wasser
gewaschen, das mit Äther gesättigt und mit Ammoniak schwach lackmusalkalisch
gemacht ist. Damit werden die wasserlöslichen Alkaloide entfernt. Dann wird die
ätherische Lösung mit 10, 5, 5, 5 ccm 1%iger wäßriger Weinsäurelösung ausgeschüttelt und gelöster Äther durch Evakuieren bei Zimmertemperatur entfernt.
Es wird auf 25 ccm mit Wasser aufgefüllt und wie oben für die Gesamtalkaloide
angegeben colorimetriert. Es wird der Prozentgehalt der wasserunlöslichen Alkaloide auf Ergotoxin berechnet und von dem Gesamtalkaloidgehalt abgezogen. Die
Differenz wird mit 0,538 multipliziert und ergibt den Gehalt an wasserlöslichen
Alkaloiden, berechnet auf Ergometrin.

Die Droge soll mindestens 0,2% Gesamtalkaloide und davon mindestens 15%
wasserlösliche Alkaloide enthalten.

L. Fuchs[2] macht auf eine Unstimmigkeit in der Angabe der Bruttoformel für
Ergotoxin aufmerksam und erwähnt, daß der Umrechnungsfaktor auf Ergometrin
0,579 lauten muß, wenn das Ergotoxin dem Ergocornin entsprechen soll, wie es
im Appendix I der Ph. Britannica angegeben ist.

Mikromethode von A. Silber und T. Schulze[3].

Die entfettete Droge wird mit ammoniakalischem Äther extrahiert
und die wasserlöslichen Alkaloide aus der ätherischen Lösung mit einer

---

[1] Quart. J. Pharmac. Pharmacol. **9**, 60 (1936); **11**, 57 (1938); **12**, 595 (1939).
[2] Scientia pharmac. **18**, 93 (1950). — [3] Pharmazie. **8**, 675 (1953).

Pufferlösung von p_H 8 und die wasserunlöslichen Alkaloide mit Wein-säure ausgeschüttelt. Die Ausschüttelung bei p_H 6,8 nach Schou und Jensen lieferte zu hohe Werte. Um das Maximum der Farbintensität zu erreichen, wird die Lösung mit UV-Licht bestrahlt. Man erhält damit eine gerade Eichkurve, wodurch das Lambert-Beersche Gesetz erfüllt wird, was ohne Bestrahlung nicht zutrifft. Die Autoren haben die einzelnen Phasen der Bestimmung systematisch geprüft, wie Zerkleinerungsgrad, Äthermenge zur Alkaloidextraktion, Extraktionsdauer, p_H der Lösung zur Extraktion der wasserlöslichen Alkaloide, Weinsäurekonzentration und das Maximum der Farbintensität, worauf sie folgende Vorschrift ausarbeiteten:

Mischproben. Um gute Durchschnittswerte von einzelnen Mutterkornvorkommen zu erhalten, wird nach Möglichkeit von etwa 5 g Droge ausgegangen. Diese werden gemahlen und durch ein Sieb mit 0,3 mm Maschenweite gegeben. Das Pulver wird 8 Stunden lang im Soxhlet mit Petroläther (Kp. 40 bis 60°) entfettet und anschließend bei 40° getrocknet. Die weitere Aufbewahrung soll im Exsiccator erfolgen. Von dem gut durchmischten Pulver werden 0,1 g zur Analyse verwendet. Zur gleichzeitigen Bestimmung des Fettgehaltes wird das Pulver vor und nach der Petrolätherextraktion gewogen.

Einzelkörner bzw. Teile des Sklerotiums. Hierbei soll die Ausgangsmenge möglichst 0,02 g nicht unterschreiten. Die Proben werden wie oben beschrieben behandelt. Für die Extraktion im Soxhlet empfiehlt es sich, die Proben in kleine Tüten aus Filtrierpapier zu bringen.

Nachdem das Pulver bei 40° vom Petroläther befreit und 24 Stunden im Exsiccator getrocknet wurde, wird es genau gewogen und mit Äther (peroxydfrei) und Ammoniak versetzt (auf 100 mg Droge kommen 6 ccm Äther und 0,1 ccm 10%iges Ammoniak). Das Herauslösen der Alkaloide kann nach zweistündigem Schütteln in der Maschine als beendet angesehen werden. (Auch ein 12stündiges Stehen unter häufigem Umschütteln erwies sich für die Extraktion als ausreichend.) Der Äther wird durch Zentrifugieren vom Pulver getrennt und der Rückstand mit 2 bis 3 ccm Äther nachgewaschen[1]. Die ätherische Alkaloidlösung engt man auf 5 ccm ein, bringt sie in einen 10 ccm fassenden Scheidetrichter und schüttelt dreimal 2 Minuten mit je 1 ccm Pufferlösung und dreimal 2 Minuten mit je 1 ccm 2%iger Weinsäurelösung aus. Die 3 Puffer- bzw. Weinsäureausschüttelungen werden vereinigt, der Äther verdampft und beide Lösungen auf je 3 ccm aufgefüllt. Je 1 ccm dieser Alkaloidlösungen wird mit 2 ccm Reagens versetzt und gut durchgemischt. Darauf wird das Gemisch in Kristallisierschalen (Durchmesser 3 cm) mit der Quecksilberdampflampe (Typ Thelta-Sonne Modell Q 9/B) in einer Entfernung von etwa 26 cm vom Quecksilberbogen ohne UV-Filter 7 Minuten lang bestrahlt und sofort die Extinktion im Pulfrich-Photometer unter Verwendung des Filters S 57 und einer Schichtdicke von 0,5 cm gemessen. (Bei geringer Blaufärbung — bei Extinktionen unter 0,1 — empfiehlt es sich, die Messung in Küvetten mit größerer Schichtdicke vorzunehmen.) Als Vergleichslösung dient eine Mischung des Reagens mit Puffer- bzw. Weinsäurelösung im Verhältnis 2 : 1. Falls die Farbtiefe eine Extinktion über 1,0 ergibt, ist die Alkaloidlösung im Verhältnis 1 : 1 mit Wasser zu verdünnen und nochmals zu messen. Die Berechnung des Alkaloidgehaltes erfolgt an Hand von Eichkurven mit Ergotamin bzw. Ergometrin.

Pufferlösung von p_H 8: 96,9 ccm m/15 sec. Natriumphosphat (23,88 g Na_2HPO_4 12 H_2O im Liter) und 3,1 ccm m/15 prim. Kaliumphosphatlösung (9,08 g KH_2PO_4 im Liter).

---

[1] Die Trennung des ausgezogenen Mutterkornpulvers vom Äther soll besonders bei den Mikroanalysen nicht durch Filtration geschehen, da dabei ziemliche Verluste an Alkaloiden durch Adsorption am Filtrierpapier eintreten.

Mikromethode von *L. Fuchs, M. Hecht und M. Pöhm*[1].

R. FISCHER und M. HECHT[2] haben zur Trennung der wasserunlöslichen und wasserlöslichen Alkaloide eine Mikromethode ausgearbeitet, die darauf beruht, daß Benzol aus entfettetem Mutterkorn zwischen p_H 4 und 7 und bei 55 bis 60° nur die unlöslichen Alkaloide aufnimmt, während das Ergometrin in der Droge verbleibt, aus der es mittels ammoniakalischen Äthers extrahiert werden kann. Nach L. FUCHS[3] unterliegt jedoch diese selektive Extraktion der Droge starken Schwankungen, die zu unterschiedlichen Ergebnissen führen. Eine gleichmäßigere Trennung läßt sich dagegen durch Ausschütteln einer Lösung mit Benzol erreichen. L. FUCHS, M. HECHT und M. PÖHM stellten fest, daß sich aus einer 2%igen Ammoniumsulfatlösung, die ein p_H von 4,75 besitzt, in der Ergometrin und Ergotamin gelöst sind, das Ergotamin durch mehrmaliges Ausschütteln mit Benzol quantitativ extrahieren läßt, während das Ergometrin vollständig in der wäßrigen Lösung zurückbleibt. Extrahiert man daher ein entfettetes, mit Ammoniak alkalisiertes Mutterkornpulver mit Äther und verdampft diese die Gesamtalkaloide enthaltende Ätherlösung über einer 2%igen Ammonsulfatlösung, so kann man daraus direkt die wasserunlöslichen Alkaloide mit Benzol ausschütteln und in der wäßrigen Phase die wasserlöslichen Alkaloide bestimmen. Die Benzollösung wird dann mit 1%iger Weinsäurelösung ausgeschüttelt und in dieser der Gehalt an wasserunlöslichen Alkaloiden bestimmt. Die Untersuchung gestaltet sich folgendermaßen:

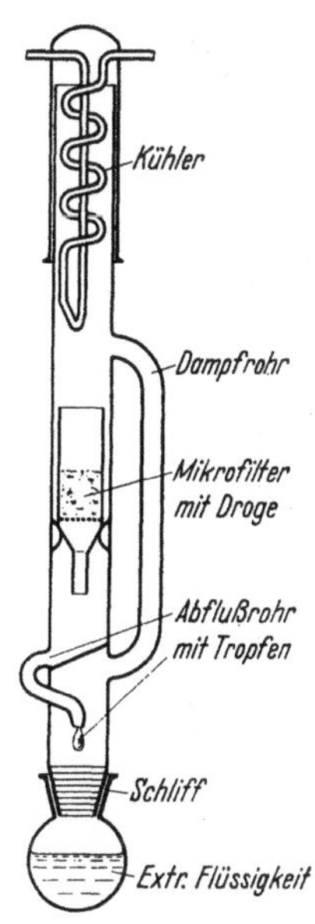

Abb. 32. Extraktionsapparat zur Mikrobestimmung der Secalealkaloide (ca. ¼ natürliche Größe).

Sind Teile von Sklerotien zu untersuchen, dann raspelt man am zweckmäßigsten mit einer kleinen Stahlfeile die entsprechende Menge eines Sklerotiums ab und wägt von dem feinen Pulver etwa 0,150 g zur Alkaloidbestimmung genau ein oder man pulverisiert ein genau gewogenes Stück eines Sklerotiums (etwa 0,150 g) sorgfältig in einer kleinen Reibschale unter Zusatz von reinem, feinkörnigem Quarzsand (ungefähr gleiche Menge) und bringt das Gemisch bzw. das abgeraspelte Pulver quantitativ in das mit einer eingeschmolzenen Sinterplatte versehene Mikrofilter (12 G 3) des in der Abb. 32 skizzierten Apparates, der auch von FISCHER und HECHT benützt wurde. Man kann aber auch einen anderen geeigneten Mikroextraktionsapparat verwenden, bei dem keine stärkere Erhitzung des Extraktionsgutes eintritt. Zur Vermeidung von Drogenverlusten bedeckt man das Pulver im Extraktionsgefäß mit einem kleinen Wattebausch und extrahiert nun auf dem Wasserbade 2 Stunden kontinuierlich mit Petroläther. Die das extrahierte Fett enthaltende Petrolätherlösung im Extraktionskölbchen wird verworfen, die Droge im Extraktionsgefäß unter Durchsaugen von Luft vom anhaftenden Petroläther befreit, mit Äther befeuchtet und nach Zufügen von 1 bis 3 Tropfen konzentriertem Ammoniak mit einem Glasstab durchgemischt, bis der Äther verdampft ist, wobei die abdeckende Watte etwas zur Seite geschoben wird. Vom Glasstab entfernt man haftengebliebene Drogenteilchen mit etwas Watte, bedeckt damit zusätzlich das

---

[1] Scientia pharmac. **21**, 350 (1953).
[2] Mikrochem. **38**, 538 (1951). — [3] Scientia pharmac. **21**, 20 (1953).

Drogenpulver im Extraktionsapparat und extrahiert nun das entfettete Mutterkorn kontinuierlich 2 Stunden lang mit Äther auf dem Wasserbad. Dann dunstet
man die im Extraktionskölbchen befindliche Ätherlösung der Gesamtalkaloide
durch Absaugen der Dämpfe bei Zimmertemperatur auf ungefähr 0,5 ccm ab, fügt
3,0 ccm einer 2%igen Ammonsulfatlösung zu und verdampft den Rest des Äthers
auf gleiche Weise vollständig. Eine Einengung der wäßrigen Lösung findet dabei
praktisch nicht statt, da nach mehrmaligen Kontrollen die Gewichtsabnahme unter
0,5% lag und daher zu vernachlässigen ist. Die meist etwas trübe Ammonsulfatlösung wird in einen Mikroscheidetrichter gebracht und fünfmal mit je 1 ccm Benzol
je 2 Minuten ausgeschüttelt, wobei man jedesmal das Extraktionskölbchen, in dem
sich die Ammonsulfatlösung befunden hatte, vorher mit dem Benzol ausspült und
die Ammonsulfatlösung zur Abtrennung der Benzolschicht nach den einzelnen
Ausschüttelungen stets in das gleiche Kölbchen abläßt. Schließlich wird die Ammonsulfatlösung noch mit etwa 5 ccm Petroläther ausgeschüttelt, der mit den
Benzollösungen vereinigt wird.

Zur Bestimmung der *wasserlöslichen* Alkaloide werden 2,5 ccm der durch die
Extraktion mit Benzol und Petroläther wieder klar gewordenen Ammonsulfatlösung mit 5,0 ccm des p-Dimethylaminobenzaldehyd-Reagens versetzt, gut durchgemischt und in üblicher Weise photometriert. Bei Verwendung des Pulfrichschen Stufenphotometers ergibt sich für eine Schichtdicke von 1 cm (d = 1 cm)
und das Spektralfilter S 61 die Konzentration der Ammonsulfatlösung an wasserlöslichen Alkaloiden in mg-% berechnet als Ergometrin durch Multiplikation der
abgelesenen Extinktion (E/d) mit 5,95 bzw. direkt der Gehalt der Droge nach
der Gleichung: $\dfrac{E/d \cdot 17{,}85}{\text{Einwaage in g}}$ = mg-% wasserlösliche Alkaloide ber. als Ergometrin.

Steht ein anderes Photometer zur Verfügung, dann wird in analoger Weise verfahren oder die Konzentration der Ammonsulfatlösung, entsprechend der Ablesung bei der Farblösung, einer auf die Ergometrinbase bezogene Eichkurve
entnommen und daraus der Gehalt der Droge berechnet.

Zur Bestimmung der *wasserunlöslichen* Alkaloide schüttelt man die vereinigten
Benzolextrakte, die auch die nachträgliche Petrolätherausschüttelung (etwa 5 ccm)
enthalten, in einen etwa 15 ccm fassenden Scheidetrichter je 2 Minuten mit je
2 ccm einer 1%igen Weinsäurelösung fünfmal aus, sammelt die wäßrigen Auszüge
in einem 10,0 ccm-Meßkölbchen, füllt — wenn nötig — genau zur Marke auf und
bestimmt nach gutem Durchmischen in einem aliquoten Teil mit dem p-Dimethylaminobenzaldehyd-Reagens (1 Volumenteil Lösung und 2 Volumenteile Reagens)
die Konzentration der Lösung an wasserunlöslichen Alkaloiden. Daraus läßt sich
dann der Gehalt der Droge berechnen. Für das Pulfrichsche Stufenphotometer
ergibt die für 1 cm Schichtdicke und Filter S 61 abgelesene Extinktion nach Multiplikation mit 10,65 den Gehalt der weinsauren Lösung an wasserunlöslichen
Alkaloiden berechnet als Ergotamin in mg-% bzw. man berechnet daraus direkt
den Gehalt der Droge nach der Gleichung: $\dfrac{E/d \cdot 106{,}5}{\text{Einwaage in g}}$ = mg-% wasserunlösliche Alkaloide berechnet als Ergotamin.

Besonders zu beachten ist, daß der Zerkleinerungsgrad der Droge mindestens
einem Sieb mit der Maschenweite 0,35 mm entspricht. Vergleichsuntersuchungen
mit der Makromethode von L. Fuchs (S. 335) ergaben eine befriedigende Übereinstimmung.

Fällungsmethoden zur Trennung der wasserlöslichen und wasserunlöslichen Alkaloide.

Die Fällungsmethoden beruhen auf der Fällung der wasserunlöslichen
Alkaloide und sind in der Ausführung einfacher als die Ausschüttelungsverfahren mit den vielen Ausschüttelungen. Dafür erfordert die quantitative Fällung eine längere Zeit von etwa 12 Stunden und außerdem ist
die Fällung von dem p_H-Wert abhängig. Eine solche Methode wurde von

G. Schumacher[1] ausgearbeitet, bei der nach L. Fuchs[2] der p_H-Wert nicht genügend berücksichtigt wird. Ähnlich ist das Verfahren von H. Neumann[3], der neben einer photometrischen Messung der Farbreaktion auch eine Ausführung der Bestimmung ohne Colorimeter angibt. L. Fuchs[2] unterstützt die quantitative Ausfällung der wasserunlöslichen Alkaloide durch Aussalzen mit Ammoniumsulfat. Etwas abweichend ist das Verfahren der National Formulary IX, 1950, nach dem die wasserunlöslichen Alkaloide bei p_H 8 gefällt und mit Tetrachlorkohlenstoff ausgeschüttelt werden.

Verfahren von H. Neumann[3]. Neumann führt die Trennung der wasserunlöslichen und wasserlöslichen Alkaloide wie Schumacher[1] durch Fällung der wasserunlöslichen Basen ohne Einstellung eines bestimmten p_H-Wertes und bestimmt im Filtrat die wasserlöslichen Alkaloide. Die Messung der Blaufärbung führt Neumann mit dem Langeschen lichtelektrischen Colorimeter ohne Farbfilter mit 10 ccm KPG-Küvetten aus und gibt für Ergotamin und Ergometrin Eichkurven an. Neumann hat das Verfahren auch als Mikromethode ausgearbeitet und gibt auch eine Ausführung ohne Colorimeter an.

Reagens: 120 g Schwefelsäure (d = 1,48) werden mit 35 ccm destilliertem Wasser verdünnt. Die erhaltene 65%ige Schwefelsäure wird gut abgekühlt, und darin werden 0,1 g Ferrichlorid und 0,2 g p-Dimethylaminobenzaldehyd (Schmelzp. 70°C) gelöst. In einer braunen Flasche aufbewahrt, ist das Reagens 1 bis 2 Monate haltbar.

Aufstellung der Eichkurve: Für die Aufstellung der Eichkurve zur Bestimmung der wasserunlöslichen Basen verwendet man fabrikfrisches „Gynergen Sandoz" mit einem Gehalt von 0,1% Ergotamintartrat. Diese Lösung verdünnt man auf das Zehnfache und erhält somit eine 0,01%ige „Stammlösung". Mit dieser Stammlösung werden in 10 Küvetten folgende Verdünnungen angesetzt:

1. 3,3 ccm Stammlösung + 6,6 ccm Reagens
2. 2,97 ccm Stammlösung + 0,33 ccm Wasser + 6,6 ccm Reagens
3. 2,64 ccm Stammlösung + 0,66 ccm Wasser + 6,6 ccm Reagens
4. 2,31 ccm Stammlösung + 0,99 ccm Wasser + 6,6 ccm Reagens
5. 1,98 ccm Stammlösung + 1,32 ccm Wasser + 6,6 ccm Reagens
6. 1,65 ccm Stammlösung + 1,65 ccm Wasser + 6,6 ccm Reagens
7. 1,32 ccm Stammlösung + 1,98 ccm Wasser + 6,6 ccm Reagens
8. 0,99 ccm Stammlösung + 2,31 ccm Wasser + 6,6 ccm Reagens
9. 0,66 ccm Stammlösung + 2,64 ccm Wasser + 6,6 ccm Reagens
10. 0,33 ccm Stammlösung + 2,97 ccm Wasser + 6,6 ccm Reagens

Man schüttelt die Küvetten gut durch und mißt nach einer halben Stunde die prozentuale Absorption der entstandenen Blaufärbung. Abb. 33 zeigt die entsprechende Kurve. Die in analoger Weise erhaltene Eichkurve mit Ergometrintartrat veranschaulicht Abb. 34.

Bestimmung. 20 g Mutterkorn werden fein gemahlen und in einem Extraktionsapparat nach Twisselmann mit Petroläther (Sdp. 40 bis 60° C) entfettet. Nach 5 Stunden unterbricht man die Extraktion und bringt das entfettete Mutterkorn in einen Scheidetrichter, gibt 5 ccm konzentrierten Ammoniak zu und schüttelt viermal mit je 50 ccm Äthyläther aus. Die vereinigten Ätherauszüge werden filtriert und mit 90 ccm Weinsäure (2%ig) in einen Kolben gebracht. Nun destilliert man den Äther auf dem Wasserbad ab. Die zurückbleibende Weinsäurelösung wird durch ein Faltenfilter filtriert und das Filtrat durch Zusatz von konzentriertem Ammoniak schwach alkalisch gemacht. Die „unlöslichen Basen" (Ergotamin- und

[1] Dtsch. Apotheker-Ztg. **55**, 321 (1940).
[2] Scientia pharmac. **18**, 93 (1950). — [3] Chemiker-Ztg. **74**, 661, 677 (1950).

Ergotoxingruppe) fallen als grauweißer flockiger Niederschlag aus. Man läßt über Nacht stehen und filtriert dann den Niederschlag ab. Das Filtrat füllt man auf 100 ccm auf, pipettiert 3,3 ccm in eine 10 ccm-KPG-Küvette, gibt 6,6 ccm p-Dimethylaminobenzaldehyd-Reagens zu, schüttelt gut um und colorimetriert nach einer halben Stunde. Ist die Blaufärbung zu stark, so daß Absorptionen über 86% gemessen werden, so pipettiert man nur 1,65 ccm oder weniger Weinsäurelösung in die Küvette, verdünnt mit Wasser bis auf 3,3 ccm und verfährt dann weiter wie

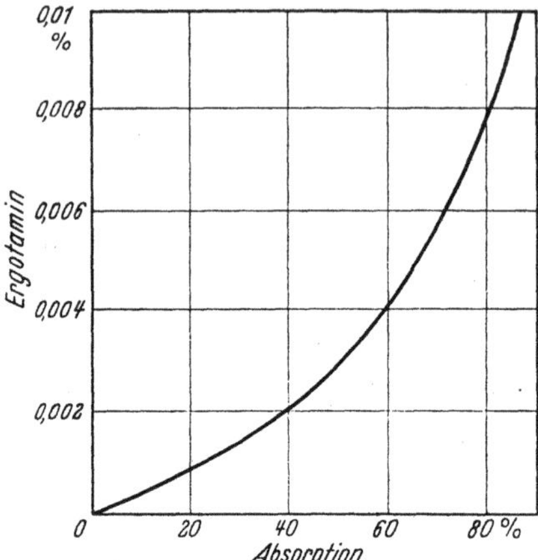

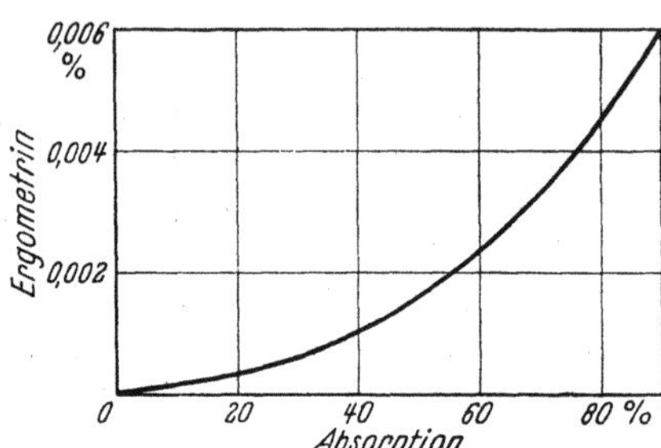

Abb. 33. Eichkurve von Ergotamin, aufgestellt mit dem Lange-Colorimeter.   Abb. 34. Eichkurve von Ergometrin, aufgestellt mit dem Lange-Colorimeter.

oben angegeben. An Hand der Kurve läßt sich aus der gefundenen prozentualen Absorption direkt der Ergometringehalt der colorimetrierten Lösung ablesen.

Zur Bestimmung der „unlöslichen Basen" wird der oben erhaltene grauweiße Niederschlag durch Auftropfen von heißer 2%iger Weinsäure gelöst. Diese Weinsäurelösung wird ebenfalls auf 100 ccm aufgefüllt und, wie schon beschrieben, colorimetriert. An Hand der Eichkurve kann der Gehalt der Lösung an „unlöslichen Basen" direkt abgelesen werden.

Mikromethode zur Alkaloidbestimmung in einem Mutterkorn.

Ein Mutterkorn wird gewogen und dann auf einem großen weißen Blatt Papier mit einem scharfen Messer fein geschnitzelt. Die Schnitzel werden möglichst quantitativ in ein tariertes Wägeschiffchen gebracht. Nun wird das Gewicht der Schnitzel bestimmt und dann werden diese quantitativ in einen kleinen Scheidetrichter (Inhalt 50 bis 100 ccm), der unten mit einem Wattebausch verschlossen ist, gebracht.

Jetzt entfettet man die Schnitzel durch Zugabe von 5 ccm Petroläther (Kp. 40 bis 60° C), den man nach 2 Stunden abtropfen läßt. Diese Operation wiederholt man noch drei- bis viermal und saugt nach dem letzten Ablassen des Petroläthers die Mutterkornschnitzel trocken. Die vereinigten Petrolätherauszüge enthalten das gesamte Fett der Schnitzel und werden verworfen.

Nun gibt man bei geschlossenem Hahn des Scheidetrichters 1 bis 3 Tropfen konzentrierten Ammoniak auf die Schnitzel und fügt dann 10 ccm Methylenchlorid zu. Man läßt 24 Stunden stehen, öffnet dann den Hahn des Scheidetrichters und läßt das Methylenchlorid in ein kleines Kölbchen abtropfen. Diesen Vorgang wiederholt man noch fünf- bis sechsmal, wobei man das Methylenchlorid aber nur 1 bis 2 Stunden mit den Schnitzeln stehen läßt und saugt nach jedem Ausziehen die Schnitzel trocken.

Die vereinigten Methylenchloridauszüge werden nach Zugabe von 5 ccm 2%iger Schwefelsäure in ein kleines Kölbchen gebracht. Das Methylenchlorid wird auf dem Wasserbad abdestilliert und am Ende der Destillation werden die letzten Methylenchloridreste durch kurzes Anlegen eines Vakuums entfernt. Die zurückbleibende 2%ige Schwefelsäurelösung wird durch ein kleines Faltenfilter filtriert.

3,3 ccm Filtrat gibt man in eine 10 ccm-KPG-Küvette und fügt 6,6 ccm p-Dimethylaminobenzaldehyd-Schwefelsäure hinzu. Die entstandene Blaufärbung wird nach 30 Minuten colorimetrisch gemessen. Die Auswertung erfolgt an Hand der Ergotamineichkurve. Es entsteht dadurch ein Fehler, weil das vorhandene Ergometrin auch als Ergotamin gemessen wird. NEUMANN kann eine Trennung der wasserunlöslichen und wasserlöslichen Alkaloide wegen der vielen Fehlerquellen bei dieser Art der Bestimmung nicht empfehlen.

Soll der Alkaloidgehalt von mehreren Mutterkörnern bestimmt werden, so werden diese fein geschnitzelt und 0,2 g wie oben angegeben weiter behandelt.

Bestimmung ohne Colorimeter. Zu diesem Zwecke besorge man sich ein Ergotamin- und ein Ergometrin-Reinpräparat und stelle von diesen Präparaten 0,01%-ige Stammlösungen her. Von diesen Stammlösungen pipettiert man in je 10 Reagenzgläser 0,3 bis 3,0 ccm, füllt gegebenenfalls mit Wasser auf 3 ccm auf und gibt in jedes Röhrchen 6 ccm p-Dimethylaminobenzaldehyd-Reagens. Man schüttelt gut durch, läßt eine halbe Stunde stehen und vergleicht mit dem Teströhrchen. Da die Farbnuancen sich mit dem Auge deutlich unterscheiden lassen, ist es ein leichtes, das Teströhrchen zu finden, welches mit dem zu messenden farbgleich ist. Zwischenwerte kann man interpolieren. Kupfersulfat-Ammoniaklösung läßt sich, da sie bei den gewählten Verdünnungen einen ganz anderen Farbton gibt, nicht verwenden.

Verfahren von L. FUCHS[1].

FUCHS vermeidet zur Trennung der wasserunlöslichen und wasserlöslichen Alkaloide langwierige Ausschüttelungen, indem er ähnlich wie SCHUMACHER die wasserunlöslichen Basen fällt und durch Aussalzen mit einem Zusatz von 10% Ammoniumsulfat zur Fällungsflüssigkeit eine quantitative Fällung erreicht. Die Messung der Blaufärbung nimmt FUCHS mit dem PULFRICH-Stufenphotometer vor und geht von 4 g Droge aus.

Entfettetes Mutterkorn. 4 g entfettetes Drogenpulver (Sieb mit 0,2 mm Maschenweite) werden in einer 200 g fassenden Medizinflasche mit 80 g Äther (peroxydfrei) und 1 ccm Ammoniak versetzt und während 4 Stunden mindestens nach je 30 Minuten eine Minute lang kräftig geschüttelt (oder 2 Stunden in einer Schüttelmaschine). Dann läßt man zur Klärung etwa eine halbe Stunde stehen und filtriert schließlich durch ein trockenes Filter in einen tarierten, 200 ccm fassenden Erlenmeyerkolben, wobei der Trichter mit einem Uhrglas bedeckt und der Hals des Kolbens mit einem lockeren Wattebausch verschlossen wird.

60 g des Filtrates (= 3 g Droge) werden auf dem Wasserbade bis zum Beginn des Siedens erwärmt und unter Absaugen der Dämpfe auf etwa ein Drittel eingeengt. Nach dem Erkalten bringt man die ätherische Flüssigkeit in einen etwa 150 ccm fassenden Scheidetrichter, spült den Kolben dreimal mit wenigen ccm Äther nach und schüttelt fünfmal zwei Minuten lang mit je 5 ccm einer 1%igen wäßrigen Weinsäurelösung aus. Die in einer Glasschale (6 bis 8 cm Durchmesser) vereinigten weinsauren Lösungen werden durch Erwärmen auf dem Wasserbade von dem darin gelösten Äther befreit und auf etwa 20 ccm eingeengt. Nach dem Erkalten bringt man die Lösung in einen 25 ccm-Meßkolben und füllt unter Nachspülen der Glasschale mit Wasser zur Marke auf (Lösung A = 3 g Droge).

a) Gesamtalkaloide berechnet als Ergotamin ($C_{33}H_{35}O_5N_5$). 1 ccm der Lösung A werden mit 2 ccm des p-Dimethylaminobenzaldehyd-Reagens (Herstellung, S. 326) versetzt und durchgemischt, worauf nach 20 Minuten die Messung der Extinktion im Stufenphotometer bei Verwendung des Filters S 61 und einer Schichtdicke (d) von 0,5 cm vorgenommen wird. Ergibt diese Messung eine Extinktion $\left(E = \log \dfrac{I_0}{I}\right)$

---

[1] Scientia pharmac. **18**, 93 (1950).

von maximal 0,60, dann kann sie als endgültig gewertet werden. Zweckmäßig wird man aber auch in diesem Falle die Reaktion mit 2 ccm der Lösung A und 4 ccm des Reagens wiederholen und diesmal die Messung bei einer Schichtdicke von 1 cm unter sonst gleichen Bedingungen vornehmen.

Hat die mit 1 ccm der Lösung A ausgeführte Farbreaktion einen höheren E-Wert als 0,60 ($d = 0,50$) ergeben, dann benützt man das Ergebnis der Messung nur zur Orientierung, in welchem Ausmaß eine neue Probe der Lösung A vor der Ausführung der Reaktion verdünnt werden muß. Man wird also in einem derartigen Fall, der bei vollwertigen Drogen immer eintritt, 2 ccm der Lösung A in einem Reagenzglas (je nach dem Ergebnis der Vorprobe) mit 1, 2, 3, 4, 5 oder 6 ccm 1%iger Weinsäure versetzen, gut durchmischen und mit 2 ccm der entsprechenden Verdünnung die Farbreaktion und Messung (bei $d = 1$ cm) durchführen.

Bei Messungen mit einem Spektralphotometer, einem beliebigen Photometer mit Lichtfiltern oder beim colorimetrischen Vergleich mit einer Standardlösung — gleichgültig, ob diese mit Ergotamin hergestellt wurde oder aus einer in anderer Weise gewonnenen Farblösung besteht — ist analog vorzugehen, weil konzentriertere Secalealkaloidlösungen bei der hier verwendeten Farbreaktion nicht mehr streng dem BEERschen Gesetz folgen. Abgesehen davon verursacht das Arbeiten mit zu dunklen Lösungen beim einfachen colorimetrischen Vergleich Ungenauigkeiten.

Wird mit dem Stufenphotometer (Filter S 61, $d = 1,0$) und einem höchstens 10 Tage alten Reagens gearbeitet, dann läßt sich der Gehalt der zur Farbreaktion verwendeten Alkaloidlösung (Lösung A oder einer Verdünnung davon) an Gesamtalkaloiden (berechnet als Ergotamin) in einfacher Weise durch die Gleichung ermitteln $\dfrac{E \cdot 10,65}{d}$ = mg-% Gesamtalkaloide (berechnet als Ergotamin) worin d die bei der Messung verwendete Schichtdicke der Lösung in cm bedeutet.

Mußte z. B. die Lösung A im Verhältnis $1 + 2$ (also auf das dreifache Volumen) verdünnt werden (2 ccm Lösung A + 4 ccm 1%ige Weinsäurelösung) und wurde bei $d = 1$ cm eine Extinktion von $E = 0,96$ abgelesen, dann enthält die Lösung A (25 ccm = 3 g Droge) $0,96 \cdot 10,65 \cdot 3 = 30,67$ mg-% Gesamtalkaloide (ber. als Ergotamin) die einem Gehalt der Droge von $\dfrac{30,67}{4 \cdot 3 \cdot 10} = 0,256\%$ Gesamtalkaloide (ber. als Ergotamin) entsprechen.

b) Wasserlösliche Alkaloide berechnet als Ergometrin ($C_{19}H_{23}O_2N_3$). 20 ccm der Lösung A (= 2,4 g Droge) werden in einem tarierten, 50 ccm fassenden Erlenmeyer-Kölbchen mit Schliffstopfen tropfenweise mit 10%igem Ammoniak versetzt, bis eben eine beim Umschwenken der Lösung bestehenbleibende Trübung entsteht. Dann fügt man noch 1 bis 2 Tropfen Ammoniaklösung zu, mischt die Flüssigkeit durch Umschwenken, prüft mit Lackmuspapier, ob die Reaktion der Lösung schwach alkalisch ist und setzt nötigenfalls noch etwas Ammoniak zu. Nun bringt man 2,5 g fein gepulvertes Ammonsulfat in das Kölbchen, löst durch Umschwenken, fügt, falls rotes Lackmuspapier nicht mehr gebläut wird, nochmals bis zur schwach alkalischen Reaktion tropfenweise Ammoniak zu und ergänzt schließlich das Gewicht der Flüssigkeit auf 26,5 g (= 25,0 ccm bei 20°). Das Gemisch läßt man 12 Stunden an einem kühlen Platz (am besten im Eisschrank) stehen und filtriert dann durch ein kleines trockenes Filter von etwa 5 cm Durchmesser (Blauband Schleicher & Schüll), wobei der Trichter mit einem Uhrglas bedeckt wird. Die ersten 10 ccm des Filtrates werden verworfen und erst die weiteren 5 bis 8 ccm für die photometrische Bestimmung des Gehaltes an wasserlöslichen Alkaloiden verwendet (Lösung B).

2 ccm der Lösung B werden mit 4 ccm des Farbreagenses versetzt. Nach 20 Minuten wird, wie bei der Bestimmung der Gesamtalkaloide, die Messung im Stufenphotometer vorgenommen.

Aus der bei einer Schichtdicke $d = 1$ cm und Verwendung des Filters S 61 abgelesenen Extinktion der Farblösung ergibt sich die Beziehung $E \times 5,95$ = mg-% wasserlösliche Alkaloide (ber. als Ergometrin) in der zur Bestimmung verwendeten Alkaloidlösung.

Da 25 ccm (= 26,5 g) der Lösung B 2,4 g Droge entsprechen, enthält somit die Droge, falls z. B. unter den angegebenen Bedingungen der abgelesene Wert für

$E = 0,49$ betrug, $\dfrac{0,49 \cdot 5,95}{4 \cdot 2,4 \cdot 10} = 0,030\%$ wasserlösliche Alkaloide (berechnet als Ergometrin.)

Die Fällung der wasserunlöslichen Alkaloide kann auch in einem 25 ccm Meßkolben vorgenommen werden, doch ist das Durchmischen der Flüssigkeit während des tropfenweisen Zusatzes der Ammoniaklösung im Erlenmeyerkolben wesentlich leichter und vor allem sicher verlustlos durchzuführen. Nachdem 26,5 g des Gemisches fast genau 25 ccm bei Zimmertemperatur entsprechen, können daher für die photometrische Bestimmung ohne weiteres wieder Volumteile des Filtrates entnommen werden. Für die Berechnung des Alkaloidgehaltes der Lösung B wie der Droge bleibt eben das Gewicht der gesamten Fällungsflüssigkeit (26,5 g) außer Betracht, und es wird nur das ihm entsprechende Volumen (25,0 ccm) berücksichtigt.

c) *Ermittelung des Gehaltes der Droge an wasserunlöslichen Alkaloiden berechnet als Ergotamin* ($C_{33}H_{35}O_5N_5$). Der auf Ergotamin bezogene Gehalt der Droge an Gesamtalkaloiden ist ein fiktiver Wert, da die wasserlöslichen Alkaloide, entsprechend dem niederen Molekulargewicht bei der Farbreaktion einen wesentlich höheren Gehalt an wasserunlöslichen Alkaloiden vortäuschen. 1 Gewichtsteil wasserlöslicher Alkaloide (berechnet als Ergometrin) entspricht nämlich bei gleicher Farbintensität 1,79 Gewichtsteilen wasserunlöslichen Alkaloiden (berechnet als Ergotamin).

Rechnet man nun den gefundenen Gehalt der Droge an wasserlöslichen Alkaloiden (%) auf Ergotamin um, d h.

%-wasserlösliche Alkaloide (berechnet als Ergometrin) · 1,79 und subtrahiert den so erhaltenen Wert von dem gefundenen Gesamtalkaloidgehalt der Droge (% berechnet auf Ergotamin), dann erhält man den tatsächlichen Gehalt an wasserunlöslichen Alkaloiden berechnet als Ergotamin.

In dem oben angeführten Beispiel würde sich daher ergeben:

Gesamtalkaloide (berechnet als Ergotamin) 0,256
Minus wasserlösliche Alkaloide (berechnet als Ergometrin) · 1,79 = 0,030 · 1,79 0,054
Differenz   0,202

Die Droge enthält somit 0,202% wasserunlösliche Alkaloide (berechnet als Ergotamin und 0,030% wasserlösliche Alkaloide (berechnet als Ergometrin).

Nichtentfettetes Mutterkorn. 5 g Drogenpulver (Sieb mit 0,35 mm Maschenweite) werden in einem Glasrohr von etwa 15 mm lichter Weite und 15 cm Länge, das mit einem Abflußhahn versehen und gegen das Abflußrohr mit einer Filterpapierscheibe verschlossen ist, mit Petroläther (Sp. 40 bis 60°) gut durchfeuchtet und — nach Verschließen des Ablaufhahnes sowie des Rohres mit einem Kork — etwa 12 Stunden (über Nacht) stehengelassen. Dann perkoliert man mit insgesamt etwa 70 ccm Petroläther, wobei auf ein möglichst langsames Abtropfen des Menstruums zu achten ist (etwa 0,5 ccm pro Minute), läßt vollständig abtropfen und bringt die Droge verlustlos aus dem Perkolationsrohr in eine Glasschale, in der man sie bei maximal 40° trocknet. Das getrocknete Drogenpulver wird nun quantitativ in eine 200 ccm fassende Medizinflasche gebracht, mit 80 g Äther und 1 ccm 10%igem Ammoniak versetzt und die Untersuchung in gleicher Weise fortgesetzt wie bei der entfetteten Droge.

Bei der Berechnung des Gehaltes an Gesamtalkaloiden und an wasserlöslichen Alkaloiden ist nur zu berücksichtigen, daß hier 60 g des ätherischen Filtrates und somit auch die 25 ccm der weinsauren Lösung der Gesamtalkaloide (Lösung A) 3,75 g nichtentfetteter Droge entsprechen, während die zur Bestimmung der wasserlöslichen Alkaloide auf 26,5 g (25 ccm) gebrachte Fällungsflüssigkeit bzw. das Filtrat davon (Lösung B) 3 g nichtentfetteter Droge pro 25 ccm entspricht.

Die Entfettung der Droge mit Petroläther kann auch in einem kontinuierlichen Extraktor (Soxhlet) erfolgen.

Verfahren der National Formulary IX, 1950.

In den USA wurde in einer Gemeinschaftsarbeit mehrerer Institute ein Vergleich von 6 Methoden amerikanischer Autoren ausgeführt, über die R. G. Smith[1] und F. A. Maurina[2] berichten. Von den geprüften Verfahren zeigte sich das von C. E. Powell, O. W. Reagen, A. Stevens und E. E. Swanson[3] als besonders geeignet, nach dem die Droge mit Aceton ohne vorherigem Entfetten extrahiert wird. Vergleichende Versuche von J. W. Strong und F. A. Maurina[4] mit Aceton, Chloroform-Äther und Chloroform allein als Extraktionsmittel für die Alkaloide aus der Droge ergaben jedoch, daß die höchsten Werte mit Chloroform allein erhalten und mit Aceton und Chloroform-Äther die Alkaloide nur unvollkommen extrahiert werden. Mit Aceton wurden z. B. 0,30% mit Chloroform-Äther (1 : 3) 0,33% und mit Chloroform allein 0,43% Gesamtalkaloide gefunden. Die Trennung der wasserunlöslichen und wasserlöslichen Alkaloide wird durch Fällung der wasserunlöslichen Alkaloide bei etwa p_H 8 und Ausschütteln derselben mit Tetrachlorkohlenstoff ausgeführt. In der wäßrigen Lösung werden dann die wasserlöslichen Alkaloide bestimmt.

Strong und Maurina[4] weisen weiter darauf hin, daß die Mutterkornalkaloide durch helles Tageslicht, besonders in organischen Lösungsmitteln und in alkalischer wäßriger Lösung schnell zerstört werden, während gedämpftes künstliches Licht keine merkbaren Verluste verursacht. Ergometrin wird auch bei Lichtausschluß in stark alkalischer Lösung zersetzt.

Unter Berücksichtigung dieser Ergebnisse wurde hierauf folgendes Verfahren in die National Formulary IX aufgenommen:

Die Alkaloidbestimmung im Mutterkorn muß unter Ausschluß des Tageslichtes ausgeführt werden und die alkalischen Alkaloidlösungen sollen nicht länger als nötig künstlichem Licht ausgesetzt sein. Höchstens saure Alkaloidlösungen können über Nacht bei 5 bis 10° stehenbleiben.

Bestimmung der Gesamtalkaloide. 10 g feines Mutterkornpulver werden in einen zylindrischen Perkolator von 275 mm Länge und 28 mm Durchmesser mit einem Fassungsvermögen von etwa 200 ccm gebracht. Der Perkolator wird mit einem Wattebausch im Grunde verschlossen. Zu dem Mutterkorn werden 30 ccm einer Mischung von 1 Teil Methanol, das 10 Raumteile starke Ammoniakflüssigkeit enthält, mit 9 Teilen Chloroform gegeben. Nach Durchmischen wird der Perkolator 1 Stunde lang an einem dunklen Ort zur Maceration gestellt. Hierauf wird perkoliert und das Perkolat in einem 150 ccm-Kolben aufgefangen. Nach Erneuern des oberen Wattebausches auf der Drogensäule werden 30 ccm Chloroform zugefügt und damit langsam perkoliert, so daß drei- bis viermal das Chloroform in der Droge verdrängt wird und etwa 130 ccm Perkolat erhalten werden. Dieses wird bei nicht über 40° durch einen nicht erwärmten Luftstrom auf 20 ccm eingeengt. Zu diesem Zwecke wird der Kolben mit einem doppelt durchbohrten Stopfen verschlossen, durch den ein Rohr für den Anschluß an das Vakuum ragt und ein zweites Capillarrohr bis an den Gefäßboden reicht. Der Kolben wird auf das Wasserbad gesetzt und mit einem leichten Vakuum bei nicht über 40° die Flüssigkeit eingeengt.

Der Rückstand wird in einen Scheidetrichter von 250 ccm übergeführt und mit 5 ccm Chloroform und 75 ccm Äther nachgespült. Nach Zusatz von 5 ccm Alkohol werden die Alkaloide mit 10, 10, 8,8 ccm etwa 0,2 n-Schwefelsäure ausgeschüttelt und jede Ausschüttelung wird mit denselben 50 ccm-Äther gewaschen, die in einem 2. Scheidetrichter aufbewahrt werden. Jeder Anteil wird durch einen kleinen Wattebausch filtriert, der nach der letzten Extraktion mit wenig Wasser nachgewaschen

---

[1] J. Amer. pharmac. Assoc. Sci. Ed. **36**, 321 (1947).
[2] Bull. nat. Formulary Comm. **16**, 22 (1948).
[3] J. Amer. pharmac. Assoc. **30**, 255 (1941).
[4] J. Amer. pharmac. Assoc. Sci. Ed. **42**, 414 (1953).

wird. Die wäßrigen Extraktionen werden in einem 50 ccm-Meßkolben gesammelt. Bei etwa auftretenden Emulsionen, die nach 2 bis 3 Minuten sich nicht trennen, werden etwa 2 ccm Alkohol zugesetzt und erneut geschüttelt. Es soll nicht mehr Alkohol als unbedingt nötig verwendet werden. Die wäßrigen Extraktlösungen werden mit Wasser aufgefüllt und gut durchgemischt. Vor Entnahme eines aliquoten Teiles zur Bestimmung der Gesamtalkaloide muß erneut durchgeschüttelt werden, da ein allfälliger Bodensatz Alkaloide einschließen kann. 5 ccm der Lösung (= 1 g Droge) werden mit Wasser auf 100 ccm verdünnt und der restliche Teil dient zur Bestimmung der wasserlöslichen Alkaloide. 10 ccm der verdünnten Lösung werden mit 20 ccm p-Dimethylaminobenzaldehyd-Reagens versetzt und nach 30 Minuten wird die Extinktion bei 590 mμ und 1 cm Schichtdicke bestimmt. Als Kompensationslösung dient eine Mischung von 10 ccm Wasser und 20 ccm Reagens. Die Berechnung erfolgt mit Hilfe einer Standardkurve eines entsprechenden Alkaloidpräparates, z. B. Ergotamin.

Bestimmung der wasserlöslichen Alkaloide. 20 ccm obiger nichtverdünnter Lösung der Gesamtalkaloide (= 4 g Droge) werden in einem Scheidetrichter mit 30 ccm Wasser versetzt. Die Mischung wird mit Ammoniak schwach alkalisiert unter Verwendung von Phenolphthalein als Indikator. Die ausfallenden wasserunlöslichen Alkaloide werden dreimal mit je 30 ccm Tetrachlorkohlenstoff extrahiert und jeder Anteil wird mit denselben 20 ccm Wasser gewaschen, die in einem zweiten Scheidetrichter aufbewahrt werden. Sollte eine auftretende Emulsion sich innerhalb von mindestens 15 Minuten nicht vollkommen trennen, so wird die Spur Emulsion mit der Tetrachlorkohlenstoffschichte abgelassen, die verworfen wird. In den vereinigten wäßrigen Extraktlösungen werden die wasserlöslichen Alkaloide auf folgende Weise bestimmt:

Diese werden mit 40 ccm Äther und Natriumchlorid bis zur Sättigung (etwa 21 g) versetzt und 5 Minuten geschüttelt oder bis das Natriumchlorid vollkommen gelöst ist. Nach der Schichtentrennung wird die wäßrige Phase in den zweiten vorher benützten Scheidetrichter abgelassen. Nach 5 Minuten wird erneut abgeschiedenes Wasser aus der Ätherschichte abgelassen. Der Äther wird durch die obere Öffnung durch einen mit Äther befeuchteten Wattebausch in einen dritten Scheidetrichter filtriert. Die Extraktion wird noch dreimal in gleicher Weise mit 30 ccm Äther wiederholt und die ätherischen Extraktionen werden in dem dritten Scheidetrichter gesammelt. Aus diesen werden die wasserlöslichen Alkaloide viermal mit je 10 ccm etwa 0,2 n-Schwefelsäure ausgeschüttelt. Jeder Anteil wird durch einen kleinen Wattebausch filtriert, der nach der letzten Extraktion mit Wasser nachgespült wird. Die wäßrigen Lösungen werden in einem 50 ccm-Meßkolben gesammelt. Nach Auffüllen mit Wasser und gutem Durchschütteln werden 10 ccm mit 20 ccm Reagens versetzt und nach 30 Minuten wird die Extinktion in bekannter Weise bestimmt. Die Berechnung erfolgt mit einer Standardkurve von Ergometrin. Der Gehalt an *wasserunlöslichen Alkaloiden* läßt sich, wie im Verfahren von L. Fuchs angegeben (S. 335), berechnen.

Chromatographische Trennung der wasserlöslichen und wasserunlöslichen Alkaloide von E. Neuhoff[1].

Neuhoff hat ein Verfahren ausgearbeitet, das von den bisherigen Methoden in verschiedenen Punkten abweicht. Die Extraktion der Alkaloide nimmt Neuhoff mit einem Gemisch von Chloroform und Trichloräthylen vor und trennt die wasserlöslichen und wasserunlöslichen Alkaloide chromatographisch mit gepuffertem Silicagel. Weiterhin führt Neuhoff die Farbreaktion nicht mit p-Dimethylaminobenzaldehyd, sondern mit Metaldehyd aus, der empfindlicher und spezifischer für die Mutterkornalkaloide ist. Metaldehyd reagiert mit den Mutterkornalkaloiden unter derselben Blaufärbung wie p-Dimethylaminobenzaldehyd

---

[1] Diss. Würzburg 1953.

(Absorptionsmaximum 590 mμ) ebenso auch mit Lysergsäure, aber nicht mit ß-Indolyl-essigsäure, die im Mutterkorn enthalten ist und mit p-Dimethylaminobenzaldehyd ebenfalls unter Blaufärbung reagiert. Als weiterer Vorteil des Verfahrens wird hervorgehoben, daß die Droge nicht zu entfetten ist, da das Fett später aus einer sauren Alkaloidlösung entfernt wird.

Reagenzien. *a) Silicagelzubereitung*: Silicagel der Firma E. Merck wird in einer Kugelmühle fein gemahlen, gesiebt (Maschenweite 0,15 mm) und in kleinen Portionen 3 Stunden lang bei 120° getrocknet. Das noch heiße Pulver wird in gut verschließbare Gefäße gefüllt und nach dem Erkalten mit 7 Gew.-% destilliertem Wasser innig verrieben.

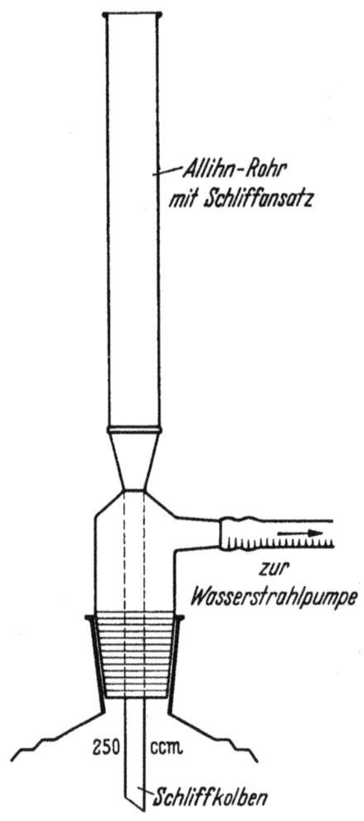

Abb. 35. Allihn-Rohr mit Schliffansatz, Schott & Gen. G 4, 20 cm lang, 2 cm ∅.

b) Puffergemisch: 10 ccm einer Phosphat-Citronensäure-Pufferlösung pH 7 (1,77 ccm 0,1 m-Citronensäurelösung, 8,23 ccm 0,2 m-sekundäre Natriumphosphatlösung nach SÖRENSEN) werden mit 20 g der Silicagelzubereitung *a)* gut verrieben, wobei die Silicagelzubereitung portionsweise hinzugegeben wird. Die Herstellung des Puffergemisches soll vor der Gehaltsbestimmung frisch erfolgen; keinesfalls darf die Mischung älter als 14 Tage sein.

c) Metaldehyd-Reagens: 35 ccm destilliertes Wasser werden mit 65 ccm Schwefelsäure DAB 6 gemischt. In der erkalteten, verdünnten Schwefelsäure werden jeweils kurz vor der Messung 0,1 bis 0,2 g Metaldehyd frisch gelöst. Zu einer Bestimmung werden etwa 20 ccm Metaldehyd-Reagens benötigt.

Ausführung. 0,5 bis 0,7 g genau gewogenes, gepulvertes Mutterkorn (Sieb 5, Maschenweite 0,30 mm) werden in einer Porzellanschale mit 1 ccm konz. Ammoniaklösung versetzt und 1 bis 2 Minuten lang gut verrieben. Nach Zusatz von 2 ccm Methanol wird die erneut gut durchgemischte Masse nach und nach mit 5 g Silicagelzubereitung *a)* zur Trokkene verrieben.

In das Allihn-Rohr (Abb. 35) werden 3 g des Puffergemisches *b)* eingefüllt und festgeklopft. Auf das Puffergemisch wird das mit der Silicagelzubereitung verriebene Mutterkorn gegeben und ebenfalls festgeklopft. Hierauf wird mit 120 bis 150 ccm eines Gemisches von Chloroform und Trichloräthylen im Verhältnis 1 : 1 bei einer Tropfenzahl von 1 bis 2 pro Sekunde unter leichtem Saugen in ein 250 ccm Rundkölbchen eluiert.

Nach 10 bis 15 Minuten erscheint eine bei Tageslicht gelb gefärbte schmale Zone (etwa 1 mm). Nach deren Durchlauf (Elut zeigt eine leicht gelbe Färbung) wird die Elution unterbrochen und die Vorlage gewechselt. Bis hierher werden etwa 40 bis 50 ccm Lösungsmittelgemisch verbraucht. Die Elution wird nun unter verstärktem Saugen bei gleicher Tropfenzahl bis zu einem Gesamtverbrauch von etwa 120 bis 140 ccm des Lösungsmittels fortgeführt.

Bei der Kontrolle der Elution unter der UV-Lampe zeigt sich in der ersten Phase der Elution direkt vor der erwähnten schmalen gelben Zone eine scharf abgegrenzte blaue Zone von wasserunlöslichen Mutterkornalkaloiden und hinter der gelben in einigem Abstand eine zweite scharf begrenzte blaue Zone von wasserlöslichen Alkaloiden.

Die Elution der wasserunlöslichen Alkaloide ist nach Durchlauf der ersten blauen und der gelben Zone, die Elution der wasserlöslichen Alkaloide nach Durchlauf der zweiten blauen Zone beendet.

Aus beiden Eluaten wird das Lösungsmittel auf dem Wasserbad (40 bis 60°)

im Vakuum abdestilliert. Die beiden Rückstände werden mit je 2 ccm Methanol aufgenommen. Nach erfolgter Lösung wird der Elutrückstand Nr. 1 mit 25 ccm, der Elutrückstand Nr. 2 mit 10 ccm einer 5%igen Weinsäurelösung versetzt. Nach kurzem Erwärmen auf dem Wasserbade und Wiedererkalten werden die Lösungen zur Entfettung in einem graduierten Schütteltrichter mit je 50 ccm einer Mischung von 90% Petroläther und 10% Äther 2 Minuten lang kräftig geschüttelt. Nach 30 Minuten langem Absetzen werden die wäßrigen Phasen in Erlenmeyerkölbchen abgelassen. Die Ausschüttelungen werden in derselben Weise nochmals wiederholt.

Je 5 ccm der so entfetteten wäßrigen, weinsauren Alkaloidlösungen werden mit 10 ccm Metaldehydreagens versetzt und nach sofortigem gutem Durchmischen 30 Minuten stehengelassen. Danach wird die prozentuale Lichtabsorption bei 590 mμ gemessen. Durch Ablesen der erhaltenen Werte aus den mit Ergobasin und Ergotamin aufgestellten Eichkurven wird der Gehalt an wasserlöslichen und wasserunlöslichen Alkaloiden nach folgender Formel berechnet:

$$\%\text{-Gehalt an Alkaloid} = \frac{a \cdot b}{c \cdot 10}.$$

a der aus der Eichkurve abgelesene Alkaloidwert in γ,
b Anzahl ccm Weinsäurelösung $+ 2$ (= ccm Methanol),
c Einwaage-Droge in mg.

Papierchromatographische Trennung und Bestimmung der wasserlöslichen und wasserunlöslichen Alkaloide von E. Thielmann, W. Lang und H. Kaiser[1].

THIELMANN, LANG und KAISER extrahieren das fein gepulverte und nicht entfettete Mutterkorn mit alkoholischer Weinsäurelösung unter kurzem Erwärmen, fällen störende Stoffe mit Zinkacetatlösung und führen mit dem Filtrat die colorimetrische Bestimmung aus. Im Vergleich mit den Verfahren der Ph. Brit. 1948 und Ph. Danica 1948 erhalten sie um 50 bis 100% höhere Werte, die sie auf die bessere Extraktion unter Erwärmen zurückführen. Die Trennung der wasserlöslichen und wasserunlöslichen Alkaloide führen sie papierchromatographisch unter Verwendung eines Gemisches von o-Ameisensäureäthylester, Spiritus dilutus und Isobutylalkohol aus. Die getrennten Alkaloidgruppen werden mit alkoholischer Weinsäurelösung eluiert und colorimetrisch bestimmt.

500 mg gepulvertes (Sieb 5, DAB 6) Mutterkorn werden mit einer alkoholischen Weinsäurelösung kurz erhitzt und durch einen Wattebausch filtriert. Zur vollständigen Extraktion wird das auf dem Filter befindliche Pulver noch zweimal mit je 5 ccm des erhitzten Lösungsmittels übergossen. In dem durch Eiweißstoffe und andere Begleitsubstanzen trüben und durch Farbstoffe rötlichbraun gefärbten Filtrat werden die störenden Begleitstoffe durch Zinkacetat ausgefällt. Verwendet wird eine 10%ige wäßrige Zinkacetatlösung, mit der der erhaltene Mutterkornauszug auf 25 ccm ergänzt wird.

Extraktionslösung: 20 ccm 20%ige Weinsäurelösung, 50 ccm Methanol, 30 ccm Wasser; Zinkacetatlösung: 10 g Zinkacetat, 90 ccm Wasser.

Die klare und fast ungefärbte Alkaloidlösung dient direkt zur Wertbestimmung. Man versetzt 1 Volumenteil des Drogenauszuges mit 2 Volumenteilen p-Dimethylaminobenzaldehydreagens und mißt nach 15 Minuten im Photometer die entstandene Blaufärbung (= Gesamtalkaloide).

Papierchromatographische Trennung. 1 ccm des gereinigten Drogenauszuges, der etwa 0,02 bis 0,04% Gesamtalkaloide enthalten soll, wird an der Startlinie eines Stückes Filtrierpapier (20 × 15) Schleicher & Schüll Nr. 2043b aufgetragen. Dies erfolgt in mehreren Intervallen mit einer Meßpipette von 0,1 ccm, wobei das Eintrocknen der Lösung jedesmal abzuwarten ist. Zu einem Zylinder zusammengeklammert, stellt man das Papier in die im Innern des Chromatographiergefäßes befindliche Glasschale. Der Boden des Glases ist vorher mit Wasser zu bedecken.

---

[1] Arch. Pharmaz. **286**, 379 (1953).

(Als Chromatographiergefäß können Einkochgläser mit flachem Boden und entsprechender Höhe verwendet werden, die man zur Aufnahme des Filtrierpapiers und organischen Lösungsmittels mit einem passenden Glasschälchen (Petrischale) beschickt. Es ist zweckmäßig, den Deckel des Glases zu durchbohren, so daß unter Abdichtung mit einem Stopfen ein ständig darin verbleibendes, verschließbares Glasrohr bis auf den Boden des Schälchens eingeführt werden kann.) Nachdem sich das Innere des Gefäßes mit Wasserdampf gesättigt hat — es empfiehlt sich aus diesem Grunde, das Glas über Nacht stehenzulassen — kann das Glasrohr geöffnet und das Lösungsmittel in das Glasschälchen eingegossen werden.

Als organisches Lösungsmittel wurde nach zahlreichen Versuchen ein Gemisch von o-Ameisensäureäthylester—Spiritus dil.—Isobutylalkohol im Verhältnis 5:9:2 ausgewählt. Der R_F-Wert für Ergotamin ist 0,71, für Ergometrin 0,58 und für Sklererythrin 0,49. Es läßt sich statt des o-Ameisensäureäthylesters auch der einfache Ameisensäureäthylester verwenden; jedoch verkleinert sich dadurch der R_F-Wert des Ergotamins-Ergotoxins, so daß bei größeren Alkaloidmengen die Trennung nicht so scharf ist wie im anderen Falle.

Sobald die Lösungsmittelfront sich dem oberen Rande des Papiers nähert, nimmt man dieses aus der Apparatur heraus und läßt es trocknen. Dabei soll die Temperatur 50° nicht überschreiten.

Nach dem Trocknen können die nunmehr voneinander getrennten wasserlöslichen und wasserunlöslichen Alkaloide auf Grund ihrer fluorescierenden Eigenschaften im UV-Licht markiert werden. Ergometrin fluoresciert leuchtend blau, während die Ergotamin- und Ergotoxingruppe bläulichweiß fluorescieren. Die gekennzeichneten Zonen werden als Streifen aus dem Blatt herausgeschnitten und zur Elution mit der Schmalseite in ein Gefäß gehängt. Zu diesem Zweck wurde ein Trog mit angearbeiteter Platte verwendet, der die gleichzeitige Elution von mindestens 6 Streifen gestattete. Erfahrungsgemäß erwies es sich für eine gleichmäßige Elution als am günstigsten, wenn die Platte mit der Außenwand der Wanne einen Winkel von 70° bildet (Abb. 36). Weiterhin wurde darauf geachtet, daß das Gefäß ständig gefüllt war, damit in dem Raum zwischen eingehängten Streifen, Flüssigkeitsoberfläche und Gefäßwand das Lösungsmittel möglichst capillar hochgezogen wird. Außerdem wurde das Papier in seinem der Platte aufliegenden Teil mit einem Mikroskopier-Deckgläschen bedeckt, das etwas schmaler sein muß als das Papier. Ist es breiter, so wandert die Elutionsflüssigkeit capillar neben dem Filtrierpapier, aber nicht hindurch. Als Elutionsflüssigkeit wurde die oben beschriebene alkoholische Weinsäurelösung verwendet.

Unter Beobachtung dieser Versuchsanordnung wurden die Alkaloide innerhalb von 15 bis 30 Minuten eluiert, wobei die abtropfende alkaloidhaltige Lösung in kleinen Meßzylindern aufgefangen wurde. Die Menge der Elutionsflüssigkeit richtete sich nach der zu erwartenden Alkaloidmenge; für etwa 50 γ müssen ungefähr 2 ccm berechnet werden, wenn eine vollkommene Elution sichergestellt werden soll. Eine zu starke Verdünnung wurde unter Berücksichtigung der Möglichkeiten, die die colorimetrische Messung gestattet, vermieden. Die erhaltenen Alkaloidlösungen werden mit dem p-Dimethylaminobenzaldehyd-Reagens versetzt und die Färbung gemessen. Die Fehlergrenze liegt bei etwa 4%.

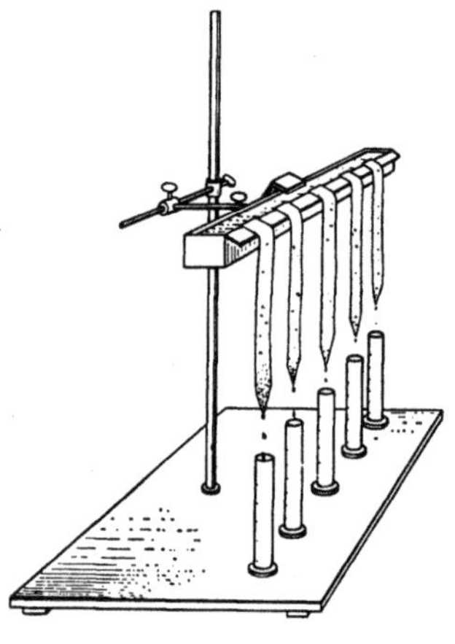

Abb. 36.

Erkennung der links- und rechtsdrehenden Alkaloide.

H. Rochelmeyer[1] weist darauf hin, daß die links- und rechtsdrehenden Formen der wasserunlöslichen Alkaloide an der unterschiedlichen

---

[1] Dtsch. Apotheker-Ztg. **94**, 1 (1954).

Kristallisationsfähigkeit erkannt werden können, da die rechtsdrehenden Formen nicht in der Lage sind, kristallisierende Salze zu bilden. In Extrakten könnte man demnach die linksdrehenden Formen daran erkennen, wenn die Alkaloide als kristallisierende Phosphate vorliegen, die sich durch ihre gute Löslichkeit in verdünntem Alkohol leicht von Füllstoffen, wie Milchzucker, abtrennen und identifizieren lassen. Die papierchromatographische Trennung ist weiter unten angegeben.

Papierchromatographie der Mutterkornalkaloide.

Wenn durch chemische Methoden sich die Trennung der wasserunlöslichen und wasserlöslichen Alkaloide leicht durchführen läßt, so versagen zur Zeit solche Methoden bei der weiteren Trennung der verschiedenen Mutterkornalkaloide und insbesondere bei der Erkennung der Isomeren. Gerade die Unterscheidung der links- und rechtsdrehenden Alkaloide ist wegen ihrer stark differierenden physiologischen Wirkung von besonderem Interesse. Mit Hilfe der Papierchromatographie gelingt es, die einzelnen Alkaloide und auch die Isomeren teilweise zu erkennen, die durch ihre starke bläuliche Fluorescenz auf dem Papier leicht nachweisbar sind. In einigen Fällen wurden auch Methoden zur annähernd quantitativen Bestimmung ausgearbeitet.

G. E. FOSTER, J. MACDONALD und T. S. G. JONES[1] führen die Trennung der wasserunlöslichen von den wasserlöslichen Alkaloiden mit einem Gemisch von 4 Vol. n-Butanol, 1 Vol. Eisessig und 5 Vol. Wasser aus. Von dieser Mischung wird die obere n-Butanolschichte als mobile Phase, die untere wäßrige Schichte zur Sättigung der Atmosphäre benützt. Als Papier dient Whatman-Nr. 1-Papier und von den Alkaloidsalzen werden 5 bis 10 γ in 0,05 ccm Lösung auf die Startlinie aufgetragen. Nach 12 bis 18 Stunden werden die Papierstreifen getrocknet und das Chromatogramm im UV-Licht beobachtet, in dem die Alkaloide bläulich fluorescieren. Während die wasserunlöslichen Alkaloide nahezu mit der Lösungsmittelfront wandern, bleiben die wasserlöslichen Alkaloide in verschiedenen Abständen zurück, so daß Ergometrin und Ergometrinin unterschieden werden können. Ergometrin hat einen R_F-Wert von 0,59, Ergometrinin einen solchen von 0,68.

Zur annähernd quantitativen Bestimmung dieser beiden Alkaloide hat sich am besten der Vergleich der Fluorescenz mit einer Standardlösung verschiedener Stärke bewährt. Um ein annähernd lineares Verhältnis zwischen Konzentration und Fluorescenz zu erreichen, muß die Konzentration der Alkaloidlösung unter 0,001% liegen. Die Autoren schreiben dem Verfahren eine Fehlerbreite von ± 20% zu.

Ein dem Ergometrin nachfolgender Fleck erwies sich als Lyserg- und iso-Lysergsäure, die in älteren Extrakten zusammen mit Ergometrinin nachgewiesen wurden.

Die wasserunlöslichen Alkaloide lassen sich an den abgespaltenen Aminosäuren erkennen. FOSTER, MACDONALD und JONES gehen auf folgende Weise vor:

---

[1] J. Pharmac. Pharmacol. **1**, 802 (1949).

10 mg Alkaloidpräparat werden mit 1 bis 2 ccm konzentrierter Salzsäure in einem geschlossenen Gefäß 16 Stunden auf 100° erhitzt. Nach dem Erkalten wird der Inhalt in einem Schälchen auf dem Wasserbad zur Trockene eingedampft. Der dunkle Rückstand wird mit 0,2 ccm Wasser extrahiert und ohne von dem Unlöslichen zu trennen, werden 0,01 ccm der Suspension auf Whatman-Nr. 4-Papier aufgetragen und mit n-Butanol-Essigsäure-Wassergemisch entwickelt. Die einzelnen Aminosäuren lassen sich an ihrer bläulichen Fluorescenz im UV-Licht erkennen oder besser durch Aufsprühen einer 0,1%igen Lösung von Ninhydrin in gleichen Teilen von n-Butanol und Chloroform und Trocknen des Papiers bei 100°. Die Aminosäuren werden durch ihre R_F-Werte identifiziert oder durch die Ninhydrinreaktion. Leucin und Valin geben eine rotviolette, Phenylalanin eine graublaue und Prolin eine gelbliche Farbe.

L. Fuchs und M. Pöhm[1] erwähnen zu diesem Verfahren, daß mit dem Gemisch n-Butanol-Eisessig-Wasser (4 : 1 : 5) Leucin und Phenylalanin sich durch die R_F-Werte nicht trennen lassen. Dies gelingt mit einem Gemisch aus n-Butanol-Benzylalkohol-Wasser (1 : 1 : 2), wie Tab. 34 zeigt.

Tabelle 34. *R_F-Werte einiger Aminosäuren aus Mutterkornalkaloiden.*

	A	B	Ninhydrinreaktion
Prolin	0,34 ± 0,01	0,10 ± 0,01	gelb
Valin	0,50 ± 0,02	0,15 ± 0,01	purpur
Leucin	0,66 ± 0,02	0,30 ± 0,01	purpur
Phenylalanin ...	0,63 ± 0,02	0,40 ± 0,01	grauviolett bis blau

A: n-Butanol-Eisessig-Wasser 4 : 1 : 5.
B: n-Butanol-Benzylalkohol : Wasser 1 : 1 : 2.

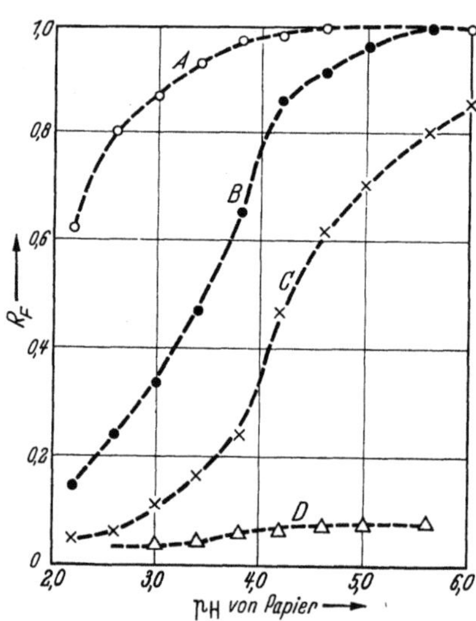

Abb. 37. R_F-Werte einiger Mutterkornalkaloide auf gepuffertem Papier. *A* Ergocristin, *B* Ergotoxin, *C* Ergotamin, *D* iso-Lysergsäure.

H. Brindle, J. E. Carless und H. B. Woodhead[2] gelang es, Ergocristin, Ergotoxin, Ergotamin und iso-Lysergsäure auf gepuffertem Whatman-Nr. 1-Papier und mit Wasser gesättigtem Äther am besten zwischen p_H 3 bis 4 zu trennen (Abb. 37). Als Pufferlösung verwendeten sie folgende Citrat-, Tartrat- und Maleatpuffer: 0,1 m Citronensäure und 0,2 m Dinatriumphosphat, 0,1 m Weinsäure und 0,2 m Dinatriumphosphat, 0,1 m Apfelsäure und 0,2 m Dinatriumphosphat. Die Alkaloide wurden in 90%igem Alkohol oder Chloroform gelöst, so daß 0,01 ccm der Lösung 10 bis 30 γ Alkaloide enthielten, die auf die Startlinie aufgetragen wurden.

Die Autoren führten auch eine quantitative Bestimmung auf folgende Weise aus:

Zur Extraktion der Alkaloide aus dem Papier schneidet man spitz zulaufende Streifen von 6 × 3 cm mit dem Alkaloidfleck heraus, hängt die gerade Seite in ein

[1] Scientia pharmac. **19**, 232 (1951). — [2] J. Pharmac. Pharmacol. **3**, 793 (1951).

Gefäß mit 50%igem Alkohol, so daß dieser die Alkaloide herauslöst und in ein Schälchen tropft. Das Ganze wird zur Vermeidung der Verdunstung unter eine Glasglocke gestellt. Die Lösung dauert 2 bis 3 Stunden, bis 1 bis 2 ccm Eluat erhalten werden. Der Streifen wird mit 0,5 ccm 50%igem Alkohol nachgewaschen und die vollkommene Extraktion unter der UV-Lampe kontrolliert. Die Lösung wird unter leichtem Erwärmen eingedampft und mit dem Rückstand wird die Bestimmung der Alkaloide mit p-Dimethylaminobenzaldehyd in bekannter Weise ausgeführt. Es treten dabei Verluste von etwa 10% auf.

V. E. TYLER und A. E. SCHWARTING[1] trennen einige Mutterkornalkaloide mit Hilfe eines Siliconpapiers, das wie folgt bereitet wird: Whatman-Nr. 1-Papier, Streifen oder Blätter, werden in einer 5 v/v-Lösung von Dow-Corning Silicone Nr. 1107 in Heptan getaucht, an der Luft getrocknet und dann wird es 3 Minuten bei 150° erhitzt. Auf dieses Papier werden die Alkaloide in alkoholischer Lösung (5 bis 20 γ) aufgetragen und die Sättigung der Atmosphäre durch zwölfstündiges Stehen mit dem entsprechenden Butanolgemisch erreicht. Das Chromatogramm wird mit Butanol-Essigsäure-Wasser (4:1:5) oder mit einem Gemisch von 4 Vol. n-Butanol und 6 Vol. eines Citronensäure-Phosphatpuffers von p_H 3,0 entwickelt. Die R_F-

Tabelle 35.
R_F-Werte verschiedener Mutterkornalkaloide.

	Butanol-Essigsäure Wasser	Butanol-Puffer p_H 3,0
Ergonovin	0,62	0,52
Ergometrinin	0,78	0,72
Ergotoxin	0,85	0,67
Ergotinin	0,87	0,68
Ergotamin	0,75	0,54
Ergotaminin	0,57	0,72
Lysergsäure...........	0,52	0,34
Ergonovin-maleat	0,64	0,50
Ergotoxin-äthansulfonat	0,86	0,67
Ergotamintartrat	0,78	0,54

Werte sind in Tab. 35 eingetragen. Ergotoxin und Ergotinin lassen sich mit einem Butanol-p_H 4,5 Puffer trennen. Der R_F-Wert für Ergotoxin liegt dann bei 0,60, von Ergotinin bei 0,69.

A. M. BERG[2] gelang es, die sechs wichtigsten Alkaloide mit der Circularmethode von RUTTER mit auf p_H 5 gepuffertem Papier und einem Gemisch von Benzol und 10% Äthanol, das mit Wasser gesättigt ist, zu trennen. Er entwickelt das Chromatogramm zwischen zwei Glasplatten (30 × 30 cm), von denen die untere eine kreisrunde Öffnung von 1 cm Durchmesser in der Mitte zeigt. Durch diese hängt ein Faden, der durch das Filtrierpapier gesteckt wurde und auf diesem durch einen Knoten festgehalten wird, in ein Schälchen mit der Entwicklungsflüssigkeit.

Quadratische Filtrierpapierblätter, 28×28 cm (Whatman Nr. 1 oder Schleicher & Schüll Nr. 2043b), werden mit einer Pufferlösung von p_H 5 bis 6 (0,1 mol.Citronensäure und 0,2 mol. sekundäres Natriumphosphat 2H_2O) getränkt. Nach dem Abtropfen der Flüssigkeit wird das Papier zwischen Filtrierpapier gelegt und dann an der Luft getrocknet. Von den Alkaloiden werden 5⁰/₀₀-Lösungen in Pyridin frisch hergestellt.

Auf den Schnittpunkt der Diagonalen des trockenen gepufferten Filtrierpapiers wird die Alkaloidlösung aufgetragen, und zwar von den wasserlöslichen 10 bis 20 γ, von den wasserunlöslichen 50 bis 100 γ. Nach dem Verdunsten des

[1] J. Amer. pharmac. Assoc. Sci. Ed. **41**, 354 (1952).
[2] Pharmac. Weekbl. **86**, 900 (1951); **87**, 282 (1952); Diss. Utrecht 1953.

Lösungsmittels wird das Papier in einem geschlossenen Gefäß 5 cm über Wasser gebracht und 8 bis 10 Stunden bei 25° stehengelassen. Hierauf wird das Gefäß mit dem Papier 1 bis 2 Stunden in einen Raum von 15° gestellt. Dann wird das Papier herausgenommen und auf die untere durchlochte Glasplatte gelegt, ein 2 bis 3 cm langer Faden durch den Mittelpunkt des Alkaloidfleckes gesteckt und die obere Glasplatte daraufgepreßt. Dies alles soll möglichst schnell geschehen. Der Faden wurde vorher 24 Stunden in eine Mischung von 9 Volumen 70%igem Alkohol und 1 Volumen Äther gelegt, um ihn zur Quellung zu bringen und Wachs zu extrahieren. Die Entwicklung des Chromatogrammes wird in einem geschlossenen Gefäß ausgeführt, dessen Atmosphäre vorher mit dem Lösungsmittel (Benzol + 10% Äthanol, mit Wasser gesättigt) bei 15° gesättigt worden war. Die Sättigung und Entwicklung wird im Dunklen vorgenommen. Die Strömungsgeschwindigkeit des Lösungsmittels ist unter anderem auch von der Dicke des Fadens abhängig und soll so reguliert werden, daß nach 12 Stunden die Flüssigkeit 1 bis 2 cm vom Papierrande entfernt ist. Auf diese Weise konnten folgende Alkaloide getrennt werden: Ergotamin, Ergotaminin, Ergocristin, Ergocristinin, Ergometrin, Ergometrinin (Abb. 38).

Bei p_H 3 lassen sich trennen: Ergokryptin, Ergocristin und Ergocornin. Mit Isopropyläther, der 10% Äthanol enthält und mit Wasser gesättigt ist, läßt sich auf Whatman-Papier Nr. 1 und bei p_H 3 die Ergotiningruppe in ihre Komponenten zerlegen.

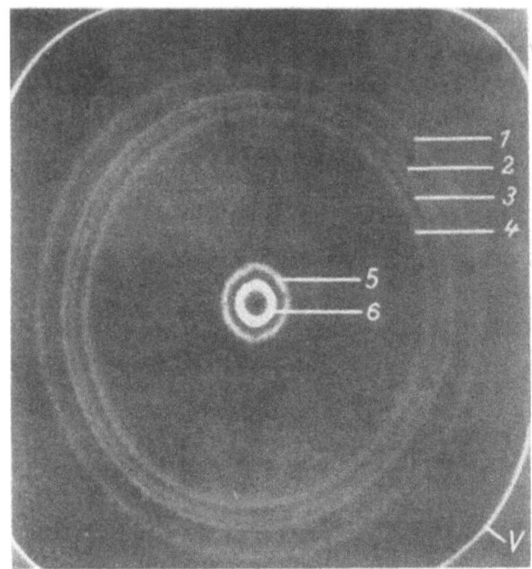

Abb. 38. Chromatogramm auf Schleicher & Schüll-Papier Nr. 2043b, entwickelt mit Benzol + 10% Äthanol, mit Wasser gesättigt, Papier gepuffert auf p_H 5,6. *1* Ergocristinin, *2* Ergotaminin, *3* Ergocristin, *4* Ergotamin, *5* Ergometrinin, *6* Ergometrin, *V* Flüssigkeitsfront.

Um bei der Prüfung eines unbekannten Alkaloidgemisches bekannte Alkaloide mitlaufen zu lassen, hat BERG das Verfahren geändert. Die Alkaloide werden nicht im Mittelpunkt, sondern auf einer Kreislinie um den Mittelpunkt aufgetragen. Der Faden wird durch den Mittelpunkt geführt. Werden z. B. 4 Alkaloide auf 4 Stellen aufgetragen, so ergeben sich 4 Segmente in fast gleicher Weise wie bei der „Kreismethode" (Abb. 39).

J. F. CARLESS[1] gelang es, durch eine auf p_H 3 gepufferte Cellulosesäule und Elution mit wassergesättigtem Äther mehrere Secalealkaloide zu trennen und zu bestimmen. Beim Eluieren wird zuerst Ergocristinin, dann Ergotoxin (Ergocristin, Ergokryptin und Ergocornin), Ergosinin und schließlich Ergosin und Ergotamin aufgefangen; Ergometrinin und Ergometrin bleiben an der Säule haften und können, nach dem Alkalisieren der Säule mit Äthylendiamin, ebenfalls mit Äther eluiert werden. Die Bestimmung der einzelnen Alkaloide in den Fraktionen erfolgt in üblicher Weise durch Abdampfen des Lösungsmittels bei niederer Tem-

---

[1] J. Pharmac. Pharmacol. **5**, 883 (1953); Ref. Scientia pharmac. **22**, 60 (1954).

peratur, Aufnehmen mit Weinsäurelösung und photometrische Bestimmung mit p-Dimethylaminobenzaldehyd-Reagens. Unter Auswertung der bei den Reinalkaloiden gemachten Erfahrungen wurde folgende Methode ausgearbeitet:

0,5 g entfettetes Mutterkorn werden mit 0,2 ccm Wasser und 30 mg Natriumbicarbonat gut durchgemischt, hierauf mit 1 g säurefrei gewaschenem Sand durchgerührt und in einem Mikroperkolator mit einem Gemisch aus 95 Teilen Chloroform und 5 Teilen Alkohol extrahiert; Tropfgeschwindigkeit etwa 30 Tropfen pro Minute. Die Extraktion ist nach Auffangen von 5 bis 6 ccm praktisch vollständig. Die in der Chloroform-Alkohollösung enthaltenen Alkaloide werden am besten in der Weise auf die Cellulosesäule aufgebracht, daß man das Perkolat direkt auf 0,3 g Cellulose, die auf 50 bis 60° erwärmt wird (Uhrglas), austropfen läßt und einen Luftstrom darüber streichen läßt. Dann mischt man mit 0,3 g Cellulose, die 40% Wasser enthält, gut durch und bringt die ganze Masse zu oberst in ein Chromatographierrohr, welches 8 g Cellulosepulver enthält, das mit 2 ccm einer Citratpufferlösung ($p_H = 3$) durchfeuchtet ist. Nun wird mit wassergesättigtem Narkoseäther entwickelt und das abtropfende Lösungsmittel (nach Verwerfen der ersten 18 ccm) in Fraktionen zu 2,5 ccm aufgefangen. Nach der ersten Fraktion wird dem Äther 0,1% Pyridin zugesetzt; dadurch steigt das p_H der Säule auf 4,8 und die Trennung Ergocristin/Ergocristinin wird schärfer. Die Alkaloide finden sich in folgenden Fraktionen:

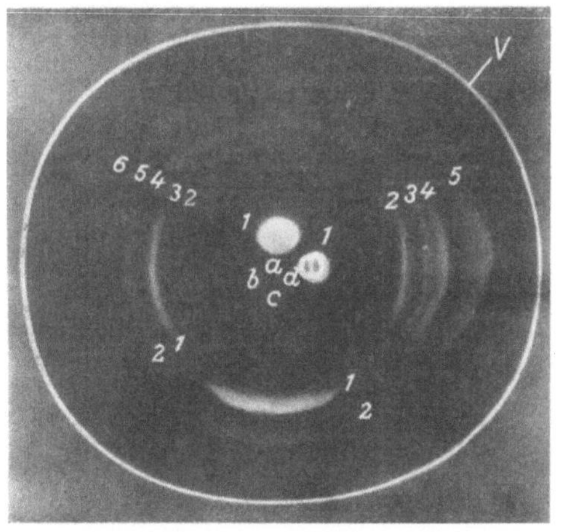

Abb. 39. Chromatogramm der Segmentmethode bei p_H 5,0. Bei *b* wurde aufgetragen: Ergotamin (= *1*) und Ergotaminin (= *2*), bei *c*: Ergocristin (= *1*) und Ergocristinin (= *2*), bei *d*: Ergometrin Ergometrinin (= *1*), Ergotamin (= *2*), Ergocristin (= *3*), Ergotaminin (= *4*), Ergocristinin (= *5*); bei *a* ein Alkaloidkonzentrat aus Mutterkorn; dabei ist *1* = Ergometringruppe, *2* = X, *3* = Ergotamin, *4* = „Ergotoxin" *5* = Ergotaminin und *6* = „Ergotinin".

Ergocristin 2. bis 3., Ergotoxin, Ergosinin und Ergotaminin 11. bis 13., Ergosin 18. bis 21., Ergotamin 26. bis 29. Nach Auffangen von 40 Fraktionen läßt man 10 ccm wassergesättigten Äther, der 0,1 ccm Äthylendiamin enthält, durch die Säule laufen. In der 2. bis 5. Fraktion findet sich dann das Ergometrinin, in der 16. bis 24. das Ergometrin. Die Methode ist deshalb auch zur Identifizierung einzelner Secalealkaloide geeignet.

M. Pöhm und L. Fuchs[1] geben ein Verfahren an, mit dem die 12 bekannten Mutterkornalkaloide getrennt und bestimmt werden können. Die Trennung erfolgt auf mit Formamid, das 4% Benzoesäure enthält, imprägnierten Whatman-Papier Nr. 1 nach der absteigenden Methodik. Die optimale Menge Formamid, das zweckmäßig in einem leicht flüchtigen Lösungsmittelgemisch gelöst wird, beträgt 0,5 g pro dm². Mit dem Lösungsmittelgemisch Tetrachlorkohlenstoff:Chloroform:Benzol (7:2:1) werden die folgenden, an ihrer intensiven Fluorescenz im UV-Licht

---

[1] Naturwiss. **41**, 63, 1954.

leicht erkennbaren Alkaloidflecke erhalten (in der Reihenfolge steigender Wanderungsgeschwindigkeit):

I. Ergometrin + Ergometrinin (nicht gewandert, getrennt nach FOSTER und Mitarbeiter, S. 343, bestimmbar). — II. Ergotamin. — III. Ergosin. — IV. Ergotaminin. — V. Ergosinin. — VI. Ergocristin + Ergocornin. — VII. Ergokryptin. — VIII. Ergocristinin + Ergocorninin. — IX. Ergokryptinin.

Die Cromatogramme können nach dem von M. PÖHM und L. FUCHS[1] angegebenen Verfahren wie folgt quantitativ ausgewertet werden:

Die ausgeschnittenen, im UV-Licht fluorescierenden Zonen der einzelnen auf Whatman-Papier Nr. 1 getrennten Alkaloide werden in einer Schliffeprouvette mit einer gemessenen Menge 1%iger wäßriger Weinsäurelösung (1 Volumenteil) und dem doppelten Volumen (2 Volumenteile) Dimethylaminobenzaldehyd-Reagens versetzt, bis zur Zerfaserung geschüttelt und die durch Abpressen auf einem geeigneten Filter (z. B. Glassinternutsche) gewonnenen klaren, blauen Farblösungen photometriert. Da die gemessenen Extinktionen dem Lysergsäureanteil jedes einzelnen Alkaloides entsprechen, kann daraus der Alkaloidgehalt der papierchromatographisch erhaltenen Fraktionen berechnet werden.

Das Verhältnis der Alkaloide in den Fraktionen VI und VIII wird durch Säurehydrolyse der eluierten Alkaloide und anschließende quantitative Bestimmung der gebildeten Aminosäuren Valin (aus Ergocornin und Ergocorninin) und Phenylalanin (aus Ergocristin und Ergocristinin) nach L. FUCHS und E. PÖHM (S. 344) ermittelt.

Das Verfahren ermöglicht die quantitative Bestimmung aller genannten Alkaloide, wie sie im Mutterkorn und seinen Zubereitungen, einschließlich der Rohalkaloide und daraus hergestellter Präparate, vorliegen können. Einzelne Reinalkaloide können nach dem obigen Verfahren durch direkten Vergleich mit der gleichen Menge eines authentischen Produktes rasch identifiziert werden. Unbekannte Alkaloidmischungen werden mit verschiedenen Mengen von „Leitmischungen" reiner Mutterkornalkaloide verglichen, da die Wanderungsgeschwindigkeit der einzelnen Alkaloide in Mischungen von der Menge der einzelnen Bestandteile beeinflußt wird.

Nach J. TUZSON und G. VASTAGH[2] können auch die *hydrierten Alkaloide* vom nativen Ergotoxin mittels Papierchromatographie mit einem Gemisch Toluol-Petroläther-Methanol (25 : 25 : 10) gut getrennt werden. Da die hydrierten Alkaloide nicht fluorescieren, müssen sie mit Reagenzien, z. B. mit dem von WASICKY (2 g p-Dimethylaminobenzaldehyd in 100 ccm 20%iger Salzsäure) sichtbar gemacht werden.

Semen Calabar.

Alkaloidbestimmung.

Die Kalabarbohnen enthalten etwa 0,5% Alkaloide, darunter 0,15% Physostigmin als Hauptalkaloid, wofür F. GSTIRNER[3] folgende maßanalytische Bestimmung angibt:

[1] Naturwiss. **40**, 244 (1953). — [2] Pharmac. Acta Helvetiae **29**, 118 (1954).
[3] Pharmaz. Zentralhalle Deutschland **1932**, 465.

20 g grob gepulverte Droge werden in einer 250 ccm-Arzneiflasche mit 120 g Äther übergossen, nach kräftigem Umschütteln 10 ccm einer gesättigten Natriumbicarbonatlösung hinzugefügt und das Gemisch unter häufigem, kräftigem Schütteln eine Stunde lang stehengelassen. Dann gießt man die ätherische Flüssigkeit direkt oder filtriert bei trüber Lösung durch ein Faltenfilter von 18½ cm Durchmesser unter gleichzeitigem Bedecken des Trichters mit einer Glasplatte oder einer Petrischale in eine 200 ccm-Flasche, fügt 5 ccm Wasser zu und schüttelt kräftig. Nach vollständiger Klärung gießt man 90 g ätherische Lösung (= 15 g Droge) in einen 250 ccm-Erlenmeyerkolben und destilliert auf dem Wasserbade den Äther bis auf etwa 15 bis 20 ccm ab. Diese bringt man in einen Scheidetrichter und wäscht den Kolben dreimal mit je 5 ccm Äther nach. Zu der ätherischen Flüssigkeit gibt man 2 ccm 0,1 n-Salzsäure, 8 ccm Wasser und schüttelt nicht zu kräftig 2 Minuten lang. Nach ungefähr 5 bis 10 Minuten haben sich die Schichten klar abgeschieden. Man läßt die wäßrige Schicht ab und filtriert gleichzeitig durch ein glattes Filter (Durchmesser = 5½ cm) in ein 100 ccm-Kölbchen. Die ätherische Flüssigkeit schüttelt man noch zweimal mit je 5 ccm Wasser in derselben Weise aus. Zu den vereinigten wäßrigen Ausschüttelungen fügt man 2 Tropfen Methylrotlösung und titriert die überschüssige Säure mit 0,1 n-Natronlauge zurück. 1 ccm 0,1 n-Salzsäure entspricht 0,0275 g Alkaloide, berechnet auf Physostigmin. Berechnung: Anzahl der von den Alkaloiden gebundenen ccm 0,1 n-Salzsäure × 0,183 gibt den Prozentgehalt Alkaloide an, berechnet auf Physostigmin.

Semen Colae.

Als Wirkstoffe enthält die Droge 1 bis 2,5% Coffein neben wenig Theobromin von etwa 0,025%. In der frischen Droge ist das Coffein an das Catechinderivat Kolatin gebunden. Dieses Kolatin-Coffein besitzt eine andere pharmakologische Wirkung als das Coffein allein. Das reine Coffein stärkt und beschleunigt die Herztätigkeit, das reine Catechin verlangsamt zwar den Herzschlag, aber erhöht die Herzenergie. Im Kolatin-Coffein ist die herzstärkende Wirkung beider Stoffe kombiniert und erhöht ohne die unerwünschte Herzbeschleunigung und Blutdruckerhöhung des Coffeins allein. Das Kolatin-Coffein wird schnell enzymatisch und hydrolytisch gespalten, so daß die getrocknete Droge nur freies Coffein enthält. Ebenso werden die reichlich vorhandenen Gerbstoffe während des Trocknens zu Kolarot oxydiert. Das Kolatin-Coffein kann durch Stabilisation mit Alkoholdämpfen erhalten werden, so daß die stabilisierte Droge Kolatin-Coffein enthält. Freies Coffein und Catechin sind in Alkohol leichter löslich als in Wasser, während das Kolatin-Coffein sich gerade umgekehrt verhält.

Coffeinbestimmung.

Das Coffein wird meist gravimetrisch nach Extraktion mit Chloroform oder auch durch Titration indirekt bestimmt. Die stabilisierte Droge enthält nur wenig, 0,05 bis 0,2%, freies Coffein, während in den nicht stabilisierten Samen fünf- bis zehnmal mehr freies Coffein vorhanden ist.

Orientierende quantitative Fällungsreaktion mit Silicowolframsäure von L. ROSENTHALER[1]:

0,3 g Drogenpulver werden in einem trockenen Arzneigläschen mit 7,5 g Chloroform kurz durchgeschüttelt, so daß sie fein verteilt sind. Nach Zusatz von 1 g Ammoniak schüttelt man dann 5 Minuten lang kräftig und anhaltend. Darauf setzt man 0,2 g Traganthpulver hinzu und filtriert 5 g der klaren Flüssigkeit durch Watte

---

[1] Pharmaz. Ztg. **1930**, 1372.

in eine Porzellanschale. Man verdampft das Chloroform auf dem Wasserbad und löst den Rückstand ebenda mit 10 ccm Wasser und ½ ccm Salzsäure. Nach dem Erkalten gießt man die Lösung durch einen kleinen Wattebausch in einen Meßzylinder und wäscht Schale und Filter mit Wasser nach, bis die Gesamtflüssigkeit 20 ccm beträgt; nachdem man noch 4 ccm konzentrierte Salzsäure und 1 ccm einer 5%igen Lösung von Silicowolframsäure zugesetzt, schüttelt man um und gießt in ein Reagenzglas. Ist diese Mischung nicht weniger trüb als eine in entsprechender Weise mit 3 mg Coffein bereitete, die man in einem gleichen Reagenzglas damit vergleicht, so enthält das verwendete Colapulver mindestens etwa 1,5% Purinbasen.

Gravimetrische Bestimmung. J. MIKÓ und ST. MIKÓ[1] geben folgendes Verfahren an, nach dem das reinste Coffein erhalten werden soll:

4 g bei 80° getrocknete und ganz fein gepulverte Droge werden in einen 100 ccm fassenden zylindrischen Scheidetrichter gewogen, dazu werden 60 g Chloroform und 4 g 10%ige Ammoniaklösung hinzugefügt und das Gemisch 20 Minuten stehengelassen. Dann schüttelt man es 20 Minuten lang kräftig durch und wartet ab, bis sich die Chloroformschicht absondert; sodann werden 45 g in einen 100 ccm-Erlenmeyerkolben ohne Filtration abgelassen. Das Chloroform wird am Wasserbad verdunstet und der Rest in 3 ccm Chloroform aufgelöst. Nach Zugabe von 20 ccm n/10-Schwefelsäure wird am Wasserbad so lange erwärmt, bis das Chloroform vollständig verdampft ist. Die ausgekühlte Schwefelsäurelösung wird in einen 100 ccm-Scheidetrichter filtriert, Kolben und Filter zweimal mit 5 ccm n/10-Schwefelsäure und dann mit 5 ccm Wasser nachgespült. Die Schwefelsäurelösung wird sodann mit einer 10%igen Ammoniaklösung alkalisiert (etwa 0,6 ccm) und zuerst mit 20, dann noch dreimal mit je 10 ccm Chloroform 3 bzw. 2 Minuten lang ausgeschüttelt. Die vereinigten Chloroformlösungen werden in eine dünne etwa 80 ccm-Eindampfschale gebracht und das Chloroform am Wasserbade langsam und vorsichtig verdampft. Nach Entfernung des Chloroforms wird die Eindampfschale auf dem stark siedenden Wasserbad noch eine halbe Stunde lang belassen. Diese Zeit genügt vollkommen, den Rest zur Gewichtskonstanz auszutrocknen. Das auf diese Weise gewonnene Coffein wird in einem Exsiccator ausgekühlt und nachher gewogen. Das gewonnene Coffein entspricht 3 g Colapulver, woraus der Prozentgehalt errechnet werden kann.

Titrimetrisches Verfahren. G. WALLRABE[2] arbeitete eine Methode zur Bestimmung des Coffeins in coffeinhaltigen Präparaten aus, die auf der Bildung eines schwer löslichen Perjodids von Coffein mit Jod-Jodkali in saurer Lösung und Rücktitration des überschüssigen Jods mit Natriumthiosulfat beruht. A. JERMSTAD und O. ÖSTBY[3] übertrugen dieses Verfahren auf Colanüsse, Guarana und Kaffee in folgender Weise:

7 g Drogenpulver werden in einem Kolben von 100 ccm Inhalt mit 70 g Chloroform übergossen. Man schüttelt das Gemisch während 10 Minuten oft und kräftig durch, gibt 5 ccm Ammoniakflüssigkeit hinzu und läßt den Kolben mit Inhalt eine Stunde lang unter häufigem Umschütteln stehen. Dann filtriert man 40 g (= 4 g Droge) der klaren Lösung durch ein Faltenfilter von 15 cm Durchmesser in einen Kolben und destilliert das Chloroform vollständig ab. Den Rest versetzt man mit 2 ccm Chloroform und 15 ccm warmen Wasser, erhitzt und läßt das Gemisch 5 Minuten lang sieden. Die noch heiße Lösung wird durch ein Faltenfilter von 7 cm Durchmesser in einen Meßkolben von 50 ccm Inhalt filtriert. Der Rest wird noch dreimal mit je 5 ccm Wasser ausgekocht und die Auszüge durch dasselbe Filter filtriert. Dann füllt man mit Wasser bis zur Marke auf. Von der Lösung gibt man 25 ccm in einen Meßkolben von 50 ccm Inhalt, versetzt mit 5 ccm verdünnter Schwefelsäure und tropft unter Umschwenken 20 ccm n/10-Jodlösung hinzu, schüttelt um und filtriert. Die ersten 10 ccm des Filtrates werden weggegossen.

[1] Pharmaz. Mh. **1930**, Nr. 1; Pharmaz. Zentralhalle Deutschland **1926**, 191.
[2] Apotheker-Ztg. **1931**, 341. — [3] Dansk Tidsskr. Farmac. **1933**, 117.

Von dem übrigen Filtrat werden 25 ccm abpipettiert und in einer Mikrobürette mit n/10-Thiosulfat zurücktitriert. Indicator: Stärkelösung.

Berechnung:

$$\frac{(a-b) \cdot F \cdot 53{,}0325 \cdot 4 \cdot 100}{10000 \cdot c} = \frac{4 \cdot (a-b) \cdot F \cdot 0{,}53025}{c} = \text{Coffein mit 1 mol. } H_2O.$$

Hier bedeuten:

a Anzahl cm n/10-$Na_2S_2O_3$ vom Titer F, die 10 ccm der angewandten Jodlösung entsprechen,

b Anzahl ccm n/10-$Na_2S_2O_3$ vom Titer F, die das freie Jod im Filtrat binden und

c Menge Droge in g, die in 50 ccm Lösung (= 40 ccm Auszug) enthalten ist.

Tab. 36 enthält vergleichende Werte mit dem gravimetrischen Verfahren:

Die Methode ist auf Mate und Tee nicht anwendbar.

M. CARLASSARE[1] gibt ein ähnliches Verfahren für die Coffeinbestimmung in Semen Colae, Pasta Guarana, Kaffee-Extrakt und Kaffee an.

Tabelle 36.

Droge	Gefundenes Coffein	
	jodometrisch %	gravimetrisch %
Pasta Guarana ..	4,02	4,38
„ „ ..	4,10	4,38
Semen Colae	1,73	1,81
„ „	1,86	1,95
Kaffee	1,74	2,23
„	1,77	2,28

Wertbestimmung stabilisierter Colanüsse.

Eine Bestimmung des Colatin-Coffeins ist wegen der leichten Zersetzlichkeit dieser Verbindung bisher nicht möglich gewesen. Dagegen läßt sich auf indirekte Weise der Gehalt an Kolatin-Coffein feststellen, indem die leicht oxydierbare Komponente, das Kolatin, bestimmt wird. Läßt sich dieses nachweisen, so kann daraus auf die Anwesenheit des Kolatin-Coffeins geschlossen werden, da das freie Colatin schnell oxydiert wird. Zur Bestimmung des Catechinderivates, Colatin, benützt F. DUCOMMUN[2] die Grünfärbung der Catechine mit Eisenchloridlösung, deren Stärke colorimetrisch gemessen und mit einer Standardkurve von reinem Cola-Catechin verglichen wird:

0,6 g feingepulverte Droge (VI) werden in einem Kolben mit Rückflußkühler zweimal mit je 20 ccm wasserfreiem Methanol je 10 Minuten lang im Sieden erhalten. Die Extraktionslösungen werden filtriert, Kolben und Filter mit Methanol nachgewaschen, das Filtrat wird mit je 5 ccm Wasser versetzt und das Lösungsmittel auf dem Wasserbade fast vollkommen abdestilliert. Der Rückstand wird in 5 ccm Wasser aufgenommen, zum Sieden erhitzt und erkalten gelassen. Hierauf werden 20 ccm 0,3%ige Gelatinelösung zugesetzt, nach einigen Minuten mit Wasser auf 100 g ergänzt, 0,5 g Kaolin zugesetzt, geschüttelt und filtriert. Das Filtrat ist klar und fast farblos.

Zur colorimetrischen Bestimmung wird die 1 cm-Küvette des Colorimeters von LANGE mit 11 ccm Extraktlösung gefüllt, mit 3 Tropfen 10%iger Eisenchloridlösung ($FeCl_3 + 6H_2O$) versetzt, nach 10 Minuten die Absorption gemessen und der Wert aus einer Standardkurve abgelesen.

---

[1] Boll. chim. farmac. **90**, 4 (1951); Ref. Pharmaz. Zentralhalle Deutschland **91**, 56 (1952).

[2] Pharmac. Acta Helvetiae **18**, 1, 73 (1943).

Tabelle 37.

Konzentration des wasserfreien Cola-Catechins %	Absorption %
0,010	35
0,015	51
0,020	62
0,025	75
0,030	84
0,035	90
0,040	94
0,045	96
0,050	98

Die Aufstellung der Eichkurve wird mit reinem Cola-Catechin vorgenommen, wofür DU-COMMUN folgende Werte angibt (Tab. 37).

Nachweis und annähernde Bestimmung des Catechingehaltes.

0,6 g Droge (VI) werden in einem Kolben mit Rückflußkühler 15 Minuten mit 50 ccm Methanol zum Sieden erhitzt und filtriert. Das Filtrat wird mit 5 ccm Wasser versetzt und auf dem Wasserbade fast vollkommen eingedampft. Der Rückstand wird mit 5 bis 10 ccm Wasser aufgenommen, mit 0,5 g Kaolin erhitzt und auf 100 g mit Wasser aufgefüllt. Nach dem Erkalten wird filtriert, 5 ccm Filtrat werden in einem Reagenzglas mit 3 bis 4 Tropfen 10%iger Eisenchloridlösung versetzt. Vorhandenes Catechin gibt eine Grünfärbung. Bei oxydierten Colanüssen tritt keine Verfärbung ein. Entspricht der Farbton dem einer 1,2%igen Chromsulfatlösung, so enthält die Droge 4 bis 6% Catechin.

Semen Colchici.

Die Herbstzeitlosensamen enthalten neben 17% fettem Öl das Alkaloid Colchicin in einer Menge von 0,2 bis 0,6%. Das Colchicin ist eine so schwache Base, daß es auf keinen Indicator anspricht und mit Säuren keine Salze bildet. Es kann daher nicht maßanalytisch bestimmt werden. Deshalb wurden zahlreiche andere Methoden vorgeschlagen. Gravimetrische Verfahren wurden z. B. von G. BREDMANN[1] und von J. GADAMER und E. NEUHOFF[2] ausgearbeitet, die auch in Arzneibücher Aufnahme gefunden haben. Ferner wurden vorgeschlagen colorimetrische Verfahren mit Eisenchlorid von E. BOYLAND und E. H. MAISON[3] und S. BEUTTEL[4], Methoden mit Fällungsreaktionen, z. B. mit Solicowolframsäure von H. R. JENSEN[5], mit Phosphorwolframsäure von L. ROSENTHALER[6] und mit MAYERS Reagens von R. DIETZEL und W. PAUL[7] und jodometrische Bestimmungen mit indirekter Titration des Colchicins von R. DIETZEL und W. PAUL[8] und O. F. UFFELIE[9]. Nach F. SANTAVY[10] läßt sich Colchicin auch polarographisch bestimmen.

Von diesen Verfahren haben die gravimetrischen Bestimmungen größere Bedeutung erlangt, da sie mit einfachen Mitteln ausführbar sind, obwohl ihnen keine sehr große Genauigkeit zugesprochen wird, da die Extraktion unvollständig und das isolierte Colchicin nicht rein genug sein soll. Durch Einführung der Adsorptionsanalyse, z. B. von R. FISCHER

---

[1] Apotheker-Ztg. **18**, 817 (1903).
[2] Arch. Pharmaz. **264**, 521 (1926). — [3] Biochem. J. **52**, 1204 (1938).
[4] Süddtsch. Apotheker-Ztg. **80**, 453 (1940).
[5] Pharmac. J. (4) **36**, 658 (1913). — [6] Pharmaz. Ztg. **1931**, 288.
[7] Süddtsch. Apotheker-Ztg. **76**, 474 (1936).
[8] Süddtsch. Apotheker-Ztg. **76**, 476 (1936).
[9] Pharmac. Weekbl. **81**, 426 (1946; Ref. Pharmaz. Zentralhalle Deutschland **88**, 49 (1949).
[10] Pharmac. Acta Helvetiae **23**, 380 (1948).

und H. FRANK[1], konnte dieses Verfahren aber wesentlich verbessert werden. Auch die einfachen und sehr genauen jodometrischen Methoden bieten beachtliche Vorteile.

Gravimetrische Bestimmung mit Adsorptionsanalyse
von R. Fischer und H. Frank[1].

FISCHER und FRANK extrahieren die Droge mit heißem Alkohol, da kalter Alkohol das Colchicin nicht quantitativ extrahiert, und verbinden die Extraktion mit einer Adsorption an Aluminiumoxyd, indem sie in einem mit Methanoldampf geheizten Adsorptionsrohr die Extraktion durchführen. Das Colchicin wird nochmals in chloroformischer Lösung über Aluminiumoxyd gereinigt und dann gewogen. Es wird reines Colchicin erhalten und die Werte sind höher wie bei der DAB 6-Methode.

In ein mit Methanoldampf heizbares Adsorptionsrohr (Lumen 13 bis 14 mm, Länge 20 cm) werden auf die übliche Weise trocken 7 g Aluminiumoxyd eingefüllt und mit einer genauen Einwaage von etwa 2 bis 2,5 g lufttrockenem, fein gepulvertem Semen Colchici überschichtet. Dann wird die Heizflüssigkeit (Methanol) im Kolben zum Sieden erhitzt und nach etwa 10 Minuten die Droge in Anteilen von 15 ccm mit heißem Äthanol im Verlaufe von etwa 1½ Stunden perkoliert, wobei insgesamt 75 ccm benötigt werden. Die letzten 5 ccm gehen bereits farblos durch.
Dann wird das Filtrat zur Vertreibung des Äthanols in einer Schale am Wasserbad eingedunstet. Die lackartige Masse wird nun dreimal mit je 5 ccm reinem Chloroform aufgenommen und das Ganze mit den unlöslichen Anteilen über eine trockene Säule von 0,5 bis 1 g Aluminiumoxyd gegossen. Das Lumen des Glasrohres beträgt etwa 7 bis 8 mm im Durchmesser. Vor dem Aufgießen wird ein ganz kleiner Wattebausch in das Rohr eingeführt, um ein Verlegen des Durchflusses durch die unlöslichen Anteile auf der Oberfläche des Aluminiumoxydes zu verhindern.
Nach dem Durchlaufen der Colchicinlösung wird zuerst die Schale und dann die Säule so lange mit Chloroform, enthaltend 2% Methanol, gewaschen (meist genügen insgesamt 20 ccm), bis die hellgelbe Zone, das Colchicin, herabgewandert und durchgelaufen ist. Die bräunlichen Verunreinigungen bleiben oben oder wandern nur langsam nach unten. Diese Lösung wird nun in einer Schale auf dem Wasserbade eingeengt, dann mit 5 ccm Wasser versetzt und der Rest des Chloroforms durch Erhitzen vertrieben. Nach dem Erkalten wird die wäßrige Lösung durch ein ganz kleines Filter filtriert, die Schale samt dem Filter mit einigen ccm Wasser in 3 Anteilen gewaschen und das Filtrat in einer gewogenen Schale zur Trockene eingedunstet. Den Rückstand trocknet man bei 80° bis zur Gewichtskonstanz. Die Auswaage ist reines Colchicin, Eutektikum mit Phenacetin soll 95 bis 98° betragen.

Jodometrische Bestimmung.

R. DIETZEL und W. PAUL[2] arbeiteten eine jodometrische Bestimmung des Colchicins aus, die auf Untersuchungen von GORDIN[3] zurückgeht, daß Alkaloidpolyjodide nach der Fällung aus wäßriger Lösung durch Jodjodkalium bei Anwesenheit von überschüssiger Säure eine der Alkaloidmenge äquivalente Menge gebundene Säure enthalten. Das Prinzip der Methode besteht darin, daß ein entsprechend gereinigter Colchicinauszug mit n/10-Salzsäure versetzt, das Colchicin mit Jodjodkalilösung als Polyjodid ausgefällt, dieses abfiltriert und die überschüssige Säure mit n/10-

---

[1] Scientia pharmac. **16**, 38 (1948). — [2] Süddtsch. Apotheker-Ztg. **76**, 476 (1936).
[3] Ber. dtsch. chem. Ges. **32**, 2871 (1899).

Natronlauge zurücktitriert wird. Eine direkte Titration des Colchicins findet demnach nicht statt.

Ausführung. 20 g mittelfein gepulverter Zeitlosensamen werden in einem Arzneiglas von 300 ccm Inhalt mit 200 ccm Wasser übergossen und 1 Stunde lang bei 50 bis 60° im Wasserbad erwärmt. Nach dem Erkalten und Absetzen fügt man zu 140 g der in ein Arzneiglas von 300 ccm Inhalt abgegossenen wäßrigen Flüssigkeit (= 14 g Zeitlosensamen) 14 g Bleiessig hinzu, schüttelt die Mischung 3 Minuten kräftig durch und filtriert die Lösung durch einen trockenen Faltenfilter von 12 cm

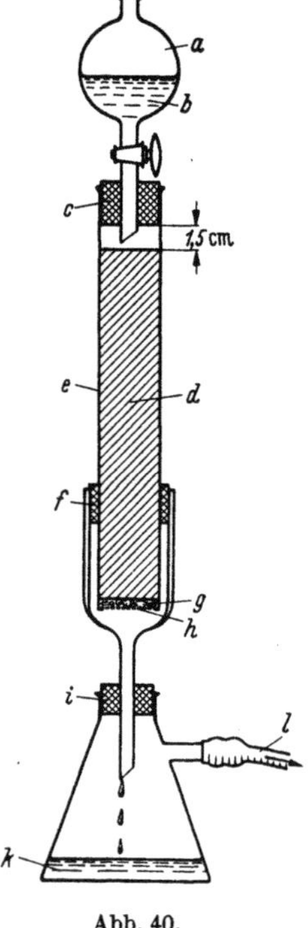

Abb. 40.

Durchmesser. 110 g des Filtrates (= 10 g Zeitlosensamen) versetzt man in einem Scheidetrichter mit 30 g Natriumchlorid, gibt nach dessen Lösung 50 g Chloroform hinzu und schüttelt die Mischung 5 Minuten lang kräftig durch. Nach vollständiger Klärung filtriert man die Chloroformlösung durch ein glattes, kleines Filter, läßt 40 g dieser Lösung in einem Meßkölbchen von 50 ccm Inhalt verdunsten, löst den Rückstand in 15 ccm n/10-Salzsäure, versetzt nach Zugabe von 1 g Natriumchlorid allmählich mit 30 ccm Jodjodkaliumlösung (etwa 1 g Jod und 1,5 g Jodkalium auf 100 ccm Reagens), schüttelt 5 Minuten lang und läßt bis zur vollständigen Klärung der überstehenden Flüssigkeit stehen. 25 ccm des klaren Filtrates werden mit einigen ccm Thiosulfatlösung entfärbt und nach Zusatz von einigen Tropfen Phenolphthaleinlösung mit n/10-Kalilauge bis zum Farbumschlag titriert. 1 ccm n/10-HCl = 0,03992 g Colchicin.

H. MÜHLEMANN und R. TOBLER[1] änderten das Verfahren, indem sie die Reinigung der Colchicinlösung durch Adsorption an Aluminiumoxyd (wasserfrei, nicht standardisiert) vornehmen, an dem aus 50 bis 70%iger alkoholischer Lösung Farbstoffe und Ballaststoffe, aber kein Colchicin adsorbiert werden. Im Vergleich mit gravimetrischen Verfahren ohne Adsorption werden höhere Werte erhalten und die Bestimmung läßt sich leichter und schneller ausführen.

Ausführung. 8 g Semen Colchici pulv. VI werden mit 80 g 70%igem Spiritus 1 Stunde lang in einer Medizinflasche unter häufigem Umschütteln stehengelassen. Dann wird klar abfiltriert. 50 g des Filtrates werden zur Ausführung der Bestimmung benützt. Die Apparatur zur Adsorption ist aus Abb. 40 ersichtlich.

Als Adsorptionsmittel dient Aluminium oxydatum anhydricum puriss. Merck. Einige ccm Lösung werden auf die Al_2O_3-Säule gegossen. Dann wird der Scheidetrichter mit dem Rest der Lösung auf die Säule aufgesetzt, der Hahn geöffnet und die Flüssigkeit abtropfen gelassen. Wenn die Säule etwa zu ¾ benetzt ist, wird die Saugpumpe angesetzt und so stark gesaugt, daß pro Minute 30 Tropfen abfließen. In dem Moment, in welchem noch ungefähr 1 mm Lösung über der Säule steht, werden 50 g 95%iger Spiritus in den Scheidetrichter gegeben und ebenfalls tropfenweise abfließen gelassen. Nachdem alles durchgelaufen ist, wird das Filtrat in ein Becherglas gegeben, die Saugflasche mit wenig Wasser und einigen Tropfen Phenolphthalein zugesetzt. Man dampft auf dem Wasserbad ein. Die eintretende Trübung ist ohne Bedeutung. Wenn der Alkohol vertrieben ist, läßt man erkalten und neutralisiert, je nachdem die Lösung schwach sauer oder schwach alkalisch ist, mit n/10 NaOH oder n/10 HCl. Hierauf fügt man aus einer Mikrobürette 15 ccm

[1] Pharmac. Acta Helvetiae **21**, 34 (1946).

n/10 HCl zu. Dann gibt man die Lösung unter Nachspülen mit Wasser quantitativ in einen Meßkolben von 100 ccm, fügt 5 g Kochsalz bei und füllt in kleinen Portionen unter gutem Umschütteln mit Jodjodkalilösung bis zur Marke auf. Die Jodjodkalilösung enthält pro 100 ccm Aqua dest. 1,0 g Jod und 1,5 g Jodkali. Man schüttelt nochmals kräftig um und läßt den Niederschlag absetzen. Dann wird filtriert. 50 ccm des Filtrates werden mit einigen Kristallen Natriumthiosulfat entfärbt, mit einigen Tropfen Phenolphthalein versetzt und mit n/10-Natronlauge der Säureüberschuß zurücktitriert. Die Berechnung des gesuchten Colchicingehaltes wird in folgender Weise durchgeführt:

$$\text{Verbrauch n/10 NaOH} = a \text{ ccm.}$$

In 100 ccm Lösung = 50 g Macerat waren 15 ccm n/10 HCl vorhanden, in 50 ccm also 7,5 ccm. Zur Fällung des Colchicins mit Jodjodkali sind in 50 ccm Lösung 7,5—a ccm n/10 HCl verbraucht worden, für 100 ccm Lösung 15—2a ccm. 1 ccm n/10 HCl = 0,03992 g Colchicin. In 50 g Macerat = 5 g Semen Colchici sind (15—2a). 0,03992 g Colchicin enthalten.

Jodometrische Bestimmung von O. F. Uffelie[1].

UFFELIE hydrolysiert das Colchicin mit Salzsäure zu Colchicein, das in alkalischer Lösung mit Jodlösung direkt titriert werden kann. Da noch andere jodbindende Stoffe in dem Auszug vorhanden sind, muß ein Blindversuch ohne Hydrolyse durchgeführt werden (unverändertes Colchicin verbraucht kein Jod). Bei der Berechnung ist zu berücksichtigen, daß die Hydrolyse des Colchicins nur zu 95% erfolgt.

Ausführung. 5 g Semen Colchici pulv. (Siebgröße B_{10}) werden mit 70%igem Alkohol perkoliert, bis eine Gesamtmenge von 100 ccm abgelaufen ist. Das Perkolat wird auf dem Wasserbade vom Alkohol befreit, der Rückstand mit Wasser auf 60 ccm gebracht und, nachdem noch 15 g NaCl darin gelöst worden sind, dreimal mit je 15 ccm Chloroform ausgeschüttelt. Die vereinigten Chloroformauszüge werden mit wasserfreiem Natriumsulfat getrocknet und filtriert, wobei Kolben und Filter mehrmals mit Chloroform nachzuspülen sind. Nun wird das Chloroform abdestilliert, der Rückstand 10 Minuten lang mit 20 ccm Wasser auf dem Wasserbade erwärmt und die wäßrige Lösung in ein Meßkölbchen von 50 ccm filtriert. Diese Operation wird mit kleinen Anteilen Wasser noch einige Male wiederholt, bis die 50 ccm im Meßkölbchen aufgefüllt sind (Lösung A).

Nach mehrmaligem Umschwenken werden 20 ccm (= 2 g Samen) der Lösung A mit 6,5 ccm 1-n Salzsäure versetzt, 50 Minuten im kochenden Wasserbade erwärmt und nach dem Abkühlen nacheinander 6,5 ccm 4-n Natronlauge, 10 ccm 0,3-n Barytwasser und 40 ccm 0,01-n Jodlösung hinzugefügt. Das Reaktionsgemisch bleibt 3 Minuten stehen, wird dann mit verdünnter Salzsäure angesäuert und schließlich mit 0,01-n Thiosulfatlösung zurücktitriert. Verbrauch an 0,01-n Thiosulfatlösung = a ccm. Im Blindversuch werden 20 ccm der Lösung A mit 10 ccm 0,3-n Barytwasser und 40 ccm 0,01-n Jodlösung versetzt. Wie beim Hauptversuch wird dann nach dreiminutiger Einwirkungsdauer mit verdünnter Salzsäure angesäuert und mit 0,01-n Thiosulfatlösung zurücktitriert. Verbrauch an 0,01-n Thiosulfatlösung = b ccm. 0,0525 (b—a) = %-Colchicin.

Gravimetrische und jodometrische Bestimmung von H. Böhme und
H. J. Bolder[2].

BÖHME und BOLDER haben eingehende Untersuchungen mehrerer Arzneibuchmethoden ausgeführt, indem sie das isolierte Colchicin einer chromatographischen Reinigung unterzogen. Sie stellten fest, daß das

---

[1] Pharmac. Weekbl. **81**, 426 (1946); Ref. Pharmaz. Zentralhalle Deutschland **88**, 49 (1949).
[2] Arch. Pharmaz. **287**, 147 (1954).

Rohcolchicin des DAB 6 und der Ph. Helv. V etwa 45% Verunreinigungen enthält, während das Verfahren der Ph. Int. I nahezu reines Colchicin liefert (80 bis 98%). Auch nach der Methode von MÜHLEMANN und TOBLER werden Überwerte bis zu 100% erhalten.

BÖHME und BOLDER haben daraufhin ein gravimetrisches und jodometrisches Verfahren ausgearbeitet, bei dem ein weitgehend reines Colchicin erhalten wird, so daß die gravimetrischen und jodometrischen Werte praktisch übereinstimmen. Nach der neuen Methode wird das Colchicin aus der Droge mit 50%igem Methanol extrahiert, der Rückstand in Wasser aufgenommen, über Aluminiumoxyd chromatographiert und das angesäuerte Filtrat mit Chloroform ausgeschüttelt. Nach einer zweiten Reinigung über Aluminiumoxyd wird das Colchicin gewogen oder jodometrisch ermittelt. Zur jodometrischen Bestimmung wird das Colchicin mit DRAGENDORFFs Reagens (Kalium-jodo-wismutatlösung) in saurer Lösung gefällt, der Niederschlag wird mit verdünnter Salzsäure zersetzt und sein Jodgehalt durch Titration mit Kaliumjodatlösung nach dem Jodcyanidverfahren von R. LANG[1] ermittelt.

Reagenzien und Lösungen. 1. Wismutlösung: 21 g Wismutsubnitrat DAB 6 werden in 145 ccm 25%iger Salpetersäure gelöst und mit Wasser auf 300 ccm aufgefüllt. Die Lösung ist haltbar.

2. Fällungsreagens: Man läßt 20 ccm der unter 1. beschriebenen Wismutlösung in eine Lösung von 10 g Kaliumjodid in 80 ccm Wasser laufen. Die Lösung ist nur beschränkt haltbar (etwa 24 Stunden), soll daher jeweils frisch bereitet werden.

3. Waschflüssigkeit: Etwa 0,01 n-Schwefelsäure (3 Tropfen verd. 16%ige Schwefelsäure auf 50 ccm Wasser), in Eis-Kochsalzmischung gekühlt.

4. Kaliumcyanid-Stärkelösung: 3,26 g Kaliumcyanid bzw. 2,45 g Natriumcyanid reinst, werden in 100 ccm 1%iger Stärkelösung gelöst. Die Lösung hält sich einige Wochen.

5. m/120-KJO$_3$-Lösung: 1,7835 g Kaliumjodat zur Analyse werden bei 150° getrocknet und zu 1000 ccm aufgelöst. Der Gehalt kann jodometrisch nachgeprüft werden.

6. Chloroform-Methanol: Chloroform wird zur Reinigung dreimal mit Wasser ausgeschüttelt und sodann 24 Stunden über Calciumchlorid getrocknet. Anschliessend mischt man 98 Volumenteile des gereinigten Chloroforms mit 2 Volumenteilen Methanol.

7. Methanol-Wasser: Man mischt 1 Volumenteil Methanol mit 1 Volumenteil Wasser.

8. 12,5%ige Salzsäure = verdünnte Salzsäure DAB 6.

9. 16%ige Schwefelsäure = verdünnte Schwefelsäure DAB 6.

Ausführung der Bestimmung. Zu 6,0 g grob gepulverte Droge (Sieb 4) werden in einer Reibschale tropfenweise dreimal je 1 ccm Methanolwasser gegeben und jedesmal durch sorgfältiges Verreiben für gleichmäßige Durchfeuchtung gesorgt. Die angefeuchtete Droge wird sodann in ein mit Hahn versehenes Glasrohr von etwa 20 mm Durchmesser, das unten mit einem Wattebausch verschlossen ist, gefüllt. Die Oberfläche der Säule bedeckt man ebenfalls mit etwas Watte. Man spült Reibschale und Pistill zweimal mit je 10 ccm Methanolwasser nach, die anschließend auf die Drogensäule gegeben werden, und gibt, nachdem die Flüssigkeit fast ganz in die Droge eingezogen ist, noch einmal 20 ccm Methanolwasser auf. Der Abfluß wird so reguliert, daß in der Minute 20 bis 30 Tropfen austreten. Das Perkolat wird in einer Porzellanschale auf dem Wasserbad zur Trockene eingedampft und der Rückstand unter leichtem Erwärmen auf dem Wasserbad in 10 ccm Wasser aufgenommen. Man bereitet sodann die Säule zur ersten adsorptiven Filtration vor, indem man ein am unteren Ende verjüngtes Glasrohr von 20 mm Durchmesser mit

---

[1] Z. anorg. allg. Chem. **122**, 332 (1922).

etwas Watte verschließt, sodann 7 g Aluminiumoxyd „Woelm alkalifrei" trocken einfüllt, durch Klopfen für gleichmäßige Schüttung sorgt und mit etwas Watte bedeckt. Auf diese Säule wird zunächst so viel Wasser gegeben, bis dieses unten abzutropfen beginnt und sodann die auf Zimmertemperatur abgekühlte, trübe Lösung des Perkolationsrückstandes in Wasser. Wenn letztere fast ganz eingezogen ist, gießt man 5 ccm Wasser, mit denen man zuerst die Schale nachgespült hat, auf die Säule. Wenn auch diese fast ganz eingezogen sind, wäscht man die Säule mit weiteren 10 ccm Wasser. Das Filtrat verdünnt man mit etwa 100 ccm Wasser und schüttelt nach dem Ansäuern mit 5 Tropfen 16%iger Schwefelsäure nacheinander mit 25, 15 und 10 ccm Chloroform aus. Die vereinigten Chloroformauszüge trocknet man über wasserfreiem Natriumsulfat bis zum vollständigen Klarwerden, filtriert ab, wäscht Kölbchen und Filter zweimal mit je 10 ccm Chloroform und dampft zur Trockene. Der Rückstand wird in 4 ccm Chloroform-Methanol aufgenommen und neuerdings über Aluminiumoxyd gereinigt. Zu diesem Zweck werden 4 g Aluminiumoxyd „Woelm alkalifrei" in ein am unteren Ende verjüngtes und mit etwas Watte verschlossenes Glasrohr von 10 mm Durchmesser trocken eingefüllt. Durch Klopfen sorgt man für gleichmäßige Schüttung und bedeckt sodann die Oberfläche gleichfalls mit etwas Watte. Man gibt so lange Chloroform-Methanol auf, bis dieses unten abzutropfen beginnt, sodann die 4 ccm Chloroform-Methanol mit dem Colchicin. Man spült das benutzte Schälchen oder Kölbchen mit drei Portionen von je 3 bis 4 ccm Chloroform-Methanol nach und gibt diese Lösung gleichfalls auf die Säule in der Weise, daß die folgenden Anteile erst dann aufgegossen werden, wenn sich der Flüssigkeitsspiegel bis zum oberen Rand der Aluminiumoxydsäule gesenkt hat.

Das in einem 100 ccm-Kölbchen aufgefangene Filtrat wird auf dem Wasserbad eingedampft, der Rückstand mit 2 ccm Methanol übergossen, erneut eingedampft und gewogen.

Zur jodometrischen Bestimmung nimmt man in 30 ccm Wasser auf (eine opalescierende Trübung stört die Bestimmung nicht) und läßt nach Zugabe von 3 Tropfen 16%iger Schwefelsäure unter dauerndem Umschwenken tropfenweise aus einer Bürette oder einem Tropftrichter 10 ccm Fällungsreagens zulaufen. Nach einstündigem Stehenlassen wird der Niederschlag durch eine Glasfilternutsche 11 G 4, deren Fritte einen Durchmesser von 40 mm hat, abgesaugt. Mit etwas Filtrat bringt man auch die letzten Reste des Niederschlages auf die Fritte und entfernt an Nutschenwand und Niederschlag haftendes Fällungsmittel durch Abspritzen mit Waschflüssigkeit. Hierzu spritzt man mittels einer Augentropfenpipette mit Gummihaube unter gleichzeitigem Saugen zehn- bis zwölfmal je 0,5 ccm in Eis-Kochsalzmischung gekühlte Waschflüssigkeit auf die Innenwand der Nutsche und den Niederschlag, bis der ablaufende Schaum farblos ist. Anschließend werden der Auslauf der Glasfilternutsche und die Saugflasche mit Wasser ausgespült, um eventuell anhaftende Tropfen des Fällungsreagenzes zu entfernen. Sodann übergießt man den Niederschlag auf der Fritte mit 10 ccm 12,5%iger Salzsäure und rührt ohne zu saugen den Niederschlag durch Reiben mit einem Glasstab auf. Nach wenigen Minuten hat sich der größte Teil des Niederschlages gelöst und man saugt ab. Diese Operation wird noch einmal mit 10 ccm und ein drittes Mal mit 5 ccm 12,5%iger Salzsäure wiederholt, so daß der Niederschlag vollständig gelöst ist (ein bräunlicher Belag auf der Fritte ist ohne Einfluß). Schließlich wäscht man die Nutsche mit 15 ccm Wasser nach.

Zur Titration verbleibt die Lösung in der Saugflasche. Man fügt 5 ccm Kaliumcyanid-Stärkelösung hinzu[1] und titriert — nicht zu schnell und unter Umschwenken — mit m/120-Kaliumjodatlösung bis die Lösung, die nach Zugabe der ersten Tropfen Jodatlösung blauschwarz wird, wieder rein gelb erscheint. Die austitrierte Lösung darf innerhalb von 1 Minute nicht dunkler werden, andernfalls man noch Kaliumjodatlösung zufügen muß. 1 ccm m/120-Jodatlösung entspricht 1,664 mg Colchicin.

---

[1] Hierbei soll sich die gelbgrüne Lösung nicht verändern. Sollte sie sich infolge durch Luftsauerstoff ausgeschiedenen Jods dunkelgrün bis blau färben, so fügt man tropfenweise n/20-Natriumthiosulfatlösung hinzu, bis die ursprüngliche gelbe Farbe wieder erscheint. Ein Überschuß von Thiosulfat muß selbstverständlich vermieden werden, weil sonst ein zu großer Verbrauch an Kaliumjodatlösung die Folge wäre.

Semen Psyllii.

Zur *Bestimmung des Schleimgehaltes* von Semen Psyllii gibt D. Greenberg[1] folgendes Verfahren an: Man bereitet sich einen Schleim durch 20 Stunden langes Behandeln von je 1 g Samen mit 20 ccm Wasser, indem zuerst kräftig geschüttelt wird. Hierauf wird ausgepreßt, der Schleim bei 95 bis 100° getrocknet und gewogen. Zwischen Quellung, Schleimgehalt und Viscosität des Schleimes konnte Greenberg keine Beziehung feststellen.

Semen Sabadillae.

Die Sabadillsamen enthalten 1 bis 5% Alkaloide, davon als Hauptalkaloide Cevadin (= krist. Veratrin) und Veratridin (= amorphes Veratrin), die allmählich in das schwach wirksame Cevin zersetzt werden. Außerdem sind in der Droge 9 bis 17% fettes Öl vorhanden, das bei der Alkaloidbestimmung stören kann.

Für die **Alkaloidbestimmung** in Semen Sabadillae wurden einige Verfahren ausgearbeitet, von denen F. Kürschner und W. Immenkamp[2] das von B. Saiko-Pittner[3] und das der Ph. Helv. V verglichen haben. Diese läßt die Droge mit Äther und Ammoniak extrahieren und das gelöste Fett während der Titration mit Petroläther in Lösung halten. Saiko-Pittner extrahiert die Droge mit Wasser und Essigsäure, um die Extraktion des Fettes zu vermeiden. Offenbar werden dadurch die Alkaloide nicht quantitativ erfaßt, da Kürschner und Immenkamp damit etwas tiefere Werte erhielten als nach der Methode der Ph. Helv. V, die auch einfacher in der Ausführung ist. Deshalb ziehen sie diese Methode vor, führten einige kleine Änderungen ein und geben folgende Ausführung an:

3 g Sabadillsamen (IV) werden in einer Arzneiflasche von 150 ccm Inhalt mit 60 g Äther und 3 ccm 5-n Ammoniakflüssigkeit 10 Minuten lang kräftig geschüttelt. Dann läßt man absetzen, gießt sorgfältig 40 g der überstehenden ätherischen Lösung (= 2 g Droge) durch etwas Watte in einen Erlenmeyerkolben von 150 ccm Inhalt mit Glasstopfen und destilliert das Lösungsmittel auf dem Wasserbad ab. Den Rückstand nimmt man noch zweimal mit je 5 ccm Äther auf und verdampft auch diesen jeweils vollständig. Dann löst man den Rückstand in 5 ccm Weingeist, fügt 20 ccm Petroläther, 30 ccm frisch ausgekochtes und wieder erkaltetes Wasser, 10 Tropfen Methylrot, 5 ccm n/10-Salzsäure hinzu und titriert mit n/10-Kalilauge zurück. 1 ccm n/10-Salzsäure = 0,0625 g Alkaloide. Es müssen wenigstens 1,28 ccm n/10-Salzsäure verbraucht werden, entsprechend einem Mindestgehalt von 4% Alkaloiden.

F. Gstirner[4] extrahiert gleichfalls mit Äther und Ammoniak und entfernt das fette Öl durch Abscheidung mit Wasser. Das Verfahren ist jedoch etwas langwieriger wie das der Ph. Helv. V.

Semen Sinapis.

Bestimmung des ätherischen Öles.

Die Ergebnisse der Senfölbestimmung des DAB 6 fallen nach H. Will[5] zu niedrig aus, weil Verluste während der Destillation entstehen. Diese werden vermieden, wenn dem Destillationsgemisch 10 ccm

[1] J. Amer. pharmac. Assoc. Sci. Ed. **37**, 139 (1948).
[2] Pharmaz. Zentralhalle Deutschland **77**, 458 (1936).
[3] Pharmaz. Mh. **1930**, Nr. 7. — [4] Pharmaz. Ztg. **1932**, Nr. 38.
[5] Apotheker-Ztg. **1932**, 351.

Spiritus zugesetzt werden, das Ende des Kühlrohres in die vorgelegte Flüssigkeit taucht und eine größere Flüssigkeitsmenge destilliert wird. Die Werte erhöhen sich dann um $^1/_3$ bis $^1/_2$.

Andererseits werden nach der argentometrischen Methode, die in einigen Arzneibüchern und auch im DAB 6 enthalten ist, zu hohe Werte erhalten, da außer Allylsenföl noch andere mit Wasserdampf flüchtige Stoffe ebenfalls mit Silbernitrat reagieren. Nach H. WOJAHN[1] treten diese Stoffe aber nicht mit Jod in saurer oder natronalkalischer Lösung in Reaktion. Aus diesem Grunde werden nach der jodometrischen Methode[2] von F. VIEBÖCK und C. BRECHER[3], die von der Ph. Helv. V aufgenommen wurde, nach dem Hypojoditverfahren von H. WOJAHN[1,2] und dem acidimetrischen Verfahren von H. BÖHM[4,2] richtige und übereinstimmende Werte erhalten.

Verfahren der Pharmac. Helvetica V.

10 g Senf (VI) werden in einem 300 ccm fassenden Rundkolben gebracht, mit 100 ccm Wasser von 20 bis 25° übergossen und 2 Stunden lang bei 20 bis 25° verschlossen stehengelassen. Dann setzt man 30 ccm Weingeist hinzu und destilliert unter guter Kühlung in einen Meßkolben von 100 ccm Inhalt, der eine Mischung von 5 ccm Wasser und 7 ccm verdünnter Ammoniakflüssigkeit enthält. Der Vorstoß muß in diese Mischung eintauchen. Die Verbindungen des Kühlers mit dem Rundkolben und dem Vorstoß bestehen aus gut schließenden, ausgekochten Kautschukstopfen. Man erhitzt bis zum Aufhören des Schäumens über kleiner Flamme, später stärker. Sobald etwa 70 ccm übergegangen sind, wird die Destillation unterbrochen und der Vorstoß mit 10 ccm Wasser nachgespült. Man erhitzt das Destillat im Meßkolben zuerst 10 Minuten lang gelinde und hierauf unter Aufsetzen eines kleinen Trichters weiter 10 Minuten lang im Wasserbade. Nach dem Abkühlen wird mit Wasser bis zur Marke aufgefüllt. Von dieser gut durchgemischten Stammlösung werden 10 ccm nach Zusatz von 2 Tropfen Methylrot mit n-Salzsäure bis zum Farbumschlag in Rot titriert (Mikrobürette).

Weitere 40 ccm der Stammlösung (= 4 g Droge) versetzt man in einem Erlenmeyerkolben von 300 ccm Inhalt mit Glasstopfen mit viermal so viel n-Salzsäure, als bei obiger Titration verbraucht wurde, dann noch mit weiteren 10 ccm n-Salzsäure und 10 ccm Eisessig. Zu diesem Gemisch läßt man langsam unter dauerndem Umschwenken 12 ccm 0,1 n-Jodlösung aus einer Bürette zufließen. Dann wird der Kolben verschlossen und 2 Stunden lang im Dunkeln stehengelassen. Hierauf wird das überschüssige Jod mit 0,1 n-Natriumthiosulfatlösung bis zur Entfärbung zurücktitriert (Mikrobürette). Gegen das Ende der Titration werden 2 ccm Stärkelösung zugesetzt. 1 ccm 0,1 n-Jodlösung = 0,0049554 g Allylsenföl.

Verfahren mit Hypojodit nach H. Wojahn[5].

5 g Senfsamen werden in einem 300 ccm fassenden Schliffrundkolben gebracht, mit 100 ccm Wasser übergossen und mit einem Schliffstopfen verschlossen 2 Stunden lang bei Zimmertemperatur stehengelassen. Dann setzt man 30 ccm Weingeist hinzu und destilliert nach Anschluß an einen senkrecht absteigenden SCHLIFF-LIEBIG-Kühler in einen 100 ccm-Meßkolben, der eine Mischung von 5 ccm Wasser und 5 ccm 20%igen Ammoniak enthält. Während der Destillation muß der Vorstoß in die Ammoniakflüssigkeit eintauchen; es wird anfangs mit kleiner, später

[1] Pharmaz. Zentralhalle Deutschland **91**, 326 (1952).
[2] Näheres darüber findet sich unter Oleum Sinapis (S. 247).
[3] Pharmaz. Mh. **11**, 204 (1930).
[4] Pharmaz. Zentralhalle Deutschland **87**, 299 (1948).
[5] Pharmaz. Zentralhalle Deutschland **91**, 326 (1952).

mit starker Flamme destilliert. Sobald 80 ccm überdestilliert sind, wird die Destillation unterbrochen, der Inhalt des Meßkolbens mit aufgesetztem Trichter 10 Minuten gelinde und dann 20 Minuten auf dem siedenden Wasserbad erhitzt. Nach dem Auffüllen werden je 25 ccm Lösung bis zur restlosen Entfernung von Äthanol und Ammoniak auf freier Flamme erhitzt. Nach Zugabe von 2,5 bis 3,0 ccm 1 n NaOH werden langsam 10 ccm 0,1 n-Jodlösung zugesetzt, nach 5 Minuten wird angesäuert und das nicht gebundene Jod zurückgemessen. Der Jodverbrauch (1 ccm 0,1 n-Jodlösung = 1,2375 mg Allylsenföl) mit 4 multipliziert, ergibt die in 5 g Droge enthaltene Senfölmenge.

Acidimetrische Bestimmung von H. Böhm[1].

10 g Senfsamen werden in einem 300 ccm-Rundkolben mit 100 ccm Wasser von 20 bis 25° übergossen und 2 Stunden lang verschlossen bei Zimmertemperatur stehengelassen. Dann setzt man 30 ccm Alkohol zu und destilliert unter guter Kühlung in einen Erlenmeyerkolben von 100 ccm Inhalt, der eine Mischung von 5 ccm Wasser und 7 ccm verdünntem Ammoniak enthält. Der Vorstoß muß in diese Mischung eintauchen. Man erhitzt bis zum Aufhören des Schäumens mit kleiner, später mit stärkerer Flamme. Sobald etwa 70 ccm übergegangen sind, wird die Destillation unterbrochen und der Vorstoß mit 10 ccm Wasser nachgespült. Das Destillat wird auf dem siedenden Wasserbad zunächst eine halbe Stunde unter Rückfluß erhitzt und dann zur Trockene eingedampft. Der Rückstand wird in einigen ccm Wasser aufgenommen, 2 ccm 10%ige Wasserstoffsuperoxydlösung und 25 ccm 0,1 n-Kalilauge zugesetzt und 2 Stunden bei Zimmertemperatur verschlossen stehengelassen. Nach dem Zufügen von 25 ccm 0,1 n-Salzsäure wird mit 0,1 n-Kalilauge gegen Methylorange zurücktitriert (1 ccm 0,1 n-Kalilauge entspricht 0,004956 g Allylsenföl).

Semen Strophanthi.

Im DAB 6 sind die Samen von Strophanthus gratus zur Bereitung der Tinktur vorgeschrieben, die als einziges herzwirksames Glykosid das g-Strophanthin enthalten, das ein gutes Kristallisationsvermögen besitzt und sich daher gravimetrisch bestimmen läßt.

Die **Schwefelsäurereaktion** des DAB 6 wird nach M. WAGEAAR[2] verschärft, wenn an Stelle der 80%igen Schwefelsäure eine Mischung von 3 Teilen 96%iger Schwefelsäure und 1 Teil Glycerin verwendet wird.

Bestimmung des Strophanthingehaltes. Die Werte der gravimetrischen Bestimmung des DAB 6 sind von der Art der Strophanthinextraktion aus der Droge, von den begleitenden Verunreinigungen und von dem Volumen der Strophanthinlösung vor der Kristallisation stark abhängig. Die Methode liefert deshalb keine absoluten Werte und kann nur als Konventionsmethode angesehen werden. H. THOMS[3] fand z. B., daß die Tinktur mehr Strophanthin enthielt, als der dazu verwendeten Droge entsprach, obwohl Strophanthin in absolutem und verdünntem Alkohol leicht löslich ist. THOMS vermutet die Ursache dafür in der Tatsache, daß absoluter Alkohol das Pflanzengewebe schlechter durchdringt oder vielleicht auch Fällungen erzeugt, die einen Teil des Glykosides einschließen, während im verdünnten Alkohol das Gewebe quillt und der Extraktion weniger Widerstand entgegengesetzt wird. Diese Vermutung findet eine Be-

---

[1] Pharmaz. Zentralhalle Deutschland **87**, 299 (1948).

[2] Pharmac. Weekbl. **1932**, 1340; Ref. Pharmaz. Zentralhalle Deutschland **1933**, 226.

[3] Pharmaz. Ztg. **1932**, 190.

stätigung, daß auch aus mittelfein gepulverter Droge durch wiederholtes Auskochen mit absolutem Alkohol das Strophanthin nicht restlos extrahiert werden konnte. Es empfiehlt sich deshalb bei der Strophanthinbestimmung in Gratus-Samen an Stelle des absoluten Alkohols verdünnten Weingeist zu nehmen und das auf diese Weise erhaltene, nicht ganz farblose Strophanthin nachträglich mit absolutem Alkohol zu reinigen.

Andere Möglichkeiten der Strophanthinbestimmung bieten sich z. B. in den Farbreaktionen, die, wie bei Digitoxin (S. 153), auf dem Lactonring beruhen.

Semen Strychni.

Die Brechnüsse enthalten 2 bis 3,5% Alkaloide, davon etwa 45% Strychnin, 53% Brucin und bis zu 3% Nebenalkaloiden. In den Ignatiusbohnen liegt etwa dieselbe Menge Gesamtalkaloide vor, von denen aber 60% auf Strychnin und 40% auf Brucin entfallen. Von den Alkaloiden kommt dem Strychnin die Hauptwirkung zu, während das Brucin etwa 50 bis 100mal schwächer wirkt und therapeutisch deshalb unbedeutend ist. Wenn auch das Verhältnis von Strychnin und Brucin im allgemeinen als konstant angenommen werden kann und sich daraus der Strychningehalt annähernd berechnen läßt, so können dennoch größere Schwankungen auftreten oder bei Drogenpulvern Verfälschungen mit minderwertigen Drogen vorliegen, die sich einer Gesamtalkaloidbestimmung entziehen. Insbesonders wird bei der Tinktur und bei Extrakten durch Brucinzusatz der verlangte Gesamtalkaloidgehalt mit einer entsprechenden Strychninmenge vorgetäuscht werden können. Aus diesem Grunde wird nur eine getrennte Bestimmung von Strychnin und Brucin eine sichere therapeutische Beurteilung und Erkennung minderwertiger Drogen und Präparate ermöglichen. Neben der Bestimmung des Gesamtalkaloidgehaltes wurden deshalb auch Methoden zur Ermittelung des Strychningehaltes ausgearbeitet und in einige Arzneibücher aufgenommen.

Bestimmung der Gesamtalkaloide.

Zur Bestimmung der Gesamtalkaloide Strychnin und Brucin wurden mehrere Verfahren ausgearbeitet. Die Alkaloidextraktion muß wegen des Fettgehaltes der Droge mit Hilfe von Ammoniak oder Natriumcarbonat, aber nicht mit Natronlauge erfolgen, die das Fett verseift. Die Seife geht durch Emulsionsbildung teilweise in die Alkaloidlösung über und täuscht zu hohe Werte vor (Seifenfehler). Auch ist es zweckmäßig, die Extraktion mit einer Mischung von Äther und Chloroform durchzuführen, da mit Chloroform allein mehr störendes Fett gelöst wird und im weiteren Verlauf der Bestimmung sich untrennbare Emulsionen bilden.

Die Alkaloide lassen sich leicht maßanalytisch bestimmen. Variationen mit einer gravimetrischen Ermittelung der Alkaloide, mit Fällung mit Silikowolframsäure oder mit Hilfe der Elektrodialyse bieten keine Vorteile gegenüber der Titration, weshalb die Arzneibücher die maßanalytische Bestimmung aufgenommen haben. Die Brauchbarkeit dieses Verfahrens, das auch die erwähnten Verhältnisse der Extraktion berück-

sichtigt, auch der Methode des DAB 6, wurde z. B. von R. EDER und
O. RUCKSTAHL[1] bestätigt, die auch eine umfassende Übersicht über die
verschiedenen Methoden geben.

Getrennte Bestimmung von Strychnin und Brucin.

Die getrennte Bestimmung von Strychnin und Brucin läßt sich auf
verschiedene Weise durchführen, z. B. mit Hilfe der Ferrocyanidverbindung des Strychnins, durch Oxydation des Brucins, das dadurch seinen
Alkaloidcharakter verliert, durch chromatographische Adsorptionsanalyse, durch spektrophotometrische Bestimmung, die besonders für die
Tinktur ausgearbeitet wurde und im Bd. II ausführlich besprochen wird,
und auch durch Mikrosublimation. Der Brucingehalt wird meistens aus
der Differenz zwischen Gesamtalkaloid- und Strychningehalt berechnet.

Die Bestimmung des Strychnins als Ferrocyanidverbindung geht auf
W. R. DUNSTAN und F. W. SHORT[2] zurück und beruht darauf, daß
Strychninferrocyanid bzw. -hydroferrocyanid weniger löslich ist und
schneller gebildet wird als die entsprechende Brucinverbindung. Das
Strychnin fällt man als Strychninferrocyanid mit einer mit reinem
Strychnin eingestellten Ferrocyankaliumlösung, wobei der Überschuß
mit Ferrichloridpapier festgestellt wird. Nachdem vorher der Gesamtalkaloidgehalt mit n/10-Salzsäure bestimmt worden ist, berechnet man
die dem Strychningehalt entsprechende Menge n/10-Salzsäure aus den
verbrauchten ccm Ferrocyankaliumlösung. Die Differenz ergibt die dem
Brucin entsprechenden ccm n/10-Salzsäure.

Das Verfahren, das verschiedentlich abgeändert wurde, wird aber
nach neueren Arbeiten von H. M. BOURLAGE, M. L. JACOBS und F. J.
LE BLANC[3] als ungenau und zeitraubend beurteilt. Ebenso können EDER
und RUCKSTAHL[1] das Verfahren nicht als Arzneibuchmethode empfehlen,
da der Endpunkt der Titration nicht einwandfrei festgestellt werden
kann.

Bestimmung des Strychnins nach der Oxydationsmethode.

Dieses Verfahren beruht auf der verschiedenen Resistenz von Strychnin und Brucin gegenüber Salpetersäure. Brucin wird von Salpetersäure
schon bei Raumtemperatur in das tiefrote Brucinchinon übergeführt, das
keinen basischen Charakter mehr besitzt, während das Strychnin von
Salpetersäure nicht angegriffen wird und als Alkaloid bestimmt werden
kann. Von den verschiedenen Ausführungen dieser Methode, die auch in
mehrere Arzneibücher aufgenommen wurde, hat sich die Ausführung der
Ph. Brit. 1932 bzw. 1948 am besten bewährt, die z. B. auch von EDER
und RUCKSTAHL[4] mit einer geringfügigen Modifikation empfohlen wird,
so daß die Anbringung eines Korrekturfaktors nach der Ph. Brit. nicht
nötig ist. Zur Strychninbestimmung wird die Alkaloidlösung benützt,

---

[1] Pharmac. Acta Helvetiae **19**, 23 (1944).
[2] Pharmac. J. Pharmacist **14**, 290 (1883).
[3] J. Amer. pharmac. Assoc. **22**, 301 (1933).
[4] Pharmac. Acta Helvetiae **19**, 23 (1944).

die bei der Ermittelung der Gesamtalkaloide erhalten wird. EDER und RUCKSTAHL empfehlen folgende Ausführung:

Die titrierte Lösung, welche die Gesamtalkaloide enthält, wird quantitativ in eine tarierte Porzellanschale gegossen, mit 5 ccm verdünnter Schwefelsäure (2 n) versetzt und auf dem Wasserbade auf 15 g eingeengt. Die erhaltene Lösung wird auf 16 bis 17° abgekühlt und mit 1,5 ccm konzentrierter Salpetersäure (spez. Gew. 1,395) versetzt. Nach 15 Minuten (bei Faba Ignatii nach 10 Minuten) wird die erhaltene rotbraune Lösung unter Nachspülen mit wenig Wasser in einen Scheidetrichter von 100 ccm Inhalt gegossen, der 25 ccm verdünnte Natronlauge (etwa 2 n) enthält. Das Strychnin wird so oft mit je 10 ccm Chloroform ausgeschüttelt (meist viermal), bis der Verdampfungsrückstand von 1 ccm Chloroformausschüttelung mit MAYERS Reagens keine positive Alkaloidreaktion mehr gibt. Die vereinigten Chloroformausschüttelungen werden zweimal mit je 5 ccm Wasser gewaschen und durch Watte in einen Erlenmeyerkolben von 150 ccm Inhalt gegossen. Das Waschwasser wird zweimal mit je 5 ccm Chloroform geschüttelt und letzteres ebenfalls durch Watte in den Erlenmeyerkolben gegossen. Das Chloroform wird bis auf einige ccm abdestilliert und mit 5 ccm n/10-Salzsäure (genau gemessen) versetzt. Das Chloroform wird vollständig verdampft und der Kolbeninhalt erkalten gelassen. Nach Zusatz von 2 Tropfen Methylrot titriert man den Säureüberschuß mit n/10-Natronlauge bis zur Gelbfärbung.

Die Differenz der verbrauchten Anzahl ccm n/10-Salzsäure gegenüber der Gesamtalkaloidbestimmung kann auf Brucin berechnet werden. Die Nebenalkaloide werden dabei nicht berücksichtigt.

1 ccm n/10-Salzsäure = 0,03342 g Strychnin

1 ccm n/10-Salzsäure = 0,03942 g Brucin.

Wird die titrierte Lösung nach Ansäuern mit verdünnter Schwefelsäure (etwa 2 n) nochmals mit konzentrierter Salpetersäure versetzt, so darf keine Orangefarbe mehr auftreten (Brucin).

Die Ph. Brit. 1948 verlangt einen Mindestgehalt von 1,2% Strychnin.

Chromatographische Trennung von Strychnin und Brucin.

Strychnin und Brucin lassen sich auch durch chromatographische Adsorption mit Aluminiumoxyd oder Kieselgur und entsprechenden Eluierungsmitteln trennen und quantitativ bestimmen.

Verfahren von R. Fischer und E. Buchegger[1].

FISCHER und BUCHEGGER führen die getrennte Bestimmung des Strychnins und Brucins in 2 g Droge nach vorhergehender Extraktion (mit Chloroform + Alkali oder Wasser + Säure) dadurch aus, daß man die Lösung beider Alkaloide in Trichloräthylen über 10 g Aluminiumoxyd adsorbiert und dann das Strychnin mit 70 ccm Tetrachlormethan + 9% Aceton eluiert. Im Verdunstungsrückstand wird das Strychnin titriert. Das Brucin wird hernach durch 25 ccm Äthanol eluiert und titriert.

Methode I. 2000 mg fein gepulverte Droge (Sieb V) versetzt man in einer 100 ccm-Arzneiflasche mit 60 g Chloroform und 2 ccm 2 n-Sodalösung oder auch 2 ccm Ammoniak (10%), läßt unter Umschütteln 3 Stunden verschlossen stehen. Man filtriert über Watte bei bedecktem Filter, 30 g der Chloroformlösung = 1 g Droge, in einen tarierten Kolben. Das Filtrat wird etwas eingeengt und im Schütteltrichter nacheinander mit 20,15 und 15 ccm 1%iger Salzsäure ausgeschüttelt. Die vereinigten wäßrigen Extrakte werden zwecks Reinigung eventuell einmal mit

---

[1] Pharmaz. Zentralhalle Deutschland **89**, 146 (1950).

15 ccm Chloroform ausgeschüttelt und dieses verworfen. Man macht nun alkalisch (mit Ammoniak) und schüttelt die Basen mit dreimal 15 ccm Chloroform aus. Eine etwaige Emulsion zerstört man mit trockenem Natriumsulfat und trocknet auch dadurch das Chloroform. Dieses wird nun vorsichtig verdunstet und der Rückstand mit Trichloräthylen (10 ccm) unter Erwärmen aufgenommen. (Dieses darf nicht sauer sein, da sonst die Basen als Salze ausfallen könnten). Fette und Seifen stören nicht, da durch die nachfolgende Reinigung und Trennung Suspensionen zurückgehalten und Fette gelöst werden. Die in Trichloräthylen gelösten Basen gießt man auf eine Säule von 10 g (mit Tri befeuchtetes) Aluminiumoxyd. Das Adsorptionsrohr ist etwa 20 cm lang (Lumen 9 mm) und ist oben mit einer Tulpe versehen, die etwa 80 ccm faßt. Sind die 10 ccm Tri eingesaugt, wäscht man den Kolben mit 2 × 5 ccm Tri nach, gießt ebenfalls auf und läßt wieder einsaugen, den Durchlauf beachtet man nicht. Die obersten mm der Säule sind häufig von zurückgehaltenen Unreinigkeiten dunkel gefärbt. Hierauf gießt man 75 ccm des Elutionsgemisches (Tetra + 9% Aceton) auf, stellt unter den Auslauf des unten verjüngten bzw. ausgezogenen und mit einem Pfropfen aus Asbest oder Watte versehenen Adsorptionsrohres einen Meßzylinder. Die ersten 10 bis 15 ccm werden verworfen, da erst nach 30 ccm das Strychnin zu erscheinen beginnt. Man fängt dann 75 ccm des durchlaufenden Elutionsgemisches in einem Erlenmeyerkolben auf, verdunstet völlig und löst unter Erwärmen in 10 ccm n/100-Salzsäure. Sodann titriert man mit n/100-Kalilauge zurück (Methylrot). 1 ccm n/100-Salzsäure = 3,342 mg Strychnin. Bei Verwendung einer Mikrobürette kann natürlich auch eine n/10-Lösung verwendet werden. Das Brucin wird aus der Säule durch Elution mit 25 ccm Äthanol erhalten. Titration im Verdunstungsrückstand wie bei Strychnin, 1 ccm n/100-Salzsäure = 3,942 mg Brucin.

Dieses Verfahren läßt sich bei gleichbleibender Genauigkeit vereinfachen, wenn man die Extraktion der Droge mit wäßriger Salzsäure vornimmt.

Methode II. 2000 mg gepulverte Droge mit 80 g 3%iger Salzsäure versetzen, 12 Stunden unter Umschütteln stehenlassen, 40 g des Extraktes (= 1 g Droge) in einen tarierten Kolben filtrieren und nach Zusatz von Ammoniak (dabei Dunkelfärbung) mit 3 × 15 ccm Chloroform ausschütteln. Auftretende Emulsion wird durch trockenes Natriumsulfat zerstört und so eine klare, farblose Chloroformlösung erhalten. Der Verdampfungsrückstand, der im übrigen schon recht rein aussieht, wird wie oben beschrieben in Trichloräthylen gelöst und weiterverarbeitet. Fette und Seifen spielen auch hier keine Rolle. Beide Methoden können ohne Änderungen auch mit 3 g Droge durchgeführt werden. Bei Drogen mit besonders hohem Alkaloidgehalt dürfte auch 1 g zur Bestimmung genügen.

Semen Ignatii lassen sich nur nach der Methode I bestimmen. Bei Methode II treten gefärbte Auszüge und schwer trennbare Emulsionen auf.

Verfahren von K. Briseid Jensen und A. Baerheim Svendsen[1].

Die Autoren benützen als Stützphase Kieselgur und als immobile Phase 3 ccm $^1/_5$ molaren Phosphatpuffer von p_H 7. Strychnin läßt sich dann mit Äther, Brucin mit Chloroform eluieren.

Die Alkaloide werden aus 30 g Droge mit 200 g Äther und 100 g Chloroform unter Zusatz von 25 ccm 10%iger Natriumcarbonatlösung und halbstündigem Schütteln extrahiert. Dann werden 50 ccm Wasser zugesetzt und das Äther-Chloroformgemisch abfiltriert. Die Lösungsmittel werden abdestilliert und die Alkaloide in Chloroform gelöst. Die Lösung wird mit dem gleichen Volumen Äther versetzt, so daß im ganzen 50 ccm Alkaloidlösung vorliegen.

Zur Bestimmung der Gesamtalkaloide werden 2 ccm Lösung mit 10 ccm Äther, 1 ccm Wasser und 3 Tropfen Bromkresolgrün Ph. Brit. 1948[2] als Indicator versetzt

---

[1] Pharmac. Acta Helvetiae **25**, 31 (1950).
[2] 0,1 g Bromkresolgrün werden unter Erwärmen in 2,9 ccm n/20-Natronlauge und 5 ccm 90%igem Alkohol gelöst und dann mit 20%igem Alkohol auf 250 ccm aufgefüllt.

und mit n/10-Salzsäure unter kräftigem Umschütteln bis zur Grünfärbung titriert (Puffer von p_H 5 als Vergleichsflüssigkeit).

Zur Trennung von Strychnin und Brucin werden 2 ccm Lösung über 10 g Kieselgur in einer Säule von 2 × 12 cm und 3 ccm $^1/_5$ molarem Phosphatpuffer von p_H 7 chromatographiert. Dann wird mit Äther eluiert mit einer Geschwindigkeit von 10 ccm pro 2 bis 3 Minuten. Die ersten 20 ccm Eluat können verworfen werden, die folgenden 100 ccm Äthereluat werden auf etwa 10 ccm eingeengt und das Strychnin in gleicher Weise wie die Gesamtalkaloide bestimmt.

Die Eluierung wird mit Chloroform fortgesetzt und der letzte Teil des Äthereluates und etwa 30 ccm Chloroformeluat werden für sich aufgefangen. Nach dem Abdestillieren wird der Rückstand in 10 ccm Äther aufgenommen und das Brucin titriert.

Eine getrennte Bestimmung von Strychnin und Brucin läßt sich nach J. A. ZAPOTOKY und L. HARRIS[1] auch durch *Mikrosublimation* der entfetteten Droge ausführen. Genauere Angaben über die Methode finden sich unter Cortex Chinae (S. 110). Brucin sublimiert bei 160°, Strychnin bei 170 bis 180°.

Styrax.

Qualitative Reaktionen von L. Rosenthaler[2].

Die ätherische Lösung gibt mit Phloroglucin-Salzsäure kirschrote Färbung. Die Lösung von etwa 0,05 g Styrax in 2 ccm Essigsäureanhydrid werden auf Zusatz von 2 Tropfen Schwefelsäure über momentan auftretendes Violett himbeerfarben, zuletzt braun. Mit HALPHENS Reagens Blaufärbung. Zur Ausführung dieser Reaktion wird eine kleine Menge des gepulverten Harzes in 1 bis 2 ccm einer Lösung von 1 Volumen Phenol in 2 Volumen Tetrachlorkohlenstoff gelöst und die Lösung in eine Porzellanschale gegeben. Darauf läßt man Bromdampf aus einer Flasche hinzutreten, die eine Lösung von 1 Volumen Brom in 4 Volumen Tetrachlorkohlenstoff enthält. Besonders intensiv sind die am Rande der Schale eintretenden Färbungen. – Mit Vanillin-Salzsäure Violettfärbung (ebenso das Destillat). Kocht man 1 g Styrax mit 10 g Wasser und filtriert heiß, so gibt das Filtrat bekanntlich die Reaktionen der Zimtsäure u. a. Fällung mit Bromwasser. Das Filtrat der mit Calciumcarbonat neutralisierten Lösung gibt mit Eisenchlorid einen gelben Niederschlag.

Mikrochemie: Eine Spur Styrax bildet mit einem Tropfen gesättigter, weingeistiger Kalilauge am Rande Büschel von Nadeln. Mikrosublimation ergibt Kristalle von Zimtsäure (TUNMANN).

Prüfung. Über die Wertbestimmung und Beurteilung von Styrax hat P. BOHRISCH[3] eingehende Untersuchungen angestellt, die zu folgenden Ergebnissen führten:

Annähernd genau kann man das *spez. Gewicht* des Storax bestimmen, indem man ihn in einer Porzellanschale auf dem Wasserbade dünnflüssig macht, und dann eine beliebige Menge davon in einen in halbe Grade geteilten, gewogenen 25 ccm-Meßzylinder derart eingießt, daß die Wandungen des Zylinders beim Eingießen nicht berührt werden. Nach dem Erkalten wird die Storaxmenge bei 15° genau gemessen, und hierauf der Zylinder samt Storax gewogen. Nun wird der Zylinder mit Wasser in gleicher Weise behandelt und aus den erhaltenen Zahlen das spez. Gewicht auf bekannte Weise berechnet. In der Literatur findet sich bei gereinigtem Storax das spez. Gewicht zu 1,059 bis 1,063 angegeben, doch dürften diese Grenzzahlen kaum zuverlässig sein.

Die *Farbe* des gereinigten Storax muß kräftig braun sein. Bei gelbbraunem bzw. gelb gefärbtem Storax depuratus liegt der Verdacht auf Verfälschung nahe.

Der *Geruch* des gereinigten Storax erinnert an Benzoe. Nach Zimtöl riechender Storax ist parfümiert worden und wahrscheinlich ein Kunstprodukt.

---

[1] J. Amer. pharmac. Assoc. Sci. Ed. **38**, 557 (1949); Ref. Scientia pharmac. **19**, 181 (1951).
[2] Pharmaz. Ztg. **1927**, 509. — [3] Arch. Pharmaz. **1925**, 360.

Zur Bestimmung der *Säure-, Ester- und Verseifungszahl* benutzt man vorteilhaft das Verfahren von K. DIETERICH. Um die Säurezahl zu ermitteln, löst man 1 g Storax in 100 ccm 96%igen Alkohol und titriert mit alkoholischer ½ n-Kalilauge unter Verwendung von Phenolphthalein als Indicator bis zur Rotfärbung. Zur Bestimmung der Verseifungszahl übergießt man 1 g Storax in einem Jodadditions-kölbchen mit 20 ccm alkoholischer ½ n-Kalilauge und 50 ccm Benzin, löst den Storax unter Umschwenken und titriert nach 24stündigem Stehen bei Zimmer-temperatur den Überschuß von Kalilauge unter Verwendung von Phenolphthalein als Indicator mit ½ n-Salzsäure zurück. Als Grenzwerte für gereinigten Storax schlägt K. DIETERICH vor: Säurezahl direkt 70 bis 90; Verseifungszahl kalt 135 bis 180; Esterzahl 50 bis 120. Die von K. DIETERICH angegebenen Grenzwerte sind, wie ersichtlich, ziemlich weit gezogen und beziehen sich zudem auf wasser-haltige, mittels Äther gereinigte Storaxe, so daß sie zur Beurteilung des Storax nur mit Vorsicht herangezogen werden können.

Wenn es sich um den Verdacht einer Verfälschung des Storax mit *Kolophonium, Fichtenharz, fetten Ölen und Terpentin* handelt, gibt die *Petrolätherextraktmethode* von C. AHRENS gute Anhaltspunkte. Sie beruht darauf, daß sich Storax nur teil-weise in Petroleumbenzin löst, während die obengenannten Verfälschungsmittel ganz oder fast ganz in Petrolbenzin löslich sind. Eine Erhöhung des Petroläther-extraktes würde also auf eine Verfälschung mit einem der obigen Stoffe schließen lassen. In dem erhaltenen Extrakt wird dann noch die Säurezahl und Verseifungs-zahl bestimmt. Da Storax bei einer niedrigen Säurezahl eine hohe Verseifungszahl besitzt, diese Kennzahlen bei Harz aber annähernd gleich hoch sind, so wird man bei Verschiebung der Werte für Säurezahl und Verseifungszahl auf einen Harzzusatz schließen können.

Die Petrolätherextraktmethode selbst wird zweckmäßig folgender-maßen ausgeführt:

5 g gereinigter Storax werden in einem kleinen inwendig rauhen Porzellan-mörser mit 5 g gereinigtem Seesand verrieben und mit 20 ccm Petroleumbenzin übergossen. Dann wird mit dem Porzellanpistill sorgfältig durchgeknetet und nach kurzem Absetzenlassen vorsichtig vom Rückstand abgegossen. Das Durchkneten mit 20 ccm Petrolbenzin wird noch viermal wiederholt, und die vereinigten Auszüge nach längerem Stehenlassen in einen gewogenen Kolben filtriert. Der Petroläther wird verdunstet und der Rückstand im Trockenschrank bis zur Gewichtskonstanz erhitzt. Er ist bei normalem Storax hellgelb gefärbt, sehr dickflüssig, von an-genehmem Geruch und stark lichtbrechend; starke Verfälschung mit Kolo-phonium macht sich hier bereits durch die dunklere Farbe und durch den Geruch sowie dadurch, daß der Rückstand nicht mehr fließt, bemerkbar.

Der gewogene Extraktionsrückstand wird nunmehr in etwa 20 ccm kaltem, neutralem Alkohol (95 Vol.-%) aufgelöst und die Lösung mit alkoholischer ½ n-Kalilauge und Phenolphthalein zur Bestimmung der Säurezahl auf kurze Zeit bestehenbleibende Rötung titriert; dann werden weitere 25 ccm Lauge zugefügt, der Kolben gut verschlossen und nach 24stündigem Stehen die nicht gebrauchte Lauge mit ½ n-Schwefelsäure zurückgemessen. Aus den verbrauchten Laugen- und Säuremengen wird Säure- und Verseifungszahl des Extraktes berechnet.

Von AHRENS untersuchte echte Storaxe lieferten Petrolätherextrakte von 37,6 bis 47,6%. Die Säurezahlen der Extrakte schwankten von 36,6 bis 62,9, die Ver-seifungszahlen von 194,0 bis 198,4. Verfälschte Storaxsorten zeigten Petroläther-extrakte von 55,1 bis 63,7%, Säurezahlen von 116,3 bis 120,9 und Verseifungszahlen von 171,6 bis 177,6. Da AHRENS nur rohe Storaxsorten untersucht hat, lassen sich die von ihm erhaltenen Werte nicht ohne weiteres auf gereinigten Storax anwenden.

Der Gehalt des Storax an *Zimtsäure* schließlich wird vorteilhaft nach der Me-thode von HILL und COCKING ermittelt. Zur Bestimmung werden 2,5 g Storax durch einstündiges Kochen am Rückflußkühler mit 25 ccm alkoholischer ½ n-Kali-lauge verseift, worauf man den Alkohol abdunstet und die verseifte Masse in 50 ccm Wasser löst. Die wäßrige Lösung wird mit 20 ccm Äther geschüttelt, zum Absetzen hingestellt, und der Äther darauf abgetrennt. Man wäscht den Äther nun dreimal mit je 5 ccm Wasser und mischt die Waschwässer mit der Seifenlösung, die man mit verdünnter Schwefelsäure ansäuert und daraus das Gemisch der Zimtsäure mit den Harzsäuren durch viermaliges Schütteln mit Äther gewinnt. Die ätherische Lösung wird nun nach Waschen mit Wasser in einen 200 ccm fassenden Kolben gegeben und der Äther daraus abdestilliert. Zum Rückstande gibt man 100 ccm Wasser und kocht ihn 15 Minuten lang stark am Rückflußkühler. Die heiße Flüssigkeit wird filtriert, worauf man sie auf 15° abkühlen läßt und die Zimtsäurekristalle auf einem gewogenen Filter sammelt. Mit dem Filtrate wiederholt man dann die Extraktion noch dreimal, oder solange, bis keine Abscheidung von Zimtsäure mehr eintritt, worauf man das Filter zwischen Filtrierpapier ausdrückt und dann über Schwefelsäure trocknet und wägt. Zum Resultate ist 0,03 g hinzuzuaddieren, als Faktor der Löslichkeit der Zimtsäure in Wasser.

HILL und COCKING fanden bei 5 Mustern echtem, gereinigtem Storax Zimtsäuregehalte von 21,6 bis 30,7%. Hat ein Storax depuratus einen Zimtsäuregehalt innerhalb der von HILL und COCKING angegebenen Grenzwerte, braucht er deshalb noch nicht echt zu sein. Denn es ist ein leichtes, einem verfälschten Storax die nötige Menge Zimtsäure einzuverleiben, so daß er dann gewissermaßen analysenfest wird. Künstlichem Perubalsam wird ja auch das erforderliche Cinnamein ohne Schwierigkeit zugesetzt. Besitzt ein gereinigter Storax nicht den angegebenen Gehalt an Zimtsäure, liegt nach K. DIETERICH trotzdem noch kein Anlaß vor, ihn ohne weiteres als gefälscht zu bezeichnen, falls die übrigen Kennzahlen und Reaktionen stimmen. Nach DIETERICH ist es leicht möglich, daß bei Storaxen wenn sie sehr alt sind, eine Umlagerung der Zimtsäure stattfindet. Ob diese Annahme von DIETERICH Berechtigung hat, möchte BOHRISCH nicht entscheiden. Jedenfalls ist ein Storax depuratus mit 5% Zimtsäure immer einer Verfälschung verdächtig.

Zur Bestimmung der **Jodzahl der alkoholischen Komponente nach L. Rosenthaler**[1] eignet sich nicht zu deren Isolierung das Verfahren der Cinnameinbestimmung wie bei Perubalsam angegeben, da mit Natronlauge störende kristallinische Niederschläge auftreten. Man benützt besser dazu den in Petroläther löslichen Anteil, der auf folgende Weise erhalten wird:

Man wägt in einem tarierten 100 ccm-Erlenmeyer etwa 2,5 g Styrax genau und außerdem 30 g leicht siedenden Petroläther. Man erhitzt eine halbe Stunde unter häufigem Umschütteln am Rückflußkühler zum leichten Sieden und ergänzt, wenn nötig, nach dem Erkalten mit Petroläther zum vorherigen Gewicht. Man setzt dann 3 g Wasser und 3 g 30%ige Natronlauge hinzu und schüttelt 2 Minuten lang kräftig. Dann gibt man unter kräftigem Umschütteln Traganthpulver in Anteilen von 0,5 g hinzu, bis die wäßrige Flüssigkeit aufgenommen ist, gießt den Petroläther durch Watte in ein tariertes 100 ccm-Erlenmeyerkölbchen, wägt und destilliert ab. Den Rückstand trocknet man eine halbe Stunde bei 100°, läßt im Exsiccator erkalten und wägt.

Zur Bestimmung der Jodzahl (der alkoholischen Komponente) wird der Rückstand nach Zusatz einiger Tropfen Natronlauge mit 30 ccm Wasser verdünnt und im Scheidetrichter mit 30 ccm Äther ausgeschüttelt. Die wäßrige Flüssigkeit wird abgelassen und die ätherische dreimal mit je 5 ccm Wasser geschüttelt. Die mit ein wenig Natr. sulf. sicc. getrocknete ätherische Flüssigkeit wird in einem tarierten Glasstöpsel-Erlenmeyer filtriert, der Äther auf dem Dampfbad abdestilliert und der Kolben nebst Inhalt eine Stunde bei 100° getrocknet. Man läßt im Vakuumexsiccator erkalten, wiegt und bestimmt die Jodzahl, indem man den Rückstand in 5 ccm Chloroform löst, 30 ccm HANUsche Lösung — oder eine andere entsprechende, z. B. WINKLERsche Lösung — hinzufließen läßt und nach etwa 12 Stunden in der üblichen Weise titriert. ROSENTHALER fand bei 4 Mustern die Werte von 70 bis 91.

Bestimmung der „*Balsamsäuren*" nach T. COCKING[2]:

2,5 g Storax werden mit 24 ccm alkoholischer ½ n-Natronlauge verseift. Der Alkohol wird dann verdampft und der Rückstand mit 50 ccm heißem Wasser

---

[1] Pharmaz. Ztg. **1928**, 837. — [2] Pharmaz. Ztg. **1931**, 1155.

digeriert, wobei unvollkommene Lösung eintritt. Nach dem Abkühlen setzt man 150 ccm Wasser und dann eine Lösung von 2,5 g kristallisiertem Magnesiumsulfat in 50 ccm Wasser zu, wobei die Magnesiumsalze der Harzsäuren" ausfallen, während die Magnesiumsalze der „Balsamsäuren" in Lösung bleiben. Es wird filtriert, das Filtrat wird angesäuert und mit Äther ausgeschüttelt. Der Ätherlösung werden die Säuren mit Natriumbicarbonat entzogen, die dann wieder nach dem Ansäuern mit Salzsäure mit Äther ausgeschüttelt werden. Nach dem Abdestillieren des Äthers können die „Balsamsäuren" gewogen werden.

Über orientalischen Styrax erschien von O. ANSELMINO, R. SEITZ und E. BODLÄNDER[1] eine umfangreiche Untersuchung mit dem Ergebnis, daß die Handelssorten durchweg mit Terpentin, Kolophonium, zum Teil auch mit fetten Ölen verschnitten waren. Für den echten, rohen Styrax (15 Proben) ergaben sich die Konstanten: S. Z. = 45 bis 61; V. Z. = 125 bis 147; E. Z. = 79 bis 92. Das Verhältnis der E. Z. zur S. Z. beträgt: 1,4 bis 1,9, während bei den dem Handel entnommenen 10 Sorten das Verhältnis der E. Z. zur S. Z. 0,5 bis 0,7 betrug.

Tragacantha.

Traganth besteht zu 60 bis 70 % aus dem Polysaccharid Bassorin, das wasserunlöslich ist und darin nur quillt, aus 8 bis 10 % wasserlöslichem Tragacanthin, 2 bis 3 % Stärke und wechselnden Mengen Feuchtigkeit. Der Wert des Traganths wird nach der Viscosität des Traganthschleimes beurteilt, die von mancherlei Einflüssen abhängig ist. Erhitzen des Traganths setzt die Viscosität stark herab, ebenso auch ein zu trockenes Aufbewahren, während er durch Feuchthalten über Wasser seine Viscosität beibehält. Ein ausgetrockneter Traganth kann aber nicht mehr auf diese Weise regeneriert werden.

Die Bestimmung der Viscosität des Traganthschleimes wird auf verschiedene Weise durchgeführt. W. PEYER[2] benützt das Capillarviscosimeter von C. STICH (Abb. 41), mit dem die Bestimmung nach Angabe von K. MÜNZEL[3] in folgender Weise ausgeführt wird:

1,00 g Traganthpulver wird in eine trockene Arzneiflasche von 100 ccm Inhalt gebracht und mit 2 g Weingeist (90 Vol.-%) durch Schütteln gleichmäßig durchfeuchtet. Unter anhaltendem Schütteln setzt man in kleinen Portionen noch 97 g destilliertes Wasser von Zimmertemperatur hinzu. Man läßt unter gelegentlichem Schütteln während der ersten Stunden einen Tag lang bei Zimmertemperatur stehen. Zur besseren Ausquellung sind die Flaschen liegend aufzubewahren. Schleime, die nach 24 Stunden

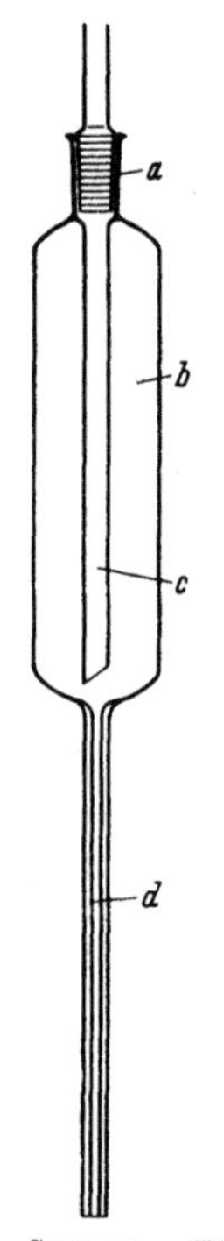

Abb. 41. STICHsches Viscosimeter zur Viscositätsbestimmung von Traganthschleimen. *a* Glasschliff, *b* Behälter für den Traganthschleim, Durchmesser ca. 30 mm, Länge ca. 100 mm, *c* Druckausgleichrohr (schräg abgeschliffen, damit der Druckausgleich regelmäßiger erfolgt), *d* Capillare, Durchmesser außen 6 mm, innen 2 mm, Länge 100 mm.

[1] Arb. Reichsgesundheits-Amt **1926**, Bd. 57; Ref. Pharmaz. Ztg. **1926**, 881.
[2] Apotheker-Ztg. **40**, 376 (1925). — [3] Pharmac. Acta Helvetiae **20**, 474 (1945).

noch viele ungequollene Teilchen enthalten, werden durch ein großes Drahtsieb
gegossen. Den so vorbereiteten Schleim bringt man auf die Temperatur von 20°
und gießt ihn vorsichtig in das STICHsche Viscosimeter. Ist die Zimmertemperatur
mehr als $\pm$ 3° von 20° entfernt, ist das Viscosimeter mit einem improvisierten
Wassermantel von 20° zu umgeben. Man läßt zunächst so viel Schleim auslaufen,
bis durch die Druckausgleichröhre Luftblasen eindringen, und bestimmt dann die
Zahl der Tropfen, die innerhalb von 2 Minuten abtropfen. Die Zeit von 2 Minuten
wird am besten mit Hilfe einer Stoppuhr abgemessen. Je viscoser der Schleim ist,
um so weniger Tropfen bilden sich.

Bei sehr guten Sorten beträgt die Viscosität bis 5 Tropfen in 2 Minuten.
Traganthe mit einer Viscosität bis zu 30 Tropfen können noch als brauchbare Quali-
täten zugelassen werden. Überschreitet die Tropfenzahl 30, so liegen minderwertige Sorten vor.

Nach MÜNZEL wird durch Homogenisierung des Schleimes eine
wesentlich bessere Quellung des Traganths erzwungen, weil eine Zerreißung
der kleinen, nicht ganz durchgequollenen Traganthteilchen eine Ober-
flächenvergrößerung bewirkt, welche die Möglichkeit zu weiterer Bindung mit Wasser bietet. Auch hat der Schleim nach 24 Stunden noch
nicht seine maximale Quellfähigkeit erreicht, sondern zeigt im Verlauf
von einigen Tagen noch weitere Quellung und somit kleinere Tropfenzahlen. Die Forderung nach einer Zahl von höchstens 30 Tropfen pro
2 Minuten bezieht sich demnach auf den noch nicht maximalen Quel-
lungszustand des Traganths nach 24 Stunden und schließt in sich, daß
der Traganth innerhalb eines Tages diese Tropfenzahl oder Viscosität
erreichen soll.

E. WALDSTÄTTEN[1] benützt zur Viscositätsbestimmung ein abgeändertes OSTWALDsches Capillarviscosimeter (S. 66), mit dem er die relative Viscosität gegenüber Wasser auf folgende Weise ermittelt:

10 g Traganth werden gepulvert (Sieb V). In einem Standzylinder werden 0,05 g
des Pulvers auf 100 ccm Wasser gestreut. Nach vollständigem Benetzen des Pulvers,
was ungefähr 5 Minuten in Anspruch nimmt, wird kräftig geschüttelt und 20 bis
24 Stunden stehengelassen. Sodann wird nochmals umgeschüttelt und durch ein
Filter aus rasch filtrierendem Papier filtriert. Die so erhaltene Lösung muß eine
relative Viscosität von mindestens 1,40 besitzen.

Im Gegensatz zu V. GRAFE[2] und H. SCHMALFUSS und H. WERNER[3]
stellte WALDSTÄTTEN fest, daß ein zweistündiges Erhitzen des Traganthschleimes im Wasserbad keinen Einfluß auf die Viscosität ausübt. Dagegen tritt eine rasche Viscositätsverminderung durch Erhitzen schon
weniger Minuten auf Siedetemperatur ein. Trocknen des Traganths bis
zu 40° ist nur mit einem geringen Viscositätsverlust verbunden.

Bei wiederholter Ausführung solcher Viscositätsbestimmungen wurden vielfach starke Unregelmäßigkeiten festgestellt, die bei vergleichenden Bestimmungen beträchtliche Differenzen verursachen können. Diese
sogenannte anomale Viscosität ist von äußeren Faktoren, wie Erhitzen,
mechanische Behandlung, Verdünnung des Schleimes abhängig. Nach
G. MIDDELTON[4] beruht diese anomale Viscosität auf der „Strömungs-

---

[1] Scientia pharmac. **7**, 1 (1936).
[2] Handb. d. organ. Warenkunde II, **2**, 705 (1928).
[3] Z. Unters. Nahrgsmitt. usw. **67**, 287 (1934).
[4] Quart. J. Pharmac. Pharmacol. **9**, 493 (1936).

orientierung", indem die Kolloidteilchen zu der in der Flüssigkeit erzeugten Strömung orientiert sind.

W. P. Chambers[1] erklärt die Bildung des Schleimes auf folgende Weise: Ein Teil des Traganthes geht in eine nahezu echte Lösung über, ein anderer Teil wird nur in eine Hydratform übergeführt, so daß sich mehr oder weniger durch Hydratation gequollene Teilchen in einer wäßrigen Phase der gelösten Traganthteilchen verteilen. Erst nach längerer Zeit wird sich ein Endpunkt bzw. ein Gleichgewicht, zwischen Hydratation und Lösung einstellen, aber es wird sich kein homogener Schleim bilden können. Ein solcher Schleim wird niemals das Maximum der Viscosität erreichen und infolge der Heterogenität sehr schwankende Werte einer Viscositätsbestimmung geben müssen. Chambers beobachtete ein Ansteigen der Viscosität solcher Traganthschleime bis zu 26 Wochen. Um die Einstellung des Gleichgewichtes und die vollkommene Hydratation zu beschleunigen und eine Homogenität zu erzielen, wurde der Schleim einer mechanischen Bearbeitung, wie schütteln oder homogenisieren oder einer Erwärmung ausgesetzt. Trotzdem ergaben sich noch unregelmäßige Werte und widersprechende Ergebnisse, so daß die Ansichten über Homogenisieren und Erwärmen geteilt sind. Allgemein stellte sich heraus, daß längeres Erwärmen (über 5 Minuten) oder auch kürzeres Erhitzen zum Sieden (über 2 Minuten) des Schleimes zu einer Abnahme der Viscosität führt. Mäßiges Erwärmen bringt zwar eine Erhöhung der Viscosität, aber die Zeit reicht nicht aus, um einen homogenen Schleim zu erhalten. Chambers lehnt aus diesem Grunde Erhitzen des Schleimes ab.

Erst wenn kurzes Erhitzen des Schleimes mit mehrfachem Homogenisieren in einem Homogenisierapparat verbunden wird, ist es nach Chambers möglich, einen homogenen Schleim mit maximaler Viscosität zu erhalten. Auch das Homogenisieren setzt zwar die Viscosität eines maximal gequollenen Schleimes herab, aber durch das Zerreißen und Verteilen der teilweise oder ganz gequollenen hochviscosen Traganthteilchen wird die Viscosität bedeutend erhöht. Da in den ersten Stufen der Hydratation die Viscosität des Schleimes gegenüber Homogenisieren viel empfindlicher als bei einem nahezu vollkommen gequollenen Schleim ist, soll das Homogenisieren erst nach 24 bis 48 Stunden durchgeführt werden.

Chambers schließt aus seinen umfangreichen Untersuchungen, daß die unregelmäßigen Werte und widersprechenden Ergebnisse bei Viscositätsbestimmungen auf die Verwendung heterogener Schleime zurückzuführen ist. Werden solche Schleime z. B. erwärmt, so tritt eine Erhöhung der Viscosität ein, bei homogenen Schleimen dagegen setzt Erwärmen die Viscosität herab. Ähnlich wirkt sich auch das Homogenisieren aus. Auch eine angebliche Viscositätserhöhung bei der Lagerung eines Traganthschleimes beruht darauf, daß der ursprüngliche Schleim noch nicht homogen war und allmählich sein Maximum der Hydratation erhält.

Da auch die einzelnen Traganthsorten sich gegenüber Erwärmen und Homogenisieren sehr unterschiedlich verhalten, ist es kaum möglich,

---

[1] Quart. Journ. Pharm. Pharmacol. **21**, 44 (1948).

eine für alle Fälle gültige Methode anzugeben. Im Bewußtsein dieser Problematik der Viscositätsbestimmung eines Traganthschleimes und auf Grund seiner Erfahrungen schlägt CHAMBERS folgende Methode vor:

1 g Traganthpulver wird in einem Glasmörser mit 5 ccm 95%igem Alkohol versetzt. Nach 1 Minute wird verrieben und so rasch als möglich 25 ccm destilliertes Wasser zugesetzt und 2 Minuten verrieben. Hierauf werden aus einer Bürette 175 ccm Wasser unter ständigem Verreiben zugelassen. Der so gebildete Schleim wird in einen 500 ccm-Kolben gebracht und dieser verschlossen 24 Stunden stehengelassen. Dann wird der Kolben mit einem Rückflußkühler versehen und genau 5 Minuten bis zum Hals in ein siedendes Wasserbad gestellt. Nach jeder Minute wird der Kolben 5 Sekunden geschwenkt. Der Kolben wird dann schnell unter eine Temperatur von 40° gekühlt und abermals 24 Stunden stehengelassen. Hierauf wird der Schleim dreimal homogenisiert (Q.P. homogeniser), indem jede Sekunde einmal auf- und abgedrückt wird, und die Viscosität bei 20° in einem „Nr. 3 B.S. U-tube viscometer" gemessen.

Eingehend wurde die Bestimmung der Viscosität von Traganthschleimen vom „Tragacanth Sub-Committee" in England geprüft[1]. Es wurde festgestellt, daß die „U-tube viscosimeter" ungleichmäßig sind, so daß bei Bestimmungen mit verschiedenen Apparaten stark differierende Werte sich ergeben. Da auch das Homogenisieren des Schleimes in großer Abhängigkeit von den einzelnen Homogenisierapparaten steht, ist es nicht möglich, zu einheitlichen Werten zu gelangen. Am besten eignete sich das REDWOOD-Viscosimeter, bei dem die Ausflußzeit von 50 ccm Schleim bei 20° gemessen wird. Die am besten übereinstimmenden Werte werden erhalten, wenn die Ausflußzeit 100 Sekunden beträgt. Daraufhin wird die Konzentration eines Traganthschleimes mit der Ausflußzeit von 100 Sekunden bestimmt und der Traganth nach dieser Konzentration bewertet. Diese Konzentration lag bei 9 Traganthmustern zwischen 0,3 und 1,25 g. Liegt die Ausflußzeit zwischen 75 und 125 Sekunden, so kann die Konzentration für 100 Sekunden berechnet werden. Ist sie geringer oder höher, so muß die Bestimmung mit einer neuen Konzentration wiederholt werden. Berücksichtigt wird auch der Feuchtigkeitsgehalt der Droge, der durch Trocknen von 1 g Traganthpulver auf dem Wasserbad bis zur Gewichtskonstanz ermittelt wird. Zur Erzielung eines homogenen Schleimes wird dieser eine Stunde im Wasserbad erhitzt. Wenn das REDWOOD-Viscosimeter nicht zur Verfügung steht, so kann die Bestimmung mit einem entsprechenden Viscosimeter ausgeführt werden. Für die Bestimmung wird folgender Arbeitsgang empfohlen:

Traganthpulver. Von dem Traganthpulver wird die Feuchtigkeit bestimmt und eine entsprechende Menge des nicht getrockneten Traganthpulvers wird in einem trockenen 500 ccm-Erlenmeyerkolben mit 5 ccm 95%igem Alkohol versetzt. Nachdem das Pulver gleichmäßig benetzt ist, werden 195 ccm kaltes destilliertes Wasser möglichst rasch zugegeben und geschüttelt. Hierauf wird der Kolben mit einem Rückflußkühler verbunden und in ein kräftig siedendes Wasserbad gesetzt, so daß das Wasser etwa 1 Zoll über dem Schleim steht. Der Schleim wird eine Stunde lang erhitzt und alle 15 Minuten wird der Kolben, ohne ihn vom Wasserbad zu entfernen, leicht geschwenkt. Dann wird der Kolben aus dem Wasserbad herausgenommen, verschlossen und bei Raumtemperatur erkalten gelassen.

Nach 24 Stunden wird die Ausflußzeit von 50 ccm Schleim im REDWOOD-Viscosimeter Nr. 1 bei 20° gemessen und das Mittel von 6 Ablesungen bestimmt.

---

[1] Analyst **73**, 368 (1948); **74**, 2 (1949).

Dieser Wert wird mit einer Ausflußzeit für Wasser von 27 Sekunden korrigiert (Apparatefehler), indem er mit $27/x$ multipliziert wird. x ist die Ausflußzeit von 50 ccm Wasser bei 20° des jeweiligen Apparates (es wurden Schwankungen zwischen 26,8 bis 30 Sekunden beobachtet).

Liegt die Ausflußzeit nicht zwischen 75 und 125 Sekunden, wird die Bestimmung mit einem neuen Schleim entsprechender Konzentration wiederholt. Ist sie höher als 125 Sekunden, so wird ein annäherndes Ergebnis durch Verdünnen des Schleimes erhalten. Für eine genaue Bestimmung ist aber ein neuer Schleim erforderlich. Die Konzentration des trockenen Traganthpulvers (C_Q) mit einer Ausflußzeit von 100 Sekunden wird mit folgender Formel berechnet:

$$C_Q = \text{antilog } (\log C_E - 0{,}002\, E + 0{,}2) \, .$$

C_E ist die Konzentration trockenen Traganthpulvers mit einer Ausflußzeit E, die zwischen 75 und 125 Sekunden liegt.

Traganth in Stücken. 50 g Traganth werden möglichst schnell und ohne Erhitzung gemahlen bis zu einer Korngröße, die Sieb Nr. 30 passiert. Hierauf wird der Feuchtigkeitsgehalt bestimmt und eine entsprechende Menge in einen 500 ccm-Erlenmeyerkolben gebracht und 5 ccm 95%iger Alkohol zugefügt. Nachdem der Traganth gleichmäßig benetzt ist, werden 195 ccm kaltes destilliertes Wasser möglichst schnell zugesetzt und geschüttelt. Während einer Stunde wird häufig geschwenkt. Dann wird der Kolben mit einem Rückflußkühler versehen und in ein kräftig siedendes Wasserbad gestellt, so daß die Oberfläche des Traganthschleimes etwa 1 Zoll unter der Oberfläche des Wassers steht, und weiter wie bei Traganthpulver verfahren.

Aus den bisherigen Ergebnissen der verschiedenen Untersuchungen ist ersichtlich, daß es nicht genügt, nur die Viscosität eines Traganthschleimes anzugeben, sondern, daß es unbedingt erforderlich ist, auch die Methode der Bestimmung und auch die benützten Apparate mitzuteilen, da nur dann vergleichbare Werte erwartet werden können.

Zur Ermittelung der Viscosität von Traganthschleimen wurden noch andere Verfahren vorgeschlagen. EVERS und Mc LACHLAN[1] bestimmen zur Beurteilung der Viscosität das Vermögen pulverförmiger Körper, z. B. Wismutnitrat, in Suspension zu halten. Dazu messen sie die Höhe, um die sich eine gleichförmige Aufschwemmung in einer bestimmten Zeit absetzt. H. BRINDLE und H. BURLINSON[2] versenken in eine gleichmäßig aufgeschüttelte Suspension eine Waagschale von bestimmter Oberfläche und bestimmen die Zeit, in der nach Überlastung der anderen Waagschale durch den sich absetzenden Körper wieder Gleichgewicht hergestellt wird. Mit dieser Methode fanden die Autoren, daß ganzer Traganth viscoseren Schleim als sein Pulver gibt. Siedendes Wasser liefert zunächst höher viscose Schleime als kaltes, aber die Viscosität sinkt bald unter die der kalt bereiteten Lösung, deren Viscosität mit der Zeit zunimmt. Ein Zusatz von 7,5 bis 10% Glycerin beschleunigt die Bildung eines homogenen Schleimes, senkt aber seine Viscosität und bewahrt die sonst mit der Zeit merklich abnehmende suspendierende Kraft des verdünnten Traganthschleimes. Pilzbefall bewirkt stets eine teilweise Verflüssigung des Schleimes und einen großen Viscositätsverlust. H. SCHMALFUSS und H. WERNER[3] nehmen die Klärwirkung des Traganthes als Bewertungsgrundlage. Als besonderen Vorzug führen sie an, daß man auf

---

[1] Quart. J. Pharmac. Pharmacol. **7**, 492 (1934).
[2] Quart. J. Pharmac. Pharmacol. **7**, 500 (1934).
[3] Z. Unters. Nahrgsmitt. usw. **67**, 287 (1934).

diese Weise weitgehend vom Einfluß von Verunreinigungen unabhängig wird, da die Klärgeschwindigkeit, im Gegensatz zur Viscosität, durch den Gehalt der Flüssigkeit an Salzen nur wenig beeinflußt wird. L. A. HADDOCK[1] fordert, daß die Viscosität eines 0,4%igen wäßrigen Traganthschleimes bei 20° mindestens 1,3 Poisen betragen soll.

Eine ausreichende *Sterilisierung* des Traganthes durch Erhitzen im Trockenschrank ist nicht möglich, da dadurch die Viscosität verlorengeht. Dagegen läßt sich eine Sterilisierung des 1%igen Traganthschleimes durch ½stündiges Erhitzen im siedenden Wasserbad erreichen. Nach J. GÖBEL[2] erfährt die Viscosität des Traganthschleimes dadurch sogar eine Erhöhung. GÖBEL fand bereits nach 5 Minuten langem Erhitzen im Wasserbad die Abtötung aller Keime. Die beste *Konservierung* eines Traganthschleimes gelingt nach H. BURLINSON[3] mit 0,05% Nipasol (p-Oxybenzoesäurepropylester) oder auch mit Chloroformwasser bei gutem Verschluß. Nach H. SPENGLER und G. WEISFLOG[4] erwiesen sich am wirksamsten Sublimat und Quecksilber-Phenyl-Borat, beide in einer Konzentration von 0,05 $^0/_{00}$.

Tubera Aconiti.

Die Droge Tubera Aconiti von Aconitum Napellus L. enthält 0,2 bis 3,0% Alkaloide und zwar als Hauptalkaloid das Aconitin neben Benzoylaconin und Aconin, Spaltprodukte des Aconitins, ferner sollen in geringen Mengen Neopellin, Napellin, Neolin, l-Spartein und l-Ephedrin vorhanden sein. In ostasiatischen Arten wurden außerdem Mesaconitin und Hypaconitin gefunden. Das Verhältnis des Aconitins zu den anderen Alkaloiden ist großen Schwankungen unterworfen, indem 13 bis 99% Aconitin im Gesamtalkaloidgehalt beobachtet wurden. Das Aconitin ist ein Alkaminester mit je 1 Essigsäure- und Benzoesäurerest. Der Alkaminrest, der noch fast ungeklärt ist, trägt 3 Hydroxyl- und 4 Methoxylgruppen, woraus sich folgende Formel ergibt:

$$C_6H_5COO\diagdown\qquad\diagup N{-}C_2H_5$$
$$\diagdown C_{19}H_{19}{-}(OH)_3$$
$$CH_3COO\diagup\qquad (OCH_3)_4$$
$$\text{Aconitin}$$

Von den beiden Estergruppen ist die Essigsäure besonders leicht abspaltbar, das Aconitin geht in das Benzoylaconin über. Nach weiterer Abspaltung der Benzoesäure erhält man das Aconin bzw. das Alkamin. Das Aconitin ist außerordentlich giftig, das Benzoylaconin 400 bis 500mal und das Aconin 3500 bis 4000mal weniger giftig als das Aconitin.

Durch das wechselnde Verhältnis, in dem Aconitin, Benzoylaconin und Aconin in der Droge enthalten sind, die sich in ihrer physiologischen Wirkung stark unterscheiden, wird auch eine Gesamtalkaloidbestimmung für eine therapeutische Beurteilung der Droge nur von geringem Wert

[1] Quart. J. Pharmac. Pharmacol. **7**, 505 (1934.)
[2] Süddtsch. Apotheker-Ztg. **90**, 640 (1950).
[3] Jb. d. Pharmazie **70**, 40 (1935).
[4] Pharmaz. Acta Helvetiae **20**, 108 (1945).

sein. Erst eine Bestimmung des Aconitins allein wird dies ermöglichen, wofür mehrere Methoden ausgearbeitet wurden. Die Arzneibücher enthalten entweder biologische Prüfungsmethoden oder chemische Verfahren zur Bestimmung des Gesamtalkaloidgehaltes.

Bestimmung der Gesamtalkaloide.

Eine Übersicht über die Methoden, die alkalimetrisch bzw. acidimetrisch, jodometrisch oder gravimetrisch durchgeführt werden, bringen R. EDER und O. RUCKSTAHL[1]. Bei der Ausführung der acidimetrischen Methode, die z. B. das Ergänzungsbuch 6 und das Schweizer Arzneibuch 5 vorschreiben, ist die Erkennung des Umschlagspunktes mit Methylrot sehr schlecht zu erkennen, weshalb verschiedentlich ein Mischindicator vorgeschlagen wurde. Nach EDER und RUCKSTAHL bewährt sich besonders der Mischindicator Methylrot-Methylenblau von H. NEUGEBAUER[2]. Nach denselben Autoren ist auch die einmalige Extraktion der Droge für eine erschöpfende Alkaloidextraktion genügend. Sie empfehlen folgende Ausführung des Verfahrens des Schweizer Arzneibuches 5:

6 g Eisenhutknollen (VI) werden in einer Arzneiflasche von 150 ccm Inhalt mit 60 g Narkoseäther und 2,5 ccm verdünntem Ammoniak (2 n) während einer halben Stunde häufig und kräftig geschüttelt. Dann fügt man 2,5 ccm Wasser zu und schüttelt kräftig durch. Man läßt absetzen, gießt 40 g der ätherischen Lösung (= 4 g Droge) durch etwas Watte in einen Erlenmeyerkolben von 150 ccm Inhalt und destilliert das Lösungsmittel auf dem Wasserbade ab. Den Rückstand nimmt man noch zweimal mit je 5 ccm Äther auf und verdampft auch diesen jeweils vollständig. Dann versetzt man den Rückstand mit 5 ccm Weingeist und erwärmt unter häufigem Umschwenken 5 Minuten lang auf dem Wasserbad. Nach Zusatz von 30 ccm frisch ausgekochtem und wieder erkaltetem Wasser und 8 Tropfen Methylrot + 1 Tropfen Methylenblau (0,1 % in Weingeist) titriert man mit n/10-Salzsäure bis zur Rosaviolettfärbung (Mikrobürette). 1 ccm n/10-Salzsäure = 0,0645 g Alkaloide.

Trotzdem ist der Umschlagspunkt vielfach noch schwer zu erkennen, weshalb Methoden mit einer weiteren Reinigung der Alkaloide ausgearbeitet wurden, z. B. von F. GSTIRNER[3] und H. MÜHLEMANN und R. WEIL[4], die folgendes Verfahren angeben:

5 g Droge (Sieb VI) werden mit 10 ccm destilliertem Wasser und 15 ccm 25%igem Ammoniak versetzt und nach Zugabe von 100 g Äther eine halbe Stunde lang gut verschlossen geschüttelt. Um einen Überdruck zu vermeiden, ist es angezeigt, nach 2 bis 3 Minuten den Kolben zu öffnen und dann wieder gut zu verschließen. Es werden nun 5 g Traganth zugegeben, kurz geschüttelt und die Lösung stehengelassen, bis sich der Traganthextrakt-Klumpen abgesetzt hat. Dann wird die ätherische Lösung durch ein Papierfilter gegossen, welches mit einen Uhrglas bedeckt ist und die ätherische Lösung abgewogen. Der Äther wird fünfmal mit je 10 ccm n/10-Schwefelsäure ausgeschüttelt, der Äther verworfen und die wäßrige Alkaloidlösung mit 2,5 ccm 25%igem Ammoniak alkalisch gemacht. Diese Lösung wird nun fünfmal mit je 20 ccm Äther ausgeschüttelt, die ätherischen Lösungen vereinigt und der Äther auf dem Wasserbad abdestilliert. Der Rückstand wird einmal mit 5 ccm Äther gelöst und der Äther wieder abdestilliert; dann wird einmal mit 5 ccm Alkohol analog verfahren. Der Rückstand wird nun in 10 ccm Spiritus

[1] Pharmac. Acta Helvetiae 19, 53 (1944). — [2] Pharmaz. Ztg. 78, 1077 (1933). [3] Pharmaz. Ztg. 74, 465 (1932). — [4] Pharmac. Acta Helvetiae 24, 419 (1949).

5 Minuten lang auf dem Wasserbad unter häufigem Umschwenken durch leichtes Erwärmen gelöst. Nun werden genau 10 ccm n/10-Schwefelsäure und der Misch-indicator (8 Tropfen Methylrot + 2 Tropfen einer alkoholischen Methylenblau-lösung 1 : 1000) zugesetzt und mit n/10-Natronlauge bis zum Farbumschlag zurück-titriert (vorgängig ist mit 10 ccm Spiritus ein Blindversuch auszuführen). 1 ccm n/10-Schwefelsäure = 0,0645 g Gesamtalkaloide (Aconitin + Benzoylaconin) be-rechnet als Aconitin.

Zur jodometrischen Bestimmung wird der erhaltene Alkaloidrückstand nach H. Lecoq[1] in Weingeist gelöst und mit überschüssiger n/10-Salzsäure versetzt. Zur Ermittelung des Säureüberschusses wird ein Überschuß an Kaliumjodid und Kaliumjodat hinzugegeben. Das in Freiheit gesetzte Jod, das der überschüssigen Salzsäure entspricht, wird nach Zusatz von Stärkelösung mit Thiosulfatlösung bestimmt.

Die gravimetrische Methode, nach der die Alkaloide mit Silicowolframsäure gefällt und nach Veraschung des Niederschlages berechnet werden, ergibt im Ver-gleich zur acidimetrischen Bestimmung nach Lecoq[1] zu tiefe Werte.

Bestimmung des Aconitins.

Die Verfahren zur Bestimmung des Aconitins allein beruhen meist darauf, daß das Aconitin hydrolytisch gespalten wird und die frei ge-wordene Benzoesäure und Essigsäure ermittelt werden. Allen Verfahren geht eine Bestimmung des Gesamtalkaloidgehaltes voraus, der zur wei-teren Ermittelung des Aconitins benützt wird. Die Zusammensetzung des Gesamtalkaloidkomplexes wird allerdings verschieden angenommen. Teils geht man davon aus, daß die Droge kein Benzoylaconin enthält, teils soll der Komplex der ätherlöslichen Alkaloide nur aus Aconitin, Benzoylaconin und Aconin bestehen. In Präparaten werden infolge der allmählichen hydrolytischen Spaltung des Aconitins stets mehr oder weniger Benzoylaconin und Aconin anzutreffen sein. Aus diesem Grunde wurden auch für diese Fälle besondere Methoden ausgearbeitet.

Verfahren von A. W. van Bronkhorst[2].

Nach dieser Methode wird die nach der alkalischen Spaltung des Aconitins erhaltene Benzoesäure titrimetrisch bestimmt, nachdem die ebenfalls abgespaltene Essigsäure vorher im Vakuum-Exsiccator ent-fernt wurde. Die Methode ist für die Droge anwendbar, die nach Eder und Ruckstahl[3] kein Benzoylaconin enthalten soll, das ebenfalls Ben-zoesäure abspalten würde. Bei Tinctura Aconiti werden nur dann rich-tige Werte erhalten, wenn sie bei p_H 5,2 aufbewahrt wurde und es somit zu keiner Bildung von Benzoylaconin gekommen ist. Eder und Ruck-stahl änderten die Methode geringfügig, indem sie die Ausschüttelungen mit Chloroform-Isopropylalkohol vornehmen und die Benzoesäure in überschüssiger n/10-Natronlauge gelöst und deren Überschuß mit n/10-Salzsäure und Methylrot-Methylenblau als Indicator titriert wird. Der Aconitinbestimmung geht eine Gesamtalkaloidbestimmung nach dem Schweizer Arzneibuch V (S. 374) voraus, worauf folgendermaßen weiter verfahren wird:

---

[1] J. Pharmac. Chim. **28**, 321 (1938).
[2] Diss. Leiden 1934. — [3] Pharmac. Acta Helvetiae **19**, 53 (1944).

Die titrierte Lösung wird mit 10 Tropfen n/10-Salzsäure versetzt, in eine Porzellanschale gespült und auf dem Wasserbad auf 10 g eingeengt. Die eingeengte Lösung wird durch Watte in einen Scheidetrichter von 100 ccm Inhalt gegossen. Der Rückstand in der Schale wird dreimal in wenig Äther gelöst, der Äther nach Zusatz von 3 ccm schwach angesäuertem Wasser jeweils verdampft und die saure Lösung ebenfalls durch die Watte in den Scheidetrichter gegossen. Porzellanschale und Watte werden, falls notwendig, mit wenig angesäuertem Wasser nachgewaschen (Probe mit MAYERS Reagens). Die saure Lösung im Scheidetrichter wird zweimal mit je 10 ccm Chloroform-Isopropylalkohol (3 Volumen + 1 Volumen) geschüttelt. Das organische Lösungsmittel wird in einen zweiten Scheidetrichter abfließen gelassen und mit 10 ccm Wasser geschüttelt. Nach Trennung der Schichten wird das Wasser zur sauren Alkaloidlösung im Scheidetrichter gegossen. Der Inhalt des ersten Scheidetrichters wird mit verdünntem Ammoniak (etwa 2 n) bis zur deutlichen alkalischen Reaktion versetzt und mit 30 ccm, dann mit 20 ccm und schließlich noch zweimal oder so oft mit je 10 ccm Chloroform-Isopropylalkohol ausgeschüttelt, bis einige Tropfen der letzten Ausschüttelung, nach dem Abdampfen und Aufnehmen mit einigen Tropfen verdünnter Salzsäure (etwa 2 n), durch 2 bis 3 Tropfen MAYERS Reagens nicht mehr getrübt werden. Die Auszüge gießt man nacheinander durch etwas Watte in einen Erlenmeyerkolben von 200 ccm Inhalt und destilliert das Lösungsmittel auf dem Wasserbad ab. Die letzten Reste desselben werden durch Darübersaugen von Luft entfernt. Der Rückstand wird in 3 ccm Weingeist gelöst, 10 ccm 0,5 n-weingeistige Kalilauge und 10 ccm Wasser hinzugefügt und diese Lösung während 2 Stunden mit kleiner Flamme auf freiem Feuer am Rückflußkühler zum Sieden erhitzt.

Will man die bei der Verseifung abgespaltene Menge Essig- und Benzoesäure (Tinctura Aconiti) bestimmen, so schlagen die Autoren vor, den Alkaloidrückstand in 5 ccm Weingeist zu lösen und nach Zusatz von 10 bis 15 ccm 0,01 n-Natronlauge (genau gemessen) die Verseifung durch vierstündiges Kochen am Rückflußkühler auszuführen. Nach dem Erkalten wird die überschüssige Lauge durch Titration mit 0,01 n-Salzsäure nach Zusatz von 10 Tropfen Methylrot + 1 Tropfen Methylenblau (0,1% in Weingeist) als Indicator bis zum Farbumschlag nach Rosaviolett ermittelt.

Die durch Verseifung erhaltene Lösung wird in eine Porzellanschale gespült und auf dem Wasserbad auf 5 g eingeengt [die durch Titration erhaltene Lösung wird nach Zusatz von 2 ccm verdünnter Natronlauge (etwa 2 n) auf dem Wasserbad eingeengt], unter Nachspülen mit möglichst wenig Wasser in eine Arzneiflasche von 150 ccm Inhalt gegossen und mit 10 ccm verdünnter Schwefelsäure (etwa 2 n) stark sauer gemacht. Der Flascheninhalt wird mit 60 g einer Mischung von 20 ccm Äther + 80 ccm Petroläther während einer halben Stunde in der Schüttelmaschine geschüttelt. 50 g dieser ätherischen Lösung werden durch Watte in einen Erlenmeyerkolben von 150 ccm Inhalt gegossen. Das Lösungsmittel wird auf dem Wasserbad vorsichtig abdestilliert. Die letzten Reste desselben werden nicht durch Erwärmen, sondern durch Darübersaugen von Luft entfernt. Der Erlenmeyerkolben wird mit dem Rückstand während 24 Stunden im Vakuumexsiccator aufbewahrt. Der Rückstand wird in 5 ccm 0,01 n-Natronlauge (auf Methylrot eingestellt) gelöst, 5 ccm frisch ausgekochtes und wieder erkaltetes Wasser hinzugefügt und die überschüssige Natronlauge mit 0,01 n-Salzsäure (auf Methylrot eingestellt) und 8 bis 10 Tropfen Methylrot + 1 Tropfen Methylenblau (0,1% in Weingeist) als Indicator bis zum Farbumschlag nach Rosaviolett bestimmt (Mikrobürette).

Die durch Benzoesäure gebundene Natronlauge ergibt, multipliziert mit $^6/_5$, die Menge Benzoesäure, die dem Aconitin aus 4 g Droge entspricht. 1 ccm 0,01 n-NaOH = 6,45 mg Aconitin.

Im Blindversuch ist die Menge 0,01 n-NaOH festzustellen, welche durch die mit Äther-Petroläther ausgeschüttelten Spuren Säure gebunden wird und von der durch die Benzoesäure gebundenen Anzahl ccm 0,01 n-NaOH abzuzählen. Ebenfalls ist im Blindversuch der Verbrauch an 0,01 n-HCl für 5 ccm frisch ausgekochtes und wieder erkaltetes Wasser zu ermitteln und von der zur Titration verbrauchten Menge 0,01 n-HCl in Abzug zu bringen.

Verfahren von H. Mühlemann und R. Weil[1].

Die Autoren bestimmen das Aconitin durch Titration der abgespaltenen Benzoesäure und Essigsäure, wofür sie eine Formel angeben. Sie gehen von der Voraussetzung aus, daß die mit Äther ausschüttelbaren Gesamtalkaloide aus Aconitin und Benzoylaconin bestehen und das Aconin mit Äther einer wäßrigen Phase, in der es sehr leicht löslich ist, sich nicht entziehen läßt. Nach einer vorausgehenden Gesamtalkaloidbestimmung wird das Aconitin gespalten, die Säuren werden abdestilliert, titriert und der Aconitingehalt aus der Differenz zwischen Gesamtalkaloiden und Benzoylaconingehalt berechnet. Die Methode gab bei Tinctura und Extractum Aconiti mit der biologischen Bestimmung an der Maus übereinstimmende Werte.

Ausführung. Die titrierte Gesamtalkaloidlösung (herrührend von der Gesamtalkaloidbestimmung der Droge, des Extraktes oder der Tinktur), wird mit 10 ccm 5%iger Natronlauge alkalisch gemacht und 30 Minuten lang am Rückflußkühler auf dem Wasserbad verseift. Nach dem Erkalten der Lösung wird diese in den Destillierkolben eines Stickstoffbestimmungsapparates nach PARNAS gegossen, der Kühler und das Verseifungskölbchen mit Wasser ausgespült und der Lösung im Kolben zugegeben. Es werden 35 ccm konzentrierte Phosphorsäure (d = 1,7) und 3 ccm Paraffinöl zugesetzt und die Wasserdampfdestillation durchgeführt. Das Destillat wird in einem 1,5 Liter-Erlenmeyerkolben aufgefangen, in welchem etwas Aqua dest. vorgelegt wird, welches vorgängig mit 0,1 n-Natronlauge bis zum Umschlag auf Phenolphthalein neutralisiert und mit 1 Tropfen 0,1 n-Natronlauge im Überschuß versetzt wird. Es werden 1200 bis 1400 ccm Destillat aufgefangen und mit 0,1 n-Natronlauge bis zum Umschlag mit Phenolphthalein titriert.

Bei der Wasserdampfdestillation soll der Kühler stets etwa 3 bis 5 mm in das Destillat bzw. das vorgelegte Wasser eintauchen. Ein Tropfen 0,1 n-NaOH-Überschuß bei der Neutralisation des vorgelegten Wassers hat sich als notwendig erwiesen, um den Fehler, der sich während der Destillation infolge Kohlensäureaufnahme des Destillates ergibt, zu kompensieren.

Nachdem 1 Mol Aconitin 2 Mol Säure und 1 Mol Benzoylaconin 1 Mol Säure bei der Wasserdampfdestillation entsprechen, stellen die Autoren folgende Formel auf:

$$x = \frac{100\,(2\,a - b)}{a},$$

 a die Anzahl ccm 0,1 n-Schwefelsäure, welche zur Titration der Gesamtalkaloide benötigt werden.

 b die Anzahl ccm 0,1 n-Natronlauge, die zur Titration der bei der Wasserdampfdestillation frei gewordenen Säuren verbraucht werden.

 x der Prozentgehalt an Benzoylaconin, berechnet auf den Gesamtalkaloidwert. Die Differenz zum Gesamtalkaloidgehalt ergibt den Aconitingehalt.

Bei dieser Berechnung ist das unterschiedliche Molekulargewicht von Aconitin und Benzoylaconin nicht berücksichtigt, da die Differenz praktisch nicht ins Gewicht fällt.

---

[1] Pharmac. Acta Helvetiae **24**, 419 (1949).